Alexandre Vargas Grillo

Curso de Química Básica

para Graduação & Pós-Graduação

Estequiometria Industrial

Estudo das Soluções Químicas

Volume 2

EDITORA CIÊNCIA MODERNA

Editor: Paulo André P. Marques
Produção Editorial: Dilene Sandes Pessanha
Capa: Daniel Jara
Diagramação: Daniel Jara
Copidesque: Equipe Ciência Moderna

FICHA CATALOGRAFICA

GRILLO, Alexandre Vargas

Curso de Química Básica para Graduação e Pós-graduação - Volume 2 (Estequiometria Industrial – Estudo das Soluções Químicas)

Rio de Janeiro: Editora Ciência Moderna Ltda., 2025.

1. Química
I — Título

ISBN: 978-65-5842-430-7 CDD 540

Editora Ciência Moderna Ltda.
R. Alice Figueiredo, 46 – Riachuelo
Rio de Janeiro, RJ – Brasil CEP: 20.950-150
Tel: (21) 2201-6662/ Fax: (21) 2201-6896
E-MAIL: LCM@LCM.COM.BR
WWW.LCM.COM.BR **01/25**

APRESENTAÇÃO DO AUTOR

Alexandre Vargas Grillo é Doutor em Engenharia de Materiais e Processos Químicos e Metalúrgicos pela PUC-Rio, mestre na mesma área pela própria PUC-Rio e possui Graduação em Engenharia Química também pela PUC-Rio, e Licenciatura em Química pela Universidade Cândido Mendes – UCAM. Atualmente é Professor do Instituto Federal do Rio de Janeiro – IFRJ, no departamento de Química, mais especificamente na Físico-Química em Nanotecnologia. Na área da pesquisa, estuda Síntese de Nanopartículas e Inteligência Artificial (AI) pelo Departamento de Engenharia Química e de Materiais – PUC-Rio.

INTRODUÇÃO DA OBRA

"Uma obra editada pela Editora Ciência Moderna, contendo 117 exemplos aplicativos ao longo de todo o livro e 623 exercícios de fixação, com todo o gabarito comentado, com certeza vai ajudar muito o alunado e enriquecer a aula do professor."

O principal objetivo de realizar esta obra foi apresentar e permitir aos alunos, tanto de Graduação quanto os de Pós-graduação, nos diversos cursos universitários na área tecnológica, um estudo aprofundado e objetivo, acompanhado de um embasamento teórico com exercícios dos seguintes temas:

- Estequiometria Industrial, seguido com uma abordagem teórica de ácido-base;

- Estudo das Soluções Químicas.

Todos estes dois temas apresentados acompanha uma teoria concisa e objetiva, seguida com exemplos aplicativos e exercícios de fixação, com o gabarito completamente comentado.

Destinado para alunos de Licenciatura e Bacharelado nas áreas da Química e Engenharia, principalmente na área da Engenharia Química, esta excelente obra apresenta uma teoria objetiva de fácil entendimento, com exemplos aplicativos e exercícios de fixação com o gabarito comentado passo a passo.

A escolha destes dois temas foi norteada principalmente a partir dos seguintes pontos apresentados a seguir, dividido em duas partes - Parte III e IV, dando continuidade ao primeiro volume do Curso de Química Básica I.

(1) Tratar e abordar os dois conteúdos que estão presentes na maioria dos concursos públicos e até mesmo em grades curriculares tanto na Graduação, como na Pós-graduação (Mestrado e Doutorado).

(2) O capítulo destinado à estequiometria e relações numéricas, apresenta exemplos aplicativos e 357 exercícios com o gabarito 100% comentado. Neste capítulo são abordados: cálculo do grau de pureza, rendimento, determinação do reagente limitante e excesso e estudo das reações consecutivas. Neste mesmo capítulo, é apresentado uma teoria sólida das três teorias de Ácido-Base (Arrhenius, Bronsted-Lowry e Lewis), junto com exemplos aplicativos de química inorgânica, além da apresentação de exercícios de nomenclatura das principais funções inorgânicas (ácido, base, sal e óxidos).

(3) O segundo capítulo apresenta 225 exercícios com relação ao estudo das soluções químicas, abordando cálculos de diferentes concentrações e estequiometria com soluções químicas. Além disso um subcapítulo destinado à soluções reais com a apresentação da Teoria de Debye-Huckell.

Todo o trabalho para esta obra apresenta 625 exercícios com o gabarito comentado, com questões focadas em concurso público na área da docência a nível federal; exercícios de programas de Pós-graduação para Mestrado e Doutorado e diversos outros concursos de altíssimo nível. Ela pode – e deve – ser utilizada tanto para alunos que estão cursando uma cadeira na Universidade como também para candidatos que almejam realizar um curso de Pós-graduação na área tecnológica.

Acredito e torço imensamente que eu possa estar prestando um serviço na criação de uma literatura simples e ao mesmo tempo bem objetiva, além de estar ajudando e prestando um serviço em uma cultura científica 100% brasileira. Vou me sentir bastante honrado se pudesse receber comentários de docentes, estudantes e amantes desta ciência, dos mais diversos institutos e universidades deste país, críticas judiciosas para que cada vez mais esta e outras obras que estão por vir possam ajudar tanto alunos como também docentes, contribuindo cada vez mais para a ciência nacional.

O meu muito obrigado.

Novembro de 2024
Professor Alexandre Vargas Grillo

AGRADECIMENTOS

Dedico este trabalho primeiramente a Deus, grande pai e meu grande guia. Meus guias espirituais presentes em todos os momentos da minha vida. Minha mãe, Estela Vargas Grillo, meus pais Vincenzo Grillo e Jorge Luiz Zaupa, e minha irmã Denise Vargas Grillo. Dedico também ao meu grande mestre, In Memorian, por ter sido meu amigo, pai, companheiro e mestre da vida e da Química, JOÃO ROBERTO DA PACIÊNCIA NABUCO. Em todas as minhas obras sempre irei mencionar o meu mestre a amigo, PROFESSOR DOUTOR FRANCISCO JOSÉ MOURA, meu eterno orientador em toda a vida acadêmica.
À editora Ciência Moderna, o meu muito obrigado por acreditar nessa linda obra.

O meu muito obrigado.

Professor Alexandre Vargas Grillo

SUMÁRIO

PARTE III
ESTUDO DA ESTEQUIOMETRIA INDUSTRIAL

Capítulo 1. Introdução ao Estudo da Estequiometria Industrial

A ciência química é um ramo de extrema importância para o estudo e principalmente na determinação das relações entre as diferentes massas químicas que fazem parte da composição e participação das reações químicas. As reações químicas são transformações químicas que apresentam em sua composição, em sua estrutura, tanto a presença de reagentes quanto de produtos. As substâncias que diminuem / desaparecem no decorrer do processo são definidas como reagentes, enquanto neste mesmo intervalo de tempo ocorre o aumento / aparecimento de substâncias químicas, definidos como produtos da mesma reação química.

Desde os primórdios da alquimia, passando pela química até nos dias atuais, uma das maiores curiosidades do homem foi e está sendo a descoberta de novos materiais com diferentes estruturas e propriedade, provenientes de reações químicas, mais especificamente da Química Geral, sendo muito cobrada e abordada nos principais concursos mundialmente.

A estequiometria teve início apenas no século XVIII com Jeremias Benjamin Richter (10 de março de 1762 – 14 de abril de 1807). Foi um químico alemão que além de introduzir o termo estequiometria, trabalhou no departamento de minas e em fábricas de porcelana no império real em Berlim. Nesta época acreditava-se que todas as ciências eram ramos da matemática, e foi então que ele criou o termo estequiometria, que do grego significa *stoikheion = elemento* e *estequiometria = "medida de elementos"*. Este mesmo cientista e estudioso no ramo publicou três livros sobre as relações quantitativas das reações químicas, um deles intitulado *"Anfangsgründe der Stöchyometrie"* (Esboços de Estequiometria), que tinha como subtítulo "A arte de medir elementos químicos".

Os químicos deste período se entregavam às investigações quantitativas e admitiam que os corpos tinham composições bem definidas. A estequiometria está fundamentada nas leis ponderais, principalmente na lei da conservação das massas e na lei das proporções fixas.

Segundo a lei da conservação das massas, Antoine-Laurent de Lavoisier, 1789:

"Existe uma quantidade igual de matéria antes e depois do experimento; a qualidade e a quantidade dos elementos permanecem precisamente a mesma e nada acontece além de mudanças e modificações nas combinações desses elementos".

Com relação à lei das proporções fixas, Valentin Louis Georges Eugene Marcel Proust, mais conhecido diretamente como Proust, enunciou em 1799:

"Uma substância, qualquer que seja sua origem, apresenta sempre a mesma composição em massa".

A estequiometria é um dos ramos da química, mais especificamente da química geral, que apresenta como principal característica o cálculo das substâncias envolvidas em um processo químico, representado a partir de uma reação química. Muito utilizado em processos industriais e laboratoriais, em que as matérias-primas são transformadas em produtos para consumo. Através desta rica ferramenta, é possível prever a quantidade de produto formado e a quantidade de reagente consumido, podendo com isso até mesmo estudar o seu processo econômico. Ainda assim, é de extrema importância ressaltar que o estudo do cálculo estequiométrico segue algumas regras simples e importantes, desempenhando um grande papel para o bom desenvolvimento destes cálculos.

Capítulo 2. Estudo das Reações Químicas

Conforme já mencionado no capítulo introdutório, a reação química é definida como sendo a interação entre reagentes e produtos, conforme pode ser observado a partir da equação química genérica apresentada a seguir:

$$A_{(gás)} + B_{(gás)} \rightarrow C_{(gás)} + D_{(gás)}$$

Com o decorrer do tempo e com a interação entre reagentes (choques elásticos entre as moléculas gasosas) $[A_{(gás)} + B_{(gás)}]$, estas espécies químicas são consumidas ao longo do tempo, enquanto os produtos $[C_{(gás)} + D_{(gás)}]$, também em fase gasosa, são formados neste mesmo período. As reações químicas podem ser classificadas segundo o seguinte critério, conforme podem ser apresentadas a seguir:

A) Reação de Síntese ou Adição: Quando no mínimo dois reagentes químicos formam um único produto, conforme pode ser observado a partir da seguinte equação química: $CaO_{(sólido)} + CO_{2(gás)} \rightarrow CaCO_{3(sólido)}$. Esta equação apresenta a interação entre o óxido de cálcio (óxido básico) com o dióxido de carbono (óxido ácido), formando o carbonato de cálcio que representa um sal inorgânico.

B) Reação de Análise ou Decomposição: Trata-se do inverso da reação de adição, ou seja, quando o reagente forma no mínimo dois produtos, conforme pode ser observado a partir da seguinte equação química de decomposição da amônia:

$NH_{3(gás)} \rightarrow \frac{1}{2}N_{2(gás)} + \frac{3}{2}H_{2(gás)}$.

C) Reação de Deslocamento ou Simples Troca: Trata-se da interação entre uma substância simples com uma substância composta, resultando em uma substância simples e outra substância composta, a partir de uma única troca. Um exemplo clássico refere-se à reação entre o alumínio metálico na presença de uma solução aquosa de ácido clorídrico, formando cloreto de alumínio em fase aquosa e gás hidrogênio, conforme pode ser apresentado na seguinte equação química:

$Al_{(metal)} + 3HCl_{(aquoso)} \rightarrow AlCl_{3(aquoso)} + \frac{3}{2}H_{2(gás)} \uparrow$

D) Reação de Oxidação-Redução (REDOX): São reações químicas em que há a variação do número de oxidação das espécies químicas. Considere a equação química de formação do cloreto de sódio (NaCl), a partir do sódio metálico e do cloro, ambos no estado gasoso, conforme apresentado a seguir. $Na^0_{(sólido)} + \frac{1}{2}Cl^0_{2(gás)} \rightarrow Na^{+1}Cl^{-1}_{(sólido)}$.

A partir da equação acima, o sódio metálico sofreu oxidação, passando do Na^0 para Na^{+1}, enquanto o cloro sofre redução, passando do Cl^0 para Cl^{-1}. Diante desta afirmativa, o sódio teve o seu número de oxidação aumentado, enquanto o cloro apresentou o seu número de oxidação diminuído. Com isso, é possível definir oxidação e redução em função da variação do número de elétrons de um átomo.

Oxidação ⇒ Aumento do número de oxidação de uma espécie química, o que corresponde na diminuição do número de elétrons.

Redução ⇒ Diminuição do número de oxidação de uma espécie química, o que corresponde no aumento do número de elétrons.

A partir disso, é possível concluir que a oxidação e a redução são fenômenos químicos que ocorrem de maneira simultânea, pois, para que haja ganho de elétrons por um determinado átomo, obrigatoriamente deverá haver perda de elétrons pelo outro átomo. A partir da análise de uma reação de oxidação-redução, também conhecido como REDOX, será necessário definir o agente oxidante e agente redutor.

Define-se agente oxidante, o átomo que, em uma reação de oxidação-redução, se reduz, e o agente redutor, o átomo que oxida, ou seja, que ganha elétrons. Na reação entre o sulfato ferroso [$FeSO_4$] com permanganato de potássio [$KMnO_4$] na presença de ácido sulfúrico [H_2SO_4], há a formação de sulfato de potássio [K_2SO_4], sulfato de manganês II [$MnSO_4$], sulfato férrico [$Fe_2(SO_4)_3$] e água [H_2O], sendo sua equação química apresentada a seguir: $10FeSO_4 + 2KMnO_4 + 8H_2SO_4 \longrightarrow K_2SO_4 + 2MnSO_4 + 5Fe_2(SO_4)_3 + 8H_2O$.

Esta equação química apresentada acima, afirma que a espécie química permanganato de potássio é o agente oxidante, enquanto o sulfato ferroso ou também conhecido como sulfato de ferro II é o agente redutor.

2.1 Estudo da reação de combustão

Um das transformações químicas muito bem explorada em todos os ramos da química e da engenharia, trata-se do processo de combustão. A combustão ocupa um lugar de extrema importância tanto na área técnica como até mesmo na área econômica, caracterizando um processo químico altamente industrial. De maneira particular, as indústrias de grande porte, tais como a indústria metalúrgica ou siderúrgica, realizam com bastante frequência o trabalho de combustão, regido por reações químicas que liberam grande quantidade de calor em sua grande maioria em elevadas temperaturas.

Cabe aqui uma observação de extrema importância, que trata-se da diferenciação de uma reação de oxidação e de combustão.

Na verdade diferenciar esses dois processos é bastante complicado, pois na prática o processo de oxidação é definido quando há a produção de luz enquanto o processo de combustão como aquela em que ocorre a queima de um combustível produzindo calor ($\delta Q_p = dH$), havendo consequentemente a liberação de energia na forma de calor, que no ramo da físico-química é definida como sendo um processo exotérmico (liberação de calor do sistema para a vizinhança).

O processo de combustão está diretamente relacionado com a queima de combustíveis na presença de um comburente (que na grande maioria trata-se do oxigênio molecular), havendo a formação de compostos inorgânicos com a presença de átomos de carbono e hidrogênio. Na maioria, os combustíveis são os hidrocarbonetos ($C_\alpha H_\beta$).

Hidrocarbonetos são compostos orgânicos que apresentam em sua composição somente átomos de carbono e hidrogênio, tendo como exemplo clássico o gás metano, com fórmula molecular – CH_4. A seguir, estão apresentados alguns exemplos da queima de diferentes hidrocarbonetos.

Equação de combustão completa do gás metano: $CH_{4(gás)} + 2O_{2(gás)} \rightarrow CO_{2(gás)} + 2H_2O_{(líquido)}$

Equação de combustão completa do gás propano: $C_3H_{8(gás)} + \frac{9}{2}O_{2(gás)} \rightarrow 3CO_{2(gás)} + 3H_2O_{(líquido)}$

Equação de combustão completa do gás acetileno: $C_2H_{2(gás)} + \frac{5}{2}O_{2(gás)} \rightarrow 2CO_{2(gás)} + H_2O_{(líquido)}$

Partindo da definição apresentada, pode parecer que a combustão de espécies químicas seja um processo simples, porém cabe ressaltar que se trata de um processo químico e até mesmo físico com alta complexidade.

Para definir um processo como sendo de combustão será necessário calcular a quantidade de calor, além da observação ou no cálculo da temperatura que esta queima foi realizada em condições experimentais. Resumindo, é necessário determinar a quantidade de calor produzida e a temperatura de combustão.

Para darmos início a este estudo, será necessário diferenciar a reação de combustão completa com a reação de combustão incompleta ou também conhecida como parcial.

A reação de combustão completa ocorre com a queima do combustível na presença do comburente [$O_{2(gás)}$] havendo a formação de dióxido de carbono no estado gasoso [$CO_{2(gás)}$] e água, podendo estar no estado líquido [$H_2O_{(líquido)}$] ou no estado vapor [$H_2O_{(vapor)}$].

Já a reação de combustão incompleta apresenta os mesmos reagentes (combustível + comburente) sendo que na formação, pode haver a presença do carbono na forma grafite [$C_{(grafite)}$] e água ou na forma de monóxido de carbono [$CO_{(gás)}$] e água.

Exemplo clássico da equação química que corresponde a combustão completa do gás butano:

$$C_4H_{10(gás)} + \frac{13}{2}O_{2(gás)} \rightarrow 4CO_{2(gás)} + 5H_2O_{(líquido)}$$

Exemplo clássico da equação química que corresponde a combustão incompleta ou parcial do gás butano, com a formação de monóxido de carbono no estado gasoso e água no estado líquido:

$$C_4H_{10(gás)} + \frac{9}{2}O_{2(gás)} \rightarrow 4CO_{(gás)} + 5H_2O_{(líquido)}$$

Exemplo da equação incompleta ou parcial do gás butano, com a formação de carbono grafite no estado sólido e da água no estado líquido:

$$C_4H_{10(gás)} + \frac{5}{2}O_{2(gás)} \rightarrow 4C_{(grafite)} + 5H_2O_{(líquido)}$$

A queima pode ocorrer com qualquer hidrocarboneto ($C_\alpha H_\beta$) ou até mesmo com compostos orgânicos oxigenados e nitrogenados, conforme pode ser observado a partir da queima do álcool etílico.

Fórmula molecular do álcool etílico: C_2H_6O

Equação química da combustão completa do álcool etílico: $C_2H_6O_{(líquido)} + \frac{6}{2}O_{2(gás)} \rightarrow 2CO_{2(gás)} + 3H_2O_{(líquido)}$

Equação química do processo de combustão incompleta do álcool etílico:

$C_2H_6O_{(líquido)} + 2O_{2(gás)} \rightarrow 2CO_{(gás)} + 3H_2O_{(líquido)}$ (Equação Química 1)

$C_2H_6O_{(líquido)} + O_{2(gás)} \rightarrow 2C_{(grafite)} + 3H_2O_{(líquido)}$ (Equação Química 2)

Uma segunda observação com relação à classificação quanto ao estudo das reações de combustão, está na formação da molécula de água, podendo esta molécula estar apresentada no estado líquido ou no estado vapor.

Conforme mencionado, a água pode ser formada a partir de um processo de combustão tanto na fase líquida ou na fase vapor, e esta diferença de fase está diretamente relacionada com a temperatura operacional da queima do combustível na presença do comburente. Assim, para misturas gasosas contendo hidrogênio ou hidrocarbonetos é costumeiro mencionar o termo "poder calorífico superior", representado pela sigla PCS e, "poder calorífico inferior", representado pela sigla PCI. Esta diferença pode também ser observada no valor quantitativo da quantidade de calor gerada, também conhecido como entalpia de combustão ($\Delta H^0_{combustão}$).

O primeiro, poder calorífico superior (PCS), representa a queima de um mol de um determinado combustível na presença do comburente (oxigênio molecular), em que a água formada está no estado líquido, conforme pode ser observado a seguir, na reação de combustão completa do benzeno líquido:

$C_6H_{6(líquido)} + \frac{15}{2}O_{2(gás)} \rightarrow 6CO_{2(gás)} + 3H_2O_{(líquido)}$ (Poder Calorífico Superior – formando a água no estado líquido)

Já o poder calorífico inferior (PCI), representa a queima de um mol de um determinado combustível na presença do comburente (oxigênio molecular), em que a água formada está no estado vapor, conforme pode ser observado a seguir, na reação de combustão completa do benzeno líquido:

$C_6H_{6(líquido)} + \frac{15}{2}O_{2(gás)} \rightarrow 6CO_{2(gás)} + 3H_2O_{(vapor)}$ (Poder Calorífico Inferior – formando a água no estado vapor)

Para processos que ocorrem a altos processos, a água formada está na fase vapor.

O terceiro e último fator importante com relação ao estudo da combustão de espécies moleculares, trata-se da análise da formação do dióxido de carbono [$CO_{2(gás)}$], monóxido de carbono [$CO_{(gás)}$] ou carbono grafite [$C_{(grafite)}$]. É muito importante ressaltar que a diferença na forma de um composto está diretamente atrelada na temperatura operacional, ou seja, a temperatura em que a reação do combustível é queimada.

Em temperaturas elevadas, como por exemplo, acima de 900°C, o carbono também pode oxidar de maneira incompleta, havendo a formação do monóxido de carbono, se tornando para este meio reacional como o composto inorgânico mais estável comparado ao dióxido de carbono. A partir desta informação, o valor da variação da entalpia também vai apresentar valores distintos, uma vez que a função de estado entalpia está diretamente relacionado com a temperatura. Esta situação é bastante marcante para o estudo em processos redutores com óxidos metálicos. Dependendo da temperaura, pode haver a formação de monóxido de carbono ou de dióxido de carbono.

2.2 Estudo da reação de oxidação-redução

2.2.1 Conceitos de oxidação e de redução – Transferência de elétrons

A grande maioria dos metais reagem com o oxigênio molecular, proveniente do ar atmosférico, resultando em óxidos. Óxidos são funções inorgânicas binárias que em sua composição apresentam o oxigênio como o elemento químico com maior eletronegatividade. As equações químicas apresentadas a seguir mostram a formação dos óxidos a partir da interação entre o metal e o oxigênio molecular.

$2Cu_{(sólido)} + O_{2(gás)} \rightarrow 2CuO_{(sólido)}$

$2Mg_{(sólido)} + O_{2(gás)} \rightarrow 2MgO_{(sólido)}$

$4Na_{(sólido)} + O_{2(gás)} \rightarrow 2Na_2O_{(sólido)}$

Estas transformações químicas apresentadas acima, em que certas substâncias químicas metálicas reagem na presença do oxigênio molecular, são definidas como oxidação. Na maioria dos casos, a junção de metais e ametais na presença de oxigênio é sempre considerada uma reação de oxidação. Durante o processo de estudo das reações químicas, as estruturas eletrônicas dos átomos que participam da reação química sofrem profundas modificações, tanto na estrutura física quanto na sua composição química.

Vamos ficar focados no estudo químico?

No quesito químico, há a modificação no tipo de ligação química em que participam, quer na sua natureza (covalente ou iônica), quer no número de ligações.

Vamos colocar em prática esta afirmação?

Analisemos então, as modificações que se processam os átomos dos elementos e também nos átomos de oxigênio, quando são combinados entre si. Cabe ressaltar que os óxidos metálicos são compostos iônicos (metal + ametal) em que, em uma rede cristalina, estão presentes tanto íons positivos, representados pelos metais como os íons negativos, representados pelos átomos de oxigênio.

Nas equações apresentadas acima, os íons presentes em cada reação são os seguintes:

- Cu^{+2} e O^{-2}, presentes no óxido de cobre II;

- Mg^{+2} e O^{-2}, presentes no óxido de magnésio;

- Na^{+1} e O^{-2}, presentes no óxido de sódio.

A formação desses íons, durante o percurso de desenvolvimento da reação química, à custa dos átomos, implica em uma transformação de elétrons proveniente da camada de valência (elétrons presentes na última camada à partir da distribuição eletrônica), da interação entre os átomos metálicos com os átomos de oxigênio. Esta transferência de elétrons, que ocorre durante a combinação dos metais com o oxigênio molecular, não é um processo exclusivo. Na verdade, este processo sempre ocorre a partir de um elemento muito eletronegativo (ametal) combinando (ligando) com um metal ou qualquer outro elemento muito pouco eletronegativo. Um dos exemplos clássicos para este processo, trata-se da formação do cloreto de magnésio, em que há sim a transferência de elétrons. Trata-se de um composto iônico, em que estão presentes o ânion cloreto $[Cl^{-1}]$ e o cátion magnésio, $[Mg^{+2}]$.

As duas reações químicas apresentadas, tanto a formação do óxido de magnésio como a formação do cloreto de magnésio são processadas de maneira bastante semelhante, uma vez que em ambos os casos, o átomo de magnésio apresenta a tendência de perder elétrons, no caso dois elétrons e tanto os átomos de oxigênio e cloro apresentam a tendência de ganho de elétrons, conforme pode ser observado a partir das seguintes equações químicas apresentadas a seguir:

$2Mg_{(sólido)} + O_{2(gás)} \rightarrow 2MgO_{(sólido)}$

$2Mg_{(sólido)} + Cl_{2(gás)} \rightarrow 2MgCl_{2(sólido)}$

$2Mg_{(sólido)} + F_{2(gás)} \rightarrow 2MgF_{2(sólido)}$

Os fenômenos químicos apresentados são bastante similares entre si. Em todas as equações apresentadas acima, o magnésio perde dois elétrons a partir da sua camada de valência, enquanto os átomos de oxigênio, cloro e flúor apresentam como tendência o ganho de elétrons.

2.2.2 Estudo simultâneo dos processos de oxidação e redução (REDOX)

Em uma reação química em que há o processamento de transferência de elétrons, obrigatoriamente deverá existir de maneira simultânea, um átomo que perde elétrons e outro átomo que ganha elétron, uma vez que tanto a perda quanto o ganho de elétrons tem que ser concomitantes. Para uma reação química deste tipo, os dois processos apresentados podem, contudo, ser estudados de maneira separada (parcial), ou seja, pode ser dividido em duas semirreações, conforme apresentado a seguir:

- a perda de elétrons por parte de um átomo, que caracteriza uma semirreação de oxidação;

- o ganho de elétrons por parte do outro átomo, caracterizando uma semirreação de redução.

A espécie química que perde elétrons é oxidada e atua como um agente redutor. A espécie química que recebe elétrons é reduzida e atua como agente oxidante. Assim, o redutor é um doador de elétrons e o oxidante é um receptor de elétrons.

Todas as reações químicas que apresentam como característica a transferência de elétrons são de oxidação, para um dado átomo, e de redução, para um outro átomo. Diante desta circunstância, é costume definir este processo como sendo uma reação de oxidação-redução ou, de maneira abreviada, por reações redox.

As reações durante as quais se formam, respectivamente, óxido, cloreto e fluoreto de magnésio são, assim, reações redox, em que o magnésio se oxida e o oxigênio, o cloro e o flúor se reduzem. Este tipo de transferência de elétrons, características entre elementos metálicos e elementos ametálicos (não metálicos) aparecem também em reações entre outro gênero de reagentes, tais como, na obtenção e preparação de alguns cristais metálicos, havendo a passagem de elétrons de certos materiais metálicos a outros átomos também metálicos. Diante disso, considere a seguinte situação na obtenção de cristais de prata, apresentada a seguir.

Um fio de cobre mergulhado em uma solução aquosa que contém íons de prata, na forma $[Ag^{+1}_{(aquoso)}]$; sobre o fio aparece depositada prata na forma metálica, ao mesmo tempo que a solução apresenta uma coloração azulada, de forma progressiva e intensa, que se pode atribuir a presença do íon $[Cu^{+2}_{(aquoso)}]$. O processo de deposição da prata metálica sobre o fio de cobre a partir da solução aquosa apresentada, implica que os íons $[Ag^{+1}_{(aquoso)}]$ tenham recebido elétrons, conforme pode ser apresentado a seguir:

$Ag^{+1}_{(aquoso)} + 1\ \text{elétron} \rightarrow Ag_{(sólido)}$

O aparecimento na solução aquosa de íon $[Cu^{+2}_{(aquoso)}]$ exige que alguns átomos de cobre tenham perdido elétrons, conforme pode ser apresentado a seguir pela seguinte semirreação:

$Cu_{(sólido)} \rightarrow Cu^{+2}_{(aquoso)} + 2\ \text{elétron}$

Uma segunda situação engloba a presença de uma gota de mercúrio no seio de uma solução aquosa em que estão presentes os cátions $[Ag^{+1}_{(aquoso)}]$, aparecendo recoberta à prata metálica, enquanto os íons $[Hg^{+2}_{(aquoso)}]$ passam para a solução. Para este segundo processo, a reação pode ser traduzida da seguinte forma, a partir das semirreações:

$Ag^{+1}_{(aquoso)} + 1\ \text{elétron} \rightarrow Ag_{(sólido)}$

$Hg_{(líquido)} \rightarrow Hg^{+2}_{(aquoso)} + 2\ \text{elétron}$

O último exemplo exposto trata-se da obtenção de cristais de chumbo.

Uma barra de zinco mergulhada em uma solução aquosa que contém íons de chumbo, $[Pb^{+2}_{(aquoso)}]$. Sobre a barra de zinco, depois de um determinado tempo aparece chumbo, ao mesmo tempo em que passam a existir na solução aquosa íons na forma $[Zn^{+2}_{(aquoso)}]$. As transformações processadas podem ser esquematizadas a partir da apresentação de duas semirreações, conforme apresentadas a seguir:

$$Pb^{+2}_{(aquoso)} + 2\ \text{elétron} \rightarrow Pb_{(sólido)}$$

$$Zn_{(sólido)} \rightarrow Zn^{+2}_{(aquoso)} + 2\ \text{elétron}$$

Embora aparentemente se trate de reações completamente distintas das oxidações dos metais pelo oxigênio presente do ar atmosférico, na categoria eletrônico, são análogas: tanto o cobre, o mercúrio e o zinco perderam elétrons em favor da prata e do chumbo. Essas reações são definidas como reações redox, em que o cobre, o mercúrio e o zinco foram oxidados enquanto a prata e o chumbo foram reduzidos. Alguns metais, como por exemplo, o magnésio, o zinco, o ferro e outros metais, são capazes de reagir com soluções aquosas ácidas, havendo a liberação de hidrogênio na fase gasosa. Todas estas transformações que são processadas, podem ser representadas por semirreações, em que há a perda de elétrons, conforme podem ser apresentadas pelos metais:

$$Mg_{(sólido)} \rightarrow Mg^{+2}_{(aquoso)} + 2\ \text{elétron}$$

$$Zn_{(sólido)} \rightarrow Zn^{+2}_{(aquoso)} + 2\ \text{elétron}$$

$$Fe_{(sólido)} \rightarrow Fe^{+2}_{(aquoso)} + 2\ \text{elétron}$$

enquanto o ganho de elétrons por parte dos íons hidrogênios, apresentado a seguir: $H^{+}_{(aquoso)} + 1\ \text{elétron} \rightarrow \frac{1}{2}H_{2(gás)}$.

Estas reações, entre os metais e as soluções ácidas, são ainda reações de oxidação – redução, em que o hidrogênio, sob a forma de íon, é reduzido, recebendo elétrons dos átomos dos metais, que por sua vez se oxidam.

2.2.3 Transferência parcial de elétrons pelo método da oxidação-redução

As reações químicas apresentadas no item anterior tem como observação bastante peculiar, durante toda a redação, que se trata da formação de compostos iônicos, prevalecendo ligações iônicas e, também podendo haver a deposição de átomos de metais ou confome apresentado, em reações em que ocorre a liberação de gases a partir de soluções dos respectivos íons, sendo reações em que se processam transferências eletrônicas e são incluídas no conjunto das reações redox. Mas, existem reações em que apresentam como produtos compostos covalentes polares, provenientes a partir de ligações covalentes polares, em que os átomos que nelas participam sofrem um processo de compartilhamento de elétrons, sem que no entanto se possa dizer que haja uma verdadeira transferência de elétrons. Para esta situação específica, as equações químicas podem ser representadas a partir das seguintes equações químicas.

Item a) $H_{2(gás)} + \frac{1}{2}O_{2(gás)} \rightarrow H_2O_{(vapor)}$

Item b) $\frac{1}{2}H_{2(gás)} + \frac{1}{2}Cl_{2(gás)} \rightarrow HCl_{(gás)}$

Item a) $\frac{1}{2}H_{2(gás)} + \frac{1}{2}F_{2(gás)} \rightarrow HF_{(gás)}$

Entre os átomos de hidrogênio (H) e oxigênio (O), hidrogênio (H) e cloro (Cl) e entre os átomos de hidrogênio (H) e o flúor (F), há o estabelecimento da ligação covalente polar, em que os pares entre os átomos compartilham, formando uma nuvem eletrônica com o desvio mais para o lado eletronegativo, que no caso trata-se do cloro no cloreto de hidrogênio, do oxigênio no vapor d´água e do flúor no fluoreto de hidrogênio. Assim, cada átomo de hidrogênio "perde" parcialmente o seu elétron quando compartilhado com o átomo de oxigênio, cloro e flúor, respectivamente. Tanto para reações de oxidação-redução são, assim, as reações que implicam transferência total ou apenas transferência parcial de elétrons de um átomo a outro.

Capítulo 3. Fatores que Influenciam Diretamente as Reações Químicas

A partir deste ponto, serão apresentados dois fatores que influenciam diretamente nas reações químicas. O primeiro está relacionado com o fato sem os quais a reação não seria processada, e o segundo fator está relacionado com a capacidade de modificar a velocidade de uma reação química.

3.1 Fatores Essenciais

Para estes fatores definidos como essenciais, são classificados de dois tipos, que se trata do contato e da afinidade química.

Item a) Contato ⇒ para que uma transformação química ocorra é fundamental que haja contato físico mínimo possível entre os reagentes, para que sejam formados os produtos da reação química. Para a formação da água líquida, será necessário que ambas as moléculas diatômicas, tanto de hidrogênio [$H_{2(gás)}$] quanto de oxigênio [$O_{2(gás)}$] apresentem um contato mesmo que seja mínimo, a partir de uma colisão elástica efetiva. A equação química a seguir apresenta a formação da água líquida: $H_{2(gás)} + O_{2(gás)} \longrightarrow H_2O_{(líquido)}$.

Item b) Afinidade química ⇒ Este fator pode ser apresentado como sendo um dos fatores mais antigos e intrigantes para os alquimistas, que na época afirmavam que as reações químicas ocorriam a partir do momento em que os reagentes se "amavam". Outro grande cientista que levantou este questionamento relacionado à afinidade eletrônica, foi nada mais que Isaac Newton (04 de janeiro de 1643 – 31 de março de 1727). Em sua grande obra científica intitulada como "Opticks", mais precisamente no capítulo "Perguntas", Newton levantava inúmeros questionamentos quanto ao estudo da afinidade química entre diferentes substâncias químicas. Cabe ressaltar que a afinidade eletrônica é uma propriedade periódica da tabela periódica que apresenta a maior ou menor tendência que as substâncias possuem para que possam reagir umas com as outras, ou seja, trata-se da medida para que uma determinada reação ocorra, tendo os reagentes sendo convertidos em produtos.

3.2 Fatores Acessórios

O segundo estudo apresenta os fatores que interferem diretamente nas reações químicas, relacionados com os fatores definidos como secundários. Cabe ressaltar que mesmo sendo definidos como secundários, não diminui a grande importância que esses fatores contribuem no estudo das reações químicas. Este tipo de fator está diretamente relacionado com o estudo cinético dos processos químicos (estudo das velocidades das reações químicas), podendo ser listados da seguinte maneira:

- Superfície de contato;

- Estado estrutural e geométrico dos reagentes químicos;

- Pressão das moléculas ou até mesmo a pressão total do sistema reacional;

- Concentração da quantidade de matéria dos reagentes químicos;

- A utilização ou não de catalisadores específicos para cada processo químico.

Capítulo 4. Equação Química

Até o presente momento, foram mencionados e apresentados em diversas passagens do texto o termo "equação química". A partir deste ponto, cabe ressaltar uma definição clara, objetiva e concisa sobre este tema.

A equação química é a representação quantitativa de uma reação química através da utilização de fórmulas químicas que participam com a presença de sinais convencionais. Algumas representações em relação à equação química apresentam alguns sinais que fazem parte de uma grande informação para o processo, mesmo que de maneira sutil. Os principiais sinais convencionais estão apresentados na Tabela I a seguir.

Tabela I – Tabela que apresenta os sinais e seus significados.

Sinais	Significado dos sinais
$\longrightarrow$	Com formação de
+	Rege com
$\uparrow$	Desprendimento de gás
$\downarrow$	Substância insolúvel ou substância que no decorrer do proceso químico precipitou (ppt)
Δ	Aquecimento

A partir deste ponto serão apresentadas algumas equações químicas clássicas, com a presença de reagentes, produtos e de sinais convencionais.

Equação química A) Decomposição do carbonato de cálcio: $CaCO_{3(sólido)} \overset{\Delta}{\rightarrow} CaO_{(sólido)} + \underbrace{CO_{2(gás)}}_{\text{liberação de dióxido de carbono}} \uparrow$

Equação química B) Decomposição do clorato do potássio: $KClO_{3(sólido)} \overset{\Delta}{\rightarrow} KCl_{(sólido)} + \underbrace{\frac{3}{2}O_{2(gás)}}_{\text{liberação de oxigênio molecular}} \uparrow$

Equação química C) Reação entre sais inorgânicos: $AgNO_{3(aquoso)} + NaCl_{(aquoso)} \rightarrow \underbrace{AgCl_{(ppt)} \downarrow}_{\text{precipitação de cloreto de prata}} + NaNO_{3(aquoso)}$

Equação química D) Decomposição do óxido de manganês IV: $3MnO_{2(sólido)} \rightarrow Mn_3O_{4(sólido)} + \underbrace{O_{2(gás)}}_{\text{liberação de oxigênio molecular}} \uparrow$

As fórmulas químicas das substâncias presentes nos exemplos apresentados acima, que reagem entre si (reagentes) são postos antes da seta, o que representa o primeiro membro da equação química. Já as fórmulas químicas das substâncias colocadas no segundo membro da equação química são definidas como produtos. A seta indicada nas equações químicas A, B e D, indica a produção de um composto gasoso (gás oxigênio). Já a seta indicada para baixo na equação química C, representa a produção de um precipitado ou também conhecido como corpo de fundo, que para este caso específico corresponde à precipitação do cloreto de prata. Logo, de uma maneira geral, podemos representar a equação química da seguinte maneira:

$$\textbf{Reagente(s)} \rightarrow \textbf{Produto(s)}.$$

É possível definir os reagentes químicos como as substâncias químicas cujas quantidades de matéria ou a quantidade de massa são progressivamente consumidas enquanto os produtos são automaticamente e progressivamente aumentados durante todo o transcorrer da reação química.

Capítulo 5. Métodos de Ajustes dos Coeficientes de uma Equação Química

Ajustar uma equação química é um dos primeiros passos para a resolução de um problema estequiométrico, podendo promover ou não um grande trabalho. Por isso, realizar o balanceamento de uma equação química é determinar os coeficientes estequiométricos das fórmulas químicas presentes na reação química.

Há quatro métodos para ajustar uma equação química, sendo que os dois primeiros são aplicados a quaisquer tipos de equação química, que se trata do método algébrico e o segundo o método por tentativas. Os dois outros métodos, que se trata do balanceamento do tipo oxidação – redução (Redox) e do íon-elétron, só são aplicados a equações químicas que apresentam espécies químicas que oxidam e espécies químicas que reduzem. Basta ressaltar que qualquer uma das quatros formas de balanceamento deve ser obrigatoriamente baseada na lei de Lavoisier. Esta lei consiste na conservação das massas, podendo ser enunciada de três maneiras diferentes. Vamos a elas!

Primeira forma de enunciar a lei de Lavoisier) "Em uma reação química, a soma das massas dos reagentes é sempre igual à soma das massas dos produtos da reação".

Segunda forma de enunciar a lei de Lavoisier) "A massa total de um sistema fechado não varia, qualquer que seja a reação química que aí venha ocorrer".

Terceira forma de enunciar a lei de Lavoisier) "Na natureza, nada se cria, nada se perde, tudo se transforma."

Cabe aqui, apresentar um pequeno resumo sobre a vida deste grande cientista.

Antoine-Laurent Lavoisier é considerado por muitos químicos e estudiosos na área da história da ciência como o fundador da Química Moderna. Foi filho de uma família rica francesa, tendo iniciado seus estudos na área de Direito, porém logo prevaleceu seu amor e interesse pela ciência. Aos vinte e cinco anos, foi eleito membro da Academia das Artes e Ciência. No ano seguinte, cometeu o grande erro de sua vida, ao aceitar o cargo de diretor geral da fazenda, onde coordenava e chefiava uma comissão que recolhia os impostos nacionais. Com o início da Revolução Francesa (05 de maio de 1789 – 09 de novembro de 1799), todos os quarenta e oito diretores da Fazenda foram condenados à morte pelo tribunal revolucionário. Cientistas de toda a Europa enviaram uma petição aos juízes, pedindo que Lavoisier fosse poupado em respeito as suas enormes contribuições científicas até então realizada. Mas a intolerância prevaleceu e Coffinhal recusou o pedido em uma frase que ficou para a história:

"A França não precisa de cientistas".

No dia oito de maio de 1874, Lavoisier foi guilhotinado.

Muito do que hoje a química trata e reproduz, é graças a Lavoisier. Introduziu a balança nos experimentos químicos, por ter compreendido que a maior parte das incertezas nas interpretações de experiências químicas era devida à inexatidão do conhecimento do peso de cada substância química. Apresentou também que a água não era uma substância simples, mas sim uma substância composta por dois elementos químicos. Introduziu uma nova nomenclatura química, bem diferente da complicada linguagem usada pelos alquimistas até então. Descobriu um novo método para sintetizar salitre, sendo este o componente da pólvora.

Ao matemático Langrange atribui-se uma frase que bem demonstra o que foi o valor científico de Lavoisier:

"Não bastará um século para produzir uma cabeça igual à que se faz cair num segundo".

Agora, cabe aqui uma reflexão de grande importância. Quem está certo? LAVOISIER X ALBERT EINSTEIN

A conservação da massa não é aplicada de maneira universal. Esta "brincadeira" começou a se desenhar a partir do estudo de um dos maiores físicos do século XX. Albert Einstein foi um físico teórico alemão (1879 – 1955) que fez importantes descobertas científicas, sendo uma delas a teoria da relatividade, considerado um dos pilares da física moderna. Este notável cientista demonstrou que qualquer transformação que envolva ganho ou perda de energia é diretamente acompanhado por uma mudança na massa, mesmo que pequena. Em reações nucleares, sendo reações caracterizadas por serem altamente energéticas, a modificação da massa é facilmente comprovada, pois pode chegar a décimos de grama, quando um elemento sobre fissão. Nas transformações químicas comuns, as variações de massa também ocorrem, mas no máximo ocorrem na ordem de alguns nanogramas (10^{-9} g). Conciliamos a contradição afirmando que, para processos químicos representados por reações químicas, a lei de conservação da massa permanece válida na forma que foi enunciada, pois as variações são tão ínfimas que podem e são desprezadas.

Um enunciado mais exato da lei de Lavoisier seria descrever a conservação como o conjunto matéria + energia.

5.1 Método Algébrico

O método algébrico está baseado em colocar letras como coeficientes em cada fórmula molecular representativa das substâncias que participam da reação química e, diante disso, a partir da lei de Lavoisier, é organizado um sistema em que se resolve de modo a obter uma solução constituída por menores números inteiros. Considere como exemplo a decomposição do óxido de manganês IV, a partir da segunda equação química:

$$MnO_{2(sólido)} \rightarrow Mn_3O_{4(sólido)} + O_{2(gás)}$$

Colocando as letras a, b e c como coeficientes estequiométricos, a equação fica da seguinte maneira:

$$aMnO_{2(sólido)} \rightarrow bMn_3O_{4(sólido)} + cO_{2(gás)}$$

Aplicando a lei de Lavoisier aos átomos de manganês e oxigênio, temos:

Manganês (Mn): a = 3 x b (Equação matemática I)

Oxigênio (O): 2 x a = 4 x b + 2 x c (Equação matemática II)

Substituindo a expressão da equação I na equação II, temos: 2 x (3 x b) = 4 x b + 2 x c

6b – 4b = 2c

b = c

Fazendo para b = 1 (variável que apresenta o maior coeficiente), tem-se: a = 3 e c = 1. Então, a equação química devidamente balanceada fica da seguinte maneira: $3MnO_{2(sólido)} \rightarrow 1Mn_3O_{4(sólido)} + 1O_{2(gás)}$.

5.2 Método das Tentativas

O método das tentativas procura determinar o número de átomos de cada membro da equação através de tentativas, dando início pela substância que apresenta o maior número de átomos de um dos elementos químicos que faz parte da reação. O método das tentativas deve começar a ser analisado a partir da seguinte sequência, conforme está apresentada a seguir.

Primeiro) Elementos metálicos (Metal);

Segundo) Elementos não metálicos (Ametal);

Terceiro) Elemento Químico - Carbono;

Quarto) Elemento Químico - Hidrogênio;

Quinto) Elemento Químico - Oxigênio.

Será apresentado como exemplo a reação de neutralização entre o ácido sulfúrico [$H_2SO_{4(aquoso)}$] na presença de uma solução de hidróxido de alumínio [$Al(OH)_{3(aquoso)}$], havendo a formação de sulfato de alumínio [$Al_2(SO_4)_{3(aquoso)}$] e água no estado líquido [$H_2O_{(liquido)}$].

$$H_2SO_{4(aquoso)} + Al(OH)_{3(aquoso)} \rightarrow Al_2(SO_4)_{3(aquoso)} + H_2O_{(líquido)}$$

Os dois átomos de alumínio no segundo membro exigem a existência de dois átomos de alumínio no primeiro membro da equação química, logo na equação química fica $2Al(OH)_{3(aquoso)}$. Os três radicais do íon sulfato do segundo membro $[(SO_4)^{-2}]$ exige três radicais do íon sulfato no primeiro membro, resultando $3H_2SO_{4(aquoso)}$. Os seis átomos de hidrogênio contidos no hidróxido de alumínio $[2Al(OH)_{3(aquoso)}]$ mais os seis átomos de hidrogênio contidos no ácido sulfúrico $[3H_2SO_{4(aquoso)}]$, exigem 12 átomos de hidrogênio no segundo membro, ou seja, $6H_2O_{(líquido)}$. Diante de toda esta cuidadosa análise, a equação que representa o processo de neutralização total fica da seguinte maneira: $3H_2SO_{4(aquoso)} + 2Al(OH)_{3(aquoso)} \rightarrow Al_2(SO_4)_{3(aquoso)} + 6H_2O_{(líquido)}$.

5.3 Método de ajuste por oxidação – redução (REDOX)

Antes de apresentarmos o método de ajuste dos coeficientes das reações químicas redox, será necessário apresentar de uma maneira mais sólida a ideia sobre oxidação, redução, agente redutor e agente oxidante.

O primeiro conceito apresentado trata-se da oxidação e da redução.

Oxidação ⇒ Quando em uma reação química o número de oxidação de um elemento químico aumenta algebricamente, diz-se que o elemento se oxidou e a substância ou íon que o contém é o agente redutor.

Redução ⇒ Quando em uma reação química o número de oxidação de um elemento químico é diminuído algebricamente, logo o elemento reduziu e a substância ou íon que o contém torna-se o agente oxidante.

Considere como exemplo a equação química entre o alumínio metálico na presença de uma solução aquosa de ácido clorídrico, conforme está apresentada na equação química a seguir:

$Al_{(sólido)} + 3HCl_{(aquoso)} \rightarrow AlCl_{3(aquoso)} + \frac{3}{2}H_{2(gás)} \uparrow$.

A explicação para esta reação química consiste na seguinte ideia: o número de oxidação do alumínio metálico passou de zero para três (+ 3) do cloreto de alumínio, havendo diante disso uma variação igual a + 3 (Δ = 3 – 0 = + 3). O alumínio se comporta nesta situação como o agente redutor para a reação química apresentada. Com isso, a reação de semirreação de oxidação fica da seguinte maneira:

Semirreação de oxidação do alumínio: $Al^0_{(sólido)} \rightarrow Al^{+3}_{(aquoso)} + 3\ elétrons$

O número de oxidação do elemento químico hidrogênio passou de +1, proveniente da solução do ácido clorídrico para zero (0), sendo este valor proveniente do gás hidrogênio. O ácido clorídrico age para estas circunstâncias como agente oxidante, conforme pode ser observado na semirreação de redução apresentada a seguir:

Semirreação de redução do hidrogênio: $H^+_{(aquoso)} + 1\ elétron \rightarrow \frac{1}{2}H^0_{2(gás)} \uparrow$

Este exemplo apresentado acima, envolvendo o alumínio metálico na presença de uma solução de ácido clorídrico, aborda de uma maneira clássica uma reação de oxidação-redução (REDOX), reservando uma particularidade de extrema importância, que se trata do fato de que se ocorre o processo de oxidação, obrigatoriamente ocorre o processo de redução, para que diante disso fique caracterizado uma reação REDOX. Mais dois exemplos são características de reações redox.

Exemplo I) $3SO_{2(gás)} + 2HNO_{3(aquoso)} + 2H_2O_{(líquido)} \rightarrow 3H_2SO_{4(aquoso)} + 2NO_{(gás)} \uparrow$. Para este exemplo I o dióxido de enxofre se comporta como agente redutor enquanto a solução de ácido nítrico atua como agente oxidante.

Exemplo II) $SO_{2(gás)} + 2H_2S_{(aquoso)} \rightarrow 3S_{(sólido)} + 2H_2O_{(líquido)}$. Para este exemplo II o dióxido de enxofre se comporta como agente oxidante enquanto a solução de ácido sulfídrico atua como agente redutor.

Uma observação de extrema importância para o balanceamento em que ocorre a variação de número de oxidação, é que para este tipo de balanceamento uma mesma substância pode ser tanto um agente oxidante como agente redutor, caracterizando um processo definido como autoredox. Esta situação pode ser apresentada a partir do exemplo III.

Exemplo III) $KClO_3 + H_2SO_4 \rightarrow KHSO_4 + HClO_4 + ClO_2 + H_2O$

Este fato pode ser observado no balanceamento que ocorre, observando a diferença do número de oxidação que o átomo de cloro promove, em que o clorato de potássio atua como agente oxidante e agente redutor.

Semirreação de oxidação do cloro no clorato de potássio: $Cl^{+5} \rightarrow Cl^{+7} + 2 \text{ elétrons}$

Semirreação de redução do cloro no clorato de potássio: $Cl^{+5} + 1 \text{ elétrons} \rightarrow Cl^{+4}$

A partir do balanceamento pelo método redox, a equação química balanceada fica da seguinte maneira:

$3KClO_3 + 3H_2SO_4 \rightarrow 3KHSO_4 + HClO_4 + 2ClO_2 + H_2O.$

Somatório dos coeficientes estequiométricos: 3 + 3 + 3 + 1 + 2 + 1 = 13

Agente redutor = clorato de potássio

Agente oxidante = clorato de potássio

Neste exemplo III, o clorato de potássio atua tanto como agente redutor como agente oxidante.

5.4 Definição - agente oxidante e redutor em termos de transferência de elétrons

Em reações químicas em que ocorrem a presença de compostos iônicos, a substância que possui o elemento que cede elétrons é definida como agente redutor e a substância que possui o elemento que recebe elétrons é definida como agente oxidante. O exemplo que pode ser claramente elucidado para esta situação, trata-se da interação entre o brometo de sódio na fase aquosa na presença de cloro gasoso, resultando cloreto de sódio também na fase aquosa e bromo molecular na fase gasosa, conforme apresenta a equação a seguir:

$2Na^{+1}Br^{-1}{}_{(aquoso)} + Cl^{0}_{2(gás)} \rightarrow NaCl^{-1}_{(aquoso)} + Br^{0}_{2(gás)}.$

A partir da equação química balanceada, o brometo de sódio [NaBr] age como sendo um agente redutor, pelo fato do ânion brometo ceder um elétron para o cloro, enquanto o gás cloro desempenha o papel de um agente oxidante. Apesar disso, este processo enaltece a transferência de elétrons, sendo que esta definição é aplicada somente para reações iônicas.

5.5 Método de ajuste dos coeficientes das reações redox

O objetivo principal para o balanceamento pelo método redox (oxidação-redução), consiste no fato de que a variação do número de oxidação do agente redutor deve ser igual à variação do número de oxidação do agente oxidante. A partir deste ponto, serão apresentadas algumas regras para que o balanceamento por redox seja um sucesso.

Item A) Determinar as variações dos números de oxidação dos elementos redutores e dos elementos oxidantes, que participam diretamente da reação química.

Item B) O ajuste se inicia colocando a variação do número de oxidação do elemento químico que se oxida como o coeficiente da substância que contém o elemento que se reduz e vice-versa. Quando o elemento que se reduz ou oxida está presente na equação com número diferente de átomos nos dois membros da equação química, a variação deve ser calculada para o maior número de átomos e os coeficientes colocados nas substâncias que contenham o maior número de átomos do elemento que se oxida ou reduz.

Item C) Fixadas as relações entre os coeficientes estequiométricos das substâncias químicas que possuem os elementos redutor e oxidante, a partir deste ponto será necessário determinar os outros participantes químicos pelo método das tentativas. A seguir, serão apresentados cinco exemplos aplicativos que está diretamente relacionado com o balanceamento oxidação-redução.

Exemplo Aplicativo I

(GRILLO) Realize o balanceamento da seguinte equação química pelo método redox, apresentando o somatório dos menores números inteiros dos coeficientes estequiométricos, o agente redutor e o agente oxidante. $I_2 + SO_2 + H_2O \rightarrow H_2SO_4 + HI.$

Resolução

Semirreação de oxidação do enxofre: $S^{+4} + 2 \text{ elétrons} \rightarrow S^{+6}$

Semirreação de redução do iodo: $I_2 \rightarrow 2I^- + 2 \text{ elétrons}$

A partir do balanceamento pelo método redox, a equação química balanceada fica da seguinte maneira:

$I_2 + 2SO_2 + 4H_2O \rightarrow 2H_2SO_4 + 4HI$

Somatório dos coeficientes estequiométricos: 1 + 2 + 4 + 2 + 4 = 13

Agente redutor = dióxido de enxofre

Agente oxidante = iodo molecular

Exemplo Aplicativo II

(GRILLO) Realize o balanceamento da seguinte equação química pelo método redox, apresentando o somatório dos menores números inteiros dos coeficientes estequiométricos, o agente redutor e o agente oxidante. $KMnO_4 + MnSO_4 + H_2O \rightarrow MnO_2 + K_2SO_4 + H_2SO_4$.

Resolução

Semirreação de oxidação do manganês: $Mn^{+2} \rightarrow Mn^{+4} + 2 \text{ elétrons}$

Semirreação de redução do iodo: $Mn^{+7} + 3 \text{ elétrons} \rightarrow Mn^{+4}$

A partir do balanceamento pelo método redox, a equação química balanceada fica da seguinte maneira:

$2KMnO_4 + 3MnSO_4 + 2H_2O \rightarrow 5MnO_2 + K_2SO_4 + 2H_2SO_4$

Somatório dos coeficientes estequiométricos: 2 + 3 + 2 + 5 + 1 + 2 = 15

Agente redutor = sulfato de manganês II

Agente oxidante = permanganato de potássio

Exemplo Aplicativo III

(GRILLO) Realize o balanceamento da seguinte equação química pelo método redox, apresentando o somatório dos menores números inteiros dos coeficientes estequiométricos, o agente redutor e o agente oxidante. $KClO_3 + H_2SO_4 \rightarrow KHSO_4 + HClO_4 + ClO_2 + H_2O$.

Resolução

Semirreação de oxidação do cloro: $Cl^{+5} \rightarrow Cl^{+7} + 2 \text{ elétrons}$

Semirreação de redução do iodo: $Cl^{+5} + 1 \text{ elétrons} \rightarrow Cl^{+4}$

A partir do balanceamento pelo método redox, a equação química balanceada fica da seguinte maneira:

$3KClO_3 + 3H_2SO_4 \rightarrow 3KHSO_4 + HClO_4 + 2ClO_2 + H_2O$.

Somatório dos coeficientes estequiométricos: 3 + 3 + 3 + 1 + 2 + 1 = 13

Agente redutor = clorato de potássio

Agente oxidante = clorato de potássio

Exemplo Aplicativo IV

(GRILLO) Realize o balanceamento da seguinte equação química pelo método redox, apresentando o somatório dos menores números inteiros dos coeficientes estequiométricos, o agente redutor e o agente oxidante. $Na_2S + HCl + I_2 \rightarrow HI + NaCl + S$.

Resolução

Semirreação de oxidação do enxofre: $S^{-2} \rightarrow S^0 + 2 \text{ elétrons}$

Semirreação de redução do iodo: $\frac{1}{2}I_2^0 + 1 \text{ elétron} \rightarrow I^{-1}$

A partir do balanceamento pelo método redox, a equação química balanceada fica da seguinte maneira:

$2Na_2S + 4HCl + 2I_2 \rightarrow 4HI + 4NaCl + 2S$

Dividindo a equação química por dois, temos: $Na_2S + 2HCl + I_2 \rightarrow 2HI + 2NaCl + S$

Somatório dos coeficientes estequiométricos: 1+ 2 + 1 + 2 + 2 + 1 = 10

Agente redutor = sulfeto de sódio

Agente oxidante = iodo molecular

Exemplo Aplicativo V

(GRILLO) Realize o balanceamento da seguinte equação química pelo método redox, apresentando o somatório dos menores números inteiros dos coeficientes estequiométricos, o agente redutor e o agente oxidante. $SnCl_2 + H_2SO_3 + HCl \rightarrow SnCl_4 + H_2S + H_2O$.

Resolução

Semirreação de oxidação do estanho: $Sn^{+2} \rightarrow Sn^{+4} + 2 \text{ elétrons}$

Semirreação de redução do enxofre: $S^{+4} + 6 \text{ elétrons} \rightarrow S^{-2}$

A partir do balanceamento pelo método redox, a equação química balanceada fica da seguinte maneira:

$6SnCl_2 + 2H_2SO_3 + 12HCl \rightarrow 6SnCl_4 + 2H_2S + 6H_2O$

Dividindo a equação química por dois, temos: $3SnCl_2 + H_2SO_3 + 6HCl \rightarrow 3SnCl_4 + H_2S + 3H_2O$

Somatório dos coeficientes estequiométricos: 3 + 1 + 6 + 3 + 1 + 3 = 17

Agente redutor = cloreto de estanho II

Agente oxidante = ácido sulfuroso

5.6 Equação Iônica

As equações químicas denominadas de equações iônicas são caracterizadas pelo fato dos agentes oxidantes e agentes redutores em sua grande maioria serem agregados iônicos, diante disso, quando na presença de solução, são os seus íons e não agregados que intervêm no processo redox. Pode-se então, representar as reações redox a partir dos íons que nelas tomam parte. Com isso, a reação química entre o cloreto férrico ou cloreto de ferro III na presença de cloreto de estanho II, resultando em cloreto ferroso ou cloreto de ferro II e cloreto de estanho IV, pode ser escrita a partir da seguinte equação química apresentada a seguir:

$2FeCl_3 + SnCl_2 \rightarrow 2FeCl_2 + SnCl_2$

Esta equação química pode ser escrita na forma iônica da seguinte maneira apresentada a seguir:

$Fe^{+3}_{(aquoso)} + Sn^{+2}_{(aquoso)} \rightarrow Fe^{+2}_{(aquoso)} + Sn^{+4}_{(aquoso)}$

A partir da equação iônica acima, verifica-se que o íon férrico $[Fe^{+3}_{(aquoso)}]$ representa o agente oxidante enquanto o íon estanoso $[Sn^{+2}_{(aquoso)}]$ trata-se do agente redutor. O ajuste dos coeficientes estequiométricos das equações ditas iônicas pelo método do número de oxidação vai obedecer às mesmas regras já apresentadas anteriormente.

O exemplo aplicativo VI apresenta o balanceamento na forma iônica pelo método redox.

Exemplo Aplicativo VI

(GRILLO) Realize o balanceamento da seguinte equação química pelo método redox, apresentando o somatório dos menores números inteiros dos coeficientes estequiométricos, o agente redutor e o agente oxidante. $MnO^{-2}_{4(aquoso)} + SO^{-2}_{3(aquoso)} + H^{+}_{(aquoso)} \rightarrow Mn^{+2}_{(aquoso)} + SO^{-2}_{4(aquoso)} + H_2O$.

Resolução

Semirreação de redução do manganês: $Mn^{+7} + 5\ \text{elétrons} \rightarrow Mn^{+2}$

Semirreação de oxidação do enxofre: $S^{+4} \rightarrow S^{+6} + 2\ \text{elétrons}$

A partir do balanceamento pelo método redox, a equação química balanceada fica da seguinte forma:

$$2MnO^{-2}_{4(aquoso)} + 5SO^{-2}_{3(aquoso)} + 6H^{+}_{(aquoso)} \rightarrow 2Mn^{+2}_{(aquoso)} + 5SO^{-2}_{4(aquoso)} + 3H_2O$$

Somatório dos coeficientes estequiométricos: 2 + 5 + 6 + 2 + 5 + 3 = 23

Agente oxidante: Mn^{+2}

Agente redutor: S^{+4}

Capítulo 6. Estudo do Mol

O mol é dado como padrão, definido como sendo a quantidade de átomos de carbono contida em uma amostra de 12 gramas dele. O conceito de mol, introduzido por Wilhelm Ostwald (02 de setembro de 1853 – 04 de abril de 1932) em 1900, foi inicialmente associado à unidade individual de massa, devido ao seu ceticismo inicial em relação à teoria atômico-molecular.

Ostwald definiu mol como o "peso normal ou molecular de uma substância em gramas". Foi somente no século XX, mais especificamente na década de setenta (1971), que o mol passou a ter o significado ao qual utilizamos hoje, introduzido como unidade principal do Sistema Internacional de Unidades (SI) para a grandeza quantidade de matéria.

O mol é a quantidade de matéria de um sistema que contém tantas entidades elementares quantos são os átomos contidos em 0,012 quilograma de carbono 12; seu símbolo é 'mol'. Quando se utiliza o mol, as entidades elementares devem ser especificadas, podendo ser relacionadas diretamente com átomos, moléculas, íons, elétrons, outras partículas ou agrupamentos específicos de tais partículas.

Anteriormente, essa grandeza era citada como 'número de mols', sendo esta expressão não mais recomendada. Assim, ainda é muito comum definir o mol como a massa atômica ou molecular expressa em gramas. Sendo a definição atual muito diferente, referindo-se à grandeza de quantidade de matéria. Representa uma quantidade utilizada na química para a transformação de massas atômicas ou moleculares (expressas em massa atômica – u).

Com relação à hipótese de Avogadro, Joseph Loschmidt (1821-1895), Rudolf Clausius (1822-1888) e Johannes Diderick van der Waals (1837-1923), já haviam proposto valores para essa grandeza, porém ficou para o físico-químico Jean Baptiste Perrin (1870-1942), definir o valor da constante de Avogadro a partir de evidências experimentais. Em 1909, Perrin publicou o artigo "Mouvement brownien et réalité moléculaire nos Annales de Chimie et Physique", em que o próprio Perrin sugeriu nomear a constante em honra à Avogadro.

"Este número N invariante é uma constante universal, que pode, com justificativa, ser chamada constante de Avogadro". Mais tarde, em 1913, Perrin publicou a obra Les Atomes, onde tratou de diversos temas relacionados à teoria atômica, tendo ilustrado em uma tabela os resultados para a determinação da constante de Avogadro por diferentes métodos, afirmando que:

"Estou atônito de admiração diante do milagre da concordância tão precisa a partir de fenômenos tão diferentes".

Seu trabalho foi de grande importância para acabar com a controvérsia envolvendo o atomismo no século XIX. Em reconhecimento aos trabalhos de Perrin, no ano de 1926, ele recebeu o prêmio Nobel de Física.

Mas cabe uma abordagem histórica quanto a este número, uma vez que levantou diversos questionamentos. Foi a partir do ano de 1960 que a IUPAP (União Internacional de Física Pura e Aplicada) e a IUPAC (União Internacional de Química Pura e Aplicada) chegaram a um consenso sobre o elemento químico que deveriam utilizar como padrão. Químicos e físicos adotaram o valor de número 12, exatamente, para o peso atômico, na realidade a massa atômica relativa, a partir do isótopo de carbono com número de massa 12 (C^{12}).

No ano de 1961, a IUPAP recomendou que no campo da química e da física molecular, além das grandezas físicas definidas antes pela Conferência Geral de Pesos e Medidas, também se consideravam como uma grandeza de base a quantidade de matéria. O mol era a unidade de base recomendada, apresentando como símbolo a letra "n" minúscula. Esta unificação, a partir dos dois órgãos que fundamentam e regularizam diversas unidades e propriedades, conceituaram o número de Avogadro como sendo uma grandeza obtida experimentalmente e não por definição, já que não existem aparelhos que permitam medir diretamente seu valor (hoje com uma incerteza menor que 0,5 ppm). Quando o oxigênio era o elemento químico padrão, o número de Avogadro, N_A, correspondia a cerca de $6,023 \times 10^{23}$ e, com o novo padrão carbono-12, N_A corresponde a aproximadamente $6,022 \times 10^{23}$.

Seguindo a IUPAP, em 1965, uma recomendação quase idêntica, aceitando-se que a quantidade de matéria é uma grandeza diferente da massa, na qual "um mol é uma quantidade de matéria de fórmula química especificada que contém o mesmo número de unidades-fórmula (átomos, moléculas, íons, elétrons ou outras unidades) que há em 12 gramas (exatamente) do nuclídeo puro C^{12}.

Capítulo 7. Estudo da Massa Atômica

Conforme já mencionado no capítulo anterior, a definição de massa atômica está atrelada à massa a partir de $\frac{1}{12}$ da massa atômica do $^{12}C_6$, sendo este o carbono mais estável encontrado na natureza.

A Figura I, logo abaixo, apresenta a massa do átomo de carbono (C) havendo a divisão em doze partes, característica que faz deste elemento químico como o padrão para a determinação das demais massas atômicas de diferentes elementos químicos.

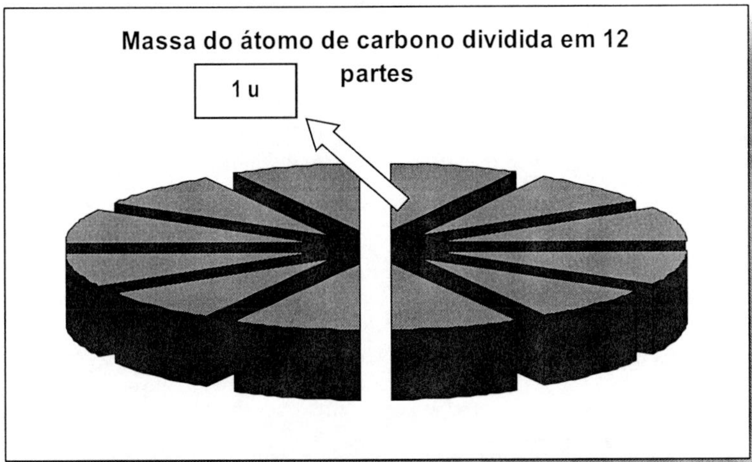

Figura I – Massa do átomo de carbono dividida em doze partes iguais.

A unidade de massa atômica, no entanto, é uma grandeza muito pequena. Além disso, não convém trabalharmos com apenas um átomo, mas com um conjunto de átomos. A este conjunto de átomos reunidos em uma quantidade extremamente grande é conhecido e definido como número de Avogadro, representado pela letra maiúscula N_A, apresentando como valor na ordem de 6,02 x 10^{23}, conforme já foi bastante discutido no capítulo anterior.

7.1 Cálculo da Massa Atômica

É a massa do átomo medida em unidades de massa atômica (u). Para o cálculo da massa atômica de um determinado elemento químico, será necessário levar em consideração que os seus isótopos apresentem um determinado número em bases percentuais encontrado na natureza. Diante disso, os elementos químicos são isótopos e sua massa atômica é uma média ponderada das massas atômicas desses isótopos. A equação matemática que expressa a determinação da massa atômica é descrita da seguinte forma:

$$\text{Massa atômica} = \frac{M_{A_1} \text{ x } (\%)_{A_1} + M_{A_2} \text{ x } (\%)_{A_2} + M_{A_1} \text{ x } (\%)_{A_1}}{100\%},$$

em que M_{A1} = massa atômica de um determinado isótopo e $(\%)_{A1}$ = percentual de um determinado isótopo encontrado na natureza.

7.2 Quantidade em número de mol

Um mol pode ser aplicado tanto para átomos, moléculas, elétrons e/ou íons. É uma unidade de medida padrão, muito utilizada na química, seja em qualquer área (inorgânica, orgânica, instrumental), que expressa a quantidade de maneira microscópica. O termo vem do latim mole, que significa quantidade, e foi proposto pela primeira vez em 1896 pelo químico Wilhem Ostwald. É representado a partir da seguinte equação matemática: $n = \frac{\text{massa}}{<MM>}$, em que <MM> é a massa molar da espécie química a ser analisada e estudada. A tabela II a seguir apresenta alguns exemplos de aplicação do mol para quantidades químicas.

Espécie Química	Massa de um átomo do elemento (u)	Massa de um átomo do elemento (g)	Quantidade de átomos presente em um mol do elemento	$6{,}02 \times 10^{23}$ átomos/gramas
Hidrogênio (H)	1	$1{,}66 \times 10^{-24}$ g	$6{,}02 \times 10^{23}$	1 g
Sódio (Na)	23	$3{,}82 \times 10^{-23}$g	$6{,}02 \times 10^{23}$	23 g
Carbono (C)	12	$1{,}29 \times 10^{-23}$g	$6{,}02 \times 10^{23}$	12 g
Oxigênio (O)	16	$2{,}66 \times 10^{-23}$g	$6{,}02 \times 10^{23}$	16 g
Ferro (Fe)	55,85	$9{,}28 \times 10^{-23}$g	$6{,}02 \times 10^{23}$	55,85 g
Cálcio (Ca)	40	$6{,}64 \times 10^{-23}$g	$6{,}02 \times 10^{23}$	40 g
Cloro (Cl)	35,45	$5{,}88 \times 10^{-23}$g	$6{,}02 \times 10^{23}$	35,45 g
Xenônio (Xe)	131,3	$2{,}18 \times 10^{-22}$g	$6{,}02 \times 10^{23}$	131,3 g

A partir da tabela apresentada, é possível observar que apenas um átomo representa uma massa muito pequena para se trabalhar. O conjunto de 1 mol de átomos representa uma maior quantidade de matéria. Esta é a principal unidade utilizada para mensurar a matéria, em termos químicos.

7.3 Aplicação do número de mol para moléculas e fórmulas de compostos iônicos

A massa de uma molécula é obtida pela soma da massa de todos os átomos constituintes de sua estrutura, conforme apresentada na tabela III a seguir.

Molécula	Massa de 1 molécula (u)	Quantidade de 1 mol de moléculas	Massa de 1 mol de moléculas
Metano - CH_4	16 u	$6{,}02 \times 10^{23}$	16 g
Dióxido de carbono - CO_2	44 u	$6{,}02 \times 10^{23}$	44 g
Água - H_2O	18 u	$6{,}02 \times 10^{23}$	18 g
Gás Cloro - Cl_2	71 u	$6{,}02 \times 10^{23}$	71 g
Etanol - C_2H_5OH	46 u	$6{,}02 \times 10^{23}$	46 g

7.4 Conversão entre número de mol, massa e número de moléculas

Qualquer quantidade de matéria de composição definida, pode ser convertida em número de mols. Esta conversão deve ter como base a massa de 1 mol da substância ou a quantidade de átomos ou moléculas em um mol. Através de procedimentos matemáticos simples obtêm-se o número de mol, o número de átomos (ou moléculas) e a massa em gramas. A partir deste ponto será apresentado uma série de exemplos aplicativos que vai abordar toda esta parte sobre relações numéricas.

Exemplo Aplicativo VII

(EXAME NACIONAL DOS ESTUDANTES DO ENSINO MÉDIO - ENEM) O brasileiro consome em média 500 miligramas de cálcio por dia, quando a quantidade recomendada é o dobro. Uma alimentação balanceada é a melhor decisão pra evitar problemas no futuro, como a osteoporose, uma doença que atinge os ossos. Ela se caracteriza pela diminuição substancial de massa óssea, tornando os ossos frágeis e mais suscetíveis a fraturas. Disponível em www.anvisa.gov.br. Acesso em: 1 ago. 2012 (adaptado). Considerando-se o valor de 6×10^{23} mol^{-1} para a constante de Avogadro e a massa molar do cálcio igual a 40 $g.mol^{-1}$, qual a quantidade mínima diária de átomos de cálcio a ser ingerida para que uma pessoa supra suas necessidades?

a) $7{,}5 \times 10^{21}$
b) $1{,}5 \times 10^{22}$
c) $7{,}5 \times 10^{23}$
d) $1{,}5 \times 10^{25}$
e) $4{,}8 \times 10^{25}$

Resolução

Alternativa B.

Cálculo da quantidade de massa de cálcio em um dia: 500 mg x 2 = 1000 mg (10^{-3} g).

Cálculo do número de átomos de cálcio, presente em 10^{-3} gramas:

1 mol de Ca ---------- 40 gramas ------------- 6 x 10^{23} átomos de Cálcio
1 mol de Ca ---------- 10^{-3} gramas ----------- X
X = 1,5 x 10^{22} átomos de cálcio

7.5 Conversão entre número de mol e volume

Conforme apresentado no subcapítulo anterior, qualquer quantidade de matéria relacionada a sua composição definida pode ser convertida em número de mol. Para o estudo que leva em consideração sistemas gasosos, será necessário levar em consideração duas situações que são amplamente utilizadas na química. Vamos a elas!

Item a) Condições Normais de Temperatura e Pressão (CNTP) – para este caso o volume de uma determinada amostra gasosa apresenta como valor igual a 22,4 litros, à uma pressão de 1 bar e temperatura igual a 0°C (273,15 K).

Item b) Condições Normais Ambientais de Temperatura e Pressão (CNATP) – para este caso o volume de uma determinada amostra gasosa apresenta como valor igual a 24,45 litros, à uma pressão de 1 bar e temperatura igual a 25°C (298,15 K).

Diante dessas importantes relações para sistemas gasosos, o número de mol e o seu volume nas condições descritas, a relação numérica fica apresentada da seguinte forma:

1 mol de um determinado gás hipotético X ---------- 22,4 L nas CNTP ---------- 24,45 L nas CNATP

Esta conversão deve ter como base a massa de 1 mol da substância gasosa em questão. Através de procedimentos matemáticos simples, a partir de uma regra de três, é possível obter o número de mol, número de moléculas, volume do referido gás ou até mesmo a massa em gramas.

Capítulo 8. Estudo do Cálculo Estequiométrico

Define-se cálculo estequiométrico como sendo um dos ramos da química, mais precisamente da Química Geral que estuda as diferentes relações que envolve mol, quantidade de massa e volume de diferentes substâncias presentes em uma reação química, representado por equações químicas com a presença dos coeficientes estequiométricos. Este ramo da química está muito presente em muitas áreas da sociedade, ajudando na determinação de novos produtos e suas quantidades.

A seguir, estão apresentados alguns passos importantes para a resolução de um problema com cálculo estequiométrico.

Passo a) Determinar a reação química deste processo.

Passo b) Escrever a equação química do processo.

Passo c) Realizar o balanceamento da equação química mencionada, podendo ser por tentativa ou por oxirredução (oxidação-redução).

Passo d) Montar a proporção estequiométrica através das informações relatadas pelo problema.

Passo e) Utilizar os cálculos matemáticos, através da regra de três para o cálculo desejado.

8.1 Tipos de Cálculos Estequiométricos

Para este subcapítulo, serão apresentadas as possíveis relações que podem ser encontradas a partir de cálculos e problemas estequiométricos.

8.1.1 Cálculo estequiométrico - Relação entre as quantidades em número de mol

Os dados do problema e as quantidades que serão determinadas são expressos em função dos termos da quantidade em número de mol.

Exemplo Aplicativo VIII

Calcule o número de mol de dióxido de enxofre produzidos, a partir de 3,5 mol de S. Informação para a resolução do problema: $S_{(ortorrômbico)} + O_{2(gás)} \longrightarrow SO_{2(gás)}$.

Resolução

A partir da equação química apresentada, $S_{(ortorrômbico)} + O_{2(gás)} \longrightarrow SO_{2(gás)}$, temos que a relação estequiométrica será:

1 mol S --------- 1 mol de SO_2
2,5 mol --------- X
X = 2,5 mol de SO_2

8.1.2 Cálculo estequiométrico - Relação entre quantidade de mol e massa

Os dados estão expressos a partir da quantidade de massa com a quantidade do número de mol (n).

Exemplo Aplicativo IX

(GRILLO) Um modo de remover NO das emissões das chaminés é através da seguinte equação química representada a seguir: $NH_{3(gás)} + NO_{(gás)} \longrightarrow N_{2(gás)} + H_2O_{(líquido)}$. Calcule a massa de N_2 produzida a partir de 1,25 mol de NO.

Resolução

Equação química que representa a interação entre o gás amoníaco com óxido nítrico, formando nitrogênio molecular e água.

$NH_{3(gás)} + NO_{(gás)} \longrightarrow N_{2(gás)} + H_2O_{(líquido)}$

Cálculo da massa de monóxido de nitrogênio (NO), a partir do seu número de mol:

1 mol de NO ----------------------- 30 g de NO
1,25 mol de NO ------------------- X
X = 37,5 g NO

Cálculo da massa de gás nitrogênio (N_2), a partir da relação estequiométrica com 37,50 gramas de óxido nítrico (NO):
30 g de NO ------------------ 28 g de N_2
37,5 g NO -------------------- Y
Y = 35 g N_2

8.1.3 Cálculo estequiométrico - Relação entre massa/massa

Os dados estão expressos a partir da relação entre a quantidade de massa entre diferentes espécies químicas.

Exemplo Aplicativo X

(GRILLO) O superóxido de potássio é muito utilizado no uso de máscaras de respiração para gerar oxigênio, segundo a seguinte equação química balanceada: $KO_{2(sólido)} + H_2O_{(líquido)} \longrightarrow KOH_{(sólido)} + O_{2(gás)}$. Se para este processo são produzidos 3,50 g de KOH, determine a massa de KO_2 necessário para reagir.

Resolução

A partir da relação estequiométrica entre o superóxido de potássio na presença de água, temos:

71 g de KO_2 ------------ 56 g de KOH
X -------------------------- 3,5 g de KOH
X = 4,43 g de KO_2

8.1.4 Cálculo estequiométrico - Relação entre massa/volume:

Os dados do problema e suas quantidades estão expressas em termos da quantidade de massa e do volume de um determinado composto gasoso.

Exemplo Aplicativo XI

(GRILLO) Considere a seguinte reação de decomposição da glicose, representada pela equação química, $C_6H_{12}O_{6(aquoso)} \longrightarrow C_2H_5OH_{(líquido)} + CO_{2(gás)}$. A partir das informações apresentadas, calcule a massa de glicose, a partir da produção de 44,8 litros de dióxido de carbono nas condições normais de temperatura e pressão (CNTP).

Resolução

Equação química: $C_6H_{12}O_{6(aquoso)} \longrightarrow C_2H_5OH_{(líquido)} + CO_{2(gás)}$

Relação estequiométrica entre a massa da glicose com a massa do dióxido de carbono, a partir da seguinte relação apresentada abaixo.

1 mol de $C_6H_{12}O_{6(aq)}$ ---------------- 1 mol de $CO_{2(gás)}$

180 g $C_6H_{12}O_6$ ------------------------ 22,4 L de $CO_{2(gás)}$
Massa $C_6H_{12}O_6$ ---------------------- 44,8 L de $CO_{2(gás)}$
Massa = 360g $C_6H_{12}O_6$

Exemplo Aplicativo XII

Adicionando-se carbonato de amônio na presença de 49 g de ácido fosfórico. Diante desta informação apresentada, determine os seguintes itens apresentados abaixo.
a) determine a massa de sal formado;
b) nomeie o sal formado;

c) determine o volume de gás carbônico liberado nas condições ambientes.

Resolução

Primeiramente é importante equacionar e apresentar o processo químico em questão.

Item a) Equação química que corresponde a decomposição do carbonato de amônio:

$3(NH_4)_2CO_{3(sólido)} + 2H_3PO_{4(aquoso)} \rightarrow 2(NH_4)_3PO_{4(aquoso)} + 3H_2O_{(líquido)} + 3CO_{2(gás)}$

Item b) $(NH_4)_3PO_4$ apresenta como nomenclatura: fosfato de amônio.

Item c) Cálculo do número de mol de dióxido de carbono, a partir da relação estequiométrica com a solução de ácido fosfórico.

2 mol de H_3PO_4 -------------------- 3 mol de CO_2
(49/98) mol -------------------------- n
n = 0,75 mol
Cálculo do volume de dióxido de carbono, aplicando a equação dos gases ideais:

$$V = \frac{0,75 \text{ x } 0,08206 \text{ x } (25 + 273)}{1,0} = 18,33 \text{ L}$$

Exemplo Aplicativo XIII

(MESTRE JOÃO ROBERTO DA PACIÊNCIA NABUCO) Que massa de sulfato de cálcio é obtida quando se trata de 37 g de hidróxido de cálcio com solução de ácido sulfúrico?

Resolução

Primeiramente será necessário equacionar a reação de neutralização completa, entre a solução de ácido sulfúrico e de hidróxido de cálcio, conforme apresentada a seguir.

$H_2SO_{4(aquoso)} + Ca(OH)_{2(aquoso)} \rightarrow CaSO_{4(aquoso)} + 2H_2O_{(líquido)}$

A partir da relação estequiométrica entre a solução alcalina e do sal, temos:

74 g de base ------------ 136 g de sal
37 g de base ------------ Massa de sal

$$\text{Massa de sal} = \frac{37 \text{ x } 136}{74} = 68 \text{ g de sulfato de cálcio.}$$

Exemplo Aplicativo XIV

(MESTRE JOÃO ROBERTO DA PACIÊNCIA NABUCO) Foi feita a reação entre o ácido clorídrico na presença de 13 gramas de zinco metálico. Qual o volume de gás produzido nas CNTP?

Resolução

Primeiramente será necessário equacionar a reação de simples troca entre o zinco metálico na presença de uma solução de ácido clorídrico.

Equação química: $Zn_{(sólido)} + 2HCl_{(aquoso)} \rightarrow ZnCl_{2(aquoso)} + H_{2(gás)} \uparrow$

A partir da relação estequiométrica entre o material metálico e o gás hidrogênio, temos:

1 mol de metal --------------------1 mol de gás hidrogênio
(13/65,5) mol de metal ---------- $n_{gás}$

$$n_{gás} = \frac{13}{65,5} = 0,198 \text{ mol}$$

Cálculo do volume de gás hidrogênio, a partir das condições normais de temperatura e pressão (CNTP):

$$V_{gás} = 0,198 \cancel{\text{mol}} \text{ x} \frac{22,4 \text{ L}}{\cancel{\text{mol}}} = 4,43 \text{ L}$$

Exemplo Aplicativo XV

(MESTRE JOÃO ROBERTO DA PACIÊNCIA NABUCO) Que volume de nitrogênio molecular é obtido nas condições normais de temperatura e pressão, quando é feita a oxidação de 50 litros de gás amoníaco?

Resolução

Equação que envolve a interação entre o gás amoníaco na presença de oxigênio molecular:

$2NH_{3(gás)} + 3/2O_{2(gás)} \rightarrow N_{2(gás)} + 3H_2O_{(liquido)}$

A partir da relação estequiométrica entre a amônia e o gás nitrogênio.

2 mol de amônia x 22,4 L.mol^{-1} -------------- 1 mol de gás nitrogênio x 22,4 L
50 L de amônia ----------------------------------- $V_{gás}$

$$V_{gás} = \frac{50 \text{ x } 22,4}{44,8} = 25,0 \text{ L}$$

8.2 Casos Particulares no estudo da Estequiometria Industrial

8.2.1 Problemas envolvendo mais de uma reação química

Para esta situação específica, será necessário escrever todas as equações químicas na sua forma balanceada (claro!) envolvidas no problema e em seguida efetuar a soma algébrica dessas equações.

Exemplo Aplicativo XVI

As indústrias de cerveja utilizam o gás carbônico na fermentação da maltose ($C_{12}H_{22}O_{11}$), presente na cevada, com o objetivo de produzir água gaseificada para fabricação de refrigerantes. As reações químicas deste processo são mostradas abaixo:

$C_{12}H_{22}O_{11} + H_2O \rightarrow 4C_2H_5OH + 4CO_2$
$CO_2 + H_2O \rightarrow H_2CO_3$

Qual a massa do dióxido de carbono obtido a partir de 3,26 kg de maltose?

Resolução

A partir da relação estequiométrica entre a maltose e o dióxido de carbono, temos:

342 g $C_{12}H_{22}O_{11}$ ------------ 176 g CO_2
3260 g ------------------------ X
X = 1677,66 g de CO_2

Na segunda equação, há 1 mol de CO_2 sendo consumido. Diante desta situação, será necessário dividir por quatro (4), uma vez que na segunda equação química só será necessário 1 mol.

Cálculo da massa de dióxido de carbono: $\frac{1677,66}{4} = 419,41$ gramas de dióxido de carbono

Cálculo da massa de ácido carbônico, a partir da relação estequiométrica com o dióxido de carbono:

44g CO_2 ------------------ 62 g H_2CO_3
419,41g CO_2 ------------ X de H_2CO_3
X = 590,99 g de H_2CO_3

Mas como há 4 mol de CO_2, que foi formado da primeira reação química apresentada, será necessário multiplicar por quatro a massa encontrada de H_2CO_3.

x = 590,99 x 4 = 2364g

8.2.2 Problemas envolvendo reagentes em excesso e limitante

Quando o exercício fornecer quantidades de pelo menos dois participantes químicos sendo estes participantes os reagentes químicos, será necessário determinar qual o reagente em excesso e qual é o limitante. Para que seja realizado o cálculo estequiométrico é de suma importância que este esteja relacionado com o reagente limitante, uma vez que se trata do primeiro a ser consumido. A partir do exemplo Aplicativo XVII, é possível entender com maior clareza a determinação do reagente limitante e o regente em excesso.

Exemplo Aplicativo XVII

(INSTITUTO MILITAR DE ENGENHARIA) Foram misturados 40 gramas de hidrogênio com 40 gramas de oxigênio, com a finalidade de produzir água, segundo a equação:
a) o reagente limitante;
b) a massa do produto formado;
c) a massa do reagente em excesso.

Resolução

Equação química que ocorre entre os gases: $H_{2(gás)} + ½\ O_{2(gás)} \longrightarrow H_2O_{(gás)}$

Número de mol de $H_{2(gás)}$ = $\frac{40}{2} = 20\ \text{mol}$

Número de mol de $O_{2(gás)}$ = $\frac{40}{32} = 1{,}25\ \text{mol}$

Comparando os valores do número de mol de cada reagente químico, o de menor número corresponde ao reagente limitante. Com isso:

Reagente limitante: $O_{2(gás)}$

Reagente em excesso: $H_{2(gás)}$.

Cálculo do número de mol de oxigênio gasoso:

1/2 mol de O_2 ------------------ 1,25 mol
n_{O2} --------------------------------- 1,0 mol
n_{O2} = 2,50 mol

Cálculo da massa de gás hidrogênio que reagiu:

1 mol de H_2 -------------------- 1/2 mol de O_2
2,0 g ----------------------------- ½ x 32 g
Massa --------------------------- 40,0 g
Massa = 5,0 g (reagiu)

Massa de gás hidrogênio que não reagiu = 40,0 g – 5,0 g = 35,0 g

8.2.3 Grau de pureza

É bastante comum em indústrias e até mesmo laboratórios, o uso de reagentes químicos impuros. Este fato é de grande relevância e, para este caso é importante calcular a massa referente somente à parte pura do processo, uma vez que as impurezas não participam da relação estequiométrica.

Grau de pureza é o quociente entre a massa pura da substância e a massa total da mesma substância.

$$\text{pureza} = \frac{\text{massa da substância pura}}{\text{massa total da amostra}}$$

O exemplo aplicativo XVIII apresenta a aplicabilidade para a determinação de uma relação estequiométrica envolvendo grau de pureza.

Exemplo Aplicativo XVIII

(GRILLO) Deseja-se obter 180 litros de dióxido de carbono, medidos nas condições normais, a partir do processo de calcinação de um calcário com 90% de pureza. A partir das informações apresentadas, calcule a massa de calcário.

Resolução

Equação química que corresponde a decomposição térmica do carbonato de cálcio: $CaCO_{3(sólido)} \longrightarrow CaO_{(sólido)} + CO_{2(gás)} \uparrow$

Cálculo da massa de calcário, a partir da relação estequiométrica com o dióxido de carbono no estado gasoso.

100 g ---------------------------- 22,4 L de CO_2 (CNTP)
Massa x 0,90 ------------------- 180 L de CO_2

Massa = 100 x (180/0,90) x 22,4 = 892,8 g de calcário

Exemplo Aplicativo XIX

(MESTRE JOÃO ROBERTO DA PACIÊNCIA NABUCO) Qual a massa de sulfato de cálcio obtida quando se trata de 370 g de hidróxido de cálcio contendo 20% de impurezas por solução de ácido sulfúrico?

Resolução

Primeiramente, será necessário apresentar a reação completa do processo de neutralização total entre a solução de ácido sulfúrico e a solução alcalina de hidróxido de cálcio.

$H_2SO_{4(aquoso)} + Ca(OH)_{2(aquoso)} \longrightarrow CaSO_{4(aquoso)} + 2H_2O_{(líquido)}$

A partir da relação estequiométrica entre o hidróxido de cálcio e o sulfato de cálcio, temos:

74 g de hidróxido de cálcio ---------------- 136 g de sulfato de cálcio
0,80 x 370 g de base ----------------------- Massa de sal

$$\text{Massa de sal} = \frac{0,80 \text{ x } 370 \text{ x } 136}{74} = 544 \text{ g}$$

Observação: Para este problema apresentado acima, observe que apenas a parte pura do hidróxido de cálcio foi levada em consideração, ou seja, 100% - 20% = 80% (0,80).

Exemplo Aplicativo XX

(MESTRE JOÃO ROBERTO DA PACIÊNCIA NABUCO) Na calcinação de 80 g de mármore obtiveram-se 42 g de óxido de cálcio. Qual o grau de pureza do mármore?

Resolução

Processo de calcinação do mármore, que corresponde a decomposição do carbonato de cálcio. $CaCO_{3(sólido)} \rightarrow CaO_{(sólido)} + CO_{2\,(gás)} \uparrow$

Cálculo da pureza (p), a partir da relação estequiométrica entre o carbonato de cálcio e o óxido de cálcio.

100 g de mármore ----------------- 56 g de óxido de cálcio
p x 80 g de base ------------------- 42 g de óxido de cálcio

$$\text{pureza (p)} = \frac{100 \times 42}{80 \times 56} = 0{,}9375\ (93{,}75\ \%)$$

8.2.4 Estudo do Rendimento de processos químicos

Entende-se por rendimento de uma reação, a razão entre a quantidade de produto obtida pela quantidade esperada (teórica), de acordo com a proporção apresentada pela equação química. O exemplo aplicativo XXI está apresentando a aplicabilidade para a determinação de uma relação estequiométrica envolvendo grau de rendimento de um processo químico.

Exemplo Resolvido XXI

(MESTRE JOÃO ROBERTO DA PACIÊNCIA NABUCO) Queimando-se 30 g de carbono puro, com rendimento de 90%, calcule a massa de dióxido de carbono produzido.

Resolução

Equação química que representa o processo de combustão do carbono grafite. $C_{(grafite)} + O_{2(gás)} \rightarrow CO_{2(gás)} \uparrow$

Cálculo da massa de dióxido de carbono a partir da relação estequiométrica com o carbono na sua forma pura.

12,0 g de carbono grafite -------------- 44,0 g x 0,90 de dióxido de carbono
30,0 g --------------------------------------- Massa

$$\text{Massa de dióxido de carbono} = \frac{30 \times 44 \times 0{,}90}{12} = 99{,}0\ g$$

Exemplo Resolvido XXII

(MESTRE JOÃO ROBERTO DA PACIÊNCIA NABUCO) Tratando-se 500 g de nitrato de potássio por uma solução de ácido sulfúrico, a quente, qual será a massa de ácido nítrico obtida, supondo-se um rendimento de 90%?

Resolução

Equação química que representa o processo descrito pelo problema.

$KNO_{3(sólido)} + H_2SO_{4(aquoso)} \rightarrow K_2SO_{4(aquoso)} + HNO_{3(aquoso)}$

Relação estequiométrica entre o nitrato de potássio e a solução de ácido sulfúrico.

101 g – – – – – – 63 g x 0,90
500 g – – – – – – Massa

$$\text{Massa} = \frac{500 \times 63 \times 0{,}90}{101} = 280{,}69\ g$$

Exemplo Resolvido XXIII

(MESTRE JOÃO ROBERTO DA PACIÊNCIA NABUCO) 2,8 g de ferro reagiu na presença de ácido sulfúrico diluído. Qual o volume de hidrogênio obtido nas CNTP, supondo-se um rendimento de 80%?

Resolução

Equação química que representa o processo de simples troca entre o ferro metálico na presença de ácido sulfúrico.

Cálculo do número de mol de ferro metálico: $n_{Fe} = \frac{2,80}{56} = 0,05 \text{ mol}$

Equação química que representa a reação de simples troca entre o ferro metálico na presença de ácido sulfúrico:

$Fe_{(sólido)} + H_2SO_{4(aquoso)} \longrightarrow FeSO_{4(aquoso)} + H_{2(gás)} \uparrow$

$$1,0 \text{ mol de Fe} - - - - - 1 \text{ mol x } 22,4 \frac{\text{L}}{\text{mol}} \text{ de gás produzido x } 0,80$$
$$0,05 \text{ mol} - - - - - - - \text{Volume}$$

$$\text{Volume} = \frac{0,05 \text{ x } 1,0 \text{ x } 22,4 \text{ x } 0,80}{1,0} = 0,896 \text{ L}$$

8.2.5 Estudo do cálculo estequiométrico na presença do ar atmosférico

Para este estudo específico com relação ao estudo estequiométrico, é levado em consideração a presença do ar atmosférico, utilizando uma composição de 21% de oxigênio molecular e 79% de nitrogênio molecular, que são gases majoritários presentes no ar atmosférico.

Quando há participação do ar nas reações químicas, apenas o oxigênio molecular reage, mas é necessário calcular o número de mol da quantidade de gás nitrogênio, pois ele está no ar como reagente e produto. O ar participa em muitos processos químicos, principalmente em reações de oxidação, como as de combustões, sendo que o nitrogênio é considerado inerte. Mas, embora não participe da reação, o nitrogênio faz parte do ar que reage e dos gases finais produzidos.

O exemplo aplicativo XXIV está apresentado a aplicabilidade para a determinação do volume do ar atmosférico levando em consideração sua composição volumétrica.

Exemplo Resolvido XXIV

(MESTRE JOÃO ROBERTO DA PACIÊNCIA NABUCO) Determine o volume de ar atmosférico nas condições normais de temperatura e pressão para a combustão do gás amoníaco, quando 12,50 mols deste gás reage com uma composição de 20% de O_2 e 80% de N_2.

Resolução

Equação química da combustão do gás amoníaco, formando ácido nítrico e água.

$NH_{3(gás)} + 2O_{2(gás)} \longrightarrow HNO_{3(aquoso)} + H_2O_{(liquido)}$

Cálculo do número de mol de gás nitrogênio, levando em consideração que o ar atmosférico apresenta como composição igual a 1:4, ou seja, 20% de oxigênio molecular e 80% de nitrogênio molecular.

2 mol de O_2 ---------- 20%
n ----------------------- 80%
n = 8 mol de gás nitrogênio

Equação química com a presença do gás nitrogênio: $NH_{3(gás)} + 2O_{2(gás)} + 8N_{2(gás)} \longrightarrow HNO_{3(aquoso)} + H_2O_{(liquido)} + 8N_{2(gás)}$

Cálculo do número de mol de ar atmosférico, a partir do número de mol de amônia:

1 mol de NH_3 ------- 10 mol de gás atmosférico
12,50 mol ------------ n
n = 125 mol de gás atmosférico

Cálculo do volume do ar atmosférico, sabendo que apresenta comportamento nas CNTP.

$$V_{ar} = 125 \, \cancel{\text{mol}} \, x \frac{22{,}4 \text{ L}}{\cancel{\text{mol}}} = 2800 \text{ L}$$

Capítulo 9. Principais Reações Químicas

ITEM A) Reação de neutralização completa

$$HCl_{(aquoso)} + NaOH_{(aquoso)} \rightarrow NaCl_{(aquoso)} + H_2O_{(líquido)}$$

$$H_2SO_{4(aquoso)} + Mg(OH)_{2(aquoso)} \rightarrow MgSO_{4(aquoso)} + 2H_2O_{(líquido)}$$

ITEM B) Reação de neutralização parcial

$$H_2SO_{4(aquoso)} + NaOH_{(aquoso)} \rightarrow NaHSO_{4(aquoso)} + H_2O_{(líquido)}$$

$$HCl_{(aquoso)} + Mg(OH)_{2(aquoso)} \rightarrow Mg(OH)Cl_{(aquoso)} + 2H_2O_{(líquido)}$$

ITEM C) Reação de combustão completa

$$CH_{4(gás)} + O_{2(gás)} \rightarrow CO_{2(gás)} + 2H_2O_{(líquido)}$$

$$C_3H_{8(gás)} + 5O_{2(gás)} \rightarrow 3CO_{2(gás)} + 4H_2O_{(líquido)}$$

ITEM D) Reação de combustão incompleta

Com relação ao gás metano:

$$CH_{4(gás)} + \frac{3}{2}O_{2(gás)} \rightarrow CO_{(gás)} + 2H_2O_{(líquido)}$$

$$CH_{4(gás)} + O_{2(gás)} \rightarrow C_{(sólido)} + 2H_2O_{(líquido)}$$

Com relação ao gás propano:

$$C_3H_{8(gás)} + \frac{7}{2}O_{2(gás)} \rightarrow 3CO_{(gás)} + 4H_2O_{(líquido)}$$

$$C_3H_{8(gás)} + 2O_{2(gás)} \rightarrow 3C_{(sólido)} + 4H_2O_{(líquido)}$$

Observação: O que vai determinar a formação de monóxido de carbono ou carbono na forma grafite trata-se da temperatura de combustão.

ITEM E) Metal + água → hidróxido + gás ↑

$$Na_{(metal)} + H_2O_{(líquido)} \rightarrow NaOH_{(aquoso)} + \frac{1}{2}H_{2\,(gás)} \uparrow$$

$$Mg_{(metal)} + 2H_2O_{(líquido)} \rightarrow Mg(OH)_{2(aquoso)} + H_{2(gás)} \uparrow$$

ITEM F) Óxido básico + água → hidróxido

$$Na_2O_{(sólido)} + H_2O_{(líquido)} \rightarrow 2NaOH_{(aquoso)}$$

$$MgO_{(sólido)} + 2H_2O_{(líquido)} \rightarrow Mg(OH)_{2(aquoso)}$$

ITEM G) Óxido ácido + água → ácido

$$Cl_2O_{7(sólido)} + H_2O_{(líquido)} \rightarrow 2HClO_{4(aquoso)}$$

$$N_2O_{5(sólido)} + H_2O_{(líquido)} \rightarrow 2HNO_{3(aquoso)}$$

ITEM H) Óxido ácido + óxido básico → sal inorgânico

$$CO_{2(sólido)} + MgO_{(sólido)} \rightarrow MgCO_{3(sólido)}$$

$$CO_{2(sólido)} + CaO_{(sólido)} \rightarrow CaCO_{3(sólido)}$$

ITEM I) Óxido ácido + hidróxido → sal inorgânico + água

$$CO_{2(sólido)} + Mg(OH)_{2(aquoso)} \rightarrow MgCO_{3(sólido)} + H_2O_{(líquido)}$$

$$Cl_2O_{7(sólido)} + 2NaOH_{(aquoso)} \rightarrow 2NaClO_{4(sólido)} + H_2O_{(líquido)}$$

ITEM J) Ácido + óxido básico → sal + água

$$2HCl_{(aquoso)} + MgO_{(sólido)} \rightarrow MgCl_{2(aquoso)} + H_2O_{(líquido)}$$

$$H_2SO_{4(aquoso)} + CaO_{(sólido)} \rightarrow CaSO_{4(aquoso)} + H_2O_{(líquido)}$$

ITEM K) Reação de decomposição do peróxido de hidrogênio

$$H_2O_{2(aquoso)} \rightarrow H_2O_{(líquido)} + \frac{1}{2}O_{2(gás)} \uparrow$$

ITEM L) Reação entre o ácido na presença de um peróxido

$$HCN_{(aquoso)} + K_2O_{2(aquoso)} \rightarrow KCN_{(aquoso)} + H_2O_{(líquido)} + \frac{1}{2}O_{2(gás)} \uparrow$$

ITEM M) Reação entre o ácido na presença de um superóxido

$$H_2SO_{4(aquoso)} + K_2O_{4(aquoso)} \rightarrow K_2SO_{4(aquoso)} + \underbrace{H_2O_{2(aquoso)}}_{H_2O_{(líquido)} + \frac{1}{2}O_{2(gás)} \uparrow} + O_{2(gás)} \uparrow$$

ITEM N) Reação de Bourdouard

$$CO_{2(gás)} + C_{(grafite)} \rightleftarrows 2CO_{(gás)}$$

ITEM O) Reação de síntese da amônia

$$N_{2(gás)} + H_{2(gás)} \overset{200-250\ atm}{\underset{}{\overset{450^oC}{\rightleftarrows}}} NH_{3(gás)}$$

ITEM P) Reação de oxidação da amônia

$$NH_{3(gás)} + 2O_{2(gás)} \rightarrow HNO_{3(aquoso)} + H_2O_{(líquido)}$$

ITEM Q) Reação de decomposição do pentacloreto de fósforo

$PCl_{5(gás)} \rightleftarrows PCl_{3(gás)} + Cl_{2(gás)}$

ITEM R) Reação entre o cobre metálico na presença de ácido nítrico diluído

$3Cu_{(sólido)} + 8HNO_{3(diluído)} \rightarrow 3Cu(NO_3)_{2(aquoso)} + 2NO_{(gás)} + 4H_2O_{(líquido)}$

ITEM S) Reação entre o cobre metálico na presença de ácido nítrico concentrado

$Cu_{(sólido)} + 4HNO_{3(concentrado)} \rightarrow Cu(NO_3)_{2(aquoso)} + 2NO_{2(gás)} + 2H_2O_{(líquido)}$

ITEM T) Reação de esterificação: ácido carboxílico + álcool → éster + água

$H_3C - COOH_{(aquoso)} + C_2H_5OH_{(aquoso)} \rightarrow H_3C - COOC_2H_{5(aquoso)} + H_2O_{(líquido)}$

ITEM U) Reação de síntese do cloreto de amônio

$NH_{3(gás)} + HCl_{(aquoso)} \rightarrow NH_4Cl_{(aquoso)}$

ITEM V) Reação de decomposição do bicarbonato de sódio

$2NaHCO_{3(sólido)} \rightarrow Na_2CO_{3(sólido)} + H_2O_{(líquido)} + CO_{2(gás)}$

ITEM W) Reação para a produção de hidróxido de sódio a partir da eletrólise do cloreto de sódio

$2NaHCO_{3(sólido)} \rightarrow Na_2CO_{3(sólido)} + H_2O_{(líquido)} + CO_{2(gás)}$

ITEM X) Reação de decomposição térmica do clorato de potássio

$KClO_{3(sólido)} \overset{\Delta}{\rightarrow} KCl_{(sólido)} + \frac{3}{2}O_{2(gás)}$

ITEM Y) Reação de decomposição térmica do clorato de potássio

$CaCO_{3(sólido)} \overset{\Delta}{\rightarrow} CaO_{(sólido)} + CO_{2(gás)}$

ITEM Z) Reação de combustão do hidrogênio gasoso

$H_{2(gás)} + \frac{1}{2}O_{2(gás)} \rightarrow H_2O_{(líquido)}$

ITEM AA) Reação de redução do óxido de cobre na presença de hidrogênio gasoso

$CuO_{(sólido)} + H_{2(gás)} \rightarrow Cu_{(sólido)} + H_2O_{(líquido)}$

ITEM BB) Sal inorgânico 1 + Sal inorgânico 2 → Sal inorgânico 3 + Sal inorgânico 4

$AgNO_{3(aquoso)} + NaCl_{(aquoso)} \rightarrow \underbrace{AgCl_{(aquoso)}}_{precipitado} + NaNO_{3(aquoso)}$

ITEM CC) Reação entre o peróxido na presença de ácido

$CaO_{2(aquoso)} + H_2SO_{4(aquoso)} \rightarrow CaSO_{4(aquoso)} + \underbrace{H_2O_{2(aquoso)}}_{H_2O_{(líquido)} + \frac{1}{2}O_{2(gás)}\uparrow}$

ITEM DD) Reação entre o superóxido na presença de ácido

$$KO_{2(aquoso)} + H_2SO_{4(aquoso)} \rightarrow K_2SO_{4(aquoso)} + \underbrace{H_2O_{2(aquoso)}}_{H_2O_{(líquido)} + \frac{1}{2}O_{2(gás)}} + O_{2(gás)} \uparrow$$

ITEM EE) Reação entre um sal inorgânico na presença de uma base

$$Na_2CO_{3(aquoso)} + Ca(OH)_{2(aquoso)} \rightarrow CaCO_{3(aquoso)} + 2NaOH_{(aquoso)}$$

9.1 Exemplos Aplicativos

Exemplo Aplicativo I

(MESTRE JOÃO ROBERTO DA PACIÊNCIA NABUCO) Completar as equações:

a) $Cl_2O_5 + H_2O \rightarrow$
b) $SO_2 + KOH \rightarrow$
c) $N_2O_3 + Ca(OH)_2 \rightarrow$
d) $N_2O_3 + H_2O \rightarrow$
e) $SO_2 + NaOH \rightarrow$
f) $K_2CO_3 + HCl \rightarrow$
g) $CO_2 + NaOH \rightarrow$
h) peróxido de potássio + ácido nítrico →
i) peróxido de bário + ácido bromídrico →
j) peróxido de lítio + ácido sulfúrico →
k) superóxido de bário + ácido nítrico →
l) superóxido de cálcio + ácido sulfúrico →
m) superóxido de potássio + ácido clorídrico →
n) $CaO + HCl \rightarrow$
o) $Li_2O + H_2O \rightarrow$
p) $K_2O + HNO_3 \rightarrow$
q) $Ag_2O + HI \rightarrow$
r) $KNO_2 + HCl \rightarrow$
s) $BaO + H_2O \rightarrow$
t) $Rb_2O + HF \rightarrow$
u) $Al + HCl \rightarrow$v) $CaO + SO_3 \rightarrow$
w) Decomposição do nitrato de sódio →
x) $FeS + HCl \rightarrow$
y) $K_2SO_3 + HCl \rightarrow$
aa) Combustão incompleta do gás butano →
bb) Combustão completa do octano →
cc) $Ag_2O_2 + H_2O \rightarrow$
dd) $ZnO_2 + HCl \rightarrow$
ee) $BaO_2 + H_2O \rightarrow$
ff) Decomposição do peróxido de hidrogênio →
gg) $KOH + HCl \rightarrow$
hh) Combustão parcial do gás metano →
ii) $CaO + NaCN \rightarrow$
jj) Combustão completa do gás butano →
kk) Combustão completa do gás metano →
ll) $H_3PO_4 + Ca(OH)_2 \rightarrow$
mm) $HCl + NaOH \rightarrow$
nn) Combustão completa do decano →
oo) Decomposição clássica do carbonato de cálcio →
pp) $Zn + Pb(NO_3)_2 \rightarrow$
qq) Decomposição clássica do bicarbonato de cálcio →

rr) CO_2 + $Ba(OH)_2$ →
ss) CaO + H_2SO_4 →
tt) HCN + NaOH →
uu) Cl_2 + $AlBr_3$ →
vv) $HCl_{(aq)}$ + $NaOH_{(aq)}$ →
ww) $HClO_{4(aq)}$ + $Mg(OH)_{2(aq)}$ →
xx) $HBr_{(aq)}$ + $KOH_{(aq)}$ →
yy) $Ba(OH)_{2(aq)}$ + $H_3PO_{4(aq)}$ →
zz) $Ca(OH)_{2\,(aq)}$ + $H_2SO_{4(aq)}$ →
aaa) H_2SO_4 + $CaCO_3$ →
bbb) ácido carbônico + hidróxido de sódio →
ccc) ácido nítrico + hidróxido de cálcio →
ddd) ácido sulfúrico + hidróxido de ferro III →
eee) ácido fosfórico + hidróxido de magnésio →
fff) Ácido bromídrico e hidróxido de cálcio →
ggg) Ácido sulfuroso e hidróxido férrico →
hhh) Ácido fosfórico e hidróxido de amônio →

Resolução

Item a) $Cl_2O_5 + H_2O \rightarrow 2HClO_3$
Item b) $SO_2 + 2KOH \rightarrow K_2SO_3 + H_2O$
Item c) $N_2O_3 + Ca(OH)_2 \rightarrow Ca(NO_2)_2 + H_2O$
Item d) $N_2O_3 + H_2O \rightarrow 2HNO_2$
Item e) $SO_2 + 2NaOH \rightarrow Na_2SO_3 + H_2O$
Item f) $K_2CO_3 + 2HCl \rightarrow 2KCl + H_2O + CO_2$
Item g) $CO_2 + 2NaOH \rightarrow Na_2CO_3 + H_2O$
Item h) $K_2O_2 + 2HNO_3 \rightarrow 2KNO_3 + H_2O + ½O_2$
Item i) $BaO_2 + 2HBr \rightarrow BaBr_2 + H_2O + ½O_2$
Item j) peróxido de lítio + ácido sulfúrico →
Item k) $BaO_4 + 2HNO_3 \rightarrow Ba(NO_3)_2 + H_2O_2 + O_2$
Item l) $CaO_4 + H_2SO_4 \rightarrow CaSO_4 + H_2O_2 + O_2$
Item m) $KO_2 + 2HCl \rightarrow KCl + H_2O + ½O_2$
Item n) $CaO + 2HCl \rightarrow CaCl_2 + H_2O$
Item o) $Li_2O + H_2O \rightarrow 2LiOH$
Item p) $K_2O + 2HNO_3 \rightarrow 2KNO_3 + H_2O$
Item q) $Ag_2O + 2HI \rightarrow 2AgI + H_2O$
Item r) $KNO_2 + 2HCl \rightarrow 2KCl + H_2O + NO_2 + NO$
Item s) $BaO + H_2O \rightarrow Ba(OH)_2$
Item t) $Rb_2O + 2HF \rightarrow 2RbF + H_2O$
Item u) $Al + 3HCl \rightarrow AlCl_3 + 3/2\ H_2$
Item v) $CaO + SO_3 \rightarrow CaSO_4$
Item w) $NaNO_3 \rightarrow NaNO_2 + ½\ O_2$
Item x) $FeS + 2HCl \rightarrow FeCl_2 + H_2S$
Item y) $K_2SO_3 + 2HCl \rightarrow 2KCl + H_2O + SO_2$
Item aa) $C_4H_{10} + 9/2\ O_2 \rightarrow 4CO + 5H_2O$ ou $C_4H_{10} + 5/2\ O_2 \rightarrow 4C + 5H_2O$
Item bb) $C_8H_{18} + 25/2\ O_2 \rightarrow 8CO_2 + 9H_2O$
Item cc) $Ag_2O_2 + 2H_2O \rightarrow 2AgOH + H_2O_2$
Item dd) $ZnO_2 + 2HCl \rightarrow ZnCl_2 + H_2O_2$
Item ee) $BaO_2 + 2H_2O \rightarrow Ba(OH)_2 + H_2O_2$
Item ff) $H_2O_2 \rightarrow H_2O + ½O_2$
Item gg) $KOH + HCl \rightarrow KCl + H_2O$
Item hh) $CH_{4(gás)} + 3/2\ O_{2(gás)} \rightarrow CO_{(gás)} + 2H_2O_{(líquido)}$ ou $CH_{4(gás)} + O_{2(gás)} \rightarrow C_{(grafite)} + 2H_2O_{(líquido)}$
Item ii) $CaO + 2NaCN \rightarrow Na_2O + Ca(CN)_2$
Item jj) $C_4H_{10} + 13/2\ O_2 \rightarrow 4CO_2 + 5H_2O$
Item kk) $CH_{4(gás)} + 2O_{2(gás)} \rightarrow CO_{2(gás)} + 2H_2O_{(líquido\ ou\ vapor)}$
Item ll) $2H_3PO_4 + 3Ca(OH)_2 \rightarrow Ca_3(PO_4)_2 + 3H_2O$

Item mm) $HCl + NaOH \rightarrow NaCl + H_2O$
Item nn) $C_{10}H_{22} + 31/2\ O_2 \rightarrow 10CO_2 + 11H_2O$
Item oo) $CaCO_{3(sólido)} \rightarrow CaO_{(sólido)} + CO_{2(gás)} \uparrow$
Item pp) $Zn + Pb(NO_3)_2 \rightarrow Zn(NO_3)_2 + Pb$
Item qq) $2NaHCO_3 \rightarrow Na_2CO_3 + H_2O + CO_2$
Item rr) $CO_2 + Ba(OH)_2 \rightarrow BaCO_3 + H_2O$
Item ss) $CaO + H_2SO_4 \rightarrow CaSO_4 + H_2O$
Item tt) $HCN + NaOH \rightarrow NaCN + H_2O$
Item uu) $3Cl_2 + 2AlBr_3 \rightarrow 2AlCl_3 + 3Br_2$
Item vv) $HCl_{(aq)} + NaOH_{(aq)} \rightarrow NaOH + H_2O$
Item ww) $2HClO_{4(aq)} + Mg(OH)_{2(aq)} \rightarrow Mg(ClO_4)_2 + 2H_2O$
Item xx) $HBr_{(aq)} + KOH_{(aq)} \rightarrow KBr + H_2O$
Item yy) $3Ba(OH)_{2(aq)} + 2H_3PO_{4(aq)} \rightarrow Ba_3(PO_4)_2 + 6H_2O$
Item zz) $Ca(OH)_{2\ (aq)} + H_2SO_{4(aq)} \rightarrow CaSO_4 + 2H_2O$
Item aaa) $H_2SO_4 + CaCO_3 \rightarrow CaSO_4 + H_2O + CO_2$
Item bbb) $H_2CO_3 + 2NaOH \rightarrow Na_2CO_3 + 2H_2O$
Item ccc) $2HNO_3 + Ca(OH)_2 \rightarrow Ca(NO_3)_2 + 2H_2O$
Item ddd) $3H_2SO_4 + 2Fe(OH)_3 \rightarrow Fe_2(SO_4)_3 + 6H_2O$
Item eee) $2H_3PO_4 + 3Mg(OH)_2 \rightarrow Mg_3(PO_4)_2 + 6H_2O$
Item fff) $2HBr + Ca(OH)_2 \rightarrow CaBr_2 + 2H_2O$
Item ggg) $3H_2SO_3 + 2Fe(OH)_3 \rightarrow Fe_2(SO_3)_3 + 6H_2O$
Item hhh) $H_3PO_4 + 3NH_4OH \rightarrow (NH_4)_3PO_4 + 3H_2O$

Exemplo Aplicativo II

(GRILLO) Permanganato de potássio reage com cloreto de sódio em presença de ácido sulfúrico, resultando em sulfato de manganês II, sulfato de potássio, sulfato de sódio, água e cloro gasoso. Escreva a equação química devidamente balanceada.

Resolução

Equação química:

$$2KMnO_4 + 10NaCl + 8H_2SO_4 \rightarrow 2MnSO_4 + K_2SO_4 + 5Na_2SO_4 + 8H_2O + 5Cl_2$$

Agente oxidante = permanganato de postássio

Agente redutor = cloreto de sódio

Exemplo Aplicativo III

(GRILLO) Escreva as equações balanceadas das seguintes reações:
a) Combustão total e parcial do octano
b) Oxidação de ferro (0) a ferro (III)
c) Ácido sulfúrico na presença de bicarbonato de sódio
d) Decomposição térmica do perclorato de potássio
e) Formação de amônia a partir de nitrogênio e hidrogênio
f) Neutralização completa entre o ácido fosfórico na presença de hidróxido de potássio
g) Neutralização parcial entre o ácido sulfúrico e hidróxido de lítio

Resolução

Item a)

Equação de combustão completa: $C_8H_{18(líquido)} + \frac{25}{2}O_{2(gás)} \rightarrow 8CO_{2(gás)} + 9H_2O_{(líquido)}$

Equação de combustão parcial: $C_8H_{18(líquido)} + \frac{17}{2}O_{2(gás)} \rightarrow 8CO_{(gás)} + 9H_2O_{(líquido)}$

Equação de combustão parcial: $C_8H_{18(líquido)} + \frac{9}{2}O_{2(gás)} \rightarrow 8C_{(gás)} + 9H_2O_{(líquido)}$

Item b) $Fe^{0}_{(sólido)} \rightarrow Fe^{+2}_{(aquoso)} + 2\ elétrons$

Item c) $H_2SO_{4(aquoso)} + 2NaHCO_{3(aquoso)} \rightarrow Na_2SO_{4(aquoso)} + 2H_2O_{(líquido)} + 2CO_{2(gás)}$

Item d) $KClO_{3(sólido)} \rightarrow KCl_{(sólido)} + \frac{3}{2}O_{2(gás)}$

Item e) $N_{2(gás)} + 3H_{2(gás)} \rightleftarrows 2NH_{3(gás)}$

Item f) $H_3PO_{4(aquoso)} + 3KOH_{(aquoso)} \rightarrow K_3PO_{4(aquoso)} + 3H_2O_{(líquido)}$

Item g) $H_2SO_{4(aquoso)} + LiOH_{(aquoso)} \rightarrow LiHSO_{4(aquoso)} + H_2O_{(líquido)}$

Exemplo Aplicativo IV

(MESTRE JOÃO ROBERTO DA PACIÊNCIA NABUCO) Classifique cada uma das reações abaixo representadas:

a) $2Na + H_2O \rightarrow 2NaOH + H_2$
b) $K_2O_2 + 2HNO_3 \rightarrow 2KNO_3 + H_2O_2$
c) $2KMnO_4 + 16HCl \rightarrow 2KCl + 2MnCl_2 + 8H_2O + 5Cl_2$
d) $S + O_2 \rightarrow SO_2$
e) $CH_4 + 2O_2 \rightarrow CO_2 + 2H_2$
f) $CaCO_3 + H_2SO_4 \rightarrow CaSO_4 + H_2O + CO_2$
g) $BaO + As_2O_5 \rightarrow Ba_3(AsO_4)_2$
h) $H_2 + O_2 \rightarrow H_2O$
i) $Al(OH)_3 + H_4SiO_4 \rightarrow Al_4(SiO_4)_3 + H_2O$
j) $Cu(OH)_2 + H_4P_2O_7 \rightarrow Cu_2P_2O_7 + H_2O$
k) $Fe_3O_4 + HBr \rightarrow FeBr_2 + FeBr_3 + H_2O$
l) $Zn + CuSO_4 \rightarrow ZnSO_4 + Cu$
m) $N_2 + H_2 \rightarrow NH_3$
n) $CaCO_3 \rightarrow CaO + CO_2$
o) $K_2S + FeBr_3 \rightarrow KBr + Fe_2S_3$
p) $Na_2S + HCl \rightarrow NaCl + H_2S$
q) $HNO_3 + KOH \rightarrow KNO_3 + H_2O$

Resolução

Item a) Reação de simples troca ou deslocamento
Item b) Reação de dupla troca
Item c) Reação de oxidação - redução
Item d) Reação de síntese ou adição
Item e) Reação de simples troca ou deslocamento (Reação de combustão)
Item f) Reação de dupla troca
Item g) Reação de síntese ou adição
Item h) Reação de síntese ou adição
Item i) Reação de dupla troca
Item j) Reação de dupla troca (Reação de neutralização total)
Item k) Reação de dupla troca (Reação de oxidação-redução)
Item l) Reação de simples troca ou deslocamento
Item m) Reação de síntese ou adição
Item n) Reação de análise ou deslocamento
Item o) Reação de dupla troca
Item p) Reação de dupla troca
Item q) Reação de dupla troca (Reação de neutralização total)

Exemplo Aplicativo V

(MESTRE JOÃO ROBERTO DA PACIÊNCIA NABUCO) Classifique as reações inorgânicas abaixo:

a) $NH_4Cl \rightarrow NH_3 + HCl$
b) $N_2 + 3H_2 \rightarrow 2NH_3$
c) $2HNO_3 + Ca(OH)_2 \rightarrow 2Ca(NO_3)_2 + 2H_2O$
d) $2KI + Cl \rightarrow 2KCl + I_2$
e) $2NO_2 \rightarrow N_2O_4$
f) $CaCO_3 \rightarrow CaO + CO_2$
g) $AgNO_3 + NaCl \rightarrow AgCl + NaNO_3$
h) $2KClO_3 \rightarrow 2KCl + 3O_2$
i) $NaOH + HBr \rightarrow NaBr + H_2O$
j) $2Al + 3H_2SO_4 \rightarrow Al_2(SO_4)_3 + 3H_2$
k) $Na_2S + FeCl_2 \rightarrow FeS + 2NaCl$
l) $3NH_4OH + Al(NO_3)_3 \rightarrow 3NH_4NO_3 + Al(OH)_3$
m) $C + H_2O \rightarrow CO + H_2$
n) $Cl_2 + 2KI \rightarrow 2KCl + I_2$
o) $CuCl_2 + Zn \rightarrow ZnCl_2 + Cu$

Resolução

Item a) Reação de decomposição ou análise
Item b) Reação de adição ou síntese
Item c) Reação de dupla troca (Reação de neutralização total)
Item d) Reação de simples troca ou deslocamento
Item e) Reação de síntese ou adição
Item f) Reação de decomposição ou análise
Item g) Reação de dupla troca
Item h) Reação de decomposição ou análise
Item i) Reação de dupla troca
Item j) Reação de simples troca ou deslocamento
Item k) Reação de dupla troca
Item l) Reação de dupla troca
Item m) Reação de simples troca ou deslocamento
Item n) Reação de simples troca ou deslocamento
Item o) Reação de simples troca ou deslocamento

Exemplo Aplicativo VI

(GRILLO) Acerte os coeficientes estequiométricos, sabendo que todos os processos estão sendo realizados em meio ácido.

a) $ClO_3^- + Cl^- \rightarrow Cl_2 + ClO_2$ (em solução ácida)
b) $MnO_4^- + SO_2 \rightarrow Mn^{2+} + HSO_4^-$ (em solução ácida)
c) $MnO_4^- + Br^- \rightarrow Mn^{2+} + BrO_3^-$ (em solução ácida)

Resolução

Item a) $2ClO_3^- + 10Cl^- + 12H^+ \rightarrow 5Cl_2 + 2ClO_2 + 6H_2O$

Item b) $2MnO_4^- + 5SO_2 + 4H^+ \rightarrow 2Mn^{2+} + 4HSO_4^- + 2H_2O$

Item c) $6MnO_4^- + 5Br^- + 18H^+ \rightarrow 6Mn^{2+} + 5BrO_3^- + 9H_2O$

Exemplo Aplicativo VII

(GRILLO) Considere a seguinte reação de oxidação-redução representada pela seguinte equação iônica não balanceada: $Cr_2O_7^{2-}{}_{(aq)} + H^+_{(aq)} + C_2O_4^{2-}{}_{(aq)} \rightarrow Cr^{3+}_{(aq)} + H_2O_{(l)} + CO_{2(g)}$.

a) Indique o número de oxidação de Cr na espécie $Cr_2O_7^{2-}$ e do C na espécie $C_2O_4^{2-}$.
b) Indique os agentes oxidantes e os agentes reduzidos.
c) Acerte convenientemente a equação global.

Resolução

Item a) Determinação do número de oxidação do cromo no ânion dicromato: $2x + 7 \cdot (-2) = -2$

$X = +6$

Determinação do número de oxidação do carbono no ânion oxalato: $2y + 4 \cdot (-2) = -2$

$Y = +3$

Item b) Determinação dos agentes:

Agente oxidante: ânion dicromato e Agente redutor: ânion oxalato

Item c) Equação iônica balanceada pelo método da oxidação-redução:

$2Cr_2O_7^{2-}{}_{(aquoso)} + 28H^+{}_{(aquoso)} + 6C_2O_4^{2-}{}_{(aquoso)} \longrightarrow 4Cr^{3+}{}_{(aquoso)} + 14H_2O_{(líquido)} + 12CO_{2(gás)} \uparrow$.

Exemplo Aplicativo VIII

(GRILLO) Dê a nomenclatura para os seguintes compostos inorgânicos:
a) $Ca_3(PO_4)_2$
b) $Mn(OH)_2$
c) $AgClO_3$
d) K_2S
e) $CaCO_3$
f) $ZnSO_4$
g) $Hg(NO_3)_2$
h) $HgSO_4$
i) NH_4ClO_4

Resolução

Item a) $Ca_3(PO_4)_2$ = fosfato de cálcio
Item b) $Mn(OH)_2$ = hidróxido de manganês II
Item c) $AgClO_3$ = clorato de prata
Item d) K_2S = sulfeto de potássio
Item e) $CaCO_3$ = carbonato de cálcio
Item f) $ZnSO_4$ = sulfato de zinco II
Item g) $Hg(NO_3)_2$ = nitrato de mercúrio II
Item h) $HgSO_4$ = sulfato de mercúrio II
Item i) NH_4ClO_4 = perclorato de amônio

Exemplo Aplicativo IX

(GRILLO) Apresente a nomenclatura de cada ácido abaixo:
a) HBr
b) HCl
c) HNO_2
d) H_2CO_3
e) H_3PO_4
f) H_2SO_3
g) $HBrO_3$
h) HClO
i) HF
j) $HClO_3$
k) HBrO

Resolução

Item a) HBr = ácido bromídrico
Item b) HCl = ácido clorídrico
Item c) HNO_2 = ácido nitroso
Item d) H_2CO_3 = ácido carbônico
Item e) H_3PO_4 = ácido fosfórico
Item f) H_2SO_3 = ácido sulfuroso
Item g) $HBrO_3$ = ácido brômico
Item h) HClO = ácido hipocloroso
Item i) HF = ácido fluorídrico
Item j) $HClO_3$ = ácido clórico
Item k) HBrO = ácido hipobromoso

Exemplo Aplicativo X

(GRILLO) Determine o coeficiente estequiométrico do agente oxidante e do agente redutor para a seguinte equação não balanceada: $HNO_3 + I_2 \rightarrow HIO_3 + NO_2 + H_2O$.

Resolução

Para a reação apresentada na questão, o agente redutor trata-se do iodo (I_2) enquanto o agente oxidante é o ácido nítrico.

Equação química balanceada: $10HNO_3 + I_2 \rightarrow 2HIO_3 + 10NO_2 + 4H_2O$

Coeficiente estequiométrico do agente redutor = 1
Coeficiente estequiométrico do agente oxidante = 10

Capítulo 10. Exercícios Propostos

Questão 01

(OLIMPÍADA CEARENSE DO ENSINO SUPERIOR DE QUÍMICA) Os íons tiossulfatos ($S_2O_3^{-2}$) desproporcionam-se em uma solução ácida produzindo o enxofre sólido (S) e o íon hidrogeno sulfito (HSO_3^-): $2S_2O_3^{-2}{}_{(aq)} + 2H_3O^+{}_{(aq)} \rightarrow 2HSO_3^-{}_{(aq)} + 2H_2O_{(l)} + 2S_{(s)}$. Assumindo que a reação se completa e que uma solução contendo 10,1 mL de íons $HSO_3^-{}_{(aq)}$ (55% m/m) cuja densidade é 1,45 g.cm^{-3}, é obtida na reação, determine a massa de $S_2O_3^{-2}{}_{(aq)}$ presente inicialmente na reação:

a) 11,13 gramas
b) 14,64 gramas
c) 8,05 gramas
d) 0,750 gramas
e) 23,30 gramas

Questão 02

(OLIMPÍADA CEARENSE DO ENSINO SUPERIOR DE QUÍMICA) Titânio metálico e suas ligas são bastante utilizadas na indústria aeroespacial devido a vantagem de apresentarem pesos leves e alta resistência. Titânio pode ser obtido a partir do $TiCl_4$, que por sua vez é obtido através do TiO_2, o qual constitui a maior fonte natural do titânio. A reação de produção do tetracloreto de titânio é mostrada abaixo: $TiO_{2(s)} + C_{(s)} + Cl_{2(g)} \rightarrow TiCl_{4(g)} + CO_{2(g)} + CO_{(g)}$. Em um frasco reacional contendo 5,00 g de TiO_2, 4,50 g de C e 7,78 g de Cl_2 e supondo o consumo completo dos reagentes, qual a quantidade máxima de $TiCl_4$ produzida?

a) 11,88 g
b) 53,30 g
c) 10,41 g
d) 12,48 g
e) 54,08 g

Questão 03

(OLIMPÍADA CEARENSE DO ENSINO SUPERIOR DE QUÍMICA) Considerando que o zinco metálico reage com soluções de ácidos, como por exemplo, o ácido clorídrico em água, usada para preparar o hidrogênio em laboratório, de acordo com a seguinte reação: $Zn_{(s)} + 2HCl_{(aq)} \rightarrow ZnCl_{(aq)} + H_{2(g)}$. Ao dissolver 12,05 g de zinco, qual o volume em mililitros de ácido clorídrico 2,0 mol.L^{-1} necessários para converter completamente o zinco a cloreto de zinco?

a) 184 mL
b) 368 mL
c) 200 mL
d) 18,4 mL
e) 120 mL

Questão 04

(OLIMPÍADA CEARENSE DO ENSINO SUPERIOR DE QUÍMICA) Ferro é um elemento muito importante no corpo humano porque está presente nas células vermelhas do sangue e atua como transportador do oxigênio para vários órgãos. Existem em torno de 2,6 x 10^{13} células vermelhas no sangue de um adulto que contém um total de 2,9 g de ferro. Quantos átomos de ferro existem em cada célula vermelha do sangue?

a) 3,1 x 10^{10}
b) 6,5 x 10^{8}
c) 1,2 x 10^{9}
d) 8,1 x 10^{12}
e) 1,5 x 10^{9}

Questão 05

(OLIMPÍADA CEARENSE DO ENSINO SUPERIOR DE QUÍMICA) O composto butilítio, LiC_4H_9 é muito reativo, sendo usado na obtenção de novas substâncias. Pode-se determinar a quantidade de butilítio, numa mistura pela adição de ácido clorídrico, ocorrendo a seguinte reação: $LiC_4H_{9(s)} + HCl_{(aq)} \rightarrow LiCl_{(aq)} + C_4H_{10(g)}$. Se existem 5,453 g de butilítio dissolvidos em benzeno, ao adicionar excesso de ácido clorídrico (aq), ocorre desprendimento de 0,725 g de butano. Assinale a alternativa que contém a porcentagem do butilítio na amostra original.

a) 64,05%
b) 58,12%

c) 14,56%
d) 12,40%
e) 17,56%

Questão 06

(OLIMPÍADA CEARENSE DO ENSINO SUPERIOR DE QUÍMICA) O composto $XCl_2(NH_3)_2$ pode ser formado pela reação de XCl_4 com NH_3. Suponha que 3,571 g de XCl_4 reagem com excesso de NH_3 produzindo Cl_2 e 3,180 g de $XCl_2(NH_3)_2$. Qual é o elemento X?
a) Au
b) Pd
c) Pt
d) Ag
e) Os

Questão 07

(CONCURSO PARA DOCENTE FEDERAL – UNIVERSIDADE FEDERAL FLUMINENSE) O ácido nítrico diluído ou concentrado atua sobre quase todos os metais (exceto ouro e platina) como poderoso agente oxidante. Assim sendo, a massa de dióxido de enxofre, em gramas, obtida a partir da reação de 31,75g de cobre com ácido sulfúrico concentrado é:
a) 28
b) 32
c) 38
d) 42
e) 44

Questão 08

(CONCURSO FEDERAL PARA PETROBRÁS) Uma das etapas básicas na fabricação do vidro consiste na reação do carbonato de sódio com o dióxido de silício: $Na_2CO_3 + SiO_2 \rightarrow Na_2SiO_3 + CO_2$. A cor do vidro muitas vezes depende das impurezas de ferro que estão presentes na areia quando o vidro é formado. Empregando-se 1 tonelada de areia (SiO_2) contendo 4% de impurezas em ferro na fabricação do vidro, a quantidade de litros de gás recolhido a 27°C, considerando que esse processo seja realizado na cidade do Rio de Janeiro, é:
a) 410.000
b) 393.600
c) 36.900
d) 35.424
e) 24.000

Questão 09

(CONCURSO FEDERAL PARA PETROBRÁS) Uma mistura contém 20,0 mL de solução aquosa de NaOH 0,100 mol.L^{-1} e 30,0 mL de solução aquosa de KOH 0,200 mol.L^{-1}. O volume de solução aquosa de ácido clorídrico 0,400 mol.L^{-1} necessário para completa neutralização dessa mistura de bases, em mL, é:
a) 10
b) 20
c) 30
d) 40
e) 50

Questão 10

(CONCURSO PARA DOCENTE FEDERAL – INSTITUTO FEDERAL DE SANTA CATARINA) O carbonato de sódio é um sal branco e translúcido, usado na produção de vidro. É possível obter o carbonato de sódio por meio da reação: Qual a massa de carbonato de sódio obtida pela reação de 500 g de carbonato de cálcio, 70% puro, sabendo que o rendimento da reação é de 90%? $2NaCl_{(aquoso)} + CaCO_{3(aquoso)} \rightarrow Na_2CO_{3(aquoso)} + CaCl_{2(aquoso)}$. Assinale a alternativa que indica corretamente a massa de carbonato de sódio obtida.
a) 350 g
b) 371 g
c) 333,9 g

d) 106 g
e) 477 g

Questão 11

(CONCURSO PARA DOCENTE FEDERAL – INSTITUTO FEDERAL DE FARROUPILHA) Calcule o rendimento percentual da reação abaixo quando 50,0g de clorofórmio forem colocados para reagir com 100g de zinco e água em excesso, obtendo 6,09g de metano. $CHCl_3 + Zn + H_2O \rightarrow CH_4 + Zn(OH)Cl$.
a) 46,1%
b) 55,1%
c) 62,15
d) 91,1%

Questão 12

(CONCURSO PARA DOCENTE FEDERAL - INSTITUTO FEDERAL DO MATO GROSSO) A reação química entre o óxido de cálcio e o cloreto de amônio leva à formação de NH_3, de acordo com: $CaO_{(s)} + 2NH_4Cl_{(s)} \rightarrow 2NH_{3(g)} + H_2O_{(g)} + CaCl_{2(s)}$ Considere a reação entre 112g de CaO e 220g de NH_4Cl e calcule:
I) A massa de amônia obtida na reação, se o rendimento for 100%.
II) O rendimento percentual dessa reação, se a massa de NH_3 obtida for 60g.
Marque a alternativa que apresenta corretamente os resultados obtidos em I e II, respectivamente.
a) 68 g e 88%
b) 78 g e 86%
c) 77 g e 86%
d) 58 g e 95%

Questão 13

(CONCURSO PARA DOCENTE FEDERAL - INSTITUTO FEDERAL DO PARÁ) Quando o etano reage com o cloro, ocorre a formação de uma mistura de produtos clorados, no qual o cloroetano é o produto principal, segundo a reação a seguir $C_2H_6 + Cl_2 \rightarrow C_2H_5Cl + HCl$. Considerando que a reação de 135 g de etano com 325 g de cloro produz 260 g de cloroetano, o rendimento percentual da ração é aproximadamente de:
a) 87%
b) 89,60%
c) 91,30%
d) 93%
e) 95,50%

Questão 14

(CONCURSO PARA DOCENTE FEDERAL - INSTITUTO FEDERAL DO RIO GRANDE DO SUL) Exatamente 8,0 g de uma solução de ácido sulfúrico foram diluídas e adicionou-se um excesso de $BaCl_2$. O precipitado foi lavado e pesado em 6,1 g de $BaSO_4$. Qual a percentagem de H_2SO_4 na solução original?
a) 30,0 %
b) 33,0 %
c) 32,0 %
d) 23,0 %
e) 42,0 %

Questão 15

(CONCURSO PARA DOCENTE FEDERAL - INSTITUTO FEDERAL DO RIO GRANDE DO SUL) A hematita (Fe_2O_3) é o principal minério de ferro encontrado na natureza, e um dos seus empregos é na obtenção do ferro elementar, a partir da seguinte reação (não balanceada): $Fe_2O_3 + CO \rightarrow Fe + CO_2$. Determine a massa de Fe_2O_3 necessária para produzir 1,50 toneladas (t) de Fe.
a) 4,29 t
b) 0,75 t
c) 1,50 t
d) 3,00 t
e) 2,14 t

Questão 16

(CONCURSO PARA DOCENTE FEDERAL - INSTITUTO FEDERAL DO RIO GRANDE DO SUL) Para reagir completamente com uma massa de 45,00 g de um ácido desconhecido, H_xA, foram gastos 280,00 mL de uma solução aquosa de NaOH 2,51 mol/L, que reagem de acordo com a seguinte equação não balanceada: $H_xA_{(aq)} + xNaOH_{(aq)} \rightarrow Na_3A_{(aq)} + 3H_2O_{(l)}$. A massa molar do ácido em g/mol será:

a) 102
b) 104
c) 192
d) 172
e) 198

Questão 17

(CONCURSO PARA DOCENTE FEDERAL – UNIVERSIDADE FEDERAL DE PERNAMBUCO) Um método clássico de se obter ferro é a partir da redução da hematita (Fe_2O_3), de acordo com a reação abaixo: $Fe_2O_{3(sólido)} + 3CO_{(gás)} \rightarrow 2Fe_{(sólido)} + 3CO_{2(gás)}$. Realizando o processo descrito acima e considerando uma siderúrgica com produção diária de 2,8 toneladas de ferro, calcule o volume de dióxido de carbono liberado por dia, a 1 atm e 27°C.

a) 1845 m^3
b) 2822 m^3
c) 5600 m^3
d) 6986 m^3
e) 7805 m^3

Questão 18

(CONCURSO PARA DOCENTE FEDERAL – UNIVERSIDADE FEDERAL DE PERNAMBUCO) Foram titulados 25,00mL de uma solução contendo 0,0311M de $Na_2C_2O_4$ com $La(ClO_4)_3$ 0,0257 M, ocorrendo a precipitação de oxalato de lantânio ($2La^{3+} + 3C_2O_4{}^{2-} \rightarrow La_2(C_2O_4)_3$). Nesta situação, qual o volume necessário de perclorato de lantânio para se atingir o ponto de equivalência?

a) 20,17mL
b) 21,43mL
c) 22,37mL
d) 23,88mL
e) 25,00mL

Questão 19

(CONCURSO PARA DOCENTE FEDERAL – UNIVERSIDADE FEDERAL DO PARÁ) O ácido nítrico é uma substância muito utilizada pela indústria química e pode ser produzido pela dissolução de NO_2 em água, de acordo com a equação química não balanceada mostrada a seguir. Para produzir 1,00 kg de ácido nítrico, o volume de NO_2 necessário (expresso em mL), a 298K e 770 mm Hg, será de, aproximadamente, $NO_{2(g)} + H_2O_{(l)} \rightarrow HNO_{3(aq)} + NO_{(g)}$.

a) $8{,}7 \times 10^7$
b) $7{,}7 \times 10^6$
c) $5{,}8 \times 10^5$
d) $4{,}9 \times 10^4$
e) $1{,}5 \times 10^3$

Questão 20

(CONCURSO PARA DOCENTE FEDERAL – UNIVERSIDADE FEDERAL DE MINAS GERAIS) Os coeficientes estequiométricos X, Y e Z para a equação abaixo balanceada são, respectivamente. $XKBr_{(aq)} + KMnO_4 + YH_2SO_4 \rightarrow Br_2 + MnSO_4 + K_2SO_4 + ZH_2O$:

a) 10, 8 e 8
b) 5, 6 e 6
c) 5, 8 e 8
d) 10, 6 e 6

Questão 21

(CONCURSO PARA DOCENTE FEDERAL – UNIVERSIDADE FEDERAL DO PARÁ) Trifluoreto de boro reage com boridreto de sódio e produz tetrafluorborato de sódio e diborano, que, ao reagir com o oxigênio do ar, produz óxido de boro e água, como representado nas equações químicas não balanceadas:

$BF_{3(g)} + NaBH_{4(s)} \longrightarrow NaBF_{4(s)} + B_2H_{6(g)}$
$B_2H_{6(g)} + O_{2(g)} \longrightarrow B_2O_{3(s)} + H_2O_{(l)}$
Partindo-se de 111 gramas de boridreto de sódio e considerando que este é o reagente limitante e, ainda, que o rendimento da reação é 90%, a massa, em gramas, de óxido de boro produzido será:
a) 99,9
b) 90,9
c) 100,4
d) 111,0
e) 122,4

Questão 22

(CONCURSO PARA DOCENTE FEDERAL – UNIVERSIDADE DO RIO DE JANEIRO) O óxido de zinco é um composto anfótero, reagindo tanto com ácidos fortes quanto com bases fortes. O produto formado na reação do óxido de zinco com hidróxido de sódio tem a seguinte fórmula química:
a) NaZnO
b) $NaZnO_2$
c) Na_2ZnO_2
d) $Na_2Zn_2O_3$
e) Na_3ZnO_3

Questão 23

(GRILLO) A reação de transformação do dióxido de carbono em monóxido de carbono, representada pela equação a seguir, é muito importante principalmente para processos metalúrgicos e químicos. A reação química não balanceada é dada a seguir: $C_{(s)} + CO_{2(g)} \longrightarrow CO_{(g)}$. Este processo apresenta uma variação de entalpia na ordem de (-174) $kJ.mol^{-1}$ de carbono, caracterizando um processo exotérmico. A partir destas informações, determine os seguintes itens expostos:
a) a partir de 88 gramas de dióxido de carbono, determine a massa de monóxido de carbono produzido,
b) o volume de monóxido de carbono nas CNTP (condições normais de temperatura e pressão);
c) o volume de monóxido de carbono nas CNATP (condições normais ambientais de temperatura e pressão).

Questão 24

Considere um composto molecular que apresenta a seguinte composição química elementar em massa/massa (m/m). 46,6% de C, 4,4% de H; 31,1% de N e 17,7% de O. Deseja-se estudar a combustão completa de 1000 g do referido material, tendo-se como únicos produtos, dióxido de carbono, vapor d´água e dióxido de nitrogênio. Determine o volume total de gás gerado, para uma combustão controlada realizada a 1 atm e 227ºC.

Questão 25

A produção de cloreto de potássio e de cloreto de manganês, ambos em fase aquosa, pode ser representada pela seguinte equação química balanceada: $2KMnO_{4(aquoso)} + 5H_2O_{2(aquoso)} + 6HCl_{(aquoso)} \longrightarrow 2MnCl_{2(aqoso)} + 2KCl_{(aquoso)} + 5O_{2(gás)} + 8H_2O_{(líquido)}$.
Considere que no experimento foram utilizados 45,0 g de permanganato de potássio, 30 g de peróxido de hidrogênio e 160 g de ácido clorídrico.
a) Identifique o reagente limitante, justificando sua resposta.
b) Calcule a massa dos dois cloretos de interesse formados.

Questão 26

Calcule a massa de pirolusita que contém 85% (m/m) de dióxido de manganês (MnO_2), necessária para a produção de 250 g de óxido de alumínio e de manganês metálico, pelo processo de aluminotermia, que se fundamenta na seguinte equação química balanceada: $3MnO_{2(sólido)} + 4Al_{(sólido)} \longrightarrow 3Mn_{(sólido)} + 2Al_2O_{3(sólido)}$.

Questão 27

(GRILLO) Uma pequena amostra contendo 4,20 gramas de carbonato de magnésio foi tratada com ácido clorídrico obtendo-se 476 mL de dióxido de carbono, medidos nas CNTP. Determine o rendimento desta reação.

Questão 28

(GRILLO)
a) Calcule a massa de sulfato de sódio formado a partir da reação de neutralização total, com 147 gramas de ácido sulfúrico e 100 gramas de hidróxido de sódio.
b) Determine o reagente limitante.

Questão 29

(GRILLO) Determine a massa de sulfato de cálcio obtida quando se tratam 370 gramas de hidróxido de cálcio contendo 20% de impurezas por solução de ácido sulfúrico?

Questão 30

Considere a reação de decomposição do nitrato de amônio conforme apresentada a seguir pela equação química balanceada, $NH_4NO_{3(sólido)} \rightarrow N_{2(gás)} + O_{2(gás)} + H_2O_{(gás)}$. Calcule o valor do volume gasoso a 227°C e 1,0 atm que será produzido pela decomposição de 800 gramas de nitrato de amônio.

Questão 31

Os aromatizantes em sua grande maioria são cadeias carbônicas oxigenadas da família dos ésteres. O butanoato de metila pode ser formado pela reação de esterificação entre um ácido carboxílico e um álcool, conforme representado pela equação química: $CH_3CH_2CH_2COOH_{(aquoso)} + CH_3OH_{(aquoso)} \rightarrow CH_3CH_2CH_2COOCH_{3(aquoso)} + H_2O_{(líquido)}$. Calcule o número de mol de butanoato de metila que pode ser obtido a partir de 4,75 g de ácido butírico e 2,75 g de metanol, levando em consideração que há o consumo total do reagente limitante.

Questão 32

Considere a seguinte reação química para a síntese do bromo em fase líquida a partir do dióxido de titânio, representado pela equação química, $3TiO_{2(s)} + 4BrF_{3(l)} \rightarrow 3TiF_{4(s)} + 2Br_{2(l)} + 3O_{2(g)}$. Se 12,0 g do óxido produz 0,056 g de oxigênio, determine o grau de pureza do TiO_2 utilizado.

Questão 33

Calcule o número de átomos de hidrogênio presentes em 100 gramas do hidrocarboneto octano.

Questão 34

(GRILLO) Considere o seguinte processo químico para a produção de sulfato de potássio, sulfato de manganês II, sulfato de ferro III e água, conforme a equação química não-balanceada apresentada a seguir: $KMnO_4 + FeSO_4 + H_2SO_4 \rightarrow K_2SO_4 + MnSO_4 + Fe_2(SO_4)_3 + H_2O$. Considere que foram colocados para reagir um quilograma para cada reagente. A partir desta informação, determine a massa de todos os produtos formados.

Questão 35

(OLIMPÍADA DE QUÍMICA DO DISTRITO FEDERAL) Um fermento utilizado industrialmente para fabricar pão, devido a sua praticidade, é a mistura de dihidrogenopirofosfato de sódio ($Na_2H_2P_2O_7$) com $NaHCO_3$, que reage de acordo com a equação não balanceada: $Na_2H_2P_2O_7 + NaHCO_3 \rightarrow Na_4P_2O_7 + CO_2 + H_2O$. Quando aquecidos juntos, eles reagem liberando CO_2, fazendo "crescer" a massa do pão. Calcule:
a) a massa necessária de $NaHCO_3$ para produzir 5 mols de CO_2;
b) a quantidade de matéria de $Na_2H_2P_2O_7$, necessária para reagir com 90 g de $NaHCO_3$;
c) o rendimento percentual da reação, sabendo que 30 g de $NaHCO_3$, produziu 25,70 g de $Na_4P_2O_7$. Despreze a parte fracionária, se houver.

Questão 36

(INSTITUTO MILITAR DE ENGENHARIA) Uma amostra de 12,5 g de calcário ($CaCO_3$, impuro) foi calcinada e o resíduo obtido adicionado a 1 litro de água. Após a filtração borbulhou-se anidrido sulfúrico no meio, fazendo precipitar 13,6 g de sulfato de cálcio. Qual a pureza do calcário?

Questão 37

O ouro é uma das substâncias metálicas que realizam poucas reações químicas e uma delas é com a água régia, segundo a seguinte equação química não balanceada apresenta a seguir, $Au + HCl + HNO_3 \rightarrow AuCl_3 + H_2O + NO$.

a) A partir de 1 quilograma de ouro, determine a massa e o número de mol de cloreto de ouro formado.
b) A partir da mesma quantidade de ouro, determine o volume de NO nas CNTP.

Questão 38

(INSTITUTO TECNOLÓGICO DA AERONÁUTICA) No processo de aquecimento, na presença de ar representado pela equação, $Ca(HCO_3)_{2(c)} \rightarrow CaO_{(c)} + 2CO_{2(g)} + H_2O_{(g)}$. Qual a perda de massa para cada grama do respectivo reagente no estado sólido?

Questão 39

Considere o processo para a produção de cobre metálico, a partir do minério chamado calcosita:
Processo Químico 1: $2Cu_2S_{(s)} + 3O_{2(g)} \rightarrow 2Cu_2O_{(s)} + 2SO_{2(g)}$
Processo Químico 2: $Cu_2S_{(s)} + 2Cu_2O_{(s)} \rightarrow 6Cu_{(s)} + SO_{2(g)}$
Calcule a quantidade de cobre, a partir 127,7 gramas do minério calcosita, com 75% de pureza.

Questão 40

(OLIMPÍADA DE QUÍMICA DO DISTRITO FEDERAL) Em um motor movido a etanol ocorre uma reação descrita pela seguinte equação: $C_2H_6O_{(l)} + O_{2(g)} \rightarrow CO_{2(g)} + H_2O_{(g)}$. Considerando os dados, calcule o número de moléculas de oxigênio necessárias para a combustão completa de 130 g de etanol.

Questão 41

(OLIMPÍADA BRASILEIRA DE QUÍMICA) Uma das razões do vasto uso da platina é a sua relativa inércia química, entretanto, ela é "solúvel" na "água régia", uma mistura de ácido nítrico e ácido clorídrico, segundo a reação química (não balanceada) abaixo:
$Pt_{(s)} + HNO_{3(aq)} + HCl_{(aq)} \rightarrow H_2PtCl_{6(aq)} + NO_{(g)} + H_2O_{(l)}$
Faça o balanceamento desta equação e responda as questões que se seguem:
a) Se você dispõe de 11,7 gramas de platina, quantos gramas de ácido cloroplatínico, H_2PtCl_6, poderá obter?
b) Que volume de óxido de nitrogênio, medido em CNTP, pode ser obtido a partir de 11,7 mg de Pt?
c) Quantos mililitros de ácido nítrico concentrado 10 $mol.L^{-1}$ são necessários para reagir completamente com 11,7 gramas de Pt?
d) Se você tem 10,0 gramas de Pt e 180 mL de HCl de concentração 5,00 $mol.L^{-1}$, mais excesso de ácido nítrico, qual é o reagente limitante?

Questão 42

(GRILLO) Assinale a alternativa que apresenta de maneira correta o somatório dos coeficientes estequiométricos inteiros, para a seguinte equação química não-balanceada: $P + HNO_3 + H_2O \rightarrow H_3PO_4 + NO$.
a) 20
b) 18
c) 16
d) 14
e) 12

Questão 43

(INSTITUTO TECNOLÓGICO DA AERONÁUTICA) Uma amostra de 1,222 gramas de cloreto de bário hidratado ($BaCl_2.nH_2O$) é aquecida até a eliminação total da água de hidratação, resultante em uma massa de 1,042 gramas. Com base nas informações fornecidas e mostrando os cálculos efetuados, determine:
a) O número de mol de cloreto de bário;
b) O número de mol de água;
c) A fórmula molecular do sal hidratado.

Questão 44

(INSTITUTO MILITAR DE ENGENHARIA) Um determinado metal forma dois óxidos distintos, nos quais as percentagens em massa de oxigênio são 32,0% e 44,0%. Determine a massa atômica do metal.

Questão 45

(OLIMPÍADA AMERICANA DE QUÍMICA) Quando a equação abaixo é balanceada corretamente usando os coeficientes de números inteiros mais simples, qual é o coeficiente para o $CO_{2(g)}$? __ $Cr_2O_7^{2-}{}_{(aq)}$ + __ $H_2C_2O_{4(aq)}$ + __ $H^+{}_{(aq)}$ → __ $Cr^{3+}{}_{(aq)}$ + __ $CO_{2(g)}$ + __ $H_2O_{(l)}$.

a) 4
b) 6
c) 8
d) 12

Questão 46

(OLIMPÍADA UNIFICADA - OBQ) Sulfeto de cobre II é ácido nítrico produz sal, água e óxido neutro conforme pode ser observado a partir da equação química não balanceada: $CuS_{(sólido)} + HNO_{3(aquoso)} \rightarrow Cu(NO_3)_{2(aquoso)} + S_{(sólido)} + NO_{(gás)} + H_2O_{(líquido)}$. Partindo de 1000 g para cada reagente químico, com grau de pureza de 35%, assinale a alternativa que apresenta a massa de sal formada e o volume de óxido nítrico respectivamente, levando em consideração as condições normais ambientais de temperatura e pressão, sabendo que o processo com um rendimento de 88%. Informação para a resolução do problema: Volume nas CNATP = 24,45 L/mol.
a) Massa = 229,2 g e volume = 3,0 L
b) Massa = 229,2 g e volume = 30,0 L
c) Massa = 22,92 g e volume = 30,0 L
d) Massa = 2,29 g e volume = 300,0 L
e) Massa = 229,2 g e volume = 300,0 L

Questão 47

(OLIMPÍADA AMERICANA DE QUÍMICA) Qual é o coeficiente para $H^+_{(aq)}$ quando a equação balanceada com coeficientes de números inteiros? __ $Mn^{2+}_{(aq)}$ + __ $BiO_3^-{}_{(aq)}$ + __ $H^+_{(aq)} \rightarrow$ __ $Bi^{3+}_{(aq)}$ + __ $MnO_4^-{}_{(aq)}$ + __ $H_2O_{(l)}$.
a) 3
b) 4
c) 7
d) 14

Questão 48

(OLIMPÍADA AMERICANA DE QUÍMICA) Qual é o número de oxidação do tungstênio no íon $W_6O_6Cl_{12}^{2-}$?
a) 2,7
b) 3,3
c) 3,7
d) 4,3

Questão 49

(MESTRE JOÃO ROBERTO DA PACIÊNCIA NABUCO) Classifique cada uma das reações abaixo representadas:
a) $2Na + H_2O \rightarrow 2NaOH + H_2$
b) $K_2O_2 + 2HNO_3 \rightarrow 2KNO_3 + H_2O_2$
c) $2KMnO_4 + 16HCl \rightarrow 2KCl + 2MnCl_2 + 8H_2O + 5Cl_2$
d) $S + O_2 \rightarrow SO_2$
e) $CH_4 + 2O_2 \rightarrow CO_2 + 2H_2$
f) $CaCO_3 + H_2SO_4 \rightarrow CaSO_4 + H_2O + CO_2$

Questão 50

(MESTRE JOÃO ROBERTO DA PACIÊNCIA NABUCO) Determine a soma dos coeficientes estequiométricos da seguinte equação química: $Br_2 + KOH \rightarrow KBrO_3 + KBr + H_2O$.

Questão 51

(GRILLO) Realize o balanceamento da seguinte equação química e apresente a nomenclatura de todas as espécies químicas presentes na equação química: $Na_2Cr_2O_7 + SO_2 + H_2O \rightarrow Cr(OH)SO_4 + Na_2SO_4$.

Questão 52

(OLIMPÍADA UNIFICADA - OBQ) Marque a opção correta que apresenta o agente redutor:

a) sulfato de cromo III
b) sulfato de potássio
c) ácido sulfúrico
d) oxalato de sódio
e) dicromato de potássio

Questão 53

(MESTRE JOÃO ROBERTO DA PACIÊNCIA NABUCO) Escreva as equações químicas balanceadas das seguintes reações:

I) Combustão total do octano
II) Oxidação de ferro (0) a ferro (III)
III) Neutralização do ácido sulfúrico com bicarbonato de sódio
IV) Decomposição térmica do perclorato de potássio
V) Formação de amônia a partir de nitrogênio e hidrogênio

Questão 54

(INSTITUTO TECNOLÓGICO DA AERONÁUTICA) O número de oxidação do halogênio nas espécies químicas HF, $HBrO_3$, HIO_3, ClO_3 e ClO_4^- é, respectivamente:

a) -1, -4, -6, -6, -7
b) -1, +5, +5, +6, +7
c) +1, +2, +3, +3, +4
d) +1, -3, -5, -6, -7
e) -1, +3, +6, +6, +7

Questão 55

(INSTITUTO TECNOLÓGICO DA AERONÁUTICA) Assinale a opção relativa aos números de oxidação corretos do átomo de cloro nos compostos $KClO_2$, $Ca(ClO)_2$, $Mg(ClO_3)_2$ e $Ba(ClO_4)_2$, respectivamente.

a) –1, –1, –1 e –1
b) +3, +1, +2 e +3
c) +3, +2, +4 e +6
d) +3, +1, +5 e +6
e) +3, +1, +5 e +7

Questão 56

(INSTITUTO TECNOLÓGICO DA AERONÁUTICA) Considere os seguintes compostos:

I)$Na_2(\underline{Mn}O_4)$
II) $K_2H_3(\underline{I}O_6)$
III) $Ca_3(\underline{Co}F_6)_2$
IV) $[\underline{Ag}(NH_3)_2]^+$
V) $K_4[\underline{Fe}(CN)_6]$

Os números de oxidação dos elementos sublinhados são, na ordem em que aparecem:

a) +7; -1; +3; +1; +2
b) +7; +7; + 6; 0; +2
c) +6; -1; +3; -1; +3
d) +6; +7; +3; +1; +2
e) +7; +5; +6; -1; +3

Questão 57

(INSTITUTO MILITAR DE ENGENHARIA) Cinco gramas de um alcano deram, pela combustão, nove gramas de água. Qual a fórmula molecular do hidrocarboneto?

Questão 58

(INSTITUTO MILITAR DE ENGENHARIA) Certa massa de sódio reagiu com água, produzindo o composto A, o qual com ácido clorídrico forneceu a substância B. Quando se tratou B com excesso de nitrato de prata, obteve-se um precipitado que, depois de lavado e seco, apresentou uma massa de 14,35 gramas. Qual a massa de sódio usada?

Questão 59

(INSTITUTO MILITAR DE ENGENHARIA) A um excesso de bicarbonato de potássio adicionou-se 125 mL de solução de ácido sulfúrico. O volume do gás liberado, medido a seco a 20ºC e 765 mmHg foi de 2,5 litros . Calcular a concentração do ácido expressa em número de mol por litro.

Questão 60

(OLIMPÍADA DE QUÍMICA DO RIO DE JANEIRO) "Graças a ela se pôde aumentar a produtividade da agricultura, produzir desinfetantes, tinturas de cabelo, materiais plásticos e até explosivos, produtos que fazem da amônia um dos compostos mais produzidos no mundo." GLOBO CIÊNCIA. Amônia é uma das substâncias mais produzidas em todo o mundo. Disponível em: Acesso em: 13 jul. 2022. A forma mais comum de produzir a amônia é através do processo de Haber-Bosch. Sua reação é apresentada abaixo: $N_{2(g)} + 3H_{2(g)} \rightleftharpoons 2NH_{3(g)}$. O rendimento da reação em um experimento em que se partiu de 150 kg de gás hidrogênio, obtendo-se 750 kg de amônia, é:

a) 850 %
b) 17,65 %
c) 113 %
d) 88,24 %
e) 62,5 %

Questão 61

(INSTITUTO TECNOLÓGICO DA AERONÁUTICA) Escreva a equação química balanceada da combustão completa do iso-octano com o ar atmosférico. Considere que o ar é seco e composto por 21% de oxigênio gasoso e 79% de nitrogênio gasoso.

Questão 62

(INSTITUTO TECNOLÓGICO DA AERONÁUTICA) Escreva a reação de combustão completa de um hidrocarboneto genérico ($C_{\alpha}H_{\beta}$) com ar atmosférico. Considere a presença do nitrogênio gasoso no balanço estequiométrico da reação e expresse os coeficientes estequiométricos dessa reação em função de α e β.

Questão 63

(INSTITUTO TECNOLÓGICO DA AERONÁUTICA) Três recipientes iguais de 4 litros de capacidade, chamados de 1, 2 e 3, mantidos na mesma temperatura, contêm 180 mL de água. A cada um destes recipientes se junta, respectivamente, 0,10 mol e cada uma das seguintes substâncias: óxido de cálcio, cálcio metálico e hidreto de cálcio. Após a introdução do respectivo sólido, cada frasco é bem fechado. Escreva as equações químicas, completas e balanceadas, para cada uma das reações que ocorre em cada recipiente.

Questão 64

(INSTITUTO MILITAR DE ENGENHARIA) O nitrogênio forma cinco diferentes óxidos. A análise centesimal de amostras desses óxidos forneceu os resultados a seguir.

	Percentagem em massa de nitrogênio	Percentagem em massa de oxigênio
Óxido 1	63,63	36,37
Óxido 2	46,67	53,33
Óxido 3	36,84	63,16
Óxido 4	30,44	69,56
Óxido 5	25,93	74,04

Determine, a partir destes dados:

a) a fórmula mínima de cada um;
b) a(s) nomenclatura(s) correspondente(s) de cada óxido.

Questão 65

(INSTITUTO MILITAR DE ENGENHARIA) Em uma síntese, a partir de dois óxidos, obtém-se 8,2 g de nitrato de cálcio. Considerando a conversão estequiométrica, determine:
a) quais são os óxidos;
b) as quantidades necessárias, em gramas, de cada reagente;
c) a massa de carbonato de cálcio necessária para se obter um dos óxidos para esta síntese.

Questão 66

Foi adicionado uma quantidade de massa de carbonato de amônio a 49 gramas de ácido fosfórico em um determinado béquer.
a) Determine a massa de sal formado.
b) Nomeie o sal formado entre o carbonato de amônio com o ácido fosfórico.
c) Determine o volume de dióxido de carbono liberado nas condições ambientes de temperatura e pressão.
d) Determine o volume de dióxido de carbono liberado nas condições normais de temperatura e pressão.

Questão 67

(INSTITUTO TECNOLÓGICO DA AERONÁUTICA) Calcule o máximo de massa de água que se pode obter partindo de 8,0 gramas de hidrogênio e 32,0 gramas de oxigênio. Indique qual o reagente em excesso e quanto sobra do mesmo.

Questão 68

(GRILLO) A recuperação do ferro metálico, a um percentual de aproximadamente 86,30%, a partir de um minério que contém 43,20% de trióxido de diferro (magnetita). Determine a massa de ferro metálico que pode ser recuperada a partir de 2,00 kg de magnetita. Favor considerar que o ferro obtido é a partir da redução do minério com monóxido de carbono.

Questão 69

(INSTITUTO TECNOLÓGICO DA AERONÁUTICA - MODIFICADA) Um método de obtenção de carbono puro consiste na decomposição de certos hidratos de carbono. Quantos gramas de carbono seriam obtidos pela decomposição de um quilograma de sacarose, supondo que os únicos produtos sejam carbono e água? Calcule também a massa de água que seria formada.

Questão 70

(OLIMPÍADA DE QUÍMICA DO RIO GRANDE DO SUL) Incêndios podem ser naturais ou artificiais. Os naturais são aqueles em que não há intervenção direta ou indireta do homem. Muitos extintores de incêndio utilizam pó químico, em uma mistura de $NaHCO_3$, $KHCO_3$ e outros aditivos. O $NaHCO_3$ submetido a altas temperaturas sofre a reação de decomposição térmica a seguir: $2NaHCO_{3(s)} \rightarrow Na_2CO_{3(s)} + CO_{2(g)} + H_2O_{(v)}$. O gás carbônico e o vapor d'água, produzidos pela reação, são capazes de extinguir o fogo.
a) Quais os nomes das substâncias $NaHCO_3$ e Na_2CO_3, abordadas?
b) Segundo a equação química fornecida, calcule a massa, em gramas, de dióxido de carbono obtido caso haja decomposição de 200 gramas de $NaHCO_3$.

Questão 71

(OLIMPÍADA DE QUÍMICA DO RGS) O nitrato de sódio, também conhecido como salitre do Chile é usado, entre outras coisas, para fabricação de fertilizantes e explosivos e para preservação da cor de produtos embutidos, como carnes, salsichas, salames, presuntos etc. Pode ser obtido pela reação do ácido nítrico com o hidróxido de sódio. Baseado nessa reação:
a) Escrever a equação química de obtenção do nitrato de sódio.
b) Calcular a massa, em gramas, de sal obtido, partindo-se de 4 gramas de base, com 80% de pureza.
c) Determinar o grau de pureza do nitrato de sódio, supondo-se que 400 gramas deste sal contêm 20 gramas de impurezas.
d) Calcule a quantidade de matéria de ácido nítrico necessária para obter 510 gramas de sal.

Questão 72

(INSTITUTO MILITAR DE ENGENHARIA) A reação de 124 gramas de fósforo branco com uma solução de ácido nítrico gera óxido nítrico e 98 gramas de ácido fosfórico. Sabendo que o rendimento da reação é de 100%, determine o grau de pureza do fósforo.

Questão 73

(INSTITUTO MILITAR DE ENGENHARIA) Determine o volume de cloro obtido, a 27,0°C e 738 mmHg, pela ação de excesso de ácido clorídrico concentrado sobre 30,7 gramas de pirolusita com 85,0% em peso de MnO_2. Considere o cloro com comportamento ideal.

Questão 74

(OLIMPÍADA PORTUGUESA DE QUÍMICA) Em muitas transformações químicas há liberação de um gás, e nesses casos as determinações quantitativas têm de ser efetuadas com mais cuidado. Analise os exemplos seguintes:

1. O carbonato de cálcio reage com ácido clorídrico liberando dióxido de carbono.

a) Escreva a equação química, devidamente acertada, que traduz a transformação.

b) Calcule a massa de CO_2 que espera venha a ser produzida por reação de 15,0 g de $CaCO_3$ com uma solução aquosa contendo 4,5 g de HCl.

c) Calcule o rendimento da reação se forem obtidas 1,8 g de CO_2 nas condições da reação descritas na linha b).

Questão 75

(INSTITUTO TECNOLÓGICO DA AERONÁUTICA) No processo de Mond de purificação do níquel, o metal impuro é tratado com CO, segundo a equação: $Ni \xrightarrow{CO} Ni(CO)_4$. Determine o volume de CO medido nas CNTP, necessário para purificar 0,500 gramas de níquel contendo 25% de impurezas.

Questão 76

(INSTITUTO TECNOLÓGICO DA AERONÁUTICA) Determine o menor volume de solução de ácido clorídrico 0,250 $mol.L^{-1}$ necessário para dissolver completamente 13,50 gramas de alumínio metálico granulado.

Questão 77

(INSTITUTO TECNOLÓGICO DA AERONÁUTICA) Deseja-se preparar 57 gramas de sulfato de alumínio $Al_2(SO_4)_3$ a partir de alumínio sólido (Al), praticamente puro, e ácido sulfúrico. O ácido sulfúrico disponível é uma solução aquosa 96% (m/m), com massa específica de 1,84 $g.cm^{-3}$.

a) Qual a massa, em gramas, de alumínio necessária para preparar a quantidade de $Al_2(SO_4)_3$ especificada? Mostre os cálculos realizados.

b) Qual a massa, em gramas, de ácido sulfúrico necessária para preparar a quantidade de $Al_2(SO_4)_3$ especificada? Mostre os cálculos realizados.

c) Nas condições normais de temperatura e pressão (CNTP), qual é o volume, em litros, de gás formado durante a preparação da quantidade de $Al_2(SO_4)_3$ especificada? Mostre os cálculos realizados.

d) Caso a quantidade especificada de $Al_2(SO_4)_3$ seja dissolvida em água acidulada, formando 1 litro de solução, qual a concentração de íons Al^{+3} e de íons SO_4^{-2} existentes nesta solução?

Questão 78

Calcule a massa de hidróxido de sódio que deve ser dissolvida em 0,500 mL de água para que a solução resultante tenha um $pH \approx 12$ a 25°C.

Questão 79

(INSTITUTO TECNOLÓGICO DA AERONÁUTICA) 3,64 gramas de fosfeto de cálcio foram adicionados a uma certa quantidade de água. Após a reação completa, todo o produto gasoso formado foi recolhido em um recipiente de 8,2 ml. Calcule o valor numérico da pressão, em atm, exercida pelo produto gasoso a 27°C.

Questão 80

(INSTITUTO TECNOLÓGICO DA AERONÁUTICA) Considere uma mistura gasosa constituída de C_3H_8, CO e CH_4. A combustão, em excesso de oxigênio de 50 mL dessa mistura gasosa forneceu 70 mL de $CO_{2(g)}$. Determine o valor numérico do percentual de C_3H_8 na mistura gasosa.

Questão 81

(GRILLO) Foram tratados 16 gramas de uma soda comercial, composta basicamente por carbonato de sódio e ácido clorídrico. Após um determinado tempo, houve liberação de um determinado gás que, medido na pressão de 1,5 atm, preencheu um determinado recipiente de 2,2 litros na temperatura de 27ºC. Qual o grau de pureza da soda?

Questão 82

(GRILLO) Considere a seguinte reação de produção de ácido sulfúrico e monóxido de nitrogênio a partir do ácido nítrico, conforme pode ser observado pela equação química não balanceada: $As_2S_3 + HNO_3 + H_2O \rightarrow H_2SO_4 + H_3AsO_4 + NO$. Partindo de 1000 gramas de ácido nítrico, calcule a massa de ácido sulfúrico produzido e o volume de NO nas CNTP.

Questão 83

(OLIMPÍADA DE QUÍMICA DO RIO GRANDE DO SUL) O cloreto de hidrogênio é um gás tóxico, que pode ser fabricado por meio da reação entre os gases hidrogênio e cloro. Quando dissolvido em água, recebe o nome de ácido clorídrico. Soluções aquosas de cloreto de hidrogênio, razoavelmente impuras, são vendidas comercialmente com o nome de ácido muriático e são frequentemente usadas para limpeza de pisos e paredes. Soluções de ácido muriático podem ser neutralizadas por cal hidratada ou por soda cáustica. Baseado no texto acima faça as reações:

a) De obtenção do cloreto de hidrogênio.

b) Da dissolução do cloreto de hidrogênio em água.

c) Das duas reações de neutralização do ácido muriático.

Questão 84

(INSTITUTO TECNOLÓGICO DA AERONÁUTICA) Quantos mL de solução 0,200 $mol.L^{-1}$ de ácido sulfúrico são necessários para neutralizar 0,200 gramas de hidróxido de magnésio?

Questão 85

(INSTITUTO TECNOLÓGICO DA AERONÁUTICA) Uma amostra de hidróxido de cálcio impuro, pesando 2,00 gramas, foi neutralizada por 50,0 mL de ácido sulfúrico 0,500 $mol.L^{-1}$. Qual a pureza da amostra?

Questão 86

(OLIMPÍADA BRASILEIRA DE QUÍMICA - MODIFICADA) Indique as funções orgânicas oxigenadas e calcule a percentagem de carbono contida em uma molécula de aspartame?

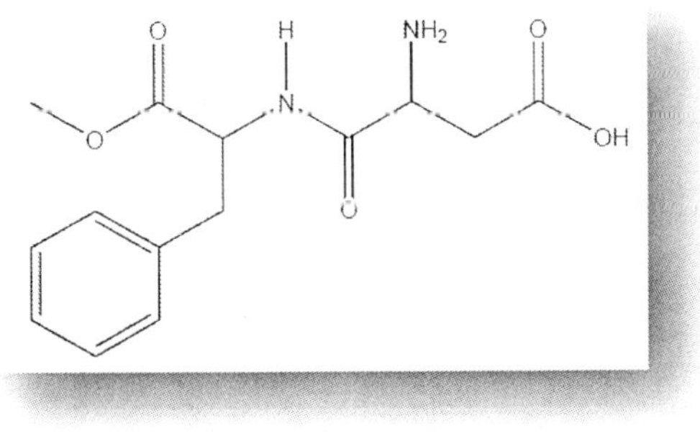

Questão 87

(OLIMPÍADA MINEIRA DE QUÍMICA) A reação química que ocorre entre a glicose e o oxigênio produz dióxido de carbono e água. A equação química que descreve esta reação é representada por: $C_6H_{12}O_{6(sólido)} + O_{2(gás)} \rightarrow CO_{2(gás)} + H_2O_{(liquido)}$.

a) Após o balanceamento da equação química, calcule a massa de oxigênio necessária para reagir completamente com 25,0 gramas de glicose.

b) Calcule as massas de CO_2 e H_2O formados quando 2,50 mol de glicose reagem completamente com uma quantidade suficiente de oxigênio disponível no meio reacional.

Questão 88

(GRILLO) Determine o volume de ar, nas CNTP, que fornece o oxigênio necessário a combustão não catalisada de 15 mol de amônia.

Questão 89

(OLIMPÍADA UNIFICADA - OBQ) Considere o seguinte processo químico que se observa na produção de sulfato de potássio, sulfato de manganês II, sulfato de ferro III e água, conforme a equação química não-balanceada apresentada a seguir:

$KMnO_4 + FeSO_4 + H_2SO_4 \rightarrow K_2SO_4 + MnSO_4 + Fe_2(SO_4)_3 + H_2O$

Considere que foram colocados para reagir um quilograma para cada reagente, assinale a alternativa que apresenta a massa de água formada e o agente oxidante, respectivamente.

a) 84,21 g e sulfato de ferro II
b) 84,21 g e ácido sulfúrico
c) 78,0 g e permanganato de potássio
d) 184,0 g e sulfato de ferro II
e) 84,21 g e permanganato de potássio

Questão 90

(INSTITUTO TECNOLÓGICO DA AERONÁUTICA) Quando relâmpagos ocorrem na atmosfera, energia suficiente é fornecida para a iniciação da reação de nitrogênio com oxigênio, gerando monóxido de nitrogênio, o qual, em seguida, interage com oxigênio, gerando dióxido de nitrogênio, um dos responsáveis pela acidez de chuvas.

a) Escreva a equação química, balanceada, de cada uma das três transformações mencionadas no enunciado.
b) Descreva o método industrial utilizado para obter ácido nítrico. De sua descrição deve constar a matéria-prima utilizada, as equações químicas balanceadas para reações que ocorrem durante cada etapa do processo e a concentração (em % m/m) do ácido vendido comercialmente.
c) Cite três aplicações para o ácido nítrico.

Questão 91

(INSTITUTO TECNOLÓGICO DA AERONÁUTICA) Descreva um método de preparação do ácido nítrico economicamente viável e utilizado pelas indústrias químicas modernas para a produção em grande escala. Utilize equações balanceadas para representar as reações químicas que ocorrem com o emprego do método proposto.

Questão 92

(OLIMPÍADA IBEROAMERICANA DE QUÍMICA) Nem todos os hidretos covalentes podem ser obtidos por meio de processos exotérmicos, e muitos deles devem ser obtidos por outros métodos, tal como a protonação de uma base de Brønsted. Desta forma, o PH_3 pode ser sintetizado segundo a equação seguinte: $Ca_3P_2 + 3H_2SO_4 \rightarrow 2PH_3 + 3CaSO_4$

a) Escreva os nomes, segundo a IUPAC, das espécies seguintes: PH_3 e H_2SO_4.
b) Sabendo que o rendimento deste processo é de 80,00%, qual a massa de Ca_3P_2 , com 90,00% de pureza, é necessária para preparar 20,0 g de PH_3?
c) Sabendo que o rendimento deste processo é de 80%, qual o volume de solução de H_2SO_4 de concentração 2,00 mol/L será necessário para preparar 20,0 g de PH_3?
d) No laboratório, você dispõe de H_2SO_4 comercial com 98,08% de pureza e densidade 1,84 g/mL. Que volume de H_2SO_4 comercial será necessário para preparar o volume da solução 2,00 mol/L calculado no item anterior.

Questão 93

(INSTITUTO MILITAR DE ENGENHARIA) Escreva a equação química, representativa, da preparação do cloro, em laboratório, figurando entre os reagentes as substâncias H_2SO_4 e MnO_2.

Questão 94

(INSTITUTO MILITAR DE ENGENHARIA) Escreva as reações correspondentes à fabricação do ácido sulfúrico, pelo processo de contato, a partir da pirita.

Questão 95

(INSTITUTO TECNOLÓGICO DA AERONÁUTICA) Explique o que se entende por chuva ácida. Quais são as causas desse problema? Quais as formas de controlá-lo?

Questão 96

(INSTITUTO MILITAR DE ENGENHARIA) Foram misturados 40 gramas de hidrogênio (H_2) com 40 gramas de oxigênio (O_2), com a finalidade de produzir água, segundo a equação $H_{2(g)} + O_{2(g)} \rightarrow H_2O_{(g)}$. Determine:

a) o reagente limitante;
b) a massa do produto formado;
c) a massa do reagente em excesso.

Questão 97

(INSTITUTO MILITAR DE ENGENHARIA) Uma fonte de vanádio é o mineral vanadinita, cuja fórmula é $Pb_5(VO_4)_3Cl$. Determine:
a) a porcentagem em massa de vanádio nesse mineral;
b) a massa em gramas de vanádio numa amostra que contém $2,4 \times 10^{24}$ átomos de cloro.

Questão 98

(GRILLO) Calcule o volume de ar a 27°C e pressão de 850 mm Hg, necessário para a ustulação de 400 g de pirita com 90% de pureza, cuja equação química não-balanceada é a seguinte: $FeS_2 + O_2 \rightarrow Fe_2O_3 + SO_2$.

Questão 99

(OLIMPÍADA DE QUÍMICA DO RIO GRANDE DO SUL) O sulfato de alumínio é o mais tradicional agente coagulante usado no tratamento de água para consumo humano. É empregado na etapa de clarificação, onde provoca a aglutinação da matéria em suspensão, formando flocos que ganham em densidade e sedimentam-se. Pode ser obtido pela reação entre cloreto de alumínio e ácido sulfúrico.
a) Faça a reação balanceada de obtenção desse composto.
b) Partindo-se de 534 gramas de sal, com 75% de pureza, calcular a massa de sulfato de alumínio obtida, considerando rendimento de 90%.
c) Calcule a quantidade de matéria do enxofre existente em 855 gramas de sulfato de alumínio puro.
d) Faça a reação balanceada de obtenção do sulfato de alumínio, substituindo o sal de alumínio por sua respectiva base.

Questão 100

(GRILLO) Uma amostra com 6,0 g de mercúrio foi cuidadosamente adicionada a uma solução com ácido nítrico diluído, em condições reacionais. Depois de completada a reação química, determine o volume do gás que se desprendeu, medida nas condições normais de temperatura e pressão (CNTP).

Questão 101

(INSTITUTO MILITAR DE ENGENHARIA) O processo Solvay de produção de carbonato de sódio realiza-se mediante as reações abaixo:
$CaCO_3 \rightarrow CaO + CO_2$
$CaO + H_2O \rightarrow Ca(OH)_2$
$NH_3 + H_2O \rightarrow NH_4OH$
$2NH_4OH + CO_2 \rightarrow (NH_4)_2CO_3 + H_2O$
$(NH_4)_2CO_3 + CO_2 + H_2O \rightarrow 2NH_4HCO_3$
$NH_4HCO_3 + NaCl \rightarrow NH_4Cl + NaHCO_3$
$2NaHCO_3 \rightarrow Na_2CO_3 + CO_2 + H_2O$
$2NH_4Cl + Ca(OH)_2 \rightarrow 2NH_3 + CaCl_2 + 2H_2O$
A partir destas equações, determine:
a) a reação global que representa o processo;
b) a massa de cada reagente que é necessária para produzir 1000 kg de carbonato de sódio.

Questão 102

(OLIMPÍADA DE QUÍMICA DO RIO GRANDE DO SUL) Uma amostra de 12,5 gramas de calcário ($CaCO_3$, impuro) foi calcinada e o resíduo obtido adicionado a 1,0 litro de água. Após filtração, borbulhou-se anidrido sulfúrico na solução resultante, precipitando 13,6 gramas de sulfato de cálcio. Responda:
a) Escreva todas as reações que ocorrem.
b) Qual a pureza do calcário?

Questão 103

(OLIMPÍADA IBEROAMERICANO DE QUÍMICA) Nem todos os hidretos covalentes podem ser obtidos por meio de processos exotérmicos, e muitos deles devem ser obtidos por outros métodos, tal como a protonação de uma base de Brønsted. Desta forma, o PH_3 pode ser sintetizado segundo a equação seguinte: $Ca_3P_2 + 3H_2SO_4 \rightarrow 2PH_3 + 3CaSO_4$.
a) Escreva os nomes, segundo a IUPAC, das espécies seguintes: PH_3 e H_2SO_4.
b) Sabendo que o rendimento deste processo é de 80,00%, qual a massa de Ca_3P_2, com 90,00% de pureza é necessária para preparar 20,0 gramas de PH_3?

c) Sabendo que o rendimento deste processo é de 80%, qual o volume de solução de H_2SO_4 de concentração 2,00 mol.L^{-1} será necessário para preparar 20,0 gramas de PH_3?
d) No laboratório, você dispõe de H_2SO_4 comercial com 98,08% de pureza e densidade 1,84 g.ml^{-1}. Que volume de H_2SO_4 comercial será necessário para preparar o volume da solução 2,00 mol.L^{-1} calculado no item anterior.

Questão 104

(OLIMPÍADA MINEIRA DE QUÍMICA) A reação química que ocorre entre a glicose e o oxigênio produz dióxido de carbono e água. A equação química que descreve esta reação é representada por: $C_6H_{12}O_{6(s)} + O_{2(g)} \rightarrow CO_{2(g)} + H_2O_{(l)}$.
a) Após o balanceamento da equação química, calcule a massa de oxigênio necessária para reagir completamente com 25,0 gramas de glicose.
b) Calcule as massas de CO_2 e H_2O formadas quando 2,50 mol de glicose reagem completamente com uma quantidade suficiente de oxigênio disponível no meio reacional.

Questão 105

O carbonato de sódio empregado na fabricação de vidro é preparado a partir do carbonato de cálcio e cloreto de cálcio, segundo a equação química não balanceada: $CaCO_3 + NaCl \rightarrow Na_2CO_3 + CaCl_2$. Partindo-se de 1250 gramas de carbonato de cálcio (com grau de pureza de 80&) e 650 gramas de cloreto de sódio (com grau de pureza 90%), determine a massa de carbonato de sódio, levando em consideração um rendimento igual a 80%.

Questão 106

(INSTITUTO MILITAR DE ENGENHARIA) Uma forma de sintetizar óxido nítrico em meio aquoso é reagir nitrito de sódio com sulfato ferroso e ácido sulfúrico, produzindo, além do óxido nítrico, sulfato férrico e bissulfato de sódio. Partindo de 75,0 gramas de nitrito de sódio, 150,0 gramas de ácido sulfúrico e 152,0 gramas de sulfato ferroso e tendo a reação 90% de rendimento, determine a massa de óxido nítrico obtida.

Questão 107

(INSTITUTO MILITAR DE ENGENHARIA) Um calcário composto por $MgCO_3$ e $CaCO_3$ foi aquecido para produzir MgO e CaO. Uma amostra de 2,00 gramas desta mistura de óxidos foi tratada com 100 cm^3 de ácido clorídrico 1,00 mol.L^{-1}. Sabendo-se que o excesso de ácido clorídrico necessitou de 20,0 cm^3 de solução de NaOH 1,00 mol.L^{-1} para ser neutralizado, determine a composição percentual, em massa, de $MgCO_3$ e $CaCO_3$ na amostra original desse calcário.

Questão 108

(OLIMPÍADA NORTE – NORDESTE DE QUÍMICA) Os antiácidos são medicamentos usados para a acidez estomacal e aliviar a dor de distúrbios estomacais e duodenais, causados principalmente pela ingestão de frutas cítricas e cafeína. O "leite de magnésia" é um dos antiácidos mais utilizados e trata-se de uma suspensão de hidróxido de magnésio que contém de 7,0 a 8,5 g do hidróxido em cada 100 g, segundo a United States Pharmacopeia. Na determinação do teor de hidróxido de magnésio, a 1,0 g de amostra de leite de magnésia foi adicionado 50 mL de ácido clorídrico padronizado 0,102 mol.L^{-1}e duas gotas de indicador vermelho de metila. Esta solução foi titulada com 21,9 mL de solução padrão de hidróxido de sódio 0,100 mol.L^{-1}. Com base nestas informações, resolva as questões abaixo:
a) Equacione a reação balanceada de neutralização estomacal.
b) Calcule a porcentagem do hidróxido de magnésio, em massa, da amostra.
c) Sabendo que o sulfato de alumínio é utilizado, também, como agente floculante, no tratamento de água e efluentes, equacione a reação balanceada de obtenção do sulfato de alumínio a partir do hidróxido de alumínio.

Questão 109

(INSTITUTO MILITAR DE ENGENHARIA) Uma amostra de 1,850 g de uma mistura de $CuCl_2$ e $CuBr_2$ foi dissolvida em água e totalmente misturada com uma porção de 1,800 g de AgCl. Após a reação, o sólido, que agora consiste numa mistura de AgCl e AgBr, foi filtrado, lavado e secado, e a massa encontrada foi 2,052 g. Determine a porcentagem de $CuBr_2$ na mistura original.

Questão 110

(INSTITUTO MILITAR DE ENGENHARIA) A combustão completa de 3,0 g de um certo composto orgânico X produz, exclusivamente, 6,6 g de CO_2 e 3,6 g de H_2O. A 100°C, 5,3g de X (que se encontra no estado gasoso a esta temperatura) são misturados com 14 g de N_2 em um recipiente de volume 3,0 litros. A pressão medida no interior do recipiente, nestas condições, é igual a 6,0 atm. Considere que os gases, no interior do recipiente, se comportam idealmente. Sabendo que a reação de X com dicromato de potássio em ácido sulfúrico aquoso gera uma cetona, determine a composição centesimal do composto X, suas fórmulas mínima, molecular e dê a sua nomenclatura IUPAC.

Questão 111

(INSTITUTO MILITAR DE ENGENHARIA) O alumínio é o metal mais empregado pelo homem depois do ferro. É o elemento metálico mais abundante na crosta terrestre (8,29% em massa) e não existe naturalmente na forma livre, sendo o minério sílico - aluminato seu composto mais importante. Apresenta propriedade anfotérica, isto é, reage tanto com ácidos quanto com bases. Partindo da equação apresentada abaixo, responda o que se pede: $NaNO_{3(aq)} + Al_{(s)} + NaOH_{(aq)} + H_2O_{(l)} \rightarrow NH_{3(aq)} + Na\,[Al(OH)_4]_{(aq)}$

a) A equação da semirreação de oxidação iônica balanceada (carga e massa) com os menores coeficientes inteiros possíveis.

b) A equação da semirreação de redução iônica balanceada (carga emassa) com os menores coeficientes inteiros possíveis.

c) A equação total balanceada (carga e massa) com os menores coeficientes inteiros possíveis.

d) O íon oxidante.

e) A fórmula do redutor.

Questão 112

(OLIMPÍADA NORTE-NORDESTE DE QUÍMICA) As essências naturais de frutas geralmente são formadas por misturas de substâncias voláteis, responsáveis pelo odor e sabor. Essas substâncias são chamadas de flavorizantes e na indústria alimentícia, são produzidas em grande quantidade, substituindo os naturais. A produção da essência de abacaxi, por exemplo, usada em preparos para bolos, é obtida através da reação de esterificação, realizada com aquecimento interno e sob refluxo. Com base nas estruturas abaixo, determine:

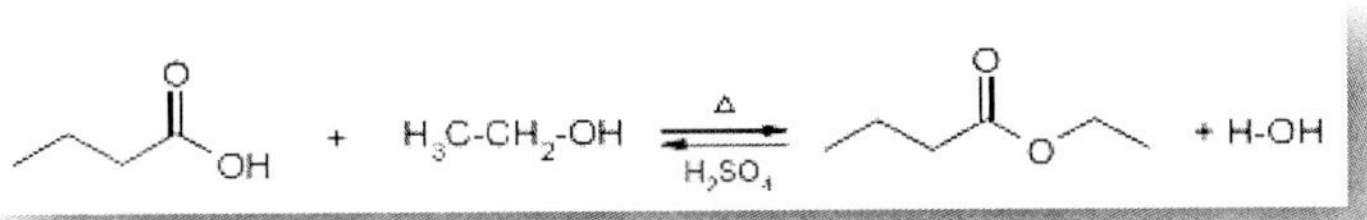

a) O nome sistemático e a função de cada substância orgânica envolvida na reação.

b) As reações de esterificação são reversíveis. Discuta os fatores que alteram o equilíbrio da reação, deslocando-o para os lados dos produtos.

c) Considerando a utilização de 13,2 gramas do ácido carboxílico e um rendimento de 75%, qual a massa do éster produzida na reação.

d) O octanoato de etila é um flavorizante utilizado na indústria alimentícia como essência de laranja. Equacione a reação de produção do octanoato de etila.

Questão 113

(INSTITUTO MILITAR DE ENGENHARIA) Um composto cuja molécula contém apenas carbono, hidrogênio, oxigênio e nitrogênio foi queimado em presença de O_2, fornecendo uma mistura gasosa de CO_2, H_2O e N_2. A água presente nesta mistura foi condensada e correspondeu a 1/6 do total de mol. Verificou-se que o CO_2 representava 80% em mol da fração não condensada. Determine:

a) a fórmula mínima do composto, sabendo-se ainda que sua molécula contém tantos átomos de carbono quanto de oxigênio;

b) a fórmula molecular do composto, sabendo-se que 170,4 gramas do mesmo, no estado gasoso a 800 K e 0,64 atm, ocupam 82 litros;

c) a massa mínima de O_2 necessária para a combustão completa de 213,0 gramas deste composto.

Questão 114

Na combustão de 12,0 mg de um composto A, que contém apenas carbono, hidrogênio e oxigênio, gerou-se 26,5 mg de CO_2 e 14,4 mg de H_2O. Sabe-se que 30 mg do composto A, vaporizado a 27°C e 0,60 atm, ocupam 20,5 mL. Quantos isômeros estruturais existem o composto A?

a) 1

b) 2

c) 3

d) 4

e) 5

Questão 115

(OLIMPÍADA BRASILEIRA DE QUÍMICA – SEGUNDA FASE - MODIFICADA) O aumento na venda mundial de automóveis tem gerado uma série de preocupações relacionadas as emissões decorrentes da queima dos combustíveis. Embora existam hoje protótipos movidos a hidrogênio ou eletricidade, praticamente todos os veículos comercializados consomem algum combustível à base de carbono (álcool, gasolina, diesel, GNV etc.). A combustão destas substâncias produz altas quantidades de gás carbônico. O aumento da concentração deste gás na atmosfera amplifica o efeito estufa dando origem ao chamado aquecimento global. Uma das vantagens da utilização do etanol, derivado da cana-de-açúcar, como combustível é o fato de sua produção e seu consumo formarem um ciclo onde o gás carbônico emitido em sua queima é consumido no processo de fotossíntese da cana-de açúcar, na produção. Assim, contabilizando este ciclo, o etanol não é considerado um emissor do gás estufa. Outro problema decorrente de tais emissões são as chuvas ácidas. Para diminuir as emissões causadoras destas, é importante remover o enxofre presente nos combustíveis derivados de petróleo antes de sua comercialização. Um dos processos utilizados para a remoção do enxofre do gás natural e de derivados de petróleo é a hidrodessulfurização (HDS) catalítica, conforme a seguinte reação: $C_2H_5SH + H_2 \longrightarrow C_2H_6 + H_2S$ (C_2H_5SH = etanotiol)

a) Qual a nomenclatura do H_2S, quando no estado gasoso e quando em solução aquosa?

b) Demonstre a ionização total do H_2S em etapas.

c) Qual o volume de H_2 medido a 2 atm e 227°C necessário para produzir 0,30 mg de etano?

Questão 116

(INSTITUTO MILITAR DE ENGENHARIA) A reação no estado sólido de iodato de potássio com sacarose ($C_{12}H_{22}O_{11}$) produz dióxido de carbono, água e um sal. Ao se adicionar 0,1 L de uma solução 0,5 mol/L de nitrato de mercúrio II aos produtos, observa-se a formação de um precipitado cuja solubilidade em água é desprezível. Determine a massa desse precipitado, sabendo-se que a amostra de iodato de potássio reagiu totalmente, gerando 168,0 L de gás, nas condições normais de temperatura e pressão.

Questão 117

(INSTITUTO TECNOLÓGICO DA AERONÁUTICA) Considere reações de combustão do etanol:

a) Escreva a equação química balanceada para a reação com oxigênio puro.

b) Escreva a equação química balanceada para a reação com ar atmosférico.

c) Escreva a equação química balanceada para a reação com 50% da quantidade estequiométrica de ar atmosférico.

d) Classifique as reações dos itens a), b) e c) em ordem crescente de variação de entalpia reacional.

Questão 118

(OLIMPÍADA MINEIRA DE QUÍMICA) Quando o ácido salicílico ($C_7H_6O_3$) reage com metanol (CH_4O) forma-se o salicilato de metila ($C_8H_8O_3$). Esta substância é um éster de odor extremamente agradável com propriedades analgésicas e usado topicamente em pomadas para luxações, entorses, etc.

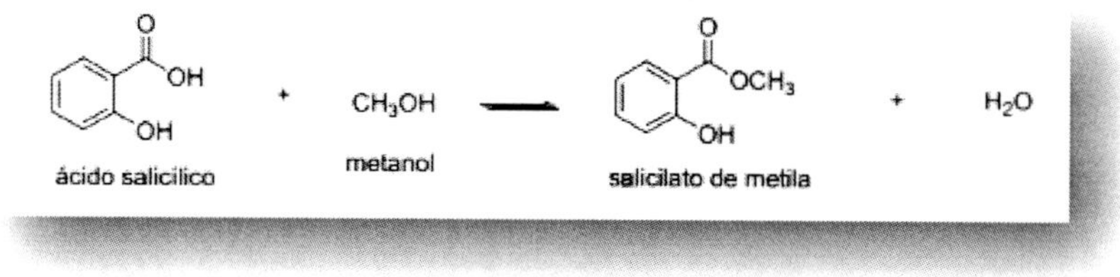

Com relação a esta reação química, responda:

a) Quantos gramas de ácido salicílico ($C_7H_6O_3$) são necessários para formar 0,4 mol de salicilato de metila ($C_8H_8O_3$)?

b) Qual o rendimento teórico desta reação quando 20 gramas de ácido salicílico reagem com 10 gramas de metanol?

c) Qual o reagente limitante na reação descrita no item b?

Questão 119

(INSTITUTO MILITAR DE ENGENHARIA) Aspirina é produzida pela adição de anidrido acético a uma solução aquosa de ácido salicílico. A equação da reação não balanceada é $C_4H_6O_{3(líquido)} + C_7H_6O_{3(sólido)} \longrightarrow C_9H_8O_{4(sólido)} + H_2O_{(líquido)}$. Se forem usados 2,0 kg de anidrido acético e 1,0 kg de ácido salicílico, determine:

a) Os coeficientes para balancear a equação.

b) O reagente limitante.

c) O rendimento teórico da aspirina, em gramas.

d) Se o rendimento percentual da reação é de 86%, quantos comprimidos de 0,50 gramas de aspirina poderiam ser preparados a partir das quantidades usadas nessa reação?

Questão 120

Qual a massa de dióxido de manganês que é preciso reagir com ácido clorídrico, a fim de que o gás desprendido atravessando uma solução de hidróxido de sódio concentrado e a quente, produza 53,25 gramas de clorato de sódio?

a) 261,0 g
b) 130,5 g
c) 65,25 g
d) 21,30 g
e) 10,15 g

Questão 121

(OLIMPÍADA BAIANA DE QUÍMICA) Uma vela de massa 34,5 gramas é acesa e encoberta por um béquer. Após algum tempo a chama apaga. Após essa queima a massa da vela foi 33,8 gramas. Considerando que a combustão é total e que a vela é formada apenas de $C_{30}H_{62}$, responda:

a) Qual a massa de dióxido de carbono formada?
b) Qual a massa do reagente limitante?

Questão 122

(OLIMPÍADA DE QUÍMICA DO RIO GRANDE DO NORTE) O trifluoreto de cloro, ClF_3, é um dos compostos mais reativos que se conhece. Reage violentamente com muitas substâncias que, em geral, são inertes. Durante a Segunda Guerra Mundial foi grande sua aplicabilidade, sendo usado em bombas incendiárias. A obtenção desta substância pode ocorrer pelo aquecimento de Cl_2 e F_2 em um sistema fechado.

a) A partir dos reagentes citados no texto, escreva a equação equilibrada do processo de obtenção do trifluoreto de cloro.
b) Se forem misturados 0,71 g de Cl_2 e 1,00 g de F_2, qual seria a produção teórica de ClF_3?

Questão 123

(INSTITUTO MILITAR DE ENGENHARIA) Permanganato de potássio reage com cloreto de sódio em presença de ácido sulfúrico, resultando em sulfato de manganês II, sulfato de potássio, sulfato de sódio, água e cloro gasoso. Calcule o rendimento da reação quando 58,5 gramas de cloreto de sódio e 32,6 gramas do permanganato forem adicionadas a 80,4 gramas de ácido sulfúrico, produzindo 34,4 gramas de gás.

Questão 124

(OLIMPÍADA DE QUÍMICA DO RIO DE JANEIRO) O ácido clorídrico é muitas vezes vendido na forma de uma solução de baixa pureza e concentração variável para a limpeza de pisos, pedras e até mesmo metais. Nesta forma, ele é conhecido como ácido muriático. Uma indústria que necessitava neutralizar seu estoque de 1,35 toneladas de ácido muriático, escolheu o carbonato de cálcio para efetuar a neutralização. Esta reação produz um sal, água e dióxido de carbono. Considerando que a solução possui 110 gramas de ácido clorídrico para cada litro de solução. A densidade desta a solução é de 1,2 $g.mL^{-1}$.

a) Escreva a reação química balanceada para a neutralização do ácido muriático.
b) Qual é a massa do carbonato que será utilizada na neutralização, considerando que o mesmo possui 7,0% de impurezas?

Questão 125

(OLIMPÍADA NORTE – NORDESTE DE QUÍMICA) Devido os atentados terroristas ocorridos em Nova Iorque, Madrid e Londres, os Estados Unidos e países da Europa têm aumentado o controle quanto a venda e produção de compostos explosivos que possam ser usados na confecção de bombas. Dentre os compostos químicos explosivos, a nitroglicerina é um dos mais conhecidos. É um líquido à temperatura ambiente, altamente sensível a qualquer vibração, decompondo-se de acordo com a equação: $2C_3H_5(NO_3)_{3(l)} \longrightarrow 3N_{2(g)} + \frac{1}{2}O_{2(g)} + 6CO_{2(g)} + 5H_2O_{(g)}$. Considere-se uma amostra de 4,45 gramas de nitroglicerina, massa molar 227 $g.mol^{-1}$, contida em um frasco fechado com volume total de 100,0 mL. Calcule a pressão máxima no interior do frasco antes de seu rompimento, considerando-se que a temperatura atinge 127°C.

Questão 126

(INSTITUTO MILITAR DE ENGENHARIA - MODIFICADA) Uma massa x de $CaCO_3$ reagiu com 50 mL de HCl 0,20 $mol.L^{-1}$ aquoso, sendo o meio reacional, posteriormente, neutralizado com 12 mL de NaOH aquoso. Sabe-se que 20 mL desta solução foram titulados com 25 mL do HCl 0,20 $mol.L^{-1}$. Determine a massa (x) de carbonato de cálcio.

Questão 127

(INSTITUTO MILITAR DE ENGENHARIA) O elemento constituinte da substância simples A possui um nome que em grego significa verde. Livre, como molécula, é um gás venenoso. Na crosta terrestre, encontra-se combinado a outros elementos, como minerais em depósitos subterrâneos e em oceanos. É solúvel em água e também em éter. Quando A reage com hidróxido de sódio em solução aquosa, produz a substância compota B, usada como agente alvejante e bactericida. Quando A reage com sódio fundido, produz a substância composta C, que é essencial ao ser humano. A eletrólise de C, em solução aquosa, produz no catodo de ferro a substância simples D. A substância simples E é o produto gasoso da reação, sob aquecimento, entre sódio metálico e nitrato de sódio. Ao reagir E com D, produz-se a substância composta F, utilizada na fabricação de ácido nítrico, corantes, explosivos, medicamentos, detergentes e, ainda, na forma de seus sais, como fertilizante. Determine:

a) as fórmulas moleculares de B, C, E e F;

b) as equações químicas das reações de produção de B, E e F;

c) o nome e a fórmula do composto produzido pela reação de F com ácido nítrico em solução aquosa.

Questão 128

(INSTITUTO MILITAR DE ENGENHARIA) Obtêm-se clorato de potássio pela passagem de cloro em uma solução quente de hidróxido de potássio, produzindo-se também cloreto de potássio e água. Uma solução assim obtida foi evaporada à secura e aquecida para a decomposição do clorato. Sabendo-se que o resíduo total de cloreto de potássio pesou 298 g, calcular a massa de hidróxido de potássio usado.

Questão 129

(INSTITUTO MILITAR DE ENGENHARIA) Permanganato de potássio reage com cloreto de sódio em presença de ácido sulfúrico, resultando em sulfato de manganês II, sulfato de potássio, sulfato de sódio, água e cloro gasoso. Calcule o rendimento da reação quando 58,5 g de cloreto de sódio e 32,6 g do permanganato forem adicionadas a 80,4 g de ácido sulfúrico, produzindo 34,4 g de gás.

Questão 130

(INSTITUTO TECNOLÓGICO DA AERONÁUTICA) Quantos litros de ar, contendo 20% em volume de oxigênio são necessários para queimar completamente 5,6 litros de propano? (Todos os gases são medidos nas CNTP).

Questão 131

(INSTITUTO MILITAR DE ENGENHARIA) O sulfato cúprico anidro é obtido a partir de uma solução aquosa de ácido sulfúrico 98% (em massa), a quente, com cobre. Sabendo que a solução aquosa de ácido sulfúrico tem massa específica 1,84 $g.cm^{-3}$ e que o ácido sulfúrico é o reagente limitante, calcule a massa de sulfato cúprico obtida a partir da reação de 10,87 mL da solução aquosa de ácido sulfúrico.

Questão 132

(INSTITUTO TECNOLÓGICO DA AERONÁUTICA) Partindo de 8,2 gramas de um brometo de alquila, obtém-se o respectivo composto de Grignard que, por hidrólise, fornece 4,3 gramas de um hidrocarboneto. Determine o número de átomos de carbono que deve possuir esse hidrocarboneto.

Questão 133

(OLIMPÍADA BRASILEIRA DE QUÍMICA) Uma amostra de dióxido de carbono, pesando 22 mg, contém:

a) $3{,}01 \times 10^{20}$ mol de CO_2

b) $3{,}01 \times 10^{23}$ moléculas

c) $6{,}02 \times 10^{23}$ átomos de oxigênio

d) Ocupa o volume de 11,2 mL em CNTP

e) Ocupa o volume de 1,12 L em CNTP

Questão 134

(INSTITUTO TECNOLÓGICO DA AERONÁUTICA) Num equipamento adequado para permitir adição de solução, assim como coleta e medida de volume de gases, fez-se a seguinte experiência: Após colocar neste equipamento 100 cm^3 de uma solução aquosa contendo 1,06 gramas de carbonato de sódio por litro de solução, adiciona-se um excesso de solução de ácido clorídrico. Admitindo que, nesta experiência, todo o gás que pudesse ser produzido pela reação entre as duas soluções foi de fato coletado, qual o volume medido, em cm^3, sabendo-se que a experiência foi realizada na temperatura de 27°C e pressão de 750 mmHg?

a) $0{,}10 \times 22{,}4$

b) 1,10 x 24,9
c) 100 x 0,0821
d) 0,20 x 62,3
e) 0,40 x 62,3

Questão 135

(INSTITUTO TECNOLÓGICO DA AERONÁUTICA) Considere a queima completa de vapores das quatro seguintes substâncias: metano, etano, metanol e etanol. Os volumes de ar necessário para a queima de 1 litro de cada um destes vapores, todos a mesma pressão e temperatura, são, respectivamente, V_1, V_2, V_3 e V_4. Assinale a alternativa que apresenta a comparação correta entre os volumes de ar utilizado na combustão:
a) $V_2 > V_4 > V_1 > V_3$
b) $V_2 > V_1 > V_4 > V_3$
c) $V_4 > V_2 > V_3 > V_1$
d) $V_4 > V_3 > V_2 > V_1$
e) $V_4 = V_3 > V_2 = V_1$

Questão 136

(INSTITUTO TECNOLÓGICO DA AERONÁUTICA) Qual a massa de nitrato de potássio que deve ser decomposta termicamente em nitrito de potássio para que o volume de oxigênio, medido a 77°C e pressão de 700 mmHg, seja de 1m³?
a) 3,80 kg
b) 5,10 kg
c) 6,00 kg
d) 6,50 kg
e) 7,60 kg

Questão 137

(INSTITUTO MILITAR DE ENGENHARIA) A taxa de emissão de dióxido de carbono em função do consumo médio de certo combustível, em um carro de testes, é apresentada a seguir.

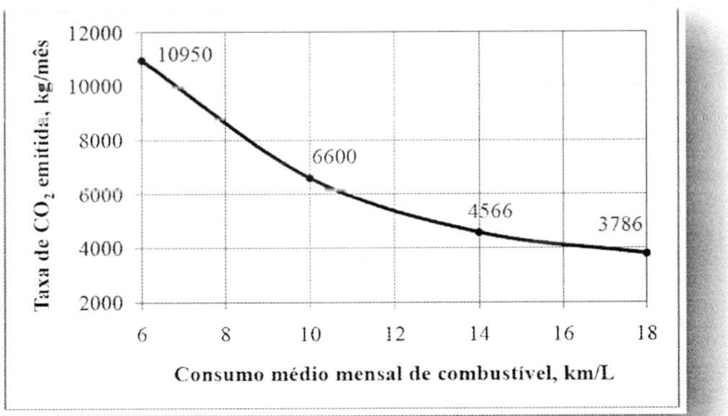

Para um consumo médio de 10 km.L⁻¹, a massa total mensal de combustível consumida é 2175 kg. Dentre as opções abaixo, pode-se afirmar que o combustível testado foi o:
a) metano
b) propano
c) butano
d) heptano
e) octano

Questão 138

(INSTITUTO MILITAR DE ENGENHARIA) Em um recipiente fechado queima-se propano com 80% da quantidade estequiométrica de ar. Admitindo que não haja hidrocarbonetos após a combustão, que todos os produtos da reação estejam na fase gasosa e que a composição volumétrica do ar seja de uma parte de O_2 para quatro partes de N_2, calcule a porcentagem molar no recipiente após a combustão (considere comportamento ideal para os gases).

a) 4,35
b) 4,76
c) 5,26
d) 8,70
e) 14,28

Questão 139

(INSTITUTO MILITAR DE ENGENHARIA) Sabendo que 18,0 gramas de um elemento X reagem exatamente com 7,75 gramas de oxigênio para formar um composto de fórmula X_2O_5, a massa de um mol de X é:
a) 99,2 gramas
b) 92,9 gramas
c) 74,3 gramas
d) 46,5 gramas
e) 18,6 gramas

Questão 140

(INSTITUTO MILITAR DE ENGENHARIA) Em 19,9 gramas de um sal de cálcio encontra-se 0,15 mol desse elemento. Qual a massa molar do ânion trivalente que forma esse sal?
a) 139 $g.mol^{-1}$
b) 278 $g.mol^{-1}$
c) 63,3 $g.mol^{-1}$
d) 126,6 $g.mol^{-1}$
e) 95 $g.mol^{-1}$

Questão 141

(INSTITUTO MILITAR DE ENGENHARIA) O osso humano é constituído por uma fase mineral e uma fase orgânica, sendo a primeira correspondente a cerca de 70% da massa óssea do ser humano. Dentre os minerais conhecidos, a hidroxiapatita, $Ca_{10}(PO_4)_6(OH)_2$, é o mineral de estrutura cristalina e estequiometria mais próxima à dos nanocristais constituintes da fase mineral dos tecidos ósseos. Considere que os átomos de cálcio estão na fase mineral dos tecidos ósseos e que o esqueleto de um indivíduo corresponde a um terço do seu peso. O número de átomos de cálcio em uma pessoa de 60 kg é:
a) $8,37 \times 10^{24}$
b) $2,52 \times 10^{25}$
c) $8,37 \times 10^{25}$
d) $1,20 \times 10^{26}$
e) $2,52 \times 10^{26}$

Questão 142

(INSTITUTO MILITAR DE ENGENHARIA) Em um recipiente fechado queima-se propano com 80% da quantidade estequiométrica de ar. Admitindo que não haja hidrocarbonetos após a combustão, que todos os produtos da reação estejam na fase gasosa e que a composição volumétrica do ar seja de uma parte de O_2 para quatro partes de N_2, calcule a porcentagem molar de CO_2 no recipiente após a combustão (considere comportamento ideal para os gases).
a) 4,35 %
b) 4,76 %
c) 5,26 %
d) 8,70 %
e) 14,28 %

Questão 143

(INSTITUTO TECNOLÓGICO DA AERONÁUTICA) O hidrogênio produzido na reação de 5,59 gramas de ferro metálico com excesso de solução de ácido clorídrico reduziria a seguinte massa de óxido cuproso:
a) 5,6 gramas
b) 7,9 gramas
c) 9,5 gramas
d) 14,2 gramas
e) 28,4 gramas

Questão 144

(INSTITUTO TECNOLÓGICO DA AERONÁUTICA) Uma amostra de óxido de crômio (III) contaminada com impurezas inertes é reduzida com hidrogênio de acordo com a equação: $Cr_2O_3 + 3H_2 \rightarrow 2Cr + 3H_2O$. O volume de hidrogênio medido nas CNTP, necessário para purificar 5 gramas de óxido de crômio (III) contendo 15% de impurezas inertes é igual a:

a) [(0,15 x 5,0 x 3 x 22,4) / 152] litros
b) [(0,85 x 5,0 x 3 x 22,4) / 152] litros
c) [(0,15 x 5,0 x 3 x 22,4) / 104] litros
d) [(0,85 x 5,0 x 3 x 22,4) / 104] litros
e) [(0,15 x 5,0 x 22,4) / 104] litros

Questão 145

(INSTITUTO TECNOLÓGICO DA AERONÁUTICA) Certa massa de nitrato de cobre $Cu(NO_3)_2$ foi calcinada em um ambiente aberto até resfriar um resíduo com massa constante, que é sólido e preto. Formaram-se dois produtos gasosos, conforme a equação química: $2Cu(NO_3)_{2(sólido)} \rightarrow 2CuO_{(sólido)} + 4NO_{2(gás)} + O_{2(gás)}$. A massa do NO_2 formado na reação de decomposição é igual a 18,4 gramas. Qual é o valor que mais se aproxima da massa inicial do nitrato de cobre?

a) 9,40 gramas
b) 37,50 gramas
c) 57,50 gramas
d) 123 gramas
e) 246 gramas

Questão 146

(INSTITUTO TECNOLÓGICO DA AERONÁUTICA) O gás cloro pode ser obtido, de acordo com a reação: $MnO_2 + 4HCl \rightarrow MnCl_2 + 2H_2O + Cl_2$. Para produzirmos 3,00 litros desse gás nas condições normais, supondo a reação completa, será necessário o volume de ácido clorídrico (densidade = 1,12 $g.mL^{-1}$ contendo 40,0% de HCl em massa).

a) 17,30 litros
b) 19,40 litros
c) 43,70 litros
d) 48,5 litros
e) Nenhuma das respostas anteriores.

Questão 147

(INSTITUTO TECNOLÓGICO DA AERONÁUTICA) Tratando 2,13 gramas do carbonato do metal M com ácido sulfúrico, em quantidade suficiente, obtém-se 3,17 gramas do sulfato desse metal M pode ser:

a) Alumínio
b) Bário
c) Cálcio
d) Lítio
e) Sódio

Questão 148

(INSTITUTO TECNOLÓGICO DA AERONÁUTICA) Foi preparada uma solução usando 490 gramas de ácido sulfúrico puro e água até completar 1,0 litro. Qual a massa de carbonato de sódio necessária para neutralizar 200 mL desta solução?

a) 53,0 gramas
b) 100 gramas
c) 212 gramas
d) 10,6 gramas
e) 21,2 gramas

Questão 149

(INSTITUTO TECNOLÓGICO DA AERONÁUTICA) A combustão de um composto X na presença de ar atmosférico ocorre com a formatação de fuligem. Dos compostos abaixo, assinale a opção que contém o composto X que apresenta a maior tendência de combustão fuliginosa.

a) C_6H_6
b) C_2H_5OH

c) CH_4
d) $CH_3(CH_2)_6CH_3$
e) CH_3OH

Questão 150

(INSTITUTO TECNOLÓGICO DA AERONÁUTICA) Adicionou-se um excesso de solução de sulfato de sódio a 500 mL de uma solução de nitrato de chumbo, tendo se formado um precipitado de sulfato de chumbo de massa igual a 3,0 gramas. A concentração inicial do sal de chumbo na solução era:
a) $2,0 \times 10^{-3}$ mol.L^{-1}
b) $1,0 \times 10^{-2}$ mol.L^{-1}
c) $2,0 \times 10^{-2}$ mol.L^{-1}
d) $5,0 \times 10^{-2}$ mol.L^{-1}
e) $2,0 \times 10^{-1}$ mol.L^{-1}

As questões 151 e 152 referem-se à combustão completa do pentanol gasoso representada pela equação: $C_5H_{11}OH + xO_2 \rightarrow 5CO_2 + 6H_2O$.

Questão 151

(INSTITUTO TECNOLÓGICO DA AERONÁUTICA) O coeficiente x da equação acima é:
a) 13/2
b) 14/2
c) 15/2
d) 16/2
e) Nenhuma das anteriores

Questão 152

(INSTITUTO TECNOLÓGICO DA AERONÁUTICA) Se nesta reação são consumidos 176 gramas de pentanol, o número de mol de água formada será:
a) 6,0
b) 12,0
c) 18,0
d) 24,0
e) 30,0

Questão 153

(INSTITUTO TECNOLÓGICO DA AERONÁUTICA) A 25°C, uma mistura de metano e propano ocupa um volume (V), sob uma pressão total de 0,080 atm. Quando é realizada a combustão completa desta mistura e apenas dióxido de carbono é coletado, verifica-se que a pressão desse gás é de 0,12 atm, quando este ocupa o mesmo volume (V) e está sob a mesma temperatura da mistura original. Admitindo que os gases têm comportamento ideal, assinale a opção que contém o valor correto da concentração, em fração em mol, do gás metano na mistura original.
a) 0,01
b) 0,25
c) 0,50
d) 0,75
e) 1,00

Questão 154

(INSTITUTO TECNOLÓGICO DA AERONÁUTICA) Na temperatura ambiente, hidróxido de potássio sólido reage com o cloreto de amônio sólido, com a liberação de um gás. Assinale a alternativa correta para o gás liberado nesta reação.
a) Cl_2
b) H_2
c) HCl
d) NH_3
e) O_2

Questão 155

(INSTITUTO TECNOLÓGICO DA AERONÁUTICA) Através da fusão de mistura de $SiO_{2(s)}$ e $Al_2O_{3(s)}$ em forno suficientemente aquecido é possível produzir aluminossilicatos. Considere que seja produzido um aluminossilicato com a relação de massa {(g de Al_2O_3) / (g de SiO_2)} igual a 2,6. Qual das alternativas correspondente ao valor da quantidade {(mol de Al_2O_3) / (mol de SiO_2)} neste aluminossilicato?

a) 0,59
b) 1,0
c) 1,5
d) 2,6
e) 4,4

Questão 156

(INSTITUTO TECNOLÓGICO DA AERONÁUTICA) 100 mL de solução aquosa de NaOH 0,1 $mol.L^{-1}$ foram misturados com 100 mL de solução aquosa de H_2SO_4 0,3 $mol.L^{-1}$. Quantos $mol.L^{-1}$ de H^+ existem na solução final?

a) 0,10
b) 0,20
c) 0,25
d) 0,30
e) 0,50

Questão 157

(INSTITUTO TECNOLÓGICO DA AERONÁUTICA) Dispõe-se de 10,0 litros de uma solução 1,00 $mol.L^{-1}$ de ácido clorídrico. Para que o pH desta solução seja elevado para o valor 2,0; a massa de hidróxido de sódio sólido que deve ser adicionada, admitindo desprezível a variação de volume, será:

a) 400 gramas
b) 396 gramas
c) 360 gramas
d) 320 gramas
e) 80 gramas

Questão 158

(INSTITUTO TECNOLÓGICO DA AERONÁUTICA) Num recipiente inerte, hermeticamente fechado, estão presentes 100 gramas de ferro, 100 gramas de água e 100 gramas de oxigênio. Supondo que ocorre a reação $2Fe_{(sólido)} + 3H_2O_{(liquido)} + 3/2O_{2(gás)} \longrightarrow 2Fe(OH)_{2(sólido)}$ e que a reação prossiga até o consumo completo do(s) reagente(s) minoritário(s), podemos prever que irá(irão) sobrar:

a) Fe e H_2O
b) Fe e O_2
c) H_2O e O_2
d) Fe
e) H_2O

Questão 159

(INSTITUTO TECNOLÓGICO DA AERONÁUTICA) O volume de HCl gasoso, medido na pressão de 624 mmHg e temperatura igual a 27°C, necessário para neutralizar completamente 500 cm^3 de uma solução aquosa 0,200 $mol.L^{-1}$ de NaOH é:

a) 0,27 litros
b) 1,5 litros
c) 3,0 litros
d) 6,0 litros
e) 27 litros

Questão 160

(INSTITUTO TECNOLÓGICO DA AERONÁUTICA) Qual é a relação entre as massas de gás oxigênio consumido na combustão completa de um mol, respectivamente, de metano, etanol e octano?

a) 3 : 6 : 24

b) 3 : 6 : 25
c) 4 : 7 : 25
d) 6 : 9 : 27
e) 6 : 10 : 34

Questão 161

(INSTITUTO TECNOLÓGICO DA AERONÁUTICA) O volume SO_2 gasoso, medido nas CNTP, necessário para transformar completamente 250 cm^3 de solução aquosa 0,100 $mol.L^{-1}$ de NaOH em solução de Na_2SO_3, é:
a) 0,14 litros
b) 0,28 litros
c) 0,56 litros
d) 1,12 litros
e) 2,24 litros

Questão 162

(INSTITUTO TECNOLÓGICO DA AERONÁUTICA) Um método de obtenção de prata pura e porosa consiste na decomposição térmica de seu carbonato. Qual massa de prata seria obtida pela decomposição de um quilograma de Ag_2CO_3?
a) (1000 g / 275,8 g) x 107,9 g
b) (1000 g / 275,8 g/mol) x 215,8 g/mol
c) (275,8 g / 107,9 g/mol) x 1000 g/mol
d) (1000 g / 215,8 g) x 275,8 g
e) (275,8 g/mol / 1000 g) x 107,8 mol

Questão 163

(INSTITUTO TECNOLÓGICO DA AERONÁUTICA) O volume, em litros, de uma solução 0,30 $mol.L^{-1}$ de sulfato de alumínio que contém 3,0 mol de cátion de alumínio, é:
a) 2,50
b) 3,30
c) 5,0
d) 9,0
e) 10,0

Questão 164

(U.S. NATIONAL CHEMISTRY OLYMPIAD) 0,422 g of an element Z reacts with oxygen to form 0,797 g of the oxide Z_2O_3. What is the element Z?
a) Al
b) Sc
c) Cr
d) Ga

Questão 165

(INSTITUTO TECNOLÓGICO DA AERONÁUTICA) Hematita (óxido férrico) e siderita (carbonato ferroso) são minérios importantes a partir dos quais se obtém ferro metálico. As massas máximas, em Kg, de ferro que podem ser obtidas a partir de 1,00 Kg de hematita e 1,00 Kg de siderita, supostas secas e puras são respectivamente:
a) 55,8 / (55,8 + 16,0); 2 x 55,8 / (2 x 55,8 + 180)
b) 2 x 55,8 / (2 x 55,8 + 48,0); 55,8 / (55,8 + 60,0)
c) 2 x 55,8 / (2 x 55,8 + 48,0); 2 x 55,8 / (2 x 55,8 + 180,0)
d) 55,8 / [2.(2 x 55,8 + 48,0)]; 55,8 / [2 x (55,8 + 60,0)]
e) (2 x 55,8 + 48,0) / (2 x 55,8); (2 x 55,8 + 180,0) / (2 x 55,8)

Questão 166

(INSTITUTO TECNOLÓGICO DA AERONÁUTICA) Determine o menor volume de solução de ácido clorídrico 0,250 $mol.L^{-1}$ necessário para dissolver completamente 13,50 gramas de alumínio metálico granulado.
a) 6,0 litros
b) 5,0 litros

c) 4,0 litros
d) 3,0 litros
e) 2,0 litros

Questão 167

(INSTITUTO TECNOLÓGICO DA AERONÁUTICA) Uma amostra de ácido dicarboxílico com 0,104 gramas de massa é neutralizada com 20 cm^3 de uma solução aquosa 0,1 $mol.L^{-1}$ em NaOH. Qual das opções abaixo contém a fórmula química do ácido constituinte da amostra?
a) $C_2H_2O_4$
b) $C_3H_4O_4$
c) $C_4H_4O_4$
d) $C_4H_6O_4$
e) $C_5H_8O_4$

Questão 168

(INSTITUTO TECNOLÓGICO DA AERONÁUTICA) Quando carbeto de alumínio (Al_4C_3) é adicionado em um béquer contendo água líquida a 25ºC, ocorre a formação de hidróxido de alumínio e a liberação de um gás. O gás formado é o:
a) H_2
b) CO
c) CO_2
d) CH_4
e) C_2H_2

Questão 169

(INSTITUTO TECNOLÓGICO DA AERONÁUTICA) Ao colocar-se um pedaço de magnésio em uma solução de ácido clorídrico, verifica-se que ocorre aumento da temperatura e desprendimento de gás. O gás que se desprende é, sobretudo:
a) Hidrogênio
b) Vapor de água
c) Vapor de magnésio
d) Mistura de vapores de magnésio e água
e) Mistura de vapores de magnésio e hidrogênio

Questão 170

(INSTITUTO TECNOLÓGICO DA AERONÁUTICA) Colocando grãos de nitrato de potássio em um frasco com água nota-se que com o passar do tempo o sólido desaparece dentro d'água. Qual das equações abaixo é a mais adequada para representar a transformação que ocorreu dentro do frasco?
a) $KNO_{3(c)} \rightarrow KNO_{3(l)}$
b) $KNO_{3(c)} + H_2O_{(l)} \rightarrow KOH_{(aq)} + KNO_{3\,(aq)}$
c) $KNO_{3(c)} \rightarrow K^+_{(aq)} + NO_3^-{}_{(aq)}$
d) $KNO_{3(c)} \rightarrow K_{(l)} + NO_{3(aq)}$
e) $KNO_{3(c)} + H_2O_{(l)} \rightarrow KNO_{2(aq)} + H_2O_{2(aq)}$

Questão 171

(CONCURSO PARA DOCENTE – INSTITUTO FEDERAL DO PIAUÍ) O selênio (Se) é um micromineral essencial na nutrição humana e animal, incluindo os peixes. Além de proteger as células contra o processo oxidativo e prevenir a ocorrência de doenças metabólicas e infecciosas, possui importante papel nas selenoenzimas, como a glutationa peroxidase (GSH-Px), que desempenha papel fundamental no sistema de proteção antioxidante dos espermatozoides. Este micromineral também apresenta a função de proteção contra toxicidade de metais pesados, como o mercúrio e o cádmio. O selênio pode ser encontrado em diversos alimentos, como a castanha do Pará, feijão preto, sardinha, sendo que, na farinha de trigo, são encontrados 9 μg de selênio para cada 100 g de farinha. PEREIRA, T.S et al. Selênio orgânico na alimentação de matrizes de tilápia-do-Nilo (Oreochromis niloticus). Disponível em: https://www.redalyc.org/pdf/3031/303126498012.pdf. Acesso em: 02 jul. 2022 (adaptado). Diante do que foi relatado, quantos átomos de selênio estão presentes em 3,2 kg de farinha de trigo?
a) $3{,}2 \times 10^{20}$
b) $2{,}1 \times 10^{18}$
c) $2{,}4 \times 10^{15}$

d) $2{,}9 \times 10^{21}$
e) $3{,}5 \times 10^{19}$

Questão 172

(OLIMPÍADA DE QUÍMICA DO RIO DE JANEIRO) Um caminhão tanque transportando ácido sulfúrico tombou na via Dutra (Rio – São Paulo) e derramou sobre a pista cinco toneladas do ácido. A polícia rodoviária federal ao chegar ao local chamou o Ministério do Meio Ambiente temendo um impacto ambiental sem precedentes na região. O Ministério já se dirigiu ao local levando carbonato de cálcio em pó, para neutralizar o ácido derramado. Admitindo que o carbonato de cálcio esteja com 90% de pureza, qual deve ser a massa do mesmo utilizada?
a) 5668,93 kg
b) 5453,25 kg
c) 5389,74 kg
d) 4789,61 kg
e) 4591,82 kg

Questão 173

(OLIMPÍADA DE QUÍMICA DO RIO DE JANEIRO) Qual o número de átomos de carbono contidos em 9,0 mg de glicose?
a) $1{,}8 \times 10^{20}$ átomos
b) $1{,}8 \times 10^{23}$ átomos
c) $3{,}0 \times 10^{19}$ átomos
d) $3{,}0 \times 10^{22}$ átomos
e) $1{,}26 \times 10^{26}$ átomos

Questão 174

(OLIMPÍADA DE QUÍMICA DO RIO DE JANEIRO) O ácido sulfúrico é um dos agentes da chuva ácida. Ao precipitar a chuva ácida reage com monumentos de mármore (carbonato de cálcio), "destruindo-os". Qual o volume de gás produzido a 27°C e 1,00 atm quando 2,45 gramas de ácido sulfúrico precipitam na forma de chuva ácida e reagem com estes monumentos?
A $1{,}23 \times 10^{3}$ mL
b) 615 mL
c) 560 mL
d) 111 mL
e) 55,3 mL

Questão 175

(OLIMPÍADA DE QUÍMICA DO RIO DE JANEIRO) 2,7 gramas de alumínio são dissolvidos em 500 mL de uma solução aquosa 1,00 mol/L em ácido clorídrico. Todo o hidrogênio produzido é recolhido. Após a secagem, o volume de hidrogênio à pressão de 1 atm e 25°C é:
a) 1,2 litros
b) 1,6 litros
c) 2,4 litros
d) 3,6 litros
e) 12 litros

Questão 176

(PETROBRÁS – ENGENHEIRO DE PROCESSAMENTO JÚNIOR) A combustão completa de 5 litros de octano é processada. Considerando que foi utilizado oxigênio em quantidade estequiométrica e a massa específica do octano é igual a 0,70 $g{,}mL^{-1}$, a soma das massas de gases liberados é, em kg, aproximadamente, igual a:
a) 6
b) 16
c) 26
d) 36
e) 46

Questão 177

(TÉCNICO DE OPERAÇÃO JÚNIOR – PETROBRÁS) A 200 mL de solução contendo 0,624 gramas de $BaCl_2$ foram adicionados 200 mL de solução contendo 0,568 gramas de Na_2SO_4. Considere a equação a seguir: $BaCl_{2(aquoso)} + Na_2SO_{4(aquoso)} \longrightarrow BaSO_{4(sólido)} + 2NaCl_{(aquoso)}$. A quantidade máxima de composto sólido formado é:

a) 0,699 gramas
b) 0,754 gramas
c) 0,855 gramas
d) 0,930 gramas
e) 0,992 gramas

Questão 178

(TÉCNICO DE OPERAÇÃO JÚNIOR – PETROBRÁS) O silício pode ser obtido a partir de uma matéria-prima muito abundante, o óxido de silício (SiO_2). No processo, a matéria-prima é reduzida pela reação com carbono, segundo a equação abaixo: $SiO_{2(s)} + C_{(s)} \longrightarrow Si_{(s)} + CO_{2(g)}$. Se, em uma certa condição experimental, obteve-se 787 kg de silício a partir de 2000 kg de SiO_2, o rendimento percentual da reação foi de:

a) 42,4%
b) 60,0%
c) 84,4%
d) 91,8%
e) 100%

Questão 179

(OLIMPÍADA DE QUÍMICA DO RIO GRANDE DO SUL) O zinco é um elemento importante para a saúde, mas é importante também manter uma dieta balanceada desse elemento. Deficiência de zinco pode ocasionar problemas de crescimento, desenvolvimento incompleto dos órgãos sexuais e dificuldades de cicatrização dos ferimentos. Por outro lado, o excesso de zinco pode causar anemia e problemas renais. O zinco está presente nos ovos, fígado e mariscos, numa concentração, em torno de 4 mg por 100 g. Quantos átomos de zinco aproximadamente estão presentes em 1,7 kg de fígado?

a) 5×10^{20}
b) 5×10^{21}
c) 6×10^{18}
d) 6×10^{19}
e) 6×10^{20}

Questão 180

(OLIMPÍADA MINEIRA DE QUÍMICA - MODIFICADA) O acetileno é um gás muito utilizado como combustível para produção de chamas de altas temperaturas (aproximadamente 3000°C) quando associado ao oxigênio. Considerando a queima completa do acetileno gasoso (C_2H_2), qual é a quantidade de matéria desta substância necessária para fornecer 315 gramas de água?

a) 43,8 mol
b) 3,50 mol
c) 17,5 mol
d) 7,00 mol
e) 6,00 mol

Questão 181

(OLIMPÍADA MINEIRA DE QUÍMICA - MODIFICADA) A cal viva, CaO, pode ser produzida em duas etapas, conforme representado a seguir:

$Ca(OH)_{2(aq)} + CO_{2(g)} \longrightarrow CaCO_{3(s)} + H_2O_{(l)}$

$CaCO_{3(s)} \longrightarrow CaO_{(s)} + CO_{2(g)}$

Considerando que o rendimento percentual da primeira etapa seja de 80% e o rendimento percentual da segunda etapa seja de 50%, qual é o rendimento percentual total esperado para se produzir CaO a partir de $Ca(OH)_2$?

a) 80%
b) 65%
c) 55%
d) 40%

e) 30%

Questão 182

(OLIMPÍADA TOCANTINENSE DE QUÍMICA) Reagiu-se excesso de zinco metálico com 100 mL de solução de ácido clorídrico de pH = 2,0. Qual é a massa em gramas, de cloreto de zinco obtido?
a) 68,2
b) $1{,}36 \times 10^{-1}$
c) $6{,}82 \times 10^{-2}$
d) 13,6
e) $3{,}67 \times 10^{-2}$

Questão 183

(OLIMPÍADA DE QUÍMICA DO RIO DE JANEIRO) Um monitor de laboratório encontra um frasco com rótulo danificado no armário de bases, não sendo possível a identificação do conteúdo. Para identificar a base contida no frasco, o monitor procede com uma titulação usando uma solução de HCl 0,1 $mol.L^{-1}$. Sabendo que para neutralizar completamente uma amostra de 0,100 g de base sólida, dissolvida em 100 mL de água destilada, são necessários 17,85 mL da solução ácida, a base desconhecida poderia ser:
a) LiOH
b) NaOH
c) KOH
d) $Ca(OH)_2$
e) $Ba(OH)_2$

Questão 184

(OLIMPÍADA DE QUÍMICA DO RIO DE JANEIRO) Uma solução contendo 1,699 kg de nitrato de prata reagiu com uma solução contendo 0,2925 kg de cloreto de sódio. A quantidade de cloreto de prata produzida foi:
a) 1 mol
b) 2 mol
c) 3 mol
d) 4 mol
e) 5 mol

Questão 185

(U.S. NATIONAL CHEMISTRY OLYMPIAD) Explosivos produzem, em geral, um grande volume de gases como produtos. A nitroglicerina detona de acordo com a seguinte reação: $2C_3H_5N_3O_{9(l)} \longrightarrow 6CO_{2(g)} + 3N_{2(g)} + 5H_2O_{(g)} + \frac{1}{2}O_{2(g)}$. Se 1,0 grama de nitroglicerina sofre uma explosão, o volume de gases produzidos, se a pressão total é de 1 atm e a temperatura 500°C, será de:
a) 1 Litros
b) 2 Litros
c) 3 Litros
d) 4 Litros
e) 5 Litros

Questão 186

(OLIMPÍADA DE QUÍMICA DO RIO DE JANEIRO) Uma amostra contendo 800 gramas de metano sofreu uma reação de combustão completa. Um dos óxidos produzidos reagiu completamente com 6,132 kg de óxido de bário, produzindo um sal. Qual é o percentual de pureza do metano utilizado?
a) 50%
b) 80%
c) 60%
d) 70%
e) 90%

Questão 187

(OLIMPÍADA BRASILEIRA DE QUÍMICA) Hipoclorito de sódio pode ser obtido através da seguinte reação: $Cl_{2(g)} + 2NaOH_{(aq)} \longrightarrow NaCl_{(aq)} + NaOCl_{(aq)} + H_2O_{(l)}$. Considerando a existência de cloro gasoso em excesso, qual o volume de uma solução de NaOH de concentração 2 mol.L^{-1} necessário para produzir hipoclorito em quantidade suficiente para preparar 2,0 L de uma solução 0,50 mol.L^{-1} de NaOCl?

a) 1,0 Litros
b) 2,0 Litros
c) 3,0 Litros
d) 4,0 Litros
e) 5,0 Litros

Questão 188

Tratando-se 16 gramas de uma soda comercial, através de uma reação química entre o carbonato de sódio e do ácido clorídrico, havendo liberação de um determinado gás. Este gás foi coletado em uma pressão de 1,5 atm e volume igual a 2,2 litros a 30ºC. Assinale a opção mais próxima do grau de pureza da soda.

a) 88%
b) 89%
c) 90%
d) 91%
e) 92%

Questão 189

(INSTITUTO TECNOLÓGICO DA AERONÁUTICA) A massa de 0,48 kg de carbonato de amônio reage com excesso de ácido o-fosfórico de acordo com a reação: $3(NH_4)_2CO_3 + 2H_3PO_4 \rightarrow 2(NH_4)_3PO_4 + 3CO_2 + 3H_2O$. O volume de gás carbônico liberado a 0°C e 2,0 atm é:

a) 16,8 litros
b) 22,4 litros
c) 11,2 litros
d) 61,1 litros
e) 56,0 litros

Questão 190

(GRILLO) Considere a seguinte equação química que envolve o carbonato de cálcio na presença de ácido clorídrico, obtendo cloreto de cálcio, água e dióxido de carbono. A partir das informações apresentadas e partindo de 200 gramas de carbonato de cálcio, determine a massa de cloreto de cálcio e o volume de dióxido de carbono nas Condições normais de temperatura e pressão, sabendo que o rendimento corresponde a 100%.

Questão 191

(OLIMPÍADA MINEIRA DE QUÍMICA) O airbag é um equipamento de segurança obrigatório no Brasil. A bolsa de airbag é feita de um material bastante reforçado e resistente, que costuma ser o polímero nylon. No interior dessa bolsa há uma mistura de reagentes: azoteto de sódio, nitrato de potássio e dióxido de silício. No momento da colisão, sensores localizados em pontos estratégicos do carro detectam a forte desaceleração do veículo e são acionados, emitindo sinais para uma unidade de controle. O sensor é ligado a um filamento que fica em contato com uma pastilha de azoteto de sódio, dentro do airbag. Ele emite uma descarga elétrica, que aquece o azoteto, fornecendo a energia de ativação necessária para dar início a reação, que libera grande quantidade de gás nitrogênio e sódio a partir da decomposição do NaN_3, em frações de segundo. Sabendo que o volume total de uma bolsa de airbag é de 70,0 litros e, que nas condições normais de temperatura e pressão (CNTP) 1 mol de gás corresponde a um volume de 22,4 litros, qual é a massa de azoteto de sódio necessária para inflar todo o dispositivo de segurança?

a) 304 g
b) 67,5 g
c) 405 g
d) 135 g

Questão 192

(INSTITUTO TECNOLÓGICO DA AERONÁUTICA) Na temperatura ambiente, hidróxido de potássio sólido reage com o cloreto de amônio sólido, com a liberação de um gás. Assinale a alternativa correta para o gás liberado nesta reação.

a) Cl_2
b) H_2
c) HCl

d) NH_3
e) O_2

Questão 193

(INSTITUTO TECNOLÓGICO DA AERONÁUTICA) Considere a equação química não balanceada, que representa a reação do sulfeto de cádmio em solução aquosa com de ácido nítrico: $CdS + HNO_3 \longrightarrow Cd(NO_3)_2 + NO + Y + H_2O$. Pode-se afirmar que, na equação química não balanceada, a espécie Y é:
a) $Cd(HSO_4)_2$
b) $CdSO_4$
c) SO_3
d) SO_2
e) S

Questão 194

(INSTITUTO TECNOLÓGICO DA AERONÁUTICA) Considere que 20 gramas de tiossulfato de potássio com pureza de 95% reagem com ácido clorídrico em excesso, formando 3,2 gramas de um sólido de coloração amarela. Assinale a alternativa que melhor representa o rendimento desta reação: $K_2S_2O_3 + 2HCl \longrightarrow S + H_2O + SO_2 + 2KCl$.
a) 100%
b) 95%
c) 80%
d) 70%
e) 65%

Questão 195

(U.S. NATIONAL CHEMISTRY OLYMPIAD) 0,250 gramas de um elemento M reage com excesso com flúor, para produzir 0,547 gramas de MF_6. Qual é o elemento?
a) Cr
b) Mo
c) S
d) Te

Questão 196

O número de átomos presentes em 2,20 gramas de propano é aproximadamente igual a:
a) $9,0 \times 10^{22}$
b) $6,0 \times 10^{22}$
c) $3,0 \times 10^{23}$
d) $9,0 \times 10^{23}$
e) $9,0 \times 10^{21}$

Questão 197

(U.S. NATIONAL CHEMISTRY OLYMPIAD) Aspirina, $C_9H_8O_4$, é preparada a partir do ácido salicílico, $C_7H_6O_3$, de acordo com a seguinte equação química: $C_7H_6O_3 + (CH_3CO)_2O \longrightarrow C_9H_8O_4 + CH_3COOH$. Se o rendimento desta reação é de 83%, qual a massa de ácido salicílico deve ser preparado a partir de 1,0 kg de aspirina?
a) 0,77 kg
b) 0,92 kg
c) 1,2 kg
d) 1,3 kg

Questão 198

(OLIMPÍADA PERUANA DE QUÍMICA) O ácido sulfúrico pode ser formado a partir de oxigênio, água e dióxido de enxofre. Suponha que se faz reagir 400 gramas do óxido, 175 gramas de oxigênio e 125 gramas de água, até que se esgote o reagente limitante. Que massa de ácido se forma?
a) 700 g
b) 612 g
c) 472 g

d) 0 g

Questão 199

(U.S. NATIONAL CHEMISTRY OLYMPIAD) Fe_2O_3 reage com excesso de CO a altas temperaturas, de acordo com a seguinte equação: $Fe_2O_3 + 3CO \rightarrow 2Fe + 3CO_2$. Se 6,50 gramas de Fe_2O_3 reage com 3,85 gramas de ferro, qual é o rendimento da reação?

a) 59,2%
b) 69,9%
c) 76,3%
d) 84,7%

Questão 200

(OLIMPÍADA BRASILEIRA DE QUÍMICA) Considere a equação química que representa a oxidação de cloreto por permanganato, em meio ácido: $MnO_4^- + H^+ + Cl^- \rightarrow Mn^{2+} + Cl_2 + H_2O$. Após o balanceamento desta equação, o coeficiente estequiométrico para o íon MnO_4^- é 2 e para o H^+ é:

a) 4
b) 8
c) 10
d) 14
e) 16

Questão 201

(OLIMPÍADA BRASILEIRA DE QUÍMICA – PRIMEIRA FASE) A partir da pirita também se pode obter ácido sulfúrico, segundo a sequência de reações, cujas equações químicas não – balanceadas são mostradas a seguir:

$FeS_2 + O_2 \rightarrow Fe_2O_3 + SO_2$
$SO_2 + O_2 \rightarrow SO_3$
$SO_3 + H_2O \rightarrow H_2SO_4$

Após o balanceamento destas equações, pode-se deduzir que a quantidade de matéria (número de mol) de ácido sulfúrico obtida a partir de 1 mol de FeS_2, é igual a:

a) 1
b) 2
c) 3
d) 4
e) 8

Questão 202

(OLIMPÍADA BRASILEIRA DE QUÍMICA – PRIMEIRA FASE) O gás SO_2 é formado na queima de combustíveis fósseis. Sua liberação na atmosfera é um grave problema ambiental, pois através de uma série de reações ele irá se transformar em $H_2SO_{4(aq)}$, um ácido muito corrosivo, no fenômeno conhecido como chuva ácida. A sua formação pode ser simplificadamente representada por: $S_{(s)} + O_{2(g)} \rightarrow SO_{2(g)}$. Quantas toneladas de dióxido de enxofre serão formadas caso ocorra a queima de uma tonelada de enxofre?

a) 1 tonelada
b) 2 toneladas
c) 3 toneladas
d) 4 toneladas
e) 5 toneladas

Questão 203

(OLIMPÍADA BRASILEIRA DE QUÍMICA) Se uma hemoglobina tem 0,335% de ferro, qual o valor aproximado para a menor massa molar possível para esta hemoglobina?

a) $1,0 \times 10^4$
b) $1,7 \times 10^4$
c) $2,5 \times 10^4$
d) $6,7 \times 10^4$
e) $7,0 \times 10^4$

Questão 204

(OLIMPÍADA DE QUÍMICA DO RIO GRANDE DO SUL) Reagiu-se excesso de zinco metálico com 100 mL de solução de ácido clorídrico de pH = 2,0. Qual é a massa, em gramas, de cloreto de zinco obtida?

a) 68,2
b) $1{,}36 \times 10^{-1}$
c) $6{,}82 \times 10^{-2}$
d) 13,6
e) $3{,}67 \times 10^{-2}$

Questão 205

(U.S. NATIONAL CHEMISTRY OLYMPIAD) Cloro pode ser produzido através da reação do HCl com MnO_2. A reação está representada através da seguinte equação química: $MnO_{2(s)} + HCl_{(aq)} \rightarrow Cl_{2(g)} + MnCl_{2(aq)} + 2\ H_2O_{(l)}$. Assumindo que a reação fica completa, qual a massa de HCl concentrado é necessário para produzir 2,50 gramas de $Cl_{2(g)}$?

a) 5,15 gramas
b) 14,3 gramas
c) 19,4 gramas
d) 26,4 gramas

Questão 206

(OLIMPÍADA DE QUÍMICA DO RIO GRANDE DO SUL) Na reação representada pela equação: $MnO_4^- + C_2O_4^{-2} + H^+ \rightarrow Mn^{+2} + CO_2 + H_2O$, após o balanceamento, usando os menores números inteiros, o coeficiente do agente oxidante será:

a) 2
b) 5
c) 3
d) 8
e) 1

Questão 207

(INSTITUTO TECNOLÓGICO DA AERONÁUTICA) Um estudante preparou uma mistura A, constituída dos seguintes sólidos: cloreto de sódio, cloreto de potássio e cloreto de bário. Numa primeira experiência, foi preparada uma solução aquosa pela total dissolução de 34,10 gramas da mistura A em água destilada, a 25°C, à qual foi adicionada, a seguir, uma solução aquosa de nitrato de prata em excesso, obtendo-se 57,40 gramas de um certo precipitado. Num segundo experimento, foi preparada uma solução aquosa pela total dissolução de 6,82 gramas da mistura A em água destilada, a 25°C, à qual foi adicionada, a seguir, uma solução aquosa de sulfato de sódio em excesso, obtendo-se 4,66 gramas de um outro precipitado. Qual das opções abaixo apresenta o valor correto da composição percentual, em massa, da mistura A?

a) 17,2% de NaCl, 21,8% de KCl 61,0% de $BaCl_2$
b) 21,8% de NaCl, 17,2% de KCl 61,0% de $BaCl_2$
c) 61,0% de NaCl, 21,8% de KCl 17,2% de $BaCl_2$
d) 21,8% de NaCl, 61,0% de KCl 17,2% de $BaCl_2$
e) 61,0% de NaCl, 17,2% de KCl 21,8% de $BaCl_2$

Questão 208

(INSTITUTO TECNOLÓGICO DA AERONÁUTICA) Uma camada escura é formada sobre objetos de prata exposta a uma atmosfera poluída contendo compostos de enxofre. Esta camada pode ser removida quimicamente envolvendo os objetos em questão com uma folha de alumínio. A equação química que melhor representa a reação que ocorre neste caso é

a) $3Ag_2S_{(s)} + 2Al_{(s)} \rightarrow 6Ag_{(s)} + Al_2S_{3(s)}$
b) $3Ag_2O_{(s)} + 2Al_{(s)} \rightarrow 6Ag_{(s)} + Al_2O_{3(s)}$
c) $3Ag_2H_{(s)} + Al_{(s)} \rightarrow 3Ag_{(s)} + AlH_{3(s)}$
d) $3Ag_2SO_{4(s)} + 2Al_{(s)} \rightarrow 6Ag_{(s)} + Al_2S_{3(s)} + 6O_{2(g)}$
e) $3Ag_2SO_{3(s)} + 2Al_{(s)} \rightarrow 6Ag_{(s)} + Al_2S_{3(s)} + 9/2\ O_{2(g)}$

Questão 209

(INSTITUTO TECNOLÓGICO DA AERONÁUTICA) Em um copo de 500 mL são misturados 100 mL de ácido clorídrico 1,00 $mol.L^{-1}$ em 100 mL de hidróxido de sódio 0,50 $mol.L^{-1}$. A solução resultante do copo é:

a) $1,0 \times 10^{-7}$ $mol.L^{-1}$ em OH^-
b) $1,0 \times 10^{-7}$ $mol.L^{-1}$ em H^+
c) 0,05 $mol.L^{-1}$ em H^+
d) 0,25 $mol.L^{-1}$ em H^+
e) 0,50 $mol.L^{-1}$ em H^+

Questão 210

(OLIMPÍADA MINEIRA DE QUÍMICA) Na metalurgia de obtenção do zinco a partir da blenda, um minério constituído de sulfeto de zinco, ocorre por meio de duas reações, representadas abaixo:

$2ZnS_{(s)} + 3O_{2(g)} \longrightarrow 2ZnO_{(s)} + 2SO_{2(g)}$

$ZnO_{(s)} + CO_{(g)} \longrightarrow Zn_{(s)} + CO_{2(g)}$

Qual quantidade de zinco a 90%(m/m) pode ser obtida a partir de 243,75 toneladas do minério blenda, a 80%(m/m)?

a) 147,15 toneladas
b) 130,80 toneladas
c) 117,72 toneladas
d) 163,50 toneladas

Questão 211

(OLIMPÍADA MINEIRA DE QUÍMICA) A um paciente, o qual se queixava de dor de cabeça, foi receitado metamizol sódico (ou dipirona sódica), em uma sondagem de 250 mg, a cada 6 horas. A fórmula estrutural deste analgésico é dada abaixo:

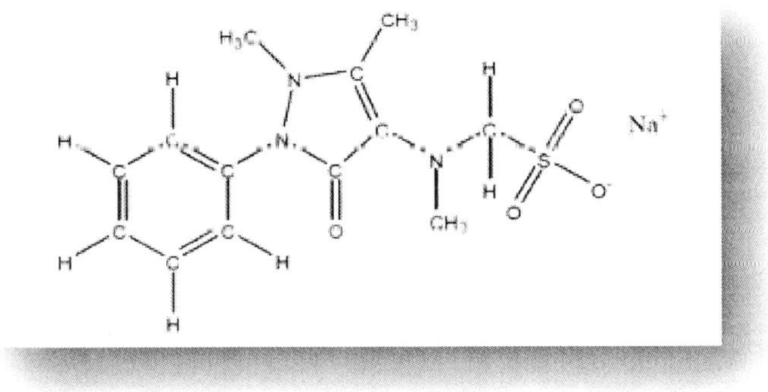

A quantidade de matéria do analgésico ingerida pelo paciente por dia é igual a:

a) 0,015 mol
b) 0,0015 mol
c) 0,003 mol
d) 0,03 mol

Questão 212

(OLIMPÍADA BRASILEIRA DE QUÍMICA) A pirita (FeS_2) é um minério de ferro conhecido como ouro de tolo em face de sua aparência. Quando queimada na presença de oxigênio do ar, a pirita é convertida nos óxidos Fe_2O_3 e SO_2. O ferro é então obtido do óxido de ferro em um alto forno. A massa de ferro (em kg) que pode ser obtida a partir de 1 tonelada de pirita de pureza igual a 95% está entre:

a) 200 e 300 kg
b) 300 e 350 kg
c) 350 e 400 kg
d) 400 e 450 kg
e) 450 3 500 kg

Questão 213

(INSTITUTO MILITAR DE ENGENHARIA) Em 33,65 gramas de um sal de magnésio está presente 1 mol deste elemento. Sendo trivalente o ânion deste sal, é correto afirmar que a massa de 1 mol do ânion é:

a) 6,23 g
b) 14,01 g
c) 24,31 g
d) 42,03 g
e) 48,62 g

Questão 214

(OLIMPÍADA MINEIRA DE QUÍMICA) O TiO_2, na forma de rutilo, é usado como pigmento em tintas brancas. Essa substância pode ser obtida com rendimento de 100%, por meio da reação entre a ilmenita, $FeTiO_3$, e o cloro, em meio ácido, de acordo com a equação química não balanceada: ___ $FeTiO_{3(s)}$ + ___ $HCl_{(aq)}$ + ___ $Cl_{2(g)}$ → ___ $FeCl_{3(aq)}$ + ___ $TiO_{2(s)}$ + ___ $H_2O_{(l)}$. Qual a quantidade de matéria de rutilo pode ser preparada a partir de 950 gramas de um minério que contém 80% (m/m) de ilmenita?

a) 6,25 mol
b) 6,50 mol
c) 5,00 mol
d) 5,50 mol

Questão 215

(INSTITUTO MILITAR DE ENGENHARIA) $CrI_3 + Cl_2 + NaOH \rightarrow NaIO_4 + Na_2CrO_4 + NaCl + H_2O$. Assinale a alternativa que indica a soma dos menores coeficientes inteiros capazes de balancear a equação química acima:

a) 73
b) 95
c) 173
d) 187
e) 217

Questão 216

(INSTITUTO TECNOLÓGICO DA AERONÁUTICA) Uma mistura de 300 mL de metano e 700 mL de cloro foi aquecida no interior de um cilindro provido de um pistão móvel sem atrito, resultando na formação de tetracloreto de carbono e cloreto de hidrogênio. Considere todas as substâncias no estado gasoso e temperatura constante durante a reação. Assinale a opção que apresenta os volumes corretos, medidos nas mesmas condições de temperatura e pressão, das substâncias presentes no cilindro após reação completa.

	V_{CH_4} (mL)	V_{Cl_2} (mL)	V_{CCl_4} (mL)	V_{HCl} (mL)
a)	0	0	300	700
b)	0	100	300	600
c)	0	400	300	300
d)	125	0	175	700
e)	175	0	125	700

Questão 217

(OLIMPÍADA MARANHENSE DE QUÍMICA) Qual é a massa de carbonato de prata formada ao misturarmos 100 mL de uma solução 0,1 $mol.L^{-1}$ de nitrato de prata com 100 mL de uma solução 0,1 $mol.L^{-1}$ de carbonato de sódio?

a) 0,69 g
b) 1,38 g
c) 2,76 g
d) 1,72 g

Questão 218

(OLIMPÍADA MARANHENSE DE QUÍMICA) Um método de análise desenvolvido por Lavoisier (1743 – 1794) e aperfeiçoado por Leibig (1803 – 1873) permitiu determinar a composição percentual dos hidrocarbonetos. O procedimento baseia-se na combustão total – em excesso de oxigênio (O_2) – da amostra analisada, em que todo carbono é convertido em gás carbônico (CO_2) e todo hidrogênio transformado em água (H_2O). A queima de 0,50 gramas de um hidrocarboneto, em presença de oxigênio em excesso,

fornece 1,65 gramas de dióxido de carbono (CO_2) e 0,45 gramas de água (H_2O). Considerando as informações acima, pode-se afirmar que as porcentagens em massa de carbono (C) e hidrogênio (H) no hidrocarboneto são respectivamente:
a) 85% e 15%
b) 95% e 5%
c) 90% e 10%
d) 91% e 9%
e) 93% e 12%

Questão 219

(OLIMPÍADA MARANHENSE DE QUÍMICA) A reação de explosão da nitroglicerina acontece quando este composto é submetido a uma onda de choques provocada por um detonador, causando sua decomposição de acordo com a reação: $4C_3H_5(NO_3)_{3(l)} \longrightarrow 6N_{2(g)} + O_{2(g)} + 12CO_{2(g)} + 10H_2O_{(g)}$. Considerando que esta reação ocorre a 1,0 atm e a 298,15 K e que os gases gerados apresentam comportamento ideal, assinale a alternativa que corretamente indica o volume total (em L) de gás produzido quando ocorre a explosão de quatro mol de nitroglicerina.
a) 509
b) 609
c) 709
d) 809
e) 909

Questão 220

(OLIMPÍADA MARANHENSE DE QUÍMICA) O principal componente da cal, importante produto industrial fabricado no Ceará, é o óxido de cálcio (CaO). A produção de CaO se processa de acordo com a seguinte reação química: $CaCO_{3(s)} \longrightarrow CaO_{(s)} + CO_{2(g)}$. Considerando o comportamento ideal, assinale a alternativa que expressa corretamente o volume (em L) de CO_2 gerado na produção de 561 kg de CaO a 300 K e 1 atm.
a) 22,4
b) 224
c) 2460
d) 24600
e) 246000

Questão 221

(OLIMPÍADA DE QUÍMICA DO RIO GRANDE DO NORTE) A scheelita é um mineral de tungstato de cálcio ($CaWO_4$) encontrado em quantidades apreciáveis na região do Seridó do estado do Rio Grande do Norte, e se constitui numa das principais fontes do metal do tungstênio, o qual é utilizado em filamentos de lâmpadas e na indústria bélica. O método clássico da obtenção de tungstênio a partir da scheelita segue duas etapas principais: na primeira, o mineral reage com excesso de HCl em altas temperaturas produzindo o óxido de tungstênio (IV) com rendimento teórico de 65%, segundo a reação: $CaWO_4 + 2HCl \longrightarrow WO_3 + H_2O + CaCl_2$. Em seguida, o óxido de tungstênio é reduzido em presença de gás hidrogênio produzindo o metal na forma pura com rendimento médio de 98% a partir da reação: $WO_3 + 3H_2 \longrightarrow W + 3H_2O$. Quantas toneladas do metal tungstênio pode ser produzidas a partir de 65 toneladas de scheelita, imaginando que este mineral é constituído apenas por $CaWO_4$?
a) 26,45
b) 27,00
c) 41,53
d) 50,52
e) 66,13

Questão 222

(OLIMPÍADA UNIFICADA - OBQ) Para a equação química apresentada a seguir, $Cr_2O_7^{-2} + Fe^{+2} + H^+ \longrightarrow Cr^{+3} + Fe^{+3} + H_2O$, assinale a alternativa que apresenta o valor correto da soma dos números inteiros com relação aos coeficientes estequiométricos:
a) 34
b) 35
c) 36
d) 37
e) 38

Questão 223

(CONCURSO PARA DOCENTE FEDERAL – UNIVERSIDADE FEDERAL FLUMINENSE) A quantidade, em gramas, de zinco que deve ser dissolvida em ácido sulfúrico para se obter 500 cm^3 de gás hidrogênio a 20ºC e 770 torr é:

a) 1,38
b) 1,25
c) 0,47
d) 1,83
e) 1,72

Questão 224

(OLIMPÍADA CEARENSE DO ENSINO SUPERIOR DE QUÍMICA) Considerando que o zinco metálico reage com soluções de ácidos, como por exemplo, o ácido clorídrico em água, usada para preparar o hidrogênio em laboratório, de acordo com a seguinte reação: $Zn_{(s)} + 2\ HCl_{(aq)} \rightarrow ZnCl_{(aq)} + H_{2(g)}$. Ao dissolver 12,05 g de zinco, qual o volume em mililitros de ácido clorídrico 2,0 $mol.L^{-1}$ necessários para converter completamente o zinco a cloreto de zinco?

a) 184 mL
b) 368 mL
c) 200 mL
d) 18,4 mL
e) 120 mL

Questão 225

(OLIMPÍADA MARANHENSE DE QUÍMICA) Uma das formas de monitoramento da água de caldeiras de indústrias, responsável pelo fornecimento de energia, é a medição do teor de íons cloreto (Cl^-). Um método de análise de cloreto é a adição à água de caldeira de uma solução de nitrato de prata ($AgNO_3$), segundo a equação: $Cl^-_{(aq)} + AgNO_{3(aq)} \rightarrow AgCl_{(s)} + NO_3^-{}_{(aq)}$. A análise de 10,0 ml de água de caldeira, contendo Cl^-, com solução aquosa de $AgNO_3$, formou um precipitado de 0,287 g de AgCl. A concentração molar de Cl^- presente na amostra de água de caldeira é igual a:

a) 2
b) 0,2
c) 0,02
d) 0,002
e) 0,0002

Questão 226

(OLIMPÍADA DE QUÍMICA DO RIO DE JANEIRO) O clorato de potássio, ao ser aquecido, se decompõe gerando cloreto de potássio e gás oxigênio. Num experimento, foram aquecidos 25 g de clorato de potássio e constatou-se que 75% do sal se decompôs. Todo o gás liberado foi coletado sobre a água, o volume ocupado foi de 2,25L obtendo-se uma pressão de 1,25 atm. A temperatura do sistema era de 25°C. Considerando o oxigênio um gás ideal, determine o grau de pureza do clorato de potássio.

a) 100 %
b) 84 %
c) 72 %
d) 61 %
e) 50 %

Questão 227

(OLIMPÍADA DE QUÍMICA DO RIO DE JANEIRO) Uma amostra contendo 800 g de metano sofreu uma reação de combustão completa. Um dos óxidos produzidos reagiu completamente com 6,132 kg de óxido de bário, produzindo um sal. Qual é o percentual de pureza do metano utilizado?

a) 50%
b) 80%
c) 60%
d) 70%
e) 90%

Questão 228

(INSTITUTO TECNOLÓGICO DA AERONÁUTICA) Num garrafão de 3,50 litros de capacidade, contendo 1,50 litros de solução 1,0 $mol.L^{-1}$ de ácido sulfúrico, introduzem-se 32,7 g de aparas de zinco; fecha-se rapidamente com rolha de borracha. Supondo que a temperatura do ambiente onde está perigosa experiência está sendo feita seja de 20°C, o incremento máximo de pressão interna (ΔP) do frasco, em atm, será de:

a) 0,41
b) 3,4
c) 5,6
d) 6,0
e) 12,0

Questão 229

(INSTITUTO MILITAR DE ENGENHARIA) Oleum, ou ácido sulfúrico, é obtido através da absorção do trióxido de enxofre por ácido sulfúrico. Ao se misturar oleum com água obtém-se ácido sulfúrico concentrado. Supondo que uma indústria tenha comprado 1000 kg de oleum com concentração em massa de trióxido de enxofre de 20% e de ácido sulfúrico de 80%, calcule a quantidade de água que deve ser adicionada para que seja obtido ácido sulfúrico com concentração de 95% em massa.

a) 42 kg
b) 300 kg
c) 100 kg
d) 45 kg
e) 104,5 kg

Questão 230

(U.S. NATIONAL CHEMISTRY OLYMPIAD) Lítio reage com a água, para a formação de gás hidrogênio e hidróxido de lítio. Qual é o volume de hidrogênio coletado em água, a 22°C e 750 mm Hg de pressão, produzido a partir da reação de 0,208 g of Li? [V_{PH2O} = 19,8 mm Hg]

a) 367 mL
b) 378 mL
c) 735 mL
d) 755 mL

Questão 231

(OLIMPÍADA DE QUÍMICA DO RIO DE JANEIRO) Uma amostra de 1,0 g de zinco metálico impura foi dissolvida em excesso de ácido clorídrico, gerando um volume de 0,206 L de gás H_2, que foi contido em uma bexiga. Assumindo que o experimento foi realizado nas CNTP, pode-se concluir que a pureza do zinco metálico, em %, é de, aproximadamente:

a) 60
b) 70
c) 80
d) 90
e) 100

Questão 232

(OLIMPÍADA DE QUÍMICA DO RIO DE JANEIRO) A aspirina é um medicamente muito utilizado pela medicina, uma vez que é utilizado como antipirético e analgésico, e, comercialmente é conhecido como ácido acetilsalicílico ou AAS. Sua fórmula molecular está representada pela seguinte fórmula molecular, $C_9H_8O_4$. A partir desta informação, assinale a alternativa aproximada que representa o número de moléculas deste ácido em 0,80 gramas.

a) $2,7 \times 10^{20}$
b) $2,7 \times 10^{21}$
c) $2,0 \times 10^{20}$
d) $3,5 \times 10^{19}$
e) $2,0 \times 10^{21}$

Questão 233

(OLIMPÍADA DE QUÍMICA DO RIO DE JANEIRO) Uma pequena amostra contendo 4,50 g de carbonato de magnésio foi tratada com excesso de ácido clorídrico, obtendo-se 500 mL de dióxido de carbono medida nas CNTP. A partir desta informação, determine o valor aproximado do rendimento da reação citada.
a) 15%
b) 20%
c) 35%
d) 42%
e) 65%

Questão 234

(U. S. NATIONAL CHEMISTRY OLYMPIAD) 100 litros de dióxido de carbono medido a 740 mmHg e 50°C é produzido pela combustão completa de uma amostra de pentano: $2C_5H_{12} + 16O_2 \rightarrow 10CO_2 + 12H_2O$. Qual a massa de pentano reagido?
a) 342 g
b) 265 g
c) 64,4 g
d) 53,0 g

Questão 235

(INSTITUTO TECNOLÓGICO DA AERONÁUTICA) Qual é a fórmula molecular de uma substância gasosa que contém 46,1% de carbono e 53,9% de nitrogênio em massa? Sabe-se que 2,60 gramas dessa substância ocupam um volume de 1,12 litros nas condições normais de pressão e temperatura.

Questão 236

Quantas moléculas existem em:
a) 4,0 g de hélio gasoso?
b) 159,8 g de bromo líquido?
c) 253,8 g de iodo sólido?
Em quais dos casos acima o volume da substância é 22,4 litros nas condições normais de temperatura e pressão? Por quê?

Questão 237

(INSTITUTO TECNOLÓGICO DA AERONÁUTICA) Dentre as seguintes substâncias: CO_2, NH_3, HCl, NO_2, H_2O, CO e N_2, a lei das proporções múltiplas pode ser exemplificada usando o seguinte par:
a) H_2O e HCl
b) NH_3 e NO_2
c) NO_2 e CO_2
d) CO e CO_2
e) Nenhuma das respostas anteriores

Questão 238

(INSTITUTO TECNOLÓGICO DA AERONÁUTICA) Que massa de dissulfeto de carbono é obtida quando $1,0 \times 10^{24}$ átomos de carbono reagem com a quantidade estequiométrica de enxofre?
a) (10,0/6,023) x 76 g
b) (6,023/10,00) x 76 g
c) $1,00 \times 10^{24} \times 79$ g
d) $6,023 \times 10^{23} \times 32$ g
e) Nenhuma das respostas anteriores

Questão 239

(INSTITUTO TECNOLÓGICO DA AERONÁUTICA) O equivalente – grama do ferro (massa atômica = 55,85) na reação $2\ FeCl_2 + Cl_2 \rightarrow FeCl_3$, é:
a) 55,85 / 2
b) 55,85 x 2
c) 55,85
d) 55,85 / 3

e) Nenhuma das respostas anteriores

Questão 240

(U. S. NATIONAL CHEMISTRY OLYMPIAD) 0,250 g de um elemento M, reage com excesso de flúor, para a produção de 0,547 g de hexafluoride, MF_6. Qual é o elemento?
a) Cr
b) Mo
c) S
d) Te

Questão 241

(U. S. NATIONAL CHEMISTRY OLYMPIAD) Qual é a massa percentual de oxigênio em $Al_2(SO_4)_3 \cdot 18H_2O$?
a) 9,60
b) 28,8
c) 43,2
d) 72,0

Questão 242

(U. S. NATIONAL CHEMISTRY OLYMPIAD) What is the number of O_2 molecules in the 2,5 g of O_2 inhaled by the average person in one minute?
a) $1,9 \times 10^{22}$
b) $3,8 \times 10^{22}$
c) $4,7 \times 10^{22}$
d) $9,4 \times 10^{22}$

Questão 243

(U. S. NATIONAL CHEMISTRY OLYMPIAD) What mass of magnesium hydroxide is required to neutralize 125 mL of 0,136 M hydrochloric acid solution?
a) 0,248 g
b) 0,496 g
c) 0,992 g
d) 1,98 g

Questão 244

(U. S. NATIONAL CHEMISTRY OLYMPIAD) Magnetite, Fe_3O_4, can be reduced to iron by heating with carbon monoxide according to the equation: $Fe_3O_4 + 4CO \longrightarrow 3Fe + 4CO_2$. What mass of Fe_3O_4 is required in order to obtain 5,0 kg of iron if the process is 88% efficient?
a) 6,1 kg
b) 6,9 kg
c) 7,9 kg
d) 18 kg

Questão 245

(U. S. NATIONAL CHEMISTRY OLYMPIAD) 100 L de dióxido de carbono medido a 740 mmHg e 50°C, é produzido a partir de um processo de combustão completa de uma amostra de pentano. $2C_5H_{12} + 16O_2 \longrightarrow 10CO_2 + 12H_2O$. Qual é a massa de pentano que reagiu?
a) 342 g
b) 265 g
c) 64,4 g
d) 53,0 g

Questão 246

(GRILLO) Superóxido de potássio reage com ácido sulfúrico à frio havendo a formação de oxigênio molecular. Partindo de 300 g do óxido com 30% de impureza e com rendimento igual a 62%, calcule o volume de O_2 nas CNTP.

Questão 247

(OLIMPÍADA NORTE-NORDESTE DE QUÍMICA) Uma massa de 1 Kg de ouro puro reage com água régia (mistura de ácidos nítrico e clorídrico), segundo a seguinte equação química. $Au_{(s)} + HCl_{(aq)} + HNO_{3(aq)} \longrightarrow AuCl_{3(aq)} + H_2O_{(l)} + NO_{(g)}$. Assinale a alternativa correta que apresenta o volume de NO nas CNATP.

a) 124,22 L
b) 155,58 L
c) 163,8 L
d) 181,94 L
e) 200,02 L

Questão 248

(OLIMPÍADA NORTE-NORDESTE DE QUÍMICA) A Câmara analisa o Projeto de Lei 1370/11, do deputado Antonio Carlos Mendes Thame (PSDB-SP), que proíbe a utilização de dióxido de titânio em alimentos e cosméticos. O dióxido de titânio é um pigmento branco inorgânico, bastante usado em cosméticos, tintas e corantes de alimentos. Tem uso bastante comum também em bloqueadores solares, em virtude de sua propriedade física de barrar a radiação da luz solar. Fonte: Agência Câmara de Notícias. Considere a seguinte reação para a síntese do bromo em fase líquida a partir do dióxido de titânio. $TiO_{2(s)} + BrF_{3(l)} \longrightarrow TiF_{4(s)} + Br_{2(l)} + O_{2(g)}$. Se 12,0 g do óxido produz 0,056 g de oxigênio, assinale a alternativa que apresenta o valor aproximado do grau de pureza do grau de pureza do TiO_2 utilizado.

a) 0,67%
b) 1,17%
c) 2,78%
d) 4,02%
e) 5,56%

Questão 249

(OLIMPÍADA NORTE-NORDESTE DE QUÍMICA) O permanganato de Potássio é um medicamento usado desde há muito tempo atrás para tratar problemas de pele como: coceira, catapora, acabar com bactérias e fungos, cicatrizante e em alguns casos é usado para banho de assento como no caso de vaginite corrimento ou vulvovaginite. https://www.terra.com.br/noticias/permanganato-de-potassio-e-seus-riscos-para-a-saude,adb3a1129cabb7dbcc389f88389568e2do00de8j.html

Assinale a alternativa que apresenta o somatório dos coeficientes da seguinte equação química e volume de gás cloro produzido nas CNATP, a partir de 12 mol de permanganato de potássio, sabendo que o rendimento foi de 69%. $KMnO_4 + HCl \rightarrow KCl + MnCl_2 + H_2O + Cl_2$.

a) 35; 506 L
b) 35; 253 L
c) 30; 506 L
d) 35 355 L
e) 30; 169 L

Questão 250

(INSTITUTO MILITAR DE ENGENHARIA) Uma amostra de 390 g de sulfito de cálcio com 25% de impurezas, em massa, é atacada por ácido clorídrico concentrado em meio reacional a 2 atm e 300K. Considere comportamento ideal de gases. Pode-se afirmar que o volume, em litros, de anidrido sulfuroso obtido pelo consumo completo do sulfito é:

a) 22,4
b) 30,0
c) 40,0
d) 54,6
e) 72,8

Questão 251

(GRILLO) Realize o balanceamento das equações químicas apresentadas abaixo:

a) $BaO + As_2O_5 \longrightarrow Ba_3(AsO_4)_2$
b) $H_2 + O_2 \longrightarrow H_2O$
c) $Al(OH)_3 + H_4SiO_4 \longrightarrow Al_4(SiO_4)_3 + H_2O$
d) $Cu(OH)_2 + H_4P_2O_7 \longrightarrow Cu_2P_2O_7 + H_2O$

e) $FeS_2 + O_2 \rightarrow Fe_2O_3 + SO_2$
f) $Fe_3O_4 + HBr \rightarrow FeBr_2 + FeBr_3 + H_2O$
g) $SO_3 + KOH \rightarrow K_2SO_4 + H_2O$
h) $C_2H_5OH + O_2 \rightarrow CO_2 + H_2O$
i) $C_6H_6 + O_2 \rightarrow CO_2 + H_2O$
j) $Bi_2O_5 + NaClO + NaOH \rightarrow NaCl + H_2O + NaBiO_5$
k) $HNO_3 + P_4 + H_2O \rightarrow H_3PO_4 + NO$
l) $CaC_2O_4 + KMnO_4 + H_2SO_4 \rightarrow CaSO_4 + K_2SO_4 + MnSO_4 + H_2O + CO_2$
m) $As_2S_5 + HNO_3 + H_2O \rightarrow H_2SO_4 + NO + H_3AsO_4$
n) $NaBr + MnO_2 + H_2SO_4 \rightarrow MnSO_4 + Br_2 + H_2O + NaHSO_4$
o) $Ag + HNO_3 \rightarrow AgNO_3 + H_2O + NO$
p) $Cu + HNO_3 \rightarrow Cu(NO_3)_2 + H_2O + NO$
q) $KMnO_4 + HBr \rightarrow MnBr_2 + KBr + Br_2 + H_2O$
r) $FeCl_2 + H_2O_2 + HCl \rightarrow FeCl_3 + H_2O$
s) $Br_2 + (OH)^- \rightarrow H_2O + Br^- + (BrO)^-$

Questão 252

(GRILLO) Calcule o volume de sulfeto de hidrogênio, medido na pressão de 675 mmHg e temperatura de 37°C, quando este gás reage com hidróxido de potássio que apresenta volume igual a 375 cm^3 e concentração igual a 0,250 $mol.L^{-1}$.

Questão 253

(GRILLO) Considere a neutralização de 15,5 mL de uma solução de ácido clorídrico por meio de uma solução de hidróxido de cálcio 0,55 $mol.L^{-1}$. Sabendo que a viragem ocorre na presença de um indicador, quando são consumidos 22,50 mL de hidróxido, calcule a concentração, em $mol.L^{-1}$, do ácido.

Questão 254

(U.S. NATIONAL CHEMISTRY OLYMPIAD) What is the molarity of Na^+ ions in a solution made by dissolving 4,20g of $NaHCO_3$ (M = 84) and 12,6g of Na_2CO_3 (M = 126) in water and diluting to 1,00L?
a) 0,050 $mol.L^{-1}$
b) 0,100 $mol.L^{-1}$
c) 0,150 $mol.L^{-1}$
d) 0,250 $mol.L^{-1}$

Questão 255

Considere que uma solução de ácido sulfúrico apresenta as seguintes características, considerando que a temperatura seja igual a 20°C. Dados analíticos do ácido sulfúrico: densidade = 1,79 $g.cm^{-3}$; título em massa = 96%. Diante das informações do ácido, determine:
a) O valor da normalidade deste ácido;
b) O valor da quantidade de matéria do ácido;
c) Se 100 cm^3 deste ácido forem utilizados na transformação de prata em solução de sulfato de prata, calcule a massa de prata utilizada. Utilizando este ácido sulfúrico para realizar um procedimento de titulação com 20 cm^3 de uma solução de hidróxido de lítio, verifica-se que o volume é igual a 1,50 cm^3. Calcule a concentração normal desta base.

Questão 256

Considere uma massa de aproximadamente 26 gramas de P_2O_3 que apresenta 79% de grau de pureza que reage com 0,12239 dm^3 de ácido clorídrico (0,250 $mol.L^{-1}$), conforme a seguinte equação química não - balanceada a seguir: $P_2O_{3(s)} + HCl_{(aq)} \rightarrow PH_{3(g)} + Cl_2O_{(g)}$. Sabendo que o rendimento desta reação apresenta um percentual de aproximadamente igual a 77%, determine o reagente limitante e reagente em excesso, além da pressão total dos gases que são recolhidos em um vaso com capacidade de 20 litros a 327°C.

Questão 257

(INSTITUTO MILITAR DE ENGENHARIA) Uma solução aquosa de NaOH possui as seguintes características: fração molar de NaOH igual a 0,01; massa específica da solução igual a 1,04 $g.mL^{-1}$ e um litro dessa solução neutraliza 2 litros de solução aquosa de ácido ortofosfórico. Calcule para a solução de H_3PO_4:
a) Molaridade;
b) Normalidade;

c) Concentração em $g.L^{-1}$.

Questão 258

(GRILLO) A prata na presença de ácido nítrico produz sal, água e óxido nítrico. Partindo de 100 g de cada reagente, calcule o volume de óxido nítrico nas condições ambientais de temperatura e pressão, sabendo que o rendimento do processo equivale a 75%.

Questão 259

(OLIMPÍADA DE QUÍMICA – PRÉ-SELEÇÃO – VALÊNCIA - ESPANHA) Certo composto orgânico apresenta a seguinte composição centesimal (em massa): C = 62,1%; H = 10,3% y O = 27,6%. A 100°C e 1 atm o composto se encontra na fase gasosa e tem uma densidade de 1,9 g/L. Determine sua fórmula molecular.

Questão 260

(INSTITUTO MILITAR DE ENGENHARIA) Uma solução aquosa A preparada a partir de ácido bromídrico, é diluída com água até que sua concentração seja reduzida à metade. Em titulação, 50 mL da solução diluída consomem 40 mL de uma solução hidróxido de potássio 0,25 $mol.L^{-1}$. Determine a concentração da solução A, em $g.L^{-1}$.

Questão 261

(INSTITUTO MILITAR DE ENGENHARIA) O sulfato cúprico anidro é obtido a partir da reação de uma solução aquosa de ácido sulfúrico 98% (em massa), a quente, com cobre. Sabendo que a solução aquosa de ácido sulfúrico tem uma massa específica 1,84 $g.cm^{-3}$ e que o ácido sulfúrico é o reagente limitante, calcule a massa de sulfato cúprico obtida a partir da reação de 10,87 mL da solução aquosa do ácido sulfúrico.

Questão 262

(INSTITUTO TECNOLÓGICO DA AERONÁUTICA) Calcular quantos mililitros de uma solução 0,200 $mol.L^{-1}$ de ácido sulfúrico são necessários para neutralizar 2,00 gramas de hidróxido de magnésio.

Questão 263

(INSTITUTO TECNOLÓGICO DA AERONÁUTICA) Deseja-se preparar 57 gramas de sulfato de alumínio [$Al_2(SO_4)_3$] a partir de alumínio sólido (Al), praticamente puro, e ácido sulfúrico (H_2SO_4). O ácido sulfúrico disponível é uma solução aquosa 96% (m\m), com massa específica de 1,84 $g.cm^{-3}$.

a) Qual a massa, em gramas, de alumínio necessária para preparar a quantidade de $Al_2(SO_4)_3$ especificada? Mostre os cálculos realizados.

b) Qual a massa, em gramas, de ácido sulfúrico necessária para preparar a quantidade de $Al_2(SO_4)_3$ especificada? Mostre os cálculos realizados.

c) Nas condições normais de temperatura e pressão (CNTP), qual é o volume, em litros, de gás formado durante a preparação da quantidade de $Al_2(SO_4)_3$ especificada? Mostre os cálculos realizados.

d) Caso a quantidade especificada de $Al_2(SO_4)_3$ seja dissolvida em água acidulada, formando 1 litro de solução, qual a concentração de íons Al^{+3} e de íons SO_4^{2-} existentes nesta solução?

Questão 264

(INSTITUTO TECNOLÓGICO DA AERONÁUTICA) Uma determinada amostra de hidróxido de cálcio impuro apresenta uma massa de aproximadamente 2,00 gramas. Esta quantidade foi neutralizada com 50 mL de ácido sulfúrico (0,500 $mol.L^{-1}$). Determine a pureza da amostra de hidróxido.

Questão 265

Juntam-se 300 mL de ácido clorídrico com concentração molar igual a 0,40 $mol.L^{-1}$ e 200 mL de hidróxido de sódio com concentração molar igual a 0,80 $mol.L^{-1}$. Determine as concentrações molares ($mol.L^{-1}$) da solução final:

a) em relação ao ácido clorídrico;

b) em relação ao hidróxido de sódio;

c) em relação ao sal formado.

Questão 266

(OLIMPÍADA BRASILEIRA DE QUÍMICA) Calcule quantos mililitros de uma solução de HCl 0,250 $mol.L^{-1}$, são necessários para:

a) Preparar 100 mL de uma solução de HCl 0,100 $mol.L^{-1}$;

b) Neutralizar 50 mL de uma solução de $Ba(OH)_2$ 0,200 $mol.L^{-1}$;

c) Dissolver 0,200 g de carbonato de cálcio, de acordo com a reação $CaCO_{3(s)} + 2H^{+}_{(aq)} \rightarrow Ca^{+2}_{(aq)} + H_2O_{(l)} + CO_{2(g)}$.

Questão 267

(INSTITUTO MILITAR DE ENGENHARIA) Foram misturados 500 mL de uma solução 0,40 $mol.L^{-1}$ de Na_2SO_4 com 500 mL 0,20 $mol.L^{-1}$ de $CaCl_2$, verificando-se a formação de precipitado. Calcule as concentrações dos íons no equilíbrio, em solução, e a massa do precipitado.

Questão 268

(INSTITUTO MILITAR DE ENGENHARIA) Foram neutralizados 25,0 ml de solução aquosa saturada de hidróxido de cálcio com igual volume de solução M/40 de ácido sulfúrico. Determinar a solubilidade do hidróxido de cálcio nestas condições, expressando o resultado em gramas por litro de solução.

Questão 269

(OLIMPÍADA BRASILEIRA DE QUÍMICA) Uma amostra de um líquido diprótico pesando 12,25 g foi dissolvida em água e o volume da solução completado para 500 mL. Se 25,0 mL desta solução são neutralizados com 12,5 mL de uma solução de KOH 1,00 $mol.L^{-1}$, a massa molar desse ácido, em $g.mol^{-1}$, considerando que os dois prótons foram neutralizados, é igual a:

a) 22,5

b) 24,5

c) 49,0

d) 98,0

e) 122,5

Questão 270

(INSTITUTO MILITAR DE ENGENHARIA) Um erlenmeyer contém 10,0 mL de uma solução de ácido clorídrico, juntamente com algumas gotas de uma solução de fenolftaleína. De uma bureta, foi-se gotejando uma solução 0,100 $mol.L^{-1}$ de hidróxido de sódio até o aparecimento de leve coloração rósea. Nesse momento, observou-se um consumo de 20,0 mL da solução alcalina. Pode-se afirmar que a concentração de HCl na solução ácida original era de:

a) $3,65 \times 10^{-3}$ $g.cm^{-3}$

b) $7,30 \times 10^{-3}$ $g.cm^{-3}$

c) $4,00 \times 10^{-3}$ $g.cm^{-3}$

d) $3,20 \times 10^{-3}$ $g.cm^{-3}$

e) $2,00 \times 10^{-3}$ $g.cm^{-3}$

Questão 271

(OLIMPÍADA DE QUÍMICA DO RIO DE JANEIRO) "A Ucrânia está checando informações não verificadas de que a Rússia pode ter usado armas químicas enquanto sitiava a cidade portuária de Mariupol, no sul do país, disse a vice-ministra da Defesa da Ucrânia, Hanna Malyar, nesta terça-feira (12). "Existe uma teoria de que podem ser munições de fósforo", afirmou Malyar"

Fonte: https://noticias.r7.com/internacional/ucrania-investiga-se-a-russia-usou-armas-quimicas-em-mariupol-12042022

O fósforo branco (P_4) é considerado uma substância bastante tóxica que pode ser obtido conforme a seguinte reação não balanceada:

$Ca_3(PO_4)_{2(s)} + SiO_{2(s)} + C_{(s)} \rightarrow CaSiO_{3(s)} + P_{4(s)} + CO_{(g)}$. A soma dos coeficientes da equação da reação corretamente balanceada (menores números inteiros) é:

a) 18

b) 20

c) 25

d) 32

e) 35

Questão 272

(INSTITUTO TECNOLÓGICO DA AERONÁUTICA) O volume, em litros, de NH_3 gasoso medido nas condições normais de temperatura e pressão necessário para transformar completamente, em solução de $(NH_4)_2SO_4$, 250 cm^3 de uma solução aquosa

0,100 mol.L^{-1} de H_2SO_4 é:
a) 0,56
b) 1,12
c) 2,24
d) 3,36
e) 4,48

Questão 273

(INSTITUTO TECNOLÓGICO DA AERONÁUTICA) Em um copo de 500 mL, são misturados 100 mL de ácido clorídrico 1,00 mol.L^{-1} em 100 mL de hidróxido de sódio 0,50 mol.L^{-1}. A solução resultante no copo é:
a) 1x10^{-7} mol.L^{-1} em OH^-
b) 1x10^{-7} mol.L^{-1} em H^+
c) 0,05 mol.L^{-1} em H^+
d) 0,25 mol.L^{-1} em H^+
e) 0,50 mol.L^{-1} em H^+

Questão 274

(INSTITUTO TECNOLÓGICO DA AERONÁUTICA) Num equipamento adequado para permitir adição de solução, assim como coleta e medida de volume de gases, fez-se seguinte experiência: após colocar neste equipamento 100 cm^3 de uma solução aquosa contendo 1,06 g de carbonato de sódio por litro de solução, adiciona-se um excesso de solução de ácido clorídrico. Admitindo que, nesta experiência, todo o gás que pudesse ser produzido pela reação entre as duas soluções foi de fato coletado, qual o volume medido, em cm^3, sabendo-se que a experiência foi realizada na temperatura de 27°C e pressão de 750 mmHg?
a) 0,10 x 22,4
b) 1,10 x 24,9
c) 100 x 0,0827
d) 0,20 x 62,3
e) 0,40 x 62,3

Questão 275

(INSTITUTO TECNOLÓGICO DA AERONÁUTICA) 0,200 mol de hidróxido de cálcio sólido são adicionados a 2,00 litros de uma solução 0,400 mol.L^{-1} de ácido clorídrico. Depois de a reação ter sido completada, a concentração de cátions hidrogênio, será:
a) 0,050 mol.L^{-1}
b) 0,100 mol.L^{-1}
c) 0,200 mol.L^{-1}
d) 0,300 mol.L^{-1}
e) 0,400 mol.L^{-1}

Questão 276

(INSTITUTO TECNOLÓGICO DA AERONÁUTICA) Fazendo-se borbulhar gás cloro através de 1,0 litro de uma solução de hidróxido de sódio, verificou-se ao final do experimento que todo hidróxido de sódio foi consumido, e que na solução resultante foram formados 2,5 mol de cloreto de sódio. Considerando que o volume da solução não foi alterado durante todo o processo, e que na temperatura em questão tenha ocorrido apenas a reação correspondente a seguinte equação química, não balanceada: $OH^-_{(aq)} + Cl_{2(g)} \longrightarrow Cl^-_{(aq)} + ClO_3^-{}_{(aq)} + H_2O_{(l)}$. Qual deve ser a concentração inicial do hidróxido de sódio?
a) 6,0 mol.L^{-1}
b) 5,0 mol.L^{-1}
c) 3,0 mol.L^{-1}
d) 2,5 mol.L^{-1}
e) 2,0 mol.L^{-1}

Questão 277

(OLIMPÍADA BRASILEIRA DE QUÍMICA) O volume de ácido nítrico 0,1 mol.L^{-1} necessário para neutralizar uma mistura 0,40 g de hidróxido de sódio e 1,71 g de hidróxido de bário é:
a) 20 mL
b) 30 mL
c) 50 mL

d) 200 mL
e) 300 mL

Questão 278

(OLIMPÍADA MARANHENSE DE QUÍMICA) Uma das formas de monitoramento da água de caldeiras de indústrias, responsável pelo fornecimento de energia, é a medição do teor de íons cloreto. Um método de análise de cloreto é a adição a água de caldeira de uma solução de nitrato de prata ($AgNO_3$), segundo a equação: $Cl^-_{(aq)} + AgNO_{3(aq)} \rightarrow AgCl_{(s)} + NO_3^-{}_{(aq)}$. A análise de 10,0 mL de água de caldeira, contendo Cl^-, com solução aquosa de nitrato de prata, formou um precipitado de 0,287 g de cloreto de prata. A concentração molar de cloreto presente na amostra de água de caldeira é igual a:
a) 2
b) 0,2
c) 0,02
d) 0,002
e) 0,0002

Questão 279

(OLIMPÍADA BRASILEIRA DE QUÍMICA) Hipoclorito de sódio pode ser obtido através da seguinte reação: $Cl_{2(g)} + 2NaOH_{(aq)} \rightarrow NaCl_{(aq)} + NaOCl_{(aq)} + H_2O_{(l)}$. Considerando a existência de cloro gasoso em excesso, qual o volume de uma solução de NaOH de concentração 2 $mol.L^{-1}$ necessário para produzir hipoclorito em quantidade suficiente para preparar 2,0 L de uma solução 0,50 $mol.L^{-1}$ de NaOCl?
a) 1,0 L
b) 2,0 L
c) 3,0 L
d) 4,0 L
e) 5,0 L

Questão 280

(OLIMPÍADA PORTUGUESA DE QUÍMICA / GRÉCIA) Quantos mL de solução de NaOH 1,00 mol/L são necessários para neutralizar 100 mL de solução 0,100 mol/L de H_3PO_4?
a) 10,0
b) 3,30
c) 30,0
d) 300,0

Questão 281

(GRILLO) Considere que uma solução seja constituída pelas seguintes substâncias: 52,6% em água, 33,5% em etanol e o restante composto de ácido clorídrico, sendo todos estes valores fornecidos em percentuais (m/m). A partir da informação apresentada, determine a fração molar para cada constituinte da mistura, a variação da energia livre molar de Gibbs e a variação de entropia molar da mistura a uma temperatura de 25°C.

Questão 282

(INSTITUTO TECNOLÓGICO DA AERONÁUTICA) Faz-se reagir 5 mL de ácido sulfúrico 0,1 mol x L^{-1} com NaOH. O ácido estará completamente neutralizado se forem empregados:
a) 6,0 mL de NaOH 0,05 mol x L^{-1}
b) 5,0 mL de NaOH 0,05 N
c) 10 mL de NaOH 0,1 N
d) 10 mL de NaOH 0,2 N
e) Nenhuma das respostas anteriores

Questão 283

(INSTITUTO TECNOLÓGICO DA AERONÁUTICA) Dada a reação $2KMnO_4 + 5H_2C_2O_4 + 3H_2SO_4 \rightarrow K_2SO_4 + 2MnSO_4 + 8H_2O + 10CO_2$, quantos mL de $H_2C_2O_4$ 0,1 N reagem completamente com 50 mL de $KMnO_4$ 0,2 M?

Questão 284

(U.S. NATIONAL CHEMISTRY OLYMPIAD) What is the maximum mass of $Ba_3(PO_4)_2$ that can be formed from 0,00240 mol of $Ba(NO_3)_2$ and 0,131 g of Na_3PO_4?

a) 0,240 g
b) 0,480 g
c) 1,44 g
d) 7,22 g

Questão 285

(U.S. NATIONAL CHEMISTRY OLYMPIAD) Um composto com fórmula X_2O contém 34,8% de oxigênio em massa. Identifique o elemento X.

a) arsênio
b) carbono
c) fósforo
d) samário

Questão 286

(U.S. NATIONAL CHEMISTRY OLYMPIAD) Qual é o percentual de massa de oxigênio no composto $UO_2(C_2H_3O_2)_2 \cdot NH_4C_2H_3O_2 \cdot 6H_2O$?

a) 5,58%
b) 16,8%
c) 22,3%
d) 39,1%

Questão 287

(OLIMPÍADA DE QUÍMICA – CANÁRIAS) Una gota de ácido sulfúrico ocupa um volume de 0,025 mL. Se a densidade do mesmo é 1,981 $g \cdot mL^{-1}$, calcule o número de moléculas de ácido sulfúrico que há na gota e o número de átomos de oxigênio presentes na mesma. Quanto pesa uma molécula de ácido sulfúrico? Quanto pesa uma molécula de ácido sulfúrico?

Questão 288

(OLIMPÍADA BRASILEIRA DO ENSINO SUPERIOR DE QUÍMICA) A permanganometria é utilizada para determinação da dosagem de peróxido de hidrogênio utilizando uma solução padronizada de permanganato de potássio (solução oxidante) em meio aquoso. Assinale o item que indica uma sequência correta de coeficientes estequiométricos para a reação de oxidação-redução envolvida no processo descrito pela equação essencial abaixo: $MnO_4^- + H_2O_2 + H^+ \rightleftharpoons Mn^{2+} + O_2 + H_2O$

a) 2, 2, 4, 2, 3, 8
b) 2, 5, 6, 2, 5, 8
c) 1, 1, 2, 1, 3, 4
d) 2, 2, 6, 2, 3, 4
e) 2, 3, 6, 2, 5, 8

Questão 289

(OLIMPÍADA BAIANA DE QUÍMICA) Cloro, $C\ell_2$, não é encontrado livre na natureza. Na indústria, ele é obtido pela eletrólise de uma solução aquosa de cloreto de sódio. $2NaCl_{(aq)} + 2H_2O_{(l)} \rightarrow 2NaOH_{(aq)} + H_{2(g)} + Cl_{2(g)}$. Para obtenção de 2,84 toneladas de cloro, devem-se utilizar:

a) $1,44 \times 10^5$ g de água
b) 2,88 toneladas de água
c) $2,34 \times 10^6$ g de cloreto de sódio
d) 4,68 toneladas de cloreto de sódio
e) $1,34 \times 10^6$ toneladas de cloreto de sódio

Questão 290

(OLIMPÍADA ALAGOANA DE QUÍMICA) A decomposição de $CaCO_3$, é um importante processo comercial. Calcário ou conchas do mar, constituídos basicamente de $CaCO_3$, são aquecidas para preparar óxido de cálcio, o qual é conhecido como cal ou cal viva. Estima-se que mais de 22 milhões de toneladas desse óxido são usadas nos Estados Unidos anualmente, principalmente para fabricar vidro. A massa de $CaCO_3$ utilizada anualmente para produzir toda essa quantidade de cal é da ordem de grandeza de:

a) 10^2 kg
b) 10^4 kg
c) 10^6 Kg
d) 10^8 Kg
e) 10^{10} Kg

Questão 291

(OLIMPÍADA ALAGOANA DE QUÍMICA) O ácido fosfórico, usado em refrigerantes do tipo "cola" e possível causador da osteoporose, pode ser formado a partir da equação não balanceada: $Ca_3(PO_4)_2 + 3H_2SO_4 \rightarrow 2H_3PO_4 + 3CaSO_4$. Partindo-se de 62 g de $Ca_3(PO_4)_2$ e usando-se quantidade suficiente de H_2SO_4. A massa em gramas aproximada de H_3PO_4 obtida é ________.

Questão 292

(OLIMPÍADA ALAGOANA DE QUÍMICA) A reação entre o brometo de potássio e o ácido sulfúrico é descrita abaixo: $Cu_{(s)} + HNO_{3(aq)} \rightarrow CuNO_{3(aq)} + H_2O_{(l)} + NO_{2(g)}$. A partir da equação química balanceada a soma dos coeficientes estequiométricos é ________.

Questão 293

(OLIMPÍADA BAIANA DE QUÍMICA) Os dispositivos de "air bags" de automóveis são inflados a partir do gás nitrogênio gerado pela rápida decomposição do nitreto de sódio, NaN_3, na presença de óxido de ferro, Fe_2O_3, conforme a equação abaixo: $6NaN_{3(s)} + Fe_2O_{3(s)} \rightarrow 3Na_2O_{(s)} + 2Fe_{(s)} + 9N_{2(g)}$. Sabendo-se que um típico "air bag" é fabricado para conter 37 litros de nitrogênio a uma pressão de 1,15 atm e temperatura de 27°C, quantos gramas de nitreto de sódio são necessários para gerar toda essa quantidade de N_2 durante uma colisão?
a) 75 g
b) 5,4 g
c) 125 g
d) 375 g
e) 750 g

Questão 294

(OLIMPÍADA BAIANA DE QUÍMICA) Ferro metálico pode ser produzido a partir da reação do óxido de ferro (III) com monóxido de carbono: $Fe_2O_{3(s)} + CO_{(g)} \rightarrow Fe_{(s)} + CO_{2(g)}$. Após balancear essa equação:
a) Descreva como calcular quantos gramas de CO são necessários para reagir com 3,0 g de Fe_2O_3?
b) Calcule quantos gramas de CO são necessários para reagir com 1,5 mol de Fe_2O_3?

Questão 295

(OLIMPÍADA BAIANA DE QUÍMICA) Quantos gramas de CO_2 podem ser preparados a partir da reação de 150 gramas de carbonato de cálcio com excesso de solução de ácido clorídrico? $CaCO_3 + 2HCl \rightarrow CaCl_2 + CO_2 + H_2O$.
a) 11
b) 22
c) 33
d) 44
e) 66

A reação representada a seguir deve ser usada para responder as questões 296 e 297: $N_{2(gás)} + 3H_{2(gás)} \rightarrow 2NH_{3(gás)}$

Questão 296

(OLIMPÍADA BAIANA DE QUÍMICA) A massa, em kg, de amônia formada a partir de 120g de hidrogênio é:
a) 0,28
b) 0,68
c) 34
d) 68
e) 280

Questão 297

(OLIMPÍADA BAIANA DE QUÍMICA) O volume de nitrogênio, em litros, nas CNTP, necessário para formar 340 g de amônia é:
a) 11,2
b) 22,4
c) 112
d) 140
e) 224

Questão 298

(OLIMPÍADA BAIANA DE QUÍMICA) Após balancear a equação abaixo, conclui-se que o coeficiente estequiométrico de H_2O é:
$KMnO_4 + HCl \rightarrow KC\ell + MnCl_2 + Cl_2 + H_2O$
a) 1
b) 2
c) 4
d) 8
e) 14

Questão 299

(CONCURSO PARA DOCENTE FEDERAL – UNIVERSIDADE DO RIO DE JANEIRO) Em uma unidade industrial, é feita a seguinte reação química: $FeS + 2HCl \rightarrow FeCl_2 + H_2S$. Nessa unidade, adicionaram-se 440 kg de FeS e 146 kg de HCl. Admitindo-se que o reagente limitante foi totalmente consumido, a massa de reagente em excesso, em kg, que não participou da reação é igual a:
a) 176
b) 219
c) 264
d) 352
e) 365

Questão 300

(CONCURSO PARA DOCENTE FEDERAL – UNIVERSIDADE DO RIO DE JANEIRO) Ácido sulfúrico em excesso foi adicionado a uma amostra de 150 g de alumínio metálico impuro, verificando-se a formação de 10 g de H_2, após a completa reação do alumínio. Admitindo-se que as impurezas presentes não reagiram com o ácido, o grau de pureza do alumínio é igual a:
a) 50%
b) 60%
c) 70%
d) 80%
e) 90%

Questão 301

(PROGRAMA DE PÓS-GRADUAÇÃO EM QUÍMICA E BIOTECNOLOGIA / UNIVERSIDADE FEDERAL DE ALAGOAS - MODIFICADA) O gás oxigênio tem função importante para os seres vivos, bem como nos setores industriais, tecnológicos e médicos. Além disso, nos últimos dois anos tem desempenhado um papel ainda mais importante nos hospitais devido à grande demanda para o tratamento de pacientes acometidos pelo Covid-19. No laboratório, o oxigênio pode ser obtido pelo aquecimento do clorato de potássio ($KClO_3$) na presença do catalisador dióxido de manganês (MnO_2). Diante do exposto, calcule (mostrando o desenvolvimento dos cálculos) a massa, o número de moléculas e o volume de oxigênio nas condições normais de temperatura e pressão, obtido a partir da decomposição de 15,0 g de $KClO_3$ de acordo com a equação balanceada abaixo: $2KClO_3 \rightarrow 2KCl + 3O_2$.

Questão 302

(PROGRAMA DE PÓS-GRADUAÇÃO EM QUÍMICA INORGÂNICA – PROVA DE SELEÇÃO MESTRADO/DOUTORADO) A nitroglicerina ($C_3H_5N_3O_9$) é um explosivo poderoso. A sua explosão pode ser representada por: $C_3H_5N_3O_{9\,(líquido)} \rightarrow N_{2(gás)} + CO_{2(gás)} + H_2O_{(líquido)} + O_{2(gás)}$. Essa reação libera grande quantidade de calor e muitos produtos gasosos. É por causa da súbita formação de gases e da rápida expansão de volume, que se produz a explosão. De acordo com a reação, responda:
a) Faça o balanceamento da reação;
b) Calcule a quantidade máxima de O_2, em gramas, que pode ser obtida a partir de 200 g de nitroglicerina consumida?
c) Calcule o rendimento percentual dessa reação considerando que a quantidade de O_2 produzida é 6,55 g;

d) Apresente as geometrias moleculares para o N_2, CO_2, H_2O e O_2.

Questão 303

(PROGRAMA DE PÓS-GRADUAÇÃO PARA MESTRADO & DOUTORADO / UNIVERSIDADE FEDERAL DE SANTA CATARINA) A glicose é metabolizada no organismo produzindo dióxido de carbono e água, em uma reação que pode ser expressa, de maneira simplificada, pela equação (não balanceada) abaixo: $C_6H_{12}O_{6(s)} + O_{2(g)} \rightarrow CO_{2(g)} + H_2O_{(\ell)}$.

a) Escreva a equação química balanceada com os menores coeficientes estequiométricos inteiros.

b) O processo que representa o metabolismo da glicose é um fenômeno físico ou químico? Justifique sua resposta.

c) Calcule, considerando comportamento ideal, o volume de CO_2 que será produzido a 1,00 atm e 20,0 °C a partir da decomposição completa de 100 g de glicose.

Questão 304

(OLIMPÍADA BRASILEIRA DE QUÍMICA) Qual é o volume, em mililitros, de uma solução de permanganato de potássio com concentração da quantidade de substância igual a 0,10 mol x L^{-1}, necessário para reagir completamente com 0,010 mol do íon oxalato, segundo a seguinte equação iônica não balanceada: $MnO^-_{4(aq)} + C_2O^{-2}_{4(aq)} + H_2O^+_{(aq)} \rightarrow Mn^{+2}_{(aq)} + CO_{2(g)} + H_2O_{(l)}$.

a) 50
b) 10
c) 20
d) 30
e) 40

Questão 305

(CONCURSO FEDERAL PARA DOCENTE – INSTITUTO FEDERAL DA PARAÍBA) O ácido sulfúrico pode ser obtido pela ustulação da pirita, conforme as reações abaixo que ocorrem em sequência, cujas equações não se encontram balanceadas.

1ª etapa - $FeS_{2(s)} + O_{2(g)} \rightarrow Fe_2O_{3(s)} + SO_{2(g)}$
2ª etapa - $SO_{2(g)} + O_{2(g)} \rightarrow SO_{3(g)}$
3ª etapa - $SO_{3(g)} + H_2O_{(l)} \rightarrow H_2SO_{4(l)}$

Admitindo-se um comportamento de gás ideal, o volume, em L, de gás oxigênio, medido a 1 atm e 0°C, necessário para produzir 980g de $H_2SO_{4(l)}$, é:

a) 269
b) 420
c) 672
d) 1232
e) 1344

Questão 306

(CONCURSO PARA ENGENHARIA QUÍMICA) O minério Hematita (Fe_2O_3) é muito importante para a indústria, sendo utilizado para a obtenção de ferro (Fe). A reação simplificada deste processo é: $Fe_2O_{3(s)} + CO_{(g)} \rightarrow Fe_{(s)} + CO_{2(g)}$. Sabendo que a hematita utilizada apresenta uma pureza de 80%, bem como, que a reação apresenta um rendimento de 75%, pode-se afirmar que, partindo de 2.000 kg de hematita serão obtidos, aproximadamente:

a) 1.600 kg de ferro
b) 1.120 kg de ferro
c) 840 kg de ferro
d) 560 kg de ferro
e) 420 kg de ferro

Questão 307

(CONCURSO PARA ENGENHARIA QUÍMICA) Assinale a alternativa que apresenta a massa necessária de cloro e de hidróxido de sódio, respectivamente, para a obtenção de 2,5 kg de hipoclorito de sódio. Dados: $Cl_2 + NaOH \rightarrow NaCl + NaClO + H_2O$.

a) 2.382g de Cl_2 e 2.684g de NaOH
b) 2.382g de Cl_2 e 1.342g de NaOH
c) 1.342g de Cl_2 e 2.382g de NaOH
d) 2.684g de Cl_2 e 1.342g de NaOH
e) 1.342g de Cl_2 e 2.684g de NaOH

Questão 308

(OLIMPÍADA AMERICANA DE QUÍMICA) Qual é o coeficiente do $I_{2(s)}$ quando a reação abaixo é balanceada corretamente usando os coeficientes de números inteiros mais simples? $\_\_Cr_2O_7^{2-}{}_{(aq)} + \_\_I^-{}_{(aq)} + \_\_H^+{}_{(aq)} \rightarrow \_\_I_{2(s)} + \_\_Cr^{3+}{}_{(aq)} + \_\_H_2O_{(l)}$.

a) 2
b) 3
c) 4
d) 6

Questão 309

(OLIMPÍADA UNIFICADA - OBQ) O dicromato de potássio reage com peróxido de hidrogênio em meio a ácido sulfúrico produzindo sulfato de potássio, sulfato de cromo III, água e gás oxigênio. A partir do processo descrito, assinale a alternativa que apresenta o coeficiente estequiométrico do peróxido de hidrogênio.

a) 1
b) 2
c) 3
d) 4
e) 5

Questão 310

(OLIMPÍADA UNIFICADA - OBQ) Um dos processos industriais para a fabricação de ácido clorídrico consiste na reação entre o tiossulfato de sódio na presença de cloro gasoso, conforme pode ser observado na equação química apresentada a seguir: $Na_2S_2O_3 + Cl_2 + H_2O \rightarrow NaHSO_4 + HCl$. Partindo de 100g de cada reagente químico, assinale a alternativa que apresenta a massa de sal produzida.

a) 64,50 g
b) 74,00 g
c) 84,50 g
d) 90,00 g
e) 95,00 g

Questão 311

(GRILLO) Considere o seguinte processo para a produção de potassa cáustica, a partir do peróxido de potássio, segundo a equação não balanceada: $Cr_2O_{3(sólido)} + K_2O_{2(aquoso)} + H_2O_{(líquido)} \rightarrow K_2CrO_{4(aquoso)} + KOH_{(aquoso)}$. Partindo de 1 kg para cada reagente químico, calcule a massa de hidróxido de potássio produzido.

Questão 312

(INSTITUTO MILITAR DE ENGENHARIA - MODIFICADA) Escreva as reações correspondentes à fabricação do ácido sulfúrico, pelo processo de contato, a partir da pirita. Calcule a massa de ácido sulfúrico, a partir de 1000 gramas de pirita com grau de pureza igual a 75%.

Questão 313

(GRILLO) Foi realizado um determinado experimento com cloro gasoso na presença de 1,0 litro de solução de hidróxido de bário à quente, que contém uma massa igual a 540 gramas. Sabendo que o processo apresentou 75% de rendimento, calcule a massa dos sais formados e o volume de cloro formado nas condições normais de temperatura e pressão.

Questão 314

(OLIMPÍADA ESPANHOLA DE QUÍMICA – MÚRCIA) Em uma determinada experiência um volume V de um composto orgânico gasoso necessita para sua combustão completa um volume 3,5 V de oxigênio, ambos medidos em iguais condições de pressão e temperatura. Qual das seguintes substâncias será o composto orgânico?

a) metano
b) etano
c) propano
d) butano

Questão 315

(MESTRE JOÃO ROBERTO DA PACIÊNCIA NABUCO) Classifique cada uma das reações apresentadas a seguir, devidamente representadas:

a) $2Na + H_2O \rightarrow 2NaOH + H_2$
b) $K_2O_2 + 2HNO_3 \rightarrow 2KNO_3 + H_2O_2$
c) $2KMnO_4 + 16HCl \rightarrow 2KCl + 2MnCl_2 + 8H_2O + 5Cl_2$
d) $S + O_2 \rightarrow SO_2$
e) $CH_4 + 2O_2 \rightarrow CO_2 + 2H_2$
f) $CaCO_3 + H_2SO_4 \rightarrow CaSO_4 + H_2O + CO_2$

Questão 316

(MESTRE JOÃO ROBERTO DA PACIÊNCIA NABUCO) Classifique as seguintes equações químicas inorgânicas a seguir:

I) $NH_4Cl \rightarrow NH_3 + HCl$
II) $N_2 + 3H_2 \rightarrow 2NH_3$
III) $2HNO_3 + Ca(OH)_2 \rightarrow 2Ca(NO_3)_2 + 2H_2O$
IV) $2KI + Cl \rightarrow 2KCl + I_2$
V) $2NO_2 \rightarrow N_2O_4$
VI) $CaCO_3 \rightarrow CaO + CO_2$
VII) $AgNO_3 + NaCl \rightarrow AgCl + NaNO_3$
VIII) $2KClO_3 \rightarrow 2KCl + 3O_2$
IX) $NaOH + HBr \rightarrow NaBr + H_2O$
X) $2Al + 3H_2SO_4 \rightarrow Al_2(SO_4)_3 + 3H_2$
XI) $Na_2S + FeCl_2 \rightarrow FeS + 2\ NaCl$
XII) $3NH_4OH + Al(NO_3)_3 \rightarrow 3NH_4NO_3 + Al(OH)_3$
XIII) $C + H_2O \rightarrow CO + H_2$
XIV) $Cl_2 + 2KI \rightarrow 2KCl + I_2$
XV) $CuCl_2 + Zn \rightarrow ZnCl_2 + Cu$

Questão 317

(INSTITUTO TECNOLÓGICO DA AERONÁUTICA) Uma das maneiras de impedir que o SO_2, um dos responsáveis pela "chuva ácida", seja liberado para a atmosfera é tratá-lo previamente com óxido de magnésio, em presença de ar, como equacionado a seguir: $MgO_{(s)} + SO_{2(g)} + 1/2O_{2(g)} \rightarrow MgSO_{4(s)}$. Quantas toneladas de óxido de magnésio são consumidas no tratamento de $9{,}6 \times 10^3$ toneladas de SO_2?

Questão 318

(INSTITUTO TECNOLÓGICO DA AERONÁUTICA) Considerando que o ar é composto aproximadamente de 21% de O_2 e 79% de N_2 em volume, tem-se que a razão molar ar/combustível da combustão completa de um determinado alcano é igual a 59,5. A partir desse dado, assinale a alternativa que corresponde à soma dos coeficientes estequiométricos de todas as substâncias presentes nessa reação:

a) 30,5
b) 55,5
c) 82,0
d) 112,0
e) 124,5

Questão 319

(OLIMPÍADA UNIFICADA - OBQ) Dorothy Mary Crowfoot Hodgkin (1910–1994), química britânica, foi uma mulher notável na ciência mundial. Dotada de uma intuição privilegiada, a cristalografia de raios X foi o seu instrumento de análise da estrutura tridimensional de moléculas de interesse químico, bioquímico, biológico, farmacológico e médico: pepsina, penicilina, colesterol, vitamina B12, insulina. Em 1964 recebeu o Prémio Nobel de Química, a terceira mulher depois de Marie Curie, em 1911, e de Irène Joliot-Curie, em 1935. Foi um exemplo de coragem perante a artrite reumatóide que desde cedo a minou. Abraçou as causas da Paz e da igualdade de gênero. [Gonçalves-Maia, R. Dorothy Hodgkin. *Revista Ciência Elementar*, vol. 9, n. 2, 026, 2021]

Uma das moléculas estudadas por esta extraordinária pesquisadora foi a vitamina B12. Esta vitamina é essencial para o nosso corpo, uma vez que nosso organismo não é capaz de produzi-la. Por isso, é necessário o consumo de alimentos ricos em vitamina B12, e devemos saber como absorvê-la de forma adequada, para se manter saudável. Sua fórmula molecular é:

$C_{63}H_{88}CoN_{14}O_{14}P$, com massa molar correspondente a 1355,38 g x mol^{-1}. Assinale a alternativa que apresenta o número de moléculas presente em 12365 g.

a) 1,20 x 10^{22}
b) 5,50 x 10^{22}
c) 1,20 x 10^{24}
d) 5,50 x 10^{24}
e) 1,20 x 10^{23}

Questão 320

(PROCESSO SELETIVO PARA INGRESSO – MESTRADO E DOUTORADO - UFSC) O bromazepam ($C_{14}H_{10}BrN_3O$ – 316,15 g x mol^{-1}), Figura 1, é indicado para ansiedade, tensão e outras queixas somáticas ou psicológicas associadas à síndrome de ansiedade. Atualmente o medicamento é comercializado em embalagens contendo 30 comprimidos, sendo que cada comprimido contérm 6 mg de bromazeoan.

Considerando essas informações, a massa de bromo (79,9 g x mol^{-1}) em cada comprimido é:

a) 1,42 mg
b) 1,32 mg
c) 1,62 mg
d) 1,22 mg
e) 1,52 mg

Questão 321

(PROCESSO SELETIVO PARA INGRESSO – MESTRADO E DOUTORADO - UFSC) O $C\ell F_{3(g)}$ é um dos compostos mais reativos que se conhece. Este pode ser preparado aquecendo-se $C\ell_{2(g)}$ e $F_{2(g)}$ em um recipiente fechado. Escreva a equação balanceada para a reação de formação do $C\ell F_3$.

Questão 322

(PROCESSO SELETIVO PARA INGRESSO – MESTRADO E DOUTORADO - UFSC) O bicarbonato de sódio ($NaHCO_3$) é utilizado como produto de limpeza e também como fermento. Considere uma solução aquosa preparada pela dissolução de 15,9 g de bicarbonato de sódio para um volume final de 50,0 mL. A esta solução são adicionados 200 mL de vinagre, o que corresponde a uma solução de CH_3COOH 0,833 mol x L^{-1}. A reação, representada abaixo, foi conduzida em sistema aberto (pressão de 1,00 atm) e em temperatura de 22,1°C. $HCO_3^-{}_{(aq)} + CH_3COOH_{(aq)} \rightarrow CO_{2(g)} + H_2O_{(\ell)} + CH_3COO^-{}_{(aq)}$. Em relação ao processo acima descrito, calcule o volume de CO_2 produzido.

Questão 323

(PROCESSO SELETIVO PARA INGRESSO – MESTRADO E DOUTORADO - UFSC) A substância conhecida como RDX, de massa molar 222 g x mol^{-1} , é uma é uma nitroamina considerada um dos mais poderosos e efetivos explosivos de uso militar. A análise elementar deste explosivo fornece como composição, em massa, 16,22% de carbono, 2,72 % de hidrogênio, 37,84% de nitrogênio e 43,22% de oxigênio. Com base nesses dados, forneça respostas aos itens a seguir.

a) Determine a fórmula empírica da RDX.
b) Determine a fórmula molecular da RDX.

Questão 324

(CONCURSO FEDERAL PARA DOCENTE – INSTITUTO FEDERAL DO MATO GROSSO) A reação química entre o óxido de cálcio e o cloreto de amônio leva à formação de NH_3, de acordo com: $CaO_{(s)} + 2NH_4Cl_{(s)} \rightarrow 2\ NH_{3(g)} + H_2O_{(g)} + CaCl_{2(s)}$.
Considere a reação entre 112 g de CaO e 220 g de NH_4Cl e calcule:
I- A massa de amônia obtida na reação, se o rendimento for 100%.
II- O rendimento percentual dessa reação, se a massa de NH_3 obtida for 60 g. Marque a alternativa que apresenta corretamente os resultados obtidos em I e II, respectivamente.
a) 68 g e 88%
b) 78 g e 86%
c) 77 g e 86%
d) 58 g e 95%

Questão 325

(CONCURSO FEDERAL PARA DOCENTE – INSTITUTO FEDERAL DO MATO GROSSO) Reações de combustão são reações químicas que envolvem a oxidação completa de um combustível. A maior parte dos combustíveis fósseis são hidrocarbonetos. Na combustão completa de um alcano com 3 átomos de carbono na cadeia, partindo de 0,88 kg de cada um dos reagentes, que massa do reagente em excesso permanece no final da reação?
a) 836 g de oxigênio
b) 2958 g de propano
c) 242g de oxigênio
d) 638 g de propano

Questão 326

(CONCURSO FEDERAL PARA DOCENTE – INSTITUTO FEDERAL DE PERNAMBUCO) Deseja-se fazer a análise de um minério de ferro em laboratório. A uma amostra de 2,000 g do minério, acrescentasse uma quantidade conveniente de uma solução de ácido clorídrico, e em seguida titula-se essa amostra com solução de permanganato de potássio ($KMnO_4$) 0,0190 mol/L, gastando-se 25,00 mL desta solução. A equação iônica está representada abaixo: $MnO_4^-{}_{(aq)} + 5Fe^{2+}{}_{(aq)} + 8H^+{}_{(aq)} \rightarrow Mn^{2+}{}_{(aq)} + 5Fe^{3+}{}_{(aq)} + 4H_2O_{(l)}$. Assinale a alternativa que apresenta o percentual de ferro no minério.
a) 6,65%
b) 12,90%
c) 9,89%
d) 21,06%
e) 3,24%

Questão 327

(CONCURSO FEDERAL PARA DOCENTE – INSTITUTO FEDERAL DE SANTA CATARINA) O carbonato de sódio é um sal branco e translúcido, usado na produção de vidro. É possível obter o carbonato de sódio por meio da reação:
$2NaCl_{(aq)} + CaCO_{3(aq)} \rightarrow Na_2CO_{3(aq)} + CaCl_{2(aq)}$
Qual a massa de carbonato de sódio obtida pela reação de 500 g de carbonato de cálcio, 70% puro, sabendo que o rendimento da reação é de 90%? Assinale a alternativa que indica corretamente a massa de carbonato de sódio obtida.
a) 350 g
b) 371 g
c) 333,9 g
d) 106 g
e) 477 g

Questão 328

(CONCURSO FEDERAL PARA DOCENTE – INSTITUTO FEDERAL DE PIAUÍ) A cafeína ($C_8H_{10}N_4O_2$) é um alcaloide usado como estimulante e que está presente em muitas bebidas, como chás e café. O número de moléculas de cafeína presente em 970 g do composto é igual a:
a) 3×10^{24}
b) 5
c) 0,2
d) $1,2 \times 10^{24}$
e) 1×10^{24}

Questão 329

(CONCURSO FEDERAL PARA DOCENTE – INSTITUTO FEDERAL DE PIAUÍ) A ureia ($(NH_2)_2CO$), é uma substância usada como fertilizante. Quantos átomos de hidrogênio estão presentes em 180 g de ureia?

a) 3×10^{23}
b) 6×10^{23}
c) $7,2 \times 10^{24}$
d) 4
e) 12

Questão 330

(CONCURSO FEDERAL PARA DOCENTE – INSTITUTO FEDERAL DO RIO GRANDE DO SUL) Para reagir completamente com uma massa de 45,00 g de um ácido desconhecido, H_xA, foram gastos 280,00 mL de uma solução aquosa de NaOH 2,51 mol/L, que reagem de acordo com a seguinte equação não balanceada: $H_xA_{(aq)} + xNaOH_{(aq)} \longrightarrow Na_3A_{(aq)} + 3H_2O_{(l)}$. A massa molar do ácido em g/mol será:

a) 102
b) 104
c) 192
d) 172
e) 198

Questão 331

(OLIMPÍADA UNIFICADA - OBQ) A formação do anidrido sulfúrico vem através do processo de síntese do anidrido sulfuroso e oxigênio molecular, conforme a seguinte equação química: $SO_{2(g)} + O_{2(g)} \rightleftarrows SO_{3(g)}$. Considere que este processo apresenta pressão e temperatura constante, para a total formação do anidrido sulfúrico assinale a alternativa que apresenta o volume total da mistura gasosa, quando 5,0 L de anidrido sulfuroso reage com 3,0 L de oxigênio molecular.

a) 5,5 L
b) 6,0 L
c) 6,5 L
d) 7,0 L
e) 7,5 L

Questão 332

(MESTRE LICÍNIO RIBEIRO VIANA) Acertar os coeficientes estequiométricos da seguinte equação química: $Cr_2O_7^{2-}{}_{(aq)} + I^-{}_{(aq)} + H^+{}_{(aq)} \longrightarrow I_{2(s)} + Cr^{3+}{}_{(aq)} + H_2O_{(l)}$.

Questão 333

(GRILLO) Foram misturados três soluções aquosas: permanganato de potássio, ácido sulfúrico e peróxido de hidrogênio. Considerando que as três soluções foram misturadas com a mesma massa (m), calcule em função desta massa, a massa dos dois sais formados.

Questão 334

(GRILLO) Considere a seguinte equação iônica não balanceada: $\mathrm{Cr_2O_{7(aquoso)}^{-2} + SO_{2(gás)} + H^+_{(aquoso)} \rightarrow Cr^{+3}_{(aquoso)} + HSO^-_{4(aquoso)} + H_2O_{(líquido)}}$. Sabendo que foram utilizados 228 mL de dicromato com concentração igual a 0,133 mol x L^{-1}, calcule o volume de anidrido sulfuroso para uma pressão de 0,50 atm e tempretaura igual a 227°C.

Questão 335

(CONCURSO FEDERAL PARA DOCENTE – INSTITUTO FEDERAL DO CEARÁ) 2,00 g, de uma mistura de carbonatos de cálcio e magnésio, após calcinação, produziram um resíduo cuja massa é 1,08 g.

a) Mostre as equações que descrevem as reações químicas ocorridas.
b) Determine a composição percentual da mistura.

Questão 336

(CONCURSO FEDERAL PARA DOCENTE – INSTITUTO FEDERAL DO RIO GRANDE DO NORTE) A solução de permanganato de potássio é adicionada, lentamente, à solução de ácido oxálico em meio ácido na produção do sulfato de potássio. Depois de balancear a reação, indique os valores de α, β e γ, respectivamente. $\alpha H_2C_2O_{4(aq)} + \beta KMnO_4 + H_2SO_4 \rightarrow MnSO_4 + \gamma CO_2 + K_2SO_4 + H_2O$.

a) 5, 6 e 13 b) 5, 2 e 10 c) 2, 5 e 10 d) 6, 5 e 13

Questão 337

(CONCURSO FEDERAL – TÉCNICO DE QUÍMICA - PIAUÍ) A determinação quantitativa de íon nitrato, numa amostra, pode ser realizada pela medida do volume do gás NO desprendido na reação, em fase aquosa, quando se adiciona à amostra acidulada mercúrio e ácido sulfúrico. A equação química não balanceada da reação é: $HNO_3 + H_2SO_4 + Hg \rightarrow NO + H_2O + Hg_2SO_4$. Se para uma determinada amostra o volume de gás recolhido, a 27°C e 1 atm, for de 1,23 litros, a massa de íons nitrato na amostra corresponde a:

a) 3,1 g
b) 6,2 g
c) 8,4 g
d) 12,4 g
e) 15,0 g

Questão 338

(CONCURSO FEDERAL – TÉCNICO DE QUÍMICA - PIAUÍ) Na reação entre o gás carbônico e o superóxido de potássio, KO_2, há formação de carbonato de potássio e de oxigênio. Assinale a alternativa a seguir que mostra a massa de KO_2 necessária para reagir com 45 L de gás carbônico a 25°C (nesta temperatura o volume molar do gás carbônico é 22,5 L/mol):

a) 134 g
b) 196 g
c) 284 g
d) 454 g
e) 541 g

Questão 339

(CONCURSO ESTADUAL – TÉCNICO DE QUÍMICA - UNIRIO) Em uma unidade industrial, é feita a seguinte reação química: $FeS + 2HCl \rightarrow FeCl_2 + H_2S$. Nessa unidade, adicionaram-se 440 kg de FeS e 146 kg de HCl. Admitindo-se que o reagente limitante foi totalmente consumido, a massa de reagente em excesso, em kg, que não participou da reação é igual a:

a) 176
b) 219
c) 264
d) 352
e) 365

Questão 340

(CONCURSO ESTADUAL – TÉCNICO DE QUÍMICA - UNIRIO) Ácido sulfúrico em excesso foi adicionado a uma amostra de 150 g de alumínio metálico impuro, verificando-se a formação de 10 g de H_2 , após a completa reação do alumínio. Admitindo-se que as impurezas presentes não reagiram com o ácido, o grau de pureza do alumínio é igual a:

a) 50%
b) 60%
c) 70%
d) 80%
e) 90%

Questão 341

(CONCURSO FEDERAL – ASSISTENTE DE PESQUISA I) Os coeficientes mínimos da equação a seguir são, respectivamente: $Au + HCl + HNO_3 \rightarrow HAuCl_4 + NO_2 + H_2O$.

a) 1, 4, 3, 1, 3, 3
b) 2, 4, 1, 1, 2, 4
c) 1, 4, 2, 1, 2, 3

d) 2, 4, 2, 1, 3, 4
e) 1, 4, 2, 2, 2, 1

Questão 342

(CONCURSO PÚBLICO FEDERAL - CEFET - ALAGOAS) A nitroglicerina é um líquido oleoso e incolor, altamente instável e explosivo. Quando a nitroglicerina explode, só se produzem gases. $4C_3H_5(NO_3)_3 \rightarrow 12CO_{(g)} + 7O_{2(g)} + 10H_2O_{(g)} + 6N_{2(g)}$. Se os gases da explosão forem libertados, nas CNTP, o volume de gases produzidos na explosão de 1 kg de nitroglicerina, será aproximadamente: Dado: Volume molar (nas CNTP) = 22,7 L.
a) 874 litros
b) 794 litros
c) 624 litros
d) 3178 litros
e) 3496 litros

Questão 343

(CONCURSO FEDERAL PARA DOCENTE – INSTITUTO FEDERAL SUL-RIO-GRANDENSE) O cobre metálico pode ser produzido a partir de um processo pirometalúrgico de um de seus minérios enriquecido, seguido por um processo de refino, conforme mostram as reações não balanceadas a seguir. Após as reações e o abaixamento do metal à temperatura ambiente, será produzido o cobre metálico.
$CuFeS_{2(s)} + O_{2(g)} \rightarrow CuS_{(s)} + FeO_{(s)} + SO_{2(g)}$
$CuS_{(s)} + O_{2(g)} \rightarrow Cu_{(l)} + SO_{2(g)}$
Considerando um rendimento de 95% nesse processo, que quantia de massa de cobre será produzida a partir de 100 kg do minério?
a) 32,9 kg
b) 34,6 kg
c) 52,1 kg
d) 60,3 kg

Questão 344

(CONCURSO PÚBLICO FEDERAL – ENGENHARIA QUÍMICA) A massa de cloro, em gramas, necessária para se obter 1065 g de clorato de sódio na seguinte equação não balanceada, $NaOH + Cl_2 \rightarrow NaClO_3 + NaCl + H_2O$ é, aproximadamente, de:
a) 1065
b) 710
c) 2130
d) 1597
e) 3195

Questão 345

(CONCURSO PÚBLICO FEDERAL – ENGENHARIA QUÍMICA - AERONÁUTICA) A nitroglicerina é um líquido oleoso de cor amarelo-pálida. É altamente sensível ao choque. O simples ato de balançar o líquido pode causar a explosiva decomposição em gases de nitrogênio, dióxido de carbono, água e oxigênio. A equação química abaixo representa essa reação. $4C_3H_5N_3O_{9(l)} \rightarrow 6N_{2(g)} + 12CO_{2(g)} + 10H_2O_{(g)} + O_{2(g)}$. Calcule o volume de gases CO_2 produzido quando uma amostra de 200 gramas de nitroglicerina é detonada. Considere os seguintes dados: Constante universal dos gases: $R = 8{,}2 \cdot 10^{-2}$ atm·L·K^{-1}·mol^{-1}; Pressão: 1 atm; Temperatura: 27°C e Volume Molar: 22,4 L . mol^{-1}. Mediante análise, marque a alternativa que apresenta corretamente o volume aproximado.
a) 2,64 L
b) 59,0 L
c) 86,0 L
d) 116 L

Questão 346

(GRILLO) Ajustar o balanceamento das equações a seguir com os menores coeficientes inteiros:
a) $MnO_2 + HCl \rightarrow MnCl_2 + H_2O + Cl_2$
b) $Fe_3O_4 + HNO_3 \rightarrow Fe(NO_3)_2 + Fe(NO_3)_3 + H_2O$

Questão 347

(GRILLO) Ajustar pelo método de oxirredução:

a) $Cu + HNO_3 \rightarrow Cu(NO_3)_2 + H_2O + NO$

b) $NaOH + Cl_2 \rightarrow NaCl + NaClO_3 + H_2O$

Questão 348

(INSTITUTO MILITAR DE ENGENHARIA) São dadas as equações químicas, não ajustadas, a seguir:

I) $KClO_3 + H_2SO_4 \rightarrow HClO_4 + ClO_2 + K_2SO_4 + H_2O$

II) $KMnO_4 + HCl \rightarrow KCl + MnCl_2 + H_2O + Cl_2$

Para cada uma dessas equações, determine:

a) os seus coeficientes, considerando os menores números inteiros possíveis;

b) o agente redutor.

c) o agente oxidante.

Questão 349

(MESTRE JOÃO DA PACIÊNCIA NABUCO) Dada a seguinte equação: $CuS + HNO_3 \rightarrow Cu(NO_3)_2 + S + NO + H_2O$. A soma dos índices, depois de equilibrada a equação será:

a) 18 b) 20 c) 23 d) 28 e) 32

Questão 350

(MESTRE JOÃO ROBERTO DA PACIÊNCIA NABUCO) Na equação: $aKIO_3 + bKI + cHCl \rightarrow dI_2 + eKCl + fH_2O$. Determine os valores de a, b, c, d, e e f.

Questão 351

(CAMPEONATO NACIONAL DE QUÍMICA) A combustão e o seu controle são essenciais para a nossa existência e porque não afirmara para o bem estar da sociedade, uma vez que é através deste processo que muitos produtos são sintetizados e comercializados. Somente no ano de 2023, aproximadamente 94% da energia consumida nos EUA foi gerada a partir da combustão. A partir das informações apresentadas, considere a mistura da combustão do gás metano junto com o gás butano, totalizando em massa um valor igual a 6,10 g. Desta mistura altamente complexa, houve a formação de 17,60 gramas de dióxido de carbono. A partir das informações técnicas, assinale a alternative do percentual em massa do gás butano, de maneira aproximada.

a) 52%

b) 48%

c) 72%

d) 28%

e) 44%

Questão 352

(PROGRAMA DE PÓS-GRADUAÇÃO EM QUÍMICA – UNIVERSIDADE FEDERAL DE UBERLÂNDIA) A decomposição da azida de sódio, $NaN_{3(s)}$, é usada para inflar airbag – equipamento de segurança utilizado em automóveis. Ao se decompor completamente, durante uma colisão, essa substância libera gás nitrogênio, $N_{2(g)}$, que provoca a expansão imediata do airbag, de acordo com a reação representada pela equação química não balanceada: $NaN_{3(s)} \rightarrow Na_{(s)} + N_{2(g)}$. Considerando essas informações, balanceie. Com s menores coeficientes estequiométricos inteiros, a equação de decomposição da azida de sódio e determine a massa aproximada, em gramas, dessa substância, necessária para inflar completamente, com nitrogênio, um airbag de 50 L a 27°C e a 1,14 atm.

Questão 353

(SELEÇÃO DO PROGRAMA DE PÓS-GRADUAÇÃO STRICTO SENSU EM QUÍMICA - UNIVERSIDADE FEDERAL DOS VALES DO JEQUITINHONHA E MUCURI DIAMANTINA – MINAS GERAIS) Íons permanganato, MnO_4^- reagem com ácido oxálico, $H_2C_2O_4$, em solução ácida, produzindo íons mangânes(II) e dióxido de carbono. A equação base é: $MnO_4^-{}_{(aq)} + H_2C_2O_{4(aq)} \rightarrow Mn^{2+}{}_{(aq)} + CO_{2(g)}$. Balanceie esta equação utilizando o método do número de oxidação.

Questão 354

(SELEÇÃO DO PROGRAMA DE PÓS-GRADUAÇÃO STRICTO SENSU EM QUÍMICA - UNIVERSIDADE FEDERAL DOS VALES DO JEQUITINHONHA E MUCURI DIAMANTINA – MINAS GERAIS) O éter-metil-terbutílico (MTBE) é usado como aditivo na gasolina. O composto é produzido pela reação do metanol com o isobuteno, de acordo com a reação:

$$\underbrace{CH_3OH}_{\text{Metanol}} + \underbrace{(CH_3)_2C = CH_2}_{\text{Isobuteno}} \rightarrow \underbrace{(CH_3)_3COCH_3}_{\text{MTBE}}$$

Se 22,5 kg de metanol são deixados reagir com 35,0 kg de isobuteno, qual é a massa máxima de MTBE que será obtido?

Questão 355

(PROCESSO SELETIVO PARA O CURSO DE MESTRADO EM QUÍMICA – UNIVERSIDADE ESTADUAL DA PARAÍBA) Qual o reagente limitante da reação de 100 g de carbeto de cálcio com a mesma massa de água? Qual massa de etino pode ser produzida? Que massa do reagente permanece após a reação ser completada?

Questão 356

(PROCESSO SELETIVO PARA O CURSO DE MESTRADO EM QUÍMICA – UNIVERSIDADE ESTADUAL DA PARAÍBA) O hidróxido de lítio sólido é usado em veículos espaciais para remover o dióxido de carbono exalado. O hidróxido de lítio reage com o dióxido de carbono gasoso para formar carbonato de lítio sólido e água líquida. Quantos gramas de dióxido de carbono podem ser absorvidos por 1,00 g de hidróxido de lítio?

Questão 357

(PROCESSO DE SELEÇÃO PARA MESTRADO E DOUTORADO – UNIVERSIDADE ESTADUAL DO SUDOESTE DA BAHIA) Uma amostra de carbonato de sódio pesando 1,2048 g é dissolvida e deixada reagir com cloreto de cálcio. O precipitado resultante, após filtração e secagem, pesou 1,0262 g. Supondo que as impurezas não contribuem com o peso do precipitado, determine a percentagem de pureza da amostra de carbonato de sódio.

Questão 358

Em atividades militares de campo, podem ser usados aquecedores químicos sem chama para o quecimento de reações operacionais. O óxido de cálcio – CaO) – é um dos principais produtos químicos aproveitados nesses aquecedores. Esse composto químico reage com a água, grando como produto o hidróxido de cálcio – $Ca(OH)_2$ – além de grande quantidade de calor. Por ser extremamente exotérmico, esse processo pode ser empregado como aquecedor químico para esquentar reações operacionais em atividades militares. Para o preparo do aquecedor químico sem chamas, cada um dos 50 soldados de um pelotão levou consigo um pote contendo 140 g de óxido de cálcio, com 80% de pureza. Considerando-se o consumo total do reagente de todos os soldados do pelotão e a reação completa do óxido de cálcio com a água, a massa de produto gerada nessa reação foi de:

a) 3350 g
b) 4566 g
c) 7400 g
d) 8672 g
e) 9444 g

Questão 359

Em química orgânica, compostos que possuem o grupo funcional nitro (NO_2) têm grande potencial para serem utilizados como explosivos. Um explosivo é um composto, ou mistura de compostos, que sob a ação de uma causa térmica ou mecânica, se transforma muito rapidamente, total ou parcialmente, em um grande volume de gases com liberação de calor. A expansão desses gases é responsável pelo trabaho de destruição, pois gera pressões muito altas. Teoricamente, os gases produzidos na explosão de compostos nitrados são CO_2, H_2O e N_2, no entanto, empiricamente, também se formam outros gases. O hexogênio (RDX), explosivo muito utilizado para fins militares, se decompõe de acordo com a equação: $C_3H_6N_3(NO_2)_{3(s)} \longrightarrow 2CO_{2(g)} + CO_{(g)} + H_2O_{(g)} + 2H_{2(g)} + 3N_{2(g)}$. Considerando um comportamento ideal dos gases e que, à temperatura de 727°C, a detonação de 2,22 g de RDX libera um volume total de 14,76 L de gases formados, a pressão total atingida será de:

a) 0,5 atm
b) 1,6 atm
c) 2,0 atm
d) 0,1 atm
e) 3,0 atm

Capítulo11. Exercícios Propostos – Gabarito

Questão 01

(OLIMPÍADA CEARENSE DO ENSINO SUPERIOR DE QUÍMICA) Alternativa A.

Equação iônica: $2S_2O_3^{-2}{}_{(aquoso)} + 2H_3O^+{}_{(aquoso)} \longrightarrow 2HSO_3^-{}_{(aquoso)} + 2H_2O_{(liquido)} + 2S_{(sólido)}$

Pela relação estequiométrica:
2 mol de $S_2O_3^{-2}$ ------------ 2 mol de HSO_3^-
n_{S2O3-2} ------------------------- n_{HSO3-}
$n_{S_2O_3^{-2}} = n_{HSO_3^-}$

Cálculo da concentração mássica (g/L), a partir da densidade da solução e do título em massa:

$$C = 10 \text{ x d x } (\%) = 10 \text{ x } 1{,}45 \text{ x } 55 = 797{,}50 \frac{g}{L}$$

Cálculo da concentração da quantidade de matéria do HSO_3^-:

$$[HSO_3^-] = \frac{C}{<MM>_{HSO_3^-}} = \frac{797{,}50}{81} = 9{,}84 \text{ mol. } L^{-1}$$

Cálculo da massa de tiossulfato, a partir da relação estequiométrica desenvolvida acima:

$$\frac{m_{S_2O_3^{-2}}}{< MM >_{S_2O_3^{-2}}} = V_{solução} \text{ x } [HSO_3^-]$$

$$m_{S_2O_3^{-2}} = V_{solução} \text{ x } [HSO_3^-] \text{ x } < MM >_{S_2O_3^{-2}} = 11{,}13 \text{ g}$$

Questão 02

(OLIMPÍADA CEARENSE DO ENSINO SUPERIOR DE QUÍMICA) Alternativa C.

Equação química: $6TiO_{2(sólido)} + 8C_{(sólido)} + 12Cl_{2(gás)} \longrightarrow 6TiCl_{4(gás)} + 4CO_{2(gás)} + 4CO_{(gás)}$

Determinação do reagente limitante:

$$n_{TiO_2} = \frac{m_{TiO_2}}{< MM >_{TiO_2}} = \frac{5{,}0}{80 \text{ x } 6} = 0{,}0104 \text{ mol}$$

$$n_C = \frac{m_C}{< MM >_C} = \frac{4{,}50}{12 \text{ x } 8} = 0{,}0469 \text{ mol}$$

$$n_{Cl_2} = \frac{m_{Cl_2}}{<MM>_{Cl_2}} = \frac{7{,}78}{71 \text{ x } 12} = 0{,}0091 \text{ mol}$$ (Reagente limitante)

Cálculo da massa de tetracloreto de titânio: $6TiO_{2(sólido)} + 8C_{(sólido)} + 12Cl_{2(gás)} \longrightarrow 6TiCl_{4(gás)} + 4CO_{2(gás)} + 4CO_{(gás)}$

12 mol de Cl_2 ------------------ 6 mol de $TiCl_4$
852 gramas de Cl_2 ----------- 1140 gramas de $TiCl_4$
7,78 gramas de Cl_2 ---------- m_{TiCl4}
m_{TiCl4} = 10,41 g

Questão 03

(OLIMPÍADA CEARENSE DO ENSINO SUPERIOR DE QUÍMICA) Alternativa A.

Equação química: $Zn_{(sólido)} + 2HCl_{(aquoso)} \longrightarrow ZnCl_{(aquoso)} + H_{2(gás)}$. A partir da relação estequiométrica, temos:

1 mol de Zn ---------- 2 mol de HCl
n_{Zn} ---------------------- n_{HCl}
$2 \times n_{Zn} = n_{HCl}$

Cálculo do volume da solução a partir da relação estequiométrica acima:

$$[HCl] \times V_{solução} = 2 \times \frac{m_{Zn}}{< MM >_{Zn}}$$

$$2 \times V_{solução} = 2 \times \frac{12,05}{65,4}$$

$$V_{solução} = 0,184 \text{ L } (184 \text{ mL})$$

Questão 04

(OLIMPÍADA CEARENSE DO ENSINO SUPERIOR DE QUÍMICA) Alternativa C.

Cálculo do número de mol de Ferro: $n_{Fe} = \frac{m_{Fe}}{<MM>_{Fe}} = \frac{2,9}{56} = 0,052 \text{ mol}$

Cálculo do número de átomos (X) de Ferro, correspondente a 0,052 mol:

$X_{Fe} = 0,052 \times (6,02 \times 10^{23})$ átomos de ferro $= 3,13 \times 10^{22}$ átomos de Fe

Cálculo do número de átomos (X) de Ferro para uma célula:

$3,13 \times 10^{22}$ átomos de Ferro --------------- $2,6 \times 10^{13}$ células
X_{Ferro} -- 1 célula
$X_{Ferro} = 1,20 \times 10^{9}$ átomos de ferro

Questão 05

(OLIMPÍADA CEARENSE DO ENSINO SUPERIOR DE QUÍMICA) Alternativa C.

Analisando a relação estequiométrica entre o composto na presença de ácido clorídrico:

$LiC_4H_{9(sólido)} + HCl_{(aquoso)} \longrightarrow LiCl_{(aquoso)} + C_4H_{10(gás)}$

1 mol de $LiC_4H_{9(s)}$ --------- 1 mol de $C_4H_{10(g)}$
n_1 ------------------------------ n_2
$n_1 = n_2$

$$\frac{m_1}{< MM >_1} = \frac{m_2}{< MM >_2}$$

$$\frac{m_1}{(6,94 + 48 + 9)} = \frac{0,725}{(48 + 10)}$$

$$\frac{m_1}{63,94} = \frac{0,725}{58}$$

$$m_1 = \frac{63,94 \text{ x } 0,725}{58} = 0,799 \text{ g}$$

Cálculo do grau de pureza, $(\%)_{\text{pureza}}$:

$$(\%)_{\text{pureza}} = \frac{0,799}{5,453} = 0,1465\ (14,65\%)$$

Questão 06

(OLIMPÍADA CEARENSE DO ENSINO SUPERIOR DE QUÍMICA) Alternativa C.

Cálculo da massa atômica do X, a partir da equação apresentada pelo problema: $XCl_4 + 2NH_3 \rightarrow XCl_2(NH_3) + Cl_2$

1 mol de XCl_4 ------------------ 1 mol de $XCl_2(NH_3)_2$
(<MM>$_X$ + 4 x 35,5) ---------- (<MM>$_X$ + 2 x 35,5 + 2 x 14 + 6 x 1)
3,571 g -------------------------- 3,180 g

$$3,18 \text{ x } (< MM >_X + 142) = 3,571 \text{ x } (< MM >_X + 105)$$
$$< MM >_X = \frac{-76,605}{-0,391} = 195,92 \frac{g}{mol}$$

Questão 07

(CONCURSO PARA DOCENTE FEDERAL – UNIVERSIDADE FEDERAL FLUMINENSE) Alternativa C.

A reação química entre o cobre metálico na presença de ácido sulfúrico concentrado resulta em sulfato de cobre II, dióxido de enxofre e água.

Equação química: $2Cu_{(sólido)} + 4H_2SO_{4(aquoso)} \rightarrow 2CuSO_{4(aquoso)} + 2SO_{2(gás)} + 4H_2O_{(líquido)}$

Para a realização do balanceamento, deverá ser do tipo redox, em que o cobre é o agente redutor enquanto o ácido sulfúrico concentrado é o agente oxidante.

Equação química: $Cu_{(sólido)} + 2H_2SO_{4(aquoso)} \rightarrow CuSO_{4(aquoso)} + SO_{2(gás)} + 2H_2O_{(líquido)}$

Cálculo da massa atômica de dióxido de enxofre a partir da relação estequiométrica:

63,50 g de zinco metálico ----------- 64 g de dióxido de enxofre
31,70 g de zinco metálico ----------- Massa de dióxido de enxofre
Massa de dióxido de enxofre = 32,0 g

Questão 08

(CONCURSO FEDERAL PARA PETROBRAS) Alternativa E.

A partir da relação estequiométrica observa-se que reage 1 mol de dióxido de silício formando 1 mol de dióxido de carbono, conforme apresentado pela equação química. Importante observar que não se deve levar em consideração o percentual de impureza e sim de pureza.

Determinação do grau de pureza = 100% - 4% = 96%

60 g de SiO_2 ------- 44 g de CO_2
10^6 g x 0,96 -------- Massa de gás formado

Massa de gás formado = 704000 g de dióxido de carbono

Sabendo que o dióxido de carbono apresenta comportamento ideal, temos: $p^{\text{total}} \text{x Volume} = \frac{704000}{44} \text{x } 0,08206 \text{ x } (27 + 273)$

$$1{,}0 \text{ x Volume} = \frac{704000}{44} \text{x } 0{,}08206 \text{ x } (27 + 273)$$

$$\text{Volume} = 393888 \text{ L}$$

Questão 09

(CONCURSO FEDERAL PARA PETROBRAS) Alternativa B.

Analisando a primeira reação de neutralização, entre o ácido clorídrico e o hidróxido de sódio: $HCl_{(aquoso)} + NaOH_{(aquoso)} \longrightarrow NaCl_{(aquoso)} + H_2O_{(líquido)}$

A partir da relação estequiométrica, temos:

1 mol de HCl ------ 1 mol de NaOH
n_{HCl} ------------------ n_{NaOH}

$$[\text{HCl}] \text{ x } V_{\text{solução}} = [\text{NaOH}] \text{ x } V_{\text{solução}}$$

$$0{,}400 \text{ x } V_{\text{solução}} = 0{,}100 \text{ x } 20$$

$$V_{\text{solução}} = 5{,}0 \text{ mL}$$

Analisando a segunda reação de neutralização, entre o ácido clorídrico e o hidróxido de potássio:
$HCl_{(aquoso)} + KOH_{(aquoso)} \longrightarrow KCl_{(aquoso)} + H_2O_{(líquido)}$

A partir da relação estequiométrica, temos:

1 mol de HCl ------ 1 mol de KOH
n_{HCl} ------------------- n_{KOH}

$$[\text{HCl}] \text{ x } V_{\text{solução}} = [\text{KOH}] \text{ x } V_{\text{solução}}$$

$$0{,}400 \text{ x } V_{\text{solução}} = 0{,}200 \text{ x } 30$$

$$V_{\text{solução}} = 15{,}0 \text{ mL}$$

Cálculo do volume total: $V_{\text{total}} = 15{,}0 \text{ mL} + 5{,}0 \text{ mL} = 20 \text{ mL}$

Questão 10

(CONCURSO PARA DOCENTE FEDERAL – INSTITUTO FEDERAL DE SANTA CATARINA) Alternativa C.

A partir da reação de dupla troca apresentado pelo problema, a relação estequiométrica entre o carbonato de cálcio e o carbonato de sódio fica da seguinte maneira:

(40 + 12 + 48) g de $CaCO_3$ -------- (46 + 12 + 48) g de Na_2CO_3 x 0,90
0,70 x 500 g de $CaCO_3$ ------------ Massa de carbonato de sódio
Massa de carbonato de sódio = 333,90 g

Questão 11

(CONCURSO PARA DOCENTE FEDERAL – INSTITUTO FEDERAL DE FARROUPILHA) Alternativa D.

Primeiramente, será necessário realizar o balanceamento pelo método das tentativas da reação química apresentada pelo problema.

Equação química: $CHCl_3 + 3Zn + 3H_2O \rightarrow CH_4 + 3Zn(OH)Cl$

Para a determinação e cálculo do rendimento para o processo químico apresentado, primeiramente será necessário calcular o número de mol para cada reagente químico, uma vez que o processo industrial está em função do reagente limitante, ou seja, do menor número de mol.

Cálculo do número de mol de clorofórmio: $n_{\text{clorofórmio}} = \frac{50}{119{,}50} = 0{,}418 \text{ mol}$

Cálculo do número de mol de zinco metálico: $n_{Zn} = \frac{100}{65{,}50 \times 3} = 0{,}503 \text{ mol}$

O clorofórmio é o reagente limitante uma vez que se trata do menor número de mol comparado com o número de mol do zinco.

A partir da relação estequiométrica apresentada pelo enunciado do problema, temos: $CHCl_3 + 3Zn + 3H_2O \rightarrow CH_4 + 3Zn(OH)Cl$

(12 + 1 + 106,50) g de $CHCl_3$ -------- 16 g de gás metano x R
50,0 g de $CHCl_3$ -------------------------- 6,09 g de gás metano
R = 0,910 (91%)

Questão 12

(CONCURSO PARA DOCENTE FEDERAL - INSTITUTO FEDERAL DO MATO GROSSO) Alternativa A.

Primeiramente, para a determinação das alternativas I e II, será necessário determinar o reagente limitante e o reagente em excesso.

Cálculo do número de mol de óxido de cálcio: $n_{CaO} = \frac{112}{56} = 2{,}0 \text{ mol}$ (Reagente limitante)

Cálculo do número de mol de cloreto de amônio: $n_{NH_4Cl} = \frac{220}{53{,}50 \times 2} = 2{,}056 \text{ mol}$ (Reagente em excesso)

Analisando a afirmativa I. A partir da relação estequiométrica, temos:

56 g de óxido de cálcio ----------- 2 x 17 g de amônia

112 g de óxido de cálcio --------- Massa de amônia
Massa de amônia = 68 g

Analisando a afirmativa II. A partir da relação estequiométrica, temos:

56 g de óxido de cálcio ----------- 2 x 17 g de amônia x R
112 g de óxido de cálcio --------- 60 g
R (rendimento) = 0,882 (88,20%)

Questão 13

(CONCURSO PARA DOCENTE FEDERAL - INSTITUTO FEDERAL DO PARÁ) Alternativa B.

Primeiramente para o cálculo do rendimento do processo de produção de cloroetano, será necessário determinar o reagente limitante e o reagente em excesso.

Cálculo do número de mol de etano: $n_{etano} = \frac{135}{30} = 4{,}50 \text{ mol}$ (Reagente limitante)

Cálculo do número de mol de cloro gasoso: $n_{Cl_2} = \frac{325}{71} = 4{,}58 \text{ mol}$ (Reagente em excesso)

Comparando os valores obtidos, o hidrocarboneto corresponde ao reagente limitante.

A partir da relação estequiométrica, temos:

30 g de etano ---------------------- 64,50 g de cloroetano x R
135 g de etano -------------------- 260 g
R (rendimento) = 0,896 (89,60%)

Questão 14

(CONCURSO PARA DOCENTE FEDERAL - INSTITUTO FEDERAL DO RIO GRANDE DO SUL) Alternativa C.

Equação química: $H_2SO_{4(aquoso)} + BaCl_{2(aquoso)} \rightarrow BaSO_{4(ppt)} + 2HCl_{(aquoso)}$. A partir da relação estequiométrica, temos:

98 g de ácido ----------------- (137 + 32 + 64) g de ppt
8,0 x pureza ------------------- 6,10 g de ppt
Pureza = 0,321 (32,10%)

Questão 15

(CONCURSO PARA DOCENTE FEDERAL - INSTITUTO FEDERAL DO RIO GRANDE DO SUL) Alternativa E.

Equação química: $Fe_2O_{3(sólido)} + 3CO_{(gás)} \rightarrow 2Fe_{(sólido)} + 3CO_{2(gás)}$. O balanceamento tem que ser realizado pelo método redox, em que o óxido é o agente oxidante enquanto o monóxido de carbono trata-se do agente redutor.

A partir da relação estequiométrica, temos:

(56 x 2 + 3 x 16) g de óxido ------------ 112 g de Ferro metálico
Massa de óxido ---------------------------- 1,50 toneladas de Ferro metálico
Massa de óxido = 2,14 t

Questão 16

(CONCURSO PARA DOCENTE FEDERAL - INSTITUTO FEDERAL DO RIO GRANDE DO SUL) Alternativa C.

O processo leva em consideração a reação de neutralização entre um ácido desconhecido na presença de uma solução de hidróxido de sódio.

Equação química: $H_3A_{(aquoso)} + 3NaOH_{(aquoso)} \rightarrow Na_3A_{(aquoso)} + 3H_2O_{(líquido)}$.

Relação estequiométrica entre o ácido e o hidróxido de sódio:

1 mol de ácido -------- 3 mol de hidróxido
$n_{ácido}$ -------------------- n_{base}
$n_{base} = 3 \text{ x } n_{ácido}$

Cálculo da massa molecular do ácido:

$$0{,}280 \text{ x } 2{,}51 = 3 \text{ x} \frac{m_{ácido}}{< MM >_{ácido}}$$

$$0{,}280 \text{ x } 2{,}51 = 3 \text{ x} \frac{45{,}0}{< MM >_{ácido}}$$

$$< MM >_{ácido} = 192 \frac{g}{mol}$$

Questão 17

(CONCURSO PARA DOCENTE FEDERAL – UNIVERSIDADE FEDERAL DE PERNAMBUCO) Alternativa A.

Equação química: $Fe_2O_{3(sólido)} + 3CO_{(gás)} \longrightarrow 2Fe_{(sólido)} + 3CO_{2(gás)}$.

A partir da relação estequiométrica, temos:

112 g de ferro metálico ----------- 3 x 44 g de dióxido de carbono
2,80 t de Ferro metálico ---------- Massa de dióxido de carbono
Massa de dióxido de carbono = 3,30 t

Sabendo que o dióxido de carbono apresenta comportamento ideal, temos:

$$1{,}0 \text{ x Volume} = \frac{3{,}30 \text{ x } 10^6}{44} \text{x } 0{,}08206 \text{ x } (27 + 273)$$

$$\text{Volume} = 1{,}85 \text{ x } 10^6 \text{ dm}^3 (1850 \text{ m}^3)$$

Questão 18

(CONCURSO PARA DOCENTE FEDERAL – UNIVERSIDADE FEDERAL DE PERNAMBUCO) Alternativa A.

O problema leva em consideração uma reação entre o oxalato de sódio na presença de perclorato de lantânio.

Equação química: $3Na_2C_2O_{4(aquoso)} + 2La(ClO_4)_{3(aquoso)} \longrightarrow La_2(C_2O_4)_{3(aquoso)} + 6NaClO_{4(aquoso)}$

A partir da relação estequiométrica, temos:

3,0 mol de oxalato de sódio --------- 2 mol de perclorato de lantânio
$n_{oxalato}$ -------------------------------------- $n_{perclorato}$

112 g de Ferro metálico ----------- 3 x 44 g de dióxido de carbono
2,80 t de Ferro metálico ---------- Massa de dióxido de carbono

$$2 \text{ x } 25 \text{ x } 0{,}0311 = 3 \text{ x } 0{,}0257 \text{ x Volume}$$

$$\text{Volume} = 20{,}17 \text{ mL}$$

Questão 19

(CONCURSO PARA DOCENTE FEDERAL – UNIVERSIDADE FEDERAL DO PARÁ) Alternativa C.

Equação química: $3NO_{2(gás)} + H_2O_{(líquido)} \longrightarrow 2HNO_{3(aquoso)} + 1NO_{(gás)}$.

A partir da relação estequiométrica, temos:

3 mol de dióxido de nitrogênio ----------- 2 mol de ácido nítrico
3 x 46g -- 2 x 63 g
Massa --- 1000 g
Massa de NO_2 = 1095,24 g

Sabendo que o dióxido de nitrogênio apresenta comportamento ideal, temos:

$$\frac{770}{760} \text{x Volume} = \frac{1095{,}24}{46} \text{x } 0{,}08206 \text{ x } 298$$

$$\text{Volume} = 574{,}67 \text{ L } (5{,}75 \text{ x } 10^5 \text{ mL})$$

Questão 20

(CONCURSO PARA DOCENTE FEDERAL – UNIVERSIDADE FEDERAL DE MINAS GERAIS) Alternativa A.

Para o balanceamento desta equação química será necessário utilizar o método redox (redução - oxidação).

Equação química: $XKBr_{(aquoso)} + KMnO_4 + YH_2SO_4 \longrightarrow Br_2 + MnSO_4 + K_2SO_4 + ZH_2O$

Para o balanceamento, o brometo de potássio é o agente redutor enquanto o permanganato de potássio trata-se do agente oxidante.

Diante disso o balanceamento fica da seguinte maneira: $10KBr_{(aquoso)} + 2KMnO_4 + 8H_2SO_4 \longrightarrow 5Br_2 + 2MnSO_4 + 6K_2SO_4 + 8H_2O$.

Questão 21

(CONCURSO PARA DOCENTE FEDERAL – UNIVERSIDADE FEDERAL DO PARÁ) Alternativa D.

Para a resolução deste problema proposto pela UFPA, será necessário somar as duas equações químicas apresentadas no enunciado.

$BF_{3(gás)} + NaBH_{4(sólido)} \longrightarrow NaBF_{4(sólido)} + B_2H_{6(gás)}$
$B_2H_{6(gás)} + O_{2(gás)} \longrightarrow B_2O_{3(sólido)} + H_2O_{(líquido)}$

Equação global a partir do balanceamento pelo método de tentativas:

$4BF_{3(gás)} + 3NaBH_{4(sólido)} + 6O_{2(gás)} \longrightarrow 3NaBF_{4(sólido)} + 2B_2O_{3(sólido)} + 6H_2O_{(líquido)}$

A partir da relação estequiométrica e levando em consideração que o rendimento para produção de óxido corresponde a 90%, temos:

3 x (23 + 10 + 4) g de boridreto de sódio ---------- 2 x (20 + 48) x 0,90
111g de boridreto de sódio --------------------------- Massa de óxido
Massa de óxido = 122,40 g

Questão 22

(CONCURSO PARA DOCENTE FEDERAL – UNIVERSIDADE DO RIO DE JANEIRO) Alternativa C.

O óxido anfótero é definido como sendo um dos óxidos que apresenta propriedades e características tanto ácidas quanto alcalinas. A equação química que representa o óxido de zinco na presença de hidróxido de sódio:

$ZnO_{(sólido)} + 2NaOH_{(aquoso)} \longrightarrow Na_2ZnO_{2(aquoso)} + H_2O_{(líquido)}$
$Na_2ZnO_{2(aquoso)}$ = zincato de sódio

Questão 23

(GRILLO) Equação química que corresponde a interação entre o carbono sólido na presença de dióxido de carbono.

$C_{(sólido)} + CO_{2(gás)} \longrightarrow 2CO_{(gás)}$

Item a) Cálculo da massa de monóxido de carbono:

1 mol de $CO_{2(g)}$ ----------------- 2 mol de $CO_{(g)}$
1 mol x (44 g.mol^{-1}) ----------- 2 mol x (28 g.mol^{-1})
88 g ------------------------------- m_{CO}
m_{CO} = 112 g

Item b) Cálculo do volume de monóxido de carbono nas Condições Normais de Temperatura e Pressão:

1 mol de $CO_{2(g)}$ ---------------- 2 mol de $CO_{(g)}$
1 mol x (44 $g.mol^{-1}$) ---------- 2 mol x 22,4 $L.mol^{-1}$
88 g ---------------------------- V_{CO}
V_{CO} = 89,6 L de CO

Item c) Cálculo do volume de monóxido de carbono nas Condições normais Ambientais de Temperatura e Pressão:

1 mol de $CO_{2(g)}$ ----------------- 2 mol de $CO_{(g)}$
1 mol x (44 $g.mol^{-1}$) ----------- 2 mol x 24,45 $L.mol^{-1}$
88 g ------------------------------ V_{CO}
V_{CO} = 97,8 L de CO

Questão 24

Primeiramente será necessário determinar a fórmula molecular do composto orgânico de interesse. Considerando como base de cálculo 100 g da massa total do composto, a massa para cada elemento presente pode ser determinada seguindo os seguintes passos:

Primeiro passo – converter a base percentual para massa.

$$m_C = \left(\frac{46,6}{100}\right) x\ 100\ g = 46,6\ g$$

$$m_H = \left(\frac{4,4}{100}\right) x\ 100\ g = 4,4\ g$$

$$m_N = \left(\frac{31,1}{100}\right) x\ 100\ g = 31,1\ g$$

$$m_O = \left(\frac{17,7}{100}\right) x\ 100\ g = 17,7\ g$$

Segundo passo – Cálculo do número de mol presente em 100 g do material orgânico pode ser prontamente calculado.

$$n_C = \left(\frac{46,6}{12}\right) = 3,88\ mol$$

$$n_H = \left(\frac{4,4}{1}\right) = 4,4\ mol$$

$$n_N = \left(\frac{31,1}{14}\right) = 2,22\ mol$$

$$n_O = \left(\frac{17,7}{16}\right) = 1,11\ mol$$

Terceiro passo: Como o oxigênio consiste no elemento presente em menor quantidade em número de mol, a fórmula molecular do composto pode ser obtida dividindo-se os números de mols encontrados pelo número de mols de O. Como resultado, tem-se o número de átomos de cada espécie química para cada 1,11 mol de átomo de oxigênio.

$$N_C = \frac{3,88}{1,11} \cong 3,5$$

$$N_H = \frac{4,4}{1,11} = 4$$

$$N_N = \frac{2,22}{1,11} = 2$$

$$N_O = \frac{1,11}{1,11} = 1$$

Quarto passo: Finalmente, como o número de mols de C não se apresenta como um número inteiro, todos os números de mols encontrados devem ser multiplicados por dois (x 2). Logo, o composto orgânico de interesse deve apresentar a seguinte fórmula molecular $C_7H_8N_4O_2$. De acordo com o enunciado, os produtos da combustão do material orgânico são: CO_2, H_2O e NO_2. Logo, o processo de combustão pode ser representado pela seguinte equação química balanceada.

$$C_7H_8N_4O_{2(sólido)} + 12O_{2(gás)} \longrightarrow 7CO_{2(gás)} + 4NO_{2(gás)} + 4H_2O_{(vapor)}$$

Sabendo que 1000 g de material foram utilizados no experimento e que esta massa sofre combustão com 100% de conversão, o número de mols de material que será consumido pode ser diretamente determinado.

$$n_{C_7H_8N_4O_2} = \frac{1000\ g}{180\ g.mol^{-1}} = 5,56\ mol$$

Com base na relação estequiométrica, para cada mol de composto que reage com O_2 gera 15 mol de gases (7 mol de CO_2, 4 mol de NO_2, 4 mol de H_2O). Logo, através de uma regra de três simples com base no número de mols de $C_7H_8N_4O_2$ consumido, tem-se:

1 mol de $C_7H_8N_4O_2$ --------------- 15 mol
5,56 mols de $C_7H_8N_4O_2$ ---------- n_{gases}
n_{gases} = 83,4 mol

Considerando que a mistura de gases se comporta como ideal, o volume total de gás gerado durante a combustão a 227°C e 1 atm pode ser facilmente calculado:

$$V_{gases} = \frac{n_{gases}\ x\ R\ x\ T}{P} = \frac{83,4\ x\ 0,08206\ x\ (227 + 273)}{1}$$

$$V_{gases} = 3421,90\ L$$

Questão 25

Item a) A identificação do reagente limitante requer a determinação do número de mols de cada reagente considerado.

$$n_1 = \frac{m_1}{< MM >_1} = \frac{45,0\ g}{158\ g.mol^{-1}} = 0,28\ mol$$

$$n_2 = \frac{m_2}{< MM >_2} = \frac{30,0\ g}{34\ g.mol^{-1}} = 0,88\ mol$$

$$n_3 = \frac{m_3}{< MM >_3} = \frac{160,0\ g}{36,5\ g.mol^{-1}} = 4,38\ mol$$

Onde n_1, n_2 e n_3 representam, respectivamente, o número de mols de permanganato de potássio ($KMnO_4$), peróxido de hidrogênio (H_2O_2) e ácido clorídrico (HCl) inicialmente presentes. Dividindo-se os números de mols encontrados pelo coeficiente estequiométrico de cada reagente, pode-se identificar o reagente limitante, como sendo aquele cujo número de mols final apresenta a menor magnitude.

$$n_1' = \frac{0,28mol}{2} = 0,14\ mol\ (\text{reagente limitante})$$

$$n_2' = \frac{0{,}88 \text{ mol}}{5} = 0{,}176 \text{ mol}$$

$$n_3' = \frac{4{,}38 \text{ mol}}{6} = 0{,}73 \text{ mol}$$

Item b) Uma vez identificado o reagente limitante, as massas de cada cloreto produzido podem ser diretamente determinadas mediante novamente a utilização da regra de três simples, com base na estequiometria do processo. Para o $MnCl_2$, tem-se:

$2KMnO_{4(aquoso)} + 5H_2O_{2(aquoso)} + 6HCl_{(aquoso)} \longrightarrow 2MnCl_{2(aquoso)} + 2KCl_{(aquoso)} + 5O_{2(gás)} + 8H_2O_{(líquido)}$

2 mol de $KMnO_{4(aq)}$ -------------- 2 mol de $MnCl_{2(aq)}$
2 x 158 g --------------------------- 2 x 126 g
45 g --------------------------------- m_{MnCl2}

$$m_{MnCl_2} = \frac{11340}{316} = 35{,}89 \text{ g}$$

Empregando o mesmo raciocínio para o cálculo da massa de cloreto de potássio:

2 mol de $KMnO_{4(aq)}$ --------- 2 mol de $KCl_{(aq)}$
2 x 158 g --------------------- 2 x 74,5 g
45 g ---------------------------- m_{KCl}

$$m_{KCl} = \frac{6705}{316} = 21{,}22 \text{ g}$$

Questão 26

Considerando a estequiometria do processo, tem-se que 3 mol de MnO_2 geram 2 mol de Al_2O_3.

Logo, sabendo-se a massa de Al_2O_3, a massa requerida de MnO_2 pode ser obtida mediante uma regra de três simples.

3 mol de $MnO_{2(s)}$ -------------------- 2 mol de $Al_2O_{3(s)}$
3 mol x 87 g.mol^{-1} ------------------ 2 mol x 102 g.mol^{-1}
$m_{MnO2(s)}$ -------------------------------- 250 g

$$m_{MnO_2} = \frac{250 \text{ x } 3 \text{ x } 87}{2 \text{ x } 102} = \frac{65250}{204} = 319{,}85 \text{ g}$$

No presente caso, sabe-se que 85% em massa do total da amostra está associado ao MnO_2, logo:

$$m_{pirolusita} = \frac{m_{MnO_2}}{0{,}85} = \frac{319{,}85}{0{,}85} = 376{,}29 \text{ g}$$

Questão 27

(GRILLO) Equação química: $MgCO_{3(sólido)} + 2\ HCl_{(aquoso)} \longrightarrow MgCl_{2(aquoso)} + H_2O_{(líquido)} + CO_{2(gás)}$

Cálculo do rendimento do processo (R), a partir da relação estequiométrica entre o carbonato de magnésio e o dióxido de carbono.

1 mol de $MgCO_3$ ------------ 1 mol de CO_2
1 mol x 84 g.mol^{-1} ---------- 1 mol x 22,4 L.mol^{-1} x **R**
4,20 g ------------------------- 472 x 10^{-3} L
R = 0,421 (42,1%)

Questão 28

(GRILLO)

Item a) Equação química, que corresponde ao processo de neutralização entre o ácido sulfúrico e o hidróxido de sódio:

$H_2SO_{4(aquoso)} + 2NaOH_{(aquoso)} \rightarrow Na_2SO_{4(aquoso)} + H_2O_{(líquido)}$

Cálculo do número de mol para cada reagente químico:

Para o ácido sulfúrico: $n = \frac{m}{<MM>} = \frac{147}{98} = 1{,}50 \text{ mol}$

Para o hidróxido de sódio: $n = \frac{100}{40} = \frac{2{,}5}{2} = 1{,}25 \text{ mol}$ (Reagente limitante)

Item b) Cálculo da massa de sulfato de sódio produzido, a partir do reagente limitante:

$H_2SO_{4(aquoso)} + 2NaOH_{(aquoso)} \rightarrow Na_2SO_{4(aquoso)} + H_2O_{(líquido)}$

2 mol de NaOH ---------------- 1 mol de Na_2SO_4
80 g -------------------------------- 142 g
100 g ------------------------------ m_{Na2SO4}
m_{Na2SO4} = 177,5 g

Questão 29

(GRILLO) Cálculo do valor percentual referente ao reagente na sua forma pura: 100% - 20% = 80%

Equação química: $H_2SO_{4(aquoso)} + Ca(OH)_{2(aquoso)} \rightarrow CaSO_{4(aquoso)} + 2H_2O_{(líquido)}$

Cálculo da massa de $Ca(OH)_2$ puro: $m_{Ca(OH)2}$ = 370 g x 0,80 = 296 g

Cálculo da massa de sulfato de cálcio, a partir da relação estequiométrica com o hidróxido de cálcio:

74 gramas de $Ca(OH)_2$ ----------- 136 gramas de $CaSO_4$
296 gramas de $Ca(OH)_2$ ---------- m_{CaSO4}
m_{CaSO4} = 544 g

Questão 30

Equação química da decomposição do nitrato de amônio: $2NH_4NO_{3(sólido)} \rightarrow 2N_{2(gás)} + O_{2(gás)} + 4H_2O_{(gás)}$

Cálculo do número de mol de nitrato de amônio: $n = \frac{800}{80} = 10 \text{ mol}$

Cálculo do número de mol dos produtos gasosos, a partir do número de mol de cloreto de amônio:

2 mol de NH_4NO_3 ------------ (2 + 1 + 4) mol de gases
10 mol de NH_4NO_3 ---------- n_{gases}
n_{gases} = 35 mol

Cálculo do volume dos gases, considerando comportamento ideal: 1 x V_{gases} = 35 x 0,08206 x (227 + 273)
V_{gases} = 1436,05 L

Questão 31

Considerando as massas de ácido butírico e metanol informado no enunciado, o número de mols de cada reagente a ser consumido pode ser diretamente determinado.

$$n_1 = \frac{m_1}{< MM >_1} = \frac{4{,}75 \text{ g}}{(48 + 32 + 8)\text{g. mol}^{-1}} = 0{,}054 \text{ mol}$$

$$N_2 = \frac{m_2}{<MM>_2} = \frac{2{,}75\ g}{(12+16+4)g.mol^{-1}} = 0{,}086\ mol$$

Onde n_1 representa o número de mols de ácido butírico, e n_2 o número de mols de metanol. Como para cada mol de ácido butírico, um mol de metanol é requerido pela estequiometria do processo, 0,054 mol de ácido requer a mesma quantidade em mols do álcool. Como esta quantidade é inferior à quantidade de metanol inicialmente presente, este pode ser dito em excesso, sendo, portanto, o reagente limitante definido pelo ácido butírico. Portanto, a massa de éster formado deverá ser determinada com base no número de mols do reagente limitante (ácido butírico) consumido. Considerando-se as massas moleculares de cada espécie, tal cálculo pode ser executado através de uma regra de três simples.

Equação química: $CH_3CH_2CH_2COOH_{(aquoso)} + CH_3OH_{(aquoso)} \longrightarrow CH_3CH_2CH_2COOCH_{3(aquoso)} + H_2O_{(líquido)}$

Cálculo da massa de éster a partir da relação estequiométrica com o ácido:

1 mol de $CH_3CH_2CH_2COOH$ ----------- 1 mol de $CH_3CH_2CH_2COOCH_3$
88 g de ácido ------------------------------ 102 g de éster
4,75 g de ácido ---------------------------- $m_{éster}$
$m_{éster}$ = 5,50 g de éster

Finalmente, o número de mol de éster pode ser facilmente determinado:

$$n_{éster} = \frac{m_{éster}}{< MM >_{éster}} = \frac{5{,}50\ g}{102g.\ mol^{-1}} = 0{,}054\ mol$$

Questão 32

Analisando a relação estequiométrica da equação apresentada, percebe-se que para cada três mol de TiO_2 consumidos produzem um total de três mols de oxigênio. Com esta observação e com base na massa de oxigênio produzida, pode-se determinar a quantidade de TiO_2 que realmente reagiu, e, consequentemente, seu grau de pureza.

3 mol de $TiO_{2(s)}$ ----------------- 3 mol de $O_{2(g)}$
3 x (79,87) g --------------------- 3 mol x 32 g
m_{TiO2} -------------------------------- 0,056 g

$$m_{TiO_2} = \frac{13{,}42}{96} = 0{,}140\ g$$

O grau de pureza pode ser avaliado através da fração mássica de TiO_2 na amostra, logo:

$$(\%)_{TiO_2} = \frac{0{,}14}{12{,}0} = 0{,}0167\ (1{,}67\%)$$

Questão 33

Fórmula molecular do hidrocarboneto e sua massa molar: C_8H_{18} [$<MM>_{C8H18}$ = (8 x 12) + (18 x 1) = 114 g.mol^{-1}].

Cálculo do número de átomos de hidrogênio:

114 g --------- 18 x 6,02 x 10^{23} átomos de hidrogênio
100 g --------- X
X = 9,50 x 10^{24} átomos de hidrogênio

Questão 34

(GRILLO) Realizando o balanceamento pelo método de oxirredução: $2KMnO_4 + 10FeSO_4 + 8H_2SO_4 \longrightarrow K_2SO_4 + 2MnSO_4 + 5Fe_2(SO_4)_3 + 8H_2O$, em que o permanganato de potássio se trata do agente oxidante e o sulfato de ferro II é o agente redutor.

Cálculo do número de mol para cada reagente:

$$n_{KMnO_4} = \frac{m_{KMnO_4}}{< MM >_{KMnO_4}} = \frac{1000\ g}{158\ g.mol^{-1}\ x\ 2} = 3{,}16\ mol$$

$$n_{FeSO_4} = \frac{m_{FeSO_4}}{< MM >_{FeSO_4}} = \frac{1000\ g}{152\ g.mol^{-1}\ x\ 10} = 0{,}66\ mol$$

$$n_{H_2SO_4} = \frac{m_{H_2SO_4}}{< MM >_{H_2SO_4}} = \frac{1000\ g}{98\ g.mol^{-1}\ x\ 8} = 1{,}27\ mol$$

Cálculo da massa dos produtos formados:

10 mol $FeSO_4$ ---- 1 mol K_2SO_4 --- 2 mol $MnSO_4$ --- 5 mol $Fe_2(SO_4)_3$ ---- 8 mol H_2O
1520 g ------------- 174 g ----------- 302 g ------------- 2000 g -------------- 128 g
1000 g ------------- m_{K2SO4} ---------- m_{MnSO4} ----------- $m_{Fe2(SO4)3}$ ------------- m_{H2O}

As massas dos produtos são as seguintes:

m_{K2SO4} = 114,47 g (K$_2$SO$_4$ = sulfato de potássio)
m_{MnSO4} = 198,68 g (MnSO$_4$ = Sulfato de Manganês II)
$m_{Fe2(SO4)3}$ = 1315,79 g [$Fe_2(SO_4)_3$] = sulfato de ferro III)
m_{H2O} = 84,21 g

Questão 35

(OLIMPÍADA DE QUÍMICA DO DISTRITO FEDERAL) Equação química: $Na_2H_2P_2O_7 + 2NaHCO_3 \rightarrow Na_4P_2O_7 + 2CO_2 + 2H_2O$

Item a) Cálculo do número de mol de bicarbonato de sódio, a partir da equação química apresentada a seguir:

$Na_2H_2P_2O_7 + 2NaHCO_3 \rightarrow Na_4P_2O_7 + 2CO_2 + 2H_2O$

2 mol de $NaHCO_3$ ------------- 2 mol de CO_2
n ---------------------------------- 5 mol de CO_2
n = 5 mol de bicarbonato de sódio

Cálculo da massa, a partir do número de mol (n): $m = n\ x < MM > = 5\ x\ 84 = 420\ g$

Item b) Cálculo do número de mol de bicarbonato de sódio: $n = \frac{90}{84} = 1{,}07\ mol$

Cálculo do número de matéria de dihidrogenopirofosfato de sódio ($Na_2H_2P_2O_7$), a partir da equação química:

$Na_2H_2P_2O_7 + 2NaHCO_3 \rightarrow Na_4P_2O_7 + 2CO_2 + 2H_2O$

1 mol de $Na_2H_2P_2O_7$ ------------------ 2 mol de $NaHCO_3$
n -- 1,07 mol de $NaHCO_3$
n = 0,536 mol

Item c) Cálculo do rendimento da reação (R): $Na_2H_2P_2O_7 + 2NaHCO_3 \rightarrow Na_4P_2O_7 + 2CO_2 + 2H_2O$

2 mol de $NaHCO_3$ ------------------- 1 mol de $Na_4P_2O_7$
2 x 84 g -------------------------------- 266 g x R
30 g ------------------------------------ 25,70

$$R = \frac{4317{,}6}{7980} = 0{,}541\ (54{,}10\%)$$

Questão 36

(INSTITUTO MILITAR DE ENGENHARIA) As equações químicas estão apresentadas a seguir:

Equação 1: $CaCO_{3(sólido)} \rightarrow CaO_{(sólido)} + CO_{2(gas)}$
Equação 2: $CaO_{(sólido)} + H_2O_{(líquido)} \rightarrow Ca(OH)_{2(aqoso)}$
Equação 3: $Ca(OH)_{2(aquoso)} + SO_{3(gás)} \rightarrow CaSO_{4(ppt)} + H_2O_{(líquido)}$

Somando as equações químicas apresentadas acima:

$CaCO_{3(sólido)} \rightarrow \cancel{CaO_{(sólido)}} + CO_{2(gás)}$
$\cancel{CaO_{(sólido)}} + \cancel{H_2O_{(líquido)}} \rightarrow \cancel{Ca(OH)_{2(aquoso)}}$
$\cancel{Ca(OH)_{2(aquoso)}} + SO_{3(gás)} \rightarrow CaSO_{4(ppt)} + \cancel{H_2O_{(líquido)}}$ +

$CaCO_{3(sólido)} + SO_{3(gás)} \rightarrow CaSO_{4(ppt)} + CO_{2(gás)}$, em que ppt significa precipitado.

Cálculo da pureza de carbonato de cálcio, a partir da seguinte equação química: $CaCO_{3(sólido)} + SO_{3(gás)} \rightarrow CaSO_{4(ppt)} + CO_{2(gás)}$

1 mol de $CaCO_3$ ------------------ 1 mol de $CaSO_4$
100 g -------------------------------- 136 g
p x 12,5 g -------------------------- 13,6 g

$$p = \frac{1360}{1700} = 0,80\ (80\%)$$

Questão 37

Para este problema, o balanceamento deverá ser feito através do método de oxirredução, onde o ouro metálico é o agente redutor, sendo uma reação de oxidação e o ácido nítrico é o agente oxidante, sofrendo redução.

Então, a reação balanceada fica da seguinte forma: $Au_{(sólido)} + 3HCl_{(aquoso)} + HNO_{3(aquoso)} \rightarrow AuCl_{3(aquoso)} + 2H_2O_{(líquido)} + NO_{(gás)}$

Item a) Cálculo da massa e do número de mol de cloreto de ouro:
1 mol de Au -------------------- 1 mol de $AuCl_3$
1 mol x 197 $g.mol^{-1}$ ----------- 1 mol x 303,5 $g.mol^{-1}$
1000 g de Au ------------------- m_{AuCl3}
m_{AuCl3} = 1540,61 g de $AuCl_3$

Cálculo do número de mol ($AuCl_3$): $n_{AuCl_3} = \frac{1540,61}{303,5} = 5,08\ mol$

Item b) Cálculo do volume de monóxido de nitrogênio nas CNTP: $Au_{(sólido)} + 3HCl_{(aquoso)} + HNO_{3(aquoso)} \rightarrow AuCl_{3(aquoso)} + 2H_2O_{(líquido)} + NO_{(gás)}$

1 mol de Au ------------------ 1 mol de NO
1 mol x 197 $g.mol^{-1}$ --------- 1 mol x (22,4 $L.mol^{-1}$)
1000 g de Au ----------------- V_{NO}
V_{NO} = 113,70 L

Questão 38

(INSTITUTO TECNOLÓGICO DA AERONÁUTICA) Equação química: $Ca(HCO_3)_{2(sólido)} \rightarrow CaO_{(sólido)} + 2CO_{2(gás)} + H_2O_{(vapor)}$

Cálculo da perda de massa, em bases percentuais, a partir da relação estequiométrica:
1 mol de $Ca(HCO_3)_{2(sólido)}$ ------- 1 mol de $CaO_{(sólido)}$
162 g -------------------------------- 56 gramas de $CaO_{(sólido)}$
1 g ------------------------------------ m_{CaO}
m_{CaO} = 0,346 g (34,6%)

Percentual de sobra de bicarbonato de cálcio = 100% - 34,6% = 65,4%.

Questão 39

Somando as duas equações químicas apresentadas na questão indicada pelos processos químicos 1 e 2:

$2Cu_2S_{(sólido)} + 3O_{2(gás)} \longrightarrow \cancel{2Cu_2O_{(sólido)}} + 2SO_{2(gás)}$
$Cu_2S_{(sólido)} + \cancel{2Cu_2O_{(sólido)}} \longrightarrow 6Cu_{(sólido)} + SO_{2(gás)}$ +

$3Cu_2S_{(sólido)} + 3O_{2(gás)} \longrightarrow 6Cu_{(sólido)} + 3SO_{2(gás)}$ (Equação química global que corresponde a produção de cobre metálico)

Dividindo a equação química por três, temos: $Cu_2S_{(sólido)} + O_{2(gás)} \longrightarrow 2Cu_{(sólido)} + SO_{2(gás)}$

Cálculo da massa de calcosita pura: $m_{Cu2S} = 127,7 \times 0,75 = 95,77$ g

A partir da equação química global, temos: $Cu_2S_{(sólido)} + O_{2(gás)} \longrightarrow 2Cu_{(sólido)} + SO_{2(gás)}$

1 mol de $Cu_2S_{(s)}$ ---------------------------------- 2 mol de $Cu_{(s)}$
1 mol x (2 x 63,55 + 1 x 32) g.mol^{-1} ---------- 2 mol x 63,55 g.mol^{-1}
95,77 gramas -------------------------------------- $m_{Cu(s)}$
$m_{Cu(s)} = 76,51$ g

Questão 40

(OLIMPÍADA DE QUÍMICA DO DISTRITO FEDERAL) Primeiramente será necessário calcular o número de mol de etanol:

$$n_{etanol} = \frac{130}{46} = 2,83 \text{ mol}$$

Cálculo do número de mol de mol de oxigênio gasoso, a partir da equação química: $C_2H_6O_{(líquido)} + 3O_{2(gás)} \longrightarrow 2CO_{2(gás)} + 3H_2O_{(vapor)}$

1 mol de $C_2H_6O_{(l)}$ ---------- 3 mol de $O_{2(g)}$
2,83 mol de $C_2H_6O_{(l)}$ ------ n_{O2}
$n_{O2} = 8,49$ mol

Cálculo do número de moléculas de oxigênio gasoso:

$$N_{O_2} = 8,49 \cancel{\text{mol}} \text{ x} \frac{6,02 \text{ x } 10^{23}}{1 \cancel{\text{mol}}} \text{moléculas} = 5,11 \text{ x } 10^{24} \text{ moléculas}$$

Questão 41

(OLIMPÍADA BRASILEIRA DE QUÍMICA)

Item a) O balanceamento desta reação química será feito pelo método redox. A platina (Pt) é o agente redutor, sofrendo uma reação de oxidação e o ácido nítrico (HNO_3) é o agente oxidante, sofrendo uma reação de redução. A equação química balanceada fica da seguinte maneira:

$3Pt_{(sólido)} + 4HNO_{3(aquoso)} + 18HCl_{(aquoso)} \longrightarrow 3H_2PtCl_{6(aquoso)} + 4NO_{(gás)} + 8H_2O_{(líquido)}$

Cálculo da massa de ácido cloroplatínico a partir da relação estequiométrica com a platina metálica:

3 mol de $Pt_{(s)}$ -------------------- 3 mol de $H_2PtCl_{6(aq)}$
585 g ------------------------------ 1230 g
11,7 g ------------------------------ m
m = 24,60 g de ácido cloroplatínico, H_2PtCl_6

Item b) Relação estequiométrica entre a platina e o óxido nítrico.

3 mol de $Pt_{(s)}$ -------------------- 4 mol de $NO_{(g)}$

n_{Pt} ----------------------------------- n_{NO}
$4.n_{Pt} = 3 \times n_{NO}$

Cálculo do volume de óxido nítrico, $NO_{(gás)}$, nas CNTP:

Considerando que o monóxido de nitrogênio apresenta comportamento ideal, temos: $3 \times \frac{p \times V_{NO}}{R \times T} = 4 \times \frac{m_{Pt}}{<MM>_{Pt}}$

$$3 \times \frac{1 \times V_{NO}}{0{,}08206 \times (0 + 273)} = 4 \times \frac{11{,}7 \times 10^{-3}}{195}$$

$$V_{NO} = 1{,}79 \times 10^{-3}\ L$$

Item c) A partir da relação estequiométrica: $3Pt_{(sólido)} + 4HNO_{3(aquoso)} + 18HCl_{(aquoso)} \rightarrow 3H_2PtCl_{6(aquoso)} + 4NO_{(gás)} + 8H_2O_{(líquido)}$

3 mol de $Pt_{(s)}$ ---------- 4 mol de $HNO_{3(aq)}$
n_{Pt} ------------------------ n_{HNO3}

$$3 \times [HNO_3] \times V_{solução} = 4 \times \frac{m_{Pt}}{< MM >_{Pt}}$$

$$3 \times 10 \times V_{solução} = 4 \times \frac{11{,}7}{195}$$

$$V_{solução} = 4 \times \frac{11{,}7}{30 \times 195} = 0{,}008\ L\ (8\ mL)$$

Item d) Cálculo do número de mol para cada reagente químico:

Analisando a placa de platina: $n_{Pt} = \frac{m_{Pt}}{<MM>_{Pt}} = \frac{10}{195 \times 3} = 0{,}0171\ mol$

Analisando o ácido clorídrico, a partir da concentração da quantidade de matéria: $n_{HCl} = [HCl] \times V_{solução} = 5{,}0 \times 0{,}180 = 0{,}90$ mol

Observando a equação química, o ácido clorídrico apresenta 18 mol sendo consumido, logo: $n_{HCl} = \frac{0{,}90}{18} = 0{,}05\ mol$

Comparando os valores de cada número de mol, a platina é o reagente limitante.

Questão 42

(GRILLO) Alternativa B.

Para a realização do balanceamento desta reação química será necessário utilizar o método da oxirredução.

Equação química: $3P + 5HNO_3 + 2H_2O \rightarrow 3H_3PO_4 + 5NO$

Agente redutor: P (fósforo)

Agente oxidante: HNO_3 (ácido nítrico)

Soma dos coeficientes estequiométricos: 3 + 5 + 2 + 3 + 5 = 18

Questão 43

(INSTITUTO TECNOLÓGICO DA AERONÁUTICA)

Item a) Cálculo do número de mol de cloreto de bário: $n_{BaCl_2} = \frac{m_{BaCl_2}}{<MM>_{BaCl_2}} = \frac{1{,}042}{209} = 4{,}98 \times 10^{-3}\ mol$

Item b) Massa de água = massa do cloreto de bário hidratado – massa de cloreto de bário = 1,222 g – 1,042 g = 0,180 g

Item c) Cálculo do número de mol de água:

$$n_{H_2O} = \frac{m_{H_2O}}{< MM >_{H_2O}} = \frac{0,180}{18} = 10^{-2}\ mol$$

Cálculo do valor do n, a partir da relação estequiométrica com a massa: $BaCl_2\ n.H_2O$

1,222 gramas ---------------- (209 + 18n)
1,042 gramas ---------------- 209
n = 2 (Fórmula molecular: $BaCl_2.2H_2O$)

Questão 44

(INSTITUTO MILITAR DE ENGENHARIA) Através da Lei das Proporções múltiplas, a massa do metal M foi fixada e através desta propriedade teremos a relação da massa de oxigênio dos dois óxidos:

Informação referente ao óxido 1: 68 g de M e 32 g de O.

Informação referente ao óxido 2: 56 g de M e 44 g de O.

56 gramas de M ---------- 44 gramas de O
68 gramas de M ---------- X
X = 53,429 g de O.

Cálculo da razão entre as massas de Oxigênio: $\frac{Massa_{óxido\ 1}}{Massa_{óxido\ 2}} = \frac{32\ g}{53,43\ g} \cong 0,60$

Através desta relação, as fórmulas empíricas dos óxidos ficarão da seguinte maneira:

Óxido 1: M_xO_3 e Óxido 2: M_xO_5

Observação: os índices do átomo de oxigênio são números ímpares, com isso, sabendo que o número de oxidação é igual a (-2), as fórmulas empíricas dos dois óxidos ficarão da seguinte maneira:

Fórmula molecular do óxido 1 = M_2O_3 e Fórmula molecular do óxido 2 = M_2O_5

Cálculo da massa molar do óxido 1:

100 gramas do óxido 1 ---------- 32 gramas de Oxigênio
X -------------------------------------- 48 gramas de Oxigênio
X = 150 g

Cálculo da massa molar do metal M, através do óxido 1: 2x + 3.(16) = 150
x = 51 $g.mol^{-1}$

Então, a massa atômica do elemento sendo de aproximadamente igual a 51u, logo, o metal em questão é o vanádio (V).

Fórmula molecular do óxido 1 = V_2O_3 e fórmula molecular do óxido 2 = V_2O_5

Questão 45

(OLIMPÍADA AMERICANA DE QUÍMICA) Alternativa B.

Realizando o balanceamento pelo método redox, o ânio dicromato é o agente oxidante enquanto o ácido oxálico é o agente redutor.

Equação química: $Cr_2O_7^{2-}{}_{(aquoso)} + 3H_2C_2O_{4(aquoso)} + 8H^+{}_{(aquoso)} \rightarrow 2Cr^{3+}{}_{(aquoso)} + 6CO_{2(gás)} + 7H_2O_{(líquido)}$

Questão 46

(OLIMPÍADA UNIFICADA - OBQ) Alternativa B.

Realizando o balanceamento pelo método REDOX, em que o sulfeto de cobre II é o agente redutor enquanto o ácido nítrico é o agente oxidante, a equação química balanceada fica da seguinte maneira:

$3CuS_{(sólido)} + 8HNO_{3(aquoso)} \longrightarrow 3Cu(NO_3)_{2(aquoso)} + 3S_{(sólido)} + 2NO_{(gás)} + 4H_2O_{(líquido)}$

Determinação do reagente limitante e do reagente em excesso:

$n_{CuS} = \frac{1000}{(63,55 + 32) \times 3} = 3,49 \text{ mol}$ (Reagente químico em excesso)

$n_{HNO_3} = \frac{1000}{63 \times 8} = 1,98 \text{ mol}$ (Reagente limitante)

Cálculo do volume de óxido nítrico nas CNATP, a partir da relação estequiométrica com o ácido:

8 mol de ácido ------------------- 2 mol de NO x 0,88
0,35 x $\frac{1000}{63}$ mol de ácido ------- n_{NO}
$n_{NO} = 1,22 \text{ mol} \times 24,45 \frac{L}{mol} = 29,88 \text{ L}$

Cálculo da massa de nitrato de cobre II a partir da relação estequiométrica com o ácido:

8 x 63 g de ácido -------------------- 2 x (63,55 + 28 + 96) x 0,88 de nitrato de cobre II
0,35 x 1000 g de ácido ----------- Massa_{sal}
$\text{Massa}_{sal} = 229,23 \text{ g}$

Questão 47

(OLIMPÍADA AMERICANA DE QUÍMICA) Alternativa D.

Realizando o balanceamento pelo método redox, o cátion divalente do manganês é o agente redutor enquanto o íon $BiO_3^-{}_{(aq)}$ trata-se do agente oxidante.

Equação química: $2Mn^{2+}{}_{(aquoso)} + 5BiO_3^-{}_{(aquoso)} + 14H^+{}_{(aquoso)} \longrightarrow 5Bi^{3+}{}_{(aquoso)} + 2MnO_4^-{}_{(aquoso)} + 7H_2O_{(líquido)}$

Questão 48

(OLIMPÍADA AMERICANA DE QUÍMICA) Alternativa C.

Determinação do número de oxidação do tungstênio, sabendo que o número de oxidação do átomo de cloro é igual a -1 e o átomo de oxigênio igual a -2.

$6 . x + 6 . (-2) + 12 . (-1) = -2$

$x = +3,67$

Questão 49

(MESTRE JOÃO ROBERTO DA PACIÊNCIA NABUCO)

Item a) Reação de simples troca ou deslocamento
Item b) Reação de dupla troca
Item c) Reação de oxidação-redução (REDOX)
Item d) Reação de síntese ou adição
Item e) Reação de simples troca ou deslocamento
Item f) Reação de dupla troca

Questão 50

(MESTRE JOÃO ROBERTO DA PACIÊNCIA NABUCO) O bromo (Br_2) é tanto um reagente limitante quanto um reagente oxidante, ou seja, um auto redox. A equação química balanceada fica da seguinte maneira: $3Br_2 + 6KOH \longrightarrow KBrO_3 + 5KBr + 3H_2O$.

Soma dos coeficientes estequiométricos: 3 + 6 + 1 + 5 + 3 = 18.

Questão 51

(GRILLO)

$Na_2Cr_2O_7$ = Dicromato de sódio;

SO_2 = Dióxido de enxofre ou anidrido sulfuroso;

H_2O = Monóxido de dihidrogênio;

$Cr(OH)SO_4$ = Sulfato básico de cromo III;

Na_2SO_4 = Sulfato de sódio.

Equação química entre o dicromato de sódio na presença de dióxido de enxofre e água:

$Na_2Cr_2O_7 + 3SO_2 + H_2O \longrightarrow 2Cr(OH)SO_4 + Na_2SO_4$

O dicromato de sódio é o agente oxidante enquanto o anidrido sulfuroso é o agente redutor.

Soma dos coeficientes estequiométricos: 1 + 3 + 1 + 2 + 1 = 8

Questão 52

(OLIMPÍADA UNIFICADA - OBQ) Alternativa D.

Item a) $Cr_2(SO_4)_3$ ⇒ número de oxidação do enxofre = +6 $[+6 + 3.x + 12\,x\,(-2) = 0; x = +6]$
Item b) K_2SO_4 ⇒ número de oxidação do enxofre = +6 $[+2 + x - 8 = 0; x = +6]$
Item c) H_2SO_4 ⇒ número de oxidação do enxofre = +6 $[+2 + x - 8 = 0; x = +6]$
Item d) $Na_2C_2O_4$ ⇒ número de oxidação do carbono = +3 $[+2 + 2.x - 8 = 0; x = +3]$
Item e) $K_2Cr_2O_7$ ⇒ número de oxidação do enxofre = +6 $[+2 + 2.x - -14 = 0; x = +6]$

Questão 53

(MESTRE JOÃO ROBERTO DA PACIÊNCIA NABUCO)

Item I) Equação química: $C_8H_{18} + O_{2(gás)} \longrightarrow 8CO_{2(gás)} + 9H_2O_{(líquido)}$

Item II) Equação química: $Fe_{(sólido)} \longrightarrow Fe^{+3}{}_{(aquoso)}$ + 3 elétrons

Item III) Equação química: $H_2SO_{4(aquoso)} + 2NaHCO_{3(aquoso)} \longrightarrow Na_2SO_{4(aquoso)} + 2H_2O_{(líquido)} + 2CO_{2(gás)}$

Item IV) Equação química: $KClO_{4(sólido)} \longrightarrow KCl_{(sólido)} + 2O_{2(gás)}$

Item V) Equação química: $\frac{1}{2} N_{2(gás)} + 3/2H_{2(gás)} \longrightarrow NH_{3(gás)}$

Questão 54

(INSTITUTO TECNOLÓGICO DA AERONÁUTICA) Alternativa B.

HF = Ácido fluorídrico (Número de oxidação do flúor = -1)
$HBrO_3$ = Ácido brômico (Número de oxidação do bromo = +5)
HIO_3 = Ácido iódico (Número de oxidação do iodo = +5)
ClO_3 = Clorato (Número de oxidação do cloro = + 6)
ClO_4^- = Íon perclórico (Número de oxidação do cloro = +7)

Questão 55

(INSTITUTO TECNOLÓGICO DA AERONÁUTICA) Alternativa E

$KClO_2$ = Clorito de potássio (Número de oxidação do cloro = +3)
$Ca(ClO)_2$ = Hipoclorito de cálcio (Número de oxidação do cloro = +1)
$Mg(ClO_3)_2$ = Clorato de magnésio (Número de oxidação do cloro = +5)
$Ba(ClO_4)_2$ = Perclorato de bário (Número de oxidação do cloro = +7)

Questão 56

(INSTITUTO TECNOLÓGICO DA AERONÁUTICA) Alternativa D.

Item I) $Na_2(\underline{Mn}O_4)$ [2 . (+1) + x + 4.(-2) = 0] x = +6
Item II) $K_2H_3(\underline{I}O_6)$ [2 . (+1) + 3 . (+ 1) + x + 6.(-2) = 0] x = +7
Item III) $Ca_3(\underline{Co}F_6)_2$ [3 . (+2) + 2.x + 12.(-1) = 0] x = +3
Item IV) $[\underline{Ag}(NH_3)_2]^+$ x = +1
Item V) $K_4[\underline{Fe}(CN)_6]$ [4 . (+1) + x + 6.(-1) = 0] x = +2

Questão 57

(INSTITUTO MILITAR DE ENGENHARIA) Processo de combustão completa do hidrocarboneto desconhecido:

$$C_nH_{2n+2} + \frac{3n+1}{2}O_2 \rightarrow nCO_2 + (n+1)H_2O$$

A partir da relação estequiométrica entre o alcano (hidrocarboneto) com a água, temos:

1 mol de C_nH_{2n+2} ---------------------------- (n +1) H_2O
(12n + 2n + 2) mol de C_nH_{2n+2} ----------- 18 x (n + 1) mol de H_2O
5,0 g -- 9,0 g

9 x (14n + 2) = 5 x 18 x (n + 1)

n = 2 [hidrocarboneto classificado como Alcano; etano (C_2H_6)]

Questão 58

(INSTITUTO MILITAR DE ENGENHARIA) Organizando as equações químicas apresentadas no enunciado do problema:
$Na + H_2O \rightarrow A$
$A + HCl \rightarrow B$
$B + AgNO_3 \rightarrow C$

Completando as equações químicas, a partir do enunciado da questão:

$Na + H_2O \rightarrow NaOH + \frac{1}{2}H_2$
$NaOH + HCl \rightarrow NaCl + H_2O$
$NaCl + AgNO_3 \rightarrow AgCl + NaNO_3$

Somando as três equações químicas apresentadas acima, temos:

$Na + \cancel{H_2O} \rightarrow \cancel{NaOH} + \frac{1}{2}H_2$
$\cancel{NaOH} + HCl \rightarrow \cancel{NaCl} + \cancel{H_2O}$
$\cancel{NaCl} + AgNO_3 \rightarrow AgCl + NaNO_3$ +

Equação química global: $Na + HCl + AgNO_3 \rightarrow AgCl + NaNO_3 + \frac{1}{2}H_2$

Cálculo da massa de precipitado formado de cloreto de prata, a partir da relação estequiométrica com o sódio metálico:

1 mol de Na --------- 1 mol de AgCl

23 g -------------------- (108 + 35,5) g
m_{Na} --------------------- 14,35 g
m_{Na} = 2,30 g

Questão 59

(INSTITUTO MILITAR DE ENGENHARIA) Equação química: $2KHCO_{3(sólido)} + H_2SO_{4(aquoso)} \longrightarrow K_2CO_{3(sólido)} + 2H_2O_{(líquido)} + 2CO_{2(gás)}$

Relação estequiométrica entre a solução de ácido sulfúrico com o dióxido de carbono.

1 mol de H_2SO_4 ---------- 2 mol de CO_2
n_{H2SO4} ---------------------- n_{CO2}
$n_{CO2} = 2 \times n_{H2SO4}$
Cálculo da concentração da quantidade de matéria da solução de ácido sulfúrico, a partir da relação estequiométrica acima.

$$\frac{p \text{ x } V_{CO_2}}{R \text{ x } T} = 2 \text{ x } [H_2SO_4] \text{ x } V_{solução}$$

$$\frac{\frac{765}{760} \text{ x } 2{,}50}{0{,}08206 \text{ x } 293)} = 2 \text{ x } [H_2SO_4] \text{ x } 0{,}125$$

$$[H_2SO_4] = \frac{765 \text{ x } 2{,}50}{760 \text{ x } 0{,}08206 \text{ x } 293 \text{ x } 0{,}250} = 0{,}419 \text{ mol. } L^{-1}$$

Questão 60

(OLIMPÍADA DE QUÍMICA DO RIO DE JANEIRO) Alternativa D.

A partir da relação estequiométrica, temos: $N_{2(gás)} + 3H_{2(gás)} \rightleftharpoons 2NH_{3(gás)}$

Cálculo do rendimento de síntese da amônia, a partir da seguinte regra de três.

3 mol de gás hidrogênio ------------- 2 mol de amônia
3 x 2,0 g de gás hidrogênio --------- 2 x 17 g de amônia x Rendimento
150 kg de gás hidrogênio ----------- 750 kg de amônia

$$\text{Rendimento} = \frac{6 \text{ x } 750}{150 \text{ x } 34} = \frac{4500}{5100} = 0{,}8823 \ (88{,}23\%)$$

Questão 61

(INSTITUTO TECNOLÓGICO DA AERONÁUTICA)

Equação química da combustão completa do iso-octano: $C_8H_{18} + (25/2)O_2 \longrightarrow 8CO_2 + 9H_2O$

Levando em consideração que a composição do ar tenha somente $O_{2(g)}$ e $N_{2(g)}$, com 20,9% e 78,1%, respectivamente, o número de mol de $N_{2(g)}$ será igual a:

(25/2) mol de O_2 ---------- 20,90% de O_2
n mol de N_2 ---------------- 78,10% de N_2
n_{N2} = 47,02 mol de N_2

Equação química de combustão completa do iso-octano na presença de gás nitrogênio:

$C_8H_{18} + (25/2)O_2 + 47{,}02N_2 \longrightarrow 8CO_2 + 9H_2O + 47{,}02N_2$

Questão 62

(INSTITUTO TECNOLÓGICO DA AERONÁUTICA)

Equação química da combustão completa do hidrocarboneto genérico: $C_\alpha H_\beta + \left(\alpha + \frac{\beta}{4}\right) O_2 \rightarrow \alpha CO_2 + \frac{\beta}{2} H_2O$

Cálculo do número de mol de nitrogênio gasoso a partir da composição do ar atmosférico.

(α + β/4) mol de O_2 --------- 20,90% de $O_{2(g)}$
n mol de N_2 ------------------- 78,10% de $N_{2(g)}$
n_{N2} = 3,74 x (α + β/4) mol de N_2

A equação química de combustão do hidrocarboneto genérico ($C_\alpha H_\beta$) com a presença do nitrogênio gasoso ficará da seguinte forma:

$$C_\alpha H_\beta + \left(\alpha + \frac{\beta}{4}\right) O_2 + 3{,}74\left(\alpha + \frac{\beta}{4}\right) N_2 \rightarrow \alpha CO_2 + \frac{\beta}{2} H_2O + 3{,}74\left(\alpha + \frac{\beta}{4}\right) N_2$$

Questão 63

(INSTITUTO TECNOLÓGICO DA AERONÁUTICA)

Equação química que corresponde ao recipiente 1: $CaO_{(sólido)} + H_2O_{(líquido)} \rightarrow Ca(OH)_{2(aquoso)}$
Equação química que corresponde ao recipiente 2: $Ca_{(sólido)} + 2\ H_2O_{(líquido)} \rightarrow Ca(OH)_{2(aquoso)} + H_{2(gás)}$
Equação química que corresponde ao recipiente 3: $CaH_{2(sólido)} + 2\ H_2O_{(líquido)} \rightarrow Ca(OH)_{2(aquoso)} + 2H_{2(gás)}$

Questão 64

(INSTITUTO MILITAR DE ENGENHARIA)

Base de cálculo: 100 gramas para cada óxido. Analisando o óxido 1:

$$N: \frac{63{,}63}{100} x\ 100\ g - 63{,}63\ g - \frac{63{,}63\ g}{14\ g.mol^{\ 1}} = \frac{4{,}545\ mol}{2{,}273\ mol} = 2$$

$$O: \frac{36{,}37}{100} x\ 100\ g = 36{,}37\ g = \frac{36{,}37\ g}{16\ g.mol^{\ 1}} = \frac{2{,}273\ mol}{2{,}273\ mol} = 1$$

Fórmula Molecular = N_2O

Analisando o óxido 2:

$$N: \frac{46{,}67}{100} x\ 100\ g = 46{,}67\ g = \frac{46{,}67\ g}{14\ g.mol^{-1}} = \frac{3{,}33\ mol}{3{,}33\ mol} = 1$$

$$O: \frac{53{,}33}{100} x\ 100\ g = 53{,}33\ g = \frac{53{,}33\ g}{16\ g.mol^{-1}} = \frac{3{,}33\ mol}{3{,}33\ mol} = 1$$

Fórmula Molecular = NO

Analisando o óxido 3:

$$N: \frac{36{,}84}{100} x\ 100\ g = 36{,}84\ g = \frac{36{,}84\ g}{14\ g.mol^{-1}} = \frac{2{,}63\ mol}{2{,}63\ mol} = 1 \xrightarrow{x\,2} 2$$

$$O: \frac{63{,}16}{100} x\ 100\ g = 63{,}16\ g = \frac{63{,}16\ g}{16\ g.mol^{-1}} = \frac{3{,}95\ mol}{3{,}95\ mol} = 1{,}50 \xrightarrow{x\,2} 3$$

Fórmula Molecular = N_2O_3

Analisando o óxido 4:

$$N: \frac{30,44}{100} x\ 100\ g = 30,44\ g = \frac{30,44\ g}{14\ g.mol^{-1}} = \frac{2,17\ mol}{2,17\ mol} = 1$$

$$O: \frac{69,56}{100} x\ 100\ g = 69,56\ g = \frac{69,56\ g}{16\ g.mol^{-1}} = \frac{4,34\ mol}{2,17\ mol} = 2$$

Fórmula Molecular = NO_2

Analisando o óxido 5:

$$N: \frac{25,93}{100} x\ 100\ g = 25,93\ g = \frac{25,93\ g}{14\ g.mol^{-1}} = \frac{1,85\ mol}{1,85\ mol} = 1 \xrightarrow{x\,2} 2$$

$$O: \frac{74,04}{100} x\ 100\ g = 74,04\ g = \frac{74,04\ g}{16\ g.mol^{-1}} = \frac{4,63\ mol}{1,85\ mol} = 2,5 \xrightarrow{x\,2} 5$$

Fórmula Molecular = N_2O_5

Questão 65

(INSTITUTO MILITAR DE ENGENHARIA)

Item a) Os óxidos que reagem para a formação do sal inorgânico - nitrato de cálcio [$Ca(NO_3)_2$] são os seguintes:

óxido básico + óxido ácido → sal inorgânico.

Logo: $CaO + N_2O_5 \rightarrow Ca(NO_3)_2$

CaO → óxido de cálcio (óxido básico); N_2O_5 → pentóxido de dinitrogênio (óxido ácido) e $Ca(NO_3)_2$ → Nitrato de cálcio.

Item b) Cálculo da massa de cada reagente, a partir de 8,2 g de $Ca(NO_3)_2$: $CaO + N_2O_5 \rightarrow Ca(NO_3)_2$

1 mol de CaO ----------- 1 mol de N_2O_5 -------------- 1mol de $Ca(NO_3)_2$
56 g ----------------------- 108 g ------------------------- 164 g
m_{CaO} ----------------------- m_{N2O5} ------------------------- 8,2 g
m_{CaO} = 2,8 g de CaO
m_{N2O5} = 5,4 g de N_2O_5

Item c) Para este item será necessário apresentar a decomposição do carbonato de cálcio: $CaCO_{3(sólido)} \xrightarrow{\Delta} CaO_{(sólido)} + CO_{2(gás)}$

1 mol de $CaCO_3$ ---------- 1 mol de CaO
100 g de $CaCO_3$ ---------- 56 g de CaO
m_{CaCO3} ---------------------- 2,8 g de CaO
m_{CaCO3} = 5,0 g

Questão 66

Equação química: $3(NH_4)_2CO_3 + 2H_3PO_4 \rightarrow 2(NH_4)_3PO_4 + 3H_2O + 3CO_2$

Item a) O sal formado é o fosfato de amônio, cuja fórmula molecular é [$(NH_4)_3PO_4$].

Cálculo da massa de sal formado, a partir da relação estequiométrica com a solução de ácido fosfórico.

2 x (3 + 31 + 64) g -------- 2 x (42 + 12 + 31 + 64) g
49 g -------------------------- Massa
Massa = 74,50 g

Item b) O sal formado trata-se do fosfato de amônio, cuja fórmula molecular é a seguinte: [$(NH_4)_3PO_4$].

Item c) Cálculo do volume de CO_2 nas CNATP, sabendo que o volume é igual a 24,45 $L.mol^{-1}$ [p = 1 atm e T = 25°C (298 K)].

2 mol de H_3PO_4 ---------------------- 3 mol de CO_2
2.(3 + 31 + 64) g --------------------- 3 x (24,45 L)
49 g -------------------------------------- V_{CO2}
V_{CO2} = 18,34 L

Item d) Cálculo do volume de dióxido de carbono nas CNTP:

2 mol de H_3PO_4 -------------------------- 3 CO_2
2 x (3 + 31 + 64) g ----------------------- 3 x (22,4 L)
49 g --- V_{CO2}
V_{CO2} = 16,8 L

Questão 67

(INSTITUTO TECNOLÓGICO DA AERONÁUTICA) Determinação do reagente em excesso e do reagente limitante – cálculo do número de mol:

$$n_{O_2} = \frac{m_{O_2}}{< MM >_{O_2}} = \frac{32}{32} = 1{,}0 \text{ mol (Reagente limitante)}$$

$$n_{H_2} = \frac{m_{H_2}}{< MM >_{H_2}} = \frac{8}{2} = 4{,}0 \text{ mol (Reagente em excesso)}$$

Cálculo da massa de água produzida: $H_2 + ½O_2 \longrightarrow H_2O$

½ mol de O_2 --------- 1 mol de H_2O
(½ x 32)g ------------- 18 gramas de H_2O
32 g -------------------- m_{H2O}
m_{H2O} = 36 g

Cálculo da massa de reagente em excesso: $H_2 + ½O_2 \longrightarrow H_2O$

1 mol de H_2 --------- ½ mol de O_2
2,0 g H_2 -------------- ½ x 32,0 g
m_{H2} ------------------- 32,0 g
m_{H2} = 4,0 g

Questão 68

(GRILLO) Equação química de redução do óxido na presença de monóxido de carbono: $Fe_3O_{4(sólido)} + 4CO_{(gás)} \longrightarrow 3Fe_{(sólido)} + 4CO_{2(gás)}$.

A partir da relação estequiométrica entre as massas dos compostos químicos, temos:

1 mol de Fe_3O_4 ----------- 3 mol de Fe x R
232 g ------------------------ 144,98 g
864 g ------------------------ m_{Fe}
m_{Fe} = 539,92 g

Questão 69

(INSTITUTO TECNOLÓGICO DA AERONÁUTICA – MODIFICADA) Equação química que corresponde a decomposição:

$C_{12}H_{22}O_{11} \longrightarrow 12C + 11H_2O$

Cálculo da massa de carbono e da água, a partir de $C_{12}H_{22}O_{11}$:

1 mol de $C_{12}H_{22}O_{11}$ ---------------------- 12 mol de C ------------------ 11 mol de H_2O
1 mol x 342 g.mol^{-1} -----------------------12 mol x 12 g.mol^{-1} --------- 11 mol x 18 g,mol^{-1}
1000 g de $C_{12}H_{22}O_{11}$ --------------------- $m_{Carbono}$ ------------------------ m_{H2O}

$m_{Carbono}$ = 421,05 g e m_{H2O} = 578,95 g

Questão 70

(OLIMPÍADA DE QUÍMICA DO RIO GRANDE DO SUL)

Item a) $NaHCO_3$ = Bicarbonato de sódio e $KHCO_3$ = Bicarbonato de potássio.

Item b) Equação química que corresponde a decomposição do bicarbonato de sódio, formando carbonato de cálcio, dióxido de carbono e água.

$2NaHCO_{3(sólido)} \longrightarrow Na_2CO_{3(sólido)} + CO_{2(gás)} + H_2O_{(vapor)}$

Cálculo da massa de dióxido de carbono a partir da relação estequiométrica com o bicarbonato de sódio:

2 mol de $NaHCO_{3(s)}$ --------- 1 mol de $CO_{2(g)}$
168 g ---------------------------- 44 g
200 g ---------------------------- m_{CO2}
m_{CO2} = 52,38 g

Questão 71

(OLIMPÍADA DE QUÍMICA DO RIO GRANDE DO SUL)

Item a) Equação química: $HNO_{3(aquoso)} + NaOH_{(aquoso)} \longrightarrow NaNO_{3(aquoso)} + H_2O_{(líquido)}$

Item b) Cálculo da massa de hidróxido de sódio pura: m_{NaOH} = 4,0 x 8,0 = 32,0 g.

Cálculo da massa de nitrato de sódio:

1 mol de $NaOH_{(aq)}$ ----------- 1 mol de $NaNO_{3(aq)}$
40 g de NaOH ---------------- 85,0 g de $NaNO_3$
3,20 g de NaOH -------------- m_{NaNO3}
m_{NaNO3} = 6,80 g

Item c) Cálculo do grau de pureza do nitrato de sódio (%): m_{NaOH} = 40 g x 0,80 = 32,0 g

Cálculo da massa de nitrato de sódio: $m_{NaNO3(puro)}$ = 400 g – 20 g = 380 g

Cálculo da pureza: $(\%)_{puro} = \frac{380\ g}{400\ g} = 0,95\ (95\%)$

Item d) Equação química: $HNO_{3(aquoso)} + NaOH_{(aquoso)} \longrightarrow NaNO_{3(aquoso)} + H_2O_{(líquido)}$. Cálculo da massa de ácido nítrico a partir da relação estequiométrica com o nitrato de sódio:

1 mol de $HNO_{3(aq)}$ --------------- 1 mol de $NaNO_{3(aq)}$
63 g de $HNO_{3(aq)}$ ----------------- 85 g de $NaNO_{3(aq)}$
Massa $_{HNO3}$ ----------------------- 510 g de $NaNO_{3(aq)}$
Massa $_{HNO3}$ = 378 g

Cálculo do número de mol da solução aquosa de ácido nítrico: $n_{HNO_3} = \frac{m_{HNO_3}}{<MM>_{HNO_3}} = \frac{378}{63} = 5,56\ mol$

Questão 72

(INSTITUTO MILITAR DE ENGENHARIA) Equação química entre os seguintes reagentes químicos: ácido nítrico, fósforo e água.

$20HNO_3 + 3P_4 + 8H_2O \rightarrow 20NO + 12H_3PO_4$

Cálculo do grau de pureza (P) do fósforo branco, a partir da relação estequiométrica com o ácido fosfórico.

3 mol de P_4 -------------------------- 12 mol de H_3PO_4
3 mol x 124 g.mol^{-1} ---------------- 12 mol x 98 g.mol^{-1}
(p x 124 g) --------------------------- 98 g de ácido fosfórico
Pureza (p) = 0,25 (25%)

Questão 73

(INSTITUTO MILITAR DE ENGENHARIA) Equação química de formação do cloro gasoso: $MnO_2 + 4HCl \rightarrow MnCl_2 + 2H_2O + Cl_2$

Cálculo do número de mol de cloro gasoso.

$$1 \text{ mol} ------ 87 \text{ g}$$
$$30{,}7 \text{ x} \frac{85}{100} ---- \text{n}$$

n_{Cl2} = 0,30 mol

Cálculo do volume de gás cloro, a partir da aplicação da equação dos gases ideais:

$$V = \frac{n \text{ x } R \text{ x } T}{p^{ideal}} = \frac{0{,}30 \text{ x } 0{,}08206 \text{ x } 300}{\left(\frac{738}{760}\right)} = 7{,}60 \text{ L}$$

Questão 74

(OLIMPÍADA PORTUGUESA DE QUÍMICA)

Equação química: $CaCO_{3(sólido)} + 2HCl_{(aquoso)} \rightarrow CaCl_{2(aquoso)} + H_2O_{(líquido)} + CO_{2(gás)}$

Item a) Para a determinação da massa de dióxido de carbono, será necessário primeiramente determinar o número de mol para cada reagente químico:

$$n_{CaCO_3} = \frac{m_{CaCO_3}}{< MM >_{CaCO_3}} = \frac{15{,}0}{100} = 0{,}15 \text{ mol (reagente em excesso)}$$

$$n_{HCl} = \frac{m_{HCl}}{< MM >_{HCl}} = \frac{4{,}5}{36{,}5 \text{ x } 2} = 0{,}0616 \text{ mol (reagente limitante)}$$

Através da equação química apresentada temos a seguinte relação estequiométrica.

2 mol de $HCl_{(aq)}$ ------------ 1 mol de $CO_{2(g)}$
73 g -------------------------- 44 g
4,5 g ------------------------- m_{CO2}
m_{CO2} = 2,71 g
Item b) Através da equação química apresentada, temos:

2 mol de $HCl_{(aq)}$ ----------- 1 mol de $CO_{2(g)}$

73 g ------------------------- 44 g x Rendimento
4,5 g ------------------------ 1,8 g

$$\text{Rendimento} = \frac{127{,}8}{198} = 0{,}664\ (66{,}4\%)$$

Questão 75

(INSTITUTO TECNOLÓGICO DA AERONÁUTICA) Equação química: $Ni_{(sólido)} + 4CO_{(gás)} \longrightarrow Ni(CO)_4$

Cálculo do volume de CO, medido nas condições normais de temperatura e pressão:

1 mol de $Ni_{(s)}$ ------------ 4 mol de $CO_{(g)}$
58,7 g de $Ni_{(s)}$ ----------- 4 mol de CO x 22,4 $L.mol^{-1}$
0,500 g x 0,75 ---------- V_{CO}

V_{CO} = 0,572 L de CO

Questão 76

(INSTITUTO TECNOLÓGICO DA AERONÁUTICA)

Equação química: $Al_{(sólido)} + 3\ HCl_{(aquoso)} \longrightarrow AlCl_{3(aquoso)} + 3/2\ H_{2(gás)}$

Relação estequiométrica entre o alumínio metálico e a solução aquosa de ácido clorídrico:

1 mol de Al ------ 3 mol de HCl
n_{Al} ------------------ n_{HCl}
3 x n_{Al} = n_{HCl}

Cálculo do volume de ácido a partir da relação estequiométrica do alumínio metálico: $3\ \text{x} \frac{\text{massa}}{<\text{MM}>_{\text{Al}}} = [\text{Al}]\ \text{x}\ \text{V}_{\text{solução}}$

$$3\ \text{x} \frac{13{,}50}{27{,}0} = 0{,}25\ \text{x}\ \text{V}_{\text{solução}}$$

$$\text{V}_{\text{solução}} = 6{,}0\ \text{L}$$

Questão 77

(INSTITUTO TECNOLÓGICO DA AERONÁUTICA)

Item a) Cálculo da massa de alumínio (m_{Al}): $2Al_{(sólido)} + 3H_2SO_{4(aquoso)} \longrightarrow Al_2(SO_4)_{3(aquoso)} + 3H_{2(gás)}$

2 mol de $Al_{(s)}$ -------------------- 1 mol de $Al_2(SO_4)_{3(aq)}$
2 mol x (27 $g.mol^{-1}$) ----------- 1 mol x (342 $g.mol^{-1}$)
m_{Al} ---------------------------------- 57 g
Massa de alumínio = 9,0 g

Item b) Cálculo da massa de ácido sulfúrico (m_{H2SO4}):

3 mol de $H_2SO_{4(aq)}$ ------------------ 1 mol de $Al_2(SO_4)_{3(aq)}$
3 mol. (98 $g.mol^{-1}$) ------------------ 1 mol. (342 $g.mol^{-1}$)
m_{H2SO4} ----------------------------------- 57 g
m_{H2SO4} = 49,0 g

Item c) Cálculo do volume de gás formado (V_{H2}):

1 mol de $Al_2(SO_4)_{3(aq)}$ ----------------- 3 mol de $H_{2\ (g)}$
1 mol. (342 $g.mol^{-1}$) ------------------ 3 mol. (22,4 $L.mol^{-1}$)
57 g --------------------------------------- V_{H2}
V_{H2} = 11,2 L

Item d) Cálculo da concentração da quantidade de matéria do sulfato de alumínio:

$$[Al_2(SO_4)_3] = \frac{n_{Al_2(SO_4)_3}}{V_{solução}} = \frac{57}{342} = 0{,}167 \text{ mol. } L^{-1}$$

Equação iônica: $Al_2(SO_4)_{3(aquoso)} \longrightarrow 2Al^{+3}_{(aquoso)} + 3(SO_4)^{-3}_{(aquoso)}$

Cálculo da concentração da quantidade de matéria dos íons, a partir da dissociação do sulfato de alumínio.

1 mol de $Al_2(SO_4)_{3(aq)}$ --------- 2 mol de $Al^{+3}_{(aq)}$ ---------- 3 mol de SO_4^{-3}
0,167 mol.L^{-1} -------------------- $[Al^{+3}]$ ------------------------ $[SO_4^{-3}]$

$[Al^{+3}]$ = 0,333 mol.L^{-1} e $[SO_4^{-3}]$ = 0,501 mol.L^{-1}

Questão 78

Cálculo do potencial hidroxiliônico (pOH), a 25°C: pH + pOH = 14

12 + pOH = 14

pOH = 2

Cálculo da concentração da quantidade de matéria de íons hidroxiliônica $[OH^-]$: - $\log[OH^-]$ = 2

$[OH^-]$ = 0,010 mol.L^{-1}

Equação química da dissociação do hidróxido de potássio. $NaOH_{(aquoso)} \longrightarrow Na^+_{(aquoso)} + OH^-_{(aquoso)}$

1 mol de $NaOH_{(aq)}$ ------- 1 mol de $Na^+_{(aq)}$ ------------ 1 mol de $OH^-_{(aq)}$
[NaOH] --------------------- 1 mol de $Na^+_{(aq)}$ ------------- 10^{-2} mol.L^{-1}
[NaOH] = 10^{-2} mol.L^{-1}

Cálculo da massa de NaOH, a partir da concentração da quantidade de matéria: $m_{NaOH} = 0{,}010 \times 40 \times 0{,}50 \times 10^{-3} = 0{,}00020 \text{ g}$

Questão 79

(INSTITUTO TECNOLÓGICO DA AERONÁUTICA) Pela proporção estequiométrica, 1 mol de fosfeto de cálcio produz 2 mol de fosfina.

Cálculo do número de mol de fosfeto de cálcio: $n = \frac{3{,}64}{182} = 0{,}02 \text{ mol}$

Equação química: $Ca_3P_2 + 6H_2O \longrightarrow 3Ca(OH)_2 + 2PH_3$

Relação estequiométrica entre o fosfeto e a fosfina:

1 mol de Ca_3P_2 --------- 2 mol de PH_3
n_{Ca3P2} ---------------------- n_{PH3}

2 x n_{Ca3P2} = n_{PH3}

2 x 0,02 = n_{PH3}

n_{PH3} = 0,04 mol

Através da equação dos gases ideais, temos:

$$p = \frac{0,04 \times 0,08206 \times 300}{8,20 \times 10^{-3}} = 120,1 \text{ atm}$$

Questão 80

(INSTITUTO TECNOLÓGICO DA AERONÁUTICA) Equações químicas apresentadas a partir do enunciado da questão:

$xC_3H_8 + 5xO_2 \rightarrow 3xCO_2 + 4xH_2O$
$yCO + 0,5yO_2 \rightarrow yCO_2$
$zCH_4 + 2O_2 \rightarrow zCO_2 + 2zH_2O$
Volume da mistura: x + y + z = 50 mL

Volume de CO_2 formado: 3x + y + z = 70 mL

Subtraindo uma equação da outra, temos: 2x = 20 Ml

x = 10 mL

Portanto, a fração de C_3H_8 na mistura é $\frac{x}{50} = \frac{10}{50} = 0,20\ (20\%)$

Questão 81

(GRILLO) Cálculo do número de mol de dióxido de carbono a partir da equação dos gases ideais:

$$n_{CO_2} = \frac{1,50 \times 2,20}{0,08206 \times (27 + 273)} = 0,134 \text{ mol}$$

Cálculo da massa do número de massa de dióxido de carbono: $m_{CO2} = n_{CO2} \times \langle MM \rangle_{CO2}$

$m_{CO2} = 0,134 \times 44 = 5,90$ g

Cálculo da massa de soda comercial, a partir da massa de dióxido de carbono: $2HCl + Na_2CO_3 \rightarrow 2NaCl + H_2O + CO_2$

1 mol de Na_2CO_3 --------------------- 1 mol de CO_2
106 gramas de Na_2CO_3 ------------ 44 gramas de CO_2
m_{Na2CO3} ---------------------------------- 5,90 gramas de CO_2
m_{Na2CO3} = 14,21 g

Cálculo do grau percentual de pureza da soda comercial (Carbonato de Sódio):

$$\%_{Na_2CO_3} = \frac{14,21 \text{ g}}{16 \text{ g}} = 0,8888\ (88,88\%)$$

Questão 82

(GRILLO) O balanceamento desta reação deverá ser feito pelo método redox: $3As_2S_3 + 28HNO_3 + 4H_2O \rightarrow 9H_2SO_4 + 6H_3AsO_4 + 28NO$

Dados do problema: Massa de HNO_3 = 1000 g; Massa de H_2SO_4 = ? e Volume de NO nas CNTP = ?

Cálculo da massa de H_2SO_4: $3As_2S_3 + 28HNO_3 + 4H_2O \rightarrow 9H_2SO_4 + 6H_3AsO_4 + 28NO$

28 mol de HNO_3 ---------- 9 mol de H_2SO_4
28 x 63 g ------------------ 9 x 98 g
1000 g --------------------- m_{H2SO4}
m_{H2SO4} = 500 g

Cálculo do volume de NO nas CNTP: $3As_2S_3 + 28HNO_3 + 4H_2O \rightarrow 9H_2SO_4 + 6H_3AsO_4 + 28\ NO$

28 mol de HNO_3 ---------------------- 28 x 22,4 L de NO
(1000/63) ------------------------------- V_{NO}
V_{NO} = 355,55 L

Questão 83

(OLIMPÍADA DE QUÍMICA DO RIO GRANDE DO SUL)

Item a) Equação química para a obtenção do cloreto de hidrogênio: $H_{2(gás)} + Cl_{2(gás)} \rightarrow 2HCl_{(gás)}$

Item b) Equação de dissolução do cloreto de hidrogênio: $HCl + H_2O \rightarrow Cl^- + H_3O^+$

Item c)

Primeira equação de neutralização: $2HCl + Ca(OH)_2 \rightarrow CaCl_2 + 2H_2O$
Segunda equação de neutralização: $HCl + NaOH \rightarrow NaCl + H_2O$

Questão 84

(INSTITUTO TECNOLÓGICO DA AERONÁUTICA)

Equação química: $H_2SO_{4(aquoso)} + Mg(OH)_{2(aquoso)} \rightarrow MgSO_{4(aquoso)} + H_2O_{(líquido)}$

Relação estequiométrica entre o ácido sulfúrico e o hidróxido de cálcio:

1 mol de H_2SO_4 --------- 1 mol de $Ca(OH)_2$
n_{H2SO4} ---------------------- $n_{Mg(OH)2}$
$n_{H2SO4} = n_{Mg(OH)2}$

Cálculo do volume da solução de ácido sulfúrico:

$$[H_2SO_4] \text{ x } V_{solução} = \frac{m_{Mg(OH)_2}}{< MM >_{Mg(OH)_2}}$$

$$0{,}200 \text{ x } V_{solução} = \frac{0{,}200}{58}$$

$$V_{solução} = 0{,}01724 \text{ L } (17{,}24 \text{ mL})$$

Questão 85

(INSTITUTO TECNOLÓGICO DA AERONÁUTICA)

Equação química: $H_2SO_{4(aquoso)} + Ca(OH)_{2(aquoso)} \rightarrow CaSO_{4(aquoso)} + H_2O_{(líquido)}$

Relação estequiométrica entre a solução de ácido sulfúrico e a solução de hidróxido de cálcio:

1 mol de H_2SO_4 -------- 1 mol de $Ca(OH)_2$
n_{H2SO4} --------------------- $n_{Ca(OH)2}$
$n_{H2SO4} = n_{Ca(OH)2}$

Cálculo da massa de hidróxido de cálcio, a partir da concentração da quantidade de matéria de ácido sulfúrico:

$$[H_2SO_4] \text{ x } V_{solução} = \frac{m_{Ca(OH)_2}}{< MM >_{Ca(OH)_2}}$$

$$0{,}500 \text{ x } 50 \text{ x } 10^{-3} = \frac{m_{Ca(OH)_2}}{74}$$

$$m_{Ca(OH)_2} = 0{,}500 \text{ x } 50 \text{ x } 10^{-3} \text{x } 74 = 1{,}85 \text{ g}$$

Cálculo do grau de pureza do hidróxido de cálcio (%):

$$\%_{Ca(OH)_2} = \frac{1{,}85 \text{ g}}{2{,}0 \text{ g}} = 0{,}925 \text{ } (92{,}50 \text{ \%})$$

Questão 86

(OLIMPÍADA BRASILEIRA DE QUÍMICA - MODIFICADA) Através da figura abaixo, os círculos realizados identificam as funções orgânicas presentes na molécula.

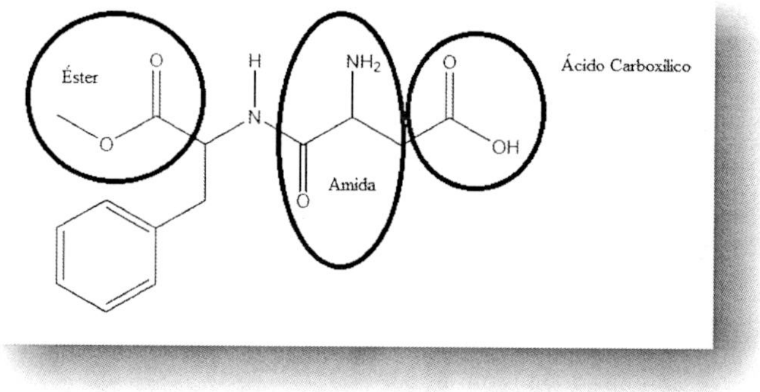

Cálculo do percentual de carbono na molécula de aspartame ($C_{14}H_{18}O_5N_2$; 292 g.mol^{-1}):

292 g,mol^{-1} ---------- 100%
168 g,mol^{-1} ---------- $(\%)_C$
$(\%)_C$ = 57,53%

Questão 87

(OLIMPÍADA MINEIRA DE QUÍMICA)

Item a) Cálculo da massa de oxigênio, a partir do processo de combustão da glicose: $C_6H_{12}O_{6(sólido)} + 6O_{2(gás)} \rightarrow 6CO_{2(gás)} + 6H_2O_{(líquido)}$

1 mol de $C_6H_{12}O_{6(s)}$ ------------------- 6 mol de $O_{2(g)}$
180 gramas ---------------------------- (6 x 32) gramas
25,0 gramas --------------------------- m_{O2}
$m_{O2} = \frac{4800}{180} = 26{,}67 \text{ g de } O_2$

Item b) Cálculo do número de mol de CO_2 e H_2O:

1 mol de $C_6H_{12}O_{6(s)}$ --------------- 6 mol de $CO_{2(g)}$ ---------- 6 mol de $H_2O_{(l)}$
2,50 mol de $C_6H_{12}O_{6(s)}$ ----------- n_{CO2} ------------------------ n_{H2O}
n_{CO2} = 15,00 mol e n_{H2O} = 15,00 mol

Cálculo da massa de cada produto QUÍMICO OBTIDO:

Dióxido de carbono: $m_{CO_2} = n_{CO_2} \text{ x} < \text{MM} >_{CO_2} = 15{,}0 \text{ x } 44{,}0 = 660 \text{ g}$

Água: $m_{H_2O} = n_{H_2O} \text{ x} < \text{MM} >_{H_2O} = 15{,}00 \text{ x } 18{,}00 = 270{,}0 \text{ g}$

Questão 88

(GRILLO) Cálculo do número de mol de gás nitrogênio, considerando que o ar apresenta em sua composição – 20% de Oxigênio e 80% de nitrogênio:

5/2 mol de $O_{2(g)}$ --------- 20%
n_{N2} -------------------------- 80%
n_{N2} = 10 mol de $N_{2(g)}$

Equação química com a presença do gás nitrogênio: $2NH_{3(gás)} + 5/2O_{2(gás)} + 10N_{2(gás)} \longrightarrow 2NO_{(gás)} + 3H_2O_{(gás)} + 10N_{2(gás)}$.

Cálculo do número de mol de amônia, a partir do número de mol de ar atmosférico.

2 mol de $NH_{3(g)}$ ------------ 12,5 mol de ar
15 mol de $NH_{3(g)}$ ---------- n_{ar}
n_{ar} = 93,75 mol

Cálculo do volume de ar atmosférico, nas CNTP: $V_{ar} = n_{ar} \times 22{,}4\ L.mol^{-1}$

V_{ar} = 93,75 x 22,4 = 2100 L

Questão 89

(OLIMPÍADA UNIFICADA - OBQ) Alternativa E.

Realizando o balanceamento pelo método da oxirredução: $2KMnO_4 + 10FeSO_4 + 8H_2SO_4 \longrightarrow K_2SO_4 + 2MnSO_4 + 5Fe_2(SO_4)_3 + 8H_2O$, em que o permanganato de potássio é o agente oxidante enquanto o sulfato de ferro II é o agente redutor.

Cálculo do número de mol para cada reagente.

Número de mol de permanganato de potássio: $\frac{1000\ g}{158 \times 2} = 3{,}16\ mol$

Número de mol de sulfato de ferro II: $\frac{1000\ g}{158 \times 10} = 0{,}66\ mol$ (Reagente limitante)

Número de mol de ácido sulfúrico: $\frac{1000\ g}{98 \times 8} = 1{,}27\ mol$ (Reagente em excesso)

Logo o reagente limitante é o sulfato de ferro II.

A partir do reagente limitante, a massa de água formada:

10 mol de $FeSO_4$ --------- 8 mol de H_2O
1520 g ---------------------- 128 g
1000 g ---------------------- m_{H2O}
m_{H2O} = 84,21 g

Questão 90

(INSTITUTO TECNOLÓGICO DA AERONÁUTICA)

Item a) Equações químicas apresentadas a seguir:

$N_{2(gás)} + O_{2(gás)} \longrightarrow 2NO_{(gás)}$
$2NO_{(gás)} + O_{2(gás)} \longrightarrow 2NO_{2(gás)}$
$2NO_{2(gás)} + H_2O_{(líquido)} \longrightarrow HNO_{2(aquoso)} + HNO_{3(aquoso)}$
$3NO_{2(g)} + H_2O_{(líquido)} \longrightarrow 2HNO_{3(aquoso)} + NO_{(gás)}$

Item b) Matérias-primas: Amônia (NH_3), ar atmosférico, oxigênio (O_2), água (H_2O) e platina (Pt).

Etapa química I: $4NH_{3(gás)} + 5O_{2(gás)} \longrightarrow 4NO_{(gás)} + 6H_2O_{(gás)}$
Etapa química II: $2NO_{(gás)} + O_{2(gás)} \longrightarrow 2NO_{2(gás)}$
Etapa química III: $3NO_{2(gás)} + H_2O_{(líquido)} \longrightarrow 2HNO_{3(aquoso)} + NO_{(gás)}$

Item c) Três possíveis aplicações: Fertilizantes, corantes e nylon.

Questão 91

(INSTITUTO TECNOLÓGICO DA AERONÁUTICA) As equações químicas estão apresentadas a seguir:

Equação química (1): $2NH_{3(gás)} + 5/2O_{2(gás)} \longrightarrow 2NO_{(gás)} + 3H_2O_{(gás)}$
Equação química (2): $5NO_{(gás)} + \frac{1}{2}O_{2(gás)} \longrightarrow NO_{2(gás)}$
Equação química (3): $3NO_{2(gás)} + H_2O_{(líquido)} \longrightarrow 2HNO_{3(aquoso)} + NO_{(gás)}$

Questão 92

(OLIMPÍADA IBEROAMERICANA DE QUÍMICA)

Item a) $PH_3 \longrightarrow$ Hidreto de fósforo ou também conhecido como fosfina; $H_2SO_4 \longrightarrow$ Ácido sulfúrico.

Item b) Cálculo da massa de fosfeto de cálcio (Ca_3P_2): $Ca_3P_2 + 3H_2SO_4 \longrightarrow 2PH_3 + 3CaSO_4$

1 mol de Ca_3P_2 ----------------- 2 mol de PH_3
182 g de Ca_3P_2 ----------------- 68 g de PH_3 x (0,80)
0,90 x m_{Ca3P2} --------------------- 20 g de PH_3
m_{Ca3P2} = 74,35 g

Item c) Equação química: $Ca_3P_2 + 3H_2SO_4 \longrightarrow 2PH_3 + 3CaSO_4$
3 mol de H_2SO_4 --------------- 2 mol de PH_3 x 0,80
n_{H2SO4} ---------------------------- n_{PH3}

Cálculo do volume da solução de ácido sulfúrico: 1,60 x n_{H2SO4} = 3 x n_{PH3}

1,60 x $[H_2SO_4]$ x $V_{solução}$ = 3 x $[m_{PH3} / <MM>]$

1,60 x 2,0 x $V_{solução}$ = 3 x [20,0 / 34]

$V_{solução}$ = 0,551 L

Item d) O volume calculado do ácido sulfúrico no item (c) é igual a 0,551 litros, para uma concentração de quantidade de matéria igual a 2,00 $mol.L^{-1}$.

Informações do problema: 98,08 g de H_2SO_4 para cada 100 g de solução e 1,84 g de solução para cada 1 mL de solução.

Cálculo do volume da solução:

1,84 g de solução --------- 1 mL de solução
100 g de solução ---------- $V_{solução}$
$V_{solução}$ = 54,35 mL (54,35 x 10^{-3} L)

Cálculo da concentração da quantidade de matéria da solução de ácido sulfúrico $[H_2SO_4]$:

$$[H_2SO_4] = \frac{m_{H_2SO_4}}{< MM >_{H_2SO_4} \text{ x } V_{solução}} = \frac{98{,}08}{98 \text{ x } 54{,}35 \text{ x } 10^{-3}} = 18{,}41 \text{ mol. L}^{-1}$$

Cálculo do volume de ácido sulfúrico para uma concentração da quantidade de matéria correspondente a 18,41 $mol.L^{-1}$:

$[H_2SO_4] \times V_{solução} = 2 \times 0{,}551$

$18{,}41 \times V_{solução} = 2 \times 0{,}551$

$V_{solução} = 5{,}98 \times 10^{-2}$ L

Questão 93

(INSTITUTO MILITAR DE ENGENHARIA) Equação química: $2H_2SO_4 + 2NaCl + MnO_2 \rightarrow MnSO_4 + NaSO_4 + Cl_2 + 2H_2O$.

Questão 94

(INSTITUTO MILITAR DE ENGENHARIA) As equações químicas que correspondem a produção de ácido sulfúrico estão apresentadas a seguir:

Equação química (1): $2FeS_2 + 11/2O_2 \rightarrow Fe_2O_3 + 4SO_2$
Equação química (2): $SO_2 + ½O_2 \rightarrow SO_3$
Equação química (3): $SO_3 + H_2O \rightarrow H_2SO_4$

Questão 95

(INSTITUTO TECNOLÓGICO DA AERONÁUTICA) Nos grandes centros metropolitanos, onde o tráfego é muito intenso, o ar é poluído, particularmente, com CO, SO_2, óxidos de nitrogênio etc. O óxido sulfuroso na atmosfera se oxida a óxido sulfúrico, que reagindo com a água produz H_2SO_4:

Equação química (1): $SO_2 + 1/2SO_2 \rightarrow SO_3$
Equação química (2): $SO_3 + H_2O \rightarrow H_2SO_4$

Os óxidos de nitrogênio NO e NO_2 formam o ácido nítrico (HNO_3):

$2NO + O_2 \rightarrow 2NO_2$
$3NO_2 + H_2O \rightarrow 2HNO_3 + NO$

Esses ácidos na água da chuva é que correspondem à chuva ácida. Esses ácidos ocorrem também na atmosfera de regiões fabris, como consequência de despejos gasosos industriais.

As chuvas ácidas atacam a vegetação, tornam o solo ácido e causam sérios danos à Agricultura. Os monumentos de mármore também são danificados, conforme as equações:

Equação química (1): $H_2SO_4 + CaCO_{3(mármore)} \rightarrow CaSO_4 + H_2O + CO_2$
Equação química (2): $2NHO_3 + CaCO_3 \rightarrow Ca(NO_3)_2 + H_2O + CO_2$

A forma de controlar o problema é utilizar nas indústrias equipamentos especiais para eliminar os poluentes, como precipitador Cotrell nas chaminés.

Atualmente os automóveis têm catalisadores que atuam sobre os gases da descarga, acelerando a transformação dos óxidos de nitrogênio em N_2 e do CO em CO_2.

Questão 96

(INSTITUTO MILITAR DE ENGENHARIA)

Item a) Equação química: $H_{2(gás)} + ½\ O_{2(gás)} \rightarrow H_2O_{(gás)}$

Cálculo do número de mol de H_2: $n_{H_2} = \frac{m_{H_2}}{<MM>_{H_2}} = \frac{40}{2} = 20 \text{ mol}$ (Reagente em excesso)

Cálculo do número de mol de O_2: $n_{O_2} = \frac{m_{O_2}}{<MM>_{O_2}} = \frac{40}{32} = 1{,}25 \text{ mol}$ (Reagente limitante)

1/2 mol de O_2 ------------------ 1,25 mol
n_{O2} --------------------------------- 1,0 mol
n_{O2} = 2,50 mol

Reagente limitante: $O_{2(gás)}$ e reagente em excesso: $H_{2(gás)}$

Item b) Cálculo da massa de água formada, a partir do reagente limitante:

½ mol de O_2 ---------------- 1 mol de H_2O
(½ x 32)g de O_2 ----------- (1 x 18) g de H_2O
40g de O_2 ------------------- Massa
Massa = 45 g

Item c) Quantidade que sobra de gás hidrogênio, H_2:
1 mol de H_2 ------------------ 1/2 mol de O_2
2,0 g --------------------------- ½ x 32 g
Massa ------------------------- 40,0 g
Massa = 5,00 g (reagiu)

Não reagido (Sobra) = 40,00 – 5,00 = 35,0 g

Questão 97

(INSTITUTO MILITAR DE ENGENHARIA) Sendo a fórmula molecular da vanadinita $Pb_5(VO_4)_3Cl$, será necessário o cálculo da sua massa molecular:

Item a) Massa molar da vanadinita: $<MM>_{vanadinita}$ = 1415,5 g.mol^{-1}

$$(\%)_V = \left(\frac{< MM >_{vanádio}}{< MM >_{vanadinita}}\right) x\ 100 = \left(\frac{51,0 \text{ x } 3}{1415,5}\right) x\ 100 = 0,1081\ (10,81\%)$$

Item b) 1 molécula ------ 1 átomo de Cl ⟶ número de mol de $Pb_5(VO_4)_3Cl$ = nº de mols Cl

1 mol ---------- 6,02 x 10^{23} átomos
n_{Cl} -------------- 2,40 x 10^{24} átomos
n_{Cl} = 3,99 mol de átomos de cloro

1 molécula de vanadinita apresenta 3 átomos de Vanádio

1 molécula de vanadinita apresenta 1 átomo de cloro

Conclusão: $n_{vanádio} = \frac{m_{vanádio}}{<MM>_{vanádio}} = 3 \text{ x } n_{cloro}$

$m_{vanádio} = 3 \text{ x } n_{cloro} \text{ x } < MM >_{vanádio} = 3 \text{ x } 3,99 \text{ x } 51 = 610,47 \text{ g}$

Questão 98

(GRILLO) Equação química: $4FeS_{2(sólido)} + 11O_{2(gás)} \longrightarrow 2Fe_2O_{3(sólido)} + 8SO_{2(gás)}$

Considerando que o ar apresenta composição igual a 21% de oxigênio e 79% de gás nitrogênio, temos:

11 mol de $O_{2(g)}$ -------- 21%
n_{N2} ----------------------- 79%
n_{N2} = 41,38 mol de $N_{2(g)}$

Equação química com a presença de gás nitrogênio: $4FeS_{2(sólido)} + 11O_{2(gás)} + 41,38N_{2(gás)} \longrightarrow 2Fe_2O_{3(sólido)} + 8SO_{2(gás)} + 41,38N_{2(gás)}$.

Número de mol de ar = 11 mol de O_2 + 41,38 mol de N_2 = 52,38 mol de ar.

Cálculo do número de mol de ar atmosférico:

4 mol de FeS_2 -------------------- 52,38 mol de ar
$\left(\frac{400 \times 0{,}90}{120}\right)$ mol de FeS_2 ------- n_{ar}

n_{ar} = 39,28 mol de ar

Cálculo do volume de ar, levando em consideração que apresenta comportamento ideal:

$$V_{ar} = \frac{39{,}28 \times 0{,}08206 \times (27 + 273)}{\left(\frac{850}{760}\right)} = 864{,}61 \text{ L}$$

Questão 99

(OLIMPÍADA DE QUÍMICA DO RIO GRANDE DO SUL)

Item a) Equação química de formação do sulfato de alumínio: $2AlCl_3 + 3H_2SO_4 \rightarrow Al_2(SO_4)_3 + 6HCl$

Item b) Massa de sal puro de cloreto de alumínio = 534 g x 0,75 = 400,50 g

Equação química: $2AlCl_3 + 3H_2SO_4 \rightarrow Al_2(SO_4)_3 + 6HCl$

Cálculo da massa de sulfato de alumínio, a partir da massa de cloreto de alumínio:

2 mol de $AlCl_3$ --------------- 1 mol de $Al_2(SO_4)_3$
267 gramas ------------------ 342 gramas x (0,90)
400,50 gramas -------------- $m_{Al2(SO4)3}$
$m_{Al2(SO4)3}$ = 461,70 g

Item c) Cálculo do número de mol de enxofre, a partir da massa:

342 g ---------- 3 mol de átomos de S
855 g ---------- n_S
n_S = 7,50 mol de átomos de enxofre

Item d) Equação química: $3H_2SO_{4(aquoso)} + 2Al(OH)_{3(aquoso)} \rightarrow Al_2(SO_4)_{3(aquoso)} + 6H_2O_{(líquido)}$.

Questão 100

(GRILLO) Equação química: $3Hg_{(sólido)} + 8HNO_{3(aquoso)} \rightarrow 3Hg(NO_3)_{2(aquoso)} + 4H_2O_{(líquido)} + 2NO_{(gás)}$

Cálculo do volume de monóxido de nitrogênio nas CNTP, a partir da relação estequiométrica com o mercúrio:
3 mol de Hg ------------------- 2 mol de NO
(3 x 200) g --------------------- 2 x 22, 4 L
6,0 g ----------------------------- V
V = 448 L de NO

Questão 101

(INSTITUTO MILITAR DE ENGENHARIA)

Item a) Analisando todas as equações químicas apresentadas no enunciado da questão e realizando o seu somatório:

$CaCO_3 \rightarrow \cancel{CaO} + \cancel{CO_2}$
$\cancel{CaO} + \cancel{H_2O} \rightarrow \cancel{Ca(OH)_2}$

~~$2NH_3$~~ + ~~$2H_2O$~~ $\rightarrow$ ~~$2NH_4OH$~~ (Equação química multiplicada por dois)
~~$2NH_4OH$~~ + ~~CO_2~~ $\rightarrow$ ~~$(NH_4)_2CO_3$~~ + ~~H_2O~~
~~$(NH_4)_2CO_3$~~ + ~~CO_2~~ + H_2O $\rightarrow$ ~~$2NH_4HCO_3$~~
~~$2NH_4HCO_3$~~ + $2NaCl$ $\rightarrow$ ~~$2NH_4Cl$~~ + ~~$2NaHCO_3$~~ (Equação química multiplicada por dois)
~~$2NaHCO_3$~~ $\rightarrow$ Na_2CO_3 + ~~CO_2~~ + H_2O
~~$2NH_4Cl$~~ + ~~$Ca(OH)_2$~~ $\rightarrow$ ~~$2NH_3$~~ + $CaCl_2$ + ~~$2H_2O$~~ +

$CaCO_3 + 2NaCl \rightarrow Na_2CO_3 + CaCl_2$

Item b) Cálculo da massa de cada reagente químico a partir da massa de carbonato de sódio:

1 mol $CaCO_3$ ---------- 2 mol de $NaCl$ ---------- 1 mol de Na_2CO_3
100 g -------------------- 2 x 58,5 g ---------------- 106 g
m_{CaCO3} ------------------ m_{NaCl} ----------------------- 1000 kg
m_{CaCO3} = 943,40 kg e m_{NaCl} = 1103,77 kg

Questão 102

(OLIMPÍADA DE QUÍMICA DO RIO GRANDE DO SUL)

Equação química I: Calcinação do carbonato de cálcio: $CaCO_{3(sólido)} \rightarrow CaO_{(sólido)} + CO_{2(gás)}$

Equação química II: Diluição do resíduo (CaO): $CaO_{(sólido)} + H_2O_{(líquido)} \rightarrow Ca(OH)_{2(aquoso)}$

Equação química III: Anidrido Sulfúrico + hidróxido de cálcio: $SO_{3(gás)} + Ca(OH)_{2(aquoso)} \rightarrow CaSO_{4(aquoso)} + H_2O_{(líquido)}$

Somando as equações químicas apresentadas acima:

$CaCO_{3(sólido)}$ $\rightarrow$ ~~$CaO_{(sólido)}$~~ + $CO_{2(gás)}$
~~$CaO_{(sólido)}$~~ + ~~$H_2O_{(líquido)}$~~ $\rightarrow$ ~~$Ca(OH)_{2(aquoso)}$~~
$SO_{3(gás)}$ + ~~$Ca(OH)_{2(aquoso)}$~~ $\rightarrow$ $CaSO_{4(aquoso)}$ + ~~$H_2O_{(líquido)}$~~ +

$CaCO_{3(sólido)} + SO_{3(gás)} \rightarrow CO_{2(gás)} + CaSO_{4(aquoso)}$ (Equação Química Global)

Questão 103

(OLIMPÍADA IBEROAMERICANO DE QUÍMICA)

Item a) PH_3 = Hidreto de fósforo e H_2SO_4 = Ácido sulfúrico

Item b) Equação química: $Ca_3P_2 + 3H_2SO_4 \rightarrow 2PH_3 + 3CaSO_4$

Cálculo da massa de Ca_3P_2 (fosfeto de cálcio) a partir da fosfina:

1 mol de Ca_3P_2 --------- 2 mol de PH_3
182 g ---------------------- 68 g x 0,80
0,90 x m_{Ca3P2} ------------ 20,0 g
m_{Ca3P2} = 74,35 g

Item c) Equação química: $Ca_3P_2 + 3H_2SO_4 \rightarrow 2PH_3 + 3CaSO_4$.

Relação estequiométrica entre o ácido sulfúrico com a fosfina, levando em consideração que o rendimento seja igual a 80%.

3 mol de H_2SO_4 --------- 2 mol de PH_3 x 0,80
n_{H2SO4} ---------------------- n_{PH3}
1,60 x n_{H2SO4} = 3 x n_{PH3}

Cálculo do volume da solução de ácido sulfúrico: $1{,}60 \text{ x } [H_2SO_4] \text{ x } V_{solução} = 3 \text{ x } \frac{m_{PH_3}}{<MM>_{PH_3}}$

$$1{,}60 \text{ x } 2{,}0 \text{ x } V_{\text{solução}} = 3 \text{ x} \frac{20}{34}$$

$$V_{\text{solução}} = 0{,}551 \text{ L}$$

Item d) Cálculo da concentração da quantidade de matéria de ácido sulfúrico comercial:

$$[H_2SO_4]_{\text{comercial}} = \frac{10 \text{ x d x } (\%)}{< MM >_{H_2SO_4}} = \frac{1804{,}67}{98} = 18{,}41 \text{ mol. L}^{-1}$$

Cálculo do volume de ácido sulfúrico comercial:

$$[H_2SO_4] \text{ x } V_{\text{solução}} = [H_2SO_4]_{\text{comercial}} \text{ x } V_{\text{solução}}^{\text{comercial}}$$

$$2{,}0 \text{ x } 0{,}56 = 18{,}41 \text{ x } V_{\text{solução}}^{\text{comercial}}$$

$$V_{\text{solução}}^{\text{comercial}} = 0{,}061 \text{ L (61 mL)}$$

Questão 104

(OLIMPÍADA MINEIRA DE QUÍMICA)

Item a) Cálculo da massa de gás oxigênio: $C_6H_{12}O_{6(\text{sólido})} + 6O_{2(\text{gás})} \longrightarrow 6CO_{2(\text{gás})} + 6H_2O_{(\text{liquido})}$

1 mol de $C_6H_{12}O_6$ ------------- 6 mol de O_2
180 gramas -------------------- 192 gramas de $O_{2(g)}$
25,0 gramas -------------------- m_{O2}
m_{O2} = 26,67 g

Item b) Cálculo da massa $CO_{2(g)}$ e $H_2O_{(l)}$:

1 mol de $C_6H_{12}O_{6(s)}$ -------------- 6 mol de CO_2 --------- 6 mol de H_2O
2,50 mol de $C_6H_{12}O_{6(s)}$ ---------- n_{CO2} --------------------- n_{H2O}
n_{CO2} = 15,0 mol e n_{H2O} = 15,0 mol

Massa de CO_2: $m_{CO2} = n_{CO2} \text{ x } <MM>_{CO2} = 15 \text{ x } 44 = 660$ g
Massa de H_2O: $m_{H2O} = n_{H2O} \text{ x } <MM>_{H2O} = 15 \text{ x } 18 = 270$ g

Questão 105

Cálculo do número de mol de carbonato de cálcio: $n_{CaCO_3} = \frac{m_{CaCO_3}}{<MM>_{CaCO_3}} = \frac{1250}{100} = 12{,}50 \text{ mol}$

Cálculo do número de mol de cloreto de sódio: $n_{NaCl} = \frac{m_{NaCl}}{<MM>_{NaCl}} = \frac{650}{58{,}5 \text{ x } 2} = 5{,}55 \text{ mol}$

Massa de cloreto de sódio puro (reagente limitante): m_{NaCl} = 650 x 0,90 = 585 g

Através da estequiometria da reação, temos: $CaCO_3 + 2NaCl \longrightarrow Na_2CO_3 + CaCl_2$

Cálculo da massa de carbonato de sódio a partir da massa de cloreto de sódio:

2 mol de NaCl ------------------ 1 mol de Na_2CO_3
117 gramas de NaCl ---------- 106 gramas de Na_2CO_3
585 gramas de NaCl ---------- m_{Na2CO3}
m_{Na2CO3} = 530 g

Considerando que o grau de rendimento seja 80%, temos:

530 gramas ---------- 100%
m_{Na2CO3} ---------------- 80%
m_{Na2CO3} = 424 g

Questão 106

(INSTITUTO MILITAR DE ENGENHARIA) Balanceamento pelo método redox.

$2NaNO_2 + 2FeSO_4 + 3H_2SO_4 \rightarrow 2NO + Fe_2(SO_4)_3 + 2NaHSO_4 + 2H_2O$.

Determinação do reagente limitante:

$$n_{NaNO_2} = \frac{m_{NaNO_2}}{<MM>_{NaNO_2}} = \frac{75}{69 \times 2} = 0{,}545 \text{ mol}$$

$$n_{FeSO_4} = \frac{m_{FeSO_4}}{<MM>_{FeSO_4}} = \frac{152}{152 \times 2} = 0{,}50 \text{ mol}$$ (Reagente químico limitante)

$$n_{H_2SO_4} = \frac{m_{H_2SO_4}}{<MM>_{H_2SO_4}} = \frac{150}{98 \times 3} = 0{,}51 \text{ mol}$$

Cálculo da massa de NO, a partir da massa de ácido sulfúrico: $2NaNO_2 + 2FeSO_4 + 3H_2SO_4 \rightarrow 2NO + Fe_2(SO_4)_3 + 2NaHSO_4 + 2H_2O$

3 mol de H_2SO_4 --------------------- 2 mol de NO
(3 x 98) gramas --------------------- (2 x 30) gramas x 0,90
152 gramas -------------------------- m_{NO}
m_{NO} = 27,92 g

Questão 107

(INSTITUTO MILITAR DE ENGENHARIA) A reação de neutralização entre ácido clorídrico e hidróxido de sódio é representada pela seguinte equação química: $HCl_{(aquoso)} + NaOH_{(aquoso)} \rightarrow H_2O_{(líquido)} + NaCl_{(aquoso)}$.

Observando a estequiometria da reação, 1 mol de ácido clorídrico consome 1 mol de hidróxido de sódio, 20.10^{-3} mol de NaOH (20,0 cm^3 de solução de NaOH 1,00 $mol.L^{-1}$) reagem com 20 x 10^{-3} mol de HCl, ou seja, a partir do cálculo realizado há a formação de 8 x 10^{-2} mol do ácido com os óxidos de acordo com as seguintes equações químicas:

$2HCl_{(aquoso)} + CaO_{(sólido)} \rightarrow H_2O_{(líquido)} + CaCl_{2(aquoso)}$
$2HCl_{(aquoso)} + MgO_{(sólido)} \rightarrow H_2O_{(líquido)} + MgCl_{2(aquoso)}$

Assim, sabe-se que 8 x 10^{-2} mol de HCl irão corresponder a soma de 2x mol de CaO e 2y mol de MgO. Uma vez que 2 gramas da mistura dos óxidos correspondem a (56,1 $g.mol^{-1}$.x mol de CaO) + (40,3 $g.mol^{-1}$.y mol de MgO) então:

$x = 4.10^{-2} - y$

$56{,}1 \times (4.10^{-2} - y) + 40{,}3y = 2$

Resolvendo a equação matemática acima, temos: y = 0,01544 mol (MgO) e x = 0,02456 mol (CaO).

Considerando a decomposição dos carbonatos, para cada 1 mol de carbonato será gerado 1 mol do óxido de acordo com as seguintes equações químicas balanceadas:

Equação química (1): $CaCO_{3(sólido)} \rightarrow CaO_{(sólido)} + CO_{2(gás)}$
Equação química (2): $MgCO_{3(sólido)} \rightarrow MgO_{(sólido)} + CO_{2(gás)}$

Conclusão: Na mistura inicial há 0,01544 mol de $MgCO_3$ (1,3016 g) e 0,02456 mol $CaCO_3$ (2,4585 g), ou seja, 34,62% de $MgCO_3$ e 65,38% de $CaCO_3$.

Questão 108

(OLIMPÍADA NORTE – NORDESTE DE QUÍMICA)

Equação química: $2HCl_{(aquoso)} + Mg(OH)_{2(aquoso)} \longrightarrow MgCl_{2(aquoso)} + 2H_2O_{(líquido)}$

Item a) Cálculo do volume de HCl em excesso: $[HCl]_1 \times V_1 = [HCl]_2 \times V_2$

$0,102 \times V_1 = 0,100 \times 21,9$

$V_1 = 21,47$ mL

Cálculo do volume de HCl que reagiu: $V_{HCl\ reagiu} = 50,0$ mL – 21,47 mL = 28,53 mL

Cálculo do número de mol de HCl que reagiu: $n_{HCl} = [HCl] \times V_{solução} = 0,102 \times (28,53 / 1000) = 0,0029$ mol

Através da estequiometria, temos:

2 mol de HCl ------------------ 1 mol de $Mg(OH)_2$
0,0029 mol --------------------- $n_{Mg(OH)2}$
$n_{Mg(OH)2} = 0,0015$ mol

Cálculo da massa de hidróxido de magnésio: $m_{Mg(OH)2} = [Mg(OH)_2] \times V_{solução}$

$m_{Mg(OH)2} = 0,0015 \times 58,32 = 0,085$ g

Item b) Cálculo do percentual:

1 g --------------- 100 %
0,085 g ---------- (%)
(%) = 8,5%

Item c) Equação química que apresenta a formação do sulfato de alumínio:

$2Al(OH)_{3(aquoso)} + 3H_2SO_{4(aquoso)} \longrightarrow Al_2(SO_4)_{3(aquoso)} + 6H_2O_{(líquido)}$.

Questão 109

(INSTITUTO MILITAR DE ENGENHARIA)

Composição dos 1,850 gramas de amostra: x mol de $CuCl_2$ e y mol de $CuBr_2$. 134,5 x + 223,5y = 1,850 g

$CuCl_2$ não reage com AgCl, mas reage com o $CuBr_2$, conforme a seguinte equação química: $yCuBr_2 + 2yAgCl \longrightarrow yCuCl_2 + 2yAgBr$

A massa de 2y AgBr = 2y. (108 + 80) = 376y

A massa de AgCl na mistura final corresponde ao AgCl inicial menos o AgCl que reagiu com o $CuBr_2$:

Massa inicial de AgCl: 1,800 g

Massa de AgCl que reagiu: 2y AgCl = 2y .143,5 g = 287.y

Massa de AgCl na mistura final: 1,800 - 287y

Mistura final, de AgBr + AgCl: 376 y + (1,800 – 287 y) = 2,052

376 y – 287 y = 2,052 - 1,800

89 y = 0,252

y = 2,83 x 10^{-3} mol

Massa inicial de $CuBr_2$ = 2,83 x 10^{-3} mol x 223,5 $g.mol^{-1}$ = 0,6325 gramas, presente em 1,850 gramas da mistura.

Cálculo da percentagem de $CuBr_2$: $\% = \left(\frac{0{,}632\ g}{1{,}850\ g}\right) x\ 100\% = 34{,}19\ \%$

Questão 110

(INSTITUTO MILITAR DE ENGENHARIA) Analisando e calculando a massa de carbono, a partir da relação estequiométrica com o dióxido de carbono:

6,6 g de CO_2:
44 gramas de CO_2 ----------- 12 gramas de C
6,6 gramas de CO_2 ---------- m_C
m_C = 1,8 gramas de C

Analisando e calculando a massa de átomo de hidrogênio.

3,6 g de H_2O:
18 gramas de H_2O ----------- 2 gramas de H
3,6 gramas de H_2O ---------- m_H
m_H = 0,4 g de H

Massa de oxigênio na presença de 3,0 gramas do composto: 3,0 g – (1,80 + 0,40) = 0,80 g de Oxigênio. Assim sendo:

C = 1,80 g; H = 0,40 g e O = 0,80 g, o que confirma como fórmula mínima e molecular dada por C_3H_8O.

Como a oxidação de X gera uma cetona, X é o propan–2–ol, então: C = 60,00%; H = 13,33%; O = 26,67%.

Fórmula molecular: C_3H_8O
Nomenclatura: propan–2–ol (álcool secundário)

Questão 111

(INSTITUTO MILITAR DE ENGENHARIA) Os processos de oxidação e redução envolvidos são os seguintes:

Item a) $Al_{(sólido)} + 4OH^-_{(aquoso)} \rightarrow Al(OH)^-_{4(aquoso)}$ + 3 elétrons
Item b) $NO^-_{3(aquoso)} + 6H_2O_{(líquido)} + 8e^{létrons} \rightarrow NH_{3(aquoso)} + 9OH^-_{(aquoso)}$
Item c) $3NaNO_{3(aquoso)} + 18H_2O_{(líquido)} + 8Al_{(sólido)} + 5NaOH_{(aquoso)} \rightarrow 3NH_{3(aquoso)} + 8Na[Al(OH)_4]_{(aquoso)}$
Item d) NO_3^- (íon nitrato)
Item e) Alumínio (Al)

Questão 112

(OLIMPÍADA NORTE-NORDESTE DE QUÍMICA)

Item a) Considerando a seguinte equação química e discutindo cada espécie química, temos:

Ácido butanoico → Função orgânica = ácido carboxílico ($C_4H_8O_2$).

H_3C-CH_2-OH = Etanol (Álcool Etílico) → Função orgânica = álcool (C_2H_6O)

Butanoato de etila → Função orgânica = éster ($C_6H_{12}O_2$).

Item b) A partir do entendimento do Princípio de Le Chatelier, temos as seguintes situações:

- Aumento da concentração da quantidade de matéria da solução aquosa de ácido butanoico;
- Aumento da concentração da quantidade de matéria da solução de álcool etílico (etanol).

Item c) Resolvendo o cálculo estequiométrico: $C_4H_8O_{2(aquoso)} + C_2H_6O_{(aquoso)} \longrightarrow C_6H_{12}O_{2(aquoso)} + H_2O_{(líquido)}$

Cálculo da massa de éster a partir da massa de ácido carboxílico:

1 mol de $C_4H_8O_2$ ---------- 1 mol de $C_6H_{12}O_2$
88 gramas ------------------ 116 gramas x 0,75
13,2 gramas ---------------- $m_{éster}$
$m_{éster}$ = 13,05 g

Item d) Equação química: $C_8H_{16}O_{2(aquoso)} + C_2H_6O_{(aquoso)} \longrightarrow C_{10}H_{20}O_{2(aquoso)} + H_2O_{(líquido)}$.

Questão 113

(INSTITUTO MILITAR DE ENGENHARIA) Equação química: Composto + $O_2 \longrightarrow$ _CO_2 + _H_2O + _N_2

CO_2: 0,80 . (5/6) n_{total}
H_2O: (1/5) . n_{total}
N_2: x.n_{total}

Cálculo do número de mol total (n_{total}): $(4/6).n_t + (1/6).n_t + x.n_t = n_t$

4/6 + 1/6 + x = 1

x = 1 – 5/6 = 1/6

Equação química: Composto + $O_2 \longrightarrow {}^4/_6CO_2 + {}^1/_6H_2O + {}^1/_6N_2$

Item a) Como a proporção entre os átomos C:O é de 1:1 temos: $C_4O_4H_2N_2$

Item b) Cálculo da massa molar, a partir da equação dos gases ideais:

$$< MM >= \frac{m \times R \times T}{p \times V} = \frac{170{,}4 \times 0{,}082 \times 800}{0{,}64 \times 82} = 213 \text{ g.mol}^{-1}$$

Fórmula Molecular: $(C_2O_2HN)_x$

$71x = 213 \Rightarrow x = 3$

Composto: $(C_2O_2HN)_3 = C_6O_6H_3N_3$

Item c) Equação de combustão completa: $2C_6H_3N_3O_6 + 15/2O_2 \longrightarrow 12CO_2 + 3H_2O + 3N_2$

(2 x 213) g de $C_6H_3N_3O_6$ ---------------------- (15/2) x 32 g de O_2
213 g de $C_6O_6H_3N_3$ ---------------------------- X
X = 120 g de O_2

Observação: A fórmula molecular aponta, como estrutura mais provável para o composto em questão, o TNB (trinitrobenzeno), sendo um poderoso explosivo e na temperatura de 800 K, se decompõe de forma bastante violenta.

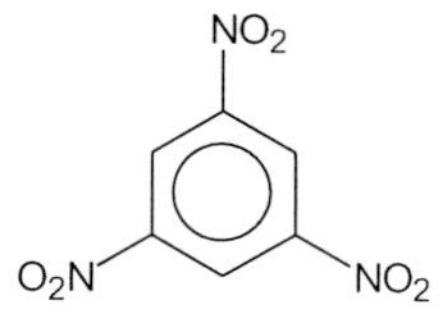

Questão 114

Equação química que corresponde a combustão total do composto desconhecido: $C_xH_yO_z + \left(x + \frac{y}{4}\right)O_2 \rightarrow xCO_2 + \frac{y}{2}H_2O$

Cálculo da massa molecular do composto orgânico, a partir da equação dos gases ideais: $p^{ideal} \text{ x } V = \frac{massa}{<MM>} \text{ x } R \text{ x } T$

$$< MM > = \frac{30 \text{ x } 10^{-3} \text{ x } 0{,}08206 \text{ x } 300}{0{,}60 \text{ x } 20 \text{ x } 10^{-3}} = 60{,}04 \frac{g}{mol}$$

A partir da relação estequiométrica, temos:

60 g do composto orgânico --------------- 32 x $\left(x + \frac{y}{4}\right)$g de O_2 -------- 44x ---------------------- 9y
12,0 x 10^{-3} g do composto orgânico ----- 26,5 x 10^{-3} g ------------------ 14,4 x 10^{-3} g

Determinação da incógnita x: x = 3,0
Determinação da incógnita y: y = 8,0

Determinação do fator estequiométrico do átomo de oxigênio (z) na molécula orgânica:
$C_3H_8O_z \rightarrow 3 \text{ x } 12 + 8 \text{ x } 1 + < MA >_O = 60$

$$< MA >_O = 16 \frac{g}{mol}$$

Fórmula molécula: C_3H_8O

Para uma molécula de fórmula molecular C_3H_8O, os compostos orgânicos que apresentam isomeria plana do tipo função são as seguintes:

propan – 1 – ol; metoxi-etano e propan – 2 – ol.

Questão 115

(OLIMPÍADA BRASILEIRA DE QUÍMICA – SEGUNDA FASE - MODIFICADA)

Item a) Nomenclatura das espécies químicas.

H_2S (estado gasoso) = Sulfeto de hidrogênio
H_2S (solução aquosa) = Ácido sulfídrico

Item b) Analizando as etapas de ionização do ácido sulfídrico.

Primeira ionização do ácido sulfídrico: $H_2S_{(aquoso)} + H_2O_{(líquido)} \rightarrow HS^-_{(aquoso)} + H_3O^+_{(aquoso)}$
Segunda ionização do ácido sulfídrico: $HS^-_{(aquoso)} + H_2O_{(líquido)} \rightarrow S^{-2}_{(aquoso)} + H_3O^+_{(aquoso)}$

Item c) Através da equação química, temos: $C_2H_5SH + H_2 \rightarrow C_2H_6 + H_2S$

Cálculo da massa de gás hidrogênio a partir da relação estequiométrica com o gás etano.

1 mol de H_2 ---------- 1 mol de C_2H_6

2 g --------------------- 30 g
m_{H2} -------------------- $0{,}30 \times 10^{-3}$ g
$m_{H2} = 2{,}0 \times 10^{-5}$ g

Questão 116

(INSTITUTO MILITAR DE ENGENHARIA) As equações químicas balanceadas estão apresentadas abaixo:

Equação química (1): $8KIO_3 + C_{12}H_{22}O_{11} \rightarrow 12CO_2 + 11H_2O + 8KI$
Equação química (2): $8KI + 4Hg(NO_3)_2 \rightarrow 8KNO_3 + 4HgI_2$

Cálculo do número de mol de iodeto de potássio a partir do dióxido de carbono:

12 mol de CO_2 ------------ 8 mol de KI
12 x 22,4 L ----------------- 8 mol
168,0 L ---------------------- n
n = 5 mol de KI

Como foi colocado apenas 0,05 mol de $Hg(NO_3)_2$ teremos o iodeto de potássio (KI) como reagente em excesso na segunda reação química.

8 mol KI ------------ 4 mol $Hg(NO_3)_2$
n' --------------------- 0,05 mol
n' = 0,10 mol de KI

A proporção entre o nitrato e o iodeto de mercúrio II é de um para um, logo, o número de mol produzido de HgI_2 será 0,05 mol.

Massa de iodeto de mercúrio: $m = 0{,}05 \times \langle MM \rangle_{HgI2} = 0{,}05 \times [200{,}6 + (126{,}9 \times 2)] = 22{,}72$ g

Questão 117

(INSTITUTO TECNOLÓGICO DA AERONÁUTICA)

Item a) Equação química que corresponde a combustão completa: $C_2H_6O_{(aquoso)} + 3O_{2(gás)} \rightarrow 2CO_{2(gás)} + 3H_2O_{(líquido)}$

Item b) Cálculo do número de mol de N_2, a partir da composição do ar atmosférico: 79% de N_2 e 21% de O_2.

3 mol de O_2 --------- 21%
n_{N2} --------------------- 79%
$n_{N2} = 11{,}28$ mol de N_2

Equação química: $C_2H_6O + 3O_{2(gás)} + 11{,}28N_{2(gás)} \rightarrow 2\ CO_{2(gás)} + 3H_2O_{(líquido)} + 11{,}28N_{2(gás)}$

Item c) A partir de 50% de quantidade estequiométrica de ar atmosférico, o combustível etanol sofre combustão de forma incompleta, apresentando como produtos o carvão e o monóxido de carbono. A equação química é a seguinte:

$C_2H_6O + 1{,}50O_{2(gás)} + 5{,}64N_{2(gás)} \rightarrow C_{(sólido)} + CO_{(gás)} + 5{,}64N_{2(gás)} + 3\ H_2O_{(líquido)}$

Item d) As três equações químicas balanceadas apresentadas nos itens anteriores são reações exotérmicas. As reações químicas dos itens a e b liberam a mesma quantidade de calor, uma vez que são reações de combustão completa. Já em relação a reação química c, vai haver menor liberação de quantidade de calor, por ser uma reação de combustão incompleta. Por isso, a ordem é a seguinte: $|\Delta H_c| < |\Delta H_b| = |\Delta H_a|$

Questão 118

(OLIMPÍADA MINEIRA DE QUÍMICA)

Item a) Equação química: $C_7H_6O_3 + CH_3OH \rightarrow C_8H_8O_3 + H_2O$

Cálculo do número de mol de $C_7H_6O_3$:

1 mol de $C_7H_6O_3$ ------------------ 1 mol de $C_8H_8O_3$
n_{C7H6O3} ------------------------------- 0,40 mol de $C_8H_8O_3$
n_{C7H6O3} = 0,40 mol de $C_7H_6O_3$

Cálculo da massa de ácido salicílico, a partir do número de mol: $m_{C7H6O3} = n_{C7H6O3} \times \langle MM\rangle_{C7H6O3} = 0{,}40 \times 138 = 55{,}2$ g

Item b) Através da equação química balanceada, temos: $C_7H_6O_3 + CH_3OH \longrightarrow C_8H_8O_3 + H_2O$

138 gramas de $C_7H_6O_3$ ------------------- 32 gramas de CH_3OH x Rendimento
20 gramas de $C_7H_6O_3$ --------------------- 10 gramas de CH_3OH

$$\text{Rendimento} = \frac{640}{1380} = 0{,}46\ (46\%)$$

Item c) Cálculo do número de mol para cada reagente:

$$n_{\text{ácido}} = \frac{20}{138} = 0{,}145\ \text{mol (reagente limitante)}$$

$$n_{\text{base}} = \frac{10}{32} = 0{,}3125\ \text{mol}$$

Questão 119

(INSTITUTO MILITAR DE ENGENHARIA)

Item a) Equação química: $C_4H_6O_{3(\text{líquido})} + 2C_7H_6O_{3(\text{sólido})} \longrightarrow 2C_9H_8O_{4(\text{sólido})} + H_2O_{(\text{líquido})}$

Item b) Determinação do reagente limitante e do reagente em excesso:

$$n_{\text{anidrido}} = \frac{m_{\text{anidrido}}}{\langle MM\rangle_{\text{anidrido}}} = \frac{2000}{102} = 19{,}61\ \text{mol}$$ (Reagente em excesso)

$$n_{\text{ácido}} = \frac{m_{\text{ácido}}}{\langle MM\rangle_{\text{ácido}}} = \frac{1000}{138 \times 2} = 3{,}62\ \text{mol}$$ (Reagente limitante)

Item c) Cálculo da massa de aspirina:

2 mol de $C_7H_6O_{3(s)}$ ---------------- 2 mol de $C_9H_8O_{4(s)}$
2 x 138 gramas ------------------- 2 x (180) gramas
1000 gramas ----------------------- $m_{aspirina}$
$m_{aspirina} = 1{,}30 \times 10^3$ gramas de aspirina

Cálculo do rendimento teórico:

2 mol de $C_7H_6O_{3(s)}$ --------------- 2 mol de $C_9H_8O_{4(s)}$
2 x 138 gramas ------------------- 2 x 180 gramas
1000 gramas ---------------------- $m_{aspirina}$
$m_{aspirina} = 1{,}30 \times 10^3$ g de aspirina

$m_{aspirina} = 1{,}30 \times 10^3$ g de aspirina x rendimento = $1{,}30 \times 10^3$ g de aspirina x 0,86 = 1118 g de aspirina

Item d) Número de aspirinas (N): $\frac{1118}{0{,}50} = 2236$ comprimidos

Questão 120

Alternativa B.

A reação química entre o dióxido de manganês na presença da solução de ácido clorídrico, a equação química balanceada pelo método REDOX é dada por: $MnO_{2(sólido)} + 4HCl_{(aquoso)} \rightarrow MnCl_{2(aquoso)} + 2H_2O_{(líquido)} + Cl_{2(gás)}$

Já a segunda etapa, consiste na reação entre o cloro no estado gasoso na presença de hidróxido de sódio concentrado, resultando clorato de sódio, cloreto de sódio e água, conforme apresentado pela equação química balanceada pelo método REDOX:

$$Cl_{2(gás)} + 6NaOH_{(concentrado)} \rightarrow NaClO_{3(aquoso)} + 56NaCl_{(aquoso)} + 6H_2O_{(líquido)}$$

A partir da segunda etapa, será determinado a massa de cloro gasoso consumido, a partir de 53,25 g de clorato de sódio.

1 mol de cloro gasoso --------- 1 mol de clorato de sódio
71 g de cloro gasoso --------- 106,50 g de clorato de sódio
Massa ---------------------------- 53,25 g de clorato de sódio
Massa de cloro gasoso = 106,50 g

A partir da primeira etapa, que consiste na reação entre óxido com ácido clorídrico, temos:

1 mol de óxido ----------------------------- 1 mol de cloro gasoso
87 g de óxido ------------------------------- 71,0 g de cloro gasoso
Massa de óxido ---------------------------- 106,50 g de cloro gasoso
Massa de óxido = 130,50 g

Questão 121

(OLIMPÍADA BAIANA DE QUÍMICA)

Item a) Cálculo da variação da massa de vela queimada (Δm): Δm = 34,5 g – 33,8 g = 0,70 g

Equação química de combustão completa da vela: $C_{30}H_{62(sólido)} + 91/2O_{2(gás)} \longrightarrow 30CO_{2(gás)} + 31H_2O_{(líquido)}$

1 mol de $C_{30}H_{62}$ --------------------- 30 mol de CO_2
422 gramas de $C_{30}H_{62}$ ------------- 1320 gramas de CO_2
0,70 gramas de $C_{30}H_{62}$ ------------- m_{CO2}
m_{CO2} = 2,19 g

Item b) O reagente limitante para esta situação é o oxigênio (O_2). Cálculo da massa do reagente limitante:

1 mol de $C_{30}H_{62}$ --------------------- 91/2 mol de O_2
422 gramas de $C_{30}H_{62}$ ------------- 1456 gramas de O_2
0,70 gramas de $C_{30}H_{62}$ ------------ m_{O2}
m_{O2} = 2,41 g

Questão 122

(OLIMPÍADA DE QUÍMICA DO RIO GRANDE DO NORTE)

Item a) Equação química: $Cl_{2(gás)} + 3F_{2(gás)} \longrightarrow ClF_{3(gás)}$

Item b) Cálculo do número de mol de cada reagente:

$$n_{Cl_2} = \frac{m_{Cl_2}}{< MM >_{Cl_2}} = \frac{0,71}{71 \text{ x } 1} = 0,01 \text{ mol}$$

$$n_{F_2} = \frac{m_{F_2}}{< MM >_{F_2}} = \frac{1{,}00}{38 \times 3} = 0{,}00877 \text{ mol (reagente limitante)}$$

Através da equação química, temos a seguinte relação estequiométrica:

3 mol de F_2 ---------------------- 1mol de ClF_3
(3 x 38) g de F_2 ----------------- 92,50 g de ClF_3
1,00 gramas de F_2 -------------- m_{ClF3}
m_{ClF3} = 0,811 g

Questão 123

(INSTITUTO MILITAR DE ENGENHARIA) Para o processo de balanceamento, será utilizado o método de oxirredução:

$2KMnO_4 + 10NaCl + 8H_2SO_4 \rightarrow 2MnSO_4 + K_2SO_4 + 5NaSO_4 + 8H_2O + 5Cl_2$

Calculando o número de mol dos reagentes, para a determinação do reagente limitante:

$$32{,}6 \cancel{KMnO_4} \times \frac{1 \text{ mol de } KMnO_4}{158g \text{ de } \cancel{KMnO_4}} = 0{,}2 \text{ mol de } KMnO_4$$

$$58{,}5 \cancel{NaCl} \times \frac{1 \text{ mol de NaCl}}{58{,}5g \text{ de } \cancel{NaCl}} = 1{,}0 \text{ mol de NaCl}$$

$$80{,}4 \text{ g de } \cancel{H_2SO_4} \times \frac{1 \text{ mol de } H_2SO_4}{98 \text{ g de } \cancel{H_2SO_4}} = 0{,}8 \text{ mol de } H_2SO_4$$

Cálculo do rendimento:

$$1 \cancel{\text{mol de NaCl}} \times \frac{5 \cancel{\text{mol de } Cl_2}}{10 \cancel{\text{mol de NaCl}}} \times \frac{71{,}0 \text{ g de } Cl_2}{1{,}0 \cancel{\text{mol de } Cl_2}} = 35{,}5 \text{ g de } Cl_2$$

Rendimento: $\frac{34{,}4}{35{,}5} = 0{,}97(97{,}7\%)$

Questão 124

(OLIMPÍADA DE QUÍMICA DO RIO DE JANEIRO)

Item a) Equação química: $2HCl_{(aquoso)} + CaCO_{3(sólido)} \longrightarrow CaCl_{2(sólido)} + H_2O_{(líquido)} + CO_{2(gás)}$

Item b) Cálculo da massa de carbonato de cálcio puro:

2 mol de $HCl_{(aq)}$ ---------- 1 mol de $CaCO_{3(s)}$
73 g de HCl --------------- 100 g de $CaCO_3$
110 g de HCl -------------- m_{CaCO3}
m_{CaCO3} = 150,68 g

Cálculo da massa de carbonato de cálcio puro: m_{puro} = 150,68 x (1,0 – 0,07) = 140,13 g

Questão 125

(OLIMPÍADA NORTE – NORDESTE DE QUÍMICA)

Cálculo do número de mol de nitroglicerina: $n = \frac{4{,}45}{227} = 0{,}0196 \text{ mol}$

Cálculo do número de mol de gases produzidos, a partir de 0,0196 mol de nitroglicerina:

$2C_3H_5(NO_3)_{3(líquido)} \longrightarrow 3N_{2(gás)} + \frac{1}{2}O_{2(gás)} + 6CO_{2(gás)} + 5H_2O_{(vapor)}$

2 mol de $C_3H_5(NO_3)_3$ ------------------------ 14,5 mol de gases
0,0196mol mol de $C_3H_5(NO_3)_3$ ------------ n_{gases}
n_{gases} = 0,142 mol

Cálculo da pressão aplicando a equação dos gases ideais:

$$p = \frac{0,142 \text{ x } 0,08206 \text{ x } (127 + 273)}{0,10} = 46,61 \text{ atm}$$

Questão 126

(INSTITUTO MILITAR DE ENGENHARIA - MODIFICADA)

Equação química que corresponde a neutralização completa: $HCl_{(aquoso)} + NaOH_{(aquoso)} \longrightarrow NaCl_{(aquoso)} + H_2O_{(líquido)}$

Pela relação estequiométrica, temos:

1 mol HCl --------- 1 mol de NaOH
n_{HCl} ------------------ n_{NaOH}
$n_{HCl} = n_{NaOH}$

Cálculo da concentração da quantidade de matéria para a solução de hidróxido de sódio:

[HCl] x V = [NaOH] x V

$(25 \text{ x } 0,20)_{HCl}$ = [NaOH] x 20

[NaOH] = 0,25 mol x L^{-1}

Nos 50 mL de HCl com concentração igual a 0,20 mol/L, há 10,0 mmol de HCl. Destes 10 mmol, uma parte dele foi neutralizada por 12 mol de NaOH, o que corresponde a (12 x 0,25) mmol, ou seja 3,0 mmol.

Assim, 7,0 mmol de ácido clorídrico reage com o carbonato de cálcio.

Equação química: $CaCO_{3(sólido)} + 2HCl_{(aquoso)} \longrightarrow CaCl_{2(aquoso)} + H_2O_{(líquido)} + CO_{2(gás)}$

Cálculo do número de mol do carbonato de cálcio: $n_{CaCO_3} = \frac{n_{HCl}}{2} = \frac{7 \text{ mmol}}{2} = 3,5 \text{ mmol}$

Logo, a massa de carbonato de cálcio será igual a: $m_{CaCO3} = n \text{ x } \langle MM \rangle_{CaCO3} = 3,5 \text{ x } 10^{-3} \text{ x } 100 \text{ g} = 0,35 \text{ g}$

Questão 127

(INSTITUTO MILITAR DE ENGENHARIA) Após a identificação de que o elemento em questão é o cloro, temos:

Item a) B = NaClO (Hipoclorito de sódio), C = NaCl (Cloreto de sódio), E = N_2 (Gás nitrogênio), F = NH_3 (Amônia).

Produção de hipoclorito de sódio: $Cl_2 + 2NaOH \longrightarrow NaCl + NaClO + H_2O$

Item b) Analisando as equações químicas apresentadas a seguir.

Equação química (1): Produção de nitrogênio: $10Na + 2NaNO_3 \longrightarrow 6Na_2O + N_2$
Equação química (2): Produção de amônia: $N_{2(gás)} + 3H_{2(gás)} \longrightarrow 2NH_{3(gás)}$

Item c) Nitrato de amônio = NH_4NO_3

Questão 128

(INSTITUTO MILITAR DE ENGENHARIA) Para o balanceamento desta reação, terá que ser feito pelo método da oxirredução, em que o cloro gasoso sofre tanto oxidação quanto redução. Logo, os coeficientes estequiométricos serão os seguintes:

$3Cl_{2(gás)} + 6KOH_{(aquoso)} \rightarrow KClO_{3(aquoso)} + 5KCl_{(aquoso)} + 3H_2O_{(líquido)}$

Segunda reação química: Obtenção de cloreto de potássio, a partir da decomposição do clorato de potássio.

Equação química: $KClO_{3(aquoso)} \xrightarrow{\Delta} KCl_{(sólido)} + 3/2O_{2(gás)}$.

Somando as duas equações químicas, temos:

$3Cl_{2(gás)} + 6KOH_{(aquoso)} \rightarrow \cancel{KClO_{3(aquoso)}} + 5KCl_{(aquoso)} + 3H_2O_{(líquido)}$
$\cancel{KClO_{3(aquoso)}} \rightarrow KCl_{(sólido)} + 3/2O_{2(gás)}$ +

$3Cl_{2(gás)} + 6KOH_{(aquoso)} \rightarrow 6KCl_{(aquoso)} + 3H_2O_{(líquido)} + + 3/2O_{2(gás)}$ (Equação química global)

Cálculo da massa de hidróxido de potássio a partir da seguinte relação estequiométrica:

6 mol de $KOH_{(aq)}$ ---------------- 6 mol de $KCl_{(aq)}$
6 x (39 + 16 + 1) g -------------- 6 mol x (39 + 35,5) g
m_{KOH} ---------------------------------- 298 g
m_{KOH} = 224 g

Questão 129

(INSTITUTO MILITAR DE ENGENHARIA) Para realizar o balanceamento desta reação química, será necessário utilizar o balanceamento pelo método redox, sendo o permanganato de potássio o agente oxidante e o cloreto de sódio o agente redutor. Com isso, o balanceamento desta reação química vai ficar com os seguintes coeficientes estequiométricos:

$2KMnO_4 + 10NaCl + 8H_2SO_4 \rightarrow 2MnSO_4 + K_2SO_4 + 5NaSO_4 + 8H_2O + 5Cl_2$

Determinação do reagente limitante:

$$n_{KMnO_4} = \frac{m_{KMnO_4}}{< MM >_{KMnO_4}} = \frac{32,6}{158 \text{ x } 2} = 0,103 \text{ mol}$$

$$n_{NaCl} = \frac{m_{NaCl}}{< MM >_{NaCl}} = \frac{58,5}{58,5 \text{ x } 10} = 0,10 \text{ mol (Reagente limitante)}$$

$$n_{H_2SO_4} = \frac{m_{H_2SO_4}}{< MM >:_{H_2SO_4}} = \frac{80,4}{98 \text{ x } 8} = 0,1025 \text{ mol}$$

Cálculo do grau de rendimento (R), a partir da relação estequiométrica entre o cloreto de sódio e o gás cloro.

10 mol de NaCl ---------------- 5 mol de Cl_2
10 mol x 58,5 g -------------- 5 x 71 g x **R**
58,5 g -------------------------- 34,4 g
R = 0,969 (≅ 97%)

Questão 130

(INSTITUTO TECNOLÓGICO DA AERONÁUTICA) Cálculo do número de mol de gás nitrogênio, a partir da reação de combustão completa do propano:

$C_3H_{8(gás)} + 5O_{2(gás)} \rightarrow 3CO_{2(gás)} + 4H_2O_{(líquido)}$

$5 \text{ mol de } O_{2(g)} - - - - 20\%$

$n_{N_2} - - - - - - - - 80\%$

$$n_{N_2} = \frac{5 \text{ x } 80}{20} = 20 \text{ mol}$$

Equação química da combustão de gás propano com a presença do nitrogênio molecular:

$$C_3H_{8(gás)} + \underbrace{5O_{2(gás)} + 20N_{2(gás)}}_{\substack{\text{ar atmosférico} \\ n = 5+20=25 \text{ mol}}} \rightarrow 3CO_{2(gás)} + 4H_2O_{(líquido)} + 20N_{2(gás)}$$

Cálculo do volume de ar atmosférico nas condições normais de temperatura e pressão:

$1 \text{ mol de } C_2H_8 - - - - 25 \text{ mol de ar}$

$1 \text{ mol x } 22{,}4 \text{ L} - - - - 25 \text{ mol x } 22{,}4 \text{ L na CNTP}$

$5{,}60 \text{ L} - - - - - - - n_{ar}$

$$n_{ar} = \frac{5{,}60 \text{ x } 25 \text{ x } 22{,}4}{22{,}4} = 140 \text{ L}$$

Questão 131

(INSTITUTO MILITAR DE ENGENHARIA) Equação química: $Cu_{(sólido)} + 2H_2SO_{4(aquoso)} \longrightarrow CuSO_{4(aquoso)} + 2H_2O_{(líquido)} + SO_{2(gás)}$

Cálculo da massa de ácido sulfúrico, a partir da concentração mássica: C = 10 x d x (%)

$$\frac{m_{H_2SO_4}}{V_{solução}} = 10 \text{ x d x } (\%)$$

$$m_{H_2SO_4} = 10 \text{ x d x } (\%) \text{ x } V_{solução} = 10 \text{ x } 1{,}84 \text{ x } 98 \text{ x } 10{,}84 \text{ x } 10^{-3}$$

$$m_{H_2SO_4} = 19{,}55 \text{ g}$$

A partir da relação estequiométrica, temos:

2 mol de $H_2SO_{4(aq)}$ ----------- 1 mol de $CuSO_{4(aq)}$

196 g ---------------------------- 160 g

19,55 g -------------------------- m_{CuSO4}

m_{CuSO4} = 15,96 g

Questão 132

(INSTITUTO TECNOLÓGICO DA AERONÁUTICA)

Primeira equação química: $C_nH_{2n+1} - Br + Mg \longrightarrow C_nH_{2n+1}\,MgBr$

Segunda equação química: $C_nH_{2n+1}\,MgBr + H_2O \longrightarrow C_nH_{2n+2} + Mg(OH)Br$

Pelas equações químicas, podemos relacionar estequiometricamente da seguinte forma: $n_{\text{haleto de alquila}} = n_{\text{hidrocarboneto}}$

$$\left\{\frac{8{,}2}{12n + 2n + 1 + 80}\right\} = \left\{\frac{4{,}3}{12n + 2n + 2}\right\}$$

n = 6,07

Questão 133

(OLIMPÍADA BRASILEIRA DE QUÍMICA) Alternativa D.

A relação numérica para o dióxido de carbono fica da seguinte maneira:

1 mol de CO_2 ----- 44 g ----- 6,02 x 10^{23} moléculas ----- 22,4 L ----- 2 x 6,02 x 10^{23} átomos de O

Item a) Analisando a primeira alternativa:

1 mol de CO_2 ------ 44 g de CO_2
n_{CO2} ------------------ 22 x 10^{-3} g de CO_2
n_{CO2} = 5,0 x 10^{-4} mol de CO_2

Item b) Analisando a segunda alternativa:

44 g de CO_2 -------------- 6,02 x 10^{23} moléculas de CO_2
22 x 10^{-3} g de CO_2 ------- X moléculas de CO_2
X = 3,01 x 10^{20} moléculas de CO_2

Item c) Analisando a terceira alternativa:

44 gramas de CO_2 -------------- 2 x 6,02 x 10^{23} átomos de Oxigênio
22 x 10^{-3} gramas de CO_2 ------- X átomos de Oxigênio
X = 6,02 x 10^{20} átomos de Oxigênio

Item d) Analisando a quarta alternativa:

44 gramas de CO_2 -------------- 22,4 L de CO_2 nas CNTP
22 x 10^{-3} gramas de CO_2 ------- V_{CO2}
V_{CO2} = 11,2 x 10^{-3} L (11,2 mL)

Questão 134

(INSTITUTO TECNOLÓGICO DA AERONÁUTICA) Alternativa E.

Em 1 litro de solução há 1,06 gramas de carbonato de sódio dissolvido. Logo, para um volume de 100 cm³ utilizado, a massa de carbonato de sódio dissolvida será de 0,106 gramas.

Cálculo da massa de dióxido de carbono: $Na_2CO_3 + 2HCl \rightarrow 2NaCl + H_2O + CO_2$

1 mol de Na_2CO_3 ----------------- 1 mol de CO_2
106 gramas ------------------------ 44 gramas
0,106 gramas ---------------------- m_{CO2}
m_{CO2} = 0,044 g

Usando a equação dos gases ideais: $750 \text{ x } V = \frac{0,044}{44} \text{x } 62,30 \text{ x } (27 + 273)$

$V = (0,40 \text{ x } 62,30) \text{ cm}^3$

Questão 135

(INSTITUTO TECNOLÓGICO DA AERONÁUTICA) Alternativa A.

Considere que a composição do ar apresenta 20% de O_2 e 80% de N_2.

Analisando o gás metano (CH_4): $CH_{4(gás)} + 2O_{2(gás)} \rightarrow CO_{2(gás)} + 2H_2O_{(líquido)}$

Cálculo do número de mol de N_2, a partir da composição do ar atmosférico:

2 mol de O_2 ---------- 20%
n_{N2} ---------------------- 80%
n_{N2} = 8 mol de $N_{2(gás)}$

Equação química na presença de $N_{2(gás)}$: $CH_{4(gás)} + 2O_{2(gás)} + 8N_{2(gás)} \rightarrow CO_{2(gás)} + 2H_2O_{(líquido)} + 8N_{2(gás)}$

Observando a estequiometria da reação, temos que para cada 1 litro de $CH_{4(gás)}$ está para 10 Litros de ar.

Analisando o gás etano (C_2H_6): $C_2H_{6(gás)} + 7/2O_{2(gás)} \rightarrow 2CO_{2(gás)} + 3H_2O_{(gás)}$

Cálculo do número de mol de N_2, a partir da composição do ar atmosférico:

(7/2) mol de O_2 --------- 20%
n_{N2} ------------------------- 80%
n_{N2} = 14 mol de $N_{2(g)}$

Equação química com a presença de $N_{2(g)}$: $C_2H_{6(gás)} + 7/2O_{2(gás)} + 14N_{2(gás)} \rightarrow 2CO_{2(gás)} + 3H_2O_{(líquido)} + 14N_{2(gás)}$

Observando a estequiometria da reação, temos que para cada 1,0 L de $C_2H_{6(g)}$ está para 17,5 L de ar.

Analisando o gás metanol (CH_4O): $CH_4O_{(gás)} + 3/2O_{2(gás)} \rightarrow CO_{2(gás)} + 2H_2O_{(líquido)}$

Cálculo do número de mol de N_2, a partir da composição do ar atmosférico:

(3/2) mol de O_2 --------- 20%
n_{N2} ------------------------- 80%
n_{N2} = 6 mol de $N_{2(g)}$

Equação química com a presença de $N_{2(g)}$: $CH_4O_{(gás)} + 3/2O_{2(gás)} + 6N_{2(gás)} \rightarrow CO_{2(gás)} + 2H_2O_{(líquido)} + 6N_{2(gás)}$

Observando a estequiometria da reação, temos que para cada 1 litro de $CH_{4(gás)}$ está para 7,5 litros de ar.

Analisando o gás etanol (C_2H_6O): $C_2H_6O_{(gás)} + 3O_{2(gás)} \rightarrow 2CO_{2(gás)} + 3H_2O_{(líquido)}$

Cálculo do número de mol de N_2, a partir da composição do ar atmosférico:

3 mol de O_2 ------------- 20%
n_{N2} ------------------------- 80%
n_{N2} = 12 mol de $N_{2(g)}$

Equação química com a presença de $N_{2(g)}$: $C_2H_6O_{(gás)} + 3O_{2(gás)} + 12N_{2(gás)} \rightarrow 2CO_{2(gás)} + 3H_2O_{(líquido)} + 12N_{2(gás)}$

Observando a estequiometria da reação, temos que para cada 1 litro de $CH_{4(g)}$ está para 15 litros de ar.

Comparando os volumes, temos: $\boxed{V_2^{C_2H_6} > V_4^{C_2H_6O} > V_1^{CH_4} > V_3^{CH_4O}}$

Questão 136

(INSTITUTO TECNOLÓGICO DA AERONÁUTICA) Alternativa D.

Cálculo da massa de oxigênio, utilizando a equação dos gases ideais: $m_{O_2} = \frac{\frac{700}{760} \times 1000 \times 32}{0,08206 \times (77+273)} = 1026,21 \text{ g}$

Cálculo da massa de nitrato de potássio: $KNO_{3(sólido)} \rightarrow KNO_{2(sólido)} + ½O_{2(gás)}$

1 mol de $KNO_{3(s)}$ ------------------------------ ½ mol de $O_{2(g)}$
1 x (1 x 39 + 1 x 14 + 3 x 16)g ----------- ½ x 32g de $O_{2(g)}$
m_{KNO3} -- 1026,21 g
m_{KNO3} = 6477,93 g (≈ 6,50 kg)

Questão 137

(INSTITUTO MILITAR DE ENGENHARIA) Alternativa C.

A partir do gráfico, o consumo médio mensal de 10 km.L^{-1}, a taxa de CO_2 é de 6600 kg.(mês)$^{-1}$.

Processo de combustão completa:

$$C_nH_{2n+2} + \frac{3n+1}{2}O_2 \rightarrow nCO_2 + (n+1)H_2O$$

(14n+2) ----------------- 44n
2175 kg ----------------- 6600 kg
n = 4

Logo, o combustível testado é o butano (C_4H_{10}).

Questão 138

(INSTITUTO MILITAR DE ENGENHARIA) Alternativa A.

Equação química da combustão completa do gás propano: $C_3H_{8(gás)} + 5O_{2(gás)} \rightarrow 3CO_{2(gás)} + 4H_2O_{(líquido)}$

A quantidade estequiométrica de O_2 seria 5 mol. Segundo o enunciado, foram utilizados 80% da quantidade estequiométrica de O_2, ou seja, 4 mol de O_2 e 16 mol de N_2, pois a proporção entre oxigênio e nitrogênio no ar é de 1:4.

A queima (combustão) foi incompleta, mas não havia hidrocarboneto entre os produtos. Logo, formaram-se CO, CO_2 e vapor d'água, logo, a equação química de combustão nesse caso ficará da seguinte maneira:

$C_3H_{8(gás)} + \frac{2x+y+4}{2} O_{2(gás)} \rightarrow xCO_{2(gás)} + yCO_{(gás)} + 4H_2O_{(gás)}$

$x + y = 3$ e $\frac{2x+y+4}{2} = 4 \Rightarrow x = 1$ e $y = 2$

A equação de combustão incompleta com os coeficientes estequiométricos é a seguinte: $C_3H_8 + 4\ O_2 \rightarrow CO + 2\ CO_2 + 4\ H_2O$

N_2 não reage, e por isso no fim da combustão haverá também 16 mol de N_2.

Cálculo percentual: $(\%)_{CO_2} = \frac{1}{23} x\ 100\% = 4,35\%$

Questão 139

(INSTITUTO MILITAR DE ENGENHARIA) Alternativa B.

Cálculo da massa atômica (<MA>) do elemento X, a partir da seguinte equação química que corresponde a reação de síntese:

$2X + 5/2O_{2(gás)} \rightarrow X_2O_5$

2 mol de X ---------------- 5/2 mol de O_2(g)
(2 x <MA>) -------------- 5/2 x 32 g
18,0 g ---------------------- 7,75 g
<M.A> = 92,90 g.mol^{-1}

Questão 140

(INSTITUTO MILITAR DE ENGENHARIA) Alternativa A.

Cálculo da massa molar do sal (Ca_3X_2): 1 mol de sal (CaX_2) --------- 3 mol de átomos de Ca

$(3 \times 40 + 2.<MM_x>)$ ---------- 3 mol de átomos de Ca
19,9 g --------------------------- 0,15 mol
$<MM_x> = 139\ g.mol^{-1}$

Questão 141

(INSTITUTO MILITAR DE ENGENHARIA) Alternativa C.

A fase mineral corresponde a 70% da massa corpórea, logo: m = 0,70 x 60 kg = 42 kg

Massa de átomos de cálcio: m_{Ca} = 42 kg x 1/3 = 14 kg

Cálculo do número de átomos de cálcio:

1004 g ------------------------- 10 x 6,02 x 10^{23} átomos de cálcio
14000 g ------------------------ X
X = 8,39 x 10^{25} átomos de cálcio.

Questão 142

(INSTITUTO MILITAR DE ENGENHARIA) Alternativa A.

Equação química completa que corresponde a combustão do gás propano: $C_3H_{8(gás)} + 5O_{2(gás)} \rightarrow 3CO_{2(gás)} + 4H_2O_{(gás)}$

Cálculo do número de mol de O_2:

5 mol de O_2 --------- 100%
n_{O2} --------------------- 80%
n_{O2} = 4 mol

Cálculo do número de mol de N_2, a partir da relação estequiométrica com o oxigênio molecular:

4 mol de O_2 ---------- 1 parte
n_{N2} --------------------- 4 partes
n_{N2} = 16 mol

Equação química com a presença de $N_{2(gás)}$: $C_3H_{8(gás)} + 4O_{2(gás)} + 16N_{2(gás)} \rightarrow CO_{2(g)} + 4H_2O_{(gás)} + 2CO_{(gás)} + 16\ N_{2(gás)}$

Cálculo do número de mol total dos gases presentes no recipiente: $n_{Total} = n_{CO2} + n_{H2O} + n_{CO} + n_{N2} = 1 + 4 + 2 + 16 = 23$ mol

Cálculo do percentual de CO_2 no recipiente: $(\%)_{CO_2} = \frac{n_{CO_2}}{n_{TOTAL}} = \frac{1}{23} = 0{,}0435\ (4{,}35\%)$

Questão 143

(INSTITUTO TECNOLÓGICO DA AERONÁUTICA) Alternativa D.

Equação química: $Fe_{(sólido)} + 2HCl_{(aquoso)} \rightarrow FeCl_{2(aquoso)} + H_{2(gás)}$

Cálculo da massa de gás hidrogênio, a partir da relação estequiométrica com o ferro metálico.

1 mol de Fe ------------------------ 1 mol de H_2
55,90 g ------------------------------ 2,0 g de H_2
5,59 g -------------------------------- m_{H2}

m_{H2} = 0,20 g

Segunda equação química: $Cu_2O_{(sólido)} + H_{2(gás)} \longrightarrow 2Cu_{(sólido)} + H_2O_{(líquido)}$

Cálculo da massa de óxido de cobre I, a partir da relação estequiométrica com o gás hidrogênio.

1 mol -- 1 mol de H_2
(63,50 x 2 + 16) g ------------------------ 2,0 g
Massa -- 0,20 g
Massa de Cu_2O = 14,30 g

Questão 144

(INSTITUTO TECNOLÓGICO DA AERONÁUTICA) Alternativa B.

Percentual de pureza = 100% - 15% = 85% (0,85)

Massa (pura) de óxido de cromo III = 0,85 x 5g = 4,25 g

Equação química que corresponde a formação de cromo metálico, a partir de uma reação redox: $Cr_2O_3 + 3H_2 \longrightarrow 2Cr + 3H_2O$

Cálculo da massa de gás hidrogênio, a partir da relação estequiométrica com o óxido:

152 gramas de Cr_2O_3 ---------------- 6 gramas de H_2
4,25 gramas de Cr_2O_3 -------------- y
y = 0,167 g de H_2

Cálculo do número de mol de H_2: $n_{H_2} = \frac{m_{H2}}{<MM>_{H_2}} = \frac{0,167}{2} = 0,083 \text{ mol}$

Cálculo do volume de gás hidrogênio nas CNTP:

1 mol de H_2 nas CNTP --------------- 22,4 L
0,083 mol nas CNTP ----------------- Y

$$Y = \frac{0,85 \text{ x } 5,0 \text{ x } 3 \text{ x } 22,4}{152} = 1,87 \text{ L}$$

Questão 145

(INSTITUTO TECNOLÓGICO DA AERONÁUTICA) Alternativa B.

Equação química: $2Cu(NO_3)_{2(sólido)} \longrightarrow 2CuO_{(sólido)} + 4NO_{2(gás)} + O_{2(gás)}$

Cálculo da massa de dióxido de nitrogênio a partir do nitrato de cobre II.

2 mol de nitrato de cobre ------------------ 4 mol de óxido de nitrogênio
2 x (63,55 + 28 + 6 x 16) ------------------- 4 x (14 + 32) gramas
$Massa_{Cu(NO3)2}$ ---------------------------------- 18,40 g
$Massa_{Cu(NO3)2}$ = 37,5 g

Questão 146

(INSTITUTO TECNOLÓGICO DA AERONÁUTICA) Alternativa E.

Equação química: $MnO_2 + 4HCl \longrightarrow MnCl_2 + 2H_2O + Cl_2$

Cálculo da concentração comum do ácido clorídrico: $C = 10 \text{ x d x } (\%) = 10 \text{ x } 1,12 \text{ x } 40 = 448 \frac{g}{L}$

Cálculo da concentração da quantidade de matéria do ácido clorídrico: $[HCl] = \frac{448\frac{g}{L}}{36.5\frac{g}{mol}} = 12{,}27\frac{mol}{L}$

Cálculo do volume de ácido clorídrico em litros, através da seguinte relação estequiométrica:

4 mol de HCl ---------------- 1 mol de Cl_2
n_{HCl} ---------------------------- n_{Cl2}
$n_{HCl} = 4 \times n_{Cl2}$

$$[HCl] \times V_{solução} = 4 \times \frac{p \times V}{R \times T}$$

$$12{,}27 \times V_{solução} = 4 \times \left(\frac{1 \times 3}{0{,}08206 \times 273}\right)$$

$$V_{solução} = 4{,}36 \times 10^{-2}\ L$$

Questão 147

(INSTITUTO TECNOLÓGICO DA AERONÁUTICA) Alternativa D.

Cálculo da massa molar do metal M: $MCO_3 + H_2SO_4 \longrightarrow MSO_4 + H_2CO_3$

1 mol de (<MM>M + 60) g ------------ ($<MM>_M$ + 96) g
2,13 g -------------------------------------- 3,17 g
$<MM>_M = 13{,}73\ g.mol^{-1}$

Pelo valor calculado, não há nenhum elemento com esta massa molar. Considerando que o metal M seja um elemento do grupo 1, temos:

1 mol de M_2CO_3 --------------------------- 1 mol de M_2SO_4
1 mol de ($2 \times <MM>_M + 60$)g ----------- ($2 \times <MM>_M + 96$)g
2,13 g -- 3,17 g
$<MM>_M = 6{,}86\ g.mol^{-1}$

A partir da massa molar calculada, o elemento químico trata-se do Lítio (Li).

Questão 148

(INSTITUTO TECNOLÓGICO DA AERONÁUTICA) Alternativa B.
Cálculo da concentração da quantidade de matéria da solução de ácido sulfúrico:

$$[H_2SO_4] = \frac{\frac{m_{H_2SO_4}}{< MM >_{H_2SO_4}}}{V_{solução}} = \frac{\frac{490}{98}}{1{,}0} = 5{,}0\ mol.L^{-1}$$

Equação química: $H_2SO_{4(aquoso)} + Na_2CO_{3(sólido)} \longrightarrow Na_2SO_{4(aquoso)} + H_2CO_{3(aquoso)}$

Relação estequiométrica entre o ácido sulfúrico e o carbonato de sódio:

1 mol de $H_2SO_{4(aq)}$ --------- 1 mol de $Na_2CO_{3(s)}$
$n_{ácido}$ -------------------------- n_{sal}
$n_{ácido} = n_{sal}$
Cálculo da massa de carbonato de sódio:

$$[H_2SO_4] \times V_{solução} = n_{Na_2CO_3}$$

$$5 \times 0{,}200 = \frac{m_{Na_2CO_3}}{106}$$

$$m_{Na_2CO_3} = 106 \text{ g}$$

Questão 149

(INSTITUTO TECNOLÓGICO DA AERONÁUTICA) Alternativa D.

A formação de fuligem ocorre quando há uma impossibilidade de ocorrer uma estequiometria de combustão definida como incompleta, ou seja, combustão que consiste na formação de monóxido de carbono (CO) ou de carbono (fuligem), devido a insuficiência de gás oxigênio (O_2).

Já a combustão completa é definida como a formação de dióxido de carbono (CO_2).

Analisando a combustão completa, formando dióxido de carbono (CO_2):

- ✓ Analisando o benzeno: $C_6H_6 + O_2 \rightarrow 6CO_2 + 3H_2O$
- ✓ Analisando o etanol: $C_2H_5OH + 7/2O_2 \rightarrow 2CO_2 + 3H_2O$
- ✓ Analisando o metano: $CH_4 + 2O_2 \rightarrow CO_2 + 2H_2O$
- ✓ Analisando o octano: $CH_3(CH_2)_6CH_3 + 25/2O_2 \rightarrow \mathbf{8CO_2} + 9H_2O$
- ✓ Analisando o metanol: $CH_3OH + 2O_2 \rightarrow CO_2 + 2H_2O$

Analisando a combustão incompleta, formando monóxido de carbono (CO):

- ✓ Analisando o benzeno: $C_6H_6 + 9/2O_2 \rightarrow 6CO + 3H_2O$
- ✓ Analisando o etanol: $C_2H_5OH + 7/2O_2 \rightarrow 2CO + 3H_2O$
- ✓ Analisando o metano: $CH_4 + 3/2O_2 \rightarrow CO + 2H_2O$
- ✓ Analisando o octano: $CH_3(CH_2)_6CH_3 + 17/2O_2 \rightarrow \mathbf{8CO} + 9H_2O$
- ✓ Analisando o metanol: $CH_3OH + 3/2O_2 \rightarrow CO + 2H_2O$

Analisando a combustão incompleta, formação de fuligem (C):

- ✓ Analisando o benzeno: $C_6H_6 + 3/2O_2 \rightarrow 6C + 3H_2O$
- ✓ Analisando o etanol: $C_2H_5OH + 3O_2 \rightarrow 2C + 3H_2O$
- ✓ Analisando o metano: $CH_4 + O_2 \rightarrow C + 2H_2O$
- ✓ Analisando o octano: $CH_3(CH_2)_6CH_3 + 9O_2 \rightarrow \mathbf{8C} + 9H_2O$
- ✓ Analisando o metanol: $CH_3OH + O_2 \rightarrow C + 2H_2O$

Resposta: Para todos os tipos, o octano apresenta a maior tendência de combustão fuliginosa.

Questão 150

(INSTITUTO TECNOLÓGICO DA AERONÁUTICA) Alternativa C.

Cálculo da concentração ($mol.L^{-1}$) do sulfato de chumbo, a partir da relação estequiométrica: $Na_2SO_4 + Pb(NO_3)_2 \rightarrow PbSO_4 + 2NaNO_3$

1 mol de $Pb(NO_3)_2$ --------- 1 mol de $PbSO_4$

$n_{Pb(NO3)2}$ ---------------------- n_{PbSO4}

$n_{Pb(NO3)2} = n_{PbSO4}$

A partir do número de mol de cada espécie química, temos:

$$[Pb(NO_3)_2] \times 0{,}50 = \frac{3{,}0}{303}$$

$$[Pb(NO_3)_2] = 1{,}98 \times 10^{-2} mol.L^{-1}$$

Questão 151

(INSTITUTO TECNOLÓGICO DA AERONÁUTICA) Alternativa D.

O balanceamento da reação química da combustão do pentanol é feito pelo método das tentativas. Logo, a equação química balanceada ficará da seguinte forma: $C_5H_{11}OH + 15/2O_2 \rightarrow 5CO_2 + 6H_2O$.

Questão 152

(INSTITUTO TECNOLÓGICO DA AERONÁUTICA) Alternativa B.

Cálculo do número de mol (n) de pentanol: $n_{pentanol} = \frac{176}{88} = 2{,}0 \text{ mol}$

A partir da equação química: $C_5H_{11}OH + 15/2O_2 \rightarrow 5CO_2 + 6H_2O$

Cálculo do número de mol da água, a partir da relação estequiométrica com o pentanol:

1 mol de $C_5H_{11}OH$ ------------- 6 mol de H_2O
2 mol de $C_5H_{11}OH$ ------------- n_{H2O}
n_{H2O} = 12 mol de água

Questão 153

(INSTITUTO TECNOLÓGICO DA AERONÁUTICA) Alternativa D.

Informação do problema: $n_{CH4} + n_{C3H8} = 0{,}080$

Os dois gases realizam combustão completa, conforme pode ser observado nas seguintes equações químicas balanceadas:

$CH_{4(gás)} + 2O_{2(gás)} \rightarrow CO_{2(gás)} + 2H_2O_{(gás)}$
$C_3H_{8(gás)} + 5O_{2(gás)} \rightarrow 3CO_{2(gás)} + 4H_2O_{(gás)}$

Analisando a reação de combustão completa do metano: $CH_{4(gás)} + 2O_{2(gás)} \rightarrow CO_{2(gás)} + 2H_2O_{(gás)}$

1 mol de $CH_{4(g)}$ ---------- 1 mol de $CO_{2(g)}$
n_{CH4} ------------------------ n_{CO2}
$n_{CH4} = n_{CO2}$

Analisando a reação de combustão total de propano: $C_3H_{8(gás)} + 5O_{2(gás)} \rightarrow 3CO_{2(gás)} + 4H_2O_{(gás)}$

1 mol de $C_3H_{8(gás)}$ ------- 3 mol de $CO_{2(gás)}$
n_{CH4} ------------------------ n_{CO2}
$n_{CO2} = 3 \times n_{C3H8}$

A segunda equação química será a seguinte: $n_{CO_2}^{CH_4} + 3n_{CO_2}^{C_3H_8} = 0{,}120$

A partir deste momento há duas equações com duas incógnitas, logo:

$n_{CH4} + n_{C3H8} = 0{,}080$
$n_{CH4} + 3 \times n_{C3H8} = 0{,}120$

Resolvendo este sistema, chegamos aos seguintes valores: $n_{CH4} = 0{,}060$ mol e $n_{C3H8} = 0{,}020$ mol.

Cálculo do percentual: $(\%) = \frac{0{,}060}{0{,}080} = 0{,}75\ (75\%)$

Questão 154

(INSTITUTO TECNOLÓGICO DA AERONÁUTICA) Alternativa D.

A reação entre hidróxido de potássio e o cloreto de amônio terá como produto o cloreto de potássio e o hidróxido de amônio. O hidróxido de amônio se decompõe dando origem a molécula de água e amônia, sendo esta última a substância gasosa liberada.

Equação química balanceada: $KOH + NH_4Cl \longrightarrow KCl + H_2O + NH_3$.

Questão 155

(INSTITUTO TECNOLÓGICO DA AERONÁUTICA) Alternativa C.

Informação do problema: $\frac{m_{Al_2O_3}}{m_{SiO_2}} = 2{,}60$

$$\frac{n_{Al_2O_3} \text{ x} <MM>_{Al_2O_3}}{n_{SiO_2} \text{ x} < MM >_{SiO_2}} = 2{,}60$$

$$\frac{n_{Al_2O_3} \text{ x } 102}{n_{SiO_2} \text{ x } 60} = 2{,}60$$

$$\frac{n_{Al_2O_3}}{n_{SiO_2}} = 1{,}53$$

Questão 156

(INSTITUTO TECNOLÓGICO DA AERONÁUTICA) Alternativa C.

Equação química de neutralização entre a solução de hidróxido de sódio e ácido sulfúrico:

$2NaOH_{(aquoso)} + H_2SO_{4(aquoso)} \longrightarrow Na_2SO_{4(sólido)} + 2H_2O_{(líquido)}$.

Cálculo do número de mol de ácido sulfúrico: $n = [H_2SO_4] \text{ x } V = 0{,}30 \text{ mol.L}^{-1} \text{ x } 100 \text{ x } 10^{-3} \text{ L} = 0{,}03 \text{ mol}$

Cálculo do número de mol de hidróxido de sódio: $n = [NaOH] \text{ x } V = 0{,}10 \text{ mol.L}^{-1} \text{ x } 100 \text{ x } 10^{-3} \text{ L} = 0{,}01 \text{ mol}$

Para:

2 mol de NaOH ---------- 0,01 mol
1 mol de NaOH ---------- n_{NaOH}
n_{NaOH} = 0,005 mol de NaOH

Observando o número de mol de cada reagente, conclui-se que o reagente limitante é o hidróxido de sódio e o reagente em excesso é o ácido sulfúrico.

$$n_{H_2SO_4}^{excesso} = 0{,}03 \text{ mol} - 0{,}005 \text{ mol} = 0{,}025 \text{ mol}$$

Cálculo da concentração da quantidade de matéria do ácido sulfúrico: $[H_2SO_4] = \frac{n_{H_2SO_4}^{excesso}}{V_{solução}} = \frac{0{,}025}{0{,}20} = 0{,}125 \text{ mol. L}^{-1}$

Cálculo da concentração da quantidade de matéria do íon hidrogênio, a partir da seguinte estequiometria:

$$H_2SO_{4(aquoso)} \xrightarrow{H_2O} 2H^+_{(aquoso)} + SO^{-2}_{4(aquoso)}$$

1 mol de $H_2SO_{4(aq)}$ --------------- 2 mol de H^+
0,125 mol.L^{-1} -------------------- $[H^+]$

$[H^+] = 0,250\ mol.L^{-1}$

Questão 157

(INSTITUTO TECNOLÓGICO DA AERONÁUTICA) Alternativa B.

Cálculo da concentração da quantidade de matéria de H^+ do ácido clorídrico, para um pH = 2,0:

$2 = -\log[H^+]$

$[H^+] = 0,01\ mol.L^{-1}$

Cálculo da concentração da quantidade de matéria de HCl, a partir da reação de dissociação:

$$HCl_{(aquoso)} \xrightarrow{H_2O} H^+_{(aquoso)} + Cl^-_{(aquoso)}$$

1 mol de HCl ---------- 1 mol de H^+
[HCl] --------------------- $0,01\ mol.L^{-1}$
$[HCl] = 0,01\ mol.L^{-1}$

Cálculo do volume de HCl: $[HCl]_1 \times V_1 = [HCl]_2 \times V_2$

$1 \times 10 = 0,01 \times V_2$

$V_2 = 1000\ L$

Para que o pH fique igual a 2,0, houve a adição de 990 litros de ácido, ou seja: $V_{HCl} = 1000\ L - 10\ L = 990\ L$

Cálculo da massa do NaOH, a partir da estequiometria: $HCl_{(aquoso)} + NaOH_{(aquoso)} \longrightarrow NaCl_{(aquoso)} + H_2O_{(líquido)}$

1 mol de HCl -------- 1 mol de NaOH
n_{HCl} --------------------- n_{NaOH}
$n_{HCl} = n_{NaOH}$

$$\frac{m_{NaOH}}{< MM >_{NaOH}} = [HCl] \times V_{solução}$$

$$m_{NaOH} = < MM >_{NaOH} \times [HCl] \times V_{solução} = 40 \times 10^{-2} \times 990 = 396\ g$$

Questão 158

(INSTITUTO TECNOLÓGICO DA AERONÁUTICA) Alternativa C.

Equação química: $2Fe_{(sólido)} + 3H_2O_{(líquido)} + 3/2O_{2(gás)} \longrightarrow 2Fe(OH)_{2(sólido)}$.

Cálculo do número de mol de cada reagente químico:

$$n_{Fe} = \frac{m_{Fe}}{< MM >_{Fe}} = \frac{100}{56 \times 2} = 0,89\ mol\ (Reagente\ limitante)$$

$$n_{H_2O} = \frac{m_{H_2O}}{< MM >_{H_2O}} = \frac{100}{18 \times 3} = 1,85\ mol$$

$$n_{O_2} = \frac{m_{O_2}}{< MM >_{O_2}} = \frac{100}{32 \times 1,50} = 2,08\ mol$$

Pelos cálculos realizados, irão sobrar os seguintes reagentes químicos: H_2O e O_2.

Questão 159

(INSTITUTO TECNOLÓGICO DA AERONÁUTICA) Alternativa C.

Cálculo do número de mol de hidróxido de sódio, a partir da concentração da quantidade de matéria:

$$n_{NaOH} = [NaOH] \text{ x } V_{solução} = 0{,}200 \text{ x } 0{,}500 = 0{,}100 \text{ mol}$$

Cálculo do número de mol de cloreto de hidrogênio, a partir do número de mol de hidróxido de sódio:

$HCl_{(gás)} + NaOH_{(aquoso)} \longrightarrow NaCl_{(aquoso)} + H_2O_{(líquido)}$

1 mol de $HCl_{(g)}$ --------- 1 mol de $NaOH_{(aq)}$
$n_{HCl(g)}$ ---------------------- 0,100 mol
$n_{HCl(g)}$ = 0,100 mol

Cálculo do volume de cloreto de hidrogênio, considerando comportamento ideal:

$$V_{HCl} = \frac{0{,}100 \text{ x } 0{,}08206 \text{ x } (27 + 273)}{\frac{624}{760}} = 3{,}00 \text{ L}$$

Questão 160

(INSTITUTO TECNOLÓGICO DA AERONÁUTICA) Alternativa B.

Analisando a reação de combustão do metanol: CH_4O + **$3/2O_2$** $\longrightarrow CO_2 + 2H_2O$; são consumidos 3/2 mol de oxigênio.
Analisando a reação de combustão do etanol: C_2H_6O + **$3O_2$** $\longrightarrow 2CO_2 + 3H_2O$; são consumidos 3 mol de oxigênio.
Analisando a reação de combustão do octano: C_8H_{18} + **$25/2O_2$** $\longrightarrow 8CO_2 + 9H_2O$; são consumidos 25/2 mol de oxigênio.

Relação estequiométrica: $n_{O_2}^{metanol} = n_{O_2}^{etanol} = n_{O_2}^{octano}$

$$\frac{3}{2} : 3 : \frac{25}{2}$$

Multiplicando por dois, temos: $\left(\frac{3}{2} : 3 : \frac{25}{2}\right) \text{ x } 2 = 3 : 6 : 25$

Questão 161

(INSTITUTO TECNOLÓGICO DA AERONÁUTICA) Alternativa B.

Cálculo do volume de dióxido de enxofre nas condições normais de temperatura e pressão (0°C e 1 atm), a partir da relação estequiométrica com a solução aquosa de hidróxido de sódio:

$SO_{2(gás)} + 2NaOH_{(aquoso)} \longrightarrow Na_2SO_{3(aquoso)} + H_2O_{(líquido)}$

1 mol de SO_2 --------- 2 mol de NaOH
n_{SO2} --------------------- n_{NaOH}
$2 \text{ x } n_{SO_2} = n_{NaOH}$

Cálculo do volume de dióxido de enxofre, a partir da relação estequiométrica com a solução de hidróxido de sódio.

$$2 \text{ x } \frac{1 \text{ x } V_{SO_2}}{0{,}08206 \text{ x } 273} = 0{,}100 \text{ x } 0{,}250$$

$$V_{SO_2} = 0{,}280 \text{ L}$$

Questão 162

(INSTITUTO TECNOLÓGICO DA AERONÁUTICA) Alternativa B.

Cálculo da massa de prata metálica (Ag), a partir da relação estequiométrica com o carbonato de prata.

Equação química: $Ag_2CO_{3(sólido)} \longrightarrow 2Ag_{(sólido)} + CO_{2(gás)} + ½O_{2(gás)}$

1 mol de $AgCO_3$ -------------------- 2 mol de Ag
1 mol x 276 g ------------------------ 2 mol x 108 g
1000 g ---------------------------------- m_{Ag}

$$m_{Ag} = \frac{1000 \text{ x } 215{,}74}{275{,}74}$$

Questão 163

(INSTITUTO TECNOLÓGICO DA AERONÁUTICA) Alternativa C.

Cálculo do número de mol de sulfato de alumínio: $Al_2(SO_4)_{2(aquoso)} \longrightarrow 2Al^{+3}_{(aquoso)} + 3SO_4^{-2}{}_{(aquoso)}$

1 mol de $Al_2(SO_4)_{2(aq)}$ ---------- 2 mol de $Al^{+3}_{(aquoso)}$
$n_{Al2(SO4)2}$ --------------------------- 3 mol de $Al^{+3}_{(aquoso)}$
$n_{Al2(SO4)2}$ = 1,5 mol

Cálculo do volume, a partir da concentração da quantidade de matéria:

$$V_{solução} = \frac{n_{Al_2(SO_4)_3}}{[Al_2(SO_4)_3]} = \frac{1{,}50}{0{,}30} = 5{,}0 \text{ L}$$

Questão 164

(U.S. NATIONAL CHEMISTRY OLYMPIAD) Alternativa A.

A partir da reação química que apresenta a formação do composto hipotético (Z_2O_3), será possível determinar o valor da massa molar do Z:

$2Z + 3/2O_2 \longrightarrow Z_2O_3$

2 mol de Z ------------- 1 mol de Z_2O_3
2 x <MM>$_Z$ -------------- 2 x <MM>$_Z$ + 48
0,422 g ------------------- 0,797 g

1,594 x <MM>$_Z$ = 0,844 x <MM>$_Z$ + 20,26

<MM>$_Z$ = 27,01 g/mol

Questão 165

(INSTITUTO TECNOLÓGICO DA AERONÁUTICA) Alternativa B.

Analisando a hematita: $2Fe_2O_{3(sólido)} + 3C_{(sólido)} \longrightarrow 4Fe_{(sólido)} + 3CO_{2(gás)}$

Cálculo da massa de ferro metálico, a partir da relação estequiométrica com o óxido.

2 mol de Fe_2O_3 ----------- 4 mol de Fe
2 x (112 + 48) g ---------- 4 x (56) g
1 kg ------------------------ m_{Fe}

$$m_{Fe} = \frac{4 \text{ x } 56 \text{ x } 1}{2 \text{ x } 160} = \frac{232}{320}$$

Analisando a siderita: $FeCO_{3(sólido)} + CO_{(gás)} \longrightarrow Fe_{(sólido)} + 2CO_{2(gás)}$

Cálculo da massa de ferro metálico, a partir da relação estequiométrica do carbonato ferroso:

1 mol de $FeCO_3$ -------------- 1 mol de Fe
1 x (56 + 12 + 48) g --------- 56 g
1 kg ----------------------------- m_{Fe}

$$m_{Fe} = \frac{56 \text{ x } 1}{1 \text{ x } 116} = \frac{56}{116}$$

Questão 166

(INSTITUTO TECNOLÓGICO DA AERONÁUTICA) Alternativa A.

Relação estequiométrica entre o alumínio metálico e a solução de ácido clorídrico, através da seguinte equação química:

$Al_{(sólido)} + 3HCl_{(aquoso)} \longrightarrow AlCl_{3(aquoso)} + 3/2H_{2(gás)}$

1 mol de Al ------ 3 mol de HCl
n_{Al} ------------------ n_{HCl}
3 x $n_{Al} = n_{HCl}$

Cálculo do volume de ácido, a partir da concentração da quantidade de matéria: $3 \text{ x} \frac{\text{massa}}{\text{<MM>}_{\text{Alumínio}}} = [\text{HCl}] \text{ x Volume}$

$$3 \text{ x} \frac{13{,}50}{27{,}00} = 0{,}250 \text{ x Volume}$$

Volume = 6,0 Litros

Questão 167

(INSTITUTO TECNOLÓGICO DA AERONÁUTICA) Alternativa B.

Reação química: Ácido dicarboxílico + hidróxido $\longrightarrow$ sal orgânico + água

Levando em consideração que a reação entre os reagentes seja de 1:1, temos:

1 mol de ácido dicarboxílico ----------- 1 mol de hidróxido
$n_{ácido}$ -- $n_{hidróxido}$
$n_{\text{ácido}} = n_{\text{hidróxido}}$

Cálculo da massa molar do ácido:

$$\frac{m_{\text{ácido}}}{< \text{MM} >_{\text{ácido}}} = [\text{hidróxido}] \text{ x } V_{\text{solução}}$$

$$\frac{0{,}104}{< \text{MM} >_{\text{ácido}}} = 0{,}10 \text{ x } 20 \text{ x } 10^{-3}$$

$$< \text{MM} >_{\text{ácido}} = 52{,}0 \frac{\text{g}}{\text{mol}}$$

Esta massa molar do ácido dicarboxilíco refere-se à sua fórmula mínima, uma vez que nenhuma das alternativas apresenta este valor. Na verdade, todas as alternativas apresentam uma massa molar maior que 52 g.mol^{-1}. Por isso, multiplicando por dois a sua massa molar, temos 104 g.mol^{-1}. Diante disso trata-se do ácido dicarboxílico ($C_3H_4O_4$).

Questão 168

(INSTITUTO TECNOLÓGICO DA AERONÁUTICA) Alternativa D.

Equação química entre o carbeto de alumínio com a presença de água no estado líquido, formando hidróxido de alumínio e gás metano.

$Al_4C_{3(sólido)} + 12H_2O_{(líquido)} \longrightarrow 4Al(OH)_{3(sólido)} + 3CH_{4(gás)}$.

Questão 169

(INSTITUTO TECNOLÓGICO DA AERONÁUTICA) Alternativa A.

Equação química que corresponde a formação de gás hidrogênio, a partir do magnésio metálico e uma solução de ácido clorídrico:

$Mg_{(sólido)} + 2HCl_{(aquoso)} \longrightarrow MgCl_{2(aquoso)} + H_{2(gás)} \uparrow$.

Questão 170

(INSTITUTO TECNOLÓGICO DA AERONÁUTICA) Alternativa C.

O processo que vai ocorrer trata-se de uma reação denominada como dissociação iônica. Define-se dissociação iônica, também conhecida como dissociação eletrolítica, um processo em que compostos iônicos têm seus íons separados. Sua representação é a seguinte: $KNO_{3(sólido)} \longrightarrow K^+_{(aquoso)} + NO_3^-{}_{(aquoso)}$.

QUESTÃO 171

(CONCURSO PARA DOCENTE – INSTITUTO FEDERAL DO PIAUÍ) Alternativa B.

A primeira parte da resolução do problema deverá ser a determinação da massa de selênio, a partir da massa de farinha apresentada no enunciado do problema:

100,0 gramas de farinha --------- 9µ gramas de átomos de selênio
3200 gramas de farinha ---------- Massa de selênio
Massa de selênio = 288 µ gramas

Determinação do número de átomos de selênio:

79,0 gramas de selênio ---------------- $6{,}02 \times 10^{23}$ átomos de selênio
288×10^{-6} gramas de selênio ---------- X
$X = 2{,}19 \times 10^{18}$ átomos de selênio

Questão 172

(OLIMPÍADA DE QUÍMICA DO RIO DE JANEIRO) Alternativa A.

Cálculo da massa de carbonato de cálcio, a partir da relação estequiométrica com o ácido sulfúrico:
$CaCO_3 + H_2SO_4 \longrightarrow CaSO_4 + H_2O + CO_2$

Relação estequiométrica entre a massa de carbonato de cálcio e a solução de ácido sulfúrico.

1 mol de $CaCO_3$ ---------- 1 mol de H_2SO_4
100 g ----------------------- 98 g
0,90. m_{CaCO3} --------------- 5 t
m_{CaCO3} = 5,66893 t (5668,93 kg)

Questão 173

(OLIMPÍADA DE QUÍMICA DO RIO DE JANEIRO) Alternativa A.

A fórmula molecular da glicose é $C_6H_{12}O_6$ e observa-se que há 6 mol de átomos de oxigênio.

Cálculo do número de átomos de carbono, a partir da relação numérica com o número de avogadro:

180 g ---------------------- 6 x 6 x 10^{23} átomos de carbono x mol^{-1}
9,0 x 10^{-3} g ---------------- X
X = 1,8 x 10^{20} átomos de carbono

Questão 174

(OLIMPÍADA DE QUÍMICA DO RIO DE JANEIRO) Alternativa B.

Cálculo da massa de dióxido de carbono, a partir da reação de dupla troca entre o ácido sulfúrico e o carbonato de cálcio:

$H_2SO_4 + CaCO_3 \longrightarrow CaSO_4 + H_2O + CO_2$

1 mol de H_2SO_4 ----------------------- 1 mol de CO_2
98 g de H_2SO_4 ------------------------- 44 g de CO_2
2,45 g de H_2SO_4 ----------------------- m_{CO2}
m_{CO2} = 1,1 g

Cálculo do volume de dióxido de carbono, considerando comportamento ideal:

$$1{,}0 \text{ x } V_{CO_2} = \frac{1{,}1}{44} \text{ x } 0{,}08206 \text{ x } (27 + 273)$$

$$V_{CO_2} = 0{,}025 \text{ x } 0{,}08206 \text{ x } 300 = 0{,}615 \text{ L } (615 \text{ mL})$$

Questão 175

(OLIMPÍADA DE QUÍMICA DO RIO DE JANEIRO) Alternativa D.

Equação química que apresenta a interação entre o alumínio metálico e a solução de ácido clorídrico:

$Al_{(sólido)} + 3HCl_{(aquoso)} \longrightarrow AlCl_{3(aquoso)} + 3/2H_{2(gás)}$

Cálculo do número de mol de alumínio metálico: $n_{Al} = \frac{m_{Al}}{<MM>_{Al}} = \frac{2{,}7}{27 \text{ x } 1} = 0{,}10 \text{ mol (Reagente limitante)}$

Cálculo do número de mol de HCl, a partir da concentração da quantidade de matéria: n_{HCl} = [HCl] x $V_{solução}$ = 1,00 x 0,500 = 0,500 mol

3 mol de HCl ---------- 0,500 mol
1 mol de HCl ---------- n_{HCl}
n_{HCl} = 0,167 mol

Relação estequiométrica entre o alumínio metálico com o hidrogênio gasoso:

1 mol de Al --------- 3/2 mol de H_2
n_{Al} --------------------- n_{H2}

$$n_{H_2} = \frac{3}{2} \text{ x } n_{Al}$$

Considerando que o gás hidrogênio apresenta comportamento ideal, temos:

$$\frac{1 \text{ x } V_{H_2}}{0{,}08206 \text{ x } (25 + 273)} = \frac{3}{2} \text{x} \frac{2{,}7}{27}$$

$$V_{H_2} = 3{,}67 \text{ L}$$

Questão 176

(PETROBRAS – ENGENHEIRO DE PROCESSAMENTO JÚNIOR) SEM GABARITO.

Cálculo da massa de octano (m_{octano}), a partir da massa específica (µ): $\mu = \frac{m_{octano}}{V_{octano}}$

$$0{,}70 \frac{g}{mL} = \frac{m_{octano}}{5000 \text{ mL}}$$

$$m_{octano} = 3500 \text{ g}$$

Cálculo da massa de dióxido de carbono e da água, a partir da relação estequiométrica com o octano no estado líquido:

$C_8H_{18(líquido)} + O_{2(gás)} \longrightarrow 8CO_{2(gás)} + 9H_2O_{(vapor)}$

1 mol de C_8H_{18} ----------- 8 mol de CO_2 ---------- 9 mol de H_2O
3500g de C_8H_{18} ---------- m_{CO2} --------------------- m_{H2O}

m_{CO2} = 28000 g (28,0 kg)

m_{H2O} = 31500 g (31,50 kg)

Cálculo da massa dos gases liberados: m_{TOTAL} = m_{CO2} + m_{H2O} = 28,0 kg + 31,50 kg = 59,50 kg

Questão 177

(TÉCNICO DE OPERAÇÃO JÚNIOR – PETROBRAS) Alternativa A.

Determinação a partir do número de mol para a determinação do reagente limitante e reagente em excesso.

Cálculo do número de mol do cloreto de bário: $n_{BaCl_2} = \frac{m_{BaCl_2}}{<MM>_{BaCl_2}} = \frac{0{,}624 \text{ g}}{208 \text{ g.mol}^{-1}} = 0{,}003 \text{ mol (reagente limitante)}$

Cálculo do número de mol do sulfato de sódio: $n_{Na_2SO_4} = \frac{m_{Na_2SO_4}}{<MM>_{Na_2SO_4}} = \frac{0{,}568 \text{ g}}{142 \text{ g.mol}^{-1}} = 0{,}004 \text{ mol}$

Cálculo da massa de sulfato de bário formado, a partir do reagente limitante (cloreto de bário):

$BaCl_{2(aquoso)} + Na_2SO_{4(aquoso)} \longrightarrow BaSO_{4(sólido)} + 2NaCl_{(aquoso)}$

1 mol de $BaCl_2$ ---------- 1 mol de $BaSO_4$
(137 + 71) g -------------- (137 + 32 + 64) g
0,624 g -------------------- m_{BaSO4}
m_{BaSO4} = 0,699 g

Questão 178

(TÉCNICO DE OPERAÇÃO JÚNIOR – PETROBRAS) Alternativa C.

Cálculo percentual do rendimento para o referido processo, a partir da seguinte equação química: $SiO_{2(sólido)} + C_{(sólido)} \longrightarrow Si_{(sólido)} + CO_{2(gás)}$, relacionando o dióxido de silício com o silício puro.

1 mol de $SiO_{2(s)}$ ---------- 1 mol de $Si_{(s)}$
(28 + 32) g ---------------- 28 x R

2000 kg -------------------- 787 kg
R = 0,8432 (84,32%)

Questão 179

(OLIMPÍADA DE QUÍMICA DO RIO GRANDE DO SUL) Alternativa E.

Cálculo da massa de zinco, a partir da relação estequiométrica com 1,7 kg de fígado:

4 mg de Zn ---------- 100 g de fígado
m_{Zn} --------------------- 1700 g de fígado
m_{ZN} = 68 mg de zinco
Cálculo do número de átomos de zinco (X_{ZN}):

68,5 g de Zn --------------------- 6 x 10^{23} átomos de Zn
68 x 10^{-3} g de Zn ---------------- x_{Zn}
X_{ZN} = 6,24 x 10^{20} átomos

Questão 180

(OLIMPÍADA MINEIRA DE QUÍMICA - MODIFICADA) Alternativa C.

Equação química que corresponde a combustão completa do hidrocarboneto: $C_2H_2 + 5/2O_2 \rightarrow 2CO_2 + H_2O$

Cálculo do número de mol de água: $n_{H_2O} = \frac{m_{H_2O}}{<MM>_{H_2O}} = \frac{315}{18} = 17{,}5 \text{ mol}$

Cálculo do número de mol de acetileno, a partir da seguinte equação que representa a combustão completa:

$C_2H_2 + 5/2O_2 \rightarrow 2CO_2 + H_2O$

1 mol de C_2H_2 ---------- 1 mol de H_2O
n_{C2H2} ---------------------- 17,5 mol de H_2O
n_{C2H2} = 17,5 mol

Questão 181

(OLIMPÍADA MINEIRA DE QUÍMICA - MODIFICADA) Alternativa D.

Determinação da equação química global, somando as duas equações apresentadas no enunciado do problema.

$Ca(OH)_{2(aquoso)} + \cancel{CO_{2(gás)}} \rightarrow \cancel{CaCO_{3(sólido)}} + H_2O_{(líquido)}$	R_1 = 80%
$\cancel{CaCO_{3(sólido)}} \rightarrow CaO_{(sólido)} + \cancel{CO_{2(gás)}}$ +	R_2 = 50%
$Ca(OH)_{2(aquoso)} \rightarrow CaO_{(sólido)} + H_2O_{(líquido)}$	$R_T = R_1 \times R_2$ = 0,80 x 0,50 = 0,40 (40%)

Questão 182

(OLIMPÍADA TOCANTINENSE DE QUÍMICA) Alternativa C.

Cálculo da concentração de $[H^+]$: pH = $-\log[H^+]$
$[H^+] = 10^{-2}$ mol.L^{-1}

Esta solução foi preparada a partir de 100 mL.

1 L ------------------ 10^{-2} mol
0,100 mol --------- $[H^+]$
$[H^+] = 10^{-3}$ mol

Cálculo da concentração de HCl: $HCl \rightarrow H^+ + Cl^-$

1 mol de HCl ---------------- 1,0 mol de $[H^+]$
[HCl] ---------------------------- 10^{-3} mol
[HCl] = 10^{-3} mol

Cálculo da massa de cloreto de zinco, a partir da relação estequiométrica com o ácido clorídrico:

$Zn_{(sólido)} + 2HCl_{(aquoso)} \longrightarrow ZnCl_{2(aquoso)} + H_{2(gás)}$
2 mol de HCl --------- 1 mol de $ZnCl_2$
n_a ------------------------ n_s

$$10^{-3}\ \text{mol} = 2\ \text{x}\frac{m_{sal}}{134{,}5\ g.\text{mol}^{-1}}$$

$$m_{sal} = 0{,}06725\ g$$

Questão 183

(OLIMPÍADA DE QUÍMICA DO RIO DE JANEIRO) Alternativa C.

Relação estequiométrica entre o HCl e a base desconhecida: $HCl_{(aquoso)} + X(OH)_{(aquoso)} \longrightarrow XCl_{(aquoso)} + H_2O_{(líquido)}$

1 mol de HCl ------ 1 mol de XOH
n_{HCl} -------------------- n_{XOH}
$n_{HCl} = n_{XOH}$

Cálculo da massa molecular da base desconhecida:

$$0{,}100\ \text{x}\ 17{,}85\ \text{x}\ 10^{-3} = \frac{0{,}100}{< MM >_{base}}$$

$$< MM >_{base} = 56{,}02\ g.\text{mol}^{-1}$$

Analisando a massa molecular de cada alternativa, hidróxido de potássio é a alternativa que apresenta esta massa molecular.

Questão 184

(OLIMPÍADA DE QUÍMICA DO RIO DE JANEIRO) Alternativa E.

Cálculo do número de mol do nitrato de prata: $n_{AgNO_3} = \frac{1699\ g}{170\ g.\text{mol}^{-1}} = 10\ \text{mol}$

Cálculo do número de mol do cloreto de sódio: $n_{NaCl} = \frac{292\ g}{58{,}5\ g.\text{mol}^{-1}} = 5{,}0\ \text{mol (Reagente limitante)}$

Cálculo do número de cloreto de prata, a partir da relação estequiométrica com o cloreto de sódio:

Equação química que corresponde a interação entre as soluções de nitrato de prata e cloreto de sódio:

$AgNO_{3(aquoso)} + NaCl_{(aquoso)} \longrightarrow NaNO_{3(aquoso)} + AgCl_{(ppt)}$

Cálculo do número de mol de cloreto de prata, a partir do número de mol de cloreto de sódio.

1 mol de $NaCl_{(aq)}$ ---------- 1 mol de $AgCl_{(ppt)}$
5 mol de $NaCl_{(aq)}$ ---------- $n_{AgCl(ppt)}$
$n_{AgCl(aq)}$ = 5 mol

Questão 185

(U.S. NATIONAL CHEMISTRY OLYMPIAD) Alternativa B.

Cálculo do número de mol de gases produzidos, a partir de 1,0 grama de nitroglicerina:

$2C_3H_5N_3O_{9(líquido)} \longrightarrow 6CO_{2(gás)} + 3N_{2(gás)} + 5H_2O_{(gás)} + \frac{1}{2}O_{2(gás)}$

2 mol de $C_3H_5N_3O_{9(l)}$ --------- (6 + 3 + 5 + ½) mol de gases
2 x 227 g ----------------------- 14,5 mol de gases
1,0 g ------------------------------ n_{gases}
n_{gases} = 0,032 mol de gases

Cálculo do volume dos gases produzidos:

1 x V_{gases} = 0,032 x 0,08206 x (500 + 273)

V_{gases} = 2,03 L

Questão 186

(OLIMPÍADA DE QUÍMICA DO RIO DE JANEIRO) Alternativa D.

Equação química da combustão completa do gás metano: $CH_{4(gás)} + O_{2(gás)} \longrightarrow CO_{2(gás)} + H_2O_{(gás)}$

Equação química de neutralização entre o dióxido de carbono na presença de hidróxido de bário: $CO_{2(gás)} + Ba(OH)_2 \longrightarrow BaCO_3 + H_2O$
Cálculo da massa de CO_2, a partir da relação estequiométrica com o hidróxido de bário:

1 mol de $CO_{2(g)}$ ---------- 1 mol de $Ba(OH)_2$
44 g ------------------------ 171 g
m_{CO2} ----------------------- 6,132 kg
m_{CO2} = 1,58 kg

Cálculo da massa de CH_4, a partir da reação de combustão completa do gás metano:

1 mol de $CH_{4(g)}$ ----------- 1 mol de $CO_{2(g)}$
16 g ------------------------ 44 g
m_{CH4} ----------------------- 1,58 kg
m_{CH4} = 0,574 kg

Cálculo do grau de pureza do gás metano:

$$(\%)_{CH_4} = \frac{574 \text{ g}}{800 \text{ g}} = 0{,}72\ (72\%)$$

Questão 187

(OLIMPÍADA BRASILEIRA DE QUÍMICA) Alternativa A.

Relação estequiométrica química entre o hidróxido de sódio e a solução de hipoclorito de sódio:

$Cl_{2(gás)} + 2NaOH_{(aquoso)} \longrightarrow NaCl_{(aquoso)} + NaOCl_{(aquoso)} + H_2O_{(líquido)}$

Cálculo da relação estequiométrica entre a solução de hidróxido de sódio e hipoclorito de sódio.

2 mol de NaOH -------- 1 mol de NaOCl
n_{NaOH} ---------------------- n_{NaOCl}
2 x n_{NaOCl} = n_{NaOH}

Cálculo do volume de hidróxido de sódio:

2 x [NaOCl] x $V_{solução}$ = [NaOH] x $V_{solução}$

2 x 0,50 x 2,0 = 2,0 x $V_{solução}$

$V_{solução}$ = 1,0 L

Questão 188

Alternativa A.

Cálculo do número de mol de dióxido de carbono: $n_{CO_2} = \frac{p^{ideal} x V}{R x T} = \frac{1,50 x 2,20}{0,08206 x (30+273)} = 0,133 \text{ mol}$

Cálculo da massa do número de massa de dióxido de carbono, a partir do número de mol: $n_{CO_2} = \frac{m_{CO_2}}{44} = 0,133 \text{ mol}$

$m_{CO_2} = 0,133 x 44 = 5,84 \text{ g}$

Cálculo da massa de soda comercial, a partir da relação estequiométrica com o dióxido de carbono:

$2HCl + Na_2CO_3 \rightarrow 2NaCl + H_2O + CO_2$

1 mol de Na_2CO_3 --------------------- 1 mol de CO_2
106 gramas de Na_2CO_3 ------------ 44 gramas de CO_2
m_{Na2CO3} --------------------------------- 5,84 gramas de CO_2
m_{Na2CO3} = 14,07 g

Cálculo do grau percentual de pureza da soda comercial:

$$(\%)_{Na_2CO_3} = \frac{14,07 \text{ g}}{16 \text{ g}} = 0,8793 \ (87,93\%)$$

Questão 189

(INSTITUTO TECNOLÓGICO DA AERONÁUTICA) Alternativa E.

Cálculo do número de mol de dióxido de carbono, a partir da relação estequiométrica com o carbonato de amônio:

3 mol de $(NH_4)_2CO_3$ ------------ 3 mol de CO_2
$\frac{480}{96}$ mol de $(NH_4)_2CO_3$ --------- n_{CO2}
n_{CO2} = 5 mol

Cálculo do volume de CO_2, considerando comportamento ideal:

$$V_{CO_2} = \frac{n_{CO_2} x R x T}{p^{ideal}} = \frac{\frac{480}{96} x 0,08206 x 273}{2} = 56 \text{ L}$$

Questão 190

(GRILLO) Equação química: $CaCO_3 + 2HCl \rightarrow CaCl_2 + H_2O + CO_2$

Cálculo da massa de cloreto de cálcio e do volume de dióxido de carbono a partir de 200 g de carbonato de cálcio.

1 mol de $CaCO_3$ --------- 1 mol de $CaCl_2$ --------- 1 mol de CO_2
100 g de $CaCO_3$ --------- 111 g de $CaCl_2$ --------- 22,4 Litros de CO_2
200 g de $CaCO_3$ --------- m_{CaCl2} ---------------------- V_{CO2}

m_{CaCl2} = 222 g de $CaCl_2$ e V_{CO2} = 44,8 L de CO_2

Questão 191

(OLIMPÍADA MINEIRA DE QUÍMICA) Alternativa D.

Cálculo da massa de azoteto de sódio a partir do volume de nitrogênio na CNTP: $NaN_{3(sólido)} \longrightarrow Na_{(sólido)} + 3/2N_{2(gás)}$

1 mol de NaN_3 ---------- 3/2 mol de N_2
65 g ----------------------- 3/2 x (22,4 L)
m_{NaN3} --------------------- 70 L
m_{NaN3} = 135,42 g

Questão 192

(INSTITUTO TECNOLÓGICO DA AERONÁUTICA) Alternativa D.

Na temperatura ambiente, a reação entre o hidróxido de potássio sólido com o cloreto de amônio sólido há a liberação de amônia.

Questão 193

(INSTITUTO TECNOLÓGICO DA AERONÁUTICA) Alternativa E.

Para que a reação esteja balanceada, o elemento químico Y deve ser o elemento químico enxofre (S).

Questão 194

(INSTITUTO TECNOLÓGICO DA AERONÁUTICA) Alternativa A.

Observação quanto ao enunciado do problema: a coloração amarela se refere ao enxofre.

Cálculo do rendimento deste processo apresentado no enunciado do problema: $K_2S_2O_3 + 2HCl \longrightarrow S + H_2O + SO_2 + 2KCl$

1 mol de $K_2S_2O_3$ ------------------------- 1 mol de S
190,32 gramas de $K_2S_2O_3$ ------------- 32,06 gramas de S x R
0,95 x 20 gramas de $K_2S_2O_3$ ---------- 3,2 gramas de S

R = 0,999 (≅ 100%)

Questão 195

(U.S. NATIONAL CHEMISTRY OLYMPIAD) Alternativa B.

Equação química: $M + 3F_2 \longrightarrow MF_6$

A partir da relação estequiométrica, é possível relacionar a seguinte proporção:

1 mol de M ----------- 1 mol de MF_6
$<MM>_M$ ----------------- ($<MM>_M$ + 6 x 19)
0,250 g ----------------- 0,547 g

0,547 x $<MM>_M$ = 0,250 x ($<MM>_M$ + 114)

0,297. $<MM>_M$ = 28,50

$<MM>_M$ = 95,96 $g.mol^{-1}$

Com o auxílio da classificação dos elementos químicos presentes na tabela periódica, o elemento químico que apresenta a massa molar igual a 95,95 $g.mol^{-1}$ trata-se do Molibdênio (Mo).

Questão 196

Alternativa C.

Cálculo do número de átomos da molécula de propano, a partir de 2,20 gramas de propano.

44 gramas de C_3H_8 ------------------ 11 mol x (6,02 x 10^{23} átomos / mol)
2,20 gramas de C_3H_8 ---------------- X

X = 3,31 x 10^{23} átomos

Questão 197

(U.S. NATIONAL CHEMISTRY OLYMPIAD) Alternativa B.

Cálculo da massa ácido salicílico, levando em consideração que o processo apresenta um rendimento igual a 83%.

Equação química: $C_7H_6O_3 + (CH_3CO)_2O \longrightarrow C_9H_8O_4 + CH_3COOH$

1 mol de $C_7H_6O_3$ ---------------- 1 mol de $C_9H_8O_4$
138 g ------------------------------- 180 g x 0,83
m_{C7H6O3} ---------------------------- 1 kg
m_{C7H6O3} = 0,92 kg

Questão 198

(OLIMPÍADA PERUANA DE QUÍMICA) Alternativa B.

Determinação do reagente limitante e do reagente em excesso.

Analisando o oxigênio molecular: $n_{O_2} = \frac{m_{O_2}}{<MM>_{O_2}} = \frac{175}{32 \times 0,50} = 1094 \text{ mol}$

Analisando a molécula de água: $n_{H_2O} = \frac{m_{H_2O}}{<MM>_{H_2O}} = \frac{125}{18} = 6,94 \text{ mol}$

Analisando o dióxido de enxofre: $n_{SO_2} = \frac{m_{SO_2}}{<MM>_{SO_2}} = \frac{400}{64} = 6,25 \text{ mol (reagente limitante)}$

Cálculo da massa de ácido sulfúrico produzido, a partir da relação estequiométrica com o dióxido de enxofre:

$\frac{1}{2}O_{2(gás)} + H_2O_{(líquido)} + SO_{2(gás)} \longrightarrow H_2SO_4$

1 mol de SO_2 ----------------- 1 mol de H_2SO_4
6,25 mol de SO_2 ------------- n_{H2SO4}
n_{H2SO4} = 6,25 mol de ácido sulfúrico

Cálculo da massa de H_2SO_4, a partir do número de mol:

$$m_{H_2SO_4} = n_{H_2SO_4} \times < MM >_{H_2SO_4} = 6,25 \times 98 = 612,5 \text{ g}$$

Questão 199

(U.S. NATIONAL CHEMISTRY OLYMPIAD) Alternativa D.

Equação química: $Fe_2O_{3(sólido)} + 3CO_{(gás)} \longrightarrow 2Fe_{(sólido)} + 3CO_{2(gás)}$

Cálculo do rendimento a partir da relação estequiométrica entre o óxido de ferro com o ferro metálico.

1 mol de Fe_2O_3 ------------- 2 mol de Fe

160 g ------------------------ 112 g x R
6,50 g ----------------------- 3,85 g
R = 0,8461 (84,61%)

Questão 200

(OLIMPÍADA BRASILEIRA DE QUÍMICA) Alternativa E.

Realizando o balanceamento pelo método de oxidação-redução (redox), a equação química balanceada fica da seguinte maneira:

$2MnO_4^- + 16H^+ + 10Cl^- \longrightarrow 2Mn^{+2} + 5Cl_2 + 8H_2O$

Questão 201

(OLIMPÍADA BRASILEIRA DE QUÍMICA – PRIMEIRA FASE) Alternativa B.

Cálculo do número de mol de dióxido de enxofre: $2FeS_2 + 11/2O_2 \longrightarrow Fe_2O_3 + 4SO_2$

2 mol de FeS_2 ---------- 4 mol de SO_2
1 mol de FeS_2 ---------- n_{SO2}
n_{SO2} = 2 mol

Cálculo do número de mol de trióxido de enxofre: $SO_{2(gás)} + ½O_{2(gás)} \longrightarrow SO_{3(gás)}$

1 mol de SO_2 ---------- 1 mol de SO_3
2 mol de FeS_2 --------- n_{SO3}
n_{SO3} = 2 mol

Cálculo do número de mol de ácido sulfúrico: $SO_3 + H_2O \longrightarrow H_2SO_4$

1 mol de SO_3 ---------- 1 mol de H_2SO_4
2 mol de FeS_2 --------- n_{H2SO4}
n_{H2SO4} = 2 mol

Questão 202

(OLIMPÍADA BRASILEIRA DE QUÍMICA – PRIMEIRA FASE) Alternativa B.

Cálculo da massa de dióxido de enxofre: $S_{(sólido)} + O_{2(gás)} \longrightarrow SO_{2(gás)}$

1 mol de S ---------------- 1 mol de SO_2
32 g de $S_{(s)}$ --------------- 64 g de $SO_{2(g)}$
1 tonelada de S --------- m_{SO2}
m_{SO2} = 2 toneladas

Questão 203

(OLIMPÍADA BRASILEIRA DE QUÍMICA) Alternativa B.

Cálculo da massa molar da molécula de hemoglobina, a partir da seguinte relação numérica apresentada a seguir:

0,335% ---------- 56 g.mol^{-1} de Ferro
100% ------------- $\langle MM \rangle_{Hemoglobina}$

$\langle MM \rangle_{Hemoglobina}$ = 16716,42 g.mol^{-1} ($\cong$ 1,7 x 10^4 g.mol^{-1})

Questão 204

(OLIMPÍADA DE QUÍMICA DO RIO GRANDE DO SUL) Alternativa C.

Cálculo da concentração da quantidade de matéria do íon hidrogeniônico $[H^+]$: $2 = -\log[H^+]$

$[H^+] = 10^{-2}\ mol.L^{-1}$

Equação de ionização do ácido clorídrico: $HCl_{(aquoso)} \rightarrow H^+_{(aquoso)} + Cl^-_{(aquoso)}$

1 mol de HCl ---------- 1 mol de H^+
[HCl] ------------------- 10^{-2} mol.L^{-1}
[HCl] = 10^{-2} mol.L^{-1}

Cálculo da massa de HCl, a partir da concentração da quantidade de matéria:

$m_{HCl} = [HCl]\ x < MM >_{HCl} = 10^{-2}\ x\ 36{,}5\ x\ 0{,}100 = 3{,}65\ x\ 10^{-2}\ g$

Cálculo da massa de cloreto de zinco: $Zn_{(sólido)} + 2HCl_{(aquoso)} \rightarrow ZnCl_{2(aquoso)} + H_{2(gás)} \uparrow$

2 mol de HCl -------------- 1 mol de $ZnCl_2$
2 x 36,5 g ------------------ 136 g
3,65 x 10^{-2} g --------------- m_{ZnCl2}

m_{ZnCl2} = 0,068 g de cloreto de zinco

Questão 205

(U.S. NATIONAL CHEMISTRY OLYMPIAD) Alternativa A.

Equação química: $MnO_{2(sólido)} + HCl_{(aquoso)} \rightarrow Cl_{2(gás)} + MnCl_{2(aquoso)} + 2H_2O_{(líquido)}$

A partir da relação estequiométrica, temos:

4 mol de HCl ------------ 1 mol de Cl_2
4 x 36,5 g --------------- 1 x 71 g
m_{HCl} ----------------------- 2,50 g
m_{HCl} = 5,14 g

Questão 206

(OLIMPÍADA DE QUÍMICA DO RIO GRANDE DO SUL) Alternativa A.

Realizando o balanceamento pelo método de oxidação-redução, temos que o íon permanganato se trata do agente oxidante enquanto o íon oxalato trata-se do agente redutor.

Equação iônica: $MnO_4^- + C_2O_4^{-2} + H^+ \rightarrow Mn^{+2} + CO_2 + H_2O$

Balanceamento químico: $2MnO_4^- + 5C_2O_4^{-2} + 16H^+ \rightarrow 2Mn^{+2} + 10CO_2 + 8H_2O$

Questão 207

(INSTITUTO TECNOLÓGICO DA AERONÁUTICA) Alternativa A.

Primeira Experiência: Nesta etapa experimental ocorrem as seguintes equações químicas:

$NaCl + AgNO_3 \rightarrow AgCl$
$KCl + AgNO_3 \rightarrow KNO_3 + AgCl$
$BaCl_2 + 2AgNO_3 \rightarrow Ba(NO_3)_2 + 2AgCl$

Somando as três equações químicas apresentadas acima:

$NaCl + KCl + BaCl_2 + 4AgNO_3 \longrightarrow NaNO_3 + KNO_3 + Ba(NO_3)_2 + 4AgCl$

As substâncias a serem relacionadas são aquelas que fazem parte da mistura, pois estas são incógnitas, e o precipitado, pois dele temos dados suficientes. O precipitado, cuja solubilidade é desprezível, deve ser um dos produtos, que neste caso é o AgCl. Temos então a seguinte relação:

1 x 58,44 --------------- 4 x 143,32
X --------------- 57,4
X = 5,85 de NaCl

Cálculo da porcentagem:

34,10g -------- 100
5,85g --------- P
P = 17,15

Segunda Experiência: $BaCl_2 + 2KCl + 2Na_2SO_4 \longrightarrow 4NaCl + K_2SO_4 + BaSO_4$

Agora o precipitado é $BaSO_4$ (Sulfato de bário)

$BaCl_2$ $BaSO_4$
208,23g ------------------------ 233,39g
X ------------------------ 4,66
X = 4,15g

Cálculo do percentual:
6,82 g ---------- 100
4,15g ---------- Percentual
Percentual $\cong$ 61%

Questão 208

(INSTITUTO TECNOLÓGICO DA AERONÁUTICA) Alternativa A.

O enunciado cita uma substância escura que se forma sobre objetos de prata, quando estes estão expostos a ambientes poluídos com compostos de enxofre. A substância escura que deve ser removida da superfície do objeto refere-se ao sulfeto de prata, o qual reagirá com o alumínio metálico. Equação química: $3\ Ag_2S_{(sólido)} + 2Al_{(sólido)} \longrightarrow 6Ag_{(sólido)} + Al_2S_{3(sólido)}$

Questão 209

(INSTITUTO TECNOLÓGICO DA AERONÁUTICA) Alternativa D.

Relação estequiométrica entre os reagentes: $HCl_{(aquoso)} + NaOH_{(aquoso)} \longrightarrow NaCl_{(aquoso)} + H_2O_{(líquido)}$

1 mol de $HCl_{(aq)}$ ---------- 1 mol de $NaOH_{(aq)}$
n_{HCl} -------------------------- n_{NaOH}
$n_{HCl} = n_{NaOH}$

Cálculo do número de mol de HCl: $n_{HCl} = 0,10 \times 1,0 = 0,10$ mol

Cálculo do número de mol de NaOH: $n_{NaOH} = 0,50 \times 0,10 = 0,05$ mol

Excesso de ácido: $n_{HCl\ excesso} = 0,10 - 0,05 = 0,05$ mol

Cálculo da concentração da quantidade de matéria em excesso:

$$[HCl]_{excesso} = \frac{0.005\ mol}{0{,}200\ L} = 0{,}25\ mol.L^{-1}$$

Questão 210

(OLIMPÍADA MINEIRA DE QUÍMICA) Alternativa C.

Somando as equações químicas apresentadas no enunciado da questão:

$2ZnS_{(sólido)} + 3O_{2(gás)} \longrightarrow$ ~~$2ZnO_{(sólido)}$~~ $+ 2SO_{2(gás)}$

~~$2ZnO_{(sólido)}$~~ $+ 2CO_{(gás)} \longrightarrow 2Zn_{(sólido)} + 2CO_{2(gás)}$ (Equação química multiplicada por dois) +

$2ZnS_{(sólido)} + 3O_{2(gás)} + 2CO_{(gás)} \longrightarrow 2Zn_{(sólido)} + 2CO_{2(gás)} + 2SO_{2(gás)}$ (Equação química global)

Cálculo da pureza de blenda = 243,75 t x 0,80 = 185 t.

Cálculo da massa de zinco metálico, a partir da relação estequiométrica com o sulfeto de zinco.

2 mol de ZnS ------------------ 2 mol de Zn
(2 x 97,4) g --------------------- 2 x 65,4 g
195 toneladas ----------------- m_{Zn}
m_{Zn} = 130,93 x 0,90 = 117,84 t

Questão 211

(OLIMPÍADA MINEIRA DE QUÍMICA) Alternativa C.

Cálculo da massa durante um período de 24 horas.

24 horas ---------- massa
6 horas ------------ 250 mg
massa = 1000 mg

Fórmula molecular do metamizol sódico e sua massa molar: $C_{13}H_{16}O_4N_3SNa$ (<MM> = 333 $g.mol^{-1}$)

1 mol --------- 333 gramas
X -------------- 1 grama
X = 0,0030 mol

Questão 212

(OLIMPÍADA BRASILEIRA DE QUÍMICA) Alternativa D.

Equação química I: $2FeS_{2(sólido)} + 11/2O_{2(gás)} \longrightarrow Fe_2O_{3(sólido)} + 4SO_{2(gás)}$

Equação química II: $Fe_2O_{3(sólido)} \longrightarrow 2Fe_{(sólido)} + 3/2O_{2(gás)}$

Somando as duas equações químicas, temos:

$2FeS_{2(sólido)} + 11/2O_{2(gás)} \longrightarrow$ ~~$Fe_2O_{3(s)}$~~ $+ 4SO_{2(gás)}$

~~$Fe_2O_{3(s)}$~~ $\longrightarrow 2Fe_{(sólido)} + 3/2O_{2(gás)}$ +

$2\ FeS_{2(sólido)} + 4O_{2(gás)} \longrightarrow 2Fe_{(sólido)} + 4SO_{2(gás)}$

Massa de pirita puro = 1 t x 0,95 = 0,95 toneladas

$2FeS_{2(sólido)} + 4O_{2(gás)} \longrightarrow 2Fe_{(sólido)} + 4SO_{2(gás)}$

240 gramas ------------- 112 gramas
0,95 toneladas --------- m_{Fe}
m_{Fe} = 0,443 toneladas (443 kg)

Questão 213

(INSTITUTO MILITAR DE ENGENHARIA) Alternativa B.

Sal constituinte, a partir dos seus respectivos íons: Mg^{+2} e X^{-3}

Massa molecular do sal: $<MM>_{Mg3X2} = (72 + 2.<MM>_X)$, em que $<MM>_X$ é a massa atômica do elemento X.
72 g ---------- $(72 + 2 \times <MM>_X)$

24 g ---------- 33,65 g
$<MM>_X = 14,47\ g.mol^{-1}$

Questão 214

(OLIMPÍADA MINEIRA DE QUÍMICA) Alternativa C.

Realizando o balanceamento pelo método redox, a equação química fica da seguinte maneira:

$3FeTiO_{3(sólido)} + 6HCl_{(aquoso)} + 3/2Cl_{2(gás)} \longrightarrow 3FeCl_{3(aquoso)} + 3TiO_{2(sólido)} + 3H_2O_{(líquido)}$.

Cálculo da massa de ilmenita pura: $m_{FeTiO3} = 950\ g \times 0,80 = 760\ g$

Cálculo do número de mol de rutilo, a partir da relação estequiométrica com a massa de $FeTiO_{3(sólido)}$:

3 mol de $FeTiO_3$ ---------------- 3 mol de TiO_2
3 x 152 g ------------------------- 3 mol de TiO_2
760 g ------------------------------ n_{TiO2}
$n_{TiO2} = 5,00$ mol

Questão 215

(INSTITUTO MILITAR DE ENGENHARIA) Alternativa D.

Balanceamento pelo método íon-elétron, temos:

$4H_2O + Cr^{+3} \overset{x\,2}{\rightarrow} CrO_4^{-2} + 8H^+ + 3\ elétrons$ (Equação química de oxidação)
$4H_2O + I^- \overset{x\,6}{\rightarrow} IO_4^{-2} + 8H^+ + 8\ elétrons$ (Equação química de oxidação)
$Cl_2 + 2\ elétrons \overset{x\,27}{\longrightarrow} 2Cl^-$ (Equação química de redução)

$32H_2O + 2Cr^{+3} + 6I^- + 27Cl_2 \rightarrow 2CrO_4^{-2} + 6IO_4^- + 54Cl^- + 64H^+$ (Equação química global)

Como a reação ocorre em meio básico, iremos eliminar os íons H^+ adicionando OH^- em ambos os lados. Logo:

$2CrI_3 + 27Cl_2 + 64NaOH \longrightarrow 6NaIO_4 + 2Na_2CrO_4 + 54NaCl + 32H_2O$

Soma dos coeficientes estequiométricos = 2 + 27 + 64 + 6 + 2 + 54 + 32 = 187

Questão 216

(INSTITUTO TECNOLÓGICO DA AERONÁUTICA) Alternativa D.

Equação química: $CH_{4(gasoso)} + 4Cl_{2(gasoso)} \longrightarrow CCl_{4(gasoso)} + 4HCl_{(gasoso)}$

CH_4	$4Cl_2$	CCl_4	$4HCl$
1 mol	4 mol	1 mol	4 mol
100 mL	400 mL	100 mL	400 mL
x	700 mL	x	y

O gás metano encontra-se em excesso, e, a quantidade que reage será a seguinte:

$$x = \frac{700 \text{ x } 100}{400} = 175 \text{ mL}$$

Pela Lei de Avogadro, $V \propto n_{mol}$.

Questão 217

(OLIMPÍADA MARANHENSE DE QUÍMICA) Alternativa B.

Determinação do reagente limitante e do reagente em excesso:

$$n_{AgNO_3} = \frac{0{,}10 \text{ L x } 0{,}10\frac{mol}{L}}{2{,}0} = 0{,}005 \text{ mol}$$ (Reagente limitante)

$$n_{Na_2CO_3} = 0{,}10 \text{ x } 0{,}10 = 0{,}01 \text{ mol}$$ (Reagente em excesso)

Cálculo da massa de carbonato de prata, a partir da relação estequiométrica com o nitrato de prata:

$2AgNO_{3(aquoso)} + Na_2CO_{3(aquoso)} \longrightarrow Ag_2CO_{3(sólido)} + 2NaNO_{3(aquoso)}$

2 mol de $AgNO_{3(aquoso)}$ -------------- 1 mol de $Ag_2CO_{3(sólido)}$
n_{AgNO3} ------------------------------------ n_{Ag2CO3}
$n_{AgNO_3} = 2 \text{ x } n_{Ag_2CO_3}$

Cálculo da massa de carbonato de prata:

$$[AgNO_3] \text{ x } V_{solução} = 2 \text{ x} \frac{m_{Ag_2CO_3}}{< MM >_{Ag_2CO_3}}$$

$$m_{Ag_2CO_3} = \frac{[AgNO_3] \text{ x } V_{solução} \text{ x } < MM >_{Ag_2CO_3}}{2}$$

$$m_{Ag_2CO_3} = \frac{0{,}1 \text{ x } 0{,}1 \text{ x } 276}{2} = 1{,}38 \text{ g}$$

Questão 218

(OLIMPÍADA MARANHENSE DE QUÍMICA) Alternativa C.

Equação química que representa o processo de combustão completa do hidrocarboneto hipotético:

$$C_xH_y + \left(x + \frac{y}{4}\right) O_{2_{(gás)}} \rightarrow xCO_{2_{(gás)}} + \frac{y}{2} H_2O_{(gás)}$$

1 mol de C_xH_y ------------------- x mol de CO_2 --------- y/2 mol de H_2O
(12x + y) mol de C_xH_y --------- 44x -------------------- 9y
0,50 g ---------------------------- 1,65 g ----------------- 0,45 g

Realização da primeira equação matemática, a partir da estequiometria entre o C_xH_y e o CO_2:

1,65.(12x + y) = 0,50.44x

19,8x + 1,65y = 22x

y = 1,33x (Equação química I)

Realização da segunda equação matemática, a partir da estequiometria entre o C_xH_y e o H_2O:

0,45 x (12x + y) = 0,50 x 9y

5,4x + 0,45y = 0,45y

y = 1,33x (Equação química II)

Tanto para a equação I quanto a equação II, a relação entre y e x é igual a y = 1,33x

Logo, para x = 3, y = 4.

Hidrocarboneto = C_3H_4

Cálculo do percentual de carbono no hidrocarboneto: $\%_{(carbono)} = \frac{36}{40} = 0{,}90\ (90\%)$

$\%_{(hidrogênio)}$ = 100% - 90% = 10%.

Questão 219

(OLIMPÍADA MARANHENSE DE QUÍMICA) Alternativa C.

Observando a reação química a partir de 4 mol de nitroglicerina consumidos são formados 29 mol de gases. Considerando que os gases apresentam comportamento ideal, o volume será calculado a partir da equação dos gases ideais.

$$\text{Volume} = \frac{29 \text{ x } 0{,}08206 \text{ x } 273}{1{,}0} = 709{,}16 \text{ L}$$

Questão 220

(OLIMPÍADA MARANHENSE DE QUÍMICA) Alternativa E.

Cálculo da massa de dióxido de carbono, a partir da massa de carbonato de cálcio: $CaCO_{3(sólido)} \rightarrow CaO_{(sólido)} + CO_{2(gás)}$

1 mol de CaO ---------------- 1 mol de CO_2
56 gramas de CaO --------- 44 gramas de CO_2
561 kg ------------------------- m_{CO2}
m_{CO2} = 440,58 kg

Cálculo do volume de dióxido de carbono, a partir da massa de dióxido de carbono calculada:

$$V_{CO_2} = \frac{440580}{44 \text{ x } 1} \text{x } 0{,}08206 \text{ x } 300$$

$$V_{CO_2} = 246504{,}51 \text{ L}$$

Questão 221

(OLIMPÍADA DE QUÍMICA DO RIO GRANDE DO NORTE) Resolução: Alternativa A.

Cálculo da massa de WO_3, a partir da primeira equação química: $CaWO_4 + 2HCl \rightarrow WO_3 + H_2O + CaCl_2$

1 mol de $CaWO_4$ ------------------- 1 mol de WO_3
288 gramas de $CaWO_4$ ---------- 232 gramas de WO_3 x 0,65
65 t de $CaWO_4$ --------------------- m_{WO3}

$$m_{WO_3} = \frac{232 \text{ x } 65 \text{ x } 0{,}65}{288} = \frac{9802}{288} = 34{,}03 \text{ t}$$

Cálculo da massa de W (tungstênio), a partir da segunda equação química: $WO_3 + 3H_2 \rightarrow W + 3H_2O$

1 mol de WO_3 ----------------------- 1 mol de W
232 gramas de $CaWO_4$ --------- 184 gramas de W x 0,98
34,03 t de WO_3 -------------------- m_W
m_W = 26,45 t

Questão 222

(OLIMPÍADA UNIFICADA - OBQ) Alternativa C.

Realizando o balanceamento pelo método REDOX, o íon dicromato é o agente oxidante enquanto o íon ferroso (ferro II) é o agente redutor.

Diante disso, os coeficientes estequiométricos para o balanceamento da reação são os seguintes:

$Cr_2O_7^{-2} + 6Fe^{+2} + 14H^+ \rightarrow 2Cr^{+3} + 6Fe^{+3} + 7H_2O$.

Somatório dos coeficientes estequiométricos: 1 + 6 + 14 + 2 + 6 + 7 = 36.

Questão 223

(CONCURSO PARA DOCENTE FEDERAL – UNIVERSIDADE FEDERAL FLUMINENSE) Alternativa A.

Equação química entre o zinco metálico na presença de ácido sulfúrico: $Zn_{(sólido)} + H_2SO_{4(aquoso)} \rightarrow ZnSO_{4(aquoso)} + H_{2(gás)} \uparrow$.

A partir da equação dos gases ideais, será possível determinar o número de mol de gás hidrogênio.

$$n_{H_2} = \frac{p \times V_{H_2}}{R \times T} = \frac{\frac{770}{760} \times 0{,}500}{0{,}08206 \times 293} = 21{,}07 \times 10^{-3} \text{ mol}$$

A partir da relação estequiométrica entre o zinco metálico com o gás hidrogênio é possível calcular o número de mol de zinco metálico:

1 mol de zinco ------------- 1 mol de gás hidrogênio
n_{Zn} ---------------------------- 21,07 x 10^{-3} mol
n_{Zn} = 21,07 x 10^{-3} mol

A partir do número de mol, temos: Massa de zinco = 21,07 x 10^{-3} x 65,50 = 1,38 g

Questão 224

(OLIMPÍADA CEARENSE DO ENSINO SUPERIOR DE QUÍMICA) Alternativa A.

Equação química: $Zn_{(sólido)} + 2HCl_{(aquoso)} \rightarrow ZnCl_{(aquoso)} + H_{2(gás)}$

Relação estequiométrica entre o zinco metálico na presença de ácido clorídrico.

1 mol de Zn ---------- 2 mol de HCl
n_{Zn} --------------------- n_{HCl}
2 x n_{Zn} = n_{HCl}

A partir desta relação, o volume da solução será igual a: $[HCl] \times V_{solução} = 2 \times \frac{m_{Zn}}{<MM>_{Zn}}$

$$2 \times V_{solução} = 2 \times \frac{12{,}05}{65{,}4}$$

$$V_{solução} = 0{,}184 \text{ L } (184 \text{ mL})$$

Questão 225

(OLIMPÍADA MARANHENSE DE QUÍMICA) Alternativa B.

Equação química iônica: $Cl^-_{(aquoso)} + AgNO_{3(aquoso)} \longrightarrow AgCl_{(sólido)} + NO_3^-{}_{(aquoso)}$

Relação estequiométrica entre o ânion cloreto e cloreto de prata.

1 mol de Cl^- --------- 1 mol de AgCl
n_{Cl-} --------------------- n_{AgCl}
$n_{Cl-} = n_{AgCl}$

Cálculo da concentração da quantidade de matéria do ânion cloreto, a partir da relação estequiométrica com o cloreto de prata:

$$[Cl^-] \times V_{solução} = \frac{m_{AgCl}}{< MM >_{AgCl}}$$

$$[Cl^-] \times 10 \times 10^{-3} = \frac{0{,}287}{143{,}5}$$

$$[Cl^-] = 0{,}20 \frac{mol}{L}$$

Questão 226

(OLIMPÍADA DE QUÍMICA DO RIO DE JANEIRO) Alternativa E.

Cálculo do número de mol de oxigênio coletado, a partir da aplicação da equação dos gases ideais:

$$1{,}25 \times 2{,}25 = n_{O_2} \times 0{,}08206 \times 298$$

$$n_{O_2} = \frac{2{,}8125}{24{,}45} = 0{,}115 \text{ mol}$$

Cálculo da massa de clorato de potássio, a partir da estequiometria: $KClO_{3(sólido)} \longrightarrow KCl_{(sólido)} + 3/2O_{2(gás)}$

1 mol de $KClO_3$ --------------------- 3/2 mol de O_2
122,50 gramas de $KClO_3$ --------- 3/2 mol de O_2 x (¾)
m_{KClO3} --------------------------------- 0,115 mol de O_2
m_{KClO3} = 12,52 gramas de $KClO_3$

Cálculo do grau de pureza do clorato de potássio (%) = $\frac{12{,}52}{25} = 0{,}50\ (50\%)$

Questão 227

(OLIMPÍADA DE QUÍMICA DO RIO DE JANEIRO) Alternativa B.

Equação química 1: $CH_4 + O_2 \longrightarrow CO_2 + H_2O$
Equação química 2: $CO_2 + BaO \longrightarrow BaCO_3$

Somando as duas equações químicas apresentadas acima:

$CH_4 + 2O_2 \longrightarrow \cancel{CO_2} + 2H_2O$
$\cancel{CO_2} + BaO \longrightarrow BaCO_3$ +

$CH_4 + 2O_2 + BaO \longrightarrow BaCO_3 + 2H_2O$

Cálculo da massa de metano, a partir da relação estequiométrica do óxido de bário:

1 mol de CH_4 --------- 1 mol de BaO
16 gramas ------------- 153 gramas
m_{CH4} --------------------- 6152 gramas
m_{CH4} = 643,35 g

Cálculo do grau de pureza (%): $\% = \frac{643,35}{800} = 0,801\ (80\%)$

Questão 228

(INSTITUTO TECNOLÓGICO DA AERONÁUTICA) Alternativa D.

Equação química: $Zn_{(sólido)} + H_2SO_{4(aquoso)} \longrightarrow ZnSO_{4(aquoso)} + H_{2(gás)}$

Determinação do reagente limitante, calculando e comparando o número de mol de cada espécie química:

$$n_{ácido} = [ácido]\ x\ V_{solução} = 1,0\ x\ 1,5 = 1,5\ mol$$

Cálculo do número de mol do metal:

$$n_{metal} = \frac{m_{metal}}{< MM >_{metal}} = \frac{32,7}{65,4} = 0,50\ mol\ (reagente\ limitante)$$

Cálculo do número de mol de gás hidrogênio produzido na reação:

1 mol de Zn --------------------- 1 mol de H_2
0,50 mol -------------------------- n_{H2}
n_{H2} = 0,50 mol de gás hidrogênio

Cálculo da variação máxima da pressão: $\Delta P = \frac{\Delta n\ x\ R\ x\ T}{V} = \frac{0,50\ x\ 0,08206\ x\ 293}{2} = 6,01\ atm$

Questão 229

(INSTITUTO MILITAR DE ENGENHARIA) Alternativa C.

Sabendo que 1000 kg de oleum apresentam 200 kg de SO_3 + 800 kg de H_2SO_4 puro.

Analisando o trióxido de enxofre:
1 mol de SO_3 ---------------- 1 mol de H_2O
80 gramas de SO_3 --------- 18 gramas de H_2O
200 kg de SO_3 -------------- X_{H2O}
X_{H2O} = 45 kg

Analisando a relação estequiométrica com o ácido sulfúrico:

1 mol de SO_3 ---------------- 1 mol de H_2SO_4
80 gramas de SO_3 --------- 98 gramas de H_2O
200 kg de SO_3 -------------- Y_{H2SO4}
Y_{H2SO4} = 245 kg de ácido sulfúrico

Cálculo da massa de água necessária para a transformação desta massa de ácido sulfúrico puro em solução 95% em massa:

1045 kg de H_2SO_4 ------------- 95%
$m_{solução}$ ---------------------------- 100%
$m_{solução} = \frac{1042\ x\ 100}{95} = 1100\ kg$

Cálculo da massa total de água = 45 kg + (1100 kg – 1045 kg) = 100 kg

Questão 230

(U.S. NATIONAL CHEMISTRY OLYMPIAD) Alternativa B.

Equação química: $Li_{(sólido)} + H_2O_{(líquido)} \rightarrow LiOH_{(aquoso)} + ½H_{2(gás)}$

Sabendo que a pressão total fornecida pelo problema é de 750 mmHg, a pressão parcial de H_2 será igual a:

$P_{TOTAL} = P_{VAPOR(H2O)} + P_{H2}$

P_{H2} = 750 mmHg – 19,8 mmHg = 730,2 mmHg (0,961 atm)

Cálculo da massa de gás hidrogênio, a partir da relação estequiométrica com o lítio metálico:

1 mol de Li --------------- ½ mol de H_2
6,94 g Li ----------------- 1,0 g
0,208 g Li --------------- m_{H2}
$m_{H2} = 2,99 \times 10^{-2}$ g

Cálculo do volume de gás hidrogênio, aplicando a equação dos gases ideais:

$$V_{H_2} = \frac{\left(\frac{2,99 \text{ x } 10^{-2}}{2,0}\right) \text{x } 0,08206 \text{ x } (22 + 273)}{0,961} = 0,376 \text{ L } (376 \text{ mL})$$

Questão 231

(OLIMPÍADA DE QUÍMICA DO RIO DE JANEIRO) Alternativa A.

Equação química: $Zn_{(sólido)} + 2HCl_{(aquoso)} \rightarrow ZnCl_{2(aquoso)} + H_{2(gás)} \uparrow$

Relação estequiométrica entre o zinco metálico e o gás hidrogênio, para a determinação analítica do grau de pureza:

1 mol de Zn ------------ 1 mol de H_2
65,41 g ------------------ 22,4 L
p x 1,0 g ---------------- 0,206 L
pureza (p) = 0,601 (60%)

Questão 232

(OLIMPÍADA DE QUÍMICA DO RIO DE JANEIRO) Alternativa B.

Massa molar do analgésico: <MM> = (9 x 12) + (8 x 1) + (4 x 16) = 180 $g.mol^{-1}$

Cálculo do número de moléculas na presença de 0,80 g:
180 g ---------- $6,02 \times 10^{23}$ moléculas
0,80 g --------- X
X = $2,67 \times 10^{21}$ moléculas

Questão 233

(OLIMPÍADA DE QUÍMICA DO RIO DE JANEIRO) Alternativa D.

A partir da relação estequiométrica, temos: $MgCO_{3(aquoso)} + 2HCl_{(aquoso)} \rightarrow MgCl_{2(aquoso)} + H_2O_{(líquido)} + CO_{2(gás)} \uparrow$

1 mol de $MgCO_{3(aq)}$ ------------------- 1 mol de $CO_{2(g)}$ x R
n_{sal} -- $n_{gás}$
$n_{sal} \times R = n_{gás}$

Considerando que o dióxido de carbono apresenta comportamento ideal, temos:

$$R \times \left(\frac{4{,}50}{84}\right) = \frac{1 \times 0{,}500}{0{,}08206 \times 273}$$

R = 0,4166 (≅ 42%)

Questão 234

(U. S. NATIONAL CHEMISTRY OLYMPIAD) Alternativa D.

Cálculo da massa de dióxido de carbono, considerando comportamento ideal:

$$p \times V_{CO_2} = \frac{m_{CO_2}}{< MM >_{CO_2}} \times R \times T$$

$$\left(\frac{740}{760}\right) \times 100 = \frac{m_{CO_2}}{44} \times 0{,}08206 \times (50 + 273)$$

$$m_{CO_2} = 161{,}63 \text{ g}$$

Cálculo da massa de pentano, a partir da reação de combustão completa do pentano: $2C_5H_{12} + 16O_2 \longrightarrow 10CO_2 + 12H_2O$

2 mol de C_5H_{12} ---------------- 10 mol de CO_2
142 g ---------------------------- 440 g
m_{C5H12} --------------------------- 161,63 g
m_{C5H12} = 52,90 g

Questão 235

(INSTITUTO TECNOLÓGICO DA AERONÁUTICA) Base de cálculo: 100 g da substância pura.

Analisando em função do átomo de carbono: $\frac{46{,}1}{100} \times 100 \text{ g} = \frac{46{,}1 \text{ g}}{12 \frac{\text{g}}{\text{mol}}} = \frac{3{,}84 \text{ mol}}{3{,}84 \text{ mol}} = 1$

Analisando em função do átomo de nitrogênio: $\frac{53{,}9}{100} \times 100 \text{ g} = \frac{53{,}9 \text{ g}}{14 \frac{\text{g}}{\text{mol}}} = \frac{3{,}85 \text{ mol}}{3{,}84 \text{ mol}} = 1$

Fórmula mínima: $(CN)_x$. Determinação do valor de x:

$$28x ------ 22{,}4 \text{ L}$$
$$2{,}60 ------ 1{,}12 \text{ L}$$
$$x = \frac{2{,}60 \times 22{,}4}{28 \times 1{,}12} = \frac{58{,}24}{31{,}36} = 1{,}86$$

Valor mais próximo para x é igual a 2. Logo a fórmula molecular será C_2N_2 ou $(CN)_2$.

Questão 236

Item a) Analisando o gás nobre Hélio: $4{,}0 \text{ g} ----- 6{,}02 \times 10^{23}$ moléculas

Item b) Analisando o bromo líquido: $2 \times 79{,}90 \text{ g} --- 6{,}02 \times 10^{23}$ moléculas

Item c) Analisando o iodo sólido: $2 \times 126{,}9 \text{ g} ---- 6{,}02 \times 10^{23}$ moléculas

Trata-se do gás nobre hélio, o que pode ser observado pela equação dos gases ideais a seguir:

$$V = \frac{1{,}0 \text{ x } 0{,}08206 \text{ x } 273}{1{,}0} = 22{,}4 \text{ litros}$$

Questão 237

(INSTITUTO TECNOLÓGICO DA AERONÁUTICA) Alternativa D.

Lei de Dalton – Lei das proporções múltiplas:

"Quando dois elementos se combinam para formar mais de um composto, se a massa de um deles permanecer constante, a do outro variará numa relação de números inteiros pequenos".

Exemplo: CO (monóxido de carbono, 28 g x mol^{-1}) e CO_2 (dióxido de carbono, 44 g x mol^{-1})

CO = 12 g/mol de carbono e 16 g/mol de oxigênio
CO_2 = 12 g/mol de carbono e 32 g/mol de oxigênio

$$O = \frac{32}{16} = 2{,}0$$

Questão 238

(INSTITUTO TECNOLÓGICO DA AERONÁUTICA) Alternativa A.

Equação química: $C_{(\text{sólido})} + S_{2(\text{gás})} \rightarrow CS_{2(\text{gás})}$

A partir da relação estequiométrica ente o carbono sólido e o sulfeto de carbono no estado gasoso, temos:

1 mol de C -------------------------------- 1 mol de CS_2
6,02 x 10^{23} átomos de carbono ------ 76 g
1,00 x 10^{22} átomos de carbono ------ Massa

$$\text{Massa} = \frac{76 \text{ x } 10}{6{,}02} (\text{g})$$

Questão 239

(INSTITUTO TECNOLÓGICO DA AERONÁUTICA) Alternativa C.

O número de oxidação do ferro varia de +2 ⟶ +3

A variação do número de oxidação é Δ = 3 – 2 = 1

Cálculo do equivalente-grama: $\text{Eqg}_{\text{Fe}} = \frac{<\text{MM}>_{\text{Fe}}}{\Delta} = \frac{55{,}85}{1{,}0} = 55{,}85$

Questão 240

(U. S. NATIONAL CHEMISTRY OLYMPIAD) Alternativa B.

Equação química: $M_{(\text{sólido})} + 3F_{2(\text{gás})} \rightarrow MF_{6(\text{gás})}$

Pela relação estequiométrica, temos:

$1 \text{ mol de M} --- 1 \text{ mol de } MF_{6(\text{gás})}$
$< \text{MM} >_{\text{M}} --- < \text{MM} >_{\text{M}} + (6 \text{ x } 19)$
$0{,}250\text{g} ----- 0{,}547 \text{ g}$
$< \text{MM} >_{\text{M}} = 95{,}95 \frac{\text{g}}{\text{mol}}$

Para este valor de massa molar, corresponde ao metal molibdênio (Mo).

Questão 241

(U. S. NATIONAL CHEMISTRY OLYMPIAD) Alternativa D.

Cálculo do valor percentual, a partir de uma regra de três direta e simples:

$100\% --- 666{,}43\ g$
$X ----- 12 \times 16\ g + 18 \times 16\ g$
$X = 72{,}02\ \%$

Questão 242

(U. S. NATIONAL CHEMISTRY OLYMPIAD) Alternativa C.

Cálculo do número de moléculas de oxigênio molecular, a partir da sua massa:

$32\ g\ O_2 --- 6{,}02 \times 10^{23}$ moléculas
$2{,}5\ g\ O_2 --- X$

$$X = \frac{2{,}50 \times 6{,}02 \times 10^{23}}{32} = 4{,}70 \times 10^{23} \text{ moléculas de oxigênio molecular.}$$

Questão 243

(U. S. NATIONAL CHEMISTRY OLYMPIAD) Alternativa B.

Equação química que representa o processo de neutralização completa entre as soluções de ácido clorídrico e hidróxido de magnésio.

$$2HCl_{(aquoso)} + Mg(OH)_{2(aquoso)} \rightarrow MgCl_{2(aquoso)} + 2H_2O_{(líquido)}$$

A partir da relação estequiométrica entre o ácido clorídrico e o hidróxido de magnésio:

$2\ mol ---- 1\ mol$
$n_a ------ n_b$
$n_a = 2 \times n_b$

Cálculo da massa de hidróxido:

$$0{,}125 \times 0{,}136 = 2 \times \frac{massa}{58}$$

$massa = 0{,}493\ g$

Questão 244

(U. S. NATIONAL CHEMISTRY OLYMPIAD) Alternativa C.

Equação química: $Fe_3O_{4(sólido)} + CO_{(gás)} \rightarrow 3Fe_{(sólido)} + 4CO_{2(gás)}$

Cálculo da massa tetróxido de triferro a partir do ferro metálico:

$1\ mol ---- 3\ mol$
$232\ g ---- 168 \times 0{,}88$
$Massa ---- 5000\ g$

$$\text{Massa} = \frac{5000 \text{ x } 232}{168 \text{ x } 088} = 7846{,}32 \text{ g}$$

Questão 245

(U. S. NATIONAL CHEMISTRY OLYMPIAD) Alternativa D.

Equação química que corresponde a combustão completa do gás pentano: $2C_5H_{12} + 16O_2 \longrightarrow 10CO_2 + 12H_2O$.

A partir da relação estequiométrica apresentada pela equação química, temos:

$$2 \text{ mol} - - - - - 10 \text{ mol}$$
$$n_{C_5H_{12}} - - - - - n_{gás}$$
$$n_{gás} = 5 \text{ x } n_{C_5H_{12}}$$

Cálculo da massa de gás pentano:

$$\frac{\frac{740}{760} \text{ x } 100}{0{,}08206 \text{ x } 323} = 5 \text{ x} \frac{\text{massa}}{(60 + 12)}$$

$$\text{massa} = 52{,}90 \text{ g}$$

Questão 246

(GRILLO) A reação entre um superóxido na presença do ácido resulta na formação de sal, peróxido e gás oxigênio.

Equação química: $2KO_{2(sólido)} + H_2SO_{4(aquoso)} \longrightarrow K_2SO_{4(aquoso)} + H_2O_{2(aquoso)} + O_{2(gás)} \uparrow$

Cálculo e determinação do número de mol de superóxido de potássio: $n_{superóxido} = \frac{300}{39 + 32} = 4{,}22 \text{ mol}$

Cálculo do número de mol de oxigênio molecular, a partir da relação estequiométrica:

$$2 \text{ mol de } KO_2 - - - - 1 \text{ mol de } O_2 \text{ x } 0{,}62$$
$$4{,}22 \text{ x } 0{,}70 - - - - - n$$
$$n = 0{,}916 \text{ mol}$$

Cálculo do volume de óxido nítrico (NO) nas CNATP:

$$V_{O_2} = \frac{0{,}916 \text{ x } 0{,}08206 \text{ x } 273}{1} = 20{,}51 \text{ L}$$

Questão 247

(OLIMPÍADA NORTE-NORDESTE DE QUÍMICA) Alternativa A

Equação química: $Au_{(sólido)} + 3HCl_{(aquoso)} + HNO_{3(aquoso)} \longrightarrow AuCl_{3(aquoso)} + 2H_2O_{(líquido)} + NO_{(gás)}$

Cálculo da massa de óxido nítrico a partir da relação estequiométrica com o ouro metálico.

1 mol de Au ------------------------------ 1 mol de NO
197 g = 1 mol x 197 g.mol^{-1} ---------- 1mol x 30 g.mol^{-1}
1000 g de Au ----------------------------- m_{NO}

$$m_{NO} = \frac{30 \text{ x } 1000}{197} = 152{,}28 \text{ g}$$

Com base na massa, o número de mol de óxido nítrico pode ser facilmente calculado da seguinte maneira:

$$n_{NO} = \frac{152,28}{30\ g.\ mol^{-1}} = 5,08\ mol$$

Cálculo do volume de óxido nítrico aplicando a equação de Clapeyron: $V_{NO} = \frac{n_{NO}RT}{P}$

$$V_{NO} = \frac{5,08\ x\ 0,08206\ x\ 298}{1} = 124,22\ L$$

Questão 248

(OLIMPÍADA NORTE-NORDESTE DE QUÍMICA) Alternativa B.

Equação química: $3TiO_{2(sólido)} + 4BrF_{3(líquido)} \longrightarrow 3TiF_{4(sólido)} + 2Br_{2(líquido)} + 3O_{2(gás)}$

Cálculo da massa de óxido, a partir da relação estequiométrica entre o óxido e o gás oxigênio:

3 mol de $TiO_{2(s)}$ ------------------------ 3 mol de $O_{2(g)}$
3 mol x 79,90 g.mol^{-1} ----------------- 3 mol x 32 g.mol^{-1}
m_{TiO2} --------------------------------------- 0,056 g

$$m_{TiO_2} = \frac{13,42}{96} = 0,14\ g$$

O grau de pureza pode ser avaliado através da fração mássica de TiO_2 na amostra, logo: $(\%)_{TiO_2} = \frac{0,14}{12,0} = 0,0117\ (1,17\%)$

Questão 249

(OLIMPÍADA NORTE-NORDESTE DE QUÍMICA) Alternativa A.

Realizando o balanceamento pelo método REDOX em que o agente redutor é o ácido clorídrico enquanto o permanganato de potássio trata-se do agente oxidante.

Agente Oxidante: $KMnO_4$ (permanganato de potássio)

Equação química: $2KMnO_4 + 16HCl \rightarrow 2KCl + 2MnCl_2 + 8H_2O + 5Cl_2$

Cálculo do volume, levando em consideração que o gás apresenta comportamento ideal:

$$Volume = \frac{20,7\ x\ 0,08206\ x\ 298}{1} = 506\ L$$

Questão 250

(INSTITUTO MILITAR DE ENGENHARIA) Alternativa B.

Equação química entre o sulfito de cálcio com ácido clorídrico: $CaSO_{3(sólido)} + 2HCl_{(aquoso)} \longrightarrow CaCl_{2(aq)} + H_2O_{(líquido)} + SO_{2(gás)}$

Grau (percentual) de pureza de sulfito de cálcio = 100% - 25% = 75%

A partir da relação estequiométrica entre o sal e o óxido, temos:

1 mol de $CaSO_{3\,(s)}$ ----------- 1 mol de $SO_{2(g)}$
0,75 x n_{sal} --------------------- $n_{gás}$

$$0,75\ x\ n_{sal} = n_{gás}$$

$$0,75\ x \frac{390}{120} = \frac{2\ x\ Volume}{0,08206\ x\ 300}$$

Volume = 30,00 L

Questão 251

(GRILLO) Equações químicas balanceadas:

Item a) $3BaO + As_2O_5 \rightarrow Ba_3(AsO_4)_2$
Item b) $H_2 + \frac{1}{2}O_2 \rightarrow H_2O$
Item c) $4Al(OH)_3 + 3H_4SiO_4 \rightarrow Al_4(SiO_4)_3 + 12H_2O$
Item d) $2Cu(OH)_2 + H_4P_2O_7 \rightarrow Cu_2P_2O_7 + 4H_2O$
Item e) $2FeS_2 + 11/2O_2 \rightarrow Fe_2O_3 + 4SO_2$
Item f) $Fe_3O_4 + 8HBr \rightarrow FeBr_2 + 2FeBr_3 + 4H_2O$
Item g) $SO_3 + 2KOH \rightarrow K_2SO_4 + H_2O$
Item h) $C_2H_5OH + 3O_2 \rightarrow 2CO_2 + 3\ H_2O$
Item i) $C_6H_6 + 15/2O_2 \rightarrow 6CO_2 + 3H_2O$
Item j) $Bi_2O_5 + 4NaClO + 2NaOH \rightarrow 4NaCl + H_2O + 2NaBiO_5$
Item k) $20HNO_3 + 3P_4 + 8H_2O \rightarrow 12H_3PO_4 + 20NO$
Item l) $5CaC_2O_4 + 2KMnO_4 + 8H_2SO_4 \rightarrow 5CaSO_4 + K_2SO_4 + 2MnSO_4 + 8H_2O + 10CO_2$
Item m) $3As_2S_5 + 40HNO_3 + 4H_2O \rightarrow 15H_2SO_4 + 40NO + 6H_3AsO_4$
Item n) $2NaBr + MnO_2 + 3H_2SO_4 \rightarrow MnSO_4 + Br_2 + 2H_2O + 2NaHSO_4$
Item o) $3Ag + 4HNO_3 \rightarrow 3AgNO_3 + 2H_2O + NO$
Item p) $3Cu + 8HNO_3 \rightarrow 3Cu(NO_3)_2 + 4H_2O + 2NO$
Item q) $2KMnO_4 + 16HBr \rightarrow 2MnBr_2 + 2KBr + 5Br_2 + 8H_2O$
Item r) $2FeCl_2 + H_2O_2 + 2HCl \rightarrow 2FeCl_3 + 2H_2O$
Item s) $Br_2 + 2(OH)^- \rightarrow H_2O + Br^- + (BrO)^-$

Questão 252

(GRILLO) Através da equação química, temos a seguinte relação estequiométrica entre o sulfeto de hidrogênio e a solução de hidróxido de potássio:

$H_2S_{(gás)} + 2KOH_{(aquoso)} \rightarrow K_2S_{(aquoso)} + 2H_2O_{(líquido)}$

1 mol de H_2S --------- 2 mol de KOH
n_{H2S} --------------------- n_{KOH}
$2 \times n_{H2S} = n_{KOH}$

Levando em consideração que o sulfeto de hidrogênio apresenta comportamento de gás ideal, temos: $n_{KOH} = 2 \text{ x } n_{H_2S}$

$$[KOH] \text{ x } V_{solução} = 2 \text{ x} \frac{p \text{ x } V_{H_2S}}{R \text{ x } T}$$

$$0{,}250 \text{ x } 0{,}375 \text{ x } 10^{-3} = 2 \text{ x} \frac{\left(\frac{675}{760}\right) \text{ x } V_{H_2S}}{0{,}08206 \text{ x } (37 + 273)}$$

$$V_{H_2S} = 1{,}34 \text{ x } 10^{-3} \text{ L}$$

Questão 253

(GRILLO) Equação química: $2HCl_{(aquoso)} + Ca(OH)_{2(aquoso)} \rightarrow CaCl_{2(aquoso)} + 2H_2O_{(líquido)}$

Relação estequiométrica entre o ácido clorídrico e o hidróxido de cálcio:

2 mol de HCl ---------- 1 mol de $Ca(OH)_2$
$n_{ácido}$ --------------------- n_{base}

Cálculo da concentração da quantidade de matéria do ácido clorídrico ($mol.L^{-1}$):

$$[HCl] \text{ x } V_{solução} = 2 \text{ x } [Ca(OH)_2] \text{ x } V_{solução}$$

$$[HCl] \text{ x } 15{,}50 = 2 \text{ x } 0{,}55 \text{ x } 22{,}50$$

$$[HCl] = 1{,}60 \text{ mol x } L^{-1}$$

Questão 254

(U.S. NATIONAL CHEMISTRY OLYMPIAD) Alternativa D.

Cálculo da quantidade de matéria do bicarbonato de sódio: $[NaHCO_3] = \frac{\left(\frac{4{,}20}{84}\right)}{1{,}0} = 0{,}05 \text{ mol. } L^{-1}$

Cálculo da quantidade de matéria de íons sódio [Na^+] da solução de bicarbonato de sódio:

$NaHCO_{3(sólido)} \xrightarrow{H_2O_{(líquido)}} Na^+_{(aquoso)} + HCO_3^-{}_{(aquoso)}$

Relação estequiométrica entre o bicarbonato de sódio com o cátion sódio:

1 mol de $NaHCO_3$ ----------- 1 mol de Na^+
0,05 mol.L^{-1} ------------------- [Na^+]
[Na^+] = 0, 05 mol.L^{-1}

Analisando a solução de carbonato de sódio. Cálculo da concentração da quantidade de matéria do carbonato de sódio:

$$[Na_2CO_3] = \frac{\left(\frac{m_{sal}}{< MM >_{sal}}\right)}{V_{solução}} = \frac{\left(\frac{12{,}60}{126}\right)}{1{,}0} = 0{,}100 \text{ mol. } L^{-1}$$

Cálculo da quantidade de matéria de íons sódio [Na^+] da solução de carbonato de sódio:

$Na_2CO_{3(sólido)} \xrightarrow{H_2O_{(líquido)}} 2Na^+{}_{(aquoso)} + CO_3^{-2}{}_{(aquoso)}$

1 mol de Na_2CO_3 ----------- 2 mol de Na^+
0,100 mol.L^{-1} ------------------- [Na^+]
[Na^+] = 0, 200 mol.L^{-1}

A concentração da quantidade de matéria total dos íons sódio é igual a: $[Na^+]_{TOTAL}$ = 0,050 + 0,200 = 0,250 mol.L^{-1}

Questão 255

Dados do problema:

1 cm^3 ----------------------- 1,79 g de solução
96 g de H_2SO_4 ----------- 100 g de solução

Item a) Cálculo do volume da solução:

1 cm^3 --------- 1,79 g de solução
V -------------- 100 g de solução
V = 55,86 cm^3 (55,86 x 10^{-3} dm^3)

Cálculo da normalidade (concentração normal) da solução de ácido sulfúrico:

$$N = \frac{m_{soluto}}{eqg_{soluto} \text{ x } V_{solução}} = \frac{96}{\left(\frac{98}{2}\right) \text{ x } 55{,}86 \text{ x } 10^{-3}} = 35{,}07 \text{ eqg. } L^{-1}$$

Item b) Cálculo da concentração da quantidade de matéria da solução de ácido sulfúrico:

$$[H_2SO_4] = \frac{n_{H_2SO_4}}{V_{solução}} = \frac{\frac{m_{H_2SO_4}}{< MM >_{H_2SO_4}}}{V_{solução}}$$

$$[H_2SO_4] = \frac{\frac{96}{98}\ mol}{55{,}86 \ x \ 10^{-3}\ L} = \frac{0{,}979\ mol}{55{,}86 \ x \ 10^{-3}\ L} = 17{,}52\ mol.L^{-1}$$

Item c) Equação química: $2Ag_{(sólido)} + H_2SO_{4(aquoso)} \longrightarrow Ag_2SO_{4(aquoso)} + H_{2(gás)}\uparrow$

Cálculo da concentração comum (C), a partir da concentração da quantidade de matéria da solução de ácido sulfúrico:

$C = [H_2SO_4] \ x \ <MM>_{H2SO4} = 17{,}52 \ x \ 98 = 1716{,}96\ g.L^{-1}$

Cálculo da massa de ácido sulfúrico em 100 cm³, a partir da concentração comum:

$m_{H2SO4} = C \ x \ V_{solução} = 1716{,}96 \ x \ 0{,}100 = 171{,}69\ g$

Cálculo da massa de prata, a partir da relação estequiométrica com a solução de ácido sulfúrico:

2 mol de $Ag_{(s)}$ ------------ 1 mol de $H_2SO_{4(aq)}$
216 g ----------------------- 98 g
m_{Ag} --------------------------171,69 g
m_{Ag} = 378,42 g

Item d) Equação química: $H_2SO_{4(aquoso)} + 2LiOH_{(sólido)} \longrightarrow Li_2SO_{4(aquoso)} + 2\ H_2O_{(vapor)}$

1 mol de $H_2SO_{4(aq)}$ ----------- 2 mol de LiOH
Eqg_{H2SO4} ------------------------ Eqg_{LiOH}

$2 \ x \ Eqg_{H2SO4} = Eqg_{LiOH}$

$2 \ x \ N_{H2SO4} \ x \ V_{solução} = N_{LiOH} \ x \ V_{solução}$

$2 \ x \ 35{,}07 \ x \ 1{,}50\ cm^3 = N_{LiOH} \ x \ 2{,}0\ cm^3$

$N_{LiOH} = 52{,}60\ eqg.L^{-1}$

Questão 256

Equação química: $P_2O_{3(sólido)} + 6HCl_{(aquoso)} \longrightarrow 2PH_{3(gás)} + 3Cl_2O_{(gás)}$

Determinação do reagente limitante e do reagente em excesso:

$$n_{P_2O_3} = \frac{m_{P_2O_3}}{< MM >_{P_2O_3}} = \frac{26}{110} = 0{,}236\ mol$$

$$n_{HCl} = \frac{[HCl] \ x \ V_{solução}}{6} = \frac{0{,}250 \ x \ 122{,}39 \ x \ 10^{-3}}{6} = \frac{0{,}0306}{6} = 5{,}10 \ x \ 10^{-3}\ mol\ (Reagente\ limitante)$$

Cálculo do número de mol de gases produzidos, a partir da solução de ácido clorídrico:

6 mol de $HCl_{(aq)}$ ------------------------ 2 mol de $PH_{3(g)}$
6 mol de $HCl_{(aq)}$ ------------------------ (2 + 3) mol de gases

6 mol de HCl ----------------------------- 5 mol de gases x 0,77

0,79 x 5,10 x 10^{-3} mol de HCl --------- n_{gases}
n_{gases} = 2,58 x 10^{-3} mol

Considerando que os gases estudados com comportamento ideal, temos:

$$p \text{ x } 20 = 2{,}58 \text{ x } 10^{-3} \text{ x } 0{,}08206 \text{ x } (327 + 273)$$

$$p = 0{,}00635 \text{ atm}$$

Questão 257

(INSTITUTO MILITAR DE ENGENHARIA) Antes de calcular os diferentes tipos de concentrações para o ácido fosfórico, será necessário calcular a concentração da quantidade de matéria do hidróxido de sódio.

O problema apresenta como informação a fração molar do hidróxido de sódio como 0,01.

Sabendo que a fração molar é definida através da seguinte relação matemática: $X_{NaOH} = \frac{n_{NaOH}}{n_{NaOH} + n_{H_2O}} = 0{,}01$

Para uma fração molar de hidróxido de sódio igual a 0,01, significa que o número de mol desta base corresponde igual a um (1).
n_{NaOH} = 1 mol.

Logo, o número de mol total será igual a 100, ou seja: $n_{NaOH} + n_{H2O} = 100$

Com isso, o número de mol de água será de: n_{H2O} = 100 – 1 = 99 mol

Cálculo da massa de soluto (NaOH): $m_{NaOH} = n_{NaOH} \text{ x } <MM>_{NaOH}$ = 1 x 40 = 40 g

Cálculo da massa de solvente (H_2O): $m_{H2O} = n_{H2O} \text{ x } <MM>_{H2O}$ = 99 x 18 = 1782 g

Cálculo da massa da solução: $m_{solução} = m_{soluto} + m_{solvente}$ = 40 g + 1782 g = 1822 g

Cálculo do volume da solução:
1,04 g de solução ----------- 1 mL de solução
1822 g de solução ---------- $V_{solução}$
$V_{solução}$ = 1751,92 mL

Cálculo da concentração da quantidade de matéria (mol x L^{-1}) de hidróxido de sódio:

$$[NaOH] = \frac{n_{NaOH}}{V_{solução}} = \frac{m_{NaOH}}{< MM >_{NaOH} \text{ x } V_{solução}}$$

$$[NaOH] = \frac{\left(\frac{40}{40}\right)}{1751{,}92 \text{ x } 10^{-3}} = 0{,}571 \text{ mol.L}^{-1}$$

Item a) Cálculo da concentração da quantidade de matéria do ácido fosfórico: $H_3PO_4 + 3NaOH \rightarrow Na_3PO_4 + 3H_2O$

1 mol de H_3PO_4 -------- 3 mol de NaOH
n_{H3PO4} --------------------- n_{NaOH}
3 x $n_{H3PO4} = n_{NaOH}$

$$3 \text{ x } [H_3PO_4] \text{ x } V_{solução} = [NaOH] \text{ x } V_{solução}$$

$$3 \text{ x } [H_3PO_4] \text{ x } 2 = 0{,}571 \text{ x } 1$$

$$[H_3PO_4] = 0{,}0952 \text{ mol.L}^{-1}$$

Item b) Cálculo da normalidade: $N = [H_3PO_4].x$, em que x corresponde ao número de hidrogênios:

$$N = 0{,}0952 \text{ x } 3 = 0{,}286 \text{ eqg x } L^{-1}$$

Item c) Cálculo da concentração comum (C):

$$C_{H_3PO_4} = [H_3PO_4] \text{ x } < MM >_{H_3PO_4}$$

$$C_{H_3PO_4} = 0{,}0952 \text{ x } 98 = 9{,}33 \text{ g.} L^{-1}$$

Questão 258

(GRILLO) Equação química que relaciona a interação entre a prata metálica com a solução de ácido nítrico:

$3Ag_{(sólido)} + 4HNO_{3(aquoso)} \longrightarrow 3AgNO_{3(aquoso)} + 2H_2O_{(líquido)} + NO_{(gás)}$

Cálculo e determinação do reagente limitante:

$$n_{Ag} = \frac{100}{108} = 0{,}926 \text{ mol; para 3 mol de prata, temos:} \frac{0{,}926}{3} = 0{,}309 \text{ mol}$$

$$n_{HNO_3} = \frac{100}{63} = 1{,}587 \text{ mol; para 4 mol de ácido nítrico, temos:} \frac{1{,}587}{4} = 0{,}397 \text{ mol}$$

Reagente limitante = Prata (Ag)

Cálculo do número de mol de óxido nítrico, a partir da relação estequiométrica com a prata metálica:

$3Ag_{(sólido)} + 4HNO_{3(aquoso)} \longrightarrow 3AgNO_{3(aquoso)} + 2H_2O_{(líquido)} + NO_{(gás)}$

$3 \text{ mol de Ag} ------ 1 \text{ mol de NO x } 0{,}75$
$0{,}926 \text{ mol de Ag} ---- n$
$n = 0{,}2315 \text{ mol}$

Cálculo do volume de NO nas condições normais ambientais de temperatura e pressão - CNATP:

$$V_{NO} = \frac{0{,}2315 \text{ x } 0{,}08206 \text{ x } 298}{1} = 5{,}66 \text{ L}$$

Questão 259

(OLIMPÍADA DE QUÍMICA – PRÉ-SELEÇÃO – VALÊNCIA - ESPANHA) Determinação da fórmula molecular a partir das suas composições centesimais.

Base de cálculo: 100 g do referido composto.

$$C: \frac{62{,}1}{100} \text{x } 100 \text{ g} = \frac{62{,}1\text{g}}{\frac{12\text{g}}{\text{mol}}} = 5{,}175 \text{ mol}$$

$$H: \frac{10{,}3}{1{,}0} \text{x } 100 \text{ g} = \frac{10{,}3\text{g}}{\frac{1{,}0\text{g}}{\text{mol}}} = 10{,}3 \text{ mol}$$

$$O: \frac{27{,}6}{100} \text{x } 100 \text{ g} = \frac{27{,}6\text{g}}{\frac{16{,}0\text{g}}{\text{mol}}} = 1{,}725 \text{ mol}$$

Dividindo todos os átomos apresentados por 1,725 mol:

$$\begin{cases} C: \dfrac{5,175 \text{ mol}}{1,725 \text{ mol}} = 3 \\ H: \dfrac{10,3}{1,725} = 6 \\ O: \dfrac{10,3}{1,725} = 1 \end{cases}$$

Fórmula molecular do composto orgânico: C_3H_6O (propanona)

Cálculo da massa molar do composto gasoso, a partir da relação termodinâmica entre a pressão e a densidade:

$$\text{densidade} = \frac{\text{pressão x} < \text{MM} >}{\text{R x T}}$$

$$1,90 \text{ x } 0,08206 \text{ x } 373 = 1 \text{ x} < \text{MM} >$$

$$< \text{MM} > = 58 \text{ g/mol}$$

Questão 260

(INSTITUTO MILITAR DE ENGENHARIA) Cálculo da concentração da quantidade de matéria do ácido bromídrico, a partir da relação estequiométrica com a solução de hidróxido de potássio.

$HBr_{(aquoso)} + KOH_{(aquoso)} \longrightarrow KBr_{(aquoso)} + H_2O_{(líquido)}$

1 mol de HBr --------- 1 mol de KOH

n_{HBr} ---------------------- n_{KOH}

$$n_{HBr} = n_{KOH}$$

Cálculo da concentraçao da quantidade de matéria da solução de ácido bromídrico.

$$[\text{HBr}] \text{ x } V_{\text{solução}} = [\text{KOH}] \text{ x } V_{\text{solução}}$$

$$\frac{[\text{HBr}]}{2} \text{x } 50 = 0,25 \text{ x } 40$$

$$[\text{HBr}] = \frac{20}{50} = 0,40 \text{ mol. L}^{-1}$$

Cálculo da concentração comum da solução de ácido bromídrico (g.L^{-1}):

$$C_{HBr} = [\text{HBr}] \text{ x} < \text{MM} >_{HBr}$$

$$C_{HBr} = 0,40 \text{ x } 81 = 32,4 \text{ g. L}^{-1}$$

Questão 261

(INSTITUTO MILITAR DE ENGENHARIA)

Equação química que envolve a relação entre o cobre metálico com a presença de uma solução aquosa de ácido sulfúrico:

$Cu_{(sólido)} + 2H_2SO_{4(aquoso)} \longrightarrow CuSO_{4(aquoso)} + SO_{2(gás)} + 2H_2O_{(líquido)}$

2 mol de H_2SO_4 ------------- 1 mol de $CuSO_4$

n_{H2SO4} ------------------------- n_{CuSO4}

Pela relação estequiométrica, temos: $n_{H2SO4} = 2 \times n_{CuSO4}$

Cálculo da concentração da quantidade de matéria da solução de ácido sulfúrico:

$$[H_2SO_4] = \frac{10 \text{ x d x } (\%)}{< MM >_{H_2SO_4}} = \frac{10 \text{ x } 1{,}84 \text{ x } 98}{98} = 18{,}4 \text{ mol.L}^{-1}$$

Cálculo da massa de sulfato cúprico, a partir da relação estequiométrica com a solução de ácido sulfúrico:

$$[H_2SO_4] \text{ x } V_{solução} = 2 \text{ x} \frac{m_{CuSO_4}}{< MM >_{CuSO_4}}$$

$$18{,}4 \text{ x } 10{,}87 \text{ x } 10^{-3} = 2 \text{ x} \frac{m_{CuSO_4}}{159{,}5}$$

$$m_{CuSO_4} = 15{,}95 \text{ g}$$

Questão 262

(INSTITUTO TECNOLÓGICO DA AERONÁUTICA) Cálculo do volume da solução de ácido sulfúrico, a partir da relação estequiométrica com a solução de hidróxido de magnésio.

$H_2SO_{4(aquoso)} + Mg(OH)_{2(aquoso)} \longrightarrow MgSO_{4(aquoso)} + 2H_2O_{(líquido)}$

1 mol de H_2SO_4 ------------ 1 mol de $Mg(OH)_2$
n_{H2SO4} ------------------------- $n_{Mg(OH)2}$
$n_{H_2SO_4} = n_{Mg(OH)_2}$

$$[H_2SO_4] \text{ x } V_{solução} = \frac{m_{Mg(OH)_2}}{< MM >_{Mg(OH)_2}}$$

$$0{,}200 \text{ x } V_{solução} = \frac{2{,}00}{58{,}0}$$

$$V_{solução} = 0{,}1724 \text{ L } (172{,}4 \text{ mL})$$

Questão 263

(INSTITUTO TECNOLÓGICO DA AERONÁUTICA)

Item a) Cálculo da massa de alumínio (m_{Al}), a partir da relação estequiométrica com a solução de sulfato de alumínio:

$2Al_{(sólido)} + 3H_2SO_{4(aquoso)} \longrightarrow Al_2(SO_4)_{3(aquoso)} + 3H_{2(gás)}$

2 mol x (27 $g.mol^{-1}$) ------------- 1 mol x 342 $g.mol^{-1}$
m_{Al} ----------------------------------- 57 g
$m_{Al} = 9{,}0$ g

Item b) Cálculo da massa de ácido sulfúrico (m_{H2SO4}), a partir da relação estequiométrica com a solução de sulfato de alumínio:

$2Al_{(sólido)} + H_2SO_{4(aquoso)} \longrightarrow Al_2(SO_4)_{3(aquoso)} + H_{2(gás)}$

3 mol x 98 $g.mol^{-1}$ ----------------- 1 mol x 342 $g.mol^{-1}$
m_{H2SO4} -------------------------------- 57 g
$m_{H2SO4} = 49{,}0$ g

Item c) Cálculo do volume de gás de hidrogênio formado (V_{H2}) nas CNTP:

$2Al_{(sólido)} + H_2SO_{4(aquoso)} \rightarrow Al_2(SO_4)_{3(aquoso)} + H_{2(gás)}$

1 mol x (342 g.mol^{-1}) ---------------- 3 mol x 22,4 L.mol^{-1}
57 g --------------------------------------- V_{H2}
V_{H2} = 11,2 L

Item d) Cálculo da concentração da quantidade de matéria da solução de sulfato de alumínio:

$$[Al_2(SO_4)_3] = \frac{n_{Al_2(SO_4)_3}}{V_{solução}} = \frac{57}{342 \text{ x } 1} = 0{,}167\,\frac{mol}{L}$$

Cálculo das concentrações dos íons a partir da solução de sulfato de alumínio, a partir da relação estequiométrica:

$Al_2(SO_4)_{3(aquoso)} \rightarrow 2Al^{+3}_{(aquoso)} + 3(SO_4)^{-3}_{(aquoso)}$

1 mol de $Al_2(SO_4)_{3(aq)}$ ---------------- 2 mol de $Al^{+3}_{(aq)}$ --------- 3 mol de SO_4^{-3}
0,167 mol.L^{-1} -------------------------- [Al^{+3}] ------------------------ [SO_4^{-3}]
[Al^{+3}] = 0,334 mol.L^{-1}
[SO_4^{-3}] = 0,501 mol.L^{-1}

Questão 264

(INSTITUTO TECNOLÓGICO DA AERONÁUTICA)

Equação química que corresponde à neutralização entre a solução de ácido sulfúrico e hidróxido de cálcio:

$H_2SO_{4(aquoso)} + Ca(OH)_{2(aquoso)} \rightarrow CaSO_{4(aquoso)} + 2H_2O_{(líquido)}$

1 mol de H_2SO_4 ---------- 1 mol de $Ca(OH)_2$
n_a ----------------------------- n_b
$n_{ácido} = n_{base}$

Cálculo da massa de hidróxido de cálcio, a partir da equação de neutralização entre o ácido sulfúrico e o hidróxido de cálcio:

$$[H_2SO_4] \text{ x } V_{solução} = \frac{m_{Ca(OH)_2}}{< MM >_{Ca(OH)_2}}$$

$$0{,}500 \text{ x } 50 \text{ x } 10^{-3} = \frac{m_{Ca(OH)_2}}{74}$$

$$m_{Ca(OH)_2} = 1{,}85 \text{ g}$$

Cálculo da pureza de hidróxido de cálcio: $(\%)_{pureza} = \frac{1{,}85}{2{,}0} = 0{,}925\ (92{,}5\%)$

Questão 265

Cálculo do número de mol do ácido clorídrico: n_{HCl} = [HCl] x $V_{solução}$ = 0,40 x 0,30 = 0,120 mol

Cálculo do número de mol do hidróxido de sódio: n_{NaOH} = [NaOH] x $V_{solução}$ = 0,80 x 0,20 = 0,160 mol

Tabela de equilíbrio químico entre as soluções de ácido e base: $HCl_{(aquoso)} + NaOH_{(aquoso)} \rightarrow NaCl_{(aquoso)} + H_2O_{(líquido)}$

	$HCl_{(aquoso)}$ (mol)	$NaOH_{(aquoso)}$ (mol)	→	$NaCl_{(aquoso)}$ (mol)	$H_2O_{(líquido)}$ (mol)
Início	0,12	0,16		0	0
Reage	0,12	0,12		0,12	0,12
Equilíbrio	0	0,04		0,12	0,12

Cálculo do volume total = 200 mL + 300 mL = 500 mL

Item a) Concentração da quantidade de matéria em relação ao ácido: $[HCl] = \frac{n_{HCl}}{V_{solução}} = \frac{0}{0,50} = 0$

Item b) Concentração da quantidade de matéria em relação ao hidróxido de sódio: $[NaOH] = \frac{n_{NaOH}}{V_{solução}} = \frac{0,04}{0,50} = 0,08\ mol.L^{-1}$

Item c) Concentração da quantidade de matéria em relação ao sal: $[NaCl] = \frac{n_{NaCl}}{V_{solução}} = \frac{0,12}{0,50} = 0,24\ mol.L^{-1}$

Questão 266

(OLIMPÍADA BRASILEIRA DE QUÍMICA)

Item a) Processo de diluição do ácido clorídrico: $[HCl]_1 \times V_1 = [HCl]_2 \times V_2$

$0,250 \times V_1 = 100 \times 0,100$

$V_1 = 40$ mL

Item b) Equação química que corresponde ao processo de neutralização: $2HCl + Ba(OH)_2 \longrightarrow BaCl_2 + 2\ H_2O$

2,0 mol de HCl ---------- 1 mol de $Ba(OH)_2$
n_a -------------------------- n_b

$0,250 \times V_{ácido} = 2,0 \times 0,200 \times 50$
$V_{ácido} = 80$ mL

Item c) Apresentação das equações químicas.

Equação química (1): $CaCO_{3(sólido)} + 2HCl_{(aquoso)} \longrightarrow CaCl_{2(aquoso)} + 2H_2CO_{3(aquoso)}$
Equação química (2): $CaCO_{3(sólido)} + 2H^+_{(aquoso)} + 2Cl^-_{(aquoso)} \longrightarrow Ca^{+2}_{(aquoso)} + 2Cl^-_{(aquoso)} + H_2O_{(líquido)} + CO_{2(gás)}$
Equação química (3): $CaCO_{3(sólido)} + 2H^+_{(aquoso)} \longrightarrow Ca^{+2}_{(aquoso)} + H_2O_{(líquido)} + CO_{2(gás)}$

Relação entre o carbonato de cálcio e o cátion hidrogeniônico.

1 mol de $CaCO_{3(s)}$ -------- 2 mol de $H^+_{(aquoso)}$
n_s ---------------------------- n_a
$n_{ácido} = 2 \times n_{sal}$

Cálculo da concentração da quantidade de matéria do cátion $[H^+]$.

$$[H^+] \times 0,250 = 2 \times \frac{0,200}{100}$$

$$[H^+] = 0,016\ mL\ (16\ mL)$$

Questão 267

(INSTITUTO MILITAR DE ENGENHARIA) Equação química: $Na_2SO_{4(aquoso)} + CaCl_{2(aquoso)} \longrightarrow CaSO_{4(sólido)} + 2NaCl_{(aquoso)}$

O precipitado formado trata-se do sulfato de cálcio ($CaSO_4$).

Cálculo do número de mol de sulfato de sódio (1), a partir da concentração da quantidade de matéria:

$n_1 = [Na_2SO_4] \times V_{solução} = 0,40 \times 0,500 = 0,200$ mol

Cálculo do número de mol de cloreto de cálcio (2), a partir da concentração da quantidade de matéria:

$n_2 = [CaCl_2] \times V_{solução} = 0,20 \times 0,500 = 0,100$ mol

Reagente limitante: Cloreto de Cálcio ($CaCl_2$)

Pela relação estequiométrica entre a solução de cloreto de cálcio e sulfato de sódio, temos:

$Na_2SO_{4(aquoso)} + CaCl_{2(aquoso)} \longrightarrow CaSO_{4(sólido)} + 2NaCl_{(aquoso)}$

1 mol de $CaCl_{2(aq)}$ ------------1 mol de $Na_2SO_{4(aq)}$
n_{CaCl2} ---------------------------- n_{CaSO4}
$n_{CaCl2} = n_{CaSO4}$

Cálculo da massa de sulfato de cálcio: $m_{CaSO_4} = 0,10 \times 136 = 13,60$ g

Cálculo da concentração de íons sódio [Na^+], a partir do sulfato de sódio, sabendo que o volume total da mistura corresponde a 1000 mL (1 L):

$Na_2SO_{4(aquoso)} \longrightarrow 2Na^+_{(aquoso)} + SO_4^{-2}{}_{(aquoso)}$

1 mol de $Na_2SO_{4(aq)}$ -------------- 2 mol de $Na^+_{(aq)}$
0,40 mol de $Na_2SO_{4(aq)}$ ---------- n_{Na+}
$n_{Na+} = 0,80$ mol

Cálculo da concentração da quantidade de matéria para os íons sódio, [Na^+]: $[Na^+] = \frac{n_{Na^+}}{V_{solução}} = \frac{0,80}{1,0} = 0,80 \text{ mol. L}^{-1}$

Cálculo da concentração da quantidade de matéria para os íons sódio, $[Na^+]_2$: $[Na^+]_1 \times V_1 = [Na^+]_2 \times V_2$

$$0,80 \times 500 = [Na^+]_2 \times (500 + 500)$$

$$400 = [Na^+]_2 \times 1000$$

$$[Na^+]_2 = 0,40 \text{ mol. L}^{-1}$$

Cálculo da concentração de íons sulfato [SO_4^-], a partir do sulfato de sódio, sabendo que o volume total da mistura corresponde a 1000 mL (1 L):

$Na_2SO_{4(aquoso)} \longrightarrow 2Na^+_{(aquoso)} + SO_4^{-2}{}_{(aquoso)}$

1 mol de $Na_2SO_{4(aq)}$ ------------------ 1 mol de $SO_4^{-2}{}_{(aq)}$
0,20 mol.L^{-1} de $Na_2SO_{4(aq)}$ ---------- $n_{SO4^{-2}}$
$n_{SO4^{-2}} = 0,20$ mol.L^{-1}

Cálculo da concentração da quantidade de íons sulfato, [SO_4^{-2}]:

$$[SO_4^{-2}]_1 \times V_1 = [SO_4^{-2}]_2 \times V_2$$

$$0,20 \times 500 = [Na^+]_2 \times (500 + 500)$$

$$[SO_4^{-2}]_2 = 0,10 \text{ mol. L}^{-1}$$

Cálculo da concentração de íons cloreto [Cl⁻], a partir do cloreto de cálcio, sabendo que o volume total da mistura corresponde a 1000 mL (1 L):

$CaCl_{2(aquoso)} \longrightarrow Ca^{+2}_{(aquoso)} + 2Cl^{-}_{(aquoso)}$

1 mol de $CaCl_{2(aq)}$ ------------------- 2 mol de $Cl^{-}_{(aq)}$
0,20 mol.L⁻¹ de $CaCl_{2(aq)}$ ----------- n_{Cl^-}
n_{Cl^-}= 0,40 mol.L⁻¹

Cálculo da concentração de íons cloreto, [Cl⁻]: $[Cl^-]_1 \text{ x } V_1 = [Cl^-]_2 \text{ x } (V_1 + V_2)$
$0{,}40 \text{ x } 500 = [Cl^-]_2 \text{ x } (500 + 500)$

$[Cl^-]_2 = 0{,}20 \text{ mol. L}^{-1}$

Questão 268

(INSTITUTO MILITAR DE ENGENHARIA) Equação química que corresponde ao processo de neutralização entre o ácido sulfúrico e a solução de hidróxido de cálcio: $H_2SO_{4(aquoso)} + Ca(OH)_{2(aquoso)} \longrightarrow CaSO_{4(aquoso)} + 2H_2O_{(líquido)}$

Relação estequiométrica entre o ácido sulfúrico e o hidróxido de cálcio, caracterizando uma reação de neutralização total.

1 mol de H_2SO_4 ----------- 1 mol de $Ca(OH)_2$
$n_{ácido}$ --------------------------- n_{base}
$n_{ácido} = n_{base}$

Cálculo da solubilidade da solução de ácido sulfúrico:

$$\frac{C_{base}}{< MM >_{base}} = \frac{1}{40}$$

$$\frac{C_{base}}{74} = \frac{1}{40}$$

$$C_{base} = 1{,}85 \text{ g. L}^{-1}$$

Questão 269

(OLIMPÍADA BRASILEIRA DE QUÍMICA) Alternativa D.

Como 2 prótons do ácido (2H⁺) são dissociáveis, logo há uma relação estequiométrica de dois mols de ácido para 1 mol de base.

$$2 \text{ x} \left(\frac{m_{ácido}}{< MM >_{ácido} \text{ x } V_{solução}}\right) \text{x } V_{solução} = [base] \text{ x } V_{solução}$$

$$2 \text{ x} \left(\frac{12{,}25}{< MM >_{ácido} \text{ x } 0{,}500}\right) \text{x } 25{,}0 = 1{,}0 \text{ x } 12{,}5$$

$$< MM >_{ácido} = 98 \frac{g}{mol}$$

Questão 270

(INSTITUTO MILITAR DE ENGENHARIA) Alternativa B.

Relação entre o número de mol da solução de ácido clorídrico com hidróxido de sódio, a partir da seguinte relação estequiométrica:

$HCl_{(aquoso)} + NaOH_{(aquoso)} \longrightarrow NaCl_{(aquoso)} + H_2O_{(líquido)}$

1 mol de $HCl_{(aq)}$ --------- 1 mol de $NaOH_{(aq)}$

n_{HCl} ------------------------- n_{NaOH}
$n_{HCl} = n_{NaOH}$

Cálculo da concentração da quantidade de matéria da solução de ácido clorídrico: $[HCl] \times V_{solução} = [NaOH] \times V_{solução}$

$[HCl] \times 10 = 0{,}100 \times 20$

$[HCl] = 0{,}200\ mol.L^{-1}$

Cálculo da concentração comum da solução de ácido clorídrico:

$$C = [HCl] \times < MM >_{HCl} = 0{,}200 \times 36{,}5 = 7{,}30\ g.L^{-1}$$

Convertendo para $g.cm^{-3}$, temos:

$$C = 7{,}30 \frac{g}{\cancel{L}} \times \frac{1\ \cancel{L}}{1\ \cancel{dm^3}} \times \frac{1\ \cancel{dm^3}}{1000\ cm^3} = 7{,}30 \times 10^{-3} g.cm^{-3}$$

Questão 271

(OLIMPÍADA DE QUÍMICA DO RIO DE JANEIRO) Alternativa E.

Para o balanceamento desta reação química será necessário aplicar o método das tentativas, respeitando a ordem: metal – ametal – carbono – hidrogênio e oxigênio. Respeitando a ordem, a equação química balanceada fica da seguinte maneira:

$$2Ca_3(PO_4)_{2(sólido)} + 6SiO_{2(sólido)} + 10C_{(sólido)} \longrightarrow 6CaSiO_{3(sólido)} + P_{4(sólido)} + 10CO_{(gás)}$$

Somatório dos coeficientes inteiros: 2 + 6 + 10 + 6 + 1 + 10 = 35

Questão 272

(INSTITUTO TECNOLÓGICO DA AERONÁUTICA) Alternativa B.

Cálculo do volume de amônia gasosa, nas condições normais de temperatura e pressão - CNTP (0°C e 1 atm), a partir da seguinte equação química:

$$2NH_{3(aquoso)} + H_2SO_{4(aquoso)} \longrightarrow (NH_4)_2SO_{4(aquoso)}$$

Cálculo do volume de gás amoníaco, a partir da relação estequiométrica com a solução de ácido sulfúrico.

2 mol de NH_3 ---------- 1 mol de H_2SO_4
n_{NH3} ---------------------- n_{H2SO4}

$$n_{NH_3} = 2 \times n_{H_2SO_4}$$

$$\frac{p \times V_{NH_3}}{R \times T} = 2 \times [H_2SO_4] \times V_{solução}$$

$$\frac{1 \times V_{NH_3}}{0{,}08206 \times 273} = 2 \times 0{,}100 \times 0{,}250$$

$$V_{NH_3} = 1{,}12\ L$$

Questão 273

(INSTITUTO TECNOLÓGICO DA AERONÁUTICA) Alternativa D.

Equação química: $HCl_{(aquoso)} + NaOH_{(aquoso)} \longrightarrow NaCl_{(aquoso)} + H_2O_{(liquido)}$

Cálculo do número de mol de ácido clorídrico, a partir da quantidade de matéria: $n_{HCl} = [HCl] \times V_{solução} = 1{,}00 \times 0{,}10 = 0{,}10$ mol

Cálculo do número de mol de hidróxido de sódio, a partir da quantidade de matéria:

$$n_{NaOH} = [NaOH] \text{ x } V_{solução} = 0,50 \text{ x } 0,10 = 0,05 \text{ mol}$$

Pelo cálculo do número de mol de cada reagente, observa-se que a quantidade de ácido é maior que a da base. Logo, o ácido é o reagente em excesso.

Cálculo do número de mol de excesso de HCl: $n_{HCl} = 0,10 \text{ mol} - 0,05 \text{ mol} = 0,05 \text{ mol}$

Cálculo da concentração da quantidade de matéria da solução de ácido clorídrico (HCl):

$$[HCl] = \frac{n_{HCl}}{V_{solução}} = \frac{0,05}{0,20} = 0,25 \text{ mol.L}^{-1}$$

Questão 274

(INSTITUTO TECNOLÓGICO DA AERONÁUTICA) Alternativa E.

Cálculo da massa de carbonato de cálcio utilizada, a partir da relação estequiométrica com o volume:

$Na_2CO_{3(sólido)} + 2HCl_{(aquoso)} \longrightarrow 2NaCl_{(aquoso)} + H_2O_{(líquido)} + CO_{2(gás)}$

1 litro de solução ------------------ 1,06 g
0,100 litros de solução ---------- m_{Na2CO3}
m_{Na2CO3} = 0,106 g

Cálculo do volume de dióxido de carbono, a partir da relação estequiométrica com o carbonato de sódio:

1 mol de Na_2CO_3 ---------- 1 mol de CO_2
n_{Na2CO3} ---------------------- n_{CO2}
n_{Na2CO3} = n_{CO2}

Cálculo do volume de dióxido de carbono:

$$\frac{\frac{750}{760} \text{ x } V_{CO_2}}{0,08206 \text{ x } 300} = \frac{0,106}{106}$$

$$V_{CO_2} = 0,025 \text{ L } (25 \text{ cm}^3)$$

Questão 275

(INSTITUTO TECNOLÓGICO DA AERONÁUTICA) Alternativa D.

Equação química: $2HCl_{(aquoso)} + Ca(OH)_{2(sólido)} \longrightarrow CaCl_{2(aquoso)} + 2H_2O_{(líquido)}$

Determinação do reagente limitante e do reagente em excesso.

Para o ácido clorídrico: n_{HCl} = [HCl] x $V_{solução}$ = 0,400 x 2 = (0,800 mol / 2) = 0,400 mol

Para o hidróxido de sódio: n_{NaOH} = [NaOH] x $V_{solução}$ = 0,200 x 2 = 0,400 mol

Através da reação química, para cada dois mol de ácido terá 0,400 mol de HCl, logo o ácido é o reagente em excesso e a base trata-se do reagente limitante.

Cálculo do número de mol do reagente em excesso: n_{HCl} = 0,800 mol – 0,200 mol = 0,600 mol

Cálculo da concentração da quantidade de matéria de ácido em excesso: $[HCl]_{excesso} = \frac{n_{HCl}}{V_{solução}} = \frac{0,600}{2,0} = 0,300\frac{mol}{L}$

Equação química de ionização da solução de ácido clorídrico: $HCl_{(aquoso)} \rightarrow H^+_{(aquoso)} + Cl^-_{(aquoso)}$

1 mol de $HCl_{(aq)}$ ---------- 1 mol de $H^+_{(aq)}$
0,300 mol.L^{-1} ------------ $[H^+]$
$[H^+]$ = 0,300 mol.L^{-1}

Questão 276

(INSTITUTO TECNOLÓGICO DA AERONÁUTICA) Alternativa C.

Realizando o balanceamento pelo método da oxirredução, a equação química fica da seguinte forma:

$6OH^-_{(aquoso)} + 3Cl_{2(gás)} \rightarrow 5Cl^-_{(aquoso)} + ClO_3^-{}_{(aquoso)} + 3H_2O_{(líquido)}$

Cálculo do número de mol de hidroxila, a partir da relação estequiométrica com os íons cloreto:

$6OH^-_{(aquoso)} + 3Cl_{2(gás)} \rightarrow 5Cl^-_{(aquoso)} + ClO_3^-{}_{(aquoso)} + 3H_2O_{(líquido)}$

A partir da relação estequiométrica, temos:

6 mol de $OH^-_{(aq)}$ --------- 5 mol de $Cl^-_{(aq)}$
n_{OH-}-------------------------- n_{Cl-}
5 x n_{OH-} = 6 x n_{Cl}

Cálculo do número de mol de íons hidroxila.

$5 \text{ x } n_{OH^-} = 6 \text{ x } 2,50$

$n_{OH^-} = 3,0 \text{ mol}$

Para o volume de um litro, a concentração da quantidade de matéria será:

$$[OH^-] = \frac{n_{OH^-}}{V_{solução}} = \frac{3,0}{1,0} = 3,0\frac{mol}{L}$$

Questão 277

(OLIMPÍADA BRASILEIRA DE QUÍMICA) Alternativa E.

Analisando a primeira reação de neutralização (ácido nítrico + hidróxido de sódio →):

$HNO_{3(aquoso)} + NaOH_{(aquoso)} \rightarrow NaNO_{3(aquoso)} + H_2O_{(líquido)}$

1,0 mol de HNO_3 ---------- 1 mol de NaOH
n_{HNO3} -------------------------- n_{NaOH}
$n_{HNO3} = n_{NaOH}$

Cálculo do volume da solução de ácido nítrico:

$$[HNO_3] \text{ x } V_{solução} = \frac{m_{NaOH}}{< MM >_{NaOH}}$$

$$1,0 \text{ x } V_{solução} = \frac{0,40}{40}$$

$V_{solução} = 0{,}10\ L\ (100\ mL)$

Analisando a segunda equação de neutralização (ácido nítrico + hidróxido de Bário ⟶):

$2HNO_{3(aquoso)} + Ba(OH)_{2(aquosos)} \longrightarrow Ba(NO_3)_{2(aquoso)} + 2H_2O_{(líquido)}$

2,0 mol de HNO_3 ---------- 1 mol de $Ba(OH)_2$
n_{HNO3} ------------------------- n_{NaOH}
$n_{HNO3} = 2 \times n_{Ba(OH)2}$

Cálculo do volume de ácido nítrico, a partir da relação estequiométrica com o hidróxido de bário:

$$[HNO_3] \times V_{solução} = 2 \times \frac{m_{Ba(OH)_2}}{< MM >_{Ba(OH)_2}}$$

$$0{,}10 \times V_{solução} = 2 \times \frac{1{,}71}{171}$$

$V_{solução} = 0{,}20\ L\ (200\ mL)$

Cálculo do volume total (V_{TOTAL}): $V_{TOTAL} = V_1 + V_2 = 100\ mL + 200\ mL = 300\ mL$

Questão 278

(OLIMPÍADA MARANHENSE DE QUÍMICA) Alternativa B.

Relação estequiométrica entre o ânion cloreto e cloreto de prata precipitado: $Cl^-_{(aquoso)} + AgNO_{3(aquoso)} \longrightarrow AgCl_{(sólido;\ ppt)} + NO_3^-{}_{(aquoso)}$

1,0 mol de $Cl^-_{(aq)}$ --------- 1 mol de $AgCl_{(aq)}$
n_{Cl^-} -------------------------- n_{AgCl}
$n_{Cl^-} = n_{AgNO3}$

Cálculo da concentração da quantidade de matéria do ânion cloreto:

$[Cl^-] \times V_{solução} = (m_{AgCl} / <MM>_{AgCl})$

$[Cl^-] \times 10 \times 10^{-3} = (0{,}287 / 143{,}5)$

$[Cl^-] = \frac{0{,}287}{143{,}5 \times 0{,}01} = 0{,}20 \frac{mol}{L}$

Questão 279

(OLIMPÍADA BRASILEIRA DE QUÍMICA) Alternativa A. Cálculo do volume da solução de hidróxido de sódio (NaOH):

Equação química: $Cl_{2(gás)} + 2NaOH_{(aquoso)} \longrightarrow NaCl_{(aquoso)} + NaOCl_{(aquoso)} + H_2O_{(líquido)}$

2 mol de $NaOH_{(aq)}$ ----------- 1 mol de $NaOCl_{(aq)}$
n_{NaOH} ------------------------- n_{NaOCl}
$n_{NaOH} = 2.n_{NaOCl}$

Cálculo do volume da solução de hidróxido de sódio:

$[NaOH] \times V_{solução} = 2 \times [NaOCl] \times V_{solução}$

$2 \times V_{solução} = 2 \times 0{,}50 \times 2{,}0$

$V_{solução} = 1{,}0\ L$

Questão 280

(OLIMPÍADA PORTUGUESA DE QUÍMICA / GRÉCIA) Alternativa C.

Equação química que corresponde a neutralização entre um ácido fraco (ácido fosfórico) com uma base forte (hidróxido de sódio):

$H_3PO_{4(aquoso)} + 3NaOH_{(aquoso)} \longrightarrow Na_3PO_{4(aquoso)} + 3H_2O_{(aquoso)}$

Relação estequiométrica entre o ácido fosfórico com o hidróxido de sódio:

1 mol de H_3PO_4 --------- 3 mol de NaOH
n_{H3PO4} ---------------------- n_{NaOH}
$n_{NaOH} = 3 \times n_{H3PO4}$

Cálculo do volume da solução de hidróxido de sódio, a partir da relação estequiométrica com a solução de ácido fosfórico:

$[NaOH] \times V_{solução} = 3 \times [H_3PO_4] \times V_{solução}$

$1{,}0 \times V_{solução} = 3 \times 0{,}100 \times 100$

$V_{solução} = 30$ mL

Questão 281

(GRILLO) Base de cálculo: massa total da solução igual a 100 gramas. Cálculo da massa de cada constituinte químico:

$$m_{água} = 0{,}526 \times 100 \text{ g} = 52{,}60 \text{ g}$$
$$m_{álcool} = 0{,}335 \times 100 \text{ g} = 33{,}50 \text{ g}$$
$$m_{ácido} = 0{,}139 \times 100 \text{ g} = 13{,}90 \text{ g}$$

Cálculo do número de mol de cada constituinte:

$$n_{água} = \frac{52{,}60}{18} = 2{,}92 \text{ mol}$$

$$n_{álcool} = \frac{33{,}50}{46} = 0{,}728 \text{ mol}$$

$$n_{ácido} = \frac{13{,}90}{36{,}50} = 0{,}381 \text{ mol}$$

Cálculo do número de mol total: $n_{total} = n_{água} + n_{álcool} + n_{ácido} = 4{,}03 \text{ mol}$

Cálculo da fração molar de cada constituinte:

$$X_{água} = \frac{n_{água}}{n_{total}} = \frac{2{,}92 \cancel{\text{mol}}}{4{,}03 \cancel{\text{mol}}} = 0{,}724$$

$$X_{álcool} = \frac{n_{álcool}}{n_{total}} = \frac{0{,}728 \cancel{\text{mol}}}{4{,}03 \cancel{\text{mol}}} = 0{,}181$$

$$X_{ácido} = \frac{n_{ácido}}{n_{total}} = \frac{0{,}381 \cancel{\text{mol}}}{4{,}03 \cancel{\text{mol}}} = 0{,}094$$

Cálculo da energia livre de Gibbs molar da solução:

$$\Delta G = n_{total} \text{ x } R \text{ x } T \text{ x } [X_{água} \text{ x} \ln X_{água} + X_{álcool} \text{ x} \ln X_{álcool} + X_{ácido} \text{ x} \ln X_{ácido}]$$

$$\Delta G = 4{,}03 \text{ x } 8{,}314 \text{ x } (25 + 273) \text{ x } [0{,}724 \text{ x} \ln(0{,}724) + 0{,}181 \text{ x} \ln(0{,}181) + 0{,}094 \text{ x} \ln(0{,}094)]$$

$$\Delta G = 4{,}03 \text{ x } 8{,}314 \text{ x } 298 \text{ x } [-0{,}234 - 0{,}309 - 0{,}222]$$

$$\Delta G = -7638{,}23 \frac{J}{mol} \text{ (processo espontâneo)}$$

Cálculo da entropia molar da solução: $\Delta G = \Delta H - T \text{ x } \Delta S$. Como o processo ocorre a temperatura constante, $\Delta H = 0$, logo:

$$n_{total} \text{ x } R \text{ x } T \text{ x } [X_{água} \text{ x} \ln X_{água} + X_{álcool} \text{ x} \ln X_{álcool} + X_{ácido} \text{ x} \ln X_{ácido}] = 0 - T \text{ x } \Delta S$$

$$n_{total} \text{ x } R \text{ x } \cancel{T} \text{ x } [X_{água} \text{ x} \ln X_{água} + X_{álcool} \text{ x} \ln X_{álcool} + X_{ácido} \text{ x} \ln X_{ácido}] = 0 - \cancel{T} \text{ x } \Delta S$$

$$\Delta S = -\, n_{total} \text{ x } R \text{ x } [X_{água} \text{ x} \ln X_{água} + X_{álcool} \text{ x} \ln X_{álcool} + X_{ácido} \text{ x} \ln X_{ácido}]$$

$$\Delta S = -\, 4{,}03 \text{ x } 8{,}314 \text{ x } [0{,}724 \text{ x} \ln(0{,}724) + 0{,}181 \text{ x} \ln(0{,}181) + 0{,}094 \text{ x} \ln(0{,}094)]$$

$$\Delta S = -\, 4{,}03 \text{ x } 8{,}314 \text{ x } (-0{,}765) = +25{,}63 \frac{J}{K} \text{ (processo espontâneo)}$$

Questão 282

(INSTITUTO TECNOLÓGICO DA AERONÁUTICA) Alternativa C.

Equação química para o processo que corresponde a neutralização total:

$$H_2SO_{4(aquoso)} + 2NaOH_{(aquoso)} \rightarrow Na_2SO_{4(aquoso)} + 2H_2O_{(líquido)}$$

Relação estequiométrica entre o ácido sulfúrico com o hidróxido de sódio:

$1 \text{ mol de } H_2SO_{4(aq)} ---- 2 \text{ mol de } NaOH_{(aq)}$
$n_{(ácido)} ---------- n_{(base)}$
$2 \text{ x } n_{(ácido)} = n_{(base)}$

Cálculo do número de mol da base: $n_{(base)} = 2 \text{ x } 0{,}10 \text{ x } 5 \text{ x } 10^{-3} = 10^{-3} \text{ mol}$

Analisando a alternativa C: $n_{(base)} = [NaOH] \text{ x } V_{solução}$

$$n_{(base)} = 2 \text{ x } [NaOH] \text{ x } V_{solução}$$

$$n_{(base)} = 0{,}10 \text{ x } 10 \text{ x } 10^{-3} = 10^{-3} \text{ mol}$$

Questão 283

(INSTITUTO TECNOLÓGICO DA AERONÁUTICA) Cálculo da concentração normal da solução de permanganato de potássio: $N = [KMnO_4].x$, onde x corresponde ao número de oxidação em módulo do ânion permanganato (MnO_4^-).

Pela relação estequiométrica entre o permanganato de potássio e o ácido oxálico, temos:

$$2 \text{ mol de } KMnO_4 ------ 5 \text{ mol de } H_2C_2O_4$$

$$2 \text{ x } N_1 \text{ x } V_1 = 5 \text{ x } N_2 \text{ x } V_2$$

$$V_2 = \frac{2 \text{ x } N_1 \text{ x } V_1}{5 \text{ x } N_2} = \frac{2 \text{ x } 0{,}2 \text{ x } 50}{5 \text{ x } 0{,}1} = 40 \text{ mL}$$

Questão 284

(U.S. NATIONAL CHEMISTRY OLYMPIAD) Alternativa A.

Equação química entre dois sais: $3Ba(NO_3)_2 + 2Na_3PO_4 \longrightarrow 6NaNO_3 + Ba_3(PO_4)_2$

Para a resolução da massa do produto de fosfato de bário, será necessário primeiramente determinar o reagente limitante.

$n_{Ba(NO_3)_2} = \frac{0{,}00240}{3} = 0{,}0008 \text{ mol}$ (Reagente em excesso)

$n_{Na_3PO_4} = \frac{\frac{0{,}131}{164}}{2} = 0{,}0004 \text{ mol}$ (Reagente limitante)

Pela relação estequiométrica entre as duas soluções reagentes, temos:

2 x 164,0 g ------------------- 601,84 g
0,131 g ----------------------- Massa

Massa = 0,240 g

Questão 285

(U.S. NATIONAL CHEMISTRY OLYMPIAD) Alternativa A.

Para a resolução deste problema será necessário como cálculo uma regra de três relacionando o total da molécula com o percentual do átomo de oxigênio

$2 \text{ x} < \text{MM} >_X + 80 - - - - - 100\%$
$80 - - - - - - - - - - - - 34{,}8\%$
$2 \text{ x} < \text{MM} >_X + 80 = 8000$
$< \text{MM} >_X = 74{,}94 \frac{\text{g}}{\text{mol}}$

Para esta massa atômica calculada, o átomo trata-se do arsênio.

Questão 286

(U.S. NATIONAL CHEMISTRY OLYMPIAD) Alternativa D.

Para a resolução deste problema será necessário como cálculo uma regra de três relacionando a massa molar da molécula com a massa molar dos átomos de oxigênio. Número total de átomos de oxigênio na molécula = 14.

$573 \frac{\text{g}}{\text{mol}} - - - - - 100\%$
$14 \text{ x } 16 \frac{\text{g}}{\text{mol}} - - - - X$
$X = 39{,}08\%$

Questão 287

(OLIMPÍADA DE QUÍMICA – CANÁRIAS) Massa de ácido sulfúrico a partir da densidade: $\text{Massa} = 1{,}981 \text{ x } 0{,}025 = 0{,}0495 \text{ g}$

Cálculo do número de moléculas de ácido sulfúrico presente em uma gota:

$98{,}0 \text{ g} - - - - - - 6{,}02 \text{ x } 10^{23} \text{ moléculas}$
$0{,}0495 \text{ g} - - - - - X$

$X = 3,0 \times 10^{20}$ moléculas

Cálculo do número de átomos de oxigênio em uma molécula de ácido sulfúrico:

$98,0\ g ------ 4 \times 6,02 \times 10^{23}$ moléculas
$0,0495\ g ----- X$
$X = 1,22 \times 10^{21}$ moléculas

Cálculo da massa de uma molécula de ácido sulfúrico em uma gota:

$98,0\ g ------ 6,02 \times 10^{23}$ moléculas
$X -------- 1,0$ molécula
$X = 1,63 \times 10^{-22}\ g$

Questão 288

(OLIMPÍADA BRASILEIRA DO ENSINO SUPERIOR DE QUÍMICA) Alternativa B.

Para o balanceamento desta equação iônica será necessário utilizar o método redox. A equação fica da seguinte maneira:

$2MnO_4^- + 5H_2O_2 + 6H^+ \rightleftharpoons 2Mn^{2+} + 5O_2 + 8H_2O$, em que o íon permanganato é o agente oxidante e o peróxido de hidrogênio é o agente redutor.

Questão 289

(OLIMPÍADA BAIANA DE QUÍMICA) Alternativa D.

Equação química: $2NaCl_{(aquoso)} + 2H_2O_{(líquido)} \rightarrow 2NaOH_{(aquoso)} + H_{2(gás)} + Cl_{2(gás)}$

Pela relação estequiométrica, temos as seguintes massas devidamente calculadas do cloreto de sódio e água.

2 mol de NaCl ---- 2 mol de H_2O ---- 1 mol de Cl_2
$2 \times 58,50\ g$ ----- 36 g --------- 71,0 g
X ---------- Y ---------- 2,84 t

$X = 4,68$ t de cloreto de sódio
$Y = 1,44$ t de água

Questão 290

(OLIMPÍADA ALAGOANA DE QUÍMICA) Alternativa D.

Equação química: $CaCO_{3(sólido)} \rightarrow CaO_{(sólido)} + CO_{2(gás)}$

Pela relação estequiométrica entre o carbonato de cálcio com o óxido de cálcio (óxido básico), temos:
100 g $CaCO_3$ ---- 56 g CaO
Massa ------- $2,2 \times 10^{10}$ kg
Massa = $3,93 \times 10^{10}$ kg

Questão 291

(OLIMPÍADA ALAGOANA DE QUÍMICA) Pela relação estequiométrica entre o fosfato de cálcio com o ácido fosfórico, temos:

1,0 mol de $Ca_3(PO_4)_2$ ---- 2,0 mol de H_3PO_4
310 g ------------ 196 g
62,0 g ------------ Massa
Massa = 39,2 g de ácido fosfórico

Questão 292

(OLIMPÍADA ALAGOANA DE QUÍMICA)

Realizando o balanceamento pelo método das tentativas, a equação química fica da seguinte maneira:

$Cu_{(sólido)} + 2HNO_{3(aquoso)} \longrightarrow CuNO_{3(aquoso)} + H_2O_{(líquido)} + NO_{2(gás)}$

Soma dos coeficientes estequiométricos da equação química: 1 + 2 + 1 + 1 + 1 = 6

Questão 293

(OLIMPÍADA BAIANA DE QUÍMICA) Alternativa A.

Equação química: $6NaN_{3(sólido)} + Fe_2O_{3(sólido)} \longrightarrow 3Na_2O_{(sólido)} + 2Fe_{(sólido)} + 9N_{2(gás)}$

Cálculo do número de mol de gás nitrogênio:

$$n = \frac{1{,}15 \text{ x } 37}{0{,}08206 \text{ x } 300} = 1{,}73 \text{ mol}$$

Cálculo da relação estequiométrica entre $NaN_{3(sólido)}$ e $N_{2(gás)}$:

$6{,}0 \text{ mol de } NaN_3 - - - - 9{,}0 \text{ mol de } N_2$
$n - - - - - - - - - - - - 1{,}73 \text{ mol de } N_2$
$n = 1{,}15 \text{ mol}$

Cálculo da massa de nitreto de sódio: $\text{Massa} = 65 \text{ x } 1{,}15 = 75{,}0 \text{ g}$

Questão 294

(OLIMPÍADA BAIANA DE QUÍMICA)

Item a) Primeiramente será necessário realizar o balanceamento da reação química apresentada pelo método das tentativas.

$Fe_2O_{3(sólido)} + 3CO_{(gás)} \longrightarrow 2Fe_{(sólido)} + 3CO_{2(gás)}$

Pela relação estequiométrica, 1 mol de óxido de ferro III reagindo com três mol de monóxido de carbono, forma 2 mol de ferro metálico e três mol de dióxido de carbono.

Colocando na forma de cálculo estequiométrico:

160 g ----- 3 x 28 g
3,0 g ------ Massa

Massa = 1,575 g de monóxido de carbono

Item b) Equação química: $Fe_2O_{3(sólido)} + 3CO_{(gás)} \longrightarrow 2Fe_{(sólido)} + 3CO_{2(gás)}$.

Cálculo do número de mol de monóxido de carbono.

1 mol de $Fe_2O_{3(sólido)}$ ---------- 3 mol de $CO_{(gás)}$
1,5 mol de $Fe_2O_{3(sólido)}$ ------- n
n = 4,50 mol de CO

Cálculo da massa de monóxido de carbono, a partir do número de mol:

$$\text{Massa} = 4{,}50 \text{ x } 28 \text{ g} = 126 \text{ g}$$

Questão 295

(OLIMPÍADA BAIANA DE QUÍMICA) Alternativa E.

A partir da relação estequiométrica entre o carbonato de cálcio e a formação do dióxido de carbono, temos:

1 mol de $CaCO_3$ ------- 1 mol de CO_2
100 g ---------------------- 44 g
150 g ---------------------- Massa
Massa = 66 g

Questão 296

(OLIMPÍADA BAIANA DE QUÍMICA) Alternativa B.

Equação química de formação da amônia: $N_{2(gás)} + H_{2(gás)} \rightleftarrows 2NH_{3(gás)}$.

A partir da relação estequiométrica que relaciona o número de mol de hidrogênio com a amônia, temos:

3 mol de H_2 -------- 2 mol de NH_3
6,0 g ----------------- 34 g
120 g ---------------- Massa
Massa = 680 g (0,68 kg)

Questão 297

(OLIMPÍADA BAIANA DE QUÍMICA) Alternativa E.

Cálculo do número de mol de nitrogênio, a partir da relação estequiométrica com a amônia:

1 mol de N_2 ---------- 2 mol de NH_3
n ----------------------- (340/17) mol
n = 10,0 mol

Cálculo do volume de gás nitrogênio levando em consideração que este gás se encontra nas condições normais de temperatura e pressão – CNTP:

Volume = 10,0 $\cancel{mol}$ x 22,4 L x $\cancel{mol^{-1}}$ = 224 L

Questão 298

(OLIMPÍADA BAIANA DE QUÍMICA) Alternativa D.

O permanganato de potássio é o agente oxidante enquanto o ácido clorídrico é o agente redutor.

$$Mn^{+7} + 5 \text{ elétrons} \rightarrow Mn^{+2}$$

$$Cl^{-} \rightarrow \frac{1}{2}Cl_2 + 1 \text{ elétron}$$

Logo, pelo balanceamento redox, temos: $2KMnO_4 + 16HCl \rightarrow 2KCl + 2MnCl_2 + 5Cl_2 + 8H_2O$

Questão 299

(CONCURSO PARA DOCENTE FEDERAL – UNIVERSIDADE DO RIO DE JANEIRO) Alternativa C.

Equação química: $FeS + 2HCl \rightarrow FeCl_2 + H_2S$. Determinação do reagente limitante:

$$n_{FeS} = \frac{440000}{56 + 32} = 5000 \text{ mol} \qquad \text{(Reagente em excesso)}$$

$n_{HCl} = \frac{146000}{36,50} = \frac{4000}{2} = 2000 \text{ mol}$ (Reagente limitante)

A partir da determinação do reagente limitante será possível calcular a massa de reagente em excesso que veio a reagir de forma estequiométrica.

88 g – – – – – – – – – – – – – – – – – 2 x 36,50 g
Massa de sulfeto de ferro II – – – – – – 146000 g

Massa de sulfeto de ferro II = 176 kg
Massa de sulfeto de ferro II não reagido: 440 kg – 176 kg = 264 kg

Questão 300

(CONCURSO PARA DOCENTE FEDERAL – UNIVERSIDADE DO RIO DE JANEIRO) Alternativa C.

Equação química entre o alumínio metálico na presença de ácido sulfúrico:

$2Al_{(sólido)} + 3H_2SO_{4(aquoso)} \longrightarrow Al_2(SO_4)_{3(aquoso)} + 3H_{2(gás)} \uparrow$

A partir da relação estequiométrica, temos:

2 mol de alumínio ---------- 3 mol de gás hidrogênio
2 x 27 g de alumínio ------- 3 x 2 g de gás hidrogênio
Pureza x 150 g ------------- 10 g de gás hidrogênio

$\text{Pureza} = \frac{540}{900} = 0,60\ (60\%)$

Questão 301

(PROGRAMA DE PÓS-GRADUAÇÃO EM QUÍMICA E BIOTECNOLOGIA / UNIVERSIDADE FEDERAL DE ALAGOAS - MODIFICADA) Equação química da decomposição do clorato de potássio, formando cloreto de potássio e gás oxigênio.

Cálculo do número de mol de clorato de potássio: $n = \frac{15}{39 + 14 + 48} = 0,148 \text{ mol}$

Pela relação estequiométrica apresentada pela equação química, temos:

2 mol de clorato de potássio ------- 3 mol de oxigênio molecular
0,148 mol -------------------------------- n_{O2}
n_{O2} = 0,223 mol de oxigênio molecular.

Cálculo do número de moléculas de oxigênio molecular: $N_{O_2} = 0,223 \text{ mol x} \frac{6,02 \text{ x } 10^{23}}{\text{mol}} = 1,34 \text{ x } 10^{23}$ moléculas

Cálculo do volume de oxigênio molecular nas CNTP: $V_{O_2} = 0,223 \text{ mol x} \frac{22,40 \text{ L}}{\text{mol}} = 4,99$ Litros

Cálculo da massa de gás oxigênio produzido: $\text{Massa}_{O_2} = 0,223 \text{ mol x} \frac{32 \text{ g}}{\text{mol}} = 7,14 \text{ g}$

Questão 302

(PROGRAMA DE PÓS-GRADUAÇÃO EM QUÍMICA INORGÂNICA – PROVA DE SELEÇÃO MESTRADO/DOUTORADO)

Item a) A partir da equação apresentada, o balanceamento será realizado pelo método das tentativas (metal-ametal-carbono-hidrogênio – oxigênio).

Equação química balanceada pelo método das tentativas: $4C_3H_5N_3O_{9(líquido)} \longrightarrow 6N_{2(gás)} + 6CO_{2(gás)} + 10H_2O_{(líquido)} + 7O_{2(gás)}$

Item b) A partir da relação estequiométrica apresentada pela equação química:

4 x (36 + 5 + 42 + 144) gramas de nitroglicerina ----------- 7 x 32 gramas de oxigênio molecular
200,0, gramas de nitroglicerina --------------------------------- Massa de oxigênio molecular
Massa de oxigênio molecular = 49,34 gramas de oxigênio molecular

Item c) Cálculo do rendimento apresentado pela massa de oxigênio fornecido.

4 x (36 + 5 + 42 + 144) gramas de nitroglicerina ----------- 7 x 32 gramas de oxigênio molecular x Rendimento
200,0, gramas de nitroglicerina --------------------------------- 6,32 gramas de oxigênio molecular

$$\text{Rendimento} = \frac{6{,}32 \text{ x } 4 \text{ x } 227}{200{,}0 \text{ x } 7 \text{ x } 32} = 0{,}01523\ (1{,}53\%)$$

Item d) Determinação da geometria molecular para cada molécula.

Nitrogênio molecular: $N \equiv N$ (Geometria molecular linear)
Dióxido de carbono molecular: O = C = O (Geometria molecular linear)
Água: Molécula polar com ligação covalente polar (Geometria molecular angular)
Oxigênio molecular: O = O (Geometria molecular linear)

Questão 303

(PROGRAMA DE PÓS-GRADUAÇÃO PARA MESTRADO & DOUTORADO / UNIVERSIDADE FEDERAL DE SANTA CATARINA)

Item a) Para o balanceamento desta equação química será necessário utilizar o método das tentativas.

$C_6H_{12}O_{6(sólido)} + 6O_{2(gás)} \longrightarrow 6CO_{2(gás)} + 6H_2O_{(líquido)}$

Item b) O processo do metabolismo da glicose é um processo químico, pelo fato de ocorrer a produção de diferentes produtos, tais como o dióxido de carbono e a água líquida.

Item c) Determinação da massa molecular da glicose = 180 g/mol

Pela relação estequiométrica apresentada pela equação química entre a glicose e o dióxido de carbono, temos:

180 g de glicose ----------- 44 g de dióxido de carbono
100 g de glicose ----------- Massa de dióxido de carbono
Massa de dióxido de carbono = 24,44 g de dióxido de carbono

Levando em consideração que o gás apresenta comportamento ideal:

$$V = \frac{\left(\frac{24{,}44}{44}\right) \text{ x } 0{,}08206 \text{ x } (20 + 273)}{1{,}00} = 13{,}36 \text{ L}$$

Questão 304

(OLIMPÍADA BRASILEIRA DE QUÍMICA) Alternativa E.

Realizando o balanceamento estequiométrico pelo método redox, ou seja, redução-oxidação, em que o íon permanganato é o agente oxidante enquanto o íon oxalato se refere ao agente redutor.

$$2MnO^{-}_{4(aquoso)} + 5C_2O^{-2}_{4(aquoso)} + 16H_2O^{+}_{(aquoso)} \rightarrow 2Mn^{+2}_{(aquoso)} + 10CO_{2(gás)} + 24H_2O_{(líquido)}.$$

A partir da relação estequiométrica apresentada pela equação química, temos:

2 mol de íon permanganato --------- 5 mol de íon oxalato
$n_{permanganato}$ ------------------------------- $n_{oxalato}$

$2 \times n_{oxalato} = 5 \times n_{permanganato}$

$2 \times 0{,}010 = 5 \times 0{,}10 \times \text{Volume}$

Volume = 40,0 x 10^{-3} L (40 mL)

Questão 305

(CONCURSO FEDERAL PARA DOCENTE – INSTITUTO FEDERAL DA PARAÍBA) Alternativa B.

Para a resolução deste problema será realizado para cada equação química a determinação do volume de oxigênio molecular nas CNTP.

A partir da terceira equação química que corresponde a síntese do ácido sulfúrico, será calculado a massa de óxido sulfúrico.

$SO_{3(gás)} + H_2O_{(líquido)} \rightarrow H_2SO_{4(líquido)}$

80 gramas de óxido sulfúrico ------- 98 gramas de ácido sulfúrico
Massa de óxido sulfúrico ------------ 980 gramas de ácido sulfúrico
Massa de óxido sulfúrico = 800 gramas de óxido sulfúrico
Cálculo do volume de oxigênio nas CNTP, a partir da segunda equação química: $SO_{2(gás)} + \frac{1}{2}O_{2(gás)} \rightarrow SO_{3(gás)}$

0,50 mol x 22,40 L x mol^{-1} ------------ 80 gramas de óxido sulfúrico
Volume ------------------------------------ 800 gramas de óxido sulfúrico
Volume = 112 Litros de oxigênio molecular

Cálculo da massa de óxido sulfuroso a partir do óxido sulfúrico, conforme pode ser observado na segunda equação química:

64 gramas de óxido sulfuroso ------------------ 80 gramas de óxido sulfúrico
Massa de óxido sulfuroso ------------------------ 800 gramas de ácido sulfúrico
Massa de óxido sulfuroso = 640 gramas

Cálculo do volume de oxigênio nas CNTP, a partir da primeira equação química: $2FeS_{2(sólido)} + 11/2O_{2(gás)} \rightarrow Fe_2O_{3(sólido)} + 4SO_{2(gás)}$

5,50 mol x 22,40 L x mol^{-1} ------------ 4 x 64 gramas de óxido sulfuroso
Volume ------------------------------------ 640 gramas de óxido sulfuroso
Volume = 308 litros de oxigênio molecular

Cálculo do volume de oxigênio total: 112 litros de oxigênio molecular + 308 litros de oxigênio molecular = 420 litros de oxigênio molecular

Questão 306

(CONCURSO PARA ENGENHARIA QUÍMICA) Alternativa E.

Equação química entre a interação dos dois óxidos, resultando na produção de ferro metálico e dióxido de carbono:

$Fe_2O_{3(sólido)} + CO_{(gás)} \rightarrow 2Fe_{(sólido)} + CO_{2(gás)}$

Pela relação estequiométrica, temos:

1 mol de hematita --------- 2 mol de Ferro
160 gramas de hematita ----------- 2 x 56 g de ferro x 0,75
0,80 x 2000 kg de hematita ------- Massa de ferro

$$\text{Massa de Ferro} = \frac{0{,}80 \times 2000 \times 56 \times 0{,}75}{160} = 420 \text{ kg de ferro}$$

Questão 307

(CONCURSO PARA ENGENHARIA QUÍMICA) Alternativa A.

Para o balanceamento desta reação química será necessário aplicar o método REDOX, em que o cloro gasoso é o agente oxidante e o agente redutor.

Equação química: $Cl_{2(gás)} + 2NaOH_{(aquoso)} \rightarrow NaCl_{(aquoso)} + NaClO_{(aquoso)} + H_2O_{(líquido)}$

Pela relação estequiométrica, temos:

1 mol de cloro gasoso ------------------ 2 mol de base -------------------- 1 mol de hipoclorito
71,0 gramas de cloro gasoso --------- 2 x 40 gramas de base --------- 1 x 74,50 gramas de hipoclorito
Massa de cloro gasoso ----------------- Massa de base ------------------- 2,5 kg gramas de hipoclorito

Massa de cloro gasoso = 2,38 kg de cloro gasoso e Massa de base = 2,68 kg de base

Questão 308

(OLIMPÍADA AMERICANA DE QUÍMICA) Alternativa B.

Realizando o balanceamento pelo método redox, o ânion dicromato é o agente oxidante enquanto o ânion iodeto é o agente redutor.

Equação química: $Cr_2O_7^{2-}{}_{(aquoso)} + 6I^-{}_{(aquoso)} + 14H^+{}_{(aquoso)} \rightarrow 3I_{2(sólido)} + 2Cr^{3+}{}_{(aquoso)} + 7H_2O_{(líquido)}$.

Questão 309

(OLIMPÍADA UNIFICADA - OBQ) Alternativa C.

Equação química balanceada pelo método REDOX, em que o dicromato de potássio se trata do agente oxidante enquanto o peróxido de hidrogênio é o agente redutor. $K_2Cr_2O_7 + 3H_2O_2 + 4H_2SO_4 \rightarrow 1K_2SO_4 + 1Cr_2(SO_4)_3 + 7H_2O + 3O_2$.

Questão 310

(OLIMPÍADA UNIFICADA - OBQ) Alternativa C.

Realizando o balanceamento pelo método REDOX, em que $Na_2S_2O_3$ é o agente redutor enquanto o Cl_2 é o agente oxidante.

Equação química: $2Na_2S_2O_3 + 8Cl_2 + 10H_2O \rightarrow 4NaHSO_4 + 16HCl$

Determinação do reagente limitante e do reagente em excesso:

$$n_{Na_2S_2O_3} = \frac{100}{164 \times 2} = 0{,}304 \text{ mol}$$

$$n_{Cl_2} = \frac{100}{71 \times 8} = 0{,}176 \text{ mol}$$ (Reagente limitante)

$$n_{H_2O} = \frac{100}{18 \times 10} = 0{,}556 \text{ mol}$$ (Reagente em excesso)

Cálculo da massa de bicarbonato de sódio:

8 x 71 g ----------- 4 x 120 g
100 gramas ------ Massa de bicarbonato de sódio

Massa de bicarbonato de sódio = 84,51 g

Questão 311

(GRILLO) Realizando o balanceamento pelo método REDOX, em que o óxido de cromo III é o agente redutor enquanto o peróxido de potássio é o agente oxidante.

$Cr_2O_{3(sólido)} + 3K_2O_{2(aquoso)} + H_2O_{(líquido)} \rightarrow 2K_2CrO_{4(aquoso)} + 2KOH_{(aquoso)}$

Determinação do reagente limitante e do reagente em excesso:

$$n_{Cr_2O_3} = \frac{1000}{152} = 6{,}58 \text{ mol}$$

$$n_{K_2O_2} = \frac{1000}{3 \times 110} = 3{,}03 \text{ mol}$$ (Reagente limitante)

$$n_{H_2O} = \frac{1000}{18} = 55{,}56 \text{ mol}$$

Cálculo da massa de hidróxido de potássio, a partir da relação estequiométrica entre o reagente limitante e o hidróxido de potássio.

3 x (78 + 32) g ---------- 2 x (39 + 16 + 1) g
1000 gramas ------------ Massa de hidróxido de potássio

Massa de hidróxido de potássio = $\frac{1000 \times 2 \times 56}{3 \times 110} = \frac{112000}{330} = 339{,}39 \text{ g}$

Questão 312

(INSTITUTO MILITAR DE ENGENHARIA - MODIFICADA) As equações químicas para a produção de ácido sulfúrico a partir da pirita são as seguintes:

Equação química (1): $2FeS_{2(sólido)} + \frac{11}{2}O_{2(gás)} \rightarrow Fe_2O_{3(sólido)} + 4SO_{2(gás)}$

Equação química (2): $SO_{2(gás)} + \frac{1}{2}O_{2(gás)} \rightarrow SO_{3(gás)}$

Equação química (3): $H_2O_{(líquido)} + SO_{2(gás)} \rightarrow H_2SO_{4(aquoso)}$

Somando as três equações químicas apresentadas acima:

Equação química (4): $2FeS_{2(sólido)} + 6O_{2(gás)} + SO_{2(gás)} + H_2O_{(líquido)} \rightarrow Fe_2O_{3(sólido)} + 4SO_{2(gás)} + H_2SO_{4(aquoso)}$

Pela relação estequiométrica, temos:

2 x (56 + 64) gramas de pirita ------------ 98 gramas de ácido
1000 gramas x 0,75 ------------------------ Massa de ácido sulfúrico

Massa de ácido sulfúrico = 306 gramas de ácido sulfúrico.

Questão 313

(GRILLO) A reação química que envolve o cloro gasoso na presença de hidróxido de bário está apresentada na seguinte equação química tendo o seu balanceamento realizado pela forma REDOX, em que o cloro atua como agente oxidante e agente redutor.

$5Cl_{2(gás)} + 5Ba(OH)_{2(aquoso)} \rightarrow Ba(ClO_3)_{(aquoso)} + 4BaCl_{2(aquoso)} + 5H_2O_{(líquido)}$

Cálculo do número de mol de hidróxido de bário: $n = \frac{540}{137 + 32 + 2} = 3{,}16 \text{ mol}$

Determinação do volume de cloro nas condições normais de temperatura e pressão:

22,4 L x 5 mol de cloro ---------- 5 mol x 0,75
Volume de cloro ------------------- 3,16 mol
Volume de cloro = 94,38 L

Cálculo do número de mol para cada sal formado, levando em consideração que o rendimento corresponde a 75%:

5 mol de $Ba(OH)_2$ ---------- 1 mol de $Ba(ClO_3)_2$ x 0,75 ---------- 4 mol de $BaCl_2$ x 0,75
3,16 mol de $Ba(OH)_2$ ------ $n_{Ba(ClO_3)_2}$ ------------------------------ n_{BaCl_2}
$n_{Ba(ClO_3)_2} = 0{,}474$ mol e $n_{BaCl_2} = 1{,}90$ mol

Cálculo da massa de clorato de bário:

$$\text{Massa}_{Ba(ClO_3)_2} = 0{,}474 \text{ mol x } (137 + 71 + 96)\frac{g}{mol} = 144{,}1 \text{ g}$$

Cálculo da massa de cloreto de bário: $\text{Massa}_{BaCl_2} = 1{,}90 \text{ mol x } (137 + 71)\frac{g}{mol} = 395{,}2 \text{ g}$

Questão 314

(OLIMPÍADA ESPANHOLA DE QUÍMICA – MÚRCIA) Alternativa B.

A seguir, estão as equações químicas que correspondem a combustão para cada combustível a partir das alternativas apresentadas.

Item a) Equação de combustão do gás metano: $CH_{4(gás)} + 2O_{2(gás)} \longrightarrow CO_{2(gás)} + 2H_2O_{(líquido)}$

Item b) Equação de combustão do gás etano: $C_2H_{6(gás)} + 7/2O_{2(gás)} \longrightarrow 2CO_{2(gás)} + 3H_2O_{(líquido)}$

Item c) Equação de combustão do gás propano: $C_3H_{8(gás)} + 5O_{2(gás)} \longrightarrow 3CO_{2(gás)} + 4H_2O_{(líquido)}$

Item d) Equação de combustão do gás butano: $C_4H_{10(gás)} + 7O_{2(gás)} \longrightarrow 4CO_{2(gás)} + 5H_2O_{(líquido)}$

A partir das equações apresentadas em cada item e de acordo com a lei de Gay-Lussac, a equação química que relaciona o volume de oxigênio molecular com o combustível trata-se do processo de combustão do gás etano, com uma relação de $\frac{3{,}50}{1{,}00}$.

Questão 315

(MESTRE JOÃO ROBERTO DA PACIÊNCIA NABUCO) Apresentando as equações químicas devidamente balanceadas.

Item a) $2Na + H_2O \rightarrow 2NaOH + H_2$ (Reação de simples troca ou deslocamento)
Item b) $K_2O_2 + 2HNO_3 \rightarrow 2KNO_3 + H_2O_2$ (Reação de dupla troca)
Item c) $2KMnO_4 + 16HCl \rightarrow 2KCl + 2MnCl_2 + 8H_2O + 5Cl_2$ (Reação de oxidação-redução)
Item d) $S + O_2 \rightarrow SO_2$ (Reação de síntese ou adição)
Item e) $CH_4 + 2O_2 \rightarrow CO_2 + 2H_2$ (Reação de simples troca ou deslocamento)
Item f) $CaCO_3 + H_2SO_4 \rightarrow CaSO_4 + H_2O + CO_2$ (Reação de dupla troca)

Questão 316

(MESTRE JOÃO ROBERTO DA PACIÊNCIA NABUCO) Apresentando as devidas equações e sua classificação.

Item I) $NH_4Cl \rightarrow NH_3 + HCl$ (Reação de análise ou simples troca)
Item II) $N_2 + 3H_2 \rightarrow 2NH_3$ (Reação de síntese ou adição)
Item III) $2HNO_3 + Ca(OH)_2 \rightarrow 2Ca(NO_3)_2 + 2H_2O$ (Reação de dupla troca)
Item IV) $2KI + Cl \rightarrow 2KCl + I_2$ (Reação de simples troca ou deslocamento)
Item V) $2NO_2 \rightarrow N_2O_4$ (Reação de síntese ou adição)
Item VI) $CaCO_3 \rightarrow CaO + CO_2$ (Reação de análise ou decomposição)
Item VII) $AgNO_3 + NaCl \rightarrow AgCl + NaNO_3$ (Reação de dupla troca)
Item VIII) $2KClO_3 \rightarrow 2KCl + 3O_2$ (Reação de análise ou decomposição)

Item IX) $NaOH + HBr \rightarrow NaBr + H_2O$ (Reação de simples troca ou deslocamento)
Item X) $2Al + 3H_2SO_4 \rightarrow Al_2(SO_4)_3 + 3H_2$ (Reação de simples troca ou deslocamento)
Item XI) $Na_2S + FeCl_2 \rightarrow FeS + 2\ NaCl$ (Reação de dupla troca)
Item XII) $3NH_4OH + Al(NO_3)_3 \rightarrow 3NH_4NO_3 + Al(OH)_3$ (Reação de dupla troca)
Item XIII) $C + H_2O \rightarrow CO + H_2$ (Reação de deslocamento ou simples troca)
XIV) $Cl_2 + 2KI \rightarrow 2KCl + I_2$ (Reação de simples troca ou deslocamento)
XV) $CuCl_2 + Zn \rightarrow ZnCl_2 + Cu$ (Reação de simples troca ou deslocamento)

Questão 317

(INSTITUTO TECNOLÓGICO DA AERONÁUTICA)

Equação que representa a síntese de sulfato de magnésio: $MgO_{(sólido)} + SO_{2(gás)} + 1/2O_{2(gás)} \rightarrow MgSO_{4(sólido)}$.

A partir da relação estequiométrica entre o óxido de magnésio (óxido básico) com dióxido de enxofre (óxido ácido), temos:

1 mol de $MgO_{(s)}$ -------------------- 1 mol de $SO_{2(g)}$
40 g $MgO_{(s)}$ -------------------------- 64 g
Massa de $MgO_{(s)}$ ------------------- 9,6 x 10^3 toneladas de $SO_{2(g)}$
Massa de $MgO_{(s)}$ = 6,0 x 10^3 toneladas de $MgO_{(s)}$

Questão 318

(INSTITUTO TECNOLÓGICO DA AERONÁUTICA) Alternativa E.

A fórmula molecular geral do alcano é C_nH_{2n+2}. Equação que corresponde a combustão completa do alcano:

$$C_nH_{2n+2} + \frac{3n+1}{2}O_2 \rightarrow nCO_2 + (n+1)H_2O$$

Cálculo do número de mol de gás nitrogênio, levando em consideração que a composição do ar corresponde a 21% de gás oxigênio e 79% de gás nitrogênio.

$$\frac{3n+1}{2}\text{mol de } O_2 - - - - - 21\%$$
$$n_{N_2} - - - - - - - - - - - - 79\%$$
$$\boxed{n_{N_2} = 3,76\ x\frac{3n+1}{2}\text{mol de } N_2}$$

Equação química que corresponde a combustão do alcano com a presença do gás nitrogênio:

$$C_nH_{2n+2} + \overbrace{\boxed{\frac{3n+1}{2}O_2 + 3,76\ x\frac{3n+1}{2}N_2}}^{\text{ar atmosférico}} \rightarrow nCO_2 + (n+1)H_2O + 3,76\ x\frac{3n+1}{2}N_2$$

Informação do problema: $\frac{\text{ar atmosférico}}{\text{combustível}} = 59,5$

Cálculo do n para a determinação do alcano:

$$\frac{\frac{3n+1}{2}O_2 + 3,76\ x\ \frac{3n+1}{2}N_2}{1} = 59,5$$

$$\frac{\frac{3n+1}{2}\ x\ (1+3,76)}{1} = 59,5$$

$n = 8$

Equação de combustão completado do octano:

$$C_8H_{18} + \overbrace{\boxed{12{,}5\ O_2 + 47{,}02N_2}}^{\text{ar atmosférico}} \rightarrow 8CO_2 + 9H_2O\ + 47{,}02N_2$$

Somatório dos coeficientes estequiométricos: 1 + 12,50 + 47,02 + 8 + 9 + 47,02 = 123,54

Questão 319

(OLIMPÍADA UNIFICADA - OBQ) Alternativa D.

Cálculo do número de moléculas B_{12}:

$$1355{,}38 \text{ gramas de } B_{12} - - - - - - - - 6{,}02 \times 10^{23} \text{ moléculas}$$
$$12365 \text{ gramas de } B_{12} - - - - - - - - - - X$$

$$X = \frac{12365 \times 6{,}02 \times 10^{23}}{1355{,}38} = 5{,}50 \times 10^{24}$$

Questão 320

(PROCESSO SELETIVO PARA INGRESSO – MESTRADO E DOUTORADO - UFSC) Alternativa E.

Para a determinação da massa de bromo na molécula de bromazepam, a relação numérica vai se caracterizar da seguinte forma:

316,15 gramas de bromazepam ---------------- 79,9 g de Bromo
6 x 10^{-3} gramas de bromazepam -------------- Massa de bromo
Massa de bromo = 1,52 x 10^{-3} g (1,52 mg)

Questão 321

(PROCESSO SELETIVO PARA INGRESSO – MESTRADO E DOUTORADO - UFSC)

Equação química para a formação do $ClF_{3(gás)}$: $\frac{1}{2}Cl_{2(gás)} + 3/2F_{2(gás)} \longrightarrow ClF_{3(gás)}$.

Questão 322

(PROCESSO SELETIVO PARA INGRESSO – MESTRADO E DOUTORADO - UFSC) Primeiramente será necessário calcular o reagente limitante e o reagente em excesso.

$HCO_3^-{}_{(aquoso)} + CH_3COOH_{(aquoso)} \longrightarrow CO_{2(gás)} + H_2O_{(\ell íquido)} + CH_3COO^-{}_{(aquoso)}$

Cálculo do número de mol do bicarbonato de sódio:

$$n_{sal} = \frac{15{,}9}{23 + 1 + 12 + 48} = 0{,}189 \text{ mol}$$

$$n_{ácido} = 0{,}833 \times 0{,}20 = 0{,}167 \text{ mol}$$

Reagente limitante: Solução de ácido acético.

A proporção entre o ácido acético e o dióxido de carbono está 1:1.

$$n_{ácido} = n_{gás} = 0{,}167 \text{ mol}$$

Para a determinação do volume do gás, será necessário aplicar a equação dos gases ideais:

$$V_{CO_2} = \frac{0{,}167 \text{ x } 0{,}08206 \text{ x } (22{,}10 + 273)}{1{,}0} = 4{,}04 \text{ L}$$

Questão 323

(PROCESSO SELETIVO PARA INGRESSO – MESTRADO E DOUTORADO - UFSC)

Item a) Determinação da fórmula empírica da RDX, apresentando como base de cálculo 100 g desta amostra orgânica.

$$C: \frac{16{,}22}{100} \text{x } 100 \text{ g} = 16{,}22 \text{ g}$$

$$C: \frac{16{,}22 \text{ g}}{12{,}0 \frac{\text{g}}{\text{mol}}} = 1{,}35 \text{ mol}$$

$$H: \frac{2{,}72}{100} \text{x } 100 \text{ g} = 2{,}72 \text{ g}$$

$$H: \frac{2{,}72 \text{ g}}{1{,}0 \frac{\text{g}}{\text{mol}}} = 2{,}72 \text{ mol}$$

$$N: \frac{37{,}84}{100} \text{x } 100 \text{ g} = 37{,}84 \text{ g}$$

$$N: \frac{37{,}84 \text{ g}}{14{,}0 \frac{\text{g}}{\text{mol}}} = 2{,}70 \text{ mol}$$

$$O: \frac{43{,}22}{100} \text{x } 100 \text{ g} = 43{,}22 \text{ g}$$

$$O: \frac{43{,}22 \text{ g}}{16{,}0 \frac{\text{g}}{\text{mol}}} = 2{,}70 \text{ mol}$$

Determinação do número de átomos para cada espécie química, dividindo cada espécie com o menor número de mol (1,35 mol de átomo de carbono).

$$C: \frac{1{,}35 \text{ mol}}{1{,}35 \text{ mol}} = 1{,}0$$

$$H: \frac{2{,}72 \text{ mol}}{1{,}35 \text{ mol}} \cong 2{,}0$$

$$N: \frac{2{,}70 \text{ mol}}{1{,}35 \text{ mol}} = 2{,}0$$

$$O: \frac{2{,}70 \text{ mol}}{1{,}35 \text{ mol}} = 2{,}0$$

Fórmula molecular empírica: $(CH_2N_2O_2)_n$

Item b) Para a determinação da fórmula molecular da RDX, será necessário calcular o valor de n.

(12 + 2 + 28 + 32) x n = 222

n = 3,0

Fórmula molecular: $(CH_2N_2O_2)_3$

Questão 324

(CONCURSO FEDERAL PARA DOCENTE – INSTITUTO FEDERAL DO MATO GROSSO) Alternativa A.

Equação química: $CaO_{(sólido)} + 2NH_4Cl_{(sólido)} \rightarrow 2NH_{3(gás)} + H_2O_{(gás)} + CaCl_{2(sólido)}$.

Determinação do reagente limitante e do reagente em excesso:

$n_{CaO} = \frac{112}{56} = 2{,}0 \text{ mol}$ (Reagente limitante)

$n_{NH_4Cl} = \frac{220}{2 \times 53{,}50} = 2{,}06 \text{ mol}$ (Reagente em excesso)

Cálculo da massa de gás amoníaco, a partir da relação estequiométrica:

56,0 g de CaO -------------------- 2 x 17 g de NH_3
112,0 g de CaO ------------------ Massa
Massa de gás amoníaco = 68 g

Cálculo do rendimento para o processo químico, a partir do reagente limitante:

56,0 g de CaO -------------------- 2 x 17 g x R
112,0 g de CaO ------------------ 60,0 g

$$\text{Rendimento} = \frac{56{,}0 \times 60{,}0}{112{,}0 \times 2 \times 17} = 0{,}8823\ (88{,}23\%)$$

Questão 325

(CONCURSO FEDERAL PARA DOCENTE – INSTITUTO FEDERAL DO MATO GROSSO) Alternativa D.

Reação de combustão completa do gás propano, representado pela seguinte equação química:

$$C_3H_{8(gás)} + 5O_{2(gás)} \rightarrow 3CO_{2(gás)} + 4H_2O_{(vapor)}$$

Determinação do reagente em excesso e do reagente limitante:

$n_{propano} = \frac{880}{44} = 20 \text{ mol}$ (Reagente em excesso)

$n_{O_2} = \frac{880}{5 \times 32} = 5{,}50 \text{ mol}$ (Reagente limitante)

Cálculo da massa do reagente em excesso a partir do reagente limitante:

44,0 g de propano ------------------ 5 x 32 g de gás oxigênio
Massa de propano ------------------ 880 g
Massa de gás propano = 242 g

Massa de gás propano em excesso = 880 g – 242 g = 638 g (0,638 kg)

Questão 326

(CONCURSO FEDERAL PARA DOCENTE – INSTITUTO FEDERAL DE PERNAMBUCO) Alternativa A.

Equação iônica: $MnO_4^-{}_{(aquoso)} + 5Fe^{2+}{}_{(aquoso)} + 8H^+{}_{(aquoso)} \rightarrow Mn^{2+}{}_{(aquoso)} + 5Fe^{3+}{}_{(aquoso)} + 4H_2O_{(liquido)}$.

O problema leva em consideração a determinação do teor de pureza do ferro divalente (cátion ferroso).

A partir da relação estequiométrica entre o ânion permanganato e o cátion ferroso, temos:

$$1 \text{ mol de ânion permanganato} ----- 5 \text{ mol de ferro divalente}$$
$$n_{MnO_4^-} ---------------- n_{Fe^{+2}}$$

Cálculo da massa de cátion ferroso, a partir da relação estequiométrica com o ânion permanganato.

$$5 \text{ x } n_{MnO_4^-} = n_{Fe^{+2}}$$

$$5 \text{ x } 0{,}0190 \text{ x } 25{,}0 \text{ x } 10^{-3} = \frac{\text{massa}}{56}$$

$$\text{massa} = 0{,}133 \text{ g}$$

Cálculo do percentual do cátion divalente ferro:

$$(\%) = \frac{0{,}133}{2{,}00} = 66{,}50 \text{ x } 10^{-3} \ (6{,}65\%)$$

Questão 327

(CONCURSO FEDERAL PARA DOCENTE – INSTITUTO FEDERAL DE SANTA CATARINA) Alternativa C.

Cálculo da massa de carbonato de sódio, a partir da relação estequiométrica com a solução de carbonato de cálcio.

1 mol de $CaCO_{3(aquoso)}$ -------------------- 1 mol de $Na_2CO_{3(aquoso)}$
100 g -- 106 x 0,90
0,70 x 500 g -------------------------------- Massa
Massa de carbonato de sódio = $\frac{33390}{100} = 333{,}90 \text{ g}$

Questão 328

(CONCURSO FEDERAL PARA DOCENTE – INSTITUTO FEDERAL DE PIAUÍ) Alternativa A.

Cálculo da massa molecular de cafeína: <MM>$_{cafeína}$ = 8 x 12 + 10 x 1 + 4 x 14 + 2 x 16 = 194 g/mol

Cálculo do número de moléculas de cafeína, a partir da relação estequiométrica com o número de Avogadro.

194 g ------------------ 6,02 x 10^{23} moléculas de cafeína
970 g ------------------ X

$X = \frac{970 \text{ x } 6{,}02 \text{ x } 10^{23}}{194} = 3{,}01 \text{ x } 10^{24}$ moléculas de cafeína.

Questão 329

(CONCURSO FEDERAL PARA DOCENTE – INSTITUTO FEDERAL DE PIAUÍ) Alternativa C.

Cálculo da massa molecular da ureia: <MM>$_{cafeína}$ = 28 + 4 + 12 + 16 = 60 g/mol

Cálculo do número de átomos de hidrogênio, a partir da molécula de ureia:

60 g -------------------- 4 x 6,02 x 10^{23} átomos de hidrogênio
180 g ------------------ X

$X = \frac{180 \text{ x } 4 \text{ x } 6{,}02 \text{ x } 10^{23}}{60} = 7{,}22 \text{ x } 10^{24}$ átomos de hidrogênio.

Questão 330

(CONCURSO FEDERAL PARA DOCENTE – INSTITUTO FEDERAL DO RIO GRANDE DO SUL) Alternativa C.

Equação química: $H_3A_{(aquoso)} + 3NaOH_{(aquoso)} \longrightarrow Na_3A_{(aquoso)} + 3H_2O_{(líquido)}$.

A partir da relação estequiométrica, temos:

1 mol de ácido ------ 3 mol de base
$n_{ácido}$ ------------------- n_{base}

Relação estequiométrica, entre o número de mol de base e ácido: $n_{base} = 3 \text{ x } n_{ácido}$

$$2{,}51 \text{ x } 0{,}280 = 3 \text{ x} \frac{45{,}00}{< MM >_{ácido}}$$

$$< MM >_{ácido} = \frac{135{,}00}{702{,}80 \text{ x } 10^{-3}}$$

$$< MM >_{ácido} = 192{,}09 \frac{g}{mol}$$

Questão 331

(OLIMPÍADA UNIFICADA - OBQ) Alternativa A.

Para a resolução do problema será necessário primeiramente realizar o balanceamento da equação química.

$$2SO_{2(gás)} + O_{2(gás)} \rightleftarrows 2SO_{3(gás)}$$

Determinação do reagente limitante e o reagente em excesso:

$n_{SO_2} = \frac{5{,}0}{2} = 2{,}50 \text{ L}$ (Reagente químico limitante)

$n_{O_2} = \frac{3{,}0}{1} = 3{,}0 \text{ L}$ (Reagente químico em excesso)

Determinação do volume de anidrido sulfúrico:

$2 \text{ mol de } SO_{2(g)} ---- 2 \text{ mol de } SO_{3(g)}$
$5{,}0 \text{ L de } SO_{2(g)} ---- \text{Volume de } SO_{3(g)}$
$\text{Volume de } SO_{3(g)} = 5{,}0 \text{ L}$

O anidrido sulfuroso foi todo consumido, enquanto o oxigênio molecular apresentou uma sobra de:

3,0 L – 2,50 L = 0,50 L

Logo, o volume total do sistema reacional será: 5,0 L + 0,50 L = 5,50 L

Questão 332

(MESTRE LICÍNIO RIBEIRO VIANA) Realizando o balanceamento pelo método redox, o ânion dicromato trata-se do agente oxidante enquanto o ânion iodeto é o agente redutor.

Equação química iônica: $1Cr_2O_7^{2-}{}_{(aquoso)} + 6I^-{}_{(aquoso)} + 14H^+{}_{(aquoso)} \longrightarrow 3I_{2(sólido)} + 2Cr^{3+}{}_{(aquoso)} + 7H_2O_{(líquido)}$.

Questão 333

(GRILLO) A reação entre as três soluções, permanganato de potássio, ácido sulfúrico e peróxido de hidrogênio forma sulfato de potássio, sulfato de manganês II, água e oxigênio molecular, conforme a seguinte equação química:

$$KMnO_{4(aquoso)} + H_2SO_{4(aquoso)} + H_2O_{2(aquoso)} \rightarrow K_2SO_{4(aquoso)} + MnSO_{4(aquoso)} + H_2O_{(líquido)} + O_{2(gás)}$$

Para o balanceamento será necessário aplicar o processor REDOX. Para a reação em si, o permanganato de potássio é o agente oxidante enquanto a solução de ácido sulfúrico é o agente redutor.

$$2KMnO_{4(aquoso)} + 3H_2SO_{4(aquoso)} + 5H_2O_{2(aquoso)} \rightarrow K_2SO_{4(aquoso)} + 2MnSO_{4(aquoso)} + 8H_2O_{(líquido)} + 5O_{2(gás)}$$

Determinação do reagente limitante e do reagente em excesso, a partir da análise do número de mol.

$$n_{KMnO_{4(aquoso)}} = \frac{m}{2 \text{ x } (39+55+64)} = \frac{m}{316}$$ (Reagente químico limitante)

$$n_{H_2SO_{4(aquoso)}} = \frac{m}{3 \text{ x } 98} = \frac{m}{294}$$

$$n_{H_2O_{2(aquoso)}} = \frac{m}{5 \text{ x } 34} = \frac{m}{170}$$

Cálculo da massa m' da solução de sulfato de potássio, a partir do reagente limitante (permanganato de potássio):

2 mol de $KMnO_4$ --------------- 1 mol de K_2SO_4
2 x 158 g de $KMnO_4$ ----------- 1 x (78 + 32 + 64) g de K_2SO_4
m --------------------------------- m'

$$m' = \frac{174 \text{ x } m}{316} (g)$$

Cálculo da massa m'' da solução de sulfato de manganês, a partir do reagente limitante (permanganato de potássio).

2 mol de $KMnO_4$ --------------- 2 mol de $MnSO_4$
2 x 158 g de $KMnO_4$ ----------- 2 x 151 g de $MnSO_4$
m --------------------------------- m''

$$m'' = \frac{302 \text{ x } m}{316} (g)$$

Questão 334

(GRILLO) Balanceamento pelo método redox em que o íon dicromato é o agente oxidante e o dióxido de enxofre é o agente redutor.

$$Cr_2O_{7(aquoso)}^{-2} + 3SO_{2(gás)} + 5H^{+}_{(aquoso)} \rightarrow 2Cr^{+3}_{(aquoso)} + 3HSO^{-}_{4(aquoso)} + H_2O_{(líquido)}$$

Pela relação estequiométrica, temos:

1 mol de dicromato ------------------ 3 mol de gás
$n_{íon}$ -- $n_{gás}$

$$n_{gás} = 3 \text{ x } n_{íon}$$

Cálculo do volume gasoso a partir da concentração da quantidade de matéria do íon.

$$\frac{\text{Volume x } 0{,}50}{0{,}08206 \text{ x } (227 + 273)} = 3 \text{ x } 0{,}133 \text{ x } 0{,}228$$

$$\text{Volume} = \frac{0{,}08206 \text{ x } 500 \text{ x } 3 \text{ x } 0{,}133 \text{ x } 0{,}228}{0{,}50} = 7{,}46 \text{ L}$$

Questão 335

(CONCURSO FEDERAL PARA DOCENTE – INSTITUTO FEDERAL DO CEARÁ)

Item a) As duas equações químicas são as seguintes:

Equação Química (1): $CaCO_{3(sólido)} \longrightarrow CaO_{(sólido)} + CO_{2(gás)}$
Equação Química (2): $MgCO_{3(sólido)} \longrightarrow MgO_{(sólido)} + CO_{2(gás)}$

Item b) Informações do problema:

$m_{CaCO_3} + m_{MgCO_3} = 2{,}0g$(Equação matemática 1)
$m_{CaO} + m_{MgO} = 1{,}08g$ (Equação matemática 2)

A partir da primeira relação estequiométrica entre o carbonato de cálcio e o óxido de cálcio, temos:

1 mol de $CaCO_3$ ---------------- 1 mol de CaO
100 g de $CaCO_3$ ---------------- 56 g de CaO
m_{CaCO3} ----------------------------- m_{CaO}
$m_{CaO} = 0{,}56 \text{ x } m_{CaCO_3}$ (Equação matemática 3)

A partir da segunda relação estequiométrica entre o carbonato de magnésio e o óxido de magnésio, temos:

1 mol de $MgCO_3$ ---------------- 1 mol de MgO
84 g de $MgCO_3$ ----------------- 40 g de MgO
M_{MgCO3} ----------------------------- m_{CaO}
$m_{MgO} = 0{,}476 \text{ x } m_{MgCO_3}$ (Equação matemática 4)

Substituindo as equações 3 e 4 na equação 2, temos:

$0{,}56 \text{ x } m_{CaCO_3} + 0{,}476 \text{ x } m_{MgCO_3} = 1{,}08$
$m_{CaCO_3} + m_{MgCO_3} = 2{,}0$

Multiplicando a segunda equação por (- 0,56), temos:

$0{,}56 \text{ x } m_{CaCO_3} + 0{,}476 \text{ x } m_{MgCO_3} = 1{,}08$
$-0{,}56 \text{ x } m_{CaCO_3} - 0{,}56 \text{ x } m_{MgCO_3} = -1{,}12$

Resolvendo o sistema apresentado pelas duas equações matemáticas acima, temos:

$m_{CaCO_3} = 1{,}524 \text{ g e } m_{MgCO_3} = 0{,}476 \text{ g}$

Cálculo da composição de cada carbonato em bases percentuais:

$$(\%)_{CaCO_3} = \frac{m_{CaCO_3}}{m_{CaCO_3} + m_{MgCO_3}} = \frac{1{,}524 \text{ g}}{2{,}0 \text{ g}} = 0{,}762 \ (76{,}20 \ \%)$$

$$(\%)_{MgCO_3} = \frac{m_{MgCO_3}}{m_{CaCO_3} + m_{MgCO_3}} = \frac{0{,}476 \text{ g}}{2{,}0 \text{ g}} = 0{,}238 \ (23{,}80 \ \%)$$

Questão 336

(CONCURSO FEDERAL PARA DOCENTE – INSTITUTO FEDERAL DO RIO GRANDE DO NORTE) Alternativa B.

A forma de balanceamento deve ser realizada pelo método redox, em que o ácido oxálico é o agente redutor e o permanganato de potássio trata-se do agente oxidante.

Equação química: $5H_2C_2O_{4(aq)} + 2KMnO_4 + 3H_2SO_4 \rightarrow 2MnSO_4 + 10CO_2 + K_2SO_4 + 8H_2O$

Questão 337

(CONCURSO FEDERAL – TÉCNICO DE QUÍMICA - PIAUÍ) Alternativa A.

Para a resolução do problema será necessário primeiramente o balanceamento pelo método redox da reação apresentada, em que a solução de ácido nítrico é o agente oxidante e o mercúrio líquido é o agente redutor.

$2H^+ + 2NO_3^- + 3H_2SO_4 + 2Hg \rightarrow 2NO + 4H_2O + 3Hg_2SO_4$.

A partir da relação estequiométrica entre o íon nitrato e o óxido nítrico, temos:

2 mol de nitrato ----------------- 2 mol de NO
$n_{solução}$ ------------------------------ $n_{gás}$
$n_{solução} = n_{gás}$

Cálculo da massa de íon nitrato:

$$\frac{\text{Massa}}{(14+48)} = \frac{1{,}0 \text{ x } 1{,}23}{0{,}08206 \text{ x } (27+273)}$$

$$\text{Massa} = 3{,}10 \text{ g}$$

Questão 338

(CONCURSO FEDERAL – TÉCNICO DE QUÍMICA - PIAUÍ) Alternativa C.

Equação química: $2KO_2 + CO_2 \rightarrow K_2CO_3 + 3/2O_2$

A partir da relação estequiométrica, temos:

2 mol de peróxido --------------- 1 mol de CO_2
$n_{peróxido}$ ------------------------------ $n_{gás}$
$2 \text{ x } n_{gás} = n_{peróxido}$

$$2 \text{ x} \frac{45{,}0}{22{,}50} = \frac{m_{peróxido}}{71}$$

$$m_{peróxido} = 224{,}0 \text{ g}$$

Questão 339

(CONCURSO ESTADUAL – TÉCNICO DE QUÍMICA - UNIRIO) Alternativa C.

Determinação do reagente limitante e do reagente em excesso:

$n_{FeS} = \frac{440000}{56+32} = 5000 \text{ mol}$ (Reagente em excesso)

$n_{HCl} = \frac{146000}{2 \text{ x } 36{,}50} = 2000 \text{ mol}$ (Reagente limitante)

Cálculo da massa de sulfeto ferroso que reagiu estequiometricamente com o reagente limitante:

1 mol de FeS ------------------ 2 mol de HCl
(56 + 32) g --------------------- 2 x 36,50 g
Massa --------------------------- 146 kg
Massa de sulfeto ferroso = 176,0 kg

Massa de sulfeto ferroso que não reagiu = 440 kg – 176,0 kg = 264 kg

Questão 340

(CONCURSO ESTADUAL – TÉCNICO DE QUÍMICA - UNIRIO) Alternativa B.

Equação química entre o ácido sulfúrico em excesso na presença de alumínio metálico:

$$2Al_{(sólido)} + 3H_2SO_{4(aquoso)} \rightarrow Al_2(SO_4)_{3(aquoso)} + 3H_{2(gás)} \uparrow$$

A partir da relação estequiométrica entre o alumínio metálico e o gás hidrogênio:

2 mol de alumínio ------------------- 3 mol de gás hidrogênio
2 x 27 g de alumínio --------------- 3 x 2,0 g
Pureza x 150 g ---------------------- 10,0 g

Pureza = $\frac{540}{900} = 0{,}60\ (60\%)$

Questão 341

(CONCURSO FEDERAL – ASSISTENTE DE PESQUISA I) Alternativa A.

Para a resolução da quaestão será necessário realizar o balanceamento pelo método redox, em que o ouro é o agente redutor enquanto o ácido nítrico é o agente oxidante. Equação química: $Au + 4HCl + 3HNO_3 \longrightarrow 1HAuCl_4 + 3NO_2 + 3H_2O$

Questão 342

(CONCURSO PÚBLICO FEDERAL - CEFET - ALAGOAS) Alternativa A.

Cálculo do número de mol de nitroglicerina, para uma massa de 1000 g.

$$n_{nitroglicerina} = \frac{1000\ g}{227\frac{g}{mol}} = 4{,}40\ mol$$

Cálculo do volume dos gases produzidos, a partir da relação estequiométrica com a nitroglicerina.

4 mol de nitroglicerina ------------------ 35,0 mol de gases x 22,70 L x mol^{-1}
4,40 mol de nitroglicerina -------------- Volume
Volume = 873,95 L

Questão 343

(CONCURSO FEDERAL PARA DOCENTE – INSTITUTO FEDERAL SUL-RIO-GRANDENSE) Alternativa A.

Balanceamento por tentativa das equações apresentadas e a determinação da equação química global.

$CuFeS_{2(sólido)} + 3/2\ O_{2(gás)} \longrightarrow CuS_{(sólido)} + FeO_{(sólido)} + SO_{2(gás)}$
$CuS_{(sólido)} + O_{2(gás)} \longrightarrow Cu_{(liquido)} + SO_{2(gás)}$

Somando as equações químicas apresentadas acima.

Equação química global: $CuFeS_{2(sólido)} + 5/2O_{2(gás)} \rightarrow Cu_{(líquido)} + FeO_{(sólido)} + 2SO_{2(gás)}$

A partir da relação estequiométrica entre o minério e o cobre metálico, temos:

1 mol de minério ------------------- 1 mol de cobre
(63,50 + 56 + 64) g --------------- 63,50 g x 0,95
100 kg de minério ------------------ Massa de cobre

$$\text{Massa de cobre} = \frac{6{,}0325 \times 10^3}{183{,}50} = 32{,}87 \text{ kg}$$

Questão 344

(CONCURSO PÚBLICO FEDERAL – ENGENHARIA QUÍMICA) Alternativa C.

Para o balanceamento desta reação química será necessário o método redox, em que o cloro é tanto um agente oxidante quanto um agente redutor.

Equação química: $6NaOH + 3Cl_2 \rightarrow NaClO_3 + 5NaCl + 3H_2O$

A partir da relação estequiométrica entre o cloro gasoso e o clorato de sódio, temos:

3 mol de cloro gasoso --------- 1 mol de clorato de sódio
3 x 71,0 g ------------------------- 1 x (23 + 35,5 + 48) g
Massa de cloro ------------------ 1065 g

$$\text{Massa de cloro} = \frac{1065 \times 3 \times 71}{106{,}50} = 2130 \text{ g}$$

Questão 345

(CONCURSO PÚBLICO FEDERAL – ENGENHARIA QUIMICA - AERONÁUTICA) SEM ALTERNATIVA.

Equação química que representa a decomposição da nitroglicerina: $4C_3H_5N_3O_{9(líquido)} \rightarrow 6N_{2(gás)} + 12CO_{2(gás)} + 10H_2O_{(gás)} + O_{2(gás)}$

Cálculo do número de mol de nitroglicerina: $n = \frac{200}{36 + 5 + 42 + (9 \times 16)} = 0{,}881 \text{ mol}$

Pela relação estequiométrica entre a nitroglicerina e o dióxido de carbono, temos:

4 mol de nitroglicerina ---------- 12 mol de dióxido de carbono
0,881 mol de nitroglicerina ---- n_{CO2}
n_{CO2} = 2,643 mol de dióxido de carbono

Cálculo do volume de dióxido de carbono aplicando a equação dos gases ideais:

$$\text{Volume} = \frac{2{,}643 \times 0{,}082 \times 300}{1{,}0} = 64{,}99 \text{ L}$$

Questão 346

(GRILLO) Item a) Para realizar o balanceamento será necessário utilizar o método oxidação-redução. Para a equação proposta, o óxido de manganês IV é o agente oxidante e o ácido clorídrico é o agente redutor.

Equação química: $MnO_2 + 4HCl \rightarrow MnCl_2 + 2H_2O + Cl_2$

Item b) Para o balanceamento, o método escolhido foi por tentativa.

$Fe_3O_4 + 8HNO_3 \rightarrow Fe(NO_3)_2 + 2Fe(NO_3)_3 + 4H_2O$

Questão 347

(GRILLO)

Item a) Para o balanceamento da equação proposta, será utilizado o método oxidação-redução, em que o cobre na forma metálica é o agente redutor enquanto o ácido nítrico é o agente oxidante.

Equação química que corresponde ao processo redox: $3Cu + 8HNO_3 \rightarrow 3Cu(NO_3)_2 + 4H_2O + 2NO$

Item b) Para o balanceamento da equação proposta, será utilizado o método oxidação-redução, em que o cloro é tanto o agente oxidante como agente redutor.

Equação química: $6NaOH + 3Cl_2 \rightarrow 5NaCl + NaClO_3 + 3H_2O$

Questão 348

(INSTITUTO MILITAR DE ENGENHARIA)

Equação química I) $3KClO_3 + 3/2\ H_2SO_4 \rightarrow 1HClO_4 + 2ClO_2 + 3/2\ K_2SO_4 + 1H_2O$

$6KClO_3 + 3H_2SO_4 \rightarrow 2HClO_4 + 4ClO_2 + 3K_2SO_4 + 2H_2O$

Item a) Coeficientes estequiométricos: 6 – 3 – 2 – 4 – 3 – 2

Item b) Agente redutor = clorato de potássio

Item c) Agente oxidante = clorato de potássio

Equação química II) $2KMnO_4 + 16HCl \rightarrow 2KCl + 2MnCl_2 + 8H_2O + 5Cl_2$

Item a) Coeficientes estequiométricos: 2 – 16 – 2 – 2 – 8 - 5

Item b) Agente redutor = ácido clorídrico

Item c) Agente oxidante = Permanganato de potássio.

Questão 349

(MESTRE JOÃO DA PACIÊNCIA NABUCO) Alternativa C.

Equação química balanceada pelo método oxidação-redução: $3CuS + 8HNO_3 \rightarrow 3Cu(NO_3)_2 + 3S + 2NO + 4H_2O$

Soma dos coeficientes estequiométricos: 3 + 8 + 3 + 3 + 2 + 4 = 23

Agente redutor = sulfeto de cobre II

Agente oxidante = ácido nítrico

Questão 350

(MESTRE JOÃO ROBERTO DA PACIÊNCIA NABUCO) Para o balanceamento será solucionado pelo método oxidação – redução, em que o iodato de potássio é o agente oxidante e o iodeto de potássio é o agente redutor.

$KIO_3 + 5KI + 6HCl \rightarrow 3I_2 + 6KCl + 3H_2O$

Coeficientes estequiométricos: a = 1; b = 5; c = 6; d = 3; e = 6; f = 3.

Questão 351

(CAMPEONATO NACIONAL DE QUÍMICA)

Equação química da combustão de gás metano: $CH_4 + 2\ O_2 \rightarrow CO_2 + 2\ H_2O$

Equação química da combustão de gás butano: $C_4H_{10} + 13/2\ O_2 \rightarrow 4\ CO_2 + 5\ H_2O$

Analisando a proporção estequiométrica entre o combustível e o dióxido de carbono para cada processo químico:

Para o gás metano: 1 mol de CH_4 : 1 mol de CO_2

$$n_{CH_4} = n_{CO_2}$$

Para o gás butano: 1 mol de C_4H_{10} : 4 mol de CO_2

$$4 \text{ x } n_{C_4H_{10}} = n_{CO_2}$$

Informação do problema: $m_{CH_4} + m_{C_4H_{10}} = 6{,}10$

Desenvolvendo a equação matemática acima: $16\ x\ n_{CH_4} + 58\ x\ n_{C_4H_{10}} = 6{,}10$

Substituindo as relações das quantidades dos combustíveis com o dióxido de carbono na equação anterior:

$$16 \text{ x } n_{CO_2} + 58 \text{ x} \frac{n_{CO_2}}{4} = 6{,}10$$

$$64 \text{ x } n_{CO_2} + 58 \text{ x } n_{CO_2} = 24{,}40$$

$$n_{CO_2} = \frac{24{,}40}{122} = 0{,}197 \text{ mol}$$

Cálculo da massa de gás metano: $n_{CH_4} = n_{CO_2}$

$$\frac{m_{CH_4}}{16} = 0{,}197$$

$$m_{CH_4} = 3{,}152 \text{ g}$$

Cálculo da massa de gás butano: $4 \text{ x } n_{C_4H_{10}} = n_{CO_2}$

$$4 \text{ x} \frac{m_{C_4H_{10}}}{58} = 0{,}197$$

$$m_{C_4H_{10}} = 2{,}8565 \text{ g}$$

Cálculo do percentual (%) para cada combustível:

$$(\%)_{\text{metano}} = \frac{3{,}152 \text{ g}}{6{,}10 \text{ g}} = 0{,}5167 \ (51{,}67\%)$$

$$(\%)_{\text{butano}} = \frac{2{,}8565 \text{ g}}{6{,}10 \text{ g}} = 0{,}4683 \ (46{,}83\%)$$

Questão 352

(PROGRAMA DE PÓS-GRADUAÇÃO EM QUÍMICA – UNIVERSIDADE FEDERAL DE UBERLÂNDIA) Equação química que corresponde a decomposição da azida, formando o sódio metálico e o gás nitrogênio.

$2NaN_{3(sólido)} \longrightarrow 2Na_{(sólido)} + 3N_{2(gás)} \uparrow$

Cálculo do número de mol de gás oxigênio a partir da equação dos gases ideais: $p^{ideal} \text{ x } V = n_{O_2} \text{ x } R \text{ x } T$

$$n_{O_2} = \frac{1{,}14 \text{ x } 50}{0{,}08206 \text{ x } (27 + 273)}$$

$$n_{O_2} = 2{,}31 \text{ mol}$$

Cálculo do número de mol de azida a partir da relação estequiométrica com o gás nitrogênio:

2 mol de azida -------------- 3 mol de gás nitrogênio
n_{azida} --------------------------- 2,31 mol de gás oxigênio
n_{azida} = 1,54 mol

Cálculo da massa de azida a partir do número de mol de azida:

$$n_{azida} = \frac{m_{azida}}{< MM >_{azida}}$$

$$1{,}54 \text{ mol} = \frac{m_{azida}}{(23 + 42)\frac{g}{mol}}$$

$$m_{azida} = 100{,}10 \text{ g}$$

Questão 353

(SELEÇÃO DO PROGRAMA DE PÓS-GRADUAÇÃO STRICTO SENSU EM QUÍMICA - UNIVERSIDADE FEDERAL DOS VALES DO JEQUITINHONHA E MUCURI DIAMANTINA – MINAS GERAIS) Para o processo de balanceamento em meio ácido, será necessário utilizar o método redox, ou seja, o método redução – oxidação.

$$MnO^-_{4(aquoso)} + H_2C_2O_{4(aquoso)} + H^+_{(aquoso)} \rightarrow Mn^+_{(aquoso)} + CO_{2(gás)} + H_2O_{(líquido)}$$

Para o método redox, o ânion permanganato é o agente oxidante, enquanto o ácido oxálico se refere ao agente redutor. A partir disso, a equação iônica balanceada fica da seguinte maneira:

$$2MnO^-_{4(aquoso)} + 5H_2C_2O_{4(aquoso)} + 6H^+_{(aquoso)} \rightarrow 2Mn^+_{(aquoso)} + 10CO_{2(gás)} + 8H_2O_{(líquido)}$$

Questão 354

(SELEÇÃO DO PROGRAMA DE PÓS-GRADUAÇÃO STRICTO SENSU EM QUÍMICA - UNIVERSIDADE FEDERAL DOS VALES DO JEQUITINHONHA E MUCURI DIAMANTINA – MINAS GERAIS)

Para a determinação de MTBE, será necessário primeiramente calcular o reagente limitante e o reagente em excesso.

$$n_{metanol} = \frac{22500}{12+16+4} = 703{,}125 \text{ g} \quad \text{(Reagente em excesso)}$$

$$n_{metanol} = \frac{22500}{12+16+4} = 703{,}125 \text{ g} \quad \text{(Reagente em excesso)}$$

A partir do reagente limitante, será possível calcular o possível cálculo da massa de MTBE.

56 gramas de isobuteno -------------------------- 88,00 gramas de MTBE

35,0 kg de isobuteno ------------------------------ Massa de MTBE
$\text{Massa de MTBE} = 55{,}0 \text{ kg de MTBE}$

Questão 355

(PROCESSO SELETIVO PARA O CURSO DE MESTRADO EM QUÍMICA – UNIVERSIDADE ESTADUAL DA PARAÍBA)

Equação química que corresponde a interação entre o carbeto de cálcio e a água no estado líquido:

$CaC_2 + 2H_2O \longrightarrow Ca(OH)_2 + C_2H_2$

Determinação do reagente limitante e do reagente em excesso:

$n_{CaC_2} = \frac{100{,}0 \text{ g}}{(40+24)\frac{\text{g}}{\text{mol}}} = 1{,}5625 \text{ mol}$ (Reagente químico limitante)

$n_{CaC_2} = \frac{100{,}0 \text{ g}}{2 \times 18\frac{\text{g}}{\text{mol}}} = 2{,}78 \text{ mol}$ (Reagente químico em excesso)

Cálculo da massa de etino, a partir do reagente limitante.

1 mol de CaC_2 ------------ 1 mol de C_2H_2
64,0 g ----------------------- 26,0 g
100,0 g ---------------------- Massa de etino
Massa de etino = 40,625 g

Cálculo da massa de reagente após a reação ser completada.

1 mol de CaC_2 ------------ 2 mol de H_2O
64,0 g ----------------------- 36,0 g
100,0 g ---------------------- Massa de água
Massa de água = 56,25 g

Cálculo da massa de reagente permanente: 100,0 g – 56,25 g = 43,75 g

Questão 356

(PROCESSO SELETIVO PARA O CURSO DE MESTRADO EM QUÍMICA – UNIVERSIDADE ESTADUAL DA PARAÍBA)

Reação química: hidróxido + óxido ácido $\longrightarrow$ sal + água

Equação química que corresponde a interação entre o hidróxido de lítio com o dióxido de carbono: $2LiOH + CO_2 \longrightarrow Li_2CO_3 + H_2O$

Relação estequiométrica entre os reagentes:

2 mol de hidróxido ---------------------- 1 mol de óxido
2 x (7 + 16 + 1) g ----------------------- 44,0 g de óxido
1,00 g --------------------------------------- Massa de óxido
Massa de óxido = 0,917 g

Questão 357

(PROCESSO DE SELEÇÃO PARA MESTRADO E DOUTORADO – UNIVERSIDADE ESTADUAL DO SUDOESTE DA BAHIA)

Equação química que corresponde a interação entre a amostra de carbonato de sódio e cloreto de cálcio.

$Na_2CO_{3(aquoso)} + CaCl_{2(aquoso)} \longrightarrow 2NaCl_{(aquoso)} + CaCO_{3(ppt)}$

A partir da relação estequiométrica entre a solução de carbonato de sódio e do precipitado, temos:

1 mol de $Na_2CO_{3(aquoso)}$ -------------------- 1mol de $CaCO_{3(ppt)}$
(46 + 12 + 48) gramas --------------------- 100,0 gramas
Pureza x 1,2048 gramas ------------------ 1,0262 gramas

$$\text{Pureza} = \frac{108{,}78}{120{,}48} = 0{,}9029\ (90{,}29\%)$$

Questão 358

Alternativa C.

Equação química que corresponde ao processo de síntese de óxido de cálcio:

$CaO_{(sólido)} + H_2O_{(líquido)} \longrightarrow Ca(OH)_{2(aquoso)}$

Cálculo da massa de hidróxido de cálculo, a partir da relação estequiométrica com o óxido de cálcio:

56,0 gramas de óxido ---------------------- 74,0 gramas de hidróxido
140,0 gramas x 0,80 ------------------------ Massa de hidróxido

Massa de hidróxido = 148,0 gramas
Massa total de hidróxido de cálcio, presente em 50 soldados:

Massa de hidróxido de cálcio total = 148,0 gramas x 50 = 7400 gramas

Questão 359

Alternativa A.

Equação química: $C_3H_6N_3(NO_2)_{3(sólido)} \longrightarrow 2CO_{2(gás)} + CO_{(gás)} + H_2O_{(gás)} + 2H_{2(gás)} + 3N_{2(gás)}$

Primeiramente, será necessário calcular o número de mol do hexogênio:

$$n_{\text{hexogênio}} = \frac{2{,}22}{(36 + 6 + 42 + 42 + 96)} = 0{,}01\ \text{mol}$$

A partir da equação química, será necessário realizar a estequiometria do RDX com os gases formados.

1 mol de RDX ------------------ 9 mol de gases
0,01 mol de RDX -------------- n_{gases}
n_{gases} = 0,09 mol de gases produzidos

Aplicando a equação dos gases ideais, temos:

$$p = \frac{0{,}09 \text{ x } 0{,}08206 \text{ x } (727 + 273)14{,}76}{} = 0{,}500\ \text{atm}$$

Capítulo 12. Introdução Histórica da Teoria Ácido Base

É de extrema importância o estudo e o conhecimento de compostos ácidos e básicos, tema este que será apresentado neste capítulo, uma vez que foi observado em alguns problemas de estequiometria industrial. Poucos questionamentos no estudo da Química apresentaram tanto interesse e curiosidade por parte de pesquisadores, cientintas e estudiosos ao longo de toda a ciência, chegando até mesmo no ciclo acadêmico, sendo objeto inicialmente de muitas controvérsias, principalmente com relação as suas definições, propriedades e características. Os termos ácido e base são bastante comuns na linguagem científica e no dia a dia, principalmente na área tecnológica, sendo aceitas sem a necessidade de uma definição na maior parte dos casos.

O capítulo apresentado a seguir leva em consideração as três teorias que tentam esclarecer a definição, apresentando características e propriedades dos ácidos e das bases. Primeiramente, cabe ressaltar que uma teoria é a base do planejamento científico que tenta satisfazer três características fundamentais, apresentadas da seguinte forma.

1) A teoria deve ser organizada e explicativa com relação aos fatos de seu domínio;

2) A teoria deve propor problemas, que possam propor debates e questionamentos;

3) A teoria deve ser prática, simples e funcional.

Uma teoria será considerada uma boa teoria caso satisfaça estes três pontos mencionados acima, quando permanece em uso, podendo de alguma forma ser descartada a partir do momento em que estas características tendem a diminuir com o decorrer do tempo. A pergunta que cabe nesta obra, mais especificamente, neste primeiro capítulo, é a seguinte: o que caracteriza um composto químico ser ácido e o que caracteriza um composto químico ser básico?

O que se pode chamar de comportamento ácido-base foi reconhecido há muitos anos. Desde que isso ocorreu, os químicos têm ao longo dos anos elaborado teorias que tentam e procuram explicar este comportamento. Todas as teorias propostas e que serão apresentadas ao longo desta obra, procuram definir o que é um ácido e uma base e como ocorre a sua interação, ou seja, como ocorre a sua reação química. Alguns dos termos até então utilizados nos dias atuais apresentam o mesmo significado desde a antiguidade.

O termo ácido provém do latim "acidus", significando azedo, ácido propriamente dito

O termo álcali vem proveniente do árabe, significando "al qaliy", cinzas vegetais.

O termo sal vem do latim, salis, que significa sal marinho.

O termo base, termo este utilizado de maneira mais usual e recente nos dias atuais, foi introduzido e divulgado pelo francês Duhamel du Monceau em 1786, sendo posteriormente utilizado, adotado e popularizado por Guilherme – François Rouelle (1754).

Assim, já foi considerado que ácidos e bases são substâncias dotadas e apresentadas com propriedades físico-químicas completamente antagônicas, no sentido de que postas em contato perdem todas as suas características que permitem definir como tais. A tendência do comportamento ácido-base trazia uma justificativa experimental do ponto de vista teórico, sendo destacado e apresentado pelo físico-químico estadunidense, Gilbert Newton Lewis, que já enunciava os seguintes critérios fenomenológicos para o comportamento ácido-base.

Três pontos são importantes para o bom entendimento deste conceito altamente teórico.

1) Quando um ácido e uma base são postas para reagir, o processo é conhecido como "reação de neutralização", sendo um processo quimicamente rápido.

2) Um determinado ácido ou base devem formar um ácido ou uma base mais fracas a partir dos seus compostos.

3) Os ácidos e as bases apresentam valores físico-químicos bem característicos, como por exemplo, a partir da faixa do pH (potencial hidrogeniônico) e do pOH (potencial hidroxiliônico), com a utilização de soluções definidas como indicadores.

4) Tanto os compostos ácidos como as bases desempenham um papel extraordinariamente importante na realização de processos químicos (reações químicas), como consequência, a partir da utilização como catalisadores na indústria química. Estes quatro

pontos apresentados acima podem ser e são extremamente importantes para avaliar definições distintas que serão necessários ao longo de todo o capítulo.

Capítulo 13. Fatores Importantes no Desenvolvimento Histórico do Conceito Ácido-Base

O desenvolvimento das teorias ácido-base, se fez e se faz no sentido de procurar sistematizar e explicar o maior número de possíveis fatos e características químicas, bem como, prever possíveis problemas químicos que enventualmente possam aparecer, durante o decorrer de um processo laboratorial ou até mesmo em grande escala, tais como no ramo industrial. É muito instrutivo proceder ideias modernas sobre o conceito ácido-base, a partir de uma breve visão das fases mais importantes no que já foi proposto e discutido, até a situação atual.

Há evidências históricas que determinados sais já eram conhecidos ao longo do século XIII, porém o desenvolvimento das teorias sobre ácidos e bases foi um processo bastante lento, principalmente ao longo do período da alquimia (ciência mística conhecida como a química da Antiguidade, que apresentava como principal objetivo a transmutação de um elemento químico em outro), desde o século XIII até o século XVII.

O filósofo, físico, teólogo e químico, Robert Boyle (25 de janeiro de 1627 – 31 de dezembro de 1691), considerado como sendo o primeiro químico moderno, no ano de aproximadamente 1664 foi extremamente importante para os primeiros passos com relação ao conceito ácido-base. Neste ano, Boyle publicou na Inglaterra o livro intitulado: "Experimental History of colours", em que neste trabalho aborda que substâncias coloridas podem ser alteradas a partir da presença de ácidos e álcalis. Boyle estudou algumas importantes substâncias, dentre elas estão o tornassol, um dos indicadores ácido-base mais antigos, e o corante vermelho extraído diretamente do pau-brasil, árvore típica da Mata Atlântica. Também apresentou algumas outras propriedades físico-químicas de diversas substâncias, como o tom esverdeado que os sais de cobre conferiam à chama, precipitação da prata [Ag] a partir de cloretos [Cl^-] e precipitação do cálcio [Ca^{+2}] a partir de sulfatos [SO_4^{-2}].

Os conceitos a partir do século XVIII se concentraram em torno das seguintes características que estão apresentadas a seguir:

- o sabor ácido (azedo);

- a reação com o calcário [$CaCO_3$];

- a produção de substâncias químicas neutras a partir da reação química com as bases.

Estes conceitos culminaram em 1789 com as observações do então químico, Antoine-Laurent de Lavoisier (26 de agosto de 1743 – 08 de maio de 1794), de que um determinado elemento químico era o principal responsável pelo comportamento ácido de uma substância. Este elemento químico que Lavoisier mencionava, se tratava do átomo de oxigênio ($_8O^{16}$), ou seja, sua conclusão afirmava que todo o ácido deveria ter obrigatoriamente o átomo de oxigênio em sua estrutura molecular, sendo o principal responsável pelo caráter ácido dos compostos químicos.

Porém, um outro cientista químico britânico, Sir. Humphry Davy (17 de dezembro de 1776 – 29 de maio de 1829), afirmou no ano de 1811, que o comportamento ácido era proveniente do átomo de hidrogênio e não do oxigênio como afirmava Lavoisier. Antes de Davy, Claude Louis Berthollet (09 de dezembro de 1748 – 06 de novembro de 1822), descreveu alguns compostos ácidos que não apresentavam em sua estrutura o átomo de oxigênio, tais como o ácido cianídrico (HCN), o ácido sulfídrico (H_2S), o ácido clorídrico (HCl), etc. A conclusão de Humphry Davy era de que o hidrogênio era o principal e fundamental acidificante, podendo ser considerado como precursor de muitas ideias que são fundamentadas até os dias atuais. Cabe ressaltar da existência de compostos químicos com a presença de hidrogênio que não apresentam características ácidas, tendo como exemplo o gás amoníaco [NH_3], o gás metano [CH_4], o gás butano [C_4H_{10}]. Sir. Humphry Davy foi um belíssimo químico britânico, destacado em diversas frentes de pesquisa, tais como isolar a partir da eletricidade, os elementos como o magnésio, boro, cálcio, estrôncio e bário e, além disso, por descobrir e determinar as propriedades dos elementos cloro e iodo.

Assim, o físico e químico Joseph Louis Gay-Lussac (6 de dezembro de 1778 – 10 de maio de 1850) divulgou no ano de 1814 que todo ácido é uma substância que neutraliza uma base. Além disso, Lussac foi fundamental no aperfeiçoamento no processo de fabricação do ácido sulfúrico [H_2SO_4] e do ácido oxálico [$H_2C_2O_4$].

Novas provas a favor da teoria com a presença do átomo de hidrogênio como princípio de acidez, foram discutidas até meados do ano de 1838, por um químico e inventor alemão, Justus Von Liebig (12 de maio de 1803 - 18 de abril de 1873). Liebig contribuiu enormemente para a química, sendo um dos fundadores da química orgânica, no desenvolvimento considerável em processos orgânicos, como por exemplo, na síntese de clorofórmio, aldeídos e amidos, além de apresentar e divulgar importantes características com relação aos ácidos.

È necessário citar outro grande personagem que desenvolveu conceitos modernos com relação aos ácidos e bases, uma vez que a eletricidade e a eletroquímica estavam em grande desenvolvimento neste mesmo período científico. Este personagem trata-se de nada mais, nada menos que Michael Faraday (22 de setembro de 1791 – 25 de agosto de 1857). Faraday foi um físico e químico britânico que contribuiu a partir de 1834 com importantes observações em que a condutividade eletrolítica apresenta partículas carregadas, definidas como íons e, diante disso, tanto os ácidos, bases e sais são caracterizados como eletrólitos.

Capítulo 14. O Nascimento das Primeiras Teorias Sobre o Conceito Ácido-Base – Teoria de Arrhenius

Grande parte das ideias atuais que são difundidas sobre os ácidos e bases, estão apoiadas a partir da teoria da dissociação eletrolítica, proposta em 1884 pelo químico sueco e ganhador do prêmio nobel de Química em 1903, Svante August Arrhenius (19 de fevereiro de 1859 – 02 de outubro de 1927) e, posteriormente houve uma grande contribuição de Wilhelm Ostwald (02 de setembro de 1853 – 04 de abril de 1932), químico e filósofo alemão considerado um dos grandes fundadores da físico-química. Os conceitos modernos têm crescido fundamentalmente a partir dos estudos de Arrhenius, abrangendo cada vez mais seus conceitos, classificação e propriedades dos ácidos e das bases.

14.1 O conceito de íons da água, por Arrhenius

Segundo a teoria de Arrhenius, um ácido é definido como sendo um composto que na presença de água libera o hidrogênio na forma de cátion H^+ (cátion hidrogeniônico), a partir da sua dissolução aquosa.

Segundo a teoria de Arrhenius, uma base ou também conhecido como hidróxido, é um composto que na presença de água libera o ânion OH^- (cátion hidroxila), a partir da dissolução aquosa.

O processo de neutralização, no que tange a teoria de Arrhenius, recai na combinação do cátion H^+ e no ânion OH^-, ocasionando a formação da molécula de água [H_2O] no estado líquido, conforme a equação que representa a equação de síntese apresentada a seguir:

$$H^+_{(aquoso)} + OH^-_{(aquoso)} \rightarrow H_2O_{(líquido)}$$

Este conceito tem sido de considerável valor, principalmente para elucidar e apresentar caraterísticas das dissoluções aquosas e grande parte de novas ideias sobre a neutralização, além do estudo da hidrólise, da força dos ácidos e das bases etc. Diante disso, Svante Arrhenius foi o primeiro a dar o "pontapé inicial" neste conceito tão abrangente que se trata do comportamento ácido-base de uma determinada substância.

Vamos colocar a definição de Arrhenius em prática?

Conforme já enunciado, no ano de 1884, a definição de Arrhenius para ácido é toda substância que na presença de uma solução aquosa forma o cátion H^+. Um exemplo prático disso, trata-se do comportamento do ácido clorídrico, que na presença de água, libera íons [$H^+_{(aquoso)}$ e $Cl^-_{(aquoso)}$] conforme pode ser observado a partir da seguinte equação iônica.

$$HCl_{(aquoso)} \overset{H_2O_{(líquido)}}{\rightleftarrows} H^+_{(aquoso)} + Cl^-_{(aquoso)}$$

Para Arrhenius, bases ou também conhecido como hidróxidos, são compostos que em solução aquosa formam íons, sendo que este íon trata-se do ânion hidroxila, representado por $OH^-_{(aquoso)}$. Um dos exemplos clássicos está apresentado a seguir, na dissociação iônica do hidróxido de sódio.

$$NaOH_{(aquoso)} \overset{H_2O_{(líquido)}}{\rightleftarrows} Na^+_{(aquoso)} + OH^-_{(aquoso)}$$

A partir da mesma definição de Arrhenius, uma reação química que ocorre entre o ácido (ácido clorídrico) e a base (hidróxido de sódio) é definido como uma reação de neutralização, sendo representada a partir da seguinte equação iônica apresentada a seguir:

$$H^+_{(aquoso)} + \underbrace{Cl^-_{(aquoso)}}_{\text{íon espectador}} + \underbrace{Na^+_{(aquoso)}}_{\text{íon espectador}} + OH^-_{(aquoso)} \rightarrow \underbrace{Na^+_{(aquoso)}}_{\text{íon espectador}} + \underbrace{Cl^-_{(aquoso)}}_{\text{íon espectador}} + H_2O_{(líquido)}$$

A partir da simplificação da equação iônica acima, esta se resume a: $H^+_{(aquoso)} + OH^-_{(aquoso)} \rightarrow H_2O_{(líquido)}$.

Observe que a neutralização de um ácido forte (HCl) e de uma base forte (NaOH) forma a molécula de água, conforme já apresentado anteriormente com a definição da teoria ácido-base de Arrhenius. A grande contribuição de Arhhenius para esta teoria, está no fato de ter sido o pioneiro, mesmo sendo um conceito simples e restritivo, uma vez que limita muito o comportamento ácido-base para soluções aquosas. Apesar de todos estes avanços, provenientes a partir da teoria ácido-base de Arrhenius, esta teoria se mostrou bastante restritiva à molécula de água, sendo que em alguns poucos casos foi possível estendê-la a outros solventes, como por exemplo, a amônia líquida, porém na maioria não obteve o sucesso esperado. Para sistemas sólidos, como por exemplo, a sílica e argila, a teoria não apresenta nenhuma possibilidade de aplicação. Mas foi a partir da teoria de Arrhenius que outros grandes pesquisadores começaram a se interessar e elevar o conceito ácido-base, apresentando conceitos mais complexos, como a de Bronsted-Lowry e Lewis. No campo científico, a teoria de Arrhenius foi bastante importante, pois além de dar conta de um grande número de fenômenos já conhecidos, provocou o desenvolvimento de diversas linhas de pesquisa, inclusive contribuindo para o estabelecimento das bases científicas no ramo da Química Analítica.

Mencionemos alguns fatos importantes que o estudo da teoria de Arrhenius proporcionou.

- Aplicação da lei de ação das massas a equilíbrios iônicos, além da obtenção da lei de diluição de Ostwald (Ostwald, 1887);

- A equação de Nernst, que relaciona a força eletromotriz das pilhas com a concentração dos íons (Nernst, 1888-9);

- O eletrodo de hidrogênio e a determinação da concentração de íons H^+ (Le Blanc, 1893);

- O estudo do efeito tampão (Fernbach, 1900);

- O primeiro estudo quantitativo de um indicador (Friedenthal, 1904);

- A determinação da constante de dissociação da água – K_W (Heydweller, 1909);

- O conceito de potencial hidrogeniônico (pH) (Sørensen, 1909);

- A extensão da teoria para a amônia líquida (Franklin, 1905) etc.

Capítulo 15. O Conceito Protônico – Teoria de Brønsted-Lowry (1923)

O conceito protônico da acidez foi proposto como uma extensão lógica da teoria dos íons, correspondente à molécula da água, sendo estudado de maneira separada e simultânea pelo dinamarquês Johannes Nicolaus Brønsted (22 de fevereiro de 1879 – 17 de dezembro de 1947) e pelo inglês Thomas Martin Lowry (26 de outubro de 1874 – 02 de novembro de 1936). No entanto, foi Brønsted que mais contribuiu para o desenvolvimento deste novo conceito teórico relacionado ao estudo ácido-base.

Estudado de maneira simultânea, porém separado por esses dois grandes físico-químicos, ambos definiram e concluíram que todo ácido é uma espécie química (molécula) qualquer ou até mesmo um íon que seja capaz de ceder/doar prótons na forma protônica (H^+), enquanto que a base é uma molécula ou íon que seja capaz de receber o mesmo cátion (H^+), também na sua forma protônica. Para esta teoria de Brønsted-Lowry, as reações ácido-base se reduzem fundamentalmente a uma competição por prótons, que podem ser representadas a partir do seguinte equilíbrio (reação reversível) hipotético do tipo:

$$\text{ácido}(1) + \text{base }(2) \rightleftarrows \text{ácido }(2) + \text{base }(1)$$

Para este tipo de equilíbrio, a base (1) pode ser considerada como uma derivada do ácido (1) uma vez que este último (ácido) perdeu um próton na forma H^+ e, com isso, a base (1) corresponde ao conjugado do ácido (1). Se deduz que da mesma forma pode considerar um ácido de Brønsted-lowry como correspondente o conjugado de uma determinada base. Para este tipo de equilíbrio apresentado, o conceito de reação de neutralização é válido estando atrelada à teoria ácido – base de Brønsted – Lowry, o que recai na transferência do próton (teoria protônica na forma H^+) a partir de um ácido para uma base.

O conceito de Brønsted-lowry apresenta ser particularmente vantajoso no estudo de dissoluções aquosas. Em certo modo, este êxito reconhecidamente concebido para esta teoria, se deve ao papel duplo desempenhado pela água nos processos ácido-base. Assim, a água pode funcionar como um ácido na presença de bases mais fortes que ela mesma.
Esta teoria permitiu o desenvolvimento de estudos em sistemas fortemente ácidos (ácido sulfúrico como solvente), em sistemas sólidos, o desenvolvimento de indicadores para estes meios (Hammett, 1928); estudo analítico da catálise ácido-base, com a respectiva equação de Brønsted (Brønsted, 1924); estudos de próton-afinidade em fase gasosa (propostas de Sherman 1932 e medições iniciadas apenas nos anos 60), etc. A teoria de Brønsted-Lowry pode ser observada da seguinte maneira, a partir de alguns exemplos com equações reversíveis, que serão previamente apresentadas a seguir.

Equação iônica A) $NH_3 + H_2O \rightleftarrows NH_4^+ + OH^-$

Esta equação iônica A pode ser descrita da seguinte maneira, segundo a teoria ácido-base de Brønsted-Lowry: "A amônia, apresentada como reagente da reação direta, é uma base de Brønsted-Lowry (BL), uma vez que recebe da molécula de água o cátion H^+. Com isso, a molécula de água é um ácido de Brønsted-Lowry, pelo fato de doar este cátion H^+.

$$\underbrace{NH_3}_{\text{base de BL}} + \underbrace{H_2O}_{\text{ácido de BL}} \rightleftarrows NH_4^+ + OH^-$$

Para os produtos da reação direta, o íon amônio é classificado como ácido de Brønsted-lowry, uma vez que cede o cátion protônico para a hidroxila, sendo esta uma base de Brønsted-lowry.

$$\underbrace{NH_3}_{\text{base de BL}} + \underbrace{H_2O}_{\text{ácido de BL}} \rightleftarrows \underbrace{NH_4^+}_{\text{ácido de BL}} + \underbrace{OH^-}_{\text{base de BL}}$$

Com isso, os pares conjugados formados e combinados são os seguintes: $\underbrace{NH_3}_{\text{base (2)}} + \underbrace{H_2O}_{\text{ácido (1)}} \rightleftarrows \underbrace{NH_4^+}_{\text{ácido (1)}} + \underbrace{OH^-}_{\text{base (2)}}$

$\underbrace{NH_3}_{\text{base (2)}}$ e $\underbrace{NH_4^+}_{\text{ácido (1)}}$; $\underbrace{OH^-}_{\text{base (2)}}$ e $\underbrace{H_2O}_{\text{ácido (1)}}$.

Equação iônica B) $CO_3^{-2} + H_2O \rightleftarrows HCO_3^- + OH^-$

Esta equação iônica B pode ser descrita da seguinte maneira, segundo a teoria ácido – base de Brønsted-Lowry: "O ânion carbonato, apresentado como reagente da reação direta, recebe da molécula de água o cátion H^+, tornando o carbonato como uma base de Brønsted-Lowry (BL) e a molécula de água como ácido de Brønsted-Lowry.

$$\underbrace{CO_3^{-2}}_{\text{base de BL}} + \underbrace{H_2O}_{\text{ácido de BL}} \rightleftarrows HCO_3^- + OH^-$$

Para os produtos da reação direta, o íon bicarbonato é caracterizado como sendo um ácido de Brønsted-lowry, pelo fato de doar um cátion protônico na forma H^+ para a hidroxila, conforme pode ser observado a seguir:

$$\underbrace{CO_3^{-2}}_{\text{base de BL}} + \underbrace{H_2O}_{\text{ácido de BL}} \rightleftarrows \underbrace{HCO_3^-}_{\text{ácido de BL}} + \underbrace{OH^-}_{\text{base de BL}}$$

Com isso, os pares conjugados formados são os seguintes: $\underbrace{CO_3^{-2}}_{\text{base (2)}} + \underbrace{H_2O}_{\text{ácido (1)}} \rightleftarrows \underbrace{HCO_3^-}_{\text{ácido (1)}} + \underbrace{OH^-}_{\text{base (2)}}$

$$\underbrace{CO_3^{-2}}_{\text{base (2)}} \text{ e } \underbrace{HCO_3^-}_{\text{ácido (1)}} \; ; \; \underbrace{OH^-}_{\text{base (2)}} \text{ e } \underbrace{H_2O}_{\text{ácido (1)}} \; .$$

Equação iônica C) $HCl + H_2O \rightleftarrows H_3O^+ + Cl^-$

Esta equação iônica C pode ser descrita da seguinte maneira, segundo a teoria ácido-base de Brønsted-Lowry: "O HCl, apresentado como reagente da reação direta é um ácido de Brønsted-Lowry (BL), uma vez que doa o cátion H^+ para a molécula de água, que por sua vez a água se torna uma base de Brønsted-lowry por receber este próton.

$$\underbrace{HCl}_{\text{ácido de BL}} + \underbrace{H_2O}_{\text{base de BL}} \rightleftarrows H_3O^+ + Cl^-$$

Para os produtos da reação direta, o íon hidrônio é um ácido de Brønsted-Lowry, pelo fato de doar um cátion protônico para o ânion cloreto, que por sua vez, por receber este próton, se caracteriza como uma base de Brønsted-lowry.

$$\underbrace{HCl}_{\text{ácido de BL}} + \underbrace{H_2O}_{\text{base de BL}} \rightleftarrows \underbrace{H_3O^+}_{\text{ácido de BL}} + \underbrace{Cl^-}_{\text{base de BL}}$$

Com isso, os pares conjugados são os seguintes:

$$\underbrace{HCl}_{\text{ácido (1)}} + \underbrace{H_2O}_{\text{base (2)}} \rightleftarrows \underbrace{H_3O^+}_{\text{ácido (1)}} + \underbrace{Cl^-}_{\text{base (2)}}$$

$$\underbrace{HCl}_{\text{ácido (1)}} \text{ e } \underbrace{Cl^-}_{\text{base (2)}} \; ; \; \underbrace{H_2O}_{\text{base (2)}} \text{ e } \underbrace{H_3O^+}_{\text{ácido (1)}} \; .$$

Equação iônica D) $HSO_4^- + H_2O \rightleftarrows H_3O^+ + SO_4^{-2}$

Esta equação iônica D pode ser descrita da seguinte maneira, segundo a teoria ácido-base de Brønsted-Lowry: "O íon bissulfato, apresentado como reagente da reação direta é um ácido de Brønsted-Lowry (BL). Este fato está relacionado ao fato deste composto doar um cátion H^+ para a água, formando o cátion hidrônio e o ânion sulfato.

$$\underbrace{HSO_4^-}_{\text{ácido de BL}} + \underbrace{H_2O}_{\text{base de BL}} \rightleftarrows H_3O^+ + SO_4^{-2}$$

Para os produtos da reação direta, o íon hidrônio é classificado como ácido de Brønsted-Lowry, pelo fato de doar um cátion protônico para o ânion sulfato, que por sua vez, ao receber este próton, torna-se uma base de Brønsted-lowry.

$$\underbrace{HSO_4^-}_{\text{ácido de BL}} + \underbrace{H_2O}_{\text{base de BL}} \rightleftarrows \underbrace{H_3O^+}_{\text{ácido de BL}} + \underbrace{SO_4^{-2}}_{\text{base de BL}}$$

Com isso, os pares conjugados são os seguintes: $\underbrace{HSO_4^-}_{\text{ácido (1)}} + \underbrace{H_2O}_{\text{base (2)}} \rightleftarrows \underbrace{H_3O^+}_{\text{ácido (1)}} + \underbrace{SO_4^{-2}}_{\text{base (2)}}$

$\underbrace{HSO_4^-}_{\text{ácido (1)}}$ e $\underbrace{SO_4^{-2}}_{\text{base (2)}}$; $\underbrace{H_2O}_{\text{base (2)}}$ e $\underbrace{H_3O^+}_{\text{ácido (1)}}$.

Conforme pode ser observado pelas reações reversíveis (equilíbrio) apresentadas acima, a água pode se comportar tanto como um ácido quanto uma base de Brønsted-Lowry, sendo diante deste fato definida como sendo uma molécula anfótera.

Outro exemplo muito típico de uma reação ácido-base de Brønsted-Lowry, corresponde a interação entre o ácido clorídrico e a amônia, conforme pode ser observado a seguir.

$$\underbrace{HCl}_{\text{ácido de BL}} + \underbrace{NH_3}_{\text{base de BL}} \rightleftarrows \underbrace{NH_4^+}_{\text{ácido de BL}} + \underbrace{Cl^-}_{\text{base de BL}}$$

A partir da reação reversível apresentada acima, é possível concluir a partir da teoria de Brønsted-Lowry, que o ácido clorídrico e o cátion amônio são ácidos de Brønsted-Lowry, enquanto a amônia e o ânion cloreto são bases de Brønsted-Lowry.

A partir desta teoria apresentada, uma "nova" definição de neutralização pode ser enunciada. Para este caso em particular, a reação de neutralização se caracteriza a partir da transferência de prótons, na forma H^+, entre dois pares caracterizados como ácidos e bases conjugados. Com isso, todas as reações em equilíbrio, podem ser definidas como uma reação de neutralização. Realizando uma comparação com a teoria anterior, a teoria de Arrhenius e a de Brønsted-Lowry, a segunda se torna bem mais abrangente, uma vez que são utilizados diferentes solventes que não seja somente à água. Outro exemplo clássico para esta situação trata-se da reação em equilíbrio entre a solução de ácido acético com a amônia, formando o cátion hidrônio e o ânion acetato, conforme pode ser observado a seguir:

$$\underbrace{CH_3COOH}_{\text{ácido de BL}} + \underbrace{NH_3}_{\text{Base de BL}} \rightleftarrows \underbrace{CH_3COO^-}_{\text{Base de BL}} + \underbrace{NH_4^+}_{\text{ácido de BL}}$$

Capítulo 16. Estudo das Intensidades Quanto à Força de Ácidos e Bases

De forma puramente qualitativa, é possível estudar a força de um ácido, sendo determinada a partir da intensidade com que há a doação de prótons na forma H^+ e de uma base pela intensidade que este composto recebe esses prótons. Porém, há uma definição de caráter quantitativo, em que as forças devem ser expressas em função das constantes de equilíbrio definidas a partir da equação química apresentada a seguir:

$$\text{Ácido}_{(\text{aquoso})} + H_2O_{(\text{líquido})} \rightleftarrows \text{Base}_{(\text{aquoso})} + H_3O^+_{(\text{aquoso})}$$

Sua constante de equilíbrio está representada a partir da seguinte equação 1:

$$K_{\text{ácido}} = \frac{a_{\text{base}} \times a_{H_3O^+}}{a_{\text{ácido}} \times \underbrace{a_{H_2O}}_{1,0}}$$

Para a força das bases, a equação da constante de equilíbrio está representada pela seguinte equação 2:

$$K_{\text{base}} = \frac{a_{\text{ácido}} \times \overbrace{a_{H_2O}}^{1,0}}{a_{\text{base}} \times a_{H_3O^+}}$$

Cabe ressaltar que as expressões destacadas acima, que tanto para a constante de equilíbrio do ácido como a constante de equilíbrio da base estão em função da atividade termodinâmica, representada pela letra "a". Além disso, a atividade termodinâmica da água, por convenção é igual a um (1). Conforme já havia sido indicado, o equilíbrio químico pode ser representado a partir de uma situação mais simples, como pode ser caracterizado a partir da equação química hipotética a seguir.

$A_1 + B_2 \rightleftarrows A_2 + B_1$, em que: A_1 = ácido 1, B_2 = base 2, A_2 = ácido 2 e B_1 = base 1.

A constante de equilíbrio para este caso está apresentada a partir da seguinte expressão:

$$K_{\text{equilíbrio}} = \frac{a_{A_2} \times a_{B_1}}{a_{A_1} \times a_{B_2}}$$

Os equilíbrios químicos apresentados podem ser utilizados para avaliar, qualificar e quantificar as forças relativas tanto para compostos ácidos quanto para bases, a partir de uma série de substâncias quando um par ácido-base é comum a todos os tipos de equilíbrio. Quando se trata de comparações de dissoluções aquosas, esta condição pode ser escrita da seguinte forma, apresentada pela seguinte equação iônica:

$$\text{Ácido}_{(\text{aquoso})} + H_2O_{(\text{líquido})} \rightleftarrows \text{Base}_{(\text{aquoso})} + H_3O^+_{(\text{aquoso})}$$

Sua constante de equilíbrio está representada pela seguinte equação a seguir:

$$K_{\text{ácido}} = \frac{a_{\text{base}} \times a_{H_3O^+}}{a_{\text{ácido}} \times \underbrace{a_{H_2O}}_{1,0}}$$

Da mesma forma, já apresentada anteriormente, a presença da água em dissoluções diluídas são consideradas constantes ($a_{H_2O} = 1$), e com isso, a expressão da constante de equilíbrio fica da seguinte maneira:

$K_{\text{ácido}} = \frac{a_{\text{base}} \times a_{H_3O^+}}{a_{\text{ácido}}}$ e a constante de equilíbrio em função da base é dado por: $K_{\text{base}} = \frac{a_{\text{ácido}}}{a_{\text{base}} \times a_{H_3O^+}}$.

A força de uma base é analisada a partir do seu grau de dissociação em solução, sendo representada diretamente por sua constante de dissociação. Então, quanto mais fraca for a base, consequentemente menor será a sua constante de equilíbrio. Agora quando a base é forte, a constante de equilíbrio tende ao infinito.

A tabela 1 abaixo, apresenta o ácido e sua constante de equilíbrio para T = 25°C.

Nome do ácido	Constante do ácido	pK_a
Ácido acético	$1{,}74 \times 10^{-5}$	4,76
Ácido láctico	$1{,}38 \times 10^{-4}$	3,86
Ácido pirúvico	$3{,}16 \times 10^{-3}$	2,5
Ácido fluorídrico	$6{,}70 \times 10^{-4}$	3,17
Ácido cloroso	$1{,}10 \times 10^{-2}$	1,96
Ácido cianídrico	$4{,}00 \times 10^{-10}$	9,40
Ácido hipocloroso	$3{,}20 \times 10^{-8}$	7,49
Ácido nitroso	$5{,}00 \times 10^{-4}$	3,30
Ácido nítrico	valor alto	-
Ácido sulfúrico	valor alto	-

Fonte: RUSSEL, J. B. Química Geral; Volume 2, Editora Pearson, 1994.

A tabela 2 apresentada logo abaixo, mostra os valores das constantes de equilíbrio para T = 25°C.

Nome da base	Constante da base	pK_b
Amônia	$1{,}80 \times 10^{-5}$	4,74
Hidroxilamina	$9{,}10 \times 10^{-9}$	8,04
Metilamina	$4{,}40 \times 10^{-4}$	3,36
Nicotina	$7{,}40 \times 10^{-7}$	6,13
Fosfina	$1{,}0 \times 10^{-14}$	14

Fonte: RUSSEL, J. B. Química Geral; Volume 2, Editora Pearson, 1994.

Capítulo 17. A Teoria Eletrônica de Gilbert Newton Lewis (1923)

Gilbert Newton Lewis (25 de outubro de 1875 – 23 de março de 1946), químico e físico norte-americano, estudou e pesquisou em três diferentes áreas científicas: termodinâmica, ligação química e isótopos. O seu livro *"Thermodynamics and the Free Energy of Chemical Substances"* foi uma obra fundamental para o ensino universitário, tanto na graduação quanto na pós-graduação. As configurações eletrônicas de valência de acordo com a famosa notação de Lewis ilustram a ligação química e permitiram novos conceitos com relação à teoria ácido-base. Os seus estudos sobre a água pesada foram relevantes no desenvolvimento da química isotópica. Lewis foi um inovador na dinâmica, ensino e na investigação em âmbito universitário. Foi aceito pela Universidade de Nebrasca aos 14 anos de idade, sendo posteriormente estudante de Química em 1896 em Harvard. Nesta mesma universidade (Harvard), concluiu o seu doutoramento no ano de 1899. Em 1900, na Europa, estudou um semestre em Leipzig (Alemanha) junto com Wilhelm Ostwald (1853-1932), e outro em Göttingen, junto de Walther Hermann Nernst (1864-1941). Em 1902 volta para Harvard, como professor do Departamento de Química. Em 1905, de volta aos EUA, entra como integrante do grupo de físico-químicos do Instituto Tecnológico de Massachusetts (IMT), liderado por Arthur Noyes (1866-1936). Lewis valorizava o trabalho de Willard Gibbs (1839-1903) e de Pierre Duhem (1861-1916) na área da termodinâmica clássica. Com isso, entrou de cabeça no processo de reformulação do tratamento termodinâmico, aplicando-o à química de forma acessível e útil – da força eletromotriz à "energia livre" (dG), passando por dois conceitos que considerou fundamentais: a "atividade termodinâmica" e "fugacidade". Um pouco antes, no ano de 1902, Lewis explora o nível atômico-molecular, com o estudo da ligação química do tipo covalente, a partir do compartilhamento de elétrons de acordo com a regra do octeto. Em 1916, publica o famoso artigo "The Atom and the Molecule". Em 1923, publica o livro *"Thermodynamics and the Free Energy of Chemical Substances"*, em colaboração com Merle Randall (1888-1950), obra que veio a influenciar profundamente o estudo da química. A Universidade da Califórnia, Berkeley, oferece-lhe a direção do departamento de Química, e com isso apresentou notável desempenho tanto na área da educação como na pesquisa, orientando diversos alunos de graduação e pós-graduação. Ainda neste mesmo ano, surge o livro fundamental *"Valence and the Structure of Atoms and Molecules"*. A notação de Lewis ou também conhecido como estrutura de Lewis, se tornou muito familiar entre estudantes de todas as áreas científicas e, que no ano de 2023 completou 100 anos da sua célebre teoria. Pares de elétrons de valência são representados por um traço (—) e, em paralelo, Lewis introduziu um novo conceito de ácido e base. Segundo sua teoria, ácidos são substâncias que aceitam pares eletrônicos, enquanto as bases são compostos que doam pares eletrônicos. Sua forma geral pode ser representada da seguinte maneira, conforme apresentada logo abaixo:

$$\overbrace{\mathrm{A}}^{\text{Ácido de Lewis}} \;+\; \overbrace{:\mathrm{B}}^{\text{Base de Lewis}} \;\rightarrow \mathrm{A:B}$$

O composto A:B pode ser de diversas estruturas, tais como o sal, complexo, complexo ácido-base, complexo doador-aceitador, etc. Para este caso, a reação de neutralização, segundo a teoria de Gilbert Newton Lewis, corresponde à formação de uma ligação covalente coordenada, entre o ácido e a base, ocasionando um produto que resulta no reagrupamento, segundo a sua necessária estabilidade. A ideia e o estudo de Lewis está mais fundamentada no comportamento físico para a teoria ácido-base. A partir disso, considere a reação química entre a molécula da amônia na presença do trifluoreto de boro.

$$\overbrace{\mathrm{NH_3}}^{\text{Base de Lewis}} \;+\; \overbrace{\mathrm{BF_3}}^{\text{Ácido de Lewis}} \;\rightarrow \mathrm{NH_3BF_3}$$

$$\overbrace{\mathrm{NH_3}}^{\text{Base de Lewis}} \;= \text{1 par de elétrons livre (Base de Lewis)}$$

$$\overbrace{\mathrm{BF_3}}^{\text{Ácido de Lewis}} \;= \text{não há um par de elétrons livre (Ácido de Lewis)}$$

Como a molécula da amônia apresenta em sua estrutura eletrônica um par de elétrons livre, este é caracterizado como sendo uma base de Lewis, enquanto o trifluoreto de boro, sendo um receptor deste par de elétrons e não apresentando um par de elétrons, se caracteriza como sendo um ácido de Lewis. A teoria de Lewis é mais abrangente que a de Bronsted-Lowry, que automaticamente é bem mais abrangente e completa que a de Arrhenius. Importante ressaltar que tanto a teoria de Lewis quanto a de de Bronsted-

Lowry, apresentam as mesmas propriedades para a molécula da amônia, ou seja, se comporta tanto como uma base de Lewis como uma base de Brønsted – Lowry.

Analisando a partir da teoria de Bonsted-Lowry: $\underbrace{HCl}_{\substack{\text{ácido de}\\ \text{BL}}} + \underbrace{NH_3}_{\substack{\text{base de}\\ \text{BL}}} \rightleftarrows \underbrace{NH_4^+}_{\substack{\text{ácido de}\\ \text{BL}}} + \underbrace{Cl^-}_{\substack{\text{base de}\\ \text{BL}}}$

Diante deste belíssimo estudo realizado por Gilbert Newton Lewis, novos livros didáticos tiveram que ser confeccionados com a sua nova teoria e por mais que este grande cientista tivesse sido nomeado trinta e cinco vezes (35) para receber o Prêmio Nobel da Química (35 vezes), infelizmente o tão merecido prêmio nunca lhe foi concedido, caracterizando uma enorme injustiça no mundo acadêmico científico.

Capitulo 18. Teoria Ácido-Base de Usanovich

No ano de 1939, ano este que desencadeou a segunda guerra mundial, o químico soviético Mikhail ILyich Usanovich (16 de junho de 1894 – 15 de junho de 1981) apresentou uma teoria ácido-base generalizada, através da qual pretendia englobar todas as teorias já preexistentes. A partir da sua teoria, definiu ácido como toda espécie que reage com uma determinada base, formando sais, doando cátions ou aceitando ânions ou elétrons. Para as bases, são espécies químicas que reagem com os ácidos para formar sais doando ânions ou elétrons, ou combinando com cátions. Estas definições são de um certo modo bastante semelhantes aos conceitos de reagentes eletrofílicos e nucleofílicos de Ingold. Apesar de constar por algum tempo em vários textos, e ser eventualmente mencionado, praticamente não gerou nenhuma linha de pesquisa expressiva.

Capítulo 19. Exemplos Aplicativos

Exemplo Aplicativo I

Nomear e classificar os seguintes compostos inorgânicos:

a) Na_2O
b) MgO
c) Al_2O_3
d) FeO
e) Fe_2O_3
f) SO_2
g) N_2O_5
h) K_2O_2
i) $LiOH$
j) $CuOH$
k) $Ba(OH)_2$
l) $Mg(OH)_2$
m) $Fe(OH)_3$
n) NH_4OH
o) HBr
p) HCl
q) HNO_2
r) H_2CO_3
s) H_3PO_4
t) H_2SO_3
u) $HbrO_3$
v) $HclO$
w) HF
x) $HclO_3$
y) $HbrO$

Resolução

a) Na_2O = óxido básico; óxido de sódio
b) MgO = óxido básico; óxido de sódio
c) Al_2O_3 = óxido anfótero; trióxido de dialumínio
d) FeO = óxido misto; óxido de ferro II
e) Fe_2O_3 = trióxido de diferro; óxido misto
f) SO_2 = dióxido de enxofre ou óxido sulfuroso; óxido ácido
g) N_2O_5 = pentóxido de dinitrogênio; óxido ácido
h) K_2O_2 = peroxido de potássio; peróxido
i) $LiOH$ = hidróxido de lítio; hidróxido forte
j) $CuOH$ = hidróxido de cobre II; hidróxido fraco
k) $Ba(OH)_2$ = hidróxido de bário; hidróxido forte; muito solúvel
l) $Mg(OH)_2$ = hidróxido de magnésio ou comercialmente conhecido como leite de magnésia; hidróxido fraco; pouco solúvel
m) $Fe(OH)_3$ = hidróxido; hidróxido fraco; hidróxido férrico ou hidróxido de ferro III
n) NH_4OH = hidróxido de amônio; hidróxido fraco
o) HBr = ácido do tipo hidrácido; ácido forte; ácido bromídrico
p) HCl = ácido do tipo hidrácido; ácido forte; ácido clorídrico
q) H_2CO_3 = ácido do tipo oxiácido; ácido fraco; ácido carbônico
r) H_3PO_4 = ácido do tipo oxiácido; ácido fraco; ácido fosfórico
t) H_2SO_3 = ácido do tipo oxiácido; ácido fraco; ácido sulfuroso
u) $HBrO_3$ = ácido do tipo oxiácido; ácido forte; ácido brômico
v) $HClO$ = ácido do tipo oxiácido; ácido fraco; ácido hipocloroso
w) HF = ácido do tipo hidrácido; ácido fraco; ácido fluorídrico
x) $HClO_3$ = ácido do tipo oxiácido; ácido forte; ácido clórico
y) $HBrO$ = ácido do tipo oxiácido; ácido fraco; ácido hipobromoso

Exemplo Aplicativo II

(GRILLO) Dê os nomes das seguintes espécies químicas:

1. $Al(OH)_3 \rightarrow$
2. $NaOH \rightarrow$
3. $KCN \rightarrow$
4. $KNC \rightarrow$
5. $CuCl_2 \rightarrow$
6. $CdS \rightarrow$
11. $K_2Cr_2O_7 \rightarrow$
12. $Fe_2(CrO_4)_3 \rightarrow$
13. $KHCO_3 \rightarrow$
14. $(NH_4)NO_3 \rightarrow$
15. $Ca(ClO)_2 \rightarrow$
16. $SrSO_4 \rightarrow$

7. HBr ⟶
8. H_2S ⟶
9. HPO_3 ⟶
10. $Hg_2(OH)_2$ ⟶
17. $(NH_4)_3BO_3$ ⟶
18. Au_2CO_3 ⟶
19. $Co(MnO_4)_2$ ⟶
20. LiHS ⟶

Resolução

1. $Al(OH)_3$ ⟶ Hidróxido de alumínio
2. NaOH ⟶ Hidróxido de sódio
3. KCN ⟶ Cianeto de potássio
4. KNC ⟶ Isocianeto de potássio
5. $CuCl_2$ ⟶ Cloreto de cobre II
6. CdS ⟶ Sulfeto de cádmio II
7. HBr ⟶ Ácido bromídrico
8. H_2S ⟶ Ácido sulfídrico
9. HPO_3 ⟶ Ácido metafosfórico
10. $Hg_2(OH)_2$ ⟶ Hidróxido de ouro II
11. $K_2Cr_2O_7$ ⟶ Dicromato de potássio
12. $Fe_2(CrO_4)_3$ ⟶ Cromato de ferro III
13. $KHCO_3$ ⟶ Bicarbonato de potássio
14. $(NH_4)NO_3$ ⟶ Nitrato de amônio
15. $Ca(ClO)_2$ ⟶ Hipoclorito de cálcio
16. $SrSO_4$ ⟶ Sulfato de estrôncio
17. $(NH_4)_3BO_3$ ⟶ Borato de amônio
18. Au_2CO_3 ⟶ Carbonato de ouro I
19. $Co(MnO_4)_2$ ⟶ Permanganato de cobalto II
20. LiHS ⟶ Sulfeto ácido de lítio

Exemplo Aplicativo III

(GRILLO) Dê as fórmulas químicas das espécies a seguir:

1. Ácido fluorídrico ⟶
2. Ácido cianídrico ⟶
3. Ácido isocianídrico ⟶
4. Ácido telurídrico ⟶
5. Ácido piroantimonioso ⟶
6. Ácido nitroso ⟶
7. Ácido dicrômico ⟶
8. Ácido carbônico ⟶
9. Ácido hipobromoso
10. Ácido fosfórico ⟶
11. Iodeto de césio ⟶
12. Fosfeto de alumínio ⟶
13. Cloreto ferroso ⟶
14. Sulfeto auroso ⟶
15. Sulfito platínico ⟶
16. Hidróxido de lítio ⟶
17. Hidróxido de amônio ⟶
18. Hidróxido platínico ⟶
19. Hidróxido de césio ⟶
20. Brometo cobáltico ⟶
21. Bissulfito de estôncio ⟶
22. Dicromato de potássio ⟶
23. Permanganato de potássio ⟶
24. Pirofosfato mercúrico ⟶
25. Perclorato de sódio ⟶
26. Hipobromito cobaltoso ⟶
27. Iodato de zinco ⟶
28. Sulfeto de alumínio ⟶
29. Carbonato de sódio ⟶
30. Dihidrogenofosfato de potássio ⟶
31. Bicarbonato de amônio ⟶
32. Meta-arseniato de prata ⟶
33. Periodato niqueloso ⟶
34. Sulfeto auroso ⟶
35. Hidróxido plumboso ⟶
36. Polióxido de potássio ⟶
37. Óxido de zinco ⟶
38. Monóxido de carbono ⟶
39. Anidrido nítrico ⟶
40. Anidrido perbrômico ⟶
41. Óxido salino de ferro ⟶
42. Peróxido de hidrogênio ⟶
43. Telureto de hidrogênio ⟶
44. Borato de estrôncio ⟶
45. Anidrido crômico ⟶
46. Anidrido permangânico ⟶
47. Peróxido de sódio ⟶
48. Permanganato mercúrico ⟶

Resolução

1. Ácido fluorídrico ⟶ HF
2. Ácido cianídrico ⟶ HCN
3. Ácido isocianídrico ⟶ HNC
4. Ácido telurídrico ⟶ H_2Te
5. Ácido piroantimonioso ⟶ $H_4Sb_2O_5$
6. Ácido nitroso ⟶ HNO_2
7. Ácido dicrômico ⟶ H_2CrO_4
25. Perclorato de sódio ⟶ $NaClO_4$
26. Hipobromito cobaltoso ⟶ $Co(BrO)_2$
27. Iodato de zinco ⟶ $Zn(IO_3)_2$
28. Sulfeto de alumínio ⟶ Al_2S_3
29. Carbonato de sódio ⟶ Na_2CO_3
30. Dihidrogenofosfato de potássio ⟶ KH_2PO_4
31. Bicarbonato de amônio ⟶ NH_4HCO_3

8. Ácido carbônico → H_2CO_3
9. Ácido hipobromoso → HbrO
10. Ácido fosfórico → H_3PO_4
11. Iodeto de césio → CsI
12. Fosfeto de alumínio → AlP
13. Cloreto ferroso → $FeCl_2$
14. Sulfeto auroso → Au_2S
15. Sulfito platínico → $Pt(SO_3)_4$
16. Hidróxido de lítio → LiOH
17. Hidróxido de amônio → NH_4OH
18. Hidróxido platínico → $Pt(OH)_4$
19. Hidróxido de césio → CsOH
20. Brometo cobáltico → $CoBr_3$
21. Bissulfito de estôncio → $Sr(HSO_3)_2$
22. Dicromato de potássio → $K_2Cr_2O_7$
23. Permanganato de potássio → $KmnO_4$
24. Pirofosfato mercúrico → $Hg_2P_2O_7$
32. Meta-arseniato de prata → $AgAsO_4$
33. Periodato niqueloso → $Ni(IO_4)_2$
34. Sulfeto auroso → Au_2S
35. Hidróxido plumboso → $Pb(OH)_2$
36. Superóxido de potássio → K_2O_4
37. Óxido de zinco → ZnO
38. Monóxido de carbono → CO
39. Anidrido nítrico → N_2O_5
40. Anidrido perbrômico → Br_2O_7
41. Óxido salino de ferro → Fe_3O_4
42. Peróxido de hidrogênio → H_2O_2
43. Telureto de hidrogênio → H_2Te
44. Borato de estrôncio → $Sr_3(BO_3)_2$
45. Anidrido crômico → CrO_3
46. Anidrido permangânico → Mn_2O_7
47. Peróxido de sódio → Na_2O_2
48. Permanganato mercúrico → $Hg(MnO_4)_2$

Exemplo Aplicativo IV

(GRILLO) Dê a nomenclatura para cada composto inorgânico apresentado a seguir:

1. AlF_3 →
2. NaBr →
3. CaI_2 →
4. $BaC\ell_2$ →
5. $InC\ell_3$ →
6. CaO →
7. K_2O →
8. CsF →
9. $NiC\ell_4$ →
10. ZnF_2 →
11. PbO_2 →
12. AgBr →
13. Fe_2O_3 →
14. WI_6 →
15. $SnCl_2$ →
16. FeI_2 →
17. CaH_2 →
18. Li_2O_2 →
19. K_2O_2 →
20. RaO_2 →
21. GaH_3 →
22. $TiCl_3$ →
23. $SiCl_4$ →
24. NF_3 →
25. CBr_4 →
26. SO_2 →
27. PBr_3 →
28. BF_3 →
29. TeI_2 →
30. TeF_4 →
31. N_2O_4 →
32. SF_4 →
33. PCl_3 →
34. NCl_3 →
35. $HBr_{(aquoso)}$ →
150. Óxido de Sódio →
151. Óxido de Lítio →
152. Óxido de Potássio →
153. Óxido de Ferro (II) →
154. Óxido de Magnésio →
155. Óxido de Cálcio →
156. Óxido de Rádio →
157. Óxido de Alumínio →
158. Peróxido de Sódio →
159. Peróxido de Cálcio →
160. Dióxido de Carbono →
161. Monóxido de Nitrogênio →
162. Trióxido de Enxofre →
163. Tetróxido de Difósforo →
164. Monóxido de Carbono →
165. Hexóxido de Diarsênio →
166. Monóxido de Dinitrogênio →
167. Trióxido de Diboro →
168. Trióxido de Dicloro →
169. Dióxido de Silício →
170. Pentóxido de Dicloro →
171. Decóxido de Tetrafósforo →
172. Heptóxido de Dicloro →
173. Monóxido de Di-hidrogênio →
174. Trióxido de Difósforo →
175. Peróxido de Hidrogênio →
176. NaCl →
177. $Mg(OH)_2$ →
178. $NaHCO_3$ →
179. $CaCO_3$ →
180. $Al(OH)_3$ →
181. H_2SO_3 →
182. HCl →
183. HIO_2 →
184. HBr →

36. $HBr_{(gás)}$ →
37. PH_3 →
38. Ácido carbônico →
39. Heptóxido de dicloro →
40. Sulfato de alumínio →
41. Hipoclorito de sódio →
42. Hidróxido férrico →
43. Monóxido de nitrogênio →
44. Superóxido de sódio →
45. Peróxido de magnésio →
46. $FeCl_2$ →
47. $Pb(NO_3)_2$ →
48. NaF →
49. $Cr_2(SO_4)_3$ →
50. Al_2O_3 →
51. $K_2Cr_2O_7$ →
52. $Al(OH)_3$ →
53. CO_2 →
54. N_2O_3 →
55. N_2O_5 →
56. SO_2 →
57. SO_3 →
58. H_2SO_3 →
59. HNO_3 →
60. $AgOH$ →
61. B_2O_3 →
62. $Fe(OH)_3$ →
63. $Zn(OH)_2$ →
64. $HClO_4$ →
65. N_2O_5 →
66. CO_2 →
67. $Ca(OH)_2$ →
68. HBr →
69. HCN →
70. $Ni(OH)_3$ →
71. HIO_3 →
72. H_2S →
73. BaO →
74. H_2CO_3 →
75. $HClO$ →
76. Ag_2O →
77. $Mg(OH)_2$ →
78. HF →
79. $Fe(OH)_2$ →
80. FeO →
81. H_2SO_4 →
82. H_3BO_3 →
83. HNO_2 →
84. HIO_2 →
85. HI →
86. NH_4OH →
87. $H_4P_2O_7$ →
88. Hidróxido férrico →
89. Anidrido perclórico →
90. Ácido sulfídrico →
91. Ácido nitroso →

185. HCN →
186. H_2CO_3 →
187. $HClO_4$ →
188. HNO_2 →
189. HNO_3 →
190. H_2SO_3 →
191. HNO_3 →
192. $AgOH$ →
193. $Fe(OH)_3$ →
194. $HClO_4$ →
195. N_2O_5 →
196. CO_2 →
197. $Ca(OH)_2$ →
198. HBr →
199. HCN →
200. $Ni(OH)_3$ →
201. HIO_3 →
202. H_2S →
203. $Cu(OH)_2$ →
204. BaO →
205. H_2CO_3 →
206. $HClO$ →
207. Ag_2O →
208. $Mg(OH)_2$ →
209. HF →
210. $Fe(OH)_2$ →
211. FeO →
212. $NiCl_2$ →
213. H_2SO_4 →
214. H_3BO_3 →
215. HNO_2 →
216. HIO_2 →
217. HI →
218. NH_4OH →
219. HIO_4 →
220. $HBrO$ →
221. CaO →
222. CaO_2 →
223. $HBrO_2$ →
224. $NaClO$ →
225. $LiClO_3$ →
226. K_2O →
227. KO_2 →
228. $Ca(NO_3)_2$ →
229. $Al(NO_2)_3$ →
230. AlN →
231. $Ca_3(PO_4)_2$ →
232. HIO →
233. $MgSO_3$ →
234. $MgSO_4$ →
235. $(NH_4)_2CO_3$ →
236. $HgCl_2$ →
237. $NaHCO_3$ →
238. $KHSO_4$ →
239. HCl →
240. $MgCl_2$ →

92. Óxido férrico →
93. Ácido fosfórico →
94. Ácido clorídrico →
95. Anidrido bórico →
96. Anidrido sulfúrico →
97. Ácido cianídrico →
98. Ácido carbônico →
99. Hidróxido de prata →
100. Ácido sulfuroso →
101. Óxido de alumínio →
102. Pentóxido de dinitrogênio →
103. Ácido nítrico →
104. Cloreto de sódio →
105. Perclorato de magnésio →
106. Hipoclorito de sódio →
107. Nitrato de amônio →
108. Fosfato de cálcio →
109. Sulfato férrico →
110. Sulfito de potássio →
111. Sulfeto de amônio →
112. Borato de prata →
113. AlF_3 →
114. $NaBr$ →
115. CaI_2 →
116. $BaCl_2$ →
117. $InCl_3$ →
118. CaO →
119. K_2O →
120. CsF →
121. $NiCl_4$ →
122. $AgBr$ →
123. $CoBr_3$ →
124. WI_6 →
125. FeI_2 →
126. CaH_2 →
127. OsF_6 →
128. PtI_4 →
129. Li_2O_2 →
130. K_2O_2 →
131. RaO_2 →
132. GaH_3 →
133. $TiCl_3$ →
134. $SiCl_4$ →
135. NF_3 →
136. AsI_3 →
137. CBr_4 →
138. SO_2 →
139. P_2O_5 →
140. PBr_3 →
141. BF_3 →
142. N_2O_4 →
143. SF_4 →
144. PCl_3 →
145. N_2O_3 →
146. NCl_3 →
147. $HBr_{(aq)}$ →

241. Fe_2O_3 →
242. $Zn(NO_2)_2$ →
243. $Ba_3(PO_4)_2$ →
244. $Al(OH)_2NO_3$ →
245. $CaCO_3$ →
246. K_2SO_4 →
247. $KClO_4$ →
248. $CaSO_4.5H_2O$ →
249. $MgCO_3$ →
250. $KMnO_4$ →
251. H_2O_2 →
252. Na_2O_4 →
253. $FeSO_4$ →
254. KOH →
255. $(NH_4)_2SO_4$ →
256. NO →
257. TiC →
258. $NaOH$ →
259. Cl_2O_7 →
260. $NaCN$ →
261. $LiNO_3$ →
262. Rb_2O →
263. $CaCl_2$ →
264. $Fe_2(SO_4)_3$ →
265. NH_3 →
266. MgF_2 →
267. CaC_2 →
268. $Cu(NO_3)_2$ →
269. $AgCl$ →
270. $Fe(NO_2)_2$ →
271. N_2O_4 →
272. NaH_2PO_4 →
273. $CaOHCl$ →
274. CH_3COONa →
275. NaI →
276. K_3BO_3 →
277. BaO_2 →
278. $BaBr_2$ →
279. TiN →
280. SO_2 →
281. $FeCl_3$ →
282. $Mg(OH)Cl$ →
283. $Ca(OH)Br$ →
284. $Mg(OH)ClO_2$ →
285. $FeBr_3$ →
286. $Ni(OH)_2$ →
287. $Sn(OH)_2$ →
288. $Sn(OH)_4$ →
289. $Sr(NO_3)_2$ →
290. KO_2 →
291. Ag_2O_2 →
292. $HgSO_4$ →
293. $Fe(NO_2)_3$ →
294. $Pb(ClO_3)_2$ →
295. KCN →
296. $NaCN$ →

148. $HBr_{(g)}$ ⟶
149. PH_3 ⟶

297. SbF_5 ⟶
298. CaF_2 ⟶

Resolução

1. AlF_3 ⟶ Fluoreto de alumínio
2. NaBr ⟶ Brometo de sódio
3. CaI_2 ⟶ Iodeto de cálcio
4. $BaCl_2$ ⟶ Cloreto de bário
5. $InCl_3$ ⟶ Tricloreto de índio
6. CaO ⟶ Óxido de cálcio
7. K_2O ⟶ Óxido de potássio
8. CsF ⟶ Fluoreto de césio
9. $NiCl_4$ ⟶ Tetracloreto de níquel
10. ZnF_2 ⟶ Fluoreto de zinco II
11. PbO_2 ⟶ Óxido de chumbo II ou óxido plumboso
12. AgBr ⟶ Brometo de prata
13. Fe_2O_3 ⟶ Trióxido de diferro
14. WI_6 ⟶ Hexaiodeto de tungstênio
15. $SnCl_2$ ⟶ Cloreto de estanho II
16. FeI_2 ⟶ Iodeto de ferro II ou Iodeto ferroso
17. CaH_2 ⟶ Hidreto de cálcio
18. Li_2O_2 ⟶ Peróxido de lítio
19. K_2O_2 ⟶ Peróxido de potássio
20. RaO_2 ⟶ Dióxido de rádio
21. GaH_3 ⟶ Hidreto de gálio
22. $TiCl_3$ ⟶ Tricloreto de titânio
23. $SiCl_4$ ⟶ Tetracloreto de estanho
24. NF_3 ⟶ Trifluoreto de nitrogênio
25. CBr_4 ⟶ Tetrabrometo de carbono
26. SO_2 ⟶ Dióxido de enxofre ou anidrido sulfúrico
27. PBr_3 ⟶ Tribrometo de fósforo
28. BF_3 ⟶ Trifluoreto de boro
29. TeI_2 ⟶ Iodeto de telúrio

30. TeF_4 ⟶ Tetrafluoreto de telúrio
31. N_2O_4 ⟶ Tetróxido de dinitrogênio
32. SF_4 ⟶ Tetrafluoreto de enxofre
33. PCl_3 ⟶ Tricloreto de fósforo
34. NCl_3 ⟶ Tricloreto de nitrogênio
35. $HBr_{(aq)}$ ⟶ Ácido bromídrico
36. $HBr_{(g)}$ ⟶ Brometo de hidrogênio
37. PH_3 ⟶ Hidreto de fósforo
38. Ácido carbônico ⟶ H_2CO_3
39. Heptóxido de dicloro ⟶ Cl_2O_7
40. Sulfato de alumínio ⟶ $Al_2(SO_4)_3$
41. Hipoclorito de sódio ⟶ NaClO
42. Hidróxido férrico ⟶ $Fe(OH)_3$
43. Monóxido de nitrogênio ⟶ NO
44. Superóxido de sódio ⟶ Na_2O_4
45. Peróxido de magnésio ⟶ Mg_2O_4 ou MgO_2
46. $FeCl_2$ ⟶ Cloreto de ferro II ou cloreto ferroso
47. $Pb(NO_3)_2$ ⟶ Nitrato de chumbo II
48. NaF ⟶ Fluoreto de sódio
49. $Cr_2(SO_4)_3$ ⟶ Sulfato de cromo III

150. Óxido de Sódio ⟶ Na_2O
151. Óxido de Lítio ⟶ Li_2O
152. Óxido de Potássio ⟶ K_2O
153. Óxido de Ferro (II) ⟶ FeO
154. Óxido de Magnésio ⟶ MgO
155. Óxido de Cálcio ⟶ CaO
156. Óxido de Rádio ⟶ RaO
157. Óxido de Alumínio ⟶ Al_2O_3
158. Peróxido de Sódio ⟶ Na_2O_2
159. Peróxido de Cálcio ⟶ CaO_2
160. Dióxido de Carbono ⟶ CO_2
161. Monóxido de Nitrogênio ⟶ NO
162. Trióxido de Enxofre ⟶ SO_3
163. Tetróxido de Difósforo ⟶ P_2O_4
164. Monóxido de Carbono ⟶ CO
165. Hexóxido de Diarsênio ⟶ As_2O_6
166. Monóxido de Dinitrogênio ⟶ N_2O
167. Trióxido de Diboro ⟶ B_2O_3
168. Trióxido de Dicloro ⟶ Cl_2O_3
169. Dióxido de Silício ⟶ SiO_2
170. Pentóxido de Dicloro ⟶ Cl_2O_5
171. Decóxido de Tetrafósforo ⟶ P_4O_{10}
172. Heptóxido de Dicloro ⟶ Cl_2O_7
173. Monóxido de Di-hidrogênio ⟶ H_2O
174. Trióxido de Difósforo ⟶ P_2O_3
175. Peróxido de Hidrogênio ⟶ H_2O_2
176. NaCl ⟶ Cloreto de sódio
177. $Mg(OH)_2$ ⟶ Hidróxido de magnésio
178. $NaHCO_3$ ⟶ Carbonato ácido de sódio ou bicarbonato de sódio
179. $CaCO_3$ ⟶ Carbonato de cálcio
180. $Al(OH)_3$ ⟶ Hidróxido de alumínio
181. H_2SO_3 ⟶ Ácido sulfuroso
182. HCl ⟶ Ácido clorídrico
183. HIO_2 ⟶ Ácido iodoso
184. HBr ⟶ Ácido bromídrico
185. HCN ⟶ Ácido cianídrico
186. H_2CO_3 ⟶ Ácido carbônico
187. $HClO_4$ ⟶ Ácido perclórico
188. HNO_2 ⟶ Ácido nitroso
189. HNO_3 ⟶ Ácido nítrico
190. H_2SO_3 ⟶ Ácido sulfuroso
191. HNO_3 ⟶ Ácido nítrico
192. AgOH ⟶ Hidróxido de prata
193. $Fe(OH)_3$ ⟶ Hidróxido de ferro III ou hidróxido férrico
194. $HClO_4$ ⟶ Ácido perclórico
195. N_2O_5 ⟶ Pentóxido de dinitrogênio
196. CO_2 ⟶ Dióxido de carbono
197. $Ca(OH)_2$ ⟶ Hidróxido de cálcio
198. HBr ⟶ Ácido bromídrico

50. Al_2O_3 ⟶ Trióxido de dialumínio
51. $K_2Cr_2O_7$ ⟶ Dicromato de potássio
52. $Al(OH)_3$ ⟶ Hidróxido de alumínio
53. CO_2 ⟶ Dióxido de carbono
54. N_2O_3 ⟶ Trióxido de dinitrogênio
55. N_2O_5 ⟶ Pentóxido de dinitrogênio
56. SO_2 ⟶ Dióxido de enxofre ou Anidrido sulfuroso
57. SO_3 ⟶ Trióxido de enxofre ou Anidrido sulfúrico
58. H_2SO_3 ⟶ Ácido sulfuroso
59. HNO_3 ⟶ Ácido nítrico
60. AgOH ⟶ Hidróxido de prata
61. B_2O_3 ⟶ Trióxido de diboro
62. $Fe(OH)_3$ ⟶ Hidróxido de ferro III ou hidróxido férrico
63. $Zn(OH)_2$ ⟶ Hidróxido de zinco II
64. $HClO_4$ ⟶ Ácido perclórico
65. N_2O_5 ⟶ Pentóxido de dinitrogênio
66. CO_2 ⟶ Dióxido de carbono
67. $Ca(OH)_2$ ⟶ Hidróxido de cálcio
68. HBr ⟶ Ácido bromídrico
69. HCN ⟶ Ácido cianídrico
70. $Ni(OH)_3$ ⟶ Hidróxido de níquel III
71. HIO_3 ⟶ Ácido iódico
72. H_2S ⟶ Ácido sulfídrico
73. BaO ⟶ Óxido de bário
74. H_2CO_3 ⟶ Ácido carbônico
75. HClO ⟶ Ácido hipocloroso
76. Ag_2O ⟶ Óxido de prata
77. $Mg(OH)_2$ ⟶ Hidróxido de magnésio
78. HF ⟶ Ácido Fluorídrico
79. $Fe(OH)_2$ ⟶ Hidróxido de ferro II ou hidróxido ferroso
80. FeO ⟶ Óxido de ferro II ou óxido ferroso
81. H_2SO_4 ⟶ Ácido sulfúrico
82. H_3BO_3 ⟶ Ácido bórico
83. HNO_2 ⟶ Ácido nitroso
84. HIO_2 ⟶ Ácido iodoso
85. HI ⟶ Ácido iodídrico
86. NH_4OH ⟶ Hidróxido de amônio
87. $H_4P_2O_7$ ⟶ Ácido pirofosfórico
88. Hidróxido férrico ⟶ $Fe(OH)_3$
89. Anidrido perclórico ⟶ Cl_2O_7
90. Ácido sulfídrico ⟶ H_2S
91. Ácido nitroso ⟶ HNO_2
92. Óxido férrico ⟶ Fe_2O_3

93. Ácido fosfórico ⟶ H_3PO_4
94. Ácido clorídrico ⟶ HCl
95. Anidrido bórico ⟶ H_3BO_3 ou $B(OH)_3$
96. Anidrido sulfúrico ⟶ SO_3
97. Ácido cianídrico ⟶ HCN
98. Ácido carbônico ⟶ H_2CO_3
99. Hidróxido de prata ⟶ AgOH
100. Ácido sulfuroso ⟶ H_2SO_3
101. Óxido de alumínio ⟶ Al_2O_3
102. Pentóxido de dinitrogênio ⟶ N_2O_5
103. Ácido nítrico ⟶ HNO_3
104. Cloreto de sódio ⟶ NaCl

199. HCN ⟶ Ácido cianídrico
200. $Ni(OH)_3$ ⟶ Hidróxido de níquel III
201. HIO_3 ⟶ Ácido iódico
202. H_2S ⟶ Ácido sulfídrico
203. $Cu(OH)_2$ ⟶ Hidróxido de cobre II
204. BaO ⟶ Óxido de bário
205. H_2CO_3 ⟶ Ácido carbônico
206. HClO ⟶ Ácido hipocloroso
207. Ag_2O ⟶ Óxido de prata
208. $Mg(OH)_2$ ⟶ Hidróxido de magnésio
209. HF ⟶ Ácido fluorídrico
210. $Fe(OH)_2$ ⟶ Hidróxido de ferro II ou hidróxido ferroso
211. FeO ⟶ Óxido de ferro II
212. $NiCl_2$ ⟶ Cloreto de níquel II
213. H_2SO_4 ⟶ Ácido sulfúrico
214. H_3BO_3 ⟶ Ácido bórico
215. HNO_2 ⟶ Ácido nitroso
216. HIO_2 ⟶ Ácido iodoso
217. HI ⟶ Ácido iodídrico
218. NH_4OH ⟶ Hidróxido de amônio
219. HIO_4 ⟶ Ácido periódico
220. HBrO ⟶ Ácido hipobromoso
221. CaO ⟶ Óxido de cálcio
222. CaO_2 ⟶ Peróxido de cálcio ou dióxido de cálcio
223. $HBrO_2$ ⟶ Ácido bromoso
224. NaClO ⟶ Hipoclorito de sódio
225. $LiClO_3$ ⟶ Clorato de lítio
226. K_2O ⟶ Óxido de potássio
227. KO_2 ⟶ Superóxido de potássio ou dióxido de potássio
228. $Ca(NO_3)_2$ ⟶ Nitrato de cálcio
229. $Al(NO_2)_3$ ⟶ Nitrito de alumínio
230. AlN ⟶ Nitreto de alumínio
231. $Ca_3(PO_4)_2$ ⟶ Fosfato de cálcio
232. HIO ⟶ Ácido hipoiodoso
233. $MgSO_3$ ⟶ Sulfito de magnésio
234. $MgSO_4$ ⟶ Sulfato de magnésio
235. $(NH_4)_2CO_3$ ⟶ Carbonato de amônio
236. $HgCl_2$ ⟶ Cloreto de mercúrio II
237. $NaHCO_3$ ⟶ Bicarbonato de sódio
238. $KHSO_4$ ⟶ Bissulfato de potássio
239. HCl ⟶ Ácido clorídrico
240. $MgCl_2$ ⟶ Cloreto de magnésio
241. Fe_2O_3 ⟶ Trióxido de diferro ou Óxido de ferro III ou Óxido férrico
242. $Zn(NO_2)_2$ ⟶ Nitrito de zinco
243. $Ba_3(PO_4)_2$ ⟶ Fosfato de bário
244. $Al(OH)_2NO_3$ ⟶ Nitrato básico de alumínio
245. $CaCO_3$ ⟶ Carbonato de cálcio
246. K_2SO_4 ⟶ Sulfato de potássio
247. $KClO_4$ ⟶ Perclorato de potássio
248. $CaSO_4.5H_2O$ ⟶ Sulfato de cálcio pentahidratado
249. $MgCO_3$ ⟶ Carbonato de magnésio
250. $KMnO_4$ ⟶ Permanganato de potássio
251. H_2O_2 ⟶ Peróxido de hidrogênio
252. Na_2O_4 ⟶ Superóxido de sódio
253. $FeSO_4$ ⟶ Sulfato de ferro II ou sulfato ferroso

105. Perclorato de magnésio ⟶ $Mg(ClO_4)_2$
106. Hipoclorito de sódio ⟶ $NaClO$
107. Nitrato de amônio ⟶ NH_4NO_3
108. Fosfato de cálcio ⟶ $Ca_3(PO_4)_2$
109. Sulfato férrico ⟶ $Fe_2(SO_4)_3$
110. Sulfito de potássio ⟶ K_2SO_3
111. Sulfeto de amônio ⟶ $(NH_4)_2S$
112. Borato de prata ⟶ Ag_3BO_3
113. AlF_3 ⟶ Trifluoreto de alumínio
114. $NaBr$ ⟶ Brometo de sódio
115. CaI_2 ⟶ Iodeto de cálcio
116. $BaCl_2$ ⟶ Cloreto de bário
117. $InCl_3$ ⟶ Tricloreto de índio
118. CaO ⟶ Óxido de cálcio
119. K_2O ⟶ Óxido de potássio
120. CsF ⟶ Fluoreto de césio
121. $NiCl_4$ ⟶ Tetracloreto de níquel
122. $AgBr$ ⟶ Brometo de prata
123. $CoBr_3$ ⟶ Brometo de cobalto III
124. WI_6 ⟶ Hexaiodeto de tungstênio
125. FeI_2 ⟶ Iodeto de ferro II ou Iodeto ferroso
126. CaH_2 ⟶ Hidreto de cálcio
127. OsF_6 ⟶ Hexafluoreto de ósmio
128. PtI_4 ⟶ Tetraiodeto de platina IV
129. Li_2O_2 ⟶ Peróxido de lítio
130. K_2O_2 ⟶ Peróxido de potássio
131. RaO_2 ⟶ Peróxido de rádio
132. GaH_3 ⟶ Hidreto de gálio
133. $TiCl_3$ ⟶ Cloreto de titânio III ou tricloreto de titânio
134. $SiCl_4$ ⟶ Tetracloreto de silício
135. NF_3 ⟶ Trifluoreto de nitrogênio
136. AsI_3 ⟶ Triiodeto de astato
137. CBr_4 ⟶ Tetrabrometo de carbono
138. SO_2 ⟶ Anidrido sulfuroso ou dióxido de enxofre
139. P_2O_5 ⟶ Pentóxido de difósforo
140. PBr_3 ⟶ Tribrometo de fósforo
141. BF_3 ⟶ Trifluoreto de boro
142. N_2O_4 ⟶ Tetróxido de dinitrogênio
143. SF_4 ⟶ Tetrafluoreto de enxofre
144. PCl_3 ⟶ Tricloreto de fósforo
145. N_2O_3 ⟶ Trióxido de dinitrogênio
146. NCl_3 ⟶ Tricloreto de níquel I
147. $HBr_{(aq)}$ ⟶ Ácido bromídrico
148. $HBr_{(g)}$ ⟶ Ácido bromídrico
149. PH_3 ⟶ Hidreto de fósforo
254. KOH ⟶ Hidróxido de potássio ou potassa cáustica
255. $(NH_4)_2SO_4$ ⟶ Sulfato de amônio
256. NO ⟶ Monóxido de nitrogênio ou óxido nítrico
257. TiC ⟶ Carbeto de titânio
258. $NaOH$ ⟶ Hidróxido de sódio ou soda cáustica
259. Cl_2O_7 ⟶ Heptóxido de dicloro
260. $NaCN$ ⟶ Cianeto de sódio
261. $LiNO_3$ ⟶ Nitrato de lítio
262. Rb_2O ⟶ Óxido de rubídio
263. $CaCl_2$ ⟶ Cloreto de cálcio
264. $Fe_2(SO_4)_3$ ⟶Sulfato de ferro III ou Sulfato férrico
265. NH_3 ⟶ Amônia ou gás amoníaco
266. MgF_2 ⟶ Fluoreto de magnésio
267. CaC_2 ⟶ Carbeto de cálcio
268. $Cu(NO_3)_2$ ⟶ Nitrato de cobre II
269. $AgCl$ ⟶ Cloreto de prata
270. $Fe(NO_2)_2$ ⟶ Nitrito de ferro II ou Nitrito ferroso
271. N_2O_4 ⟶ Tetróxido de dinitrogênio
272. NaH_2PO_4 ⟶ Fosfato ácido de sódio ou Bifosfato de sódio
273. $CaOHCl$ ⟶ Cloreto básico de cálcio
274. CH_3COONa ⟶ Acetato de sódio
275. NaI ⟶ Iodeto de sódio
276. K_3BO_3 ⟶ Borato de potássio
277. BaO_2 ⟶ Peróxido de bário
278. $BaBr_2$ ⟶ Brometo de bário
279. TiN ⟶ Nitreto de titânio
280. SO_2 ⟶ Dióxido de enxofre ou óxido sulfuroso
281. $FeCl_3$ ⟶ Cloreto de ferro III ou cloreto férrico
282. $Mg(OH)Cl$ ⟶ Cloreto básico de magnésio
283. $Ca(OH)Br$ ⟶ Brometo básico de cálcio
284. $Mg(OH)ClO_2$ ⟶ Cloreto básico de magnésio
285. $FeBr_3$ ⟶ Brometo férrico ou Brometo de ferro III
286. $Ni(OH)_2$ ⟶ Hidróxido de níquel II
287. $Sn(OH)_2$ ⟶ Hidróxido de estanho II
288. $Sn(OH)_4$ ⟶ Hidróxido de estanho IV
289. $Sr(NO_3)_2$ ⟶ Nitrato de estrôncio
290. KO_2 ⟶ Superóxido de potássio
291. Ag_2O_2 ⟶ Peróxido de prata
292. $HgSO_4$ ⟶ Sulfato de mercúrio II
293. $Fe(NO_2)_3$ ⟶ Nitrito de ferro III ou nitrito férrico
294. $Pb(ClO_3)_2$ ⟶ Clorato de chumbo II
295. KCN ⟶ Cianeto de potássio
296. $NaCN$ ⟶ Cianeto de sódio
297. SbF_5 ⟶ Pentafluoreto de antimônio
298. CaF_2 ⟶ Fluoreto de cálcio

Exemplo Aplicativo V

(MESTRE JOÃO ROBERTO DA PACIÊNCIA NABUCO)

I) Defina ácidos e bases segundo Arrhenius. Defina ácido e bases segundo Bronsted-lowry.

II) Identificar os pares conjugados ácido-base:

a) $HNO_3 + H_2O \rightleftarrows H_3O^+ + NO_3^-$

b) $H_3O^+ + HSO_4^- \rightleftarrows H_2O + H_2SO_4$

c) $HS^- + H_2O \rightleftarrows H_3O^+ + S^{-2}$

d) $HCl + NH_3 \rightleftarrows NH_4^+ + Cl^-$
e) $HCO_3^- + H_2O \rightleftarrows H_3O^+ + CO_3^{-2}$
f) $CH_3COOH + NH_3 \rightleftarrows NH_4^+ + CH_3COO^-$
g) $H_2O + CH_3NH_2 \rightleftarrows CH_3NH_3^+ + OH^-$
h) $NH_3 + H_2O \rightleftarrows NH_4^+ + OH^-$
i) $HCO_3^- + H_3O^+ \rightleftarrows H_2CO_3 + H_2O$
j) $H_3O^+ + F^- \rightleftarrows HF + H_2O$
k) $H_3O^+ + NH_3 \rightleftarrows NH_4^+ + OH^-$
l) $H_2O + H^- \rightleftarrows OH^- + H_2$

Resolução

Item I)

Ácido de Arrhenius = toda substância que na presença de água libera cátion na forma H^+ (hidrogeniônico).

Base de Arrhenius = toda substância que na presença de água libera ânion na forma OH^- (hidroxila).

Ácido de Bronsted-Lowry = toda substância que doa cátion na forma H^+.

Base de Bronsted-Lowry = toda substância receptora cátion na forma H^+.

Item II) Analisando cada equação química a seguir.

Item a) $$\underbrace{HNO_3}_{\text{ácido de BL}} + \underbrace{H_2O}_{\text{base de BL}} \rightleftarrows \underbrace{H_3O^+}_{\text{ácido de BL}} + \underbrace{NO_3^-}_{\text{base de BL}}$$

Item b) $$\underbrace{H_3O^+}_{\text{ácido de BL}} + \underbrace{HSO_4^-}_{\text{base de BL}} \rightleftarrows \underbrace{H_2O}_{\text{base de BL}} + \underbrace{H_2SO_4}_{\text{ácido de BL}}$$

Item c) $$\underbrace{HS^-}_{\text{ácido de BL}} + \underbrace{H_2O}_{\text{base de BL}} \rightleftarrows \underbrace{H_3O^+}_{\text{ácido de BL}} + \underbrace{S^{-2}}_{\text{base de BL}}$$

Item d) $$\underbrace{HCl}_{\text{ácido de BL}} + \underbrace{NH_3}_{\text{base de BL}} \rightleftarrows \underbrace{NH_4^+}_{\text{ácido de BL}} + \underbrace{Cl^-}_{\text{base de BL}}$$

Item e) $$\underbrace{HCO_3^-}_{\text{base de BL}} + \underbrace{H_2O}_{\text{base de BL}} \rightleftarrows \underbrace{H_3O^+}_{\text{ácido de BL}} + \underbrace{CO_3^{-2}}_{\text{base de BL}}$$

Item f) $$\underbrace{CH_3COOH}_{\text{ácido de BL}} + \underbrace{NH_3}_{\text{base de BL}} \rightleftarrows \underbrace{NH_4^+}_{\text{ácido de BL}} + \underbrace{CH_3COO^-}_{\text{base de BL}}$$

Item g) $$\underbrace{H_2O}_{\text{ácido de BL}} + \underbrace{CH_3NH_2}_{\text{base de BL}} \rightleftarrows \underbrace{CH_3NH_3^+}_{\text{ácido de BL}} + \underbrace{OH^-}_{\text{base de BL}}$$

Item h) $$\underbrace{NH_3}_{\text{base de BL}} + \underbrace{H_2O}_{\text{ácido de BL}} \rightleftarrows \underbrace{NH_4^+}_{\text{ácido de BL}} + \underbrace{OH^-}_{\text{base de BL}}$$

Item i) $$\underbrace{HCO_3^-}_{\text{base de BL}} + \underbrace{H_3O^+}_{\text{ácido de BL}} \rightleftarrows \underbrace{H_2CO_3}_{\text{ácido de BL}} + \underbrace{H_2O}_{\text{base de BL}}$$

Item j) $$\underbrace{HCO_3^-}_{\text{base de BL}} + \underbrace{H_3O^+}_{\text{ácido de BL}} \rightleftarrows \underbrace{H_2CO_3}_{\text{ácido de BL}} + \underbrace{H_2O}_{\text{base de BL}}$$

Item k) $\underbrace{H_3O^+}_{\text{ácido de BL}} + \underbrace{F^-}_{\text{base de BL}} \rightleftarrows \underbrace{HF}_{\text{ácido de BL}} + \underbrace{H_2O}_{\text{base de BL}}$

Item l) $\underbrace{H_2O}_{\text{ácido de BL}} + \underbrace{H^-}_{\text{base de BL}} \rightleftarrows \underbrace{OH^-}_{\text{base de BL}} + \underbrace{H_2}_{\text{ácido de BL}}$

Exemplo Aplicativo VI

(INSTITUTO TECNOLÓGICO DA AERONÁUTICA) Considere as substâncias:
I) CH_3COOK
II) NH_3
III) KNO_3
IV) $KHCO_3$
V) $KHSO_4$
VI) K_2CO_3
Quais são as que produzem soluções alcalinas (pH > 7), quando dissolvidas em água?
a) Apenas a II e IV
b) Apenas a II, IV, V e VI
c) Apenas a I, II, III e VI
d) Apenas a I, II, IV e VI
e) Apenas I, III, IV e V

Resolução

Alternativa D.

Analisando o composto I) Acetato de potássio: $CH_3COOK_{(aquoso)} \rightleftharpoons K^+_{(aquoso)} + CH_3COO^-_{(aquoso)}$

$$K^+_{(aquoso)} + CH_3COO^-_{(aquoso)} + H_2O_{(líquido)} \rightarrow CH_3COOH_{(aquoso)} + KOH_{(aquoso)}$$

$$\cancel{K^+_{(aquoso)}} + CH_3COO^-_{(aquoso)} + H_2O_{(líquido)} \rightarrow CH_3COOH_{(aquoso)} + \cancel{K^+_{(aquoso)}} + OH^-_{(aquoso)}$$

$$CH_3COO^-_{(aquoso)} + H_2O_{(líquido)} \rightarrow CH_3COOH_{(aquoso)} + \underbrace{OH^-_{(aquoso)}}_{\text{solução básica}}$$

Analisando o composto II) Amônia: $NH_{3(gás)} + H_2O_{(líquido)} \rightarrow NH_4OH_{(aquoso)}$

Analisando o composto III) Nitrato de potássio: $KNO_{3(aquoso)} \rightarrow K^+_{(aquoso)} + NO^-_{3(aquoso)}$

$$K^+_{(aquoso)} + NO^-_{3(aquoso)} + H_2O_{(líquido)} \rightarrow KOH_{(aquoso)} + HNO_{3(aquoso)}$$

$$\cancel{K^+_{(aquoso)}} + \cancel{NO^-_{3(aquoso)}} + H_2O_{(líquido)} \rightarrow \cancel{K^+_{(aquoso)}} + OH^-_{(aquoso)} + H^+_{(aquoso)} + \cancel{NO^-_{3(aquoso)}}$$

$$\underbrace{2H_2O_{(líquido)} \rightarrow 2OH^-_{(aquoso)} + 2H^+_{(aquoso)}}_{\text{solução neutra}}$$

Analisando o composto IV) Bicarbonato de potássio: $KHCO_{3(aquoso)} \rightarrow K^+_{(aquoso)} + HCO^-_{3(aquoso)}$

$$K^+_{(aquoso)} + HCO^-_{3(aquoso)} + H_2O_{(líquido)} \rightarrow KOH_{(aquoso)} + H_2CO_{3(aquoso)}$$

$$\cancel{K^+_{(aquoso)}} + HCO^-_{3(aquoso)} + H_2O_{(líquido)} \rightarrow \cancel{K^+_{(aquoso)}} + OH^-_{(aquoso)} + H_2CO_{3(aquoso)}$$

$$HCO^-_{3(aquoso)} + H_2O_{(líquido)} \rightarrow \underbrace{OH^-_{(aquoso)}}_{\text{solução básica}} + H_2CO_{3(aquoso)}$$

Analisando o composto V) Bissulfato de potássio: $KHSO_{4(aquoso)} \rightarrow K^+_{(aquoso)} + HSO_{4\,(aquoso)}^-$

$$K^+_{(aquoso)} + HSO_{4\,(aquoso)}^- + H_2O_{(líquido)} \rightarrow KOH_{(aquoso)} + H_2SO_{4(aquoso)}$$

$$\cancel{K^+_{(aq)}} + HSO_{4\,(aquoso)}^- + H_2O_{(líquido)} \rightarrow \cancel{K^+_{(aquoso)}} + OH^-_{(aquoso)} + H^+_{(aquoso)} + \cancel{HSO^-_{4(aquoso)}}$$

$$\underbrace{H_2O_{(líquido)} \rightarrow OH^-_{(aquoso)} + H^+_{(aquoso)}}_{\text{solução neutra}}$$

Analisando o composto VI) Carbonato de potássio: $K_2CO_{3(aquoso)} \rightarrow 2K^+_{(aquoso)} + CO^{-2}_{4(aquoso)}$

$$2K^+_{(aquoso)} + CO^{-2}_{3(aquoso)} + 2H_2O_{(líquido)} \rightarrow 2KOH_{(aquoso)} + H_2CO_{3(aquoso)}$$

$$\cancel{2K^+_{(aquoso)}} + CO^{-2}_{3(aquoso)} + 2H_2O_{(líquido)} \rightarrow \cancel{2K^+_{(aquoso)}} + 2OH^-_{(aquoso)} + H_2CO_{3(aquoso)}$$

$$CO^{-2}_{3(aquoso)} + 2H_2O_{(líquido)} \rightarrow \underbrace{2OH^-_{(aquoso)}}_{\text{solução básica}} + H_2CO_{3(aquoso)}$$

Exemplo Aplicativo VII

(MESTRE JOÃO ROBERTO DA PACIÊNCIA NABUCO) Apresentar a nomenclatura de cada hidróxido.

a) AgOH
b) $Mn(OH)_2$
c) $Zn(OH)_2$
d) $Cd(OH)_2$
e) $Co(OH)_3$
f) $Tl(OH)_3$
g) $Pt(OH)_2$
h) $Cr(OH)_2$
i) $Zr(OH)_4$
j) $Y(OH)_3$

Resolução

Item a) AgOH = hidróxido de prata
Item b) $Mn(OH)_2$ = hidróxido de manganês II
Item c) $Zn(OH)_2$ = hidróxido de zinco II
Item d) $Cd(OH)_2$ = hidróxido de cádmio II
Item e) $Co(OH)_3$ = hidróxido de cobalto III
Item f) $Tl(OH)_3$ = hidróxido de tálio III
Item g) $Pt(OH)_2$ = hidróxido de platina
Item h) $Cr(OH)_2$ = hidróxido de cromo II
Item i) $Zr(OH)_4$ = hidróxido de zircônio IV
Item j) $Y(OH)_3$ = hidróxido de ítrio III

Exemplo Aplicativo VIII

(CONCURSO PÚBLICO FEDERAL PARA DOCENTE - IFRJ) A amônia (NH_3) é uma substância de fórmula química simples, mas extremamente útil em indústrias, como 3 matéria-prima na fabricação dos fertilizantes sulfato de amônio ou nitrato de amônio, ou na produção de ácido nítrico para explosivos, na fabricação do nylon, etc. Com base nas teorias de ácidos e bases estabelecidas por Bronsted-Lowry, Lewis e Arrhenius, explique se a amônia pode ser observada unicamente como sendo uma base ou um ácido. Utilize exemplos de reações químicas.

Resolução

Analisando a partir da teoria de Bonsted-Lowry: $\underbrace{HCl}_{\text{ácido de BL}} + \underbrace{NH_3}_{\text{base de BL}} \rightleftarrows \underbrace{NH_4^+}_{\text{ácido de BL}} + \underbrace{Cl^-}_{\text{base de BL}}$

A partir da teoria de Bronsted-Lowry a amônia é uma base.

Analisando a partir da teoria de Lewis: $\overbrace{NH_3}^{\text{Base de Lewis}} + \overbrace{BF_3}^{\text{Ácido de Lewis}} \rightarrow NH_3BF_3$

$\overbrace{NH_3}^{\text{Base de Lewis}}$ = 1 par de elétrons livre (Base de Lewis)

$\overbrace{BF_3}^{\text{Ácido de Lewis}}$ = não há um par de elétrons livre (Ácido de Lewis)

Exemplo Aplicativo IX

(MESTRE JOÃO ROBERTO DA PACIÊNCIA NABUCO) Apresente a nomenclatura de cada ácido apresentado a seguir.

a) HBr
b) HCl
c) HNO_2
d) H_2CO_3
e) H_3PO_4
f) H_2SO_3
g) $HBrO_3$
h) HClO
i) HF
j) $HClO_3$
k) HBrO
l) $H_4P_2O_7$
m) $HMnO_4$
n) HIO
o) H_2S
p) H_2SO_4
q) H_3BO_3

Resolução

Item a) HBr = ácido bromídrico
Item b) HCl = ácido clorídrico
Item c) HNO_2 = ácido nitroso
Item d) H_2CO_3 = ácido carbônico
Item e) H_3PO_4 = ácido fosfórico
Item f) H_2SO_3 = ácido sulfuroso
Item g) $HBrO_3$ = ácido brômico
Item h) HClO = ácido hipocloroso
Item i) HF = ácido fluorídrico
Item j) $HClO_3$ = ácido clórico
Item k) HBrO = ácido hipobromoso
Item l) $H_4P_2O_7$ = ácido pirofosfórico
Item m) $HMnO_4$ = ácido permangânico
Item n) HIO = ácido hipoiodoso
Item o) H_2S = ácido sulfídrico
Item p) H_2SO_4 = ácido sulfúrico
Item q) H_3BO_3 = ácido bórico

Exemplo Aplicativo X

(MESTRE JOÃO ROBERTO DA PACIÊNCIA NABUCO) O íon cloreto é:
a) um ácido de Arrhenius
b) uma base de Arrhenius
c) um ácido de Bronsted-Lewis
d) uma base de Bronsted-Lewis
e) um ácido de Lewis

Resolução

Alternativa D.

A partir da análise da teoria de Bronsted-Lowry, o íon cloreto funciona como base de Bronsted-Lowry, conforme pode ser observado na equação reversível apresentada a seguir. Equação química: $\underbrace{HCl}_{\text{ácido de BL}} + \underbrace{H_2O}_{\text{base de BL}} \rightleftarrows \underbrace{H_3O^+}_{\text{ácido de BL}} + \underbrace{Cl^-}_{\text{base de BL}}$

Exemplo Aplicativo XI

Apresente a nomenclatura de cada base abaixo:
a) LiOH
b) CuOH
c) $Ba(OH)_2$
d) $Mg(OH)_2$
e) $Fe(OH)_3$
f) NH_4OH

Resolução

Item a) LiOH = hidróxido de lítio
Item b) CuOH = hidróxido de cobre I
Item c) $Ba(OH)_2$ = hidróxido de bário
Item d) $Mg(OH)_2$ = hidróxido de magnésio
Item e) $Fe(OH)_3$ = hidróxido de ferro III (hidróxido férrico)
Item f) NH_4OH = hidróxido de amônio

Exemplo Aplicativo XII

Escreva a nomenclatura ou a fórmula, conforme o caso, das espécies químicas abaixo, cite uma aplicação e a função a que pertence cada uma delas:

a) HCl
b) NaOH
c) CaO
d) NH_4OH
e) H_2O_2
f) CH_3COOH
g) sulfato de magnésio
h) bicarbonato de sódio
i) sílica
j) gás carbônico

Resolução

Item a) HCl = ácido clorídrico
Item b) NaOH = hidróxido de sódio (comercialmente conhecido como soda cáustica)
Item c) CaO = óxido de cálcio
Item d) NH_4OH = hidróxido de amônio
Item e) H_2O_2 = peróxido de hidrogênio (comercialmente conhecido como água oxigenada)
Item f) CH_3COOH = ácido acético (comercialmente conhecido como vinagre)
Item g) sulfato de magnésio = $MgSO_4$
Item h) bicarbonato de sódio = $NaHCO_3$
Item i) sílica = SiO_2
Item j) gás carbônico = CO_2 (comercialmente conhecido como gás carbônico)

A PARTIR DO EXEMPLO APLICATIVO XIII, SERÃO APRESENTADAS ALGUMAS QUESTÕES REFERENTES A PROGRAMAS DE PÓS-GRADUAÇÃO (MESTRADO E DOUTORADO) NA ÁREA DA QUÍMICA INORGÂNICA.

Exemplo Aplicativo XIII

(PROCESSO DE SELEÇÃO E ADMISSÃO AOS CURSOS DE MESTRADO E DE DOUTORADO – UNIVERSIDADE FEDERAL DE SANTA CATARINA) Explique por que o silício não é capaz de formar cadeias longas e múltiplas, como o carbono.

Resolução

Pelo fato de apresentar maior raio atômico, enquanto os elétrons de valência apresentam maior energia potencial. A energia da ligação Si-Si não é tão alta quanto o C-C. Além disto, cabe ressaltar que o maior raio atômico, dificulta a sobreposição de orbitais p de realizarem ligações pi, tais como o átomo de carbono.

Exemplo Aplicativo XIV

(PROCESSO DE SELEÇÃO E ADMISSÃO AOS CURSOS DE MESTRADO E DE DOUTORADO – UNIVERSIDADE FEDERAL DE SANTA CATARINA) Explique brevemente as duas regras de seleção para que uma transição eletrônica seja permitida.

Resolução

A aplicação de qualquer regra que restrinja a transição eletrônica, implica em argumentar que há uma proibição quanto a esta regra. Isto significa afirmar que a transição eletrônica não aconteça, mas sim que sua probabilidade de esta acontecer foi restringida e, em consequência, sua intensidade diminuída. Estas regras são denominadas de Regras de Seleção.

Regra de spin: Transições entre estados (termos) de diferentes multiplicidades de spin são proibidas. Esta é uma regra muito restritiva e as intensidades das transições são muito pequenas. Na pratica, essas transições são ignoradas. A regra de transição é relaxada pelo acoplamento spin-órbita.

Regra de Laporte ou também conhecida como simetria ou paridade: As transições entre termos de mesma paridade g ⟶ g e u ⟶ u, são proibitivas. Observe que para aplicá-la, a geometria do complexo deve ter um centro de inversão. Então, ela não afeta os complexos tetraédricos, por exemplo. A regra é relaxada durante a vibração das ligações dos complexos octaédricos, em que o centro de inversão é perdido.

Exemplo Aplicativo XV

(PROCESSO DE SELEÇÃO E ADMISSÃO AOS CURSOS DE MESTRADO E DE DOUTORADO - UNIVERSIDADE FEDERAL DE SANTA CATARINA) Diferencie, usando argumentos de orbitais de fronteira (HOMO e LUMO), uma ligação iônica de uma ligação covalente.

Resolução

Em uma ligação mais covalente, as energias potenciais dos dois átomos envolvidos são mais próximas e, portanto, as energias do HOMO de cada um dos dois átomos são próximas, fazendo com que haja sobreposição efetiva dos dois orbitais atômicos, formando HOMO de menor energia e LUMO de maior energia que os atômicos. Em uma ligação puramente iônica há uma grande diferença de energia potencial entre os dois átomos envolvidos, de forma que o HOMO formado será virtualmente de mesma energia que o orbital atômico do elemento mais eletronegativo e o LUMO será virtualmente de mesma energia que o menos eletronegativo.

Exemplo Aplicativo XVI

(PROCESSO DE SELEÇÃO E ADMISSÃO AOS CURSOS DE MESTRADO E DE DOUTORADO - UNIVERSIDADE FEDERAL DE SANTA CATARINA) O fósforo pertence ao grupo 15 da tabela periódica e forma compostos do tipo $PC\ell_5$ com geometria bipirâmide trigonal. A espécie NF_5 pode apresentar a mesma geometria molecular e ser uma espécie estável? Justifique sua resposta.

Resolução

A espécie NF_5 (pentafluoreto de nitrogênio) não pode apresenta a mesma geometria molecular e não é uma espécie estável. Este fato é explicado pelo fato do nitrogênio estando no segundo período da tabela periódica dos elementos químicos, o número máximo de ligações que pode fazer é igual a quatro (4).

Exemplo Aplicativo XVII

(PROCESSO DE SELEÇÃO E ADMISSÃO AOS CURSOS DE MESTRADO E DE DOUTORADO - UNIVERSIDADE FEDERAL DE SANTA CATARINA)

a) Explique por que o hidreto de berílio sofre reação de polimerização.

b) Por que a primeira energia de ionização do boro (8,3 eV) é menor que a do berílio (9,32 eV)?

Resolução

Item a) O BeH_2 (Hidreto de berílio) monomérico é formado a partir de duas ligações com dois elétrons cada, formando uma espécie com somente quatro elétrons (espécie bastante deficiente de elétrons). Seu processo de polimerização ocorre para diminuir a deficiência eletrônica.

Item b) A primeira energia de ionização do Boro (8,3 eV) é menor que a do Berílio (9,32 eV), uma vez que o átomo de boro possui maior carga nuclear. Para este caso esecífico, é necessário observar que o boro apresenta o elétron mais externo e ocupa o orbital 2p (que tem maior energia) e está menos fortemente ligado do que o elétron do orbital 2s. Diante disso, o boro possui um valor menor de energia de ionização.

Exemplo Aplicativo XVIII

(PROCESSO DE SELEÇÃO E ADMISSÃO AOS CURSOS DE MESTRADO E DE DOUTORADO - UNIVERSIDADE FEDERAL DE SANTA CATARINA) O prêmio Nobel de Química em 2017 foi dado a Jacques Dubochet, Joachim Frank e Richard Henderson por: "developing cryoelectron microscopy for the high-resolution structure determination of biomolecules in solution". Esta técnica de criomicroscopia eletrônica se assemelha à difratometria de raios-X na resolução de estruturas, com a vantagem de poder ser realizada com o composto ainda em solução (congelada). O princípio geral é incidir um feixe de elétrons sobre a amostra, coletar os padrões de espalhamento do feixe causados pelas moléculas e recalcular a estrutura que causou os desvios. Em princípio, a teoria necessária ao desenvolvimento da técnica já havia sido escrita no início do século XX, mas foi necessário o desenvolvimento de diversos métodos experimentais e computacionais para resolver o problema na escala atual. A respeito dos conceitos relacionados ao tema, responda sucintamente:

a) Cite o princípio equacionado em 1924 por De Broglie que está associado à utilização de elétrons neste tipo de experimento.
b) O espalhamento nestes casos é também proporcional ao raio dos átomos. Dentre os átomos de O, S e Se, especifique aquele que possui maior raio. Justifique sua resposta.
c) O "crio" no nome do experimento vem do fato que a solução precisa estar congelada a baixíssimas temperaturas (em geral, próximas a –180 °C). Isso foi usado inicialmente para evitar a degradação da amostra e a evaporação do solvente. Mais tarde, descobriu-se que o congelamento era importante também para a resolução das estruturas. Discuta a vantagem associada à condução dos experimentos sob baixa temperatura e o efeito do aumento da temperatura sobre os resultados obtidos.

Resolução

Item a) O princípio trata-se da Dualidade onda-partícula.

Item b) O Selênio (Se) trata-se do maior átomo, uma vez que possui o maior número de elétrons distribuídos em quatro camadas (camada de valência é 4p).

Item c) A baixa temperatura diminui o movimento térmico das moléculas. Assim, o espalhamento vai ocorrer como se o sistema estivesse "parado" e os picos serão bem definidos, representando estruturas específicas. Com o aumento da temperatura, o movimento térmico "embaralha" as moléculas, fazendo com que o espalhamento seja mais irregular e menos informação possa ser obtida dos dados.

Exemplo Aplicativo XIX

(PROGRAMA DE PÓS-GRADUAÇÃO EM QUÍMICA - UNIFESSPA) As medidas experimentais obtidas em laboratório estão susceptíveis a erros. Explique a diferença entre "erros sistemáticos" e "erros aleatórios" e cite um exemplo de cada tipo de erro.

Resolução

Erros sistemáticos ⇒ são erros dos quais ocorrem em todas as medidas, sempre na mesma direção possuindo o mesmo valor. O erro sistemático é decorrente em problemas ocasionados na calibração do instrumento de medida. Exemplos: escala errada ou calibração do aparelho deficiente.

Erros sistemáticos ⇒ são erros dos quais ocorrem e apontam para a maior variabilidade do sistema, significando o alargamento da curva de distribuição dos resultados do controle. Esta curva é definida como sendo a curva de Gauss. Exemplos: ângulo de leitura da medida da régua ou posicionamento da régua.

Exemplo Aplicativo XX

(PROGRAMA DE PÓS-GRADUAÇÃO EM QUÍMICA – UNIVERSIDADE ESTADUAL DE LONDRINA) Qual composto P_4O_{10} ou PCl_3, tem maior caráter iônico? Considere a eletronegatividade dos elementos como sendo P = 2,2; O = 3,4 e Cl = 3,2.

Resolução

Para a determinação do maior ou menor caráter iônico será necessário determinar a variação da eletronegatividade.

$P_4O_{10} \Rightarrow \Delta E = 3{,}40 - 2{,}20 = 1{,}20$ (ligação covalente polar)

$PCl_3 \Rightarrow \Delta E = 3{,}20 - 2{,}20 = 1{,}00$ (ligação covalente polar)

Diante desta análise o óxido apresenta maior caráter iônico.

Exemplo Aplicativo XXI

(PROGRAMA DE PÓS-GRADUAÇÃO EM QUÍMICA MESTRADO E DOUTORADO – UNIVERSIDADE DO ESTADO DO RIO DE JANEIRO - INSTITUTO DE QUÍMICA) Arranje cada um dos seguintes pares de íons na ordem do raio atômico:
a) Mg^{2+} e Ca^{2+}
b) O^{-2} e F^{-}

Resolução

Realizando a distribuição eletrônica para cada íon.

Item a) Analisando os cátions.

$_{12}Mg^{+2}$ = 2) 8

$_{20}Ca^{+2}$ = 2) 8) 8

A partir da análise da distribuição eletrônica de cada cátion, o cálcio bivalente apresenta maior raio iônico.

Item b) Analisando os ânions.

$_{8}O^{-2}$ = 2) 8

$_{9}F^{-}$ = 2) 8

A partir da análise da distribuição eletrônica de cada ânion, o ânion oxigênio apresenta maior raio iônico.

Exemplo Aplicativo XXII

(PROCESSO SELETIVO PARA INGRESSO – MESTRADO E DOUTORADO – UNIVERSIDADE FEDERAL DE JUIZ DE FORA) Entre as teorias ácido-base de Bronsted-Lowry e Lewis, qual das duas é mais abrangente? Justifique.

Resolução

A teoria ácido-base mais abrangente é a de Lewis. Seu estudo é mais completo, sendo estudado entre 1916 e 1938. Lewis publicou alguns trabalhos que culminaram em uma nova proposta para o conceito ácido-base. Ácido é toda espécie capaz de receber um par de elétrons e a base é toda espécie química capaz de doar um par de elétrons. Trata-se de um conceito mais amplo que a teoria de Bronsted-lowry e logicamente bem mais amplo de Arrhenius. Cabe salientar que a teoria de Lewis em momento algum invalida os outros dois conceitos. É a partir da teoria ácido-base de Lewis que todas as reações orgânicas polares podem ser compreendidas, além das interações entre cátions metálicos e substâncias orgânicas.

Exemplo Aplicativo XXIII

(PROGRAMA DE PÓS-GRADUAÇÃO EM QUÍMICA - UNIVERSIDADE DE SÃO PAULO - FACULDADE DE FILOSOFIA, CIÊNCIAS E LETRAS DE RIBEIRÃO PRETO) O que se entende por efeito quelato?

Resolução

O efeito quelato é a capacidade de ligantes multidentados formando complexos metálicos mais estáveis, ou seja, estruturas com vários átomos ligantes. A maioria dos agentes quelantes possuem vários átomos ligantes sendo que a maioria desses agentes quelatos apresentam os átomos de Nitrogênio (N) e Oxigênio (O). Esses átomso citados, nitrogênio e oxigênio, apresentam pares de elétrons livres que podem ser doados para um determinado metal.

Exemplo Aplicativo XXIV

(PROGRAMA DE PÓS-GRADUAÇÃO EM QUÍMICA - UNIVERSIDADE DE SÃO PAULO - FACULDADE DE FILOSOFIA, CIÊNCIAS E LETRAS DE RIBEIRÃO PRETO) Explique o que se entende por número atômico efetivo (Z_{ef}).

Resolução

A teoria de Werner diz que as ligações coordenadas são estruturas formadas a partir dos ligantes com o íon metálico central do complexo, ou seja, o ligante (base de Lewis) doa um par de elétrons ao íon metálico. Compostos de coordenação podem ser formados facilmente com os metais de transição (ácidos de Lewis), pois estes possuem orbitais disponíveis que podem acomodar os pares de elétrons doados pelos ligantes. O número de ligações coordenadas formadas depende, sobretudo, do número de orbitais vazios de energia adequada. A regra do número atômico efetivo (NAE) diz que quando se forma um complexo, há adição de ligantes até que o número de elétrons do átomo metálico central mais o número de elétrons cedidos pelos ligantes sejam iguais ao número de elétrons do gás nobre seguinte.

Exemplo Aplicativo XXV

(PROGRAMA DE PÓS-GRADUAÇÃO EM QUÍMICA - UNIVERSIDADE DE SÃO PAULO - FACULDADE DE FILOSOFIA, CIÊNCIAS E LETRAS DE RIBEIRÃO PRETO) Nas reações abaixo, identifique cada uma das espécies como ácidos ou bases, indicando o par ácido – base conjugado.

a) $HCO^-_{3(aq)} + HF_{(aq)} \rightleftarrows H_2CO_{3(aq)} + F^-_{(aq)}$

b) $HCO^-_{3(aq)} + OH^-_{(aq)} \rightleftarrows CO^{-2}_{3(aq)} + H_2O_{(l)}$

Resolução

Para a resolução do problema será analisado a partir do conceito ácido-base de Bronsted-Lowry (BL).

Item a) $\underbrace{HCO^-_{3(aquoso)}}_{\text{Base de BL}} + \underbrace{HF_{(aquoso)}}_{\text{Ácido de BL}} \rightleftarrows \underbrace{H_2CO_{3(aquoso)}}_{\text{Ácido de BL}} + \underbrace{F^-_{(aquoso)}}_{\text{Base de BL}}$

Item b) $\underbrace{HCO^-_{3(aquoso)}}_{\text{Ácido de BL}} + \underbrace{OH^-_{(aquoso)}}_{\text{Base de BL}} \rightleftarrows \underbrace{CO^{-2}_{3(aquoso)}}_{\text{Base de BL}} + \underbrace{H_2O_{(líquido)}}_{\text{Ácido de BL}}$

Exemplo Aplicativo XXVI

(SELEÇÃO DO PROGRAMA DE PÓS-GRADUAÇÃO STRICTO SENSU EM QUÍMICA - UNIVERSIDADE FEDERAL DOS VALES DO JEQUITINHONHA E MUCURI DIAMANTINA – MINAS GERAIS) Qual a configuração eletrônica do vanádio no seu estado fundamental?

Resolução

Determinação da distribuição eletrônica por subnível do átomo de vanário: $_{23}V \longrightarrow 1s^2\ 2s^2\ 2p^6\ 3s^2\ 3p^6\ 4s^2\ 3d^3$

Determinação da distribuição eletrônica pelo tipo cerne por subnível do átomo de vanário: $_{23}V \longrightarrow [Ar]\ 4s^2\ 3d^3$

Exemplo Aplicativo XXVII

(SELEÇÃO DO PROGRAMA DE PÓS-GRADUAÇÃO - PROVA DE CONHECIMENTO EM QUÍMICA INORGÂNICA – DQ/UFMG) Explique por que PH_3 pode atuar como base ou ácido de Lewis, enquanto NH_3 só pode atuar como base de Lewis.

Resolução

O hidreto de fósforo, por não apresentar par de elétrons disponível, atua como ácido de lewis. Já a amônia, por apresentar um par de elétrons disponível, atua como base de lewis.
Observação: A amônia atua como base de bronsted-lowry, pelo fato de receber um cátion hidrogênio (cátion protônico).

Exemplo Aplicativo XXVIII

(COMANDO DA AERONÁUTICA DEPARTAMENTO DE ENSINO CENTRO DE INSTRUÇÃO E ADAPTAÇÃO DA AERONÁUTICA - PROVA DE ENGENHARIA QUÍMICA) Assinale a opção que contém a geometria molecular correta das espécies NH_3, CH_4, H_2S, BF_3 e SF_2, respectivamente, todas no estado gasoso:
a) tetraédrica, angular, trigonal, piramidal plana
b) trigonal, tetraédrica, angular, trigonal, piramidal
c) piramidal, tetraédrica, angular, trigonal, angular
d) angular, tetraédrica, trigonal, trigonal plana, angular

Resolução

Alternativa C.

Gás amoníaco – NH_3 = geometria piramidal
Gás metano = geometria tetraédrica
Gás sulfeto de enxofre - H_2S = geometria angular
Trifluoreto de boro – BF_3 = geometria trigonal plana
Fluoreto de enxofre – SF_2 = geometria angular

Exemplo Aplicativo XXIX

(PROCESSO DE SELEÇÃO PARA MESTRADO E DOUTORADO – UNIVERSIDADE ESTADUAL DO SUDOESTE DA BAHIA) Identifique o ácido do lado esquerdo e sua base conjugada do lado direito nas seguintes equações:

i) $HClO + H_2O \rightleftarrows H_3O^+ + OCl^-$

ii) $NH_4^+ + H_2O \rightleftarrows NH_3 + H_3O^+$

iii) $PO_4^{3-} + H_2PO_4^- \rightleftarrows 2HPO_4^{2-}$

Resolução

Analisando cada equação química reversível iônica.

Item i) $\underbrace{HClO}_{\text{ácido de BL}} + \underbrace{H_2O}_{\text{Base de BL}} \rightleftarrows \underbrace{H_3O^+}_{\text{ácido de BL}} + \underbrace{OCl^-}_{\text{base de BL}}$

Item ii) $\underbrace{NH_4^+}_{\text{ácido de BL}} + \underbrace{H_2O}_{\text{base de BL}} \rightleftarrows \underbrace{NH_3}_{\text{base de BL}} + \underbrace{H_3O^+}_{\text{ácido de BL}}$

Item iii) $PO_4^{3-} + H_2PO_4^- \rightleftarrows 2HPO_4^{2-}$

Equação química reversível iônica:

$$\underbrace{PO_4^{3-}}_{\text{base de BL}} + \underbrace{H_2PO_4^-}_{\text{ácido de BL}} \rightleftarrows \underbrace{HPO_4^{2-}}_{\text{ácido de BL}} + \underbrace{HPO_4^{2-}}_{\text{base de BL}}$$

Exemplo Aplicativo XXX

(EXAME DE SELEÇÃO PARA O PROGRAMA DE PÓS-GRADUAÇÃO EM QUÍMICA DA UNIVERSIDADE FEDERAL DO CEARÁ) Sabendo que os pontos de ebulição normais de HI, CH_4 e HF são observados, respectivamente, -35,1; -161,5 e +19,7°C, coloque as espécies em ordem crescente de força intermolecular. Justifique a sua resposta.

Resolução

A ordem crescente fica apresentada da seguinte maneira: $CH_4 < HI < HF$. Analisando cada molécula, temos:

- CH_4: ligação covalente polar - molécula apolar – força intermolecular: dipolo induzido — dipolo induzido;
- HI: ligação covalente polar – molécula polar – força intermolecular: dipolo permanente — dipolo permanente;
- HF: ligação covalente polar - molécula polar – força intermolecular: ligação hidrogênio.

Exemplo Aplicativo XXXI

(EXAME DE SELEÇÃO PARA O PROGRAMA DE PÓS-GRADUAÇÃO EM QUÍMICA DA UNIVERSIDADE FEDERAL DO CEARÁ) Justifique, em termos de interações intermoleculares, porque o movimento de migração intra e extracelular de sais minerais não ocorreria caso a molécula de água fosse linear.

Resolução

Caso a molécula de água apresentasse uma configuração geométrica do tipo linear, ou seja, apresentasse um ângulo de 180°, a molécula não apresentaria um momento dipolo permanente ($\mu = 0$) e, portanto, não haveria interação com os íons constituintes dos sais minerais.

Exemplo Aplicativo XXXII

(EXAME DE SELEÇÃO PARA O PROGRAMA DE PÓS-GRADUAÇÃO EM QUÍMICA DA UNIVERSIDADE FEDERAL DO CEARÁ) Em 1962, o químico inglês N. Barlett sintetizou o primeiro composto de gás nobre. Atualmente, sabe-se que o xenônio apresenta energia de ionização suficientemente baixa para formar moléculas com átomos muito eletronegativos, especialmente com o flúor. Alguns desses fluoretos são usados como agentes oxidantes, conforme se pode observar na fluoração representada a seguir: $Pt_{(s)} + XeF_{4(g)} \longrightarrow Xe_{(g)} + PtF_{4(s)}$. Com respeito ao composto XeF_4, pede-se a:

a) geometria;

b) hibridização do átomo central.

Resolução

Equação química apresentada no enunciado da questão: $Pt_{(sólido)} + XeF_{4(gás)} \longrightarrow Xe_{(gás)} + PtF_{4(sólido)}$

Observação: O tetrafluoreto de xenônio é um sólido cristalino formado a partir de uma reação de síntese entre o gás nobre xenônio e o flúor, também no estado gasoso. Equação química que corresponde ao processo de formação do tetrafluoreto de xenônio.

$Xe_{(gás)} + 2F_{2(gás)} \longrightarrow XeF_{4(sólido)}$

Item a) A molécula do tetrafluoreto de xenônio apresenta geometria molecular do tipo quadrado planar.

Item b) A hibridização do elemento químico central (Xe) trata-se do sp^3d^2.

Exemplo Aplicativo XXXIII

(EXAME DE SELEÇÃO PARA O PROGRAMA DE PÓS-GRADUAÇÃO EM QUÍMICA DA UNIVERSIDADE FEDERAL DO CEARÁ) A reação da água com ácido clorídrico produz ânion cloreto e o cátion hidrônio. Desenhe o máximo de estrutura de lewis estável e a geometria molecular para o cátion.

Resolução

Cabe ressaltar que no enunciado, está apresentada a definição de ácido por Bronsted-Lowry, conforme pode ser apresentado logo a seguir: $\underbrace{HCl}_{\text{ácido de BL}} + \underbrace{H_2O}_{\text{Base de BL}} \rightleftarrows \underbrace{H_3O^+}_{\text{ácido de BL}} + \underbrace{Cl^-}_{\text{base de BL}}$

A estrutura de lewis para a molécula de água está apresentada logo abaixo.

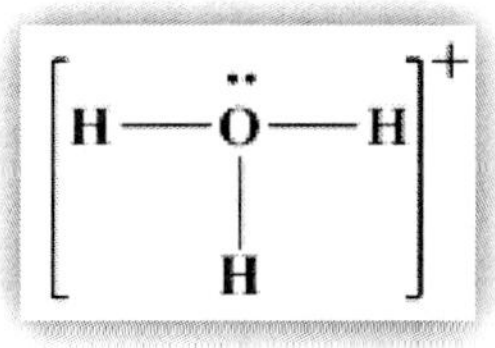

A estrutura geométrica do cátion hidrônio está apresentada logo abaixo.

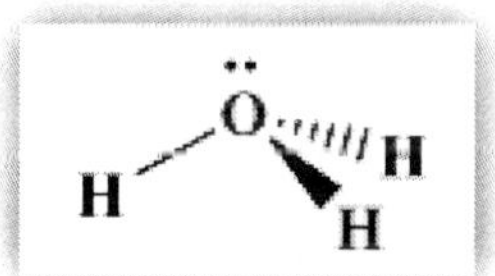

Exemplo Aplicativo XXXIV

(EXAME DE SELEÇÃO PARA O PROGRAMA DE PÓS-GRADUAÇÃO EM QUÍMICA DA UNIVERSIDADE FEDERAL DO CEARÁ) Escolha a resposta correta em relação à geometria molecular do ClO_2, ClO^- e ClO_3^-, respectivamente.

a) linear; linear e trigonal piramidal
b) linear; linear e trigonal plana
c) angular; linear e trigonal piramidal
d) angular; linear e em forma de T
e) angular; linear e trigonal plana

Resolução

Alternativa C.

Cabe ressaltar que no enunciado, está apresentada a definição de ácido por Bronsted-Lowry, conforme pode ser apresentado logo a seguir:

ClO_2 = Geometria angular, conforme pode ser observado logo a seguir.

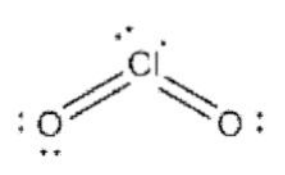

ClO^- = Geometria do tipo linear, conforme pode ser observado logo a seguir.

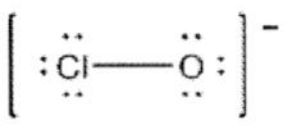

ClO_3^- = Geometria do tipo trigonal piramidal, conforme pode ser observado logo a seguir.

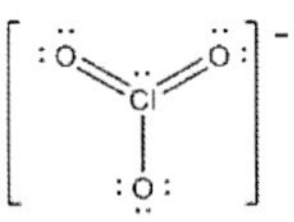

Exemplo Aplicativo XXXV

(EXAME DE SELEÇÃO PARA O PROGRAMA DE PÓS-GRADUAÇÃO EM QUÍMICA DA UNIVERSIDADE FEDERAL DO CEARÁ) O manganês forma 3 íons complexos hexacoordenados com o íon cianeto, com cargas -5, -4 e -3. Apresente as fórmulas dos três íons e indique as propriedades magnéticas (paramagnético ou diamagnético) dos mesmos.

Resolução

Materiais paramagnéticos são materiais que, ao colocar na presença de um campo magnético (B), apresentam, seu ímãs elementares orientados no sentido contrário ao sentido do campo magnético aplicado. alinham-se realizando o surgimento de um imã, que apresenta a capacidade de provocar um relativo aumento na intensidade do valor do campo magnético em um ponto qualquer.

Materiais diamagnéticos são materiais que possuem elétrons desemparelhados e, na presença de um campo magnético (B), alinham-se realizando o surgimento de um imã, que apresenta a capacidade de provocar um relativo aumento na intensidade do valor do campo magnético em um ponto qualquer.

$[\mathrm{Mn(CN)_6}]^{-3}$ ⇒ propriedade magnética do tipo paramagnético
$[\mathrm{Mn(CN)_6}]^{-4}$ ⇒ propriedade magnética do tipo paramagnético
$[\mathrm{Mn(CN)_6}]^{-5}$ ⇒ propriedade magnética do tipo diamagnético

Exemplo Aplicativo XXXVI

(EXAME DE SELEÇÃO PARA O PROGRAMA DE PÓS-GRADUAÇÃO EM QUÍMICA DA UNIVERSIDADE FEDERAL DO CEARÁ) A substituição de um átomo de hidrogênio na molécula de C_6H_6 provoca uma grande variação nas suas propriedades físico-químicas. Explique, em termos de forças intermoleculares, a variação do ponto de ebulição nos seguintes compostos: C_6H_6 (80°C); C_6H_5Cl (132°C); C_6H_5Br (156°C) e C_6H_5OH (182°C).

Resolução

A molécula orgânica definida como o benzeno trata-se de um composto apolar e, diante disso, apresenta força de dispersão de London. Este tipo de força apresenta interações mais fracas em comparação à interação dipolo-dipolo presentes nos outros compostos, justificando seu menor ponto de ebulição. As outras moléculas são definidas como moléculas polares, por possuírem dipolo permanente e a intensidade do dipolo aumenta com o aumento da massa molar. Conclusão: C_6H_5Cl (132 °C) < C_6H_5Br (156 °C). Apesar da menor massa molar comparada aos outros compostos polares, a molécula C_6H_5OH (182°C) forma ligação hidrogênio que é uma força mais forte que a dipolo-dipolo, por isso o maior ponto de ebulição.

Exemplo Aplicativo XXXVII

(EXAME DE SELEÇÃO PARA O PROGRAMA DE PÓS-GRADUAÇÃO EM QUÍMICA DA UNIVERSIDADE FEDERAL DO CEARÁ) As forças intermoleculares são responsáveis por uma série de propriedades dos compostos químicos como é o caso, por exemplo, da solubilidade. A figura a seguir ilustra algumas correlações moleculares entre substâncias presentes em uma mistura de dois líquidos.

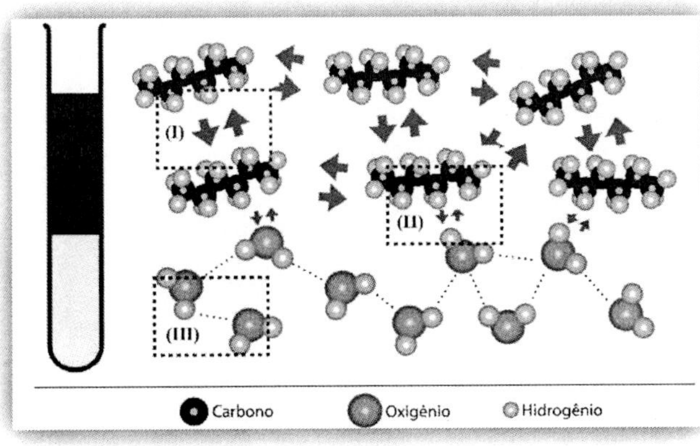

Considerando a ilustração acima, pede-se:

a) as forças intermoleculares correspondentes às situações apresentadas em cada um dos três casos destacados nas regiões demarcadas por retângulos pontilhados [(I), (II) e (III)];

b) a explicação para a imiscibilidade dos líquidos.

Resolução

Item a)

Situação intermolecular (I): Forças do tipo dispersão de London.

Situação intermolecular (II): Interações dipolo-dipolo induzido

Situação intermolecular (III): Ligações de hidrogênio

Item b) As forças intermoleculares entre moléculas do mesmo tipo, ou seja, forças definidas como sendo de dispersão de London entre as moléculas do composto apolar, e as ligações de hidrogênio entre as moléculas do composto polar são mais intensas que as forças de interação existentes entre os diferentes compostos, isto é, entre as moléculas do composto polar e do composto apolar.

Exemplo Aplicativo XXXVIII

(PROGRAMA DE PÓS-GRADUAÇÃO EM QUÍMICA - UNIVERSIDADE DE SÃO PAULO) A análise volumétrica ou titulométrica de precipitação é uma técnica analítica que emprega como um titulante, um reagente padronizado na bureta que irá precipitar o analito de interesse. Discuta:

a) Método de Mohr

b) Método de Volhard

c) Método de Fajans

Resolução

Item a) Método de Mohr = trata-se de um método analítico bem conhecido e estudado pela química analítica, argentimétrico de volumetria de precipitação (ppt) direta, aplicado principalmente para a quantificação de íons cloreto (Cl-), brometo (Br-) e iodeto (I-), em uma determinada amostra, sendo muito mais aplicado em íons cloreto.

Item b) Método de Volhard = também conhecido como método de Charpentier-Volhard, é um método analítico que consiste no processo de detecção do ponto final em uma determinada volumetria de precipitação (ppt). Este método está baseado na formação de um complexo corado, solúvel, que, portanto apresenta uma cor à solução, sendo diante disso facilmente detectado e visível. O método de Volhard envolve a titulação.

Item c) Método de Fajans = é um método analítico que envolve a titulação de cloreto usando indicadores de adsorção, sendo o indicador adsorvido na superfície do precipitado (ppt). Essa adsorção ocorre próximo do PE e resulta não somente na mudança de cor, mas também na transferência de cor da solução para o sólido. Sendo assim, ocorre o processo de adsorção e não a precipitação do indicador, pois o Kps não é excedido.

Exemplo Aplicativo XXXIX

(PROGRAMA DE PÓS-GRADUAÇÃO EM CIÊNCIA E TECNOLOGIA DA SUSTENTABILIDADE – UNIVERSIDADE FEDERAL DE SÃO PAULO) Faça o balanceamento da seguinte equação redox em meio ácido pelo método das semirreações $MnO_4^-{}_{(aq)} + C_2O_4^{2-}{}_{(aq)} \rightarrow Mn^{2+}{}_{(aq)} + CO_{2(g)}$ (meio ácido)

Resolução

Considerando que o processo se encontra em meio ácido, a equação iônica fica da seguinte forma:

$MnO_4^-{}_{(aquoso)} + C_2O_4^{2-}{}_{(aquoso)} + H^+{}_{(aquoso)} \rightarrow Mn^{2+}{}_{(aquoso)} + CO_{2(gás)} + H_2O_{(líquido)}$

Realizando o balanceamento iônico, sabendo que o ânion permanganato trata-se do agente oxidante e o ânion oxalato se refere ao agente redutor, a equação iônica fica da seguinte maneira:

$2MnO_4^-{}_{(aquoso)} + 5C_2O_4^{2-}{}_{(aquoso)} + 16H^+{}_{(aquoso)} \rightarrow 2Mn^{2+}{}_{(aquoso)} + 10CO_{2(gás)} + 8H_2O_{(líquido)}$

Exemplo Aplicativo XL

(PROGRAMA DE PÓS-GRADUAÇÃO EM CIÊNCIA E TECNOLOGIA DA SUSTENTABILIDADE – UNIVERSIDADE FEDERAL DE SÃO PAULO)

(a) Determine qual o precipitado que se forma quando as soluções de $BaCl_2$ e K_2SO_4 são misturadas.

(b) Escreva a equação química balanceada para a reação.

Resolução

Item a) A interação do cloreto de bário e sulfato de potássio forma o cloreto de potássio e o sulfato de bário precipitado .

$$BaCl_{2(aquoso)} + K_2SO_{4(aquoso)} \rightarrow 2KCl_{(aquoso)} + \underbrace{BaSO_{4(aquoso)}}_{precipitado}$$

Item b) Equação química entre a interação do cloreto de bário e sulfato de potássio.

$$BaCl_{2(aquoso)} + K_2SO_{4(aquoso)} \rightarrow 2KCl_{(aquoso)} + \underbrace{BaSO_{4(aquoso)}}_{precipitado}$$

Exemplo Aplicativo XLI

(PROGRAMA DE PÓS-GRADUAÇÃO EM CIÊNCIA E TECNOLOGIA DA SUSTENTABILIDADE – UNIVERSIDADE FEDERAL DE SÃO PAULO) Compare os elementos Na, Mg, O e P e explique sucintamente.

a) qual possui o maior raio atômico?

b) qual possui afinidade eletrônica mais negativa?

c) coloque os elementos em ordem de aumento de energia de ionização.

Resolução

Item a) Realizando a distribuição eletrônica para cada elemento químico:

$_{11}Na \rightarrow 2\ )\ 8\ )\ 1$

$_{12}Mg \rightarrow 2\ )\ 8\ )\ 2$

$_{8}O \rightarrow 2\ )\ 6$

$_{15}P \rightarrow 2\ )\ 8\ )\ 5$

Ordem crescente de raio atômico: $Raio_O < Raio_P < Raio_{Mg} < Raio_{Na}$

Maior raio atômico = Sódio (Na)

Item b) O elemento que apresenta maior afinidade eletrônica negativa trata-se do átomo de oxigênio.

Item c) A ordem crescente de energia de ionização trata-se da seguinte sequência:

Ordem crescente de raio atômico: $Raio_{Na} < Raio_{Mg} < Raio_{P} < Raio_{O}$

Exemplo Aplicativo XLII

(PROGRAMA DE PÓS-GRADUAÇÃO EM CIÊNCIA E TECNOLOGIA DA SUSTENTABILIDADE – UNIVERSIDADE FEDERAL DE SÃO PAULO) Complete o balanceamento da seguinte equação, considerando a reação redox em meio ácido, utilizando as semirreações, e identifique o agente de oxidação e o de redução: $S_2O_3^{2-} + MnO_4^{-} \rightarrow SO_4^{2-} + Mn^{2+}$.

Resolução

Considerando que o processo se encontra em meio ácido, a equação iônica fica da seguinte forma:

$$MnO_4^{-}{}_{(aquoso)} + S_2O_3^{2-}{}_{(aquoso)} + H^{+}{}_{(aquoso)} \rightarrow Mn^{2+}{}_{(aquoso)} + S_2O_3^{2-}{}_{(aquoso)} + H_2O_{(líquido)}$$

Realizando o balanceamento iônico, sabendo que o ânion permanganato trata-se do agente oxidante enquanto o ânion tiossulfato se refere ao agente redutor, a equação iônica fica da seguinte maneira:

$$8MnO_4^{-}{}_{(aquoso)} + 5S_2O_3^{2-}{}_{(aquoso)} + 14H^{+}{}_{(aquoso)} \rightarrow 8Mn^{2+}{}_{(aquoso)} + 10S_2O_3^{2-}{}_{(aquoso)} + 7H_2O_{(líquido)}$$

Exemplo Aplicativo XLIII

(PROGRAMA DE PÓS-GRADUAÇÃO EM QUÍMICA – UNIVERSIDADE FEDERAL DE PELOTAS) Determine o número de oxidação para cada molécula. Escreva a nomenclatura para cada composto, use obrigatoriamente a nomenclatura que emprega o sufixo "ico" ou "oso".

a) $HClO_4$ ⇒
b) SO_3 ⇒
c) $HClO$ ⇒
d) SO_2 ⇒
e) $HClO_3$ ⇒
f) $HClO_2$ ⇒

Resolução

Item a) $HClO_4$	⇒	Ácido perclórico	(x + 1 - 8 = 0; x = +7)
Item b) SO_3	⇒	Anidrido sulfúrico	(x + - 6 = 0; x = +6)
Item c) $HClO$	⇒	Ácido hipocloroso	(x + 1 - 2 = 0; x = +1)
Item d) SO_2	⇒	Anidrido sulfuroso	(x - 4 = 0; x = +4)
Item e) $HClO_3$	⇒	Ácido clórico	(x + 1 - 6 = 0; x = +5)
Item f) $HClO_2$	⇒	Ácido cloroso	(x + 1 - 4 = 0; x = +3)

Exemplo Aplicativo XLIV

(PROGRAMA DE PÓS-GRADUAÇÃO EM CIÊNCIA E TECNOLOGIA DA SUSTENTABILIDADE – UNIVERSIDADE FEDERAL DE SÃO PAULO) Organize os elementos dos seguintes conjuntos na ordem decrescente do raio atômico, justificando cada série:

a) enxofre, cloro e silício;
b) zinco, mercúrio e cádmio.

Resolução

Item a) Realizando a distribuição eletrônica por nível para os seguintes elementos:

${}_{16}S \rightarrow 2\ )\ 8\ )\ 6$

${}_{17}Cl \rightarrow 2\ )\ 8\ )\ 7$

${}_{14}Si \rightarrow 2\ )\ 8\ )\ 4$

Ordem crescente de raio atômico: $Raio_{Cl} < Raio_{S} < Raio_{Si}$

Item b) Realizando a distribuição eletrônica por nível para os seguintes elementos:

${}_{30}Zn \rightarrow 2\ )\ 8\ )\ 18\ )\ 2$

${}_{48}Cd \rightarrow 2\ )\ 8\ )\ 18\ )\ 18\ )\ 2$

${}_{80}Hg \rightarrow 2\ )\ 8\ )\ 18\ )\ 32\ )\ 18\ )\ 2$

Ordem crescente de raio atômico: $Raio_{Zn} < Raio_{Cd} < Raio_{Hg}$

Questão XLV

(PROGRAMA DE PÓS-GRADUAÇÃO EM QUÍMICA MESTRADO E DOUTORADO – UNIVERSIDADE DO ESTADO DO RIO DE JANEIRO - INSTITUTO DE QUÍMICA) Indique os ácidos, as bases e a respectiva definição ácido/base que você usou em cada uma das reações abaixo:

Resolução

a) $Ag^{+}_{(aq)} + 2NH_{3(g)} \rightleftarrows Ag(NH_3)_{2(aq)}$

b) $NaOH_{(aq)} + HCl_{(aq)} \rightleftarrows NaCl_{(aq)} + H_2O_{(l)}$

c) $CO^{-2}_{3(aq)} + H_2O_{(l)} \rightleftarrows HCO^{-2}_{3(aq)} + OH^{-}_{(aq)}$

d) $HClO_{(aq)} + CH_3NH_{2(aq)} \rightleftarrows CH_3NH^{+}_{3(aq)} + ClO^{-}_{(aq)}$

e) $2HCO^{-}_{3(aq)} \rightleftarrows H_2CO_{3(aq)} + CO^{-2}_{3(aq)}$

Resolução

Item a) $\underbrace{Ag^{+}_{(aquoso)}}_{\text{Ácido de Lewis}} + \underbrace{2NH_{3(gás)}}_{\text{Base de Lewis}} \rightleftarrows Ag(NH_3)_{2(aquoso)}$

Item b) $\underbrace{NaOH_{(aquoso)}}_{\text{Base de Arrhenius}} + \underbrace{HCl_{(aquoso)}}_{\text{Ácido de Arrhenius}} \rightleftarrows NaCl_{(aquoso)} + H_2O_{(líquido)}$

Item c) $\underbrace{CO^{-2}_{3(aquoso)}}_{\text{Base cde BL}} + \underbrace{H_2O_{(líquido)}}_{\text{Ácido de BL}} \rightleftarrows \underbrace{HCO^{-2}_{3(aquoso)}}_{\text{Ácido de BL}} + \underbrace{OH^{-}_{(aquoso)}}_{\text{Base de BL}}$

Item d) $\underbrace{HClO_{(aquoso)}}_{\text{Ácido de BL}} + \underbrace{CH_3NH_{2(aquoso)}}_{\text{Base de BL}} \rightleftarrows \underbrace{CH_3NH^{+}_{3(aquoso)}}_{\text{Ácido de BL}} + \underbrace{ClO^{-}_{(aquoso)}}_{\text{Base de BL}}$

Item e) $\underbrace{HCO^{-}_{3(aquoso)}}_{\text{Ácido de BL}} + \underbrace{HCO^{-}_{3(aquoso)}}_{\text{Base de BL}} \rightleftarrows \underbrace{H_2CO_{3(aquoso)}}_{\text{Ácido de BL}} + \underbrace{CO^{-2}_{3(aquoso)}}_{\text{Base de BL}}$

Exemplo Aplicativo XLVI

(EXAME DE SELEÇÃO PARA O PROGRAMA DE PÓS-GRADUAÇÃO EM QUÍMICA DA UNIVERSIDADE FEDERAL DO CEARÁ) O gráfico abaixo representa a condutividade molar de alguns complexos hexacoordenados de Pt(IV). Sabendo que os íons K^{+} e Br^{-} são contra-íons e que a esfera de coordenação pode conter apenas NH_3 e/ou Cl^{-}, escreva as fórmulas dos compostos de coordenação correspondentes aos pontos de 1 a 5 no gráfico.

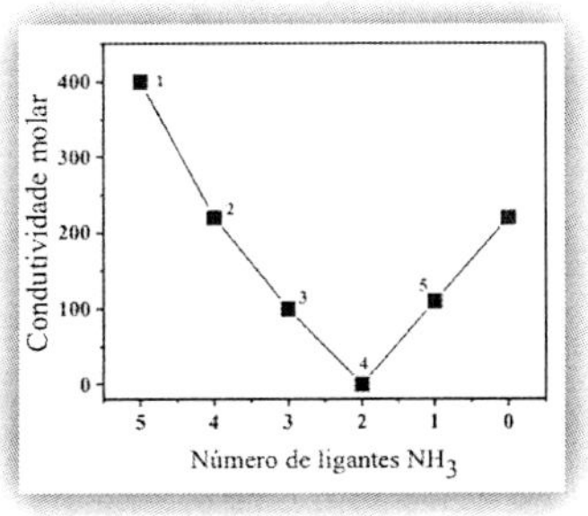

Resolução

Composto de coordenação 1) $[PtCl(NH_3)_5]Br_3$
Composto de coordenação 2) $[PtCl_2(NH_3)_4]Br_2$
Composto de coordenação 3) $[PtCl_3(NH_3)_3]Br$
Composto de coordenação 4) $[PtCl_4(NH_3)_2]$
Composto de coordenação 5) $K[PtCl_5(NH_3)]$

Exemplo Aplicativo XLVII

(EXAME DE SELEÇÃO PARA O PROGRAMA DE PÓS-GRADUAÇÃO EM QUÍMICA DA UNIVERSIDADE FEDERAL DO CEARÁ) A energia de ionização do O_2 é menor que a energia de ionização do átomo de oxigênio. Curiosamente, a energia de ionização do N_2 é maior que a energia de ionização do átomo de N. Explique essas diferenças utilizando os diagramas de energia dos orbitais moleculares do O_2 e do N_2.

Resolução

O elétron mais externo da molécula de N_2 ocupa um orbital π, portanto de menor energia que o elétron mais externo do átomo de N, que ocupa um orbital 2p, o que faz com que seja necessário uma maior energia para sua remoção. Já na molécula de O_2, o elétron mais externo ocupa um orbital π*, de maior energia que o elétron mais externo do átomo de O e, assim, mais fácil de ser removido.

Exemplo Aplicativo XLVIII

(EXAME DE SELEÇÃO PARA O PROGRAMA DE PÓS-GRADUAÇÃO EM QUÍMICA DA UNIVERSIDADE FEDERAL DO CEARÁ) Em uma aula prática sobre compostos de coordenação, um estudante recebe dois frascos: no frasco A tem uma etiqueta com a indicação Fe^{2+} + CN^- e no frasco B a indicação Fe^{2+} + H_2O. Explique como o estudante poderia diferenciar os dois compostos usando a espectroscopia de absorção eletrônica na região do ultravioleta visível. Explique em termos de transições d-d, apresentando as mesmas, bem como a fórmula estrutural para cada composto.

Resolução

Trata-se do cátion ferroso ⇒ Fe^{2+}: d^6

Composto de coordenação A) $[Fe(CN)^6]^{4-}$ ⇒ campo forte, pelo menos 3 transições d-d (permitida por spin) possíveis e/ou MLCT (Metal to Ligand and Ligand to Metal Charge Transfer Bands).

Composto de coordenação B) $[Fe(H_2O)_6]^{2+}$ ⇒ campo fraco, 1 transição d-d (permitida por spin) possível.

Exemplo Aplicativo XLIX

(EXAME DE SELEÇÃO PARA O PROGRAMA DE PÓS-GRADUAÇÃO EM QUÍMICA DA UNIVERSIDADE FEDERAL DO CEARÁ) No jogo proposto por Mahanam et al. (J. Chem. Edu. 97 (2020) 4044-4048), conceitos de forças intermoleculares são explorados por meio de uma disputa entre estudantes. O princípio deste jogo consiste em cada jogador avaliar as propriedades de dois compostos químicos, cujas representações são feitas em cartas, que são escolhidas por um juiz, de forma aleatória. Cada carta representa uma molécula e inclui o seu nome, fórmula química, ponto de ebulição (à pressão atmosférica) e a estrutura de Lewis. A seguir são apresentadas três combinações de cartas com os pontos de ebulição omitidos. Identifique para cada combinação qual o composto que apresenta o maior ponto de ebulição e qual o tipo de interação predominante (ligação de hidrogênio, força dipolo-dipolo ou força de dispersão de London). Justifique sua resposta explicando o efeito das forças intermoleculares em cada caso.

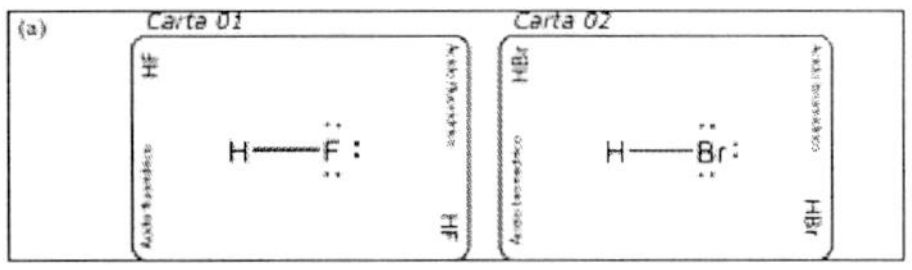

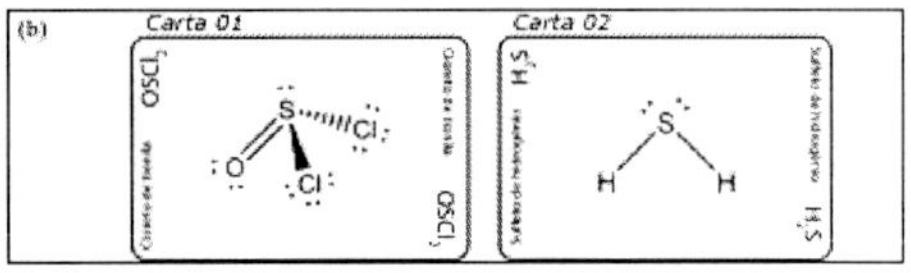

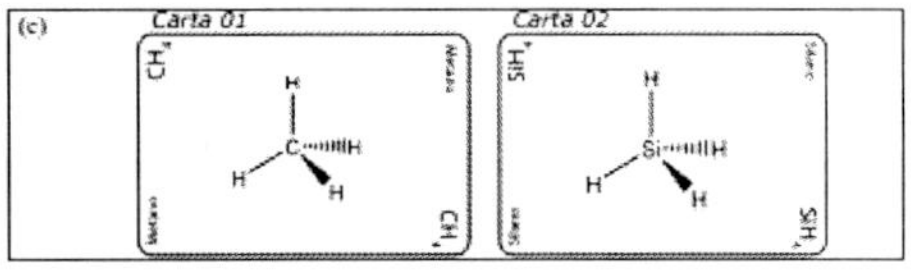

Resolução

Item a) Ponto de ebulição do (HF) é maior em comparação ao ponto de ebulição do (HBr); pelo fato do primeiro composto apresentar força intermolecular do tipo - ligação de hidrogênio.

Item b) Ponto de ebulição do ($OSCl_2$) é maior em copração ao ponto de ebulição do (H_2S); pelo fato do primeiro composto apresentar força intermolecular do tipo dipolo-dipolo.

Item c): Ponto de ebulição do (SiH_4) é maior em comparação ao ponto de ebulição do (CH_4); pelo fato do primeiro apresentar força intermolecular do tipo forças de dispersão de London.

Exemplo Aplicativo L

(EXAME DE SELEÇÃO PARA O PROGRAMA DE PÓS-GRADUAÇÃO EM QUÍMICA DA UNIVERSIDADE FEDERAL DO CEARÁ) Explique por que o ponto de ebulição do álcool etílico é maior que o do éter etílico, mesmo tendo a mesma fórmula molecular.

Resolução

Por mais que ambos os compostos orgânicos apresentem a mesma fórmula molecular (C_2H_6O), o álcool etílico é uma molécula orgânica com predominância polar, apresentando diante disso a interação do tipo dipolo-dipolo, além da interação ligação de hidrogênio. O éter etílico não possui ligações de hidrogênio, diante disso sua interação intermolecular apresenta menor intensidade entre as suas moléculas.

Exemplo Aplicativo LI

(PROGRAMA DE PÓS-GRADUAÇÃO EM QUÍMICA APLICADA – MESTRADO - UNIVERSIDADE ESTADUAL DE PONTA GROSSA)

a) O que é eletronegatividade e como ela está relacionada com o tipo de ligação formada?

b) Discuta os fundamentos das regras de Fajans.

c) Que tipo de ligação existe no HCl, CsCl, NH_3, CS_2 e $GeBr_4$?

Resolução

Item a) Eletronegatividade é uma propriedade periódica dos elementos químicos e foi criada com a finalidade de prever o comportamento químico dos elementos, independentemente do seu estado físico, uma vez que a energia de ionização e a afinidade eletrônica limitam ao estado gasoso a tendência que os átomos apresentam para participarem das reações químicas. A eletronegatividade é definida como a tendência de um átomo de uma determinada molécula em atrair elétrons para a sua direção. A eletronegatividade varia periodicamente na tabela periódica de maneira semelhante à energia de ionização, à afinidade eletrônica, ao raio atômico, além de depender também da configuração eletrônica do átomo.

ΔEn > 1,70 ⇒ ligação predominantemente iônica.

ΔEn < 1,70 ⇒ ligação predominantemente covalente.

Item b) Os fundamentos das regras de fajans podem ser listados a partir dos seguintes fundamentos:

- O caráter covalente aumenta ao diminuir o tamanho do cátion ou até mesmo, aumentar sua carga;

- O caráter covalente de uma determinada molécula aumenta ao aumentar o tamanho do ânion ou aumentar a sua carga;

- O caráter covalente é maior para uma configuração diferente de um gás nobre.

Item c)

HCl ⇒ ácido clorídrico ⇒ ligação covalente polar

CsCl ⇒ cloreto de césio ⇒ ligação iônica

NH_3 ⇒ amônia ou gás amoníaco ⇒ ligação covalente polar

CS_2 ⇒ sulfeto de carbono ⇒ ligação covalente polar

$GeBr_4$ ⇒ brometo de germânio ⇒ ligação covalente polar

Exemplo Aplicativo LII

(PROGRAMA DE PÓS-GRADUAÇÃO EM QUÍMICA APLICADA – MESTRADO - UNIVERSIDADE ESTADUAL DE PONTA GROSSA) Quais fatores fazem com que os compostos de metais de transição sejam coloridos?

Resolução

Compostos de metais de transição, tanto iônicos como covalentes dos metais de transição são coloridos e, isto se deve ao fato da presença de orbitais d para as transições eletrônicas que absorvem radiações na radiação do espectro. A partir da IUPAC, os elementos químicos que constituem os metais de transição são aqueles que apresentam o subnível d incompleto e, com isso, apresentam diferentes estados de oxidação.

Exemplo Aplicativo LIII

(PROGRAMA DE PÓS-GRADUAÇÃO EM QUMICA – UNIVERSIDADE ESTADUAL DE LONDRINA) No ano de 2023 comemoramos 100 anos das Teorias Ácido-Base de Brønsted-Lowry e de Lewis. Desta forma, responda as seguintes questões sobre ácidos e bases:
a) Definida ácidos e bases de Brønsted-Lowry.
b) Defina ácidos e bases de Lewis.
c) Considerando a definição de Brønsted-Lowry e os diferentes fatores que podem influenciar na força de ácidos e bases, indique qual dos ácidos a seguir é o mais forte: $HClO_3$ ou $HClO_4$. Justifique a sua resposta.
d) Identifique o ácido e a base Lewis na reação a seguir e justifique sua resposta. $C_2H_5OC_2H_5 + AlCl_3 \rightleftharpoons (C_2H_5)_2OAlCl_3$

Resolução

Item a)
Ácido de Brønsted-Lowry ⇒ toda espécie química que cede um cátion na forma de H^+.
Base de Brønsted-Lowry ⇒ toda espécie química que recebe um cátion na forma de H^+.

Item b)
Ácido de Lewis ⇒ toda espécie química que recebe um par de elétrons.
Base de Lewis ⇒ toda espécie química que cede um par de elétrons.

Item c) Quanto mais forte o ácido, mais fraca será a sua base conjugada. Analisando cada espécie química a partir das equações químicas, o ácido perclórico é o mais forte.

- Analisando o ácido perclórico: $\underbrace{HClO_{4(aquoso)}}_{\text{ácido de BL}} + \underbrace{H_2O_{(líquido)}}_{\text{base de BL}} \rightleftarrows \underbrace{ClO^-_{4(aquoso)}}_{\text{Base de BL}} + \underbrace{H_3O^+_{(aquoso)}}_{\text{Ácido de BL}}$

- Analisando o ácido clórico: $\underbrace{HClO_{3(aquoso)}}_{\text{ácido de BL}} + \underbrace{H_2O_{(líquido)}}_{\text{base de BL}} \rightleftarrows \underbrace{ClO^-_{3(aquoso)}}_{\text{Base de BL}} + \underbrace{H_3O^+_{(aquoso)}}_{\text{Ácido de BL}}$

Item d) Analisando a equação química proposta: $\underbrace{C_2H_5OC_2H_{5(aquoso)}}_{\text{Base de Lewis}} + \underbrace{AlCl_{3(aquoso)}}_{\text{Ácido de Lewis}} \rightleftarrows (C_2H_5)_2OAlCl_{3(aquoso)}$

PARTE IV

ESTUDO DAS SOLUÇÕES QUÍMICAS

Capítulo 1. Introdução ao Estudo das Soluções

Este capítulo enfatiza o estudo das soluções, levando em consideração sua classificação, características, propriedades e diferentes maneiras de calculá-las, fazendo relações com definições bastante comuns e corriqueiras, como, por exemplo, a ideia de soluto e de solvente, ou seja, da mistura homogênea, por exemplo, entre sal e água. Além dessas premissas apresentadas, este capítulo irá abordar a definição de solubilidade, termo muito importante para o ramo da engenharia química e principalmente da química, que ajuda a entender o comportamento de novas misturas, em diferentes proporções, estudando o limite em que estes componentes (solutos) podem ser dissolvidos.

Capítulo 2. Definição – Soluções

Você muito provavelmente já percebeu que, quando se agita ou mistura água com areia, ocorre uma mistura que se dispersa através da água. Porém, deixando o sistema em repouso, a areia forma uma camada muito nitidamente distinta sob a água. Nesse processo, tanto a água como a areia constituem uma dispersão do tipo heterogênea, também conhecida como *dispersão polifásica.*

Agora, levemos em consideração o cloreto de sódio (NaCl) e a água comum. Nesse caso, a dispersão pode ser considerada "perfeita", uma vez que após a mistura fica bastante complicada e ao mesmo tempo "impossível" de realizar a distinção do soluto (sal) pelo solvente (água). Assim, a mistura água e sal se caracteriza como uma mistura homogênea, também conhecida como *solução.*

Há, ainda, um terceiro grupo de dispersões, aparentemente homogêneo, mas que se trata, na verdade, de um processo polifásico, que apenas com o auxílio de aparelhos ópticos altamente desenvolvido como o MEV (Microscopia Eletrônica de Varredura) ou até mesmo de uma aparelhagem com maior precisão e resolução nas imagens, como o Microscópio Eletrônica de Transmissão (MET), pode ser detectado. Tal processo de dispersão é conhecido como *dispersões coloidais*, às vezes conhecidas como *pseudo-soluções,* Exemplos delas são o sangue, a clara de um ovo, leite, sorvete e gelatina.

A partir disso, definem-se *dispersões coloidais* ou *soluções coloidais* como um determinado sistema em que as partículas dispersas apresentam um diâmetro compreendido entre 10^{-4} e 10^{-7} centímetros, ou seja, as partículas são um verdadeiro agregado de moléculas definidas como micelas, ou moléculas que apresentam elevada massa molecular, como por exemplo, as proteínas.

Inúmeras literaturas definem soluções de maneira bem simples, porém sabe-se que definições simples podem tornar-se bastante complexas de serem externadas ou até mesmo explicadas. *Solução*, também conhecida como *solução verdadeira*, é uma mistura homogênea que possui uma composição única, apresentando uma uniformidade ao longo de sua extensão. Pode ser apresentada em qualquer fase, contendo mais de um componente, como por exemplo, uma solução constituída por água e etanol (H_2O + C_2H_5OH).

Analisando a solução através de uma visão termodinâmica, a variação da energia livre de Gibbs é espontânea ($dG < 0$), uma vez que a mistura fica homogênea, conforme mencionado. Quanto à entropia, sua tendência é aumentar, uma vez que, na mistura de duas substâncias (ou espécies químicas), o caos molecular é inteiramente estabelecido.

Capítulo 3. Classificação das Soluções

Antes de entrarmos na parte das relações de diferentes expressões matemáticas que representam diferentes formas de calcular as concentrações das soluções, entrando na área dos cálculos, a qual constitui, propriamente, o estudo das soluções, ou seja, dos tipos de soluções utilizadas, precisamos definir de maneira bem clara e objetiva o que significam os termos *soluto* e *solvente*. Define-se *soluto* como a substância que vai ser dissolvida na presença do solvente e *solvente* como a substância que vai dissolver o soluto.

Uma definição que não agrada muito ao autor é que o solvente é a espécie química que se encontra em maior quantidade, enquanto o soluto o componente ou espécie química que apresenta menor quantidade. O solvente mais utilizado em análises químicas em todas as áreas de pesquisas trata-se da água, que, com suas características e propriedades ímpares e reconhecidamente importantes, é definida como solvente universal. Na maioria das vezes, a quantidade de solvente é maior que a quantidade de soluto. É importante ressaltar que a distinção entre soluto e solvente é completamente arbitrária, e, quando conveniente, pode-se considerar o solvente como um dos constituintes presente em pequenas quantidades. Exemplo disso recai sobre o ácido sulfúrico (H_2SO_4) ou ácido nítrico concentrado (HNO_3), que apresenta 98% em massa, ou seja, 98 gramas de ácido sulfúrico ou ácido nítrico em 100 gramas de solução, sobrando, com isso, 2 gramas de solvente.

Existem muitos tipos de pares possíveis de soluto-solvente. A mistura gasosa apresentada pela Lei de Dalton, que estuda a mistura de sistemas gasosos, é um grande e importante exemplo da mistura homogênea dos gases.

Solução de um gás em outro gás ⟶ ar atmosférico;
Solução líquido em líquido ⟶ água e etanol;
Solução sólido em líquido ⟶ cloreto de sódio dissolvido em água e mercúrio;
Solução gás em sólido ⟶ gás hidrogênio dissolvido em paládio;
Solução sólido em sólido ⟶ cobre dissolvido em ouro.

3.1 Classificação das soluções quanto ao número de componentes

As soluções podem ser classificadas quanto ao número de componentes, apresentados da seguinte forma.

Soluções binárias: são soluções que apresentam dois componentes;

Soluções ternárias: são soluções que apresentam três componentes;

Soluções quaternárias: são soluções que apresentam quatro componentes.

3.2 Classificação das soluções quanto a presença ou não de íons

As soluções podem ser classificadas de duas formas diferentes, quanto à presença ou não de íons.

3.2.1 Soluções moleculares

São soluções também conhecidas como *soluções não-eletrolíticas*. Substâncias moleculares se dissolvem na presença de solventes, porém não ocasionam formação de íons presentes em solução. É possível também definir como sendo aquelas em que o soluto está sob a forma de molécula, formando diante disso soluções moleculares, que em geral são caracterizadas como substâncias covalentes. Esta solução se caracteriza pelo fato de não conduzir corrente elétrica. Um dos exemplos clássicos de solução molecular é a mistura de glicose e água, conforme pode ser observado no esquema a seguir:

$$C_6H_{12}O_{2(\text{sólido})} \overset{H_2O_{(\text{líquido})}}{\rightleftarrows} C_6H_{12}O_{2(\text{aquoso})}$$

É possível calcular o número de partículas do soluto em um determinado volume de solução molecular da seguinte maneira clássica, pelo número de mol.

1 mol de soluto ------------- $6{,}02 \times 10^{23}$ partículas (moléculas orgânicas)
n (mol) de soluto ----------- X

$X = n\ (mol) \times 6{,}02 \times 10^{23}$ moléculas de partículas moleculares.

3.2.2 Soluções iônicas

Conhecidas como *soluções eletrolíticas*, caracterizam-se por conduzir eletricidade. Um dos exemplos clássicos é a solução do cloreto de sódio (NaCl). Esse soluto, na presença de água, libera íons, sendo cátions $Na^{+}_{(aquoso)}$ e ânions $Cl^{-}_{(aquoso)}$, conforme pode ser observado na equação de dissociação apresentada a seguir:

$NaCl_{(sólido)} \longrightarrow Na^{+}_{(aquoso)} + Cl^{-}_{(aquoso)}$

Uma outra forma de apresentar a definição sobre soluções iônicas está no fato de que além de formar íons na presença de um solvente é que formam soluções iônicas com substâncias iônicas e algumas substâncias covalentes. O cálculo do número de partículas em uma solução iônica é feito tendo-se em vista que parte do soluto se dissocia na forma de íons. Devemos diante disso determinar qual o número de partículas de maneira teórica serão obtidas, a partir de uma molécula de soluto. Com isso uma molécula do tipo X_aY_b apresenta um grau de ionização conforme apresentado pela seguinte equação iônica:

$X_aY_{b(sólido)} \rightleftarrows aX^{+b}_{(aquoso)} + bX^{-a}_{(aquoso)}$

Como alfa (α) representa a fração da molécula que se dissociou, considerando-se uma única molécula na forma X_aY_b, temos a seguinte relação estequiométrica em que reagentes são consumidos enquanto produtos são formados.

$X_aY_{b(sólido)}$	$aX^{+b}_{(aquoso)}$	$bX^{-a}_{(aquoso)}$
$1 - \alpha$	$a.\ \alpha$	$b.\ \alpha$

Em que:

- $(1 - \alpha)$ = corresponde a fração de molécula que não sofreu dissociação iônica;
- $(a.\ \alpha)$ = fração de X^{+}, formada pelo processo de dissociação iônica;
- $(b.\ \alpha)$ = fração de Y^{-}, formada por dissociação iônica.

A partir de toda esta apresentação com relação ao número de mol total das partículas, representada pelo termo i, obtida a partir de uma molécula $X_aY_{b(sólido)}$, a expressão matemática é representada da seguinte forma: $\boxed{i = 1 + (n - 1).\ \alpha}$, em que o termo "n" corresponde ao somatório do número de cargas positivas e negativas. Este fator é conhecido como fator de correção de Van´t Hoff, e, representa o número total de partículas obtidas a partir de uma única molécula.

Se ocorrer a dissolução de uma quantidade (1 mol) de soluto $[X_aY_{b(sólido)}]$, teremos a seguinte relação estequiométrica:

1 molécula --------------------------- i partícula
$6{,}02 \times 10^{23}$ moléculas ------------ X
$X = 6{,}02 \times 10^{2} \times i$ partículas

Exemplo Aplicativo I

(GRILLO) O fator de Van´t Hoff para uma solução de nitrato de magnésio com concentração molar igual a 0,350 $mol.L^{-1}$ é igual a 2,44. Calcule o grau de dissociação e o número de partículas para o mesmo soluto.

Resolução

Equação de dissociação do nitrato de magnésio aquoso: $Mg(NO_3)_{2(aquoso)} \rightleftarrows Mg^{+2}_{(aquoso)} + 2NO_3^{-}{}_{(aquoso)}$

Número de cargas = 2 + 1 = 3

Cálculo do grau de dissociação (α), a partir do fator de correção de Van´t Hoff: $i = 1 + (n - 1) \times \alpha$

$1 + (3 - 1) \times \alpha = 2{,}44$

$\alpha = 0{,}72\ (72\%)$.

O grau de dissociação do nitrato de magnésio é igual a 72%.

Cálculo do número de partículas dissociadas: $X = 0{,}350\ \text{mol} \times 6{,}02 \times 10^{23} \times 2{,}44 = 5{,}14 \times 10^{23}$ partículas dissolvidas.

Capítulo 4. Estudo de Casos - Tipos de Concentração

Há diversas razões e finalidades para as quais cientistas, principalmente engenheiros químicos, químicos industriais e químicos, utilizam diversos tipos de concentrações de soluções. Alguns ainda são bastante utilizados e outros já não fazem mais parte das normas da IUPAC (International Union of Pure and Applied Chemistry). Vamos, a partir deste ponto, apresentar cada tipo de concentração, expondo, além da sua definição, a sua expressão matemática.

4.1 Concentração comum (C)

Também conhecida como concentração mássica, relaciona a razão entre a massa do soluto, geralmente em gramas, com o volume da solução, que geralmente está expresso em litros, embora essa não seja uma regra. A equação matemática que expressa a concentração comum é apresentada na equação 1:

$C = \frac{m_{soluto}}{V_{solução}}$ (Equação 1), em que C representa a concentração, m trata-se da massa do soluto e V corresponde ao volume da solução.

É muito importante salientar que a concentração comum não apresenta uma unidade fixa, conforme apresentado anteriormente, $g.L^{-1}$. Pode também ser expresso em outras unidades, como por exemplo: $kg.m^{-3}$; $kg.L^{-1}$; $g.cm^{-3}$; $g.m^{-3}$.

4.2 Densidade de solução (d)

É a razão da massa da solução pelo volume da solução. Conforme mencionado no item 4.1, em que apresentamos a concentração comum (C), a densidade de uma solução também não apresenta uma unidade fixa, podendo ser expressa em $kg.m^{-3}$; $kg.L^{-1}$; $g.cm^{-3}$; $g.m^{-3}$, conforme a conveniência do problema. A equação matemática que expressa a densidade da solução está apresentada abaixo, segundo a equação 2.

$d = \frac{m_{solução}}{V_{solução}}$ (Equação 2), em que d é a densidade da solução; $m_{solução}$ = massa da solução e $V_{solução}$ = volume da solução.

4.3 Concentração em quantidade de matéria

Já foi definida como *molaridade* e *concentração molar* (M), mas, atualmente, pelas determinações da IUPAC, é reconhecida pelo termo *concentração em quantidade de matéria*. Trata-se de umas concentrações mais importantes e utilizadas no mundo químico. É a razão entre o número de mol do soluto (n_{soluto}) pelo volume da solução ($V_{solução}$). A equação matemática que expressa a concentração em quantidade de matéria está representada pela equação 3 a seguir.

$$[soluto] = \frac{n_{soluto}}{V_{solução}} \quad \text{(Equação 3)}$$

Sabendo que o número de mol é definido como sendo a razão da massa pela massa molar, podemos reescrever a equação 3 da seguinte forma,

$$[soluto] = \frac{\frac{m_{soluto}}{<MM>_{soluto}}}{V_{solução}} = \frac{m_{soluto}}{<MM>_{soluto} \times V_{solução}} \quad \text{(Equação 4),}$$

Em que m_{soluto} é a massa do soluto; $<MM>_{soluto}$ = massa molecular do soluto e $V_{solução}$ = volume da solução.

Diferentemente da concentração comum e da densidade, apresentadas nos itens 4.1 e 4.2, respectivamente, a concentração da quantidade de matéria apresenta uma unidade fixa, que, de forma obrigatória, deve ser representada por $mol.L^{-1}$.

4.4 Relação entre a concentração da quantidade de matéria $[\text{soluto}]$ e a concentração comum (C)

Até o presente momento, já é possível realizar a primeira relação entre as concentrações. Esta será entre a concentração da quantidade de matéria e a concentração comum ou também conhecida como concentração mássica. Partindo da equação da concentração da quantidade de matéria e da concentração comum, apresentada através da equação 4 e pela equação 1, a relação entre a concentração da quantidade de matéria e a concentração comum está apresentada na equação 5 a seguir: $[\text{soluto}] = \frac{m_{\text{soluto}}}{<MM>_{\text{soluto}} \times V_{\text{solução}}}$ (Equação 4) e $C_{\text{mássica}} = \frac{m_{\text{soluto}}}{V_{\text{solução}}}$ (Equação 1), juntando ambas as equações matemáticas, temos a equação 5 apresentada a seguir: $[\text{soluto}] = \frac{C_{\text{mássica}}}{<MM>_{\text{soluto}}}$ (Equação 5), em que: $[\text{soluto}]$ representa a concentração da quantidade de matéria do soluto, C a concentração comum e $<MM>_{\text{soluto}}$ a massa molar do soluto.

É importante ressaltar que, para utilizar a equação 5, a unidade da concentração mássica passa a ser, de forma obrigatória, em gramas por litros, ou seja, $g.L^{-1}$.

4.5 Concentração Molal ou Molalidade ($\mathfrak{M}$)

Antigamente conhecida como *concentração molal*, a *molalidade* é definida como sendo a razão entre o número de mol do soluto pela massa em quilograma de solvente. Para esta obra, vamos utilizar a letra maiúscula $\mathfrak{M}$ para representar a molalidade. A equação matemática 6 a seguir apresenta a expressão da molalidade.

$$\mathfrak{M} = \frac{n_{\text{soluto}}}{m_{\text{solvente}}^{\text{kg}}}$$

(Equação 6), em que $\mathfrak{M}$ corresponde a concentração molal ou molalidade; n_{soluto} é o número de mols do soluto e m_{solvente} trata-se da massa de solvente em kg.

Importante ressaltar que há uma diferença muito peculiar entre a concentração em quantidade de matéria (M) e a molalidade ($\mathfrak{M}$). A primeira é expressa em função do volume, sendo este volume o da solução. Diante disso, um aumento ou diminuição da temperatura vai influenciar diretamente no processo de dilatação do líquido, o que resulta em uma mudança na concentração da quantidade de matéria. Já em relação à molalidade isso não ocorre, uma vez que a massa do solvente está fixada em quilogramas (kg), donde conclui-se que, para a molalidade, a temperatura não apresenta muita influência em comparação à concentração da quantidade de matéria. A molalidade é muito importante e empregada no estudo das propriedades coligativas.

4.6 Relação entre a molalidade ($\mathfrak{M}$) e a concentração da quantidade de matéria (M)

Da mesma forma que relacionamos a concentração da quantidade de matéria (M) com a concentração comum (C) no item 4.4, é também possível relacionar a concentração da quantidade de matéria com a molalidade, conforme podemos observar a seguir. Através da equação da concentração da quantidade de matéria, apresentada pela equação matemática 3, $[\text{soluto}] = \frac{n_{\text{soluto}}}{V_{\text{solução}}}$. Isolando na equação apresentada o número de mol do soluto, temos:

$$n_{\text{soluto}} = [\text{soluto}] \times V_{\text{solução}} \qquad \text{(Equação 7).}$$

Através da equação da molalidade, expressa pela equação 6, $\mathfrak{M} = \frac{n_{\text{soluto}}}{m_{\text{solvente}}^{\text{kg}}}$, e, isolando também o número de mol do soluto, conforme pode ser observado na equação 8 a seguir, $n_{\text{soluto}} = \mathfrak{M} \times m_{\text{solvente}}^{\text{kg}}$ (Equação 8).

Igualando o número de mol de cada equação representada pelas equações 7 e 8, teremos a seguinte equação matemática:

$$\mathbf{n_{soluto}} = [\text{soluto}].\, V_{\text{solução}} = \mathfrak{M}.\, m_{\text{solvente}}^{\text{kg}} = \mathbf{n_{soluto}}$$

Logo, a equação 9 irá apresentar a seguinte relação:

$$\mathfrak{M} = \frac{[\text{soluto}] \times V_{\text{solução}}}{m^{kg}_{\text{solvente}}}$$ (Equação 9).

4.7 Fração Molar

A fração molar que se trata de uma propriedade muito abordada no estudo das propriedades dos sistemas gasosos – Gases Ideais e Reais, vai apresentar a mesma ideia para o estudo das soluções. Diante disso, considere uma solução homogênea, que apresenta um soluto A e um solvente B. A fração molar de um determinado componente será definida como a razão do número de mol deste componente pelo número de mol total dos componentes existentes na solução. Por isso, podemos expressar a fração molar do soluto através da seguinte relação, representada pela equação 10:

$$X_A = \frac{n_A}{n_A + n_B}$$ (Equação 10).

Em relação ao solvente é expressa através da seguinte equação 11 a seguir,

$$X_B = \frac{n_B}{n_B + n_A}$$ (Equação 11).

De forma análoga ao que sempre é apresentado no estudo dos gases, a soma das frações molares de todos os componentes presentes na solução será igual a 1, conforme a equação 12 a seguir,

$$X_A + X_B = 1$$ (Equação 12).

A fração molar é adimensional e apresenta como valor o intervalo que compreende entre $0 < X < 1$.

4.8 Título

Trata-se de um tipo de concentração adimensional expressa em bases percentuais. Relaciona a quantidade de determinado componente (soluto) pelo seu total. Este tipo de concentração pode estar representado de duas formas apresentadas a seguir.

4.8.1 Título (%) - massa por massa (m/m)

Tipo de concentração em bases percentuais que relaciona a massa do soluto em função da massa da solução. Será apresentado um exemplo clássico de aplicação de maneira bem simples sobre título.

Exemplo: Suponha que um frasco de hidróxido de sódio presente em um laboratório tem rótulo apresentando os seguintes dizeres – "solução de NaOH 23% (m/m)". Esta informação significa que há 23 gramas de NaOH para cada 100 gramas de solução. A partir desta relação formada, podemos ver que a diferença de massa será a massa de solvente, ou seja:

$$m_{\text{solução}} = m_{\text{soluto}} + m_{\text{solvente}}$$

$$100\ g = 23\ g + m_{\text{solvente}}$$

$$m_{\text{solvente}} = 77\ g$$

4.8.2 Título (%) - volume por volume (v/v)

Tipo de concentração que relaciona o volume massa do soluto em função do volume da solução.

Exemplo: Suponha que um frasco de ácido sulfúrico esteja presente em um laboratório de analítica com o rótulo apresentando os seguintes dizeres – "solução de H_2SO_4 33% (v/v)".

Esta informação significa que há 33 mililitros de H_2SO_4 para cada 100 mililitros de solução. A partir desta relação formada, podemos ver que a diferença de volume para o solvente será igual a:

$$V_{\text{solução}} = V_{\text{soluto}} + V_{\text{solvente}}$$

A partir desta equação matemática apresentada acima, no estudo das soluções e na termodinâmica como um todo, o volume é uma das propriedades termodinâmicas que é aditiva, ou seja, o volume do soluto e o volume do solvente se somam resultando no volume da solução, conforme apresentado. Por isso, pela diferença, o volume do solvente será:

$$100 \text{ mL} = 33 \text{ mL} + V_{\text{solvente}}$$

$$V_{\text{solvente}} = 100 \text{ mL} - 33 \text{ mL} = 67 \text{ mL}$$

Antes de darmos prosseguimento a outras importantes definições com relação às concentrações químicas, faremos alguns exemplos aplicativos, apresentando a resolução passo a passo.

Exemplo Aplicativo II

(GRILLO) Um laboratório de análises físico-químicas, apresenta uma solução de ácido nítrico com 58,9% em massa e com densidade igual a 1,33 $g.cm^{-3}$. Calcule a concentração da quantidade de matéria desta solução ácida.

Resolução

Dados do problema:
58,9 gramas de HNO_3 / 100 gramas de solução
1,33 gramas de solução / 1 cm^3 de solução

Cálculo do volume da solução, a partir das informações apresentadas pelo problema:
1,33 gramas de solução ---------- 1 cm^3 de solução
100 gramas de solução ----------- $V_{\text{solução}}$
$V_{\text{solução}}$ = 75,19 cm^3 (75,19 x 10^{-3} dm^3)

Cálculo do número de mol (n) de hidróxido de sódio: $n_{HNO_3} = \frac{m_{HNO_3}}{<MM>_{HNO_3}} = \frac{58{,}9 \text{ g}}{63 \text{ g.mol}^{-1}} = 0{,}935 \text{ mol}$

Cálculo da concentração da quantidade de matéria do ácido nítrico:

$$[HNO_3] = \frac{n_{HNO_3}}{V_{\text{solução}}} = \frac{0{,}935 \text{ mol}}{75{,}19 \text{ x } 10^{-3} \text{L}} = 12{,}43 \text{ mol. L}^{-1}$$

Exemplo Aplicativo III

(U.S. NATIONAL CHEMISTRY OLYMPIAD) A solução aquosa de hidróxido de sódio apresenta 30% em massa e densidade igual a 1,33 $g.mL^{-1}$. Qual é a concentração molar de NaOH nesta solução?
a) 8,25
b) 9,98
c) 16,0
d) 33,2

Resolução

Alternativa B.

Informações fornecidas e interpretadas pelo problema:
30 gramas de NaOH / 100 gramas de solução
1,33 gramas de solução / 1 mL de solução

Cálculo do volume da solução ($V_{\text{solução}}$), a partir das informações apresentadas pelo enunciado:

1,33 gramas de solução ---------- 1 mL de solução
100 gramas de solução ----------- $V_{\text{solução}}$
$V_{\text{solução}}$ = 75,19 mL (75,19 x 10^{-3} L)

Cálculo do número de mol (n) de hidróxido de sódio:

$$n_{NaOH} = \frac{m_{NaOH}}{< MM >_{NaOH}} = \frac{30\ g}{40\ g.mol^{-1}} = 0{,}75\ mol$$

Cálculo da concentração da quantidade de matéria da solução de hidróxido de sódio:

$$[NaOH] = \frac{n_{NaOH}}{V_{solução}} = \frac{0{,}75\ mol}{75{,}19\ x\ 10^{-3} L} = 9{,}975\ mol.L^{-1}$$

Exemplo Aplicativo IV

(U.S. NATIONAL CHEMISTRY OLYMPIAD) Qual é a concentração molar de uma solução aquosa 0,500 $mol.kg^{-1}$ de nitrato de cálcio que apresenta 1,045 $g.mL^{-1}$ de densidade?

a) 0,483 $mol.L^{-1}$
b) 0,500 $mol.L^{-1}$
c) 0,522 $mol.L^{-1}$
d) 0,567 $mol.L^{-1}$

Resolução

Alternativa A.

Fórmula molecular do nitrato de cálcio: $Ca(NO_3)_2$, com $<MM>_{molar}$ = 164 $g.mol^{-1}$.

Cálculo da massa de nitrato de cálcio, a partir da molalidade ($\mathfrak{M}$):

$$\mathfrak{M} = \frac{n_{Ca(NO_3)_2}}{m^{(kg)}_{solvente}} = \frac{\left(\frac{m_{Ca(NO_3)_2}}{< MM >_{Ca(NO_3)_2}}\right)}{m^{(kg)}_{solvente}}$$

$$m_{Ca(NO_3)_2} = \mathfrak{M}\ x\ m^{(kg)}_{solvente}\ x < MM >_{Ca(NO_3)_2}$$

$$m_{Ca(NO_3)_2} = 0{,}500\ x\ 1\ x\ 164 - 82\ g$$

Cálculo da massa da solução: $m_{solução} = m_{soluto} + m_{solvente}$

$m_{solução}$ = 82 g + 1000 g

$m_{solvente}$ = 1082 g

Cálculo do volume da solução, a partir da densidade da solução:

1 mL de solução ---------- 1,045 gramas de solução
$V_{solução}$ ----------------------- 1082 gramas de solução
$V_{solução}$ = 1035,41 mL (1,035 L)

Cálculo da concentração da quantidade de matéria:

$$[Ca(NO_3)_2] = \frac{n_{Ca(NO_3)_2}}{V_{solução}} = \frac{0{,}500\ mol}{1{,}035\ L} = 0{,}483\ mol.L^{-1}$$

Exemplo Aplicativo V

(GRILLO) Uma solução de ácido bórico apresenta concentração inicial de 45% em massa. Calcule a massa de solvente (água) necessária que foi necessária para diluir esta solução, até chegar a 15% em massa (m/m).

Resolução

Informações relacionadas ao problema: Soluto = ácido bórico (H_3BO_3) e Solvente = água (H_2O).

Cálculo da massa de água adicionado (m_{H_2O}). A adição deste solvente será relacionada para uma concentração de 45%. Logo a proporção vai ficar da seguinte maneira:

$$\frac{45\ g}{(100\ g + m_{H_2O})} = \frac{15\ g}{100\ g}$$

$4500 = 1500 + 15.m_{H_2O}$

$$m_{H_2O} = \frac{(4500 - 1500)g}{15} = 200\ g$$

4.9 Concentração Normal ou Normalidade

A IUPAC deixou de considerar este tipo de concentração em seu "roteiro". A *concentração normal*, também conhecida como *normalidade*, foi muito utilizada em cálculos apropriados e específicos, principalmente em análises químicas em aspectos qualitativos e quantitativos, ou seja, nas cadeiras clássicas de Química, principalmente na área da Química Analítica Quantitativa, Analítica Qualitativa e Análise Instrumental. Trata-se de uma concentração que se baseia numa unidade química de massa definida como equivalente-grama. Define-se por *normalidade*, ou *concentração normal*, a relação entre a massa do soluto pelo produto entre o número de equivalente-grama (designado pela expressão eqg) pelo volume da solução, em litros, conforme se observa na equação matemática 13 a seguir:

$$N = \frac{m_{soluto}}{eqg.(V_{solução})} \quad \text{(Equação 13).}$$

Define-se *equivalente-grama* como a razão da massa molar pelo termo que chamaremos de x. Este termo pode variar conforme o soluto a ser estudado, principalmente os ácidos, hidróxidos e sais. Com isso, cada substância química vai apresentar um equivalente-grama específico. Resumindo, a *concentração normal* ou *normalidade* significa quantos equivalentes-grama há em um determinado volume de solução, em litros. A unidade da normalidade é designada por $eqg.L^{-1}$. O cálculo do número de equivalente-grama vai variar conforme o soluto a ser analisado. Por isso, analisaremos cada tipo de soluto para o seu cálculo.

- Cálculo do número de equivalentes-grama de um ácido: $Eqg_{ácido} = \frac{<MM>_{soluto}}{x}$, em que x representa o número de hidrogênios ionizáveis.

- Cálculo do número de equivalentes-grama de um hidróxido: $Eqg_{hidróxido} = \frac{<MM>_{soluto}}{x}$, em que x representa o número de hidroxilas dissociado.

- Cálculo do número de equivalentes-grama de um sal: $Eqg_{sal} = \frac{<MM>_{soluto}}{x}$, onde x representa o número da carga total do cátion, ou seja, o seu número de oxidação.

4.10 Relação entre a concentração normal (N) e a concentração da quantidade de matéria (M)

Desenvolvendo a equação 13 da normalidade, $N = \frac{m_{soluto}}{eqg.V_{solução}}$, e sabendo que o equivalente-grama é definido como sendo a relação entre a massa molar do soluto por x, a equação 13 fica da maneira apresentada pela equação 14,

$$N = \frac{m_{soluto}}{\left(\frac{<MM>_{soluto}}{x}\right).V_{solução}} \quad \text{(Equação 14).}$$

Através da equação da concentração da quantidade de matéria, apresentada pela equação 4, $[\text{soluto}] = \frac{m_{\text{soluto}}}{<MM>_{\text{soluto}} . V_{\text{solução}}}$. Então, a relação entre a normalidade e a concentração da quantidade de matéria está expressa pela equação 15, apresentada a seguir:

$N = [\text{soluto}].\, x$ (Equação 15).

Exemplo Aplicativo VI

(GRILLO) Calcule a normalidade, a molalidade e a concentração da quantidade de matéria de uma solução que apresenta 22% em massa (m/m) de cloreto de cálcio, sabendo que na temperatura do experimento, a densidade da solução é igual a 1,45 g.cm^{-3}.

Resolução

Dados do problema:

22 gramas de $CaCl_2$ / 100 gramas de solução
1,45 gramas de solução / 1 cm^3 de solução

Cálculo do volume da solução:

1,45 gramas de solução ---------- 1 cm^3 de solução
100 gramas de solução ----------- $V_{\text{solução}}$

$V_{\text{solução}}$ = 68,96 cm^3 (68,96 x 10^{-3} dm^{-3})

Cálculo do número de mol (n) de cloreto de cálcio:

$$n_{CaCl_2} = \frac{m_{CaCl_2}}{< MM >_{CaCl_2}} = \frac{22\text{ g}}{111\text{ g. mol}^{-1}} = 0{,}198\text{ mol}$$

Cálculo da concentração da quantidade de matéria:

$$\mathfrak{M} = \frac{n_{CaCl_2}}{V_{\text{solução}}} = \frac{0{,}198\text{ mol}}{68{,}96 \text{ x } 10^{-3}\text{L}} = 2{,}87\text{ mol. L}^{-1}$$

Cálculo da normalidade (N):

$$N = \frac{m_{CaCl_2}}{\text{eqg x } V_{\text{solução}}} = \frac{22}{\left(\frac{111}{2}\right) \text{ x } 68{,}96 \text{ x } 10^{-3}} = 5{,}74\text{ eqg. L}^{-1}$$

Segunda maneira do cálculo da normalidade ou também conhecida como concentração normal.

N = M.x, onde x é igual a +2, em que este número corresponde à carga total do cátion cálcio.

N = 2,87 mol.L^{-1} x 2 = 5,74 eqg.L^{-1}

Cálculo da massa do solvente: $m_{\text{solução}} = m_{\text{soluto}} + m_{\text{solvente}}$

100 g = 22 g + m_{solvente}

m_{solvente} = 78 g

Cálculo da molalidade ($\mathfrak{M}$):

$$\mathfrak{M} = \frac{n_{CaCl_2}}{m^{(kg)}_{solvente}} = \frac{0{,}198 \text{ mol}}{78 \text{ x } 10^{-3} \text{ kg}} = 2{,}54 \text{ mol. kg}^{-1}$$

Exemplo Aplicativo VII

(GRILLO) Uma solução de ácido sulfúrico, de densidade 1,25 g/mL, contém 33,33% de H_2SO_4. Expressar sua concentração em termos de fração molar, concentração da quantidade de matéria, molalidade e normalidade.

Resolução

Cálculo da concentração comum: $C = 10 \text{ x d x } (\%) = 10 \text{ x } 1{,}25 \text{ x } 33{,}33 = 416{,}6 \frac{g}{L}$

Cálculo da concentração da quantidade de matéria da solução de ácido sulfúrico:

$$[H_2SO_4] = \frac{C}{< MM >_{H_2SO_4}} = \frac{416{,}6 \frac{g}{L}}{98 \frac{g}{mol}} = 4{,}25 \frac{mol}{L}$$

Cálculo da concentração normal: $N = 4{,}25 \,.\, 2 = 8{,}50 \frac{eqg}{L}$

Sabendo que a relação entre a concentração da quantidade de matéria com a molalidade é dada por:

$[H_2SO_4] = \frac{n_{H_2SO_4}}{V_{solução}}$ e $\mathfrak{M} = \frac{n_{H_2SO_4}}{m^{(kg)}_{solvente}}$

$$\boxed{[H_2SO_4] \text{ x } V_{solução} = \mathfrak{M} \text{ x } m^{(kg)}_{solvente}}$$

Cálculo da massa de solvente: $m_{solução} = m_{soluto} + m_{solvente}$

$100 \text{ g} = 33{,}33 \text{ g} + m_{solvente}$

$m_{solvente} = 66{,}67 \text{ g } (66{,}67 \text{ x } 10^{-3} \text{ kg})$

Cálculo do volume da solução:

1,25 gramas de solução ---------- 1 mL de solução
100 gramas de solução ----------- $V_{solução}$

$V_{solução} = 80 \text{ mL } (80 \text{ x } 10^{-3} \text{ L})$

Cálculo da molalidade, a partir da relação entre a própria molalidade com a concentração da quantidade de matéria.

$$[H_2SO_4] \text{ x } V_{solução} = \mathfrak{M} \text{ x } m^{(kg)}_{solvente}$$

$$4{,}25 \text{ x } 0{,}0080 = \mathfrak{M} \text{ x } 0{,}06667$$

$$\mathfrak{M} = 0{,}510 \frac{mol}{kg}$$

Cálculo do número de mol do ácido sulfúrico e da água:

$$n_{H_2SO_4} = \frac{33{,}33}{98} = 0{,}340 \text{ mol}$$

$$n_{H_2O} = \frac{66{,}67}{18} = 3{,}70 \text{ mol}$$

Cálculo da fração molar da solução de ácido sulfúrico: $X_{H_2SO_4} = \frac{n_{H_2SO_4}}{n_{H_2SO_4}+n_{H_2O}} = \frac{0{,}340 \text{ mol}}{0{,}340 \text{ mol}+3{,}70 \text{ mol}}$

4.11 Concentração em partes por milhão (ppm) e partes por bilhão (ppb)

Há situações em que a quantidade de soluto é bastante diminuta e, por isso, podemos expressar concentrações bem específicas, definidas como partes por milhão (ppm), ou ainda mais diminuta, em partes por bilhão (ppb). Dependendo da conveniência do problema, o ppm (parte por milhão) ou o ppb (parte por bilhão) pode ser expresso em massa, e, com isso, é possível relacionar da seguinte maneira:

- 1 grama de soluto / 1 milhão de gramas de solução (10^6 g);
- 1 grama de soluto / 1 bilhão de gramas de solução (10^9 g).

Caso o problema esteja apresentado em função do volume, a relação fica da seguinte maneira:

- 1 mL de soluto / 1 milhão de mL de solução (10^6 mL);
- 1 L de soluto / 1 bilhão de L de solução (10^9 L).

Resumindo, podemos colocar as relações de ppm e ppb da seguinte maneira:
1 ppm ⟶ 1 parte de soluto em 10^6 partes de solução;
1 ppb ⟶ 1 parte de soluto em 10^9 partes de solução.

Exemplo Aplicativo VIII

(NSTITUTO TECNOLÓGICO DA AERONÁUTICA) 1,7 toneladas de amônia vazaram e se espalharam uniformemente em certo volume da atmosfera terrestre, a 27°C e 760 mmHg. Medidas mostraram que a concentração da amônia neste volume da atmosfera era de 25 partes por milhão, em volume, de ar. O volume da atmosfera contaminada por essa quantidade de amônia em m^3, de:
a) $0{,}9 \times 10^2$
b) $1{,}0 \times 10^2$
c) $2{,}0 \times 10^7$
d) 10×10^7
e) 25×10^8

Resolução

Alternativa D.

Dados do problema: 25 ppm, ou seja, 25 partes de amônia/10^6 partes de ar e sabendo que 760 mmHg corresponde a uma atmosfera.

Cálculo do volume de amônia, considerando o gás com comportamento ideal:

$$\left(\frac{760}{760}\right) \text{x } V_{NH_3} = \left(\frac{1{,}70 \text{ x } 10^6}{17}\right) \text{x } 0{,}08206 \text{ x } 300$$

$$V_{NH_3} = \left(\frac{1{,}70 \text{ x } 10^6}{17}\right) \text{x } 0{,}08206 \text{ x } 300 = 2{,}46 \text{ x } 10^6 \text{ L}$$

Cálculo do volume de ar contaminado pela amônia:
25 litros de NH_3 -------------------- 10^6 litros de ar
2,46 x 10^6 litros de NH_3 ---------- V_{ar}
V_{ar} = 9,85 x 10^{10} litros

Este volume corresponde a aproximadamente $10{,}0 \times 10^7$ m^3 ($1{,}0 \times 10^8$ m^3).

Capítulo 5. Processo de Diluição em Soluções

É bastante frequente que se adicione mais solvente para que a concentração da solução diminua. O processo de adicionar solvente a uma solução, tornando-a menos concentrada e consequentemente mais diluída, sendo definido como diluição.

Considere a adição de uma massa fixa (m) de um determinado soluto na presença de um solvente, apresentando uma solução com volume 1 (V_1). Através da equação 3, que representa a equação matemática da concentração da quantidade de matéria, temos: $[\text{soluto}] = \frac{n_{\text{soluto}}}{V_{\text{solução}}}$. Isolando o número de mol do soluto da equação acima, temos:

$$(n_{\text{soluto}})_1 = M_1 . V_1 \qquad \text{(Equação 16)}$$

Adicionando mais solvente nesta solução, designado por V_2, o volume final ficará da seguinte maneira, representado pela equação 17 a seguir.

$$(n_{\text{soluto}})_2 = M_2 . (V_1 + V_2) \qquad \text{(Equação 17)}$$

A quantidade de matéria de soluto durante o processo permaneceu constante, logo o número de mol da situação 1 é igual ao da situação 2, conforme apresentado na equação 18 abaixo:

$$\boxed{(\mathbf{n_{soluto}})_1} = M_1 . V_1 = M_2 . (V_1 + V_2) = \boxed{(\mathbf{n_{soluto}})_2} \qquad \text{(Equação 18)}$$

Observa-se que o volume da situação 2 será o volume da situação 1, adicionado ao volume do solvente.

A equação 18 pode também ser relacionada em função da concentração comum, através da seguinte expressão matemática, indicada pela equação 19.

$$C_1 . V_1 = C_2 . (V_1 + V_2) \qquad \text{(Equação 19)}$$

Capítulo 6. Processo de Mistura de Mesmo Soluto

No processo de mistura com mesmo soluto, não envolvendo reação química, é possível racionar de forma idêntica à apresentada no item 5, processo de diluição em soluções, para a determinação da concentração final.

Considere dois recipientes, A e B, com a adição do mesmo soluto, com massas distintas, apresentando n_A e n_B, ou seja, número de mol do soluto A e número de mol do soluto em B, respectivamente. Sendo o volume total o somatório dos volumes das soluções A e B, (V_A + V_B), a equação se apresentará como a seguir: $n_{TOTAL} = n_A + n_B$

$$M_{TOTAL}.\, V_{TOTAL} = M_A.V_A + M_B.V_B$$

$$M_{TOTAL}.\, (V_A + V_B) = M_A.V_A + M_B.V_B \qquad \text{(Equação 20)}$$

A equação 20 também pode ser relacionada em função da concentração comum, através da seguinte expressão matemática, apresentada pela equação 21.

$$C_{TOTAL}.\, (V_A + V_B) = C_A.V_A + C_B.V_B \qquad \text{(Equação 21)}$$

O exemplo aplicativo IX e X apresentam a mistura de mesmo soluto.

Exemplo Aplicativo IX

(INSTITUTO MILITAR DE ENGENHARIA) Determinar os volumes, em litros, de HCl (N/2) e de HCl (N/10), que devemos misturar para obtermos 2 litros de solução (N/5).

Resolução

O problema leva em consideração o processo de mesma mistura Mistura de mesmo soluto. $HCl_{(1)} + HCl_{(2)} \rightarrow HCl_{(3)}$

Equação (1): $V_1 \times N_1 + V_2 \times N_2 = V_{TOTAL} \times N_{TOTAL}$

Equação (1): $V_1 \times \frac{N}{2} + V_2 \times \frac{N}{10} = 2 \times \frac{N}{5}$

Equação (2): $V_1 + V_2 = 2$

Desenvolvendo a equação (1), o sistema pode ser reescrito da seguinte forma:

Equação (1): $5 \times V_1 + V_2 = 4$

Equação (2): $V_1 + V_2 = 2$

Resolvendo o sistema que compõe as equações (1) e (2), será necessário isolar V_2, através da equação (2) e substituindo na equação (1), temos:

$V_2 = 2 - V_1$

Substituindo V_2 na equação (1), temos: $5 \times V_1 + (2 - V_1) = 4$

$5.V_1 - V_1 + 2 = 4$

V_1 = 0,50 litros, consequentemente, V_2 = 1,50 litros.

Exemplo Aplicativo X

(PROGRAMA DE PÓS-GRADUAÇÃO EM QUÍMICA – UNIVERSIDADE FEDERAL DE PELOTAS) Um laboratorista necessita preparar uma solução 0,0160 mol x L^{-1} de HBr a partir do reagente comercial (HBr 48,0% (pp), densidade de 1,50 g x mL^{-1}). Que volume desse reagente (em mL) será necessário para preparar 250 mL de tal solução?

Resolução

Cálculo da concentração da quantidade de matéria do ácido bromídrico para a situação inicial:

$$[\mathrm{HBr}] = \frac{10 \text{ x } 48{,}0 \text{ x } 1{,}50}{81} = 8{,}89\,\frac{\mathrm{mol}}{\mathrm{L}}$$

Cálculo do volume da solução para a situação inicial:

$$[\mathrm{HBr}]_{\mathrm{inicial}} \text{ x } V_{\mathrm{inicial}} = [\mathrm{HBr}]_{\mathrm{final}} \text{ x } V_{\mathrm{final}}$$

$$8{,}89\,\frac{\mathrm{mol}}{\mathrm{L}} \text{ x } V_{\mathrm{inicial}} = 0{,}0160\,\frac{\mathrm{mol}}{\mathrm{L}} \text{ x } 250 \text{ mL}$$

$$V_{\mathrm{inicial}} = 450 \text{ mL}$$

Capítulo 7. Processo de Mistura de Solutos Distintos

A mistura de soluções com solutos distintos é regida com a presença de uma reação química, caracterizando um processo estequiométrico, relacionado com o número de mol. A partir do número de mol, e sabendo que se trata do produto da concentração da quantidade de matéria (M) com o volume da solução ($V_{solução}$), é possível calcular o volume ou a concentração da quantidade de matéria de outros participantes, ou até mesmo alguma outra propriedade, como a pressão, volume e temperatura de um gás que esteja interagindo com a solução. Importante ressaltar que o item 7 é de extrema relevância para o princípio básico da técnica da titulação, estudo este definido como *titulometria*, sendo muito significativo para a Química Analítica.

O processo de titulometria é uma das medições abordadas principalmente na Química Analítica, que realiza a medição de quantidades de reagentes a partir dos volumes das soluções que reagem entre si. A operação química laboratorial consiste em uma bureta, onde se encontra a solução que será titulada, e em um erlenmeyer, onde há um volume (V) de outra solução que definiremos como solução-problema. A esta solução, adicionaremos um indicador, que, na grande maioria dos casos, é a fenolftaleína. Quando a solução que se encontra na bureta é gotejada de forma bastante cuidadosa sobre a solução-problema, chegará um momento que haverá uma mudança de cor no indicador. A partir dessa virada, fecha-se a torneira da bureta e observa-se o volume gasto da solução titulada consumida. Diante disso, são conhecidos o volume e a concentração da quantidade em matéria da solução presente na bureta, além do volume da solução problema, podendo-se, a partir disso, calcular a concentração da quantidade de matéria da solução problema. Os exemplos aplicativos apresentados a seguir são exemplos clássicos que propõem a mistura de dois solutos diferentes, caracterizando uma reação química.

Exemplo Aplicativo XI

(GRILLO) Calcule o volume de sulfeto de hidrogênio, medido na pressão de 675 mmHg a uma temperatura de 37°C, quando este gás reage com hidróxido de potássio que apresenta um volume igual a 375 cm³ e concentração molar igual a 0,250 mol.L^{-1}.

Resolução

Equação química que representa a reação entre o sulfeto de hidrogênio na presença de uma solução de hidróxido de potássio:

$H_2S_{(gás)} + 2KOH_{(aquoso)} \longrightarrow K_2S_{(aquoso)} + 2H_2O_{(líquido)}$

Através da equação química apresentada acima, temos a seguinte relação estequiométrica, entre o sulfeto de hidrogênio e a solução aquosa de hidróxido de potássio:

1 mol de H_2S --------- 2 mol de KOH
n_{H2S} --------------------- n_{KOH}

Considerando que o sulfeto de hidrogênio apresenta comportamento ideal: $n_{KOH} = 2 \text{ x } n_{H_2S}$

$$M_{KOH} \text{ x } V_{solução} = 2 \text{ x} \left\{\frac{p.V_{H_2S}}{R.T}\right\}$$

$$0{,}250 \text{ x } 0{,}375 \text{ x } 10^{-3} = 2 \text{ x} \left\{\frac{\left(\frac{675}{760}\right) \text{x } V_{H_2S}}{0{,}08206 \text{ x } (37 + 273)}\right\}$$

$$V_{H_2S} = 1{,}34 \text{ x } 10^{-3} \text{ L}$$

Exemplo Aplicativo XII

(GRILLO) Considere a neutralização de 15,5 mL de uma solução de ácido clorídrico por meio de uma solução de hidróxido de cálcio 0,55 mol.L^{-1}, em que a viragem ocorre, na presença de um indicador, quando são gastos 22,50 mL de hidróxido. Determine a concentração da quantidade de matéria da solução de ácido.

Resolução

Equação química que representa a reação de neutralização entre o ácido clorídrico e hidróxido de cálcio:

$2HCl_{(aquoso)} + Ca(OH)_{2(aquoso)} \longrightarrow CaCl_{2(aquoso)} + 2H_2O_{(líquido)}$

Através da reação química, temos a seguinte relação estequiométrica entre a solução de ácido clorídrico com hidróxido de cálcio:

2 mol de HCl ---------- 1 mol de $Ca(OH)_2$

$n_{ácido}$ --------------------- n_{base}

$n_{ácido} = 2 \times n_{base}$

Cálculo da concentração da quantidade de matéria do ácido clorídrico, a partir da relação estequiométrica apresentada pela equação química.

$$[HCl] \text{ x } V_{solução} = 2 \text{ x } [Ca(OH)_2] \text{ x } V_{solução}$$

$$[HCl] \text{ x } 15{,}5 \text{ mL} = 2 \text{ x } 0{,}55 \text{ x } 22{,}50$$

$$[HCl] = 1{,}60 \text{ mol.L}^{-1}$$

Exemplo Aplicativo XIII

(CONCURSO PÚBLICO FEDERAL – ENGENHARIA QUÍMICA) Em uma titulação de neutralização de 25 mL de HCl 0,5 M por uma solução de NaOH 1,0 M serão gastos:

a) 50 mL
b) 12,5 mL
c) 25 mL
d) 10 mL
e) 0,12 mL

Resolução

Alternativa B.

Equação química que representa a reação de neutralização total entre o ácido clorídrico e hidróxido de sódio:

$HCl_{(aquoso)} + NaOH_{(aquoso)} \longrightarrow NaCl_{(aquoso)} + H_2O_{(líquido)}$

Através da equação química apresentada, temos a seguinte relação estequiométrica entre as soluções reagentes:

1 mol de HCl ---------- 1 mol de NaOH

$n_{ácido}$ --------------------- n_{base}

$n_{ácido} = n_{base}$

Cálculo da concentração do volume da solução alcalina, a partir da relação estequiométrica:

$$[HCl] \text{ x } V_{solução} = [NaOH] \text{ x } V_{solução}$$

$$0{,}50 \text{ x } 25{,}0 \text{ mL} = 1{,}0 \text{ x } V_{solução}$$

$$V_{solução} = 12{,}25 \text{ mL}$$

Exemplo Aplicativo XIV

(CONCURSO PÚBLICO FEDERAL – ENGENHARIA QUÍMICA) Em um laboratório de química titularam-se 25 mL de uma solução de ácido acético de concentração 0,2 mol/l com uma solução de hidróxido de sódio de concentração de 0,05 mol/l. qual foi o volume da solução de hidróxido de sódio utilizado?

a) 200 mL
b) 150 mL
c) 100 mL
d) 50 mL
e) 25 mL

Resolução

Alternativa C.

Equação química entre o ácido acético na presença de hidróxido de sódio: $C_2H_4O_{2(aquoso)}$ + $NaOH_{(aquoso)}$ ⟶ $C_2H_3O_2Na_{(aquoso)}$ + $H_2O_{(líquido)}$

Pela relação estequiométrica, temos:

1 mol de ácido acético ----- 1 mol de NaOH
$n_{ácido}$ --------------------------- n_{base}
$n_{ácido} = n_{base}$

Cálculo da concentração do volume da solução alcalina, a partir da relação estequiométrica:

$$[C_2H_4O_2] \text{ x } V_{solução} = [NaOH] \text{ x } V_{solução}$$

$$0{,}20 \text{ x } 25{,}0 \text{ mL} = 0{,}05 \text{ x } V_{\substack{solução \\ alcalina}}$$

$$V_{\substack{solução \\ alcalina}} = 100{,}0 \text{ mL}$$

Capítulo 8. Estudo da Solubilidade

A solubilidade está diretamente associada à capacidade de dissolver a natureza de um determinado soluto, através da presença de um solvente. Vários fatores devem ser levados em consideração quando há formação de uma solução, havendo a interação soluto – solvente. Mas, em geral, quando um soluto, que chamaremos de X, for misturado com um solvente, que chamaremos de Y, é preciso levar em consideração três atrações, que são as seguintes:

a) A interação atrativa entre o soluto, ou seja, X – X;

b) A interação atrativa entre o solvente, ou seja, Y – Y;

c) A interação atrativa entre o soluto e o solvente, ou seja, X – Y.

Observando as interações destacadas pelas letras a, b e c, verifica-se que uma mistura não é um processo tão simples como achávamos, havendo ruptura e formação de novas ligações, tudo ocorrendo entre soluto e solvente.

Uma das regras, escrevo regra e não lei, antigas e bem explícitas apresentas pela Química, mas que não serve para todos os casos, é o seguinte: *"Semelhante dissolve semelhante".*

Essa regra afirma que, se o solvente apresentar características apolares, seu processo de dissolução irá ocorrer em moléculas também apolares. O mesmo ocorre para solventes polares, que irão dissolver solutos polares. Por isso, um dos experimentos simples e clássicos, refere-se à observação de se tentar misturar, dissolver óleo na presença de água. Isso ocorre pelo fato de a molécula de água apresentar forte interação entre suas ligações, o que é causado pelas ligações hidrogênio (H – O) e pela fraca atração entre as moléculas de água para as moléculas de óleo.

Imagine que coloquemos uma quantidade de água e de óleo em um recipiente. A mistura entre esses componentes na batedeira, devido à forte agitação, vai gerar uma distribuição uniforme das moléculas de óleo perante a água, Isso porque as moleculas de água separam as interações das moléculas de óleo. Pelo fato de as moléculas de água apresentarem forte atração uma pelas outras, a água tende a se coalescer, ou seja, a molécula de água tende a se juntar novamente, e, por isso, não ocorrerá uma mistura homogênea, mas sim, haverá duas fases distintas, caracterizando uma mistura heterogênea.

8.1 Fatores que influenciam a solubilidade

Os principais fatores que influenciam a solubilidade são os seguintes:

- A natureza tanto do soluto quanto do solvente, pois conhecer tais componentes é importante para a determinação da solubilidade.

- Efeito da temperatura. Esse efeito é bem mais característico e observado em relação à interação sólido-líquido e gás-líquido.

- Efeito da pressão. Fazendo uma comparação com os outros dois fatores apresentados, o efeito da pressão apresenta pequena influência sobre a solubilidade, fator preponderante em soluções com a presença de gases.

8.2 Classificação da solubilidade

O estudo da solubilidade está dividido em três situações. Ela pode ser classificada como *solução saturada*, *solução insaturada* e *solução supersaturada*.

Define-se como *solução saturada* o processo dado quando a concentração do soluto for igual a sua solubilidade, ou seja, a quantidade de um determinado soluto dissolvido é igual ao limite de sua solubilidade. Já a solução será definida como *insaturada* quando a concentração do soluto for menor que a concentração de equilíbrio. E, por fim, a solução é dita *supersaturada*, restrita para algumas substâncias, quando uma certa quantidade de soluto dissolvida na presença de um solvente é maior que o seu limite de solubilidade. O estudo desses três tipos de situação é evidenciado em determinados gráficos bem característicos, definidos como *curvas de solubilidade*. Tais curvas são gráficos que relacionam o coeficiente de solubilidade de um determinado composto em função da temperatura. Nessas curvas características, na maioria das vezes, no eixo das abscissas, as temperaturas estão expressas em graus Celsius (°C) e, no eixo das ordenadas, está expressa a quantidade de soluto contida em 100 gramas de solvente, que, em sua grande maioria, trata-se da água.

Vamos organizar melhor cada definição entre soluto e solvente quanto à proporção entre eles e seus diferentes tipos de solução?

Vamos que vamos!

8.2.1 Solução Saturada

São soluções que contêm a quantidade máxima de soluto dissolvida em uma quantidade fixa de solvente sob uma determinada pressão e temperatura determinada, havendo diante disso um sistema estável entre soluto e solvente. Um exemplo clássico está na interação da água como solvente de maneira gradativa em pequenas quantidades de cristais de açúcar, estando sob pressão e temperatura constante. Após um determinado tempo de interação soluto-solvente, verifica-se que ocorre um instante em que a quantidade de soluto (açúcar) não se dissolve mais, havendo deposição no fundo do recipiente e que neste momento a solução se encontra saturada.

8.2.2 Solução Diluída

São soluções que contêm uma quantidade de soluto que ainda comporta apreciavelmente quantidade de soluto quando comparada com a solução saturada correspondente. Um exemplo clássico de uma solução diluída pode ser apresentado com uma quantidade de 15,0 gramas de sacarose na presença de um litro de solvente (água).

8.2.3 Solução Concentrada

São soluções que contêm uma quantidade de soluto que comporta apenas uma pequena quantidade de soluto quando comparada com a solução saturada correspondente. Um exemplo clássico de uma solução concentrada pode ser apresentado com uma quantidade de 290,0 gramas de sacarose na presença de um litro de solvente (água).

8.2.4 Solução Supersaturada

São soluções que contêm uma quantidade de soluto com maior quantidade comparada à solução saturada correspondente, havendo a formação de um sistema instável. Com métodos laboratoriais, uma simples agitação de uma solução contida em um béquer ou até mesmo a adição de soluto provoca o fenômeno físico da precipitação do excesso.

8.3 Coeficiente e curvas de solubilidade

Uma das formas mais utilizada no estudo das soluções está na sua representação através de curvas, definido como curvas de solubilidade. Nestas curvas de solubilidade que na sua grande maioria relaciona a curva de solubilidade de uma substância é o gráfico que apresenta a variação do coeficiente de solubilidade com relação à temperatura. A solubilidade ou também conhecido coeficiente de solubilidade de uma determinada substância no estado sólido é na maioria das vezes bastante dependente da temperatura. A partir destas curvas de solubilidade é possível determinar o coeficiente de solubilidade.

Define-se coeficientes de solubilidade como a maior quantidade de um determinado soluto em estudo que pode ser dissolvido em uma determinada quantidade de solvente para uma temperatura constante.

A Figura 1 abaixo apresenta de uma forma resumida as curvas de solubilidade para duas substâncias, sendo a curva ascendente representada pelo nitrato de potássio (KNO_3) e de uma curva descendente de sulfato de sódio (Na_2SO_4).

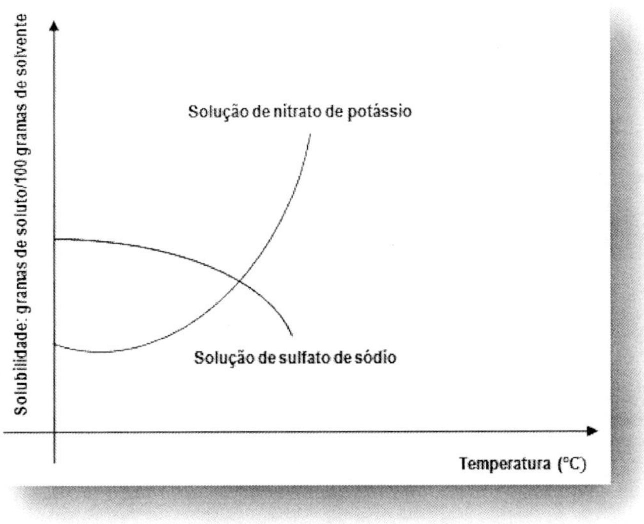

Figura 1 – Curva de solubilidade de dois sais: nitrato de potássio e sulfato de sódio.

No estudo da solubilidade, curvas ascendentes são definidas como curvas endotérmicas, absorvendo calor do meio externo, conforme pode ser observado com a solução de nitrato de potássio, enquanto curvas descendentes são definidas como curvas exotérmicas, liberando calor para o meio, como apresentado com relação à solução de sulfato de sódio.

8.4 Estudo da Solubilidade de gases em líquido

Foi a partir de observações realizadas pelo médico e cientista William Henry (1775 – 1836), que no ano de 1802, que este notável químico estudou experimentos sobre as quantidades de gases que serão absorvidos por diferentes solventes, sendo a principal a água (H_2O). Seu estudo estava atrelado à experimentos sobre as quantidades de gases absorvidas pela água em diferentes pressões (p) e temperatura (T).

A lei de Henry afirma que a solubilidade de um determinado gás na presença de um líquido é diretamente proporcional à pressão parcial do gás. A constante de proporcionalidade ou também conhecida como a constante de Henry (k_H) é altamente dependente do gás, ou seja, para cada gás há um valor característico com relação a siua natureza.

Os valores da constante de henry estão apresentados na tabela 1 a seguir, referente a soluções formadas por gases constituídos por átomos isolados (gases nobres), ou por moléculas apolares dispersas em um solvente polar, como por exemplo, a água, a uma dada temperatura.

Tabela 1. Tabela da constante de Henry para gases em água a 20°C.

GÁS CARACTERÍSTICO	$k_H\ (\frac{mol}{L\ x\ atm})$
Ar atmosférico	$7,90 \times 10^{-4}$
Ar	$1,50 \times 10^{-3}$
CO_2	$2,30 \times 10^{-2}$
He	$3,70 \times 10^{-4}$
H_2	$8,50 \times 10^{-4}$
Ne	$5,0 \times 10^{-4}$
N_2	$7,0 \times 10^{-4}$
O_2	$1,30 \times 10^{-3}$

Fixando dois parâmetros termodinâmicos, sendo a temperatura (T) e o tipo de solvente, é possível perceber que a magnitude do valor da constante de Henry é bastante dependente da intensidade das forças intermoleculares presente em átomos ou moléculas do gás e moléculas do líquido, sendo que as forças predominam as do tipo dipolo-permanente e dipolo-induzido, conforme pode ser observado na tabela 1.

A representação da lei de Henry em bases matemáticas está apresentada na seguinte equação 22 a seguir:

$$\boxed{S_{gás} = k_H \, x \, p_{gás}} \qquad \text{(Equação 22).}$$

Importante deixar claro que a unidade da solubilidade é a mesma que a concentração da quantidade de matéria (mol x L^{-1}), enquanto a pressão do gás é expressa em atmosferas (atm). Além disso, observa-se que a solubilidade dos gases é inversamente proporcional à temperatura, como é possível perceber e observar o aparecimento de bolhas quando a água fria é exposta a um ambiente morno, e a partir desta observação é possível escrever a seguinte relação destacada a seguir:

$$\boxed{S_{gás} \; \alpha \frac{1}{T}}$$

O exemplo aplicativo XV apresenta a forma como a solubilidade de gases em líquidos pode ser apresentada em questões analíticas.

Exemplo Aplicativo XV

A solubilidade do nitrogênio puro no sangue à temperatura corporal (37°C) e pressão de 1 atm é 6,2 x 10^{-4} mol x L^{-1}. Calcule a concentração de nitrogênio no sangue de um mergulhador que está a uma profundidade em que a pressão é de 2,50 atm, considerando que o ar é composto de 78% de nitrogênio e 22% de oxigênio.

Resolução

Para a determinação da solubilidade de gás nitrogênio no sangue, será necessário calcular a constante de henry para uma pressão de 1 atm.

$$S_{N_2} = K_H \, x \, p$$

$$K_H = \frac{6{,}20 \, x \, 10^{-4} \frac{mol}{L}}{1 \, atm} = 6{,}20 \, x \, 10^{-4} \frac{mol}{L \, x \, atm}$$

Cálculo da pressão parcial de gás nitrogênio para uma pressão total igual a 2,50 atm.

$$P_{N_2} = X_{N_2} \, x \, p_{total}$$

$$P_{N_2} = 0{,}78 \, x \, 2{,}50 = 1{,}95 \, atm$$

Cálculo da solubilidade de gás nitrogênio, para uma pressão parcial de gás nitrogênio igual a 1,95 atm

$$S_{N_2} = K_H \, x \, p$$

$$S_{N_2} = 6{,}20 \, x \, 10^{-4} \frac{mol}{L \, x \, atm} \, x \, 1{,}95 \, atm = 1{,}21 \, x \, 10^{-3} \frac{mol}{L}$$

Capítulo 9. Teoria de Debye-Huckel e o Estudo do Coeficiente de Atividade Termodinâmico

Para entendermos esta teoria tão complexa, que se trata da teoria de Debye-Huckel é muito importante deixar claro que todos os cálculos teóricos desenvolvidos para os coeficientes de atividades termodinâmicas são e estão baseados na teoria de Debye-Huckel.

A modelagem termodinâmica é de extrema importância no estudo de sistemas químicos e biológicos. Desde que estes notáveis químicos, Petrus Josephus Wilhelmus Debye e Erich Armand Anthur Joseph Huckel, propuseram sua teoria no ano de 1923 e Huckel o estendeu para incluir os efeitos da energia de Bohr em 1925. Cabe ressaltar que neste mesmo ano, 1923, Johannes Nicolaus Bronsted e Thomas Martin Lowry, propuseram de maneira independente o conceito de "ácido e base de Bronsted-Lowry" no estudo das soluções com características ácidas e básicas.

O coeficiente de atividade é uma grandeza termodinâmica, com caráter puramente empírico. A teoria de Debye-Huckel explica a origem do coeficiente de atividade iônica, permitindo o seu cálculo em soluções iônicas diluídas.

Para a teoria de Debye-Huckel, assume-se que os íons presentes na solução se comportam como cargas isoladas com um valor de uma constante dielétrica igual ao do solvente em que se encontram. A lei de Debye-Huckel é conhecida como uma lei limite pelo fato de ser bastante aplicada para soluções químicas bastante diluídas, ou seja, baixa concentração da quantidade de matéria.

Para um determinado solvente em uma dada temperatura, a lei de Debye-Huckel afirma que o logaritmo decimal do coeficiente de atividade médio de uma solução eletrolítica varia de maneira linear com as propriedades da solução segundo a seguinte equação 23 apresentada a seguir.

$$\log(\gamma^{+}) = -A \times |z_1 \times z_2| \times \sqrt{I} \qquad \text{(Equação 23)},$$

Em que I corresponde a força iônica ($I < 0{,}001$ mol x L^{-1}), z_1 e z_2 são as cargas formais dos íons presentes em solução, e a letra maiúscula A trata-se de uma constante, que para a temperatura de 25°C (298,15 K) seu valor corresponde a 0,509.

A equação 22 também pode ser escrita da seguinte maneira, conforme apresentada na equação 24 a seguir:

$$\log(\gamma^{\pm}) = -\overbrace{\left[\frac{(2\pi \bar{N} \rho_0)^{\frac{1}{2}}}{2{,}303} \times \left(\frac{e^2.\bar{N}}{10.D.R.T}\right)^{\frac{3}{2}}\right]}^{A} \times z_1^2 \times \sqrt{I} \qquad \text{(Equação 24)}.$$

A quantidade entre colchetes, apresentada na equação acima, é formada por constantes universais e também pelas propriedades D e ρ_0 do sovente, na temperatura T estudada. Portanto, para um dado solvente em uma temperatura constante, esta quantidade é uma constante, sendo representada pela letra maiúsciula A, conforme apresentado na equação 23.

Assim, para a água a 25°C, D igual a 78,54, ρ_0 = 0,997, T = 298,15 K, o valor do A passa a ser igual a 0,509. Não há método experimental que permita determinar o coeficiente de atividade de uma única espécie iônica, o que para todos os métodos conhecidos e estudados fornecem o valor fornecem o valor médio para os dois íons presentes do eletrólito.

A equação 23 é conhecida como a *"Lei limite de Debye-Huckel"*, pois devido as aproximações e hipóteses realizadas no decorrer do curso para a sua dedução, esta equação regida por esta lei somente é válida para soluções muito diluídas.

Analisando uma comparação com os valores experimentais, é verificado que para forças iônicas maiores que 0,001 mol x L^{-1}, a lei de Debye-Huckel passa a ser inválida, havendo a necessidade de dar para a equação de Debye-Huckel uma forma mais condizente, com a necessidade de inserir dois novos termos, designados pela letra minúscula a e letra maiúscula B, conforme pode ser apresentado a seguir, equação 25.

$$\log(\gamma^{\pm}) = -\frac{A \times |z_1 \times z_2| \times \sqrt{I}}{1 + a.B.\sqrt{I}} \qquad \text{(Equação 25)}.$$

Esta equação 23 é utilizada para soluções em que a força iônica é menor que 0,10 mol x L^{-1}, ou seja, $I < 0{,}10$ mol x L^{-1}.

O termo a, presente na equação 25 corresponde a um parâmetro ajustável medido em ângstrom (Å), correspondente ao diâmetro de um íon hidratado. Já o B, trata-se de uma constante altamente dependente da temperatura, além de ser uma constante dielétrica do solvente, apresentando um valor de 0,33 para T = 25°C da água.

Para moléculas não ionizadas de espécies não carregadas, gases à pressão de 1,0 bar é levado em consideração que os coeficientes de atividade são unitários, ou seja, a = 1.

9.1 Atividade e coeficiente de atividade

A atividade de uma substância iônica é definida como sendo igual ao produto da concentração em mol por 1000 g de solvente (concentração molal) pelo fator de correção, que se trata do coeficiente de atividade, $\gamma^{\pm}$. Em soluções mais concentradas, o soluto não obedece à lei de Henry, de modo que a atividade de uma solução é expressa pelo seguinte produto, conforme a equação 24, apresentada a seguir.

$$\text{atividade (a)} = \text{coeficiente de atividade x molalidade}\left(\frac{\text{mol}}{\text{kg}}\right)$$

$$a = \gamma^{\pm} \text{ x } \mathcal{M} \qquad \text{(Equação 24)}$$

O coeficiente de atividade mede o desvio em relação ao comportamento que o soluto teria, caso cumprisse a Lei de Henry na concentração considerada.

É importante evidenciar que, o processo sendo conduzido à temperatura constante, o coeficiente de atividade é função da concentração, porém se aproxima da unidade quando a concentração se aproxima de um valor nulo (zero), ou seja:

$$\lim_{m \to 0} \gamma^{\pm} = 0$$

$$\lim_{m \to 0} a = \text{molalidade}$$

É muito importante deixar claro que os dois parâmetros (concentração e temperatura) citados anteriormente são funções termodinâmicas dependentes do coeficiente de atividade. Diante disso, o coeficiente de atividade é uma função termodinâmica diretamente relacionada com a temperatura e a concentração, exceto para soluções diluídas, sendo determinado de forma experimental, ou seja, sendo determinada em uma bancada de laboratório.

Caso a substância seja um gás, sua atividade é igual a sua fugacidade que, sob pressão próxima de 1 atmosfera, pode ser substituída pela pressão parcial. Caso a substância A seja um sólido, sua atividade será por convenção igual a um ($a_{\text{sólido}} = 1$).

Apresentando um exemplo direto na aplicação da atividade iônica a partir da equação de Nernst, será levada em consideração a semirreação de oxidação do zinco, conforme se vê a seguir.

$Zn_{(\text{sólido})} \longrightarrow Zn^{2+}_{(\text{aquoso})} + 2e^-$

$$E = E° - \left(\frac{0{,}0592}{n}\right) \text{x} \log\left\{\frac{a^2_{Zn^{+2}}}{a_{Zn}}\right\}$$

$$E = E° - \left(\frac{0{,}0592}{2}\right) \text{x} \log\left\{\frac{a^2_{Zn^{+2}}}{\underbrace{a_{Zn}}_{=1}}\right\}$$ ou em função do logaritmo neperiano, conforme apresentado a seguir:

$$E = E° - \frac{R \text{ x } T}{n \text{ x } F} \text{x} \ln\left\{\frac{a^2_{Zn^{+2}}}{a_{Zn}}\right\}$$

$$E = E° - \frac{R \text{ x } T}{2F} \text{x} \ln\left\{\frac{a_{Zn^{+2}}}{\underbrace{a_{Zn}}_{=1}}\right\}$$

Exemplo Aplicativo XVI

(GRILLO) Calcule o potencial exato, a partir das atividades iônicas, para a semirreação da célula de zinco em uma solução em que a concentração molal é igual a 0,01 mol x kg^{-1} de cloreto de zinco, sendo o coeficiente de atividade igual a 0,71.

Resolução

Equação de dissociação da solução saturada de cloreto de zinco: $ZnCl_{2(sólido)} \rightarrow Zn^{+2}_{(aquoso)} + 2Cl^{-}_{(aquoso)}$

Cálculo da atividade do zinco cátodo, Zn^{+2}: $a_{Zn^{+2}} = \gamma^{\pm} \text{ x } \mathcal{M}_{Zn^{+2}}$

$$a_{Zn^{+2}} = \gamma^{\pm} \text{ x } \mathcal{M}_{Zn^{+2}}$$

$$a_{Zn^{+2}} = 0{,}71 \text{ x } 0{,}01 = 0{,}0071$$

Sabendo que o potencial de redução do zinco é igual a $Zn^{+2}_{(aquoso)} + 2e^{-} \rightarrow Zn_{(sólido)}$ $\qquad E^{0}_{Redução} = -0{,}763 \text{ V}$

Aplicando a equação de Nernst para esta semirreação de redução:

$$E = E^{\circ} - \frac{R \text{ x } T}{n \text{ x } F} \text{ x } \ln\left\{\frac{\overbrace{a_{Zn}}^{1}}{a_{Zn^{+2}}}\right\}$$

$$E = -0{,}763 - \frac{8{,}314 \text{ x } 298}{2 \text{ x } 96500} \text{ x } \ln\left\{\frac{1}{0{,}0071}\right\} = -0{,}826 \text{ V}$$

Exemplo Aplicativo XVII

(OLIMPÍADA PARAENSE DE QUÍMICA) Quanto será a fem da célula de Daniell a 298K para concentrações de $CuSO_4$ e $ZnSO_4$ iguais a 0,50 mol x L^{-1} e 0,10 mol x L^{-1}, respectivamente. Qual deveria ser a fem se fossem utilizadas atividades em vez de concentrações? Os valores de γ^{+} para o $CuSO_4$ e o $ZnSO_4$ em suas respectivas concentrações são 0,068 e 0,15, respectivamente.

a) 1,125 V; 1,115 V
b) 0,115 V; 0,215 V
c) 1,515V; 1,575V
d) 0,115V; 1,125V
e) 0,15V; 0,10V

Resolução

Alternativa A.

Semirreação - cobre: $Cu^{+2}_{(aquoso)} + 2e^{-} \longrightarrow Cu_{(s)}$ $\qquad E° = +0{,}34$ V
Semirreação - zinco: $Zn^{+2} + 2e^{-} \longrightarrow Zn$ $\qquad E° = -0{,}76$ V

Cálculo da força eletromotriz padrão (E°), invertendo a segunda semirreação:

$Zn_{(sólido)} \longrightarrow Zn^{+2}_{(aquoso)} + \cancel{2e^{-}}$	$\Delta G° = -2 \text{ x F x } (+0{,}76)$
$Cu^{+2}_{(aquoso)} + \cancel{2e^{-}} \longrightarrow Cu_{(sólido)}$	$\Delta G° = -2 \text{ x F x } (+0{,}34)$ +
$Zn_{(sólido)} + Cu^{+2}_{(aquoso)} \longrightarrow Zn^{+2}_{(aquoso)} + Cu_{(sólido)}$	$\Delta G° = -2 \text{ x F x } E°$

Cálculo do potencial padrão total do sistema eletroquímico:

$$\cancel{-2 \text{ x F}} \text{ x } E° = \cancel{-2 \text{ x F}} \text{ x } (+0{,}76) + [\cancel{-2 \text{ x F}} \text{ x } (+0{,}34)]$$

$$E° = +\,0{,}76 + 0{,}34 = +\,1{,}10 \text{ V}$$

Cálculo da força eletromotriz levando em consideração que as concentrações sejam iguais a $[Zn^{+2}_{(aq)}] = 0{,}10 \text{ mol. L}^{-1}$ e $[Cu^{+2}_{(aq)}] = 0{,}50 \text{ mol. L}^{-1}$.

Aplicando a equação de Nernst, em função da concentração da quantidade de matéria:

$$E = E^0 - \frac{R \times T}{n \times F} \times \ln\left\{\frac{a_{Cu} \times [Zn^{+2}]}{a_{Zn} \times [Cu^{+2}]}\right\}$$

$$E = 1{,}10 - \frac{8{,}314 \times 298}{2 \times 96500} \times \ln\left\{\frac{1 \times 0{,}10}{1 \times 0{,}50}\right\} = +1{,}121\ V$$

Analisando e calculando as atividades químicas:

$$a_{Zn^{+2}} = \gamma^{\pm} \times [Zn^{+2}] = 0{,}15 \times 0{,}10 = 0{,}015$$

$$a_{Cu^{+2}} = \gamma^{\pm} \times [Cu^{+2}] = 0{,}068 \times 0{,}50 = 0{,}034$$

Cálculo do potencial eletroquímico fora das condições padrões: $E = E^0 - \frac{R \times T}{n \times F} \times \ln\left\{\frac{a_{Cu} \times a_{Zn^{+2}}}{a_{Zn} \times a_{Cu^{+2}}}\right\}$

$$E = 1{,}10 - \frac{8{,}314 \times 298}{2 \times 96500} \times \ln\left\{\frac{1 \times 0{,}015}{1 \times 0{,}034}\right\}$$

$$E = 1{,}10 - \frac{2477{,}572}{193000} \times \ln\left\{\frac{0{,}015}{0{,}034}\right\} = +1{,}105\ V$$

Exemplo Aplicativo XVIII

(GRILLO) A solubilidade do cloreto de prata na presença de água para T = 25°C é igual a 1,274 x 10^{-5} mol x dm^{-3}. Levando em consideração a lei de Debye-Huckell seja aplicada, determine a variação da energia livre de gibbs para a temperatura indicada.

Resolução

Equação de dissociação do cloreto de prata: $AgCl_{(sólido)} \rightarrow Ag^+_{(aquoso)} + Cl^-_{(aquoso)}$

$$1\ mol\ de\ AgCl_{(sólido)} --- 1\ mol\ de\ Ag^+_{(aquoso)} --- 1\ mol\ de\ Cl^-_{(aquoso)}$$

Cálculo da força iônica para a solução de cloreto de prata: $I = \frac{1}{2} \times \left\{[Ag^+] \times z^2_{Ag^+} + [Cl^-] \times z^2_{Cl^-}\right\}$

$$I = \frac{1}{2} \times \{1{,}274 \times 10^{-5} \times (1)^2 + 1{,}274 \times 10^{-5} \times (1)^2\} = 1{,}274 \times 10^{-5}$$

Cálculo do coeficiente de atividade médio ($\gamma_{\pm}$): $\log \gamma_{\pm} = -0{,}509 \times \sqrt{I} \times |z_{Ag^+} \times z_{Cl^-}|$

$$\log \gamma_{\pm} = -0{,}509 \times \sqrt{1{,}274 \times 10^{-5}} \times |1 \times (-1)|$$

$$\log \gamma_{\pm} = -0{,}00182$$

$$\gamma_{\pm} = 0{,}996$$

Cálculo das atividades termodinâmicas para cada íon:

$$a_{Ag^+} = \gamma^{\pm} \times [Ag^+] = 0{,}996 \times 1{,}274 \times 10^{-5} = 1{,}269 \times 10^{-5}$$

$$a_{Cl^-} = \gamma^{\pm} \times [Cl^-] = 0{,}996 \times 1{,}274 \times 10^{-5} = 1{,}269 \times 10^{-5}$$

Expressão da constante do produto de solubilidade: $K_{ps} = a^1_{Ag^+} \times a^1_{Cl^-}$

$$K_{ps} = a^1_{Ag^+} \times a^1_{Cl^-}$$

$$K_{ps} = (1{,}269 \times 10^{-5})^2 = 1{,}61 \times 10^{-10}$$

Cálculo da variação da energia livre de Gibbs padrão: $\Delta G^0 = -R \times T \times \ln K_{ps}$

$$\Delta G^0 = -8{,}314 \times 298 \times \ln(1{,}61 \times 10^{-10}) = \boxed{+55868{,}29\ J\ (+55{,}87\ kJ)}$$

Exemplo Aplicativo XIX

(GRILLO) Uma solução de sulfato de potássio apresenta coeficiente de atividade médio igual a 0,88, a partir da lei de Debye-Huckell. A partir das informações apresentadas, calcule a massa de sulfato de potássio na presença de 250 g de água como solvente. Além do cálculo da massa, determine também as atividades dos íons, a constante do produto de solubilidade e a variação da energia livre de Gibbs padrão.

Resolução

Equação de dissociação do sulfato de potássio: $K_2SO_{4(sólido)} \rightarrow 2K^+_{(aquoso)} + SO^{-2}_{4(aquoso)}$

$$1\ mol\ de\ K_2SO_{4(sólido)} --- 2\ mol\ de\ K^+_{(aquoso)} --- 1\ mol\ de\ SO^{-2}_{4(aquoso)}$$

Cálculo da força iônica para a solução de sulfato de potássio a partir da equação de Debye-Huckell.

$$\log \gamma_\pm = -0{,}509 \times \sqrt{I} \times \left| z_{K^+} \times z_{SO_4^{-2}} \right|$$

$$\log(0{,}88) = -0{,}509 \times \sqrt{I} \times |1 \times (-2)|$$

$$\sqrt{I} = \frac{\log(0{,}88)}{-0{,}509 \times 2}$$

$$\sqrt{I} = -0{,}05453$$

$$I = 2{,}97 \times 10^{-3}$$

Cálculo da molalidade da solução de sulfato de potássio.

$$1\ mol\ de\ K_2SO_{4(sólido)} --- 2\ mol\ de\ K^+_{(aquoso)} ---- 1\ mol\ de\ SO^{-2}_{4(aquoso)}$$
$$\mathcal{M} ------------ 2\mathcal{M} ------------ \mathcal{M}$$

Cálculo da força iônica: $I = \frac{1}{2} \times \left\{ \mathfrak{M}_{K^+} \times z^2_{K^+} + \mathfrak{M}_{SO_4^{-2}} \times z^2_{SO_4^{-2}} \right\}$

$$I = \frac{1}{2} \times \{2\mathcal{M} \times (+1)^2 + (-2)^2 \times \mathcal{M}\} = 3\mathcal{M}$$

Cálculo da molalidade a partir da relação com a força iônica:

$$I = 3\mathcal{M}$$

$$3\mathcal{M} = 2{,}97 \times 10^{-3}$$

$$\mathcal{M} = 9{,}90 \times 10^{-4}\ \frac{mol}{kg}$$

Cálculo da massa de sulfato de potássio, a partir da molalidade:

$$\frac{\frac{m_{sal}}{< MM >_{sal}}}{m^{H_2O}_{solvente}} = 9{,}90 \text{ x } 10^{-4}\,\frac{mol}{kg}$$

$$\frac{\frac{m_{sal}}{(39 + 14 + 48)}}{0{,}250} = 9{,}90 \text{ x } 10^{-4}\,\frac{mol}{kg}$$

$$m_{sal} = 101 \text{ x } 0{,}250 \text{ x } 9{,}90 \text{ x } 10^{-4} = 0{,}025 \text{ g}$$

Cálculo das atividades termodinâmicas para cada íon:

$$a_{K^+} = \gamma^{\pm} \text{ x } \mathfrak{M}_{K^+} = \gamma^{\pm} \text{ x } 2\mathcal{M} = 0{,}88 \text{ x } 2 \text{ x } 9{,}90 \text{ x } 10^{-4} = 1{,}742 \text{ x } 10^{-3}$$

$$a_{SO_4^{-2}} = \gamma^{\pm} \text{ x } \mathfrak{M}_{SO_4^{-2}} = \gamma^{\pm} \text{ x } \mathcal{M} = 0{,}88 \text{ x } 9{,}90 \text{ x } 10^{-4} = 8{,}71 \text{ x } 10^{-4}$$

Expressão e cálculo da constante do produto de solubilidade: $K_{ps} = a^2_{K^+} \text{ x } a^1_{SO_4^{-2}}$

$$K_{ps} = (1{,}742 \text{ x } 10^{-3})^2 x\, 8{,}71 \text{ x } 10^{-4} = 2{,}64 \text{ x } 10^{-9}$$

Cálculo da variação da energia livre de Gibbs padrão: $\Delta G^0 = -R \text{ x } T \text{ x} \ln K_{ps}$

$$\Delta G^0 = -8{,}314 \text{ x } 298 \text{ x } \ln(2{,}64 \text{ x } 10^{-9}) = \boxed{+48933{,}59 \text{ J } (+48{,}93 \text{ kJ})}$$

Exemplo Aplicativo XX

(GRILLO) O coeficiente de atividade médio de uma solução de ácido sulfúrico correspondente a 0,010 mol x kg^{-1} é igual a 0,544. A partir das informações apresentadas, calcule o valor aproximado da atividade iônica média.

Resolução

Equação de ionização da solução de ácido sulfúrico: $H_2SO_{4(aquoso)} \rightarrow 2H^+_{(aquoso)} + SO^{-2}_{4(aquoso)}$

Analisando a relação e proporção estequiométrica para a solução de ácido sulfúrico:

$$1 \text{ mol de } H_2SO_{4(aquoso)} - - - - - 2 \text{ mol de } H^+_{(aquoso)} - - - - - 1 \text{ mol de } SO^{-2}_{4(aquoso)}$$
$$0{,}010\,\frac{mol}{kg} \text{ de } H_2SO_{4(aquoso)} - - - 0{,}020\,\frac{mol}{kg} \text{ de } H^+_{(aquoso)} - - - 0{,}010\,\frac{mol}{kg} \text{ de } SO^{-2}_{4(aquoso)}$$

Cálculo da molalidade média:

$$\mathcal{M}_{\pm} = \left[\mathcal{M}_+^{\lambda^+} \text{ x } \mathcal{M}_-^{\lambda^-}\right]^{\frac{1}{\lambda^+ + \lambda^-}}$$

$$\mathcal{M}_{\pm} = [(0{,}020)^2 \text{x } (0{,}020)^1]^{\frac{1}{2+1}}$$

$$\mathcal{M}_{\pm} = 1{,}587 \text{ x } 10^{-2}\,\frac{mol}{kg}$$

Cálculo da atividade média da solução de ácido sulfúrico:

$$a = \gamma^{\pm} \text{ x } \mathcal{M}_{\pm}$$

$$a = 0{,}544 \text{ x } 1{,}587 \text{ x } 10^{-2} = 8{,}63 \text{ x } 10^{-3}$$

Exemplo Aplicativo XXI

(GRILLO) Uma solução 0,020 mol x kg^{-1} de nitrato de magnésio apresenta coeficiente de atividade médio para T = 25°C é igual a 0,130. A partir das informações apresentadas, determine e calcule o que se pede nos seguintes itens a seguir.

a) a força iônica.
b) a concentração molal média.
c) a atividade de cada íon.
d) a atividade iônica média do composto.

Resolução

Equação de dissociação para a solução de nitrato de magnésio: $Mg(NO_3)_{2(aquoso)} \rightarrow Mg^{+2}_{(aquoso)} + 2NO^{-}_{3(aquoso)}$

Analisando a relação e proporção estequiométrica para a solução de nitrato de magnésio:

$$1 \text{ mol de } Mg(NO_3)_{2(aquoso)} ------1 \text{ mol de } Mg^{+2}_{(aquoso)} ------2 \text{ mol de } NO^{-}_{3(aquoso)}$$

$$0{,}020\frac{mol}{kg} \text{de} Mg(NO_3)_{2(aquoso)} ---- 0{,}020\frac{mol}{kg} \text{ de } Mg^{+2}_{(aquoso)} ---- 0{,}040\frac{mol}{kg} \text{ de } NO^{-}_{3(aquoso)}$$

Item a) Cálculo da força iônica para a solução de nitrato de magnésio, a partir da equação de Debye-Huckel:

$$\log \gamma_{\pm} = -0{,}509 \text{ x } \sqrt{I} \text{ x } \left| z_{K^+} \text{ x } z_{SO_4^{-2}} \right|$$

$$\log(0{,}130) = -0{,}509 \text{ x } \sqrt{I} \text{ x } |2 \text{ x } (-1)|$$

$$\sqrt{I} = \frac{\log(0{,}130)}{-0{,}509 \text{ x } 2}$$

$$I = 0{,}757$$

Item b) Cálculo da molalidade média para a solução de nitrato de magnésio:

$$\mathcal{M}_{\pm} = \left[\mathcal{M}_{+}^{\lambda^+} \text{ x } \mathcal{M}_{-}^{\lambda^-}\right]^{\frac{1}{\lambda^+ + \lambda^-}}$$

$$\mathcal{M}_{\pm} - [(0{,}020)^1 \text{x } (0{,}040)^2]^{\frac{1}{1+2}}$$

$$\mathcal{M}_{\pm} = 31{,}75 \text{ x } 10^{-3}\frac{mol}{kg}$$

Item c) Cálculo da atividade termodinâmica para o cátion magnésio:

$$a_{Mg^{+2}} = \gamma^{\pm} \text{ x } \mathfrak{M}_{Mg^{+2}} = 0{,}130 \text{ x } 0{,}020 = 2{,}60 \text{ x } 10^{-3}$$

Cálculo da atividade termodinâmica para o ânion nitrato:

$$a_{NO_3^-} = \gamma^{\pm} \text{ x } \mathfrak{M}_{NO_3^-} = 0{,}130 \text{ x } 2 \text{ x } 0{,}020 = 5{,}20 \text{ x } 10^{-3}$$

Cálculo da atividade para a solução de nitrato de magnésio:

$$a_{Mg(NO_3)_2} = a_{Mg^{+2}} \text{ x } \left(a_{NO_3^-}\right)^2 = 7{,}0 \text{ x } 10^{-8}$$

Capítulo 10. Estudo do Fator de Van´T Hoff para Soluções Iônicas

No século XIX, Van´t Hoff e Raoult perceberam que, em soluções com concentrações da quantidade de matéria igual, as soluções ditas eletrolíticas apresentavam efeitos coligativos distintos e com valores maiores, comparados com soluções não eletrolíticas (moleculares).

A solução para tirar e estudar esta diferença veio em 1883/1884 por Svante Arrhenius, com o seu estudo de tese de doutorado, exposto pela primeira vez, ***princípios da teoria da dissociação eletrolítica***. Arrhenius foi duramente criticado, pois, naquela época, prevalecia a ideia de que partículas carregadas somente seriam formadas através de soluções eletrolíticas.

Entretanto, Van´t Hoff e Raoult observaram que partículas iônicas ficam divididas em íons. O número de partículas proporciona um aumento nos efeitos coligativos bastante considerável.

Podemos dar como exemplo a seguinte situação: considere duas soluções, designadas pelas letras A e B. A solução A apresenta um litro de glicose em solução. Com isso, podemos concluir que há 6,02 x 10^{23} moléculas de glicose. Lembrando que, para soluções moleculares, não temos dissociações iônicas.

A solução B apresenta um litro de cloreto de sódio em solução. Para este processo, temos a seguinte equação de dissociação:

$NaCl_{(aquoso)} \longrightarrow Na^{+}_{(aquoso)} + Cl^{-}_{(aquoso)}$.

Assim podemos concluir que há 6,02 x 10^{23} íons de cátions sódio (Na^+) e 6,02 x 10^{23} íons de ânions cloreto (Cl^-).

Como consequência, nas mesmas condições expostas em ambas as soluções, um litro de solução aquosa de cloreto de sódio irá apresentar todos os efeitos coligativos (tonoscopia, ebulioscopia, crioscopia e osmometria) em dobro daqueles apresentados também em um litro de solução de glicose (solução molecular). Desse modo, Van´t Hoff estudou e determinou um fator de correção para qualquer efeito coligativo e que diferencia soluções moleculares e iônicas, denominado como fator de Van´t Hoff, designado pela letra i.

10.1 Determinação da expressão da fórmula do fator de Van´t de Hoff (i)

Considere um sal iônico do tipo X_aY_b. Sua reação de dissociação fica da seguinte maneira: $X_aY_{b(aquoso)} \longrightarrow aX^{+b}_{(aquoso)} + bY^{-a}_{(aquoso)}$. Considerando como base de cálculo igual a 1 mol no estado inicial de $X_aY_{b(aq)}$.

	$X_aY_{b(aquoso)}$	$\rightleftarrows$	$aX^{+b}_{(aquoso)}$	$bY^{-a}_{(aquoso)}$
Início	1		0	0
Reage	$1.\alpha$		$a.1.\alpha$	$b.1.\alpha$
Equilíbrio	$1 - \alpha$		$a.\alpha$	$b.\alpha$

No equilíbrio, temos: $i = 1 - \alpha + a\,\alpha + b\,\alpha$

$i = 1 - \alpha + \alpha.(a + b)$

$i = 1 + \alpha.(a + b) - \alpha$

$i = 1 + \alpha\,[(a + b) - 1]$

Chamando a + b = n, temos: $\mathbf{i = 1 + \alpha[n - 1]}$, onde: i = fator de Van´t Hoff; n = número de cargas positivas e negativas (número de íons gerados); α = grau de dissociação do composto iônico. Com isso, os efeitos coligativos em soluções iônicas ficam da seguinte maneira:

- Processo tonoscópico: $\frac{\Delta P}{P^0} = K_t \text{ x } \mathcal{M} \text{ x i}$

- Processo ebulioscópico: $\Delta T_{eb} = K_{eb} \text{ x } \mathcal{M} \text{ x i}$
- Processo crioscópico: $\Delta T_{cr} = K_{cr} \text{ x } \mathcal{M} \text{ x i}$
- Osmometria: $\pi = [\text{soluto}] \text{ x R x T x i}$

Exemplo Aplicativo XXII

(GRILLO) O fator de Van´t Hoff para uma solução de nitrato de bário com concentração da quantidade de matéria 0,256 mol.L^{-1} é igual a 2,44. Calcule o grau de dissociação.

Resolução

Equação de dissociação do nitrato de bário aquoso: $Ba(NO_3)_{2(aquoso)} \rightarrow Ba^{+2}_{(aquoso)} + 2NO_3^-{}_{(aquoso)}$

Cálculo do grau de dissociação (α), a partir da regra de Van´t Hoff: $i = 1 + (n - 1) \text{ x } \alpha$

$1 + (3 - 1) \text{ x } \alpha = 2{,}44$

$\alpha = 0{,}72 \ (72\%)$. O grau de dissociação do nitrato de bário é igual a 72%.

Exemplo Aplicativo XXIII

(MESTRE JOÃO ROBERTO DA PACIÊNCIA NABUCO) Calcule o número de partículas dispersas em 200 cm^3 de solução 0,60 N de fosfato de potássio 80% dissociado.

Resolução: Equação química de dissociação do fosfato de potássio: $K_3PO_{4(aquoso)} \rightarrow 3K^+_{(aquoso)} + PO^{-3}_{4(aquoso)}$

Cálculo do fator de Van't Hoff: $i = 1 + (n - 1) \text{ x } \alpha$

$i = 1 + (4 - 1) \text{ x } 0{,}80 = 3{,}40$

Cálculo da concentração da quantidade de matéria e do número de mol de fosfato de potássio: $N = [K_3PO_{4(aquoso)}].x$

$$[K_3PO_{4(aquoso)}] = \frac{N}{x} = \frac{0{,}60}{3} = 0{,}20\frac{mol}{L}$$

$$[K_3PO_{4(aquoso)}] = \frac{n}{V_{solução}}$$

$n = 0{,}20 \text{ x } 0{,}200 = 0{,}04 \text{ mol}$

Cálculo do número de partículas dispersas (X):

$$X = 3{,}40 \text{ x } 6{,}02 \text{ x } 10^{23}\frac{1}{\cancel{mol}} \text{x } 0{,}04 \ \cancel{mol} = 8{,}16 \text{ x } 10^{22}$$

Exemplo Aplicativo XXIV

(MESTRE JOÃO ROBERTO DA PACIÊNCIA NABUCO) Uma solução de ácido sulfúrico na presença de água à temperatura de 25ºC apresenta um percentual em massa de soluto na ordem de 35% com uma densidade de solução igual a 1,20 g x mL^{-1}. A partir das informações apresentadas, determine a concentração da quantidade de matéria.

Resolução:

Dados do problema:

35,0 g de ácido sulfúrico ------- 100 g de solução
1,20 g de solução ---------------- 1 mL de solução

Sabendo que a concentração da quantidade de matéria do ácido sulfúrico é dada por:

$$[H_2SO_{4(aq)}] = \frac{n_{soluto}}{V_{solução}} = \frac{m_{soluto}}{< MM >_{soluto} \text{ x } V_{solução}}$$

Para o cálculo da concentração da quantidade de matéria será necessário primeiramente calcular o volume da solução:

1,20 g de solução --------------- 1 mL de solução
100 g de solução ---------------- $V_{solução}$
$V_{solução}$ = 8,33 x 10^{-2} litros

Cálculo da concentração da quantidade de matéria para a solução de ácido sulfúrico:

$$[H_2SO_{4(aq)}] = \frac{n_{soluto}}{V_{solução}} = \frac{m_{soluto}}{< MM >_{soluto} \text{ x } V_{solução}} = \frac{35,0}{98 \text{ x } 8,33 \text{ x } 10^{-2}} = 4,28 \text{ mol x L}^{-1}$$

Há uma segunda forma de resolver o problema, a partir de um cálculo direto e mais rápido. A relação entre a concentração da quantidade de matéria com a concentração mássica, pode ser observado a seguir:

$$[H_2SO_{4(aq)}] = \frac{C_{mássica}}{<MM>_{soluto}} = \frac{10 \text{ x } 1,20 \text{ x } 35}{98} = 4,28 \text{ mol x L}^{-1}.$$

Cabe ressaltar que a concentração mássica ou também conhecida como concentração comum está diretamente relacionada à densidade da solução e com o título (%).

Exemplo Aplicativo XXV

(MESTRE JOÃO ROBERTO DA PACIÊNCIA NABUCO) Considere outra solução do mesmo soluto (ácido sulfúrico), com uma concentração da quantidade de matéria igual a 0,750 mol x L^{-1} e com uma densidade igual a 1,05 g/mL à 21°C. A partir das informações apresentadas, calcule a concentração mássica, fração molar e a molalidade desta solução.

Resolução:

Dados do problema:

0,750 mol de ácido sulfúrico ------- 1,0 L de solução
1,05 g de solução --------------------- 1,0 mL de solução

Cálculo da massa da solução na presença de 1,0 litro:

10^{-3} L de solução ----------- 1,05 g de solução
1,0 L de solução ------------ Massa da solução
Massa da solução = 1050 g

Cálculo da massa de ácido sulfúrico, a partir do número de mol do próprio soluto:

$$m_{soluto} = n_{soluto} \text{ x } < MM >_{soluto}$$

$$m_{soluto} = 0,750 \text{ x } 98 = 73,50 \text{ g}$$

Cálculo da concentração mássica: $C_{mássica} = \frac{m_{soluto}}{V_{solução}} = \frac{73,50 \text{ g}}{1,0 \text{ L}} = 73,50 \frac{g}{L}$

Observação: cabe ressaltar que não há uma unidade "fixa" para a concentração mássica.

Cálculo do número de mol do solvente (água): $n_{água} = \frac{m_{água}}{<MM>_{água}} = \frac{(1050-73,50)\ g}{18} = 54,25\ mol$

Cálculo da fração molar do soluto e do solvente:

$$X_{soluto} = \frac{n_{ácido}}{n_{total}} = \frac{n_{ácido}}{n_{ácido} + n_{água}} = \frac{0,750}{(0,750 + 54,25)} = 1,36 \times 10^{-2}$$

$$X_{solvente} = \frac{n_{água}}{n_{total}} = \frac{n_{água}}{n_{ácido} + n_{água}} = \frac{54,25}{(0,750 + 54,25)} = 0,986$$

Cálculo da concentração molal ou molalidade: $\mathcal{M} = \frac{n_{soluto}}{massa^{(kg)}_{solvente}} = \frac{0,750}{0,976} = 0,768\ mol \times kg^{-1}$

Exemplo Aplicativo XXVI

(MESTRE JOÃO ROBERTO DA PACIÊNCIA NABUCO) 25,0 mL de 0,200 mol/L de sulfato de sódio e 35,0 mL de fosfato de sódio 0,300 mol/L são adicionados em água suficiente para preparar uma solução com uma concentração final do cátion sódio igual a 0,350 mol/L. A partir das informações apresentadas, calcule o volume final.

Resolução:

Estudando a dissociação do sulfato de sódio: $Na_2SO_{4(aquoso)} \rightarrow 2Na^+_{(aquoso)} + SO^{-2}_{4(aquoso)}$

1 mol de sulfato de sódio ------- 2 mol de cátion ------- 2 mol de sulfato
0,200 mol/L ------------------------ $[Na^+]$
$[Na^+]_1$ = 0,400 mol/L

Estudando a dissociação do fosfato de sódio: $Na_3PO_{4(aquoso)} \rightarrow 3Na^+_{(aquoso)} + 1PO^{-3}_{4(aquoso)}$

1 mol de fosfato de sódio ------- 3 mol de cátion ------- 1 mol de fosfato
0,300 mol/L ------------------------ $[Na^+]$
$[Na^+]_2$ = 0,900 mol/L

Cálculo do volume final: $[Na^+]_1 \times V_1 + [Na^+]_2 \times V_2 = [Na^+]_{total} \times V_{total}$

$$V_{total} = \frac{0,400 \times 25,0 + 0,900 \times 35,0}{0,350} = 118,57\ mL$$

Exemplo Aplicativo XXVII

(MESTRE JOÃO ROBERTO DA PACIÊNCIA NABUCO) Considere uma solução aquosa de ácido sulfúrico que apresenta título em massa igual a 27% e densidade igual a 1,20 g/cm³. A partir das informações apresentadas, calcule a razão entre a concentração da quantidade de matéria com a sua molalidade.

Resolução:

O problema pede a razão entre a concentração da quantidade de matéria com a molalidade ($\frac{[H_2SO_{4(aq)}]}{\mathcal{M}_{H_2SO_{4(aq)}}}$).

Primeiramente será calculada a concentração da quantidade de matéria e posteriormente a concentração molal.

Cálculo da concentração da quantidade de matéria do ácido sulfúrico é dada por:

$$[H_2SO_{4(aq)}] = \frac{10 \times 1,20 \times 27}{98} = 3,31\ mol \times L^{-1}$$

Cálculo da concentração molal:

$$\mathcal{M}_{H_2SO_{4(aq)}} = \frac{n_{soluto}}{massa_{solvente}^{(kg)}} = \frac{\frac{27}{98}}{(100 - 27)\ x\ 10^{-3}} = 3{,}77\ \text{mol x kg}^{-1}$$

Cálculo da razão da concentração da quantidade de matéria pela molalidade:

$$\frac{[H_2SO_{4(aq)}]}{\mathfrak{M}_{H_2SO_{4(aq)}}} = \frac{3{,}31}{3{,}77} = 0{,}876\,\frac{\text{kg}}{\text{L}}$$

Questionário de Revisão

Questão 01

Defina soluções.

Resposta: Definem-se *soluções* como dispersões monofásicas, misturas homogêneas de duas ou mais substâncias presentes em sua composição, apresentando soluto e solvente.

Questão 02

Defina soluto e solvente.

Resposta: Solvente trata-se da substância que vai dissolver o soluto. O solvente mais conhecido e utilizado é a água e, por isso, ela é conhecida pelo mundo inteiro como um solvente universal. Soluto é a substância que será dissolvida pela presença de um solvente.

Questão 03

Defina concentração comum.

Resposta: É também conhecida como *concentração mássica*. Trata-se da razão entre a massa do soluto pelo volume da solução. Sua expressão matemática está representada da seguinte maneira: $C_{comum} = \frac{m_{soluto}}{V_{solução.}}$.

Questão 04

(INSTITUTO MILITAR DE ENGENHARIA) Se temos duas soluções de acetato de sódio, sendo uma a 20°C e outra a 50°C, ambas com 30 $g.L^{-1}$, suas molaridades são iguais? Por quê?

Resposta: Não. As concentrações em mol x L^{-1} também conhecidas como *concentração da quantidade de matéria*, são uma propriedade intensiva para esta situação e vai apresentar valores distintos em temperaturas diferentes. Isso se deve ao fato de esta propriedade ser dependente diretamente da temperatura, o que é diferente com a molalidade (mol x kg^{-1}).

Questão 05

Defina densidade de solução.

Resposta: A densidade de uma solução é a razão entre a massa da solução pelo volume da solução, conforme pode ser observado pela seguinte equação: $\boxed{d_{solução} = \frac{m_{solução}}{V_{solução}}}$.

Questão 06

Defina fração molar.

Resposta: É a razão entre o número de mol do componente considerado pelo número de mol do sistema como um todo, ou seja, número de mol total. Muito análogo à fração molar abordada para o estudo dos sistemas gasosos. Diante disso, levando em consideração que o soluto seja designado pela letra A e o soluto pela letra B, temos: $X_A = \frac{n_A}{n_A+n_B}$; $X_B = \frac{n_B}{n_B+n_A}$ e $X_A + X_B = 1$.

Questão 07

(OLIMPÍADA PORTUGUESA DE QUÍMICA) O ácido clorídrico é altamente corrosivo e quando ingerido corrói as mucosas, esôfago e estômago, causa disfagia, náuseas, falha circulatória e morte. O hidróxido de sódio é cáustico e se ingerido provoca vômito, prostração e colapso. Um condenado a morte foi obrigado a beber soluções concentradas destes dois venenos, mas conseguiu fazê-lo sem sofrer qualquer problema. Como?

Resposta: A partir de uma reação entre um ácido e uma base (reação de neutralização), haverá a formação de um sal e água. O condenado conseguiu sobreviver colocando uma quantidade estequiométrica de ambos os reagentes na medida certa, o que, na verdade, trata-se de uma pessoa que acertou na loteria, uma pessoa com muita sorte.

Questão 08

Defina normalidade.

Resposta: Relação entre a massa do soluto pelo produto entre o número de equivalente-grama (eqg) com o volume da solução, em litros (L ou dm^3).

Observação: o termo *normal* aplicado às soluções não tem o sentido de *comum*, *corrente*, *ordinário*, mas o *de relativo à norma ou padrão*. Só com a sua concentração expressa em normalidade é que as soluções são empregadas em dosagens.

Questão 09

Defina o processo de diluição.

Resposta: O processo de diluição de uma solução apresenta como maior característica a diminuição da quantidade relativa de soluto através da adição de um determinado solvente específico.

Questão 10

Defina título em massa.

Resposta: Define-se *título* como um tipo de concentração definido em massa (m/m), ou seja, como sendo a razão entre a massa do soluto pela massa do seu total, definido como a massa da solução.

Questão 11

Defina título em volume.

Resposta: Define-se *título* como um tipo de concentração definido em volume (V/V), ou seja, como sendo a razão entre o volume do soluto pelo volume do seu total, definido como o volume da solução.

Questão 12

(INSTITUTO TECNOLÓGICO DA AERONÁUTICA) Normalidade só pode ser definida para ácidos e bases. Certo ou errado?

Resposta: Trata-se de uma frase errada, uma vez que a concentração normal ou normalidade pode ser calculada para ácidos, bases e para sais.

Questão 13

(OLIMPÍADA NORTE/NORDESTE DE QUÍMICA) Compare um gás e um líquido, no que se refere às seguintes propriedades:
a) densidade;
b) compressibilidade;
c) capacidade de se misturar com outras substâncias, na mesma fase, e formar misturas homogêneas.

Resposta:

Item a) Em relação à densidade, o líquido apresenta maior densidade em comparação ao gás.

Item b) Com relação à compressibilidade, os gases apresentam maior compressibilidade comparado aos líquidos. É apresentado como um coeficiente conhecido como coeficiente de compressibilidade (β), determinado pela variação do volume da substância com o aumento da pressão à temperatura constante, conforme pode ser observado pela equação a seguir, $\beta = -\frac{1}{V}.\left(\frac{\partial V}{\partial P}\right)_T$.

Item c) Os gases apresentam, como característica, a capacidade de formar misturas definidas como misturas homogêneas. Já em relação aos líquidos, depende de diversos fatores, podendo ser miscíveis (mistura homogênea), como por exemplo, água e etanol ou imiscíveis (mistura heterogênea), como por exemplo, água e óleo.

Questão 14

Qual a principal diferença entre a concentração da quantidade de matéria e a molalidade?

Resposta: A molalidade de ser uma propriedade termodinâmica estudada no ramo das soluções pelo fato de não haver variação com a temperatura. Quando uma determinada concentração está em função do volume da solução, um aumento da temperatura ocasiona em um aumento do volume e, diante disso, uma diminuição da concentração.

Questão 15

Qual a diferença entre uma solução 1,0 mol L^{-1} de glicose e outra de NaCl de mesma concentração?

Resposta: Ao contrário da glicose, o cloreto de sódio se dissolve em seus íons Na^+ e Cl^-, ou seja, teremos uma concentração duas vezes maior do que na glicose. Além disso, a presença dessas espécies carregadas também influenciará no comportamento ideal da solução, devido às interações entre o íon e o solvente.

Questão 16

Qual o principal motivo do desvio da idealidade?

Resposta: O principal motivo do desvio da idealidade das soluções eletrolíticas se deve à forte interação coulômbica entre os íons. Esse princípio foi a base dos estudos de Debye e Hückel, que desenvolveram uma equação bastante simples para descrever essa relação. O modelo inicial de estudos foi o da nuvem iônica e de como a interação desta com o íon diminuía a energia do sistema, atribuindo este desvio ao $\gamma_\pm$: $\boxed{\log \gamma_\pm = -0{,}509 \text{ x } \sqrt{I} \text{ x } |z_{X^{+2}} \, . \, z_{Y^-}|}$.

Questão 17

Podemos afirmar que a concentração expressa em g x L^{-1} de uma solução apresentará sempre um valor numérico maior que sua concentração expressa em mol x L^{-1}? Justifique sua resposta.

Resposta: Esta afirmativa pode ser explicada através da relação entre a concentração comum com a concentração da quantidade de matéria. Expressão da concentração da quantidade de matéria: $[\text{Soluto}] = \frac{m_{soluto}}{<MM>_{soluto} \text{ x } V_{solução}}$ e $C = \frac{m_{soluto}}{V_{solução}}$

Relacionando estas duas equações, temos: $[\text{Soluto}] = \frac{C_{soluto}}{<MM>_{soluto}}$

$C_{soluto} = <MM>_{soluto} \text{ x } [\text{Soluto}]$

Diante da equação acima, a concentração mássica será sempre maior que a concentração da quantidade de matéria.

Questão 18

Defina coeficiente de solubilidade.

Resposta: É a maior quantidade de um determinado soluto que pode ser dissolvido numa determinada quantidade de solvente em uma pressão e temperatura constante.

Questão 19

Defina curvas de solubilidade.

Resposta: Define-se que curva de solubilidade de uma substância é representado por um gráfico que apresenta a variação do coeficiente de solubilidade em função da temperatura, podendo apresentar curvas ascendentes (curvas endotérmicas) e curvas descendentes (curvas exotérmicas). Pode também ser definido como sendo a quantidade máxima de uma substância (soluto) que pode ser dissolvida em determinada quantidade de solvente específico a uma dada temperatura.

Questão 20

Disserte sobre a lei de Henry.

Resposta: A lei de Henry afirma que a solubilidade de um determinado gás hipotético na presença de um líquido é diretamente proporcional à pressão do gás sobre o líquido. A solubilidade de um gás em um líquido é inversamente proporcional à temperatura (T), isso quer dizer que quanto maior a temperatura, menor será a solubilidade do gás. Os gases solúveis em água apresentam valores altos para a constante da lei de Henry (aproximadamente 10^5 $atm^{-1}.mol.L^{-1}$) e gases pouco solúveis em água apresentam valores baixos para a mesma constante (aproximadamente $atm^{-1}.mol.L^{-1}$).

Questão 21

Defina solução saturada, insaturada e supersaturada.

Resposta: Solução saturada é aquela que está em equilíbrio com excesso de soluto, ou seria se estivesse presente excesso de soluto. O termo saturado denota a maior concentração de soluto que uma solução pode conter e estar em equilíbrio com alguma porção de soluto não dissolvido com o qual está em contato.

Solução insaturada é aquela que tem uma concentração de soluto menor do que a de uma solução saturada. Um soluto adicional pode ser dissolvido em uma solução insaturada, até a solução tornar-se saturada.

Solução supersaturada é aquela em que a concentração do soluto é maior do que a da solução saturada. A solução supersaturada é instável e seu soluto tende eventualmente a se cristalizar.

Capítulo 12. Exercícios Propostos

Questão 01

(INSTITUTO MILITAR DE ENGENHARIA - MODIFICADA) Uma determinada amostra constituída de 204 gramas de cloreto de zinco anidro é dissolvida em 720 gramas de água, formando uma solução com um volume de 750 mL a 20°C. Para o cloreto de zinco nesta solução calcular:

a) Concentração da quantidade de matéria
b) Concentração comum
c) Densidade da solução
d) Título em massa/massa
e) Normalidade
f) Molalidade
g) Fração molar

Resolução

Esta questão do IME foi modificada, acrescentando novas alternativas para a determinação das diferentes concentrações das soluções. A primeira etapa para os devidos cálculos é organizar as informações relacionadas ao enunciado da questão.

Dados do problema:

Soluto e massa: cloreto de zinco (204 g)
Solvente e massa: água (720 g)
Volume da solução: 750 mL (0,75 L)
Fórmula molecular do cloreto de zinco: $ZnCl_2$

Item a) A concentração da quantidade de matéria é definida como a razão entre o número de mol de soluto pelo volume da solução em litros.

$$[ZnCl_2] = \frac{204}{(65{,}5 + 71) \times 0{,}750} = 1{,}99\,\frac{mol}{L}$$

Cabe ressaltar que para a concentração da quantidade de matéria é obrigatório que a unidade esteja em mol/L ou mol/dm^3.

Item b) Cálculo da concentração comum ou também conhecido como concentração mássica: $C = \frac{m_{soluto}}{V_{solução}} = \frac{204}{750} = 0{,}272\,\frac{g}{mL}$

Item c) Cálculo da densidade da solução: $d = \frac{m_{solução}}{V_{solução}} = \frac{204+720}{750} = 1{,}232\,\frac{g}{mL}$

É importante mencionar que tanto a concentração comum como a densidade da solução não apresentam uma unidade fixa.

Item d) Cálculo do título (massa/massa): $(\%)_{m/m} = \frac{m_{soluto}}{m_{solução}} = \frac{204}{204 + 720} = 0{,}221$

Item e) Cálculo da normalidade (N): $N = \frac{m_{soluto}}{Eqg_{soluto} \times V_{solução}} = \frac{m_{soluto}}{\frac{<MM>_{soluto}}{x} . V_{solução}}$, em que x corresponde ao cátion do metal na solução de cloreto de zinco.

$$N = \frac{204}{\left(\frac{65{,}5 + 71}{2}\right) \times 0{,}750} = 3{,}98\,\frac{eqg}{L}$$

Item f) Cálculo da molalidade: $\mathfrak{M} = \frac{n_{soluto}}{m^{kg}_{solvente}} = \frac{204}{(65{,}5+71) \times 0{,}720} = 2{,}07\,\frac{mol}{kg}$

Item g) Cálculo da fração molar do cloreto de zinco:

$$X_{ZnCl_2} = \frac{n_{ZnCl_2}}{n_{ZnCl_2} + n_{H_2O}} = \frac{\frac{204}{136,5}}{\frac{204}{136,5} + \frac{720}{18}}$$

Questão 02

(INSTITUTO MILITAR DE ENGENHARIA) Uma solução 6,50 mol x L^{-1} de etanol em água tem massa específica 0,95 g/cm³. Calcule a molalidade e a fração molar de etanol dessa solução.

Resolução

O estudo das soluções leva em consideração a interação entre o solvente e o soluto. Para este problema o soluto é o etanol (C_2H_5OH) e o solvente trata-se da água. Dados do problema:
1 litro de solução corresponde a 6,50 mol de etanol.
1 cm³ de solução corresponde à 0,95 gramas de solução.

Cálculo da massa da solução correspondente à 1 cm³:

$1\ L - - - - - 0{,}95\ \text{gramas}$

$10^{-3}\ L - - -\ m_{\text{solução}}$

$m_{\text{solução}} = 950\ \text{gramas de solução}$

Cálculo da massa de etanol, a partir do número de mol: $m_{\text{etanol}} = 6{,}50 \text{ x } 46 = 299\ \text{gramas}$

Cálculo da massa de água (solvente): $m_{\text{solução}} = m_{\text{etanol}} + m_{\text{água}}$

$950\ \text{gramas} = 299\ \text{gramas} + m_{\text{água}}$

$m_{\text{água}} = 651\ \text{gramas}$

Cálculo da molalidade ($\mathcal{M}$): $\mathcal{M} = \frac{6{,}50\ \text{mol}}{0{,}651\ \text{kg}} = 9{,}98\,\frac{\text{mol}}{\text{kg}}$

Cálculo da fração molar do etanol: $X = \frac{n_{\text{soluto}}}{n_{\text{soluto}}+n_{\text{solvente}}} = \frac{6{,}50\ \text{mol}}{6{,}50\ \text{mol}+\frac{651}{18}\ \text{mol}} = 0{,}152$

Questão 03

(INSTITUTO MILITAR DE ENGENHARIA) Em determinadas condições uma solução de carbonato de potássio em água é 3,10 mol.kg^{-1} e 2,79 mol.L^{-1}. Determinar a sua massa específica.

Resolução

Solução aquosa de carbonato de potássio: K_2CO_3

Equação de dissociação do carbonato de potássio: $K_2CO_{3(\text{aquoso})} \rightarrow 2K^+_{(\text{aquoso})} + SO^{-2}_{4(\text{aquoso})}$

Cálculo da massa de solvente, a partir da seguinte proporção entre massa e número de mol:
1 kg de solvente ----- 3,10 mol
Massa ----------------- 2,79 mol
Massa = 0,90 kg

Cálculo da massa de carbonato de potássio para uma solução com um volume de um litro: $[K_2CO_3] = \frac{\text{massa}}{138 \text{ x } 1{,}0}$

$\text{massa} = 138 \text{ x } 2{,}79 = 383{,}64\ \text{g}$

Cálculo da massa específica (μ): $\mu = \frac{900\ +\ 383{,}64}{1{,}0} = 1283{,}64\,\frac{\text{g}}{\text{L}}$

Questão 04

(INSTITUTO MILITAR DE ENGENHARIA) Calcule a massa de 1,0 litro de uma solução aquosa de nitrato de zinco cuja concentração é expressa por 0,643 molar e 0,653 molal.

Resolução

Dados do problema para o estudo da solução de nitrato de zinco – $Zn(NO_3)_2$:
1 kg de solvente ------------- 0,653 mol de $Zn(NO_3)_2$
0,643 mol de $Zn(NO_3)_2$ ----- 1 L de solução

Equação de dissociação do nitrato de zinco: $Zn(CO_3)_{2(aquoso)} \rightarrow Zn^{+2}_{(aquoso)} + 2NO^-_{3(aquoso)}$

Cálculo da massa da solução, a partir de 1 kg:

$$0{,}653 \text{ mol} --- 1 \text{ kg de solvente}$$
$$0{,}643 \text{ mol} --- m_{solução}$$
$$m_{solução} = \frac{0{,}643}{0{,}653} = 0{,}985 \text{ kg}$$

Cálculo da massa de nitrato de zinco a partir do número de mol: $n_{Zn(NO_3)_2} = \frac{m_{Zn(NO_3)_2}}{<MM>_{Zn(NO_3)_2}}$

$m_{Zn(NO_3)_2} = 0{,}643 \text{ x } (65{,}5 + 28 + 96) = 121{,}85 \text{ g}$

Cálculo da massa da solução correspondente a um litro de solução: $M_{SOLUÇÃO} = 985 \text{ g} + 121{,}85 \text{ g} = 1106{,}85 \text{ g}$

Questão 05

(PROVA DE SELEÇAO PARA MESTRADO E DOUTORADO EM QUÍMICA - PROGRAMA DE PÓS-GRADUAÇÃO - PPGMQMG) Quando são misturadas soluções de nitrato de bário e de iodato de amônio é formado o iodato de bário, $Ba(IO_3)_2$, que é insolúvel. Responda:
a) Classificação da reação.
b) Equação molecular.
c) Quantos gramas de precipitado são formados quando 50,00 mL de $Ba(NO_3)_2$ 0,100 mol/L e 30,00 mL de NH_4IO_3 0,100 mol/L são misturados.

Resolução

Montando as fórmulas moleculares dos compostos citados no enunciado:
- Nitrato de bário: Ba^{+2} e $NO_3^- \Rightarrow Ba(NO_3)_2$
- Iodato de amônio: NH_4^+ e $IO_3^- \Rightarrow NH_4IO_3$

Item a e b) Equação química que corresponde a uma reação classificada como reação de dupla troca.

$$Ba(NO_3)_{2(aquoso)} + 2NH_4IO_{3(aquoso)} \rightarrow \underbrace{2NH_4NO_{3(aquoso)}}_{\text{solúvel}} + \underbrace{Ba(IO_3)_{2(aquoso)}}_{\text{insolúvel}}$$

Item c) Para a determinação da massa do precipitado (ppt), será necessário determinar o reagente limitante e o excesso.

Analisando a solução de nitrato de bário: $n_{Ba(NO_3)_2} = 0{,}100 \text{ x } 50{,}00 \text{ x } 10^{-3} = 5{,}0 \text{ x } 10^{-3} \text{ mol}$

Analisando a solução de iodato de amônio: $n_{NH_4IO_3} = 0{,}100 \text{ x } 30{,}00 \text{ x } 10^{-3} = 3{,}0 \text{ x } 10^{-3} \text{ mol}$

Para cada 2 mol de iodato de amônio: $\frac{3{,}0 \text{ x } 10^{-3}}{2{,}0} = 1{,}50 \text{ x } 10^{-3} \text{ mol}$

Reagente limitante: Iodato de amônio. A partir da determinação da relação estequiométrica, temos:

2 mol de iodato de amônio --------------- 2 mol de nitrato de amônio
$30{,}0 \text{ x } 10^{-3}$ L x 0,100 mol x L^{-1} ----------- n_{sal}

$n_{sal} = 6,0 \times 10^{-3}$ mol de nitrato de amônio

Massa de nitrato de amônio: $\text{Massa} = 6,0 \text{ x } 10^{-3} \text{ x } (28 + 4 + 48) = 0,480 \text{ g}$

Questão 06

(INSTITUTO MILITAR DE ENGENHARIA) Determinar o volume máximo de HNO_3 0,50 mol x L^{-1} que pode ser obtido pela oxidação de 17 g de NH_3.

Resolução

Apresentação da equação química de oxidação do gás amoníaco: $NH_{3(gás)} + 2O_{2(gás)} \rightarrow HNO_{3(aquoso)} + H_2O_{(líquido)}$

A partir da relação estequiométrica entre os reagentes químicos: 1 mol de gás amoníaco está para 1 mol de ácido nítrico.

$$[HNO_3] \text{ x } V_{solução} = n_{NH_3}$$

$$0,50 \text{ x } V_{solução} = \frac{17}{17}$$
$$V_{solução} = 2,0 \text{ L}$$

Questão 07

(INSTITUTO MILITAR DE ENGENHARIA) A um excesso de bicarbonato de potássio adicionou-se 125 mL de solução de ácido sulfúrico. O volume do gás liberado, medido a 20°C e 765 mmHg, foi de 2,5 L. Calcular a concentração do ácido expressa em número de mol por litro.

Resolução

Apresentação da equação química da presença de bicarbonato de potássio na presença de ácido sulfúrico.

$$2KHCO_{3(aquoso)} + H_2SO_{4(aquoso)} \rightarrow K_2SO_{4(aquoso)} + 2H_2O_{(líquido)} + 2CO_{2(gás)}$$

A partir da relação estequiométrica apresentada pela reação química e levando em consideração que o gás produzido (dióxido de carbono) apresenta comportamento ideal.

1 mol de ácido sulfúrico está para 2 mol de dióxido de carbono (1:2). $2 \text{ x } [H_2SO_4] \text{ x } V_{solução} = n_{CO_2}$

$$[H_2SO_4] \text{ x } 0,125 = \frac{\frac{765}{760} \text{ x } 2,50}{2 \text{ x } 0,08206 \text{ x } 293}$$

$$[H_2SO_4] = 0,419 \frac{\text{mol}}{\text{L}}$$

Questão 08

(INSTITUTO MILITAR DE ENGENHARIA) Determine o menor volume de solução de ácido clorídrico 0,250 mol x L^{-1} necessário para dissolver completamente 13,50 gramas de alumínio metálico granulado.

Resolução

Equação química para a reação de simples troca entre o ácido clorídrico com o alumínio metálico:

$$Al_{(sólido)} + 3HCl_{(aquoso)} \rightarrow AlCl_{3(aquoso)} + \frac{3}{2}H_{2(gás)}$$

A partir da relação estequiométrica apresentada pela reação química, temos.

$$1 \text{ mol de Al} --- 3 \text{ mol de HCl}$$
$$n_{Al} ------- n_{HCl}$$

$$n_{HCl} = 3 \text{ x } n_{Al}$$

$$[HCl] \text{ x } V_{solução} = 3 \text{ x} \frac{m_{Al}}{< MM >_{Al}}$$

$$\frac{1}{4} \text{x } V_{solução} = 3 \text{ x} \frac{13{,}50}{27{,}0}$$

$$V_{solução} = 6{,}0 \text{ L}$$

Questão 09

(INSTITUTO MILITAR DE ENGENHARIA) Uma solução aquosa A preparada a partir de ácido bromídrico, é diluída com água até que sua concentração seja reduzida à metade. Em titulação, 50 mL da solução diluída consomem 40 mL de uma solução hidróxido de potássio 0,25 mol.L^{-1}. Determine a concentração da solução A, em g.L^{-1}.

Resolução

Cálculo da concentração da quantidade de matéria do ácido bromídrico, a partir da relação estequiométrica entre o ácido e a base:

$HBr_{(aquoso)} + KOH_{(aquoso)} \longrightarrow KBr_{(aquoso)} + H_2O_{(líquido)}$

1 mol de HBr ---------- 1 mol de KOH
n_{HBr} ---------------------- n_{KOH}

$$n_{HBr} = n_{KOH}$$

$$[HBr] \text{ x } V_{solução} = [KOH] \text{ x } V_{solução}$$

$$\frac{[HBr]}{2} \text{x } 50 = 0{,}25 \text{ x } 40$$

$$[HBr] = \frac{20}{50} = 0{,}40 \text{ mol. L}^{-1}$$

Cálculo da concentração comum de ácido bromídrico (g.L^{-1}):

$$C_{HBr} = [HBr] \text{ x } < MM >_{HBr} = 0{,}40 \text{ x } 81 = 32{,}4 \text{ g. L}^{-1}$$

Questão 10

(INSTITUTO MILITAR DE ENGENHARIA) O sulfato cúprico anidro é obtido a partir da reação de uma solução aquosa de ácido sulfúrico 98% (em massa), a quente, com cobre. Sabendo que a solução aquosa de ácido sulfúrico tem uma massa especifica 1,84 g.cm^{-3} e que o ácido sulfúrico é o reagente limitante, calcule a massa de sulfato cúprico obtida a partir da reação de 10,87 mL da solução aquosa do ácido sulfúrico.

Resolução

Equação química: $Cu_{(sólido)} + 2H_2SO_{4(aquoso)} \longrightarrow CuSO_{4(aquoso)} + SO_{2(gás)} + 2H_2O_{(líquido)}$

A partir da relação estequiométrica entre a solução de ácido sufúrico e sulfato de cobre II, temos:

2 mol de H_2SO_4 --------- 1 mol de $CuSO_4$
n_{H2SO4} -------------------- n_{CuSO4}

Cálculo da concentração da quantidade de matéria de ácido sulfúrico:

$$[H_2SO_4] = \frac{10 \text{ x d x } (\%)}{< MM >_{H_2SO_4}}$$

$$[H_2SO_4] = \frac{10 \text{ x } 1{,}84 \text{ x } 98}{< MM >_{H_2SO_4}} = \frac{1803{,}2}{98} = 18{,}4 \text{ mol. L}^{-1}$$

Cálculo da massa de sulfato cúprico: $[H_2SO_4] \text{ x } V_{\text{solução}} = 2 \text{ x} \frac{m_{CuSO_4}}{<MM>_{CuSO_4}}$

$$18{,}4 \text{ x } 10{,}87 \text{ x } 10^{-3} = 2 \text{ x} \frac{m_{CuSO_4}}{159{,}5}$$

$$m_{CuSO_4} = 15{,}95 \text{ g}$$

Questão 11

(INSTITUTO TECNOLÓGICO DA AERONÁUTICA) O ácido nítrico concentrado, encontrado no comércio tem 67% em massa de HNO_3. Que massa dessa solução deve ser usada para preparar 1 litro de uma solução 1,0 mol.L^{-1} de ácido nítrico?

Resolução

Fórmula molecular do ácido nítrico = HNO_3. Primeiramente será necessário calcular a massa de ácido nítrico, a partir da concentração da quantidade de matéria: $m_{HNO_3} = 1{,}0 \text{ x } 1{,}0 \text{ x } 63 = 63 \text{ g de ácido}$

A partir das informações apresentadas, a massa da solução é determinada a partir da seguinte regra de três:

67 g de ácido — — — 100 g de solução
63 g de ácido — — — Massa da solução

$$\text{Massa da solução} = \frac{6300}{67} = 94{,}03 \text{ g}$$

Questão 12

(INSTITUTO TECNOLÓGICO DA AERONÁUTICA) Calcular quantos mililitros de uma solução 0,200 mol.L^{-1} de ácido sulfúrico são necessários para neutralizar 2,00 gramas de hidróxido de magnésio.

Resolução

Equação química para a reação de neutralização entre o ácido sulfúrico e o hidróxido de magnésio.

$$H_2SO_{4(\text{aquoso})} + Mg(OH)_{2(\text{aquoso})} \rightarrow MgSO_{4(\text{aquoso})} + 2\ H_2O_{(\text{gás})}$$

A partir da relação estequiométrica entre as duas soluções reagentes:

1 mol de H_2SO_4 — — — 1 mol de $Mg(OH)_2$
$n_{\text{ácido}}$ — — — — — — — n_{base}
$n_{\text{ácido}} = n_{\text{base}}$

$$[H_2SO_4] \text{ x } V_{\text{solução}} = \frac{m_{\text{base}}}{< MM >_{\text{base}}}$$

$$0{,}200 \text{ x } V_{\text{solução}} = \frac{0{,}200}{58}$$

$$V_{\text{solução}} = 0{,}0172 \text{ L } (17{,}20 \text{ mL})$$

Questão 13

(INSTITUTO TECNOLÓGICO DA AERONÁUTICA) Determine a massa de hidróxido de potássio que deve ser dissolvida em 0,500 mL de água pura para que a solução resultante tenha um pH igual a 13 a 25°C.

Resolução

Equação de dissociação do hidróxido de potássio: $KOH_{(\text{aquoso})} \rightarrow K^+_{(\text{aquoso})} + OH^-_{(\text{aquoso})}$

Cálculo da concentração da quantidade de matéria dos íons hidroxila, a partir de um pH igual a 13: $13 + \text{pOH} = 14$
$\text{pOH} = 1$

Cálculo da concentração da quantidade de matéria de íons hidroxilas: $1 = -\log[\text{OH}^-]$
$$[\text{OH}^-] = 0{,}10\,\frac{\text{mol}}{\text{L}}$$

A partir da relação estequiométrica, temos: $\text{KOH}_{(\text{aquoso})} \rightarrow \text{K}^+_{(\text{aquoso})} + \text{OH}^-_{(\text{aquoso})}$
$$1 \text{ mol de KOH}_{(\text{aquoso})} ---- 1 \text{ mol de OH}^-_{(\text{aquoso})}$$
$$[\text{KOH}] ------------ 0{,}10\,\frac{\text{mol}}{\text{L}}$$
$$[\text{KOH}] = 0{,}10\,\frac{\text{mol}}{\text{L}}$$

Cálculo da massa de hidróxido de potássio, a partir da concentração da quantidade de matéria:

$$\text{Massa} = [\text{KOH}] \text{ x} < \text{MM} >_{\text{KOH}} \text{ x } \text{V}_{\text{solução}}$$

$$\text{Massa} = 0{,}10 \text{ x } 56 \text{ x } 0{,}50 \text{ x } 10^{-3} = 2{,}80 \text{ x } \underbrace{10^{-3}\text{ g}}_{\text{mg}}$$

Questão 14

(INSTITUTO TECNOLÓGICO DA AERONÁUTICA) A 45°C, a densidade da água pura é 0,99 g.cm^{-3}. Partindo desta informação, calcule [H_2O], isto é, o número de mol de água por litro de água pura nesta temperatura. Deixe bem claro o raciocínio utilizado nos cálculos.

Resolução

Inicialmente será necessário calcular a massa de solvente levando em consideração que o volume seja igual a 1,0 litro.
10^{3} dm^3 ------ 0,99 g
1,0 dm^3 ------- Massa
Massa = 990 g

Cálculo da concentração da quantidade de matéria para um volume igual a 1,0 litro de solução: $[\text{H}_2\text{O}] = \frac{990}{18 \text{ x } 1{,}0} = 55\,\frac{\text{mol}}{\text{L}}$

Logo, a concentração da quantidade de matéria da água corresponde a 55 mol para cada um litro de solução, ou seja, 55 mol x L^{-1}.

Questão 15

(INSTITUTO TECNOLÓGICO DA AERONÁUTICA) Deseja-se preparar 57 gramas de sulfato de alumínio [$Al_2(SO_4)_3$] a partir de alumínio sólido (Al), praticamente puro, e ácido sulfúrico (H_2SO_4). O ácido sulfúrico disponível é uma solução aquosa 96% (m\m), com massa específica de 1,84 g.cm^{-3}.

a) Qual a massa, em gramas, de alumínio necessária para preparar a quantidade de $Al_2(SO_4)_3$ especificada? Mostre os cálculos realizados.

b) Qual a massa, em gramas, de ácido sulfúrico necessária para preparar a quantidade de $Al_2(SO_4)_3$ especificada? Mostre os cálculos realizados.

c) Nas condições normais de temperatura e pressão (CNTP), qual é o volume, em litros, de gás formado durante a preparação da quantidade de $Al_2(SO_4)_3$ especificada? Mostre os cálculos realizados.

d) Caso a quantidade especificada de $Al_2(SO_4)_3$ seja dissolvida em água acidulada, formando 1 litro de solução, qual a concentração de íons Al^{+3} e de íons SO_4^{2-} existentes nesta solução?

Resolução

Equação química de simples troca: $2Al_{(sólido)} + 3H_2SO_{4(aquoso)} \longrightarrow Al_2(SO_4)_{3(aquoso)} + 3H_{2(gás)}$

Item a) Pela relação estequiométrica, temos:

2 mol de metal ----- 1 mol de sal

n_{metal} ------------------ n_{sal}

$2 \text{ x } n_{sal} = n_{metal}$

$$2 \text{ x} \frac{57}{(54 + 96 + 192)} = \frac{m_{metal}}{27}$$

$m_{metal} = 9{,}0 \text{ g}$

item b) Cálculo da massa de ácido sulfúrico, a partir da relação estequiométrica com o sal:

3 mol de ácido ----- 1 mol de sal

$n_{ácido}$ ------------------ n_{sal}

$3 \text{ x } n_{sal} = n_{ácido}$

$$3 \text{ x} \frac{57}{(54 + 96 + 192)} = \frac{m_{ácido}}{98}$$

$$m_{ácido} = \frac{16758}{342} = 49 \text{ g}$$

Item c) Pela relação estequiométrica, temos:

1 mol de sal ----- 3 mol de gás

n_{sal} ----------------- $n_{gás}$

$3 \text{ x } n_{sal} = n_{gás}$

$$n_{gás} = 3 \text{ x} \frac{57}{(54 + 96 + 192)} = 0{,}50 \text{ mol x} \frac{22{,}4 \text{ L}}{\cancel{\text{mol}}} = 11{,}2 \text{ L}$$

Cálculo do volume:

$$V_{gás} = 0{,}50 \text{ mol x} \frac{22{,}4 \text{ L}}{\cancel{\text{mol}}} = 11{,}2 \text{ L}$$

Item d) Cálculo da concentração da quantidade de matéria de sulfato de alumínio: $[Al_2(SO_4)_3] = \frac{57}{342 \text{ x } 1} = 0{,}167 \frac{\text{mol}}{\text{L}}$

Equação de dissociação do sulfato de alumínio: $Al_2(SO_4)_{3(aquoso)} \rightarrow 2Al^{+3}_{(aquoso)} + 3SO^{-2}_{4(aquoso)}$

Pela relação estequiométrica, as concentrações das quantidades de matéria dos íons serão os seguintes:

$1 \text{ mol de } Al_2(SO_4)_{3(aq)} --- 2 \text{ mol de } Al^{+3}_{(aq)} ---- 3 \text{ mol de } SO^{-2}_{4(aq)}$

$0{,}167 \frac{\text{mol}}{\text{L}} ---------- [Al^{+3}_{(aq)}] ------- [SO^{-2}_{4(aq)}]$

$[Al^{+3}_{(aq)}] = 0{,}334 \frac{\text{mol}}{\text{L}}$ e $[SO^{-2}_{4(aq)}] = 0{,}501 \frac{\text{mol}}{\text{L}}$

Questão 16

(INSTITUTO TECNOLÓGICO DA AERONÁUTICA) Determine a concentração molar (mol.L^{-1}) de uma solução de um ácido hipotético do tipo diácido, H_2X (massa molar = 160 g.mol^{-1}), para o qual se sabe: d = 1,40 kg.L^{-1}; % (m/m) H_2X = 60%.

Resolução

Cálculo da concentração comum do ácido hipotético: $C = 10 \text{ x d x } (\%)$

$$C = 10 \text{ x } 1{,}40 \text{ x } 60 = 840 \frac{g}{L}$$

$$\begin{bmatrix} \text{ácido} \\ \text{hipotético} \end{bmatrix} = \frac{840 \frac{g}{L}}{160 \frac{g}{L}} = 5{,}25 \frac{mol}{L}$$

Questão 17

(GRILLO) Uma solução de ácido sulfúrico tem densidade de 1,60 g/cm³ e 88% em massa de H_2SO_4. A partir destes dados, determine:

a) Concentração em quantidade de matéria

b) Concentração comum

c) Molalidade

Resolução

Item b) Cálculo da concentração comum (concentração mássica) do ácido sulfúrico: $C = 10 \text{ x d x } (\%)$

$$C = 10 \text{ x } 1{,}60 \text{ x } 88 = 1408 \frac{g}{L}$$

Item a) Cálculo da concentração da quantidade de matéria:

$$\begin{bmatrix} \text{ácido} \\ \text{sulfúrico} \end{bmatrix} = \frac{1408 \frac{g}{L}}{98 \frac{g}{L}} = 14{,}37 \frac{mol}{L}$$

Item c) Informações do problema:

1,60 gramas de solução ----- 1 cm³ de solução

88,0 g de ácido ---------------- 100 g de solução

Cálculo do número de mol de ácido sulfúrico: $n_{\text{ácido}} = \frac{88}{98} = 0{,}898 \text{ mol}$

Cálculo da massa de solvente, a partir do título: $m_{\text{solução}} = m_{\text{soluto}} + m_{\text{solvente}}$

$$100 \text{ g} = 88 \text{ g} + m_{\text{solvente}}$$

$$m_{\text{solvente}} = 12 \text{ g}$$

Cálculo da molalidade: $\mathfrak{M} = \frac{n_{\text{soluto}}}{m_{\text{solvente}}^{kg}} = \frac{0{,}898 \text{ mol}}{12{,}0 \text{ x } 10^{-3} \text{ mol}} = 74{,}83 \frac{mol}{kg}$

Questão 18

(INSTITUTO TECNOLÓGICO DA AERONÁUTICA) Uma determinada amostra de hidróxido de cálcio impuro apresenta uma massa de aproximadamente 2,00 gramas. Esta quantidade foi neutralizada com 50 mL de ácido sulfúrico (0,500 mol.L⁻¹). Determine a pureza da amostra de hidróxido.

Resolução

Equação química do processo de neutralização entre o hidróxido de cálcio com o ácido sulfúrico:

$$H_2SO_{4(aquoso)} + Ca(OH)_{2(aquoso)} \longrightarrow CaSO_{4(aquoso)} + 2H_2O_{(líquido)}$$

A partir da relação estequiométrica entre as soluções reagentes, temos:

1 mol de ácido ----- 1 mol de base

$n_{\text{ácido}}$ ------------------ p x n_{base}

$$p = \frac{n_{ácido}}{n_{base}} = \frac{[ácido] \text{ x } V_{solução}}{\frac{m_{base}}{< MM >_{base}}} = \frac{0{,}500 \text{ x } 50 \text{ x } 10^{-3}}{\frac{2{,}0}{74}} = 0{,}9250\ (92{,}50\%)$$

Questão 19

(OLIMPÍADA ARGENTINA DE QUÍMICA) Em um laboratório se preparam duas soluções, uma de sulfato de sódio e outra de nitrato de sódio, dissolvendo-se 9,00 gramas de soluto para obter 100 cm³ de solução. Uma delas tem concentração igual a 1,059 mol/dm³. De qual solução se trata?

Resolução

Para a resolução deste problema será necessário calcular a concentração da quantidade de matéria:

$$[Na_2SO_4] = \frac{9{,}0}{(46 + 32 + 64) \text{ x } 0{,}100} = 0{,}634\frac{mol}{L}$$

$$[NaNO_3] = \frac{9{,}0}{(23 + 14 + 48) \text{ x } 0{,}100} = 1{,}059\frac{mol}{L}$$

O composto mencionado trata-se da solução de nitrato de sódio.

Questão 20

(OLIMPÍADA ARGENTINA DE QUÍMICA) Para realizar uma experiência são necessários 250 cm³ de solução aquosa de HCl 2,15 mol.L^{-1} (densidade = 1,02 g.cm^{-3}).

a) Quais são as massas de soluto e solvente necessárias?

b) Qual será a molalidade da solução?

Resolução

Item a) Cálculo da massa de soluto a partir da concentração da quantidade de matéria:

$$m_{soluto} = 2{,}15 \text{ x } 36{,}50 \text{ x } 1{,}0 = 78{,}47 \text{ g}$$

Equação de ionização do ácido clorídrico: $HCl_{(aquoso)} \longrightarrow H^+_{(aquoso)} + Cl^-_{(aquoso)}$

Cálculo da massa de solução, a partir da densidade:

1,02 g de solução ----- 10^{-3} dm³
massa -------------------- 1,0 dm³
massa da solução = 1020 g

Cálculo da massa de solvente: massa da solução = massa do soluto + massa da solvente

1020 g = 78,47 g + massa da solvente

massa da solvente = 941,53 g

Item b) Cálculo da molalidade em mol x kg^{-1}:

$$\mathcal{M} = \frac{2{,}15 \text{ mol}}{0{,}941} = 2{,}28\frac{mol}{kg}$$

Questão 21

(OLIMPÍADA MINEIRA DE QUÍMICA) Conhecer soluções e suas concentrações é uma ferramenta importante para o químico. Sobre elas, responda:

a) O bicarbonato de sódio é usado em ferramentas, extintores de incêndio, na manufatura de plásticos e cerâmicos, como antiácido, entre outras coisas. Quando 16,8 gramas do composto foram dissolvidos em água suficiente para preparar 200 mL de solução, qual será a concentração em quantidade de matéria desta solução?
b) Qual o volume de ácido clorídrico concentrado é necessário para se preparar 500 mL de solução de ácido clorídrico a 0,10 $mol.L^{-1}$? Dado: HCl (d = 1,18 $g.mL^{-1}$; 36% em massa).

Resolução

Item a) Cálculo da concentração da quantidade de matéria de bicarbonato de sódio:

$$[NaHCO_3] = \frac{16,80}{84,0 \text{ x } 0,20} = 1,0\frac{mol}{L}$$

Item b) Cálculo da concentração da quantidade de matéria de ácido clorídrico para a situação inicial:

$$[HCl]_{\text{início}} = \frac{10 \text{ x } 36 \text{ x } 1,18}{36,5} = 11,64\frac{mol}{L}$$

Cálculo do volume de solução para a situação inicial: $11,64\frac{mol}{L} \text{ x } V_{\substack{\text{solução}\\\text{inicial}}} = 0,10 \text{ x } 500$

$V_{\substack{\text{solução}\\\text{inicial}}} = 4,29 \text{ mL}$

Questão 22

(OLIMPÍADA BAIANA DE QUÍMICA) Uma pessoa mediu 2,0 mol de glicose ($C_6H_{12}O_6$) e a seguir adicionou água suficiente para preparar 500 mL de solução. Descreva quantos gramas de glicose ele pesou.

Resolução

Cálculo da massa de glicose a partir do número de mol: $\text{massa} = 2,0 \text{ x } 180 = 360 \text{ g}$

Questão 23

(OLIMPÍADA PERUANA DE QUÍMICA) Qual é a concentração de íons cloro quando se misturam 25,0 mL de HCl 0,100 M e 15,0 mL de HCl 0,500 M?
a) 0,35 M
b) 0,05 M
c) 0,15 M
d) 0,25 M

Resolução

Alternativa D.

Cálculo da concentração da quantidade de matéria final para a solução de ácido clorídrico.

$$[HCl]_1 \text{ x } V_1 + [HCl]_2 \text{ x } V_2 = [HCl]_{final} \text{ x } V_{final}$$

$$0,100 \text{ x } 25 + 0,500 \text{ x } 15 = [HCl]_{final} \text{ x } (25 + 15)$$

$$[HCl]_{final} = 0,25\frac{mol}{L}$$

Pela relação estequiométrica, a proporção de H^+ e de HCl é de 1:1. Logo: $[HCl] = [H^+] = 0,25\frac{mol}{L}$

Questão 24

(GRILLO) O ácido sulfúrico concentrado apresenta 96,0% em massa de H_2SO_4. Determine as frações molares do ácido e da água.

Resolução

Este percentual em massa corresponde a 96,0 gramas de ácido sulfúrico em 100 gramas de solução. $m_{solução} = m_{ácido} + m_{água}$ $100\ g = 96\ g + m_{solvente}$

$$m_{água} = 100\ g - 96\ g = 4{,}0\ g$$

Cálculo do número de mol para cada espécie química:

$$n_{água} = \frac{m_{água}}{< MM >_{água}} = \frac{4{,}0}{18{,}0} = 0{,}222\ mol$$

$$n_{ácido} = \frac{m_{ácido}}{< MM >_{ácido}} = \frac{96{,}0}{98{,}0} = 0{,}979\ mol$$

Cálculo das frações molares:

$$X_{água} = \frac{m_{água}}{n_{total}} = \frac{0{,}222\ mol}{(0{,}222\ mol + 0{,}979\ mol)} = 0{,}184$$

$$X_{ácido} = \frac{n_{ácido}}{n_{total}} = \frac{0{,}979\ mol}{(0{,}222\ mol + 0{,}979\ mol)} = 0{,}816$$

Questão 25

(INSTITUTO MILITAR DE ENGENHARIA) Determinar os volumes, em litros, de HCl (N/2) e de HCl (N/10), que devemos misturar para obtermos 2 litros de solução (N/5).

Resolução

O problema leva em consideração uma mistura de mesmo soluto do ácido clorídrico.

$HCl_{(solução\ 1)} + HCl_{(solução\ 2)} \longrightarrow HCl_{(solução\ total)}$

$HCl_{(solução\ 1)}$	$HCl_{(solução\ 2)}$	$HCl_{(solução\ total)}$
N/2	N/10	N/5
V_1	V_2	2,0 L

Equação matemática 1: $\frac{N}{2} x\ V_1 + \frac{N}{10} x\ V_2 = \frac{N}{5} x\ 2{,}0$

$$\frac{\cancel{N}}{2} x\ V_1 + \frac{\cancel{N}}{10} x\ V_2 = \frac{\cancel{N}}{5} x\ 2{,}0$$

$$5.V_1 + V_2 = 4{,}0$$

Equação matemática 2: $V_1 + V_2 = 2{,}0$

Resolvendo o sistema de equações apresentados anteriormente, temos:

$5.V_1 + V_2 = 4{,}0$
$V_1 + V_2 = 2{,}0$ -

$5.V_1 = 2{,}0$
$V_1 = 0{,}50\ L$

Logo o volume 2 é igual a 1,50 litros.

Questão 26

(OLIMPÍADA BRASILEIRA DE QUÍMICA) Calcule quantos mililitros de uma solução de HCl 0,250 mol.L^{-1}, são necessários para:
a) Preparar 100 mL de uma solução de HCl 0,100 mol.L^{-1};
b) Neutralizar 50 mL de uma solução de $Ba(OH)_2$ 0,200 mol.L^{-1};
c) Dissolver 0,200 g de carbonato de cálcio, de acordo com a reação $CaCO_{3(sólido)} + 2H^+_{(aquoso)} \longrightarrow Ca^{+2}_{(aquoso)} + H_2O_{(líquido)} + CO_{2(gás)}$.

Resolução

Item a) Cálculo do volume de ácido: $0{,}250 \text{ x } V_1 = 0{,}100 \text{ x } 100$

$V_1 = 40 \text{ mL}$

Item b) Cálculo do volume de ácido, a partir do processo de neutralização com o hidróxido de bário:

$2HCl_{(aquoso)} + Ba(OH)_{2(aquoso)} \longrightarrow BaCl_{2(aquoso)} + 2H_2O_{(líquido)}$
$1 \text{ x } 0{,}250 \text{ x } V_1 = 2 \text{ x } 0{,}200 \text{ x } 50$

$V_1 = 80 \text{ mL}$

Item c) Cálculo do volume de ácido, a partir da reação com o carbonato de cálcio.

$CaCO_{3(sólido)} + 2H^+_{(aquoso)} \longrightarrow Ca^{+2}_{(aquoso)} + H_2O_{(líquido)} + CO_{2(gás)}$

1 mol de sal --- 2 mol de ácido
n_{sal} --------------- $n_{ácido}$

$$2 \text{ x } \frac{0{,}200}{100} = 1 \text{ x } 0{,}250 \text{ x } V_1$$

$V_1 = 0{,}016 \text{ mL}$

Questão 27

(INSTITUTO MILITAR DE ENGENHARIA) Foram misturados 500 mL de uma solução 0,40 molar de Na_2SO_4 com 500 mL de solução 0,20 molar de $CaCl_2$, verificando-se a formação de um precipitado. Calcular as concentrações dos íons no equilíbrio, em solução, e a massa de precipitado.

Resolução

Equação química entre o sulfato de sódio na presença de cloreto de cálcio: $Na_2SO_{4(aquoso)} + CaCl_{2(aquoso)} \longrightarrow CaSO_{4(aquoso)} + 2NaCl_{(aquoso)}$

Determinação do reagente limitante e do reagente em excesso:

$n_{Na_2SO_4} = 0{,}40 \text{ x } 0{,}50 = 0{,}20 \text{ mol}$ (reagente em excesso)
$n_{CaCl_2} = 0{,}20 \text{ x } 0{,}50 = 0{,}10 \text{ mol}$ (reagente limitante)

Pela relação estequiométrica, temos: $n_{CaCl_2} = n_{CaSO_4}$

$$0{,}20 \text{ x } 0{,}50 = \frac{\text{massa}}{40 + 32 + 64}$$

$\text{massa} = 13{,}60 \text{ g}$

Cálculo da concentração da quantidade de matéria dos íons.

Analisando a solução de sulfato de sódio: $Na_2SO_{4(aquoso)} \rightarrow 2Na^+_{(aquoso)} + SO^{-2}_{4(aquoso)}$

1 mol de Na_2SO_4 ----- 2 mol de Na^+ ---- 1 mol de SO_4^{-2}
0,40 mol/L ------------- $[Na^+]$ -------------- $[SO_4^{-2}]$
$[Na^+]$ = 0,80 mol/L e $[SO_4^{-2}]$ = 0,40 mol/L

Analisando a solução de cloreto de cálcio: $\mathrm{CaCl_{2(aquoso)}} \rightarrow \mathrm{Ca^{+2}_{(aquoso)}} + 2\mathrm{Cl^{-}_{(aquoso)}}$

1 mol de $CaCl_2$ -------- 1 mol de Ca^{+2} ----- 2 mol de Cl^-
0,20 mol/L ------------- $[Ca^{+2}]$ --------------- $[Cl^-]$
$[Ca^{+2}]$ = 0,20 mol/L e $[Cl^-]$ = 0,40 mol/L

Cálculo da concentração da quantidade de matéria dos íons participantes na solução:

$$[\mathrm{Na^+}]_{\text{início}} \text{ x } V_{\text{inicial}} = [\mathrm{Na^+}]_{\text{final}} \text{ x } V_{\text{final}}$$

$$0{,}80 \text{ x } 500 = [\mathrm{Na^+}]_{\text{final}} \text{ x } 1000$$

$$[\mathrm{Na^+}]_{\text{final}} = 0{,}40\,\frac{\text{mol}}{\text{L}}$$

$$[\mathrm{SO_4^{-2}}]_{\text{início}} \text{ x } V_{\text{inicial}} = [\mathrm{SO_4^{-2}}]_{\text{final}} \text{ x } V_{\text{final}}$$

$$0{,}40 \text{ x } 500 = [\mathrm{SO_4^{-2}}]_{\text{final}} \text{ x } 1000$$

$$[\mathrm{Na^+}]_{\text{final}} = 0{,}20\,\frac{\text{mol}}{\text{L}}$$

$$[\mathrm{Ca^{+2}}]_{\text{início}} \text{ x } V_{\text{inicial}} = [\mathrm{Ca^{+2}}]_{\text{final}} \text{ x } V_{\text{final}}$$

$$0{,}20 \text{ x } 500 = [\mathrm{Ca^{+2}}]_{\text{final}} \text{ x } 1000$$

$$[\mathrm{Na^+}]_{\text{final}} = 0{,}10\,\frac{\text{mol}}{\text{L}}$$

$$[\mathrm{Cl^-}]_{\text{início}} \text{ x } V_{\text{inicial}} = [\mathrm{Cl^-}]_{\text{final}} \text{ x } V_{\text{final}}$$

$$0{,}40 \text{ x } 500 = [\mathrm{Ca^{+2}}]_{\text{final}} \text{ x } 1000$$

$$[\mathrm{Na^+}]_{\text{final}} = 0{,}20\,\frac{\text{mol}}{\text{L}}$$

Questão 28

(OLIMPÍADA PERUANA DE QUÍMICA) Um litro de HNO_3 apresenta 65% em massa e sua densidade é 1,4 g/mL, o número de moles de HNO_3 é:
a) 14,44
b) 12,12
c) 63,00
d) N.A.

Resolução

Dados do problema:

65,0 g de ácido ------- 100 g de solução
1 mL de solução ----- 1,40 g de solução

Cálculo do volume da solução:

1 mL de solução ----- 1,40 g de solução
Volume ---------------- 100 g de solução
Volume = 71,43 mL

Cálculo da concentração da quantidade de matéria para a solução de ácido nítrico:

$$[HNO_3] = \frac{65{,}0}{(63{,}0 \text{ x } 71{,}43 \text{ x } 10^{-3})} = 14{,}44 \frac{\text{mol}}{\text{L}}$$

Questão 29

(U. S. NATIONAL CHEMISTRY OLYMPIAD) Qual é o pH de uma solução formada pela mistura de 45,0 mL de 0,10 M HNO_3, 50,0 mL de 0,20 M HCl e 55,0 mL de 0,10 M CH_3COOH?
a) 0,40
b) 0,88
c) 1,01
d) 1,52

Resolução

Alternativa B.

Todos os ácidos apresentam ionização com uma proporção 1:1.
$45{,}0 \text{ x } 0{,}10 + 50{,}0 \text{ x } 0{,}20 + 55{,}0 \text{ x } 0{,}10 = 150 \text{ x } [H^+]$

$$[H^+] = \frac{45{,}0 \text{ x } 0{,}10 + 50{,}0 \text{ x } 0{,}20 + 55{,}0 \text{ x } 0{,}10}{150} = 0{,}133 \frac{\text{mol}}{\text{L}}$$

Cálculo do potencial hidrogeniônico: $\text{pH} = -\log[H^+]$
$\text{pH} = -\log(0{,}133) = 0{,}875$

Questão 30

(GRILLO) Uma solução aquosa realizada em um dos laboratórios do Instituto Federal do Rio de Janeiro – Campus Nilópolis, os íons presentes e suas concentrações mássicas estão apresentados na tabela abaixo:

Íons presentes na solução	Concentração mássica ($g.L^{-1}$)
Li^+	14
Mg^{+2}	22
Tl^{+3}	55
SO_4^{-2}	70
I^-	X

A partir da tabela apresentada, determine o valor de X.

Resolução

Para a resolução deste exercício, será necessário calcular a concentração da quantidade de matéria para cada íon na solução.

$$[Li^+] = \frac{C}{< MM >} = \frac{14 \frac{g}{L}}{7{,}0 \frac{g}{mol}} = 2{,}0 \frac{\text{mol}}{\text{L}}$$

$$[Mg^{+2}] = \frac{C}{< MM >} = \frac{22 \frac{g}{L}}{24{,}0 \frac{g}{mol}} = 0{,}92 \frac{\text{mol}}{\text{L}}$$

$$[Tl^{+3}] = \frac{C}{< MM >} = \frac{55\frac{g}{L}}{204,0\frac{g}{mol}} = 0,270\frac{mol}{L}$$

$$[SO_4^{-2}] = \frac{C}{< MM >} = \frac{70\frac{g}{L}}{96,0\frac{g}{mol}} = 0,729\frac{mol}{L}$$

Para a determinação da concentração da quantidade de matéria do íon iodeto, será realizado um balanço de cargas:

($\sum_{Carga(+)} + \sum_{Carga(-)} = 0$).

$$\{[Li^{+}].(+1)\} + \{[Mg^{+2}].(+2)\} + \{[Tl^{+3}].(+3)\} + \{[SO_4^{-2}].(-2)\} + \{[I^{-}].(-1)\} = 0$$

$$\{2,0 \text{ x } (+1)\} + \{0,92 \text{ x } (+2)\} + \{0,270 \text{ x } (+3)\} + \{0,729 \text{ x } (-2)\} + \{[I^{-}] \text{ x } (-1)\} = 0$$

$$2,0 + 1,84 + 0,81 - 1,458 + \{-[I^{-}]\} = 0$$

$$[I^{-}] = 3,192 \text{ mol}.L^{-1}$$

Cálculo da concentração comum do íon iodeto:

$$C_{I^-} = [I^{-}] \text{ x } < MM >_{I^-}$$

$$C_{I^-} = 3,192\frac{\cancel{mol}}{L} \text{ x } 127\frac{g}{\cancel{mol}} = 405,38\frac{g}{L}$$

Questão 31

(GRILLO) Qual é a concentração da quantidade de matéria de ácido sulfúrico a 90% em massa cuja densidade é de 1,81 g x mL^{-1}?

Resolução

Para a resolução deste problema, será necessário calcular o volume da solução em 100 gramas de solução.

$$1,81 \text{ g de solução} --- 10^{-3} \text{ L}$$
$$100 \text{ g de solução} --- V$$
$$V = 55,25 \text{ x } 10^{-3} \text{ L}$$

Cálculo da concentração da quantidade de matéria da solução de ácido sulfúrico:

$$[H_2SO_4] = \frac{\frac{90}{98}}{55,25 \text{ x } 10^{-3}}$$

$$[H_2SO_4] = 16,62\frac{mol}{L}$$

Questão 32

(OLIMPÍADA PERUANA DE QUÍMICA) Se tem um certo sal sólido de massa molar 249,5 g/mol. Ao dissolver em água a 20°C, se forma uma solução na qual apresenta 15% de seu peso correspondente a este sal. A densidade da solução resultante é 1,08 g/mL. A concentração molar desta solução é:

a) 6,5 x 10^{-4} mol/L
b) 37,4 mol/L
c) 0,65 mol/L
d) 0,212 mol/L

Resolução

Alternativa C.

Cálculo da concentração mássica do sal: $C = 10 \text{ x } d \text{ x } (\%) = 10 \text{ x } 1{,}08 \text{ x } 15 = 162 \frac{g}{L}$

Cálculo da concentração da quantidade de matéria do sal:

$$[Sal] = \frac{C}{< MM >_{sal}} = \frac{162 \frac{g}{L}}{249{,}5 \frac{g}{mol}} = 0{,}649 \frac{mol}{L}$$

Questão 33

(OLIMPÍADA PERUANA DE QUÍMICA) Em um laboratório há uma garrafa de 1 L de ácido nítrico, que está rotulada 15,5 M e 1,41 g/cm³. Exprese a concentração em porcentagem em massa.
a) 53,36
b) 69,25
c) 0,978
d) 14,10

Resolução

Alternativa B.

A concentração apresentada pelo problema em massa corresponde ao título (m/m).

Cálculo da concentração mássica do sal: $C = 10 \text{ x } d \text{ x } (\%)$

$$[HNO_3] \text{ x } < MM >_{HNO_3} = 10 \text{ x } d \text{ x } (\%)$$

$$(\%) = \frac{[HNO_3] \text{ x } < MM >_{HNO_3}}{10 \text{ x } d} = \frac{15{,}50 \text{ x } 63}{10 \text{ x } 1{,}41} = 69{,}25\%$$

Questão 34

(OLIMPÍADA PERUANA DE QUÍMICA) Quantos mols de HCl estão presentes em 150 mL de uma solução cuja concentração é 30% em peso e cuja densidade é 1,15 g/mL?
a) 4,73 mol
b) 3,45 mol
c) 2,12 mol
d) 1,42 mol

Resolução

Alternativa D.

Cálculo da concentração mássica do ácido clorídrico: $C = 10 \text{ x } d \text{ x } (\%)$

$$[HCl] \text{ x } < MM >_{HCl} = 10 \text{ x } d \text{ x } (\%)$$

$$\frac{n_{HCl}}{V_{solução}} \text{ x } < MM >_{HCl} = 10 \text{ x } d \text{ x } (\%)$$

$$n_{HCl} = \frac{V_{solução} \text{ x } 10 \text{ x } d \text{ x } (\%)}{< MM >_{HCl}}$$

$$n_{HCl} = \frac{0{,}150 \text{ x } 10 \text{ x } 1{,}15 \text{ x } 30}{36{,}5} = 1{,}42 \text{ mol}$$

Questão 35

(OLIMPÍADA PERUANA DE QUÍMICA) Quantos gramas de sulfato de zinco sãoobtidos ao fazer reagir dez gramas de zinco puro com 100 mL de ácido sulfúrico 2 M?

a) 12,34 g
b) 24,68 g
c) 37,02 g
d) 49,36 g

Resolução

Alternativa B.

Equação química entre o zinco metálico na presença de uma solução aquosa de ácido sulfúrico:

$$Zn_{(sólido)} + H_2SO_{4(aquoso)} \rightarrow ZnSO_{4(aquoso)} + H_{2\,(gás)}$$

Determinação do reagente limitante, calculando o número de mol para cada reagente químico:

$n_{Zn} = \frac{10}{65,41} = 0,153 \text{ mol}$ (Reagente limitante)

$n_{ácido} = 2 \text{ x } 0,10 = 0,200 \text{ mol}$ (Reagente em excesso)

Cálculo do número de mol de sulfato de zinco, a partir do reagente limitante:

$1 \text{ mol de Zn} - - - 1\text{mol de } ZnSO_{4(aquoso)}$
$0,153 \text{ mol} - - - - n_{sal}$
$n_{sal} = 0,153 \text{ mol}$

Cálculo da massa de sulfato de zinco: $m_{sal} = n_{sal} \text{ x} < MM >_{sal}$

$$m_{sal} = 0,153 \text{ x } (65,41 + 32 + 64)$$

$$m_{sal} = 24,69 \text{ g}$$

Questão 36

(OLIMPÍADA PERUANA DE QUÍMICA) Se reage 14,62 mL de NaOH 0,105 M para neutralizar 50,0 mL de HCl. Qual é a concentração original do ácido?

a) 0,0307 mol/L
b) 0,0292 mol/L
c) 0,0342 mol/L
d) 0,01710 mol/L

Resolução

Alternativa A.

Equação química da reação de neutralização entre o ácido clorídrico e o hidróxido de sódio.

$$HCl_{(aquoso)} + NaOH_{(aquoso)} \rightarrow NaCl_{(aquoso)} + H_2O_{(líquido)}$$

A partir da relação estequiométrica entre o ácido clorídrico e o hidróxido de sódio: $n_{ácido} = n_{base}$

$$[ácido] \text{ x } V_{ácido} = [base] \text{ x } V_{base}$$

$$[HCl] = \frac{0,105 \times 14,62}{50} = 0,0307 \frac{mol}{L}$$

Questão 37

(U. S NATIONAL CHEMISTRY OLYMPIAD) Qual a concentração de íons cálcio em 350 mL de uma solução contendo 7,50 g de $CaCl_2$?
a) 0,0676 M
b) 0,193 M
c) 0,284 M
d) 0,535 M

Resolução

Alternativa B.

Equação química da dissociação do cloreto de cálcio: $CaCl_{2(aquoso)} \rightarrow Ca^{+2}_{(aquoso)} + 2Cl^{-}_{(aquoso)}$

Cálculo da concentração da quantidade de matéria de cloreto de cálcio:

$$[CaCl_2] = \frac{7,50}{0,350 \times 111} = 0,193 \frac{mol}{L}$$

Como a proporção do sal com o seu cátion é 1:1, temos: $n_{sal} = n_{cátion}$

$$[Ca^{+}] = 0,193 \frac{mol}{L}$$

Questão 38

(U. S NATIONAL CHEMISTRY OLYMPIAD) Permanganate ion oxidizes hydrogen peroxide in acidic solution according to the following equation. $2MnO^{-}_{4(aq)} + 5H_2O_{2(l)} + 6H^{+}_{(aq)} \rightarrow 2Mn^{+2}_{(aq)} + 5O_{2(l)} + 8H_2O_{(l)}$. If 35,0 mL of an acidic 0,150 M $KMnO_4$ solution is required to consume all the H_2O_2 in 50,0 mL of a disinfectant solution, what is the concentration of H_2O_2 in the disinfectant?
a) 0,0420 M
b) 0,105 M
c) 0,263 M
d) 0,368 M

Resolução

Alternativa C.

Equação iônica na presença de um ambiente ácido:

$$2MnO^{-}_{4(aquoso)} + 5H_2O_{2(líquido)} + 6H^{+}_{(aquoso)} \rightarrow 2Mn^{+2}_{(aquoso)} + 5O_{2(líquido)} + 8H_2O_{(líquido)}$$

Cabe ressaltar que esta equação iônica fornecida já veio balanceada. O balanceamento para esta equação é realizado pelo método redox (redução-oxidação), em que o íon permanganato é o agente oxidante e o peróxido de oxigênio (água oxigenada) é o agente redutor.

A partir da relação estequiométrica:

$2 \text{ mol de } MnO^{-}_{4(aq)} ---- 5 \text{ mol de } H_2O_{2(l)}$
$n_{ânion} ---------- n_{peróxido}$
$5 \times n_{ânion} = 2 \times n_{peróxido}$

$$5 \times 35,0 \times 0,150 = 2 \times 50 \times [peróxido]$$

$$[\text{peróxido}] = \frac{5 \text{ x } 35{,}0 \text{ x } 0{,}150}{100} = 0{,}2625 \frac{\text{mol}}{\text{L}}$$

Questão 39

(OLIMPÍADA BRASILEIRA DE QUÍMICA) O reagente ácido nítrico denominado como concentrado pode ser adquirido como uma solução aquosa com fração mássica percentual igual a 65,0% e densidade de 1,39 g.mL^{-1}. Considerando essas informações, indique o volume (em mililitros) desse reagente necessário para o preparo de 1,00 L de uma solução aquosa 0,500 mol.L^{-1}.

a) 34,9
b) 55,7
c) 3,52
d) 0,544
e) 20,4

Resolução

Alternativa A.

Cálculo da concentração da quantidade de matéria inicial de ácido nítrico: $[\text{HNO}_3]_{\text{inicial}} = \frac{10 \text{ x } 65 \text{ x } 1{,}39}{63} = 14{,}34 \frac{\text{mol}}{\text{L}}$

Cálculo do volume inicial: $[\text{HNO}_3]_{\text{inicial}} \text{ x } V_{\text{inicial}} = [\text{HNO}_3]_{\text{final}} \text{ x } V_{\text{final}}$

$$14{,}34 \frac{\text{mol}}{\text{L}} \text{ x } V_{\text{inicial}} = 0{,}500 \frac{\text{mol}}{\text{L}} \text{ x } 1{,}00 \text{ L}$$

$$V_{\text{inicial}} = 3{,}49 \text{ x } 10^{-2} \text{ L } (34{,}9 \text{ mL})$$

Questão 40

(SOLUÇÕES ELETROLÍTICAS) Compare a força iônica de uma solução aquosa 0,10 mol.L^{-1} em cloreto de sódio com a de uma solução 0,10 mol x L^{-1} de cloreto de gálio III.

Resolução

Analisando a dissociação da solução de cloreto de sódio: $\text{NaCl}_{(\text{aquoso})} \rightarrow \text{Na}^+_{(\text{aquoso})} + \text{Cl}^-_{(\text{aquoso})}$

$$0{,}10 \frac{\text{mol}}{\text{L}} - - - 0{,}10 \frac{\text{mol}}{\text{L}} \text{ de Na}^+_{(\text{aquoso})} - - - 0{,}10 \frac{\text{mol}}{\text{L}} \text{ de Cl}^-_{(\text{aquoso})}$$

Cálculo da força iônica:

$$\text{I} = \frac{1}{2} \text{x} \left\{ \mathfrak{M}_{\text{Na}^+} \text{x } z^2_{\text{Na}^+} + \mathfrak{M}_{\text{Cl}^-} \text{x } z^2_{\text{Cl}^-} \right\}$$

$$\text{I}_1 = \frac{1}{2} \text{x} \{(+1)^2 \text{ x } 0{,}10 + (-1)^2 \text{ x } 0{,}10\} = 0{,}10$$

Analisando a solução de cloreto de gálio III: $\text{GaCl}_{3(\text{aquoso})} \rightarrow \text{Ga}^{+3}_{(\text{aquoso})} + 3\text{Cl}^-_{(\text{aquoso})}$

$$0{,}10 \frac{\text{mol}}{\text{L}} - - - 0{,}10 \frac{\text{mol}}{\text{L}} \text{ de Ga}^{+3}_{(\text{aq})} - - - \underbrace{3 \text{ x } 0{,}10}_{0{,}30} \frac{\text{mol}}{\text{L}} \text{ de Cl}^-_{(\text{aq})}$$

Cálculo da força iônica:

$$\text{I} = \frac{1}{2} \text{x} \left\{ \mathfrak{M}_{\text{Ga}^{+3}} \text{x } z^2_{\text{Ga}^{+3}} + \mathfrak{M}_{\text{Cl}^-} \text{x } z^2_{\text{Cl}^-} \right\}$$

$$\text{I}_2 = \frac{1}{2} \text{x} \{(+3)^2 \text{ x } 0{,}10 + (-1)^2 \text{ x } 0{,}30\} = 0{,}60$$

Relacionando o potencial 1 e 2, temos: $\frac{I_1}{I_2} = \frac{0,10}{0,60}$

$I_2 = 6 \text{ x } I_1$

Questão 41

(SOLUÇÕES ELETROLÍTICAS) Uma solução é 0,50 mol x L^{-1} em cloreto de potássio, 0,10 mol x L^{-1} de nitrato de gálio III e 0,10 mol x L^{-1} de sulfato de amônio. Calcule a força iônica total.

Resolução

Analisando a dissociação da solução de cloreto de potássio: $KCl_{(aquoso)} \rightarrow K^+_{(aquoso)} + Cl^-_{(aquoso)}$

$$0,50\frac{mol}{L} --- 0,50\frac{mol}{L} \text{ de } K^+_{(aquoso)} --- 0,50\frac{mol}{L} \text{ de } Cl^-_{(aquoso)}$$

Cálculo da força iônica:

$$I = \frac{1}{2} \text{x} \left\{ \mathfrak{M}_{K^+} \text{x } z^2_{K^+} + \mathfrak{M}_{Cl^-} \text{x } z^2_{Cl^-} \right\}$$

$$I_1 = \frac{1}{2} \text{x} \left\{ (+1)^2 \text{ x } 0,50 + (-1)^2 \text{ x } 0,50 \right\} = 0,50$$

$$I_1 = 0,50$$

Analisando a solução de nitrato de gálio III: $Ga(NO_3)_{3(aquoso)} \rightarrow Ga^{+3}_{(aquoso)} + 3NO^-_{3(aquoso)}$

$$0,10\frac{mol}{L} --- 0,10\frac{mol}{L} \text{ de } Ga^{+3}_{(aquoso)} --- \underbrace{3 \text{ x } 0,10}_{0,30}\frac{mol}{L} \text{ de } NO^-_{3(aquoso)}$$

Cálculo da força iônica:

$$I = \frac{1}{2} \text{x} \left\{ \mathfrak{M}_{Ga^{+3}} \text{x } z^2_{Ga^{+3}} + \mathfrak{M}_{NO_3^-} \text{x } z^2_{NO_3^-} \right\}$$

$$I_2 = \frac{1}{2} \text{x} \left\{ (+3)^2 \text{ x } 0,10 + (-1)^2 \text{ x } 0,30 \right\} = 0,60$$

Analisando a solução de sulfato de amônio:

$$(NH_4)_2SO_{4(aquoso)} \rightarrow 2NH^+_{4(aquoso)} + SO^{-2}_{4(aquoso)}$$

$$0,10\frac{mol}{L} --- \underbrace{2 \text{ x } 0,10}_{0,20}\frac{mol}{L} \text{ de } NH^+_{4(aquoso)} --- 0,10\frac{mol}{L} \text{ de } SO^{-2}_{4(aquoso)}$$

Cálculo da força iônica:

$$I = \frac{1}{2} \text{x} \left\{ \mathfrak{M}_{NH_4^+} \text{ x } z^2_{NH_4^+} + \mathfrak{M}_{SO_4^{-2}} \text{ x } z^2_{SO_4^{-2}} \right\}$$

$$I_2 = \frac{1}{2} \text{x} \left\{ (+1)^2 \text{ x } 0,20 + (-2)^2 \text{ x } 0,10 \right\} = 0,30$$

$$I_2 = 0,30$$

Cálculo da força iônica total: $I_1 + I_2 + I_3 = 0,50 + 0,60 + 0,30 = 1,40$

Questão 42

(INSTITUTO MILITAR DE ENGENHARIA) O ácido clorídrico puro, no estado líquido, pode ser eletrolizado? Por quê?

Resposta

O ácido clorídrico puro não pode ser eletrolisado, pois não há a presença do cátion hidrogênio (H^+) e do ânion cloreto (Cl^-).

Questão 43

(INSTITUTO MILITAR DE ENGENHARIA) Se temos duas soluções de acetato de sódio, sendo uma a 20ºC e outra a 50ºC, ambas com 30 g/l, suas molaridades são iguais? Por quê?

Resposta

Cabe ressaltar que o termo molaridade não é mais utilizado na química e o correto se refere à concentração da quantidade de matéria. Uma mesma solução de acetato de sódio a diferentes temperaturas vai apresentar concentrações distintas uma vez que a dilatação da própria solução será diferente, proveniente do aumento da temperatura.

Questão 44

(SOLUÇÕES ELETROLÍTICAS & PRODUTO DE SOLUBILIDADE) Calcule as atividades dos cátions e dos ânions do cloreto de cálcio que apresenta molalidade igual a 3,0 x 10^{-4} mol x kg^{-1}, obedecendo à lei de Debye Huckel. Calcule a constante do produto de solubilidade.

Resolução

Analisando a solução de cloreto de cálcio e calculando sua força iônica: $CaCl_{2(aquoso)} \rightarrow Ca^{+2}_{(aquoso)} + 2Cl^{-}_{(aquoso)}$

$$3{,}0 \text{ x } 10^{-4}\frac{mol}{kg} - - 3{,}0 \text{ x } 10^{-4}\frac{mol}{kg} - - \underbrace{2 \text{ x } 3{,}0 \text{ x } 10^{-4}}_{6{,}0 \text{ x } 10^{-4}}\frac{mol}{kg}$$

Cálculo da força iônica:

$$I = \frac{1}{2} \text{x} \left\{\mathfrak{M}_{Ca^{+2}} \text{ x } z^2_{Ca^{+2}} + \mathfrak{M}_{Cl^-} \text{ x } z^2_{Cl^-}\right\}$$

$$I = \frac{1}{2} \text{x} \{(+2)^2 \text{ x } 3{,}0 \text{ x } 10^{-4} + (-1)^2 \text{ x } 6{,}0 \text{ x } 10^{-4}\} = 9{,}0 \text{ x } 10^{-4}$$

Cálculo do coeficiente de atividade médio ($\gamma_\pm$): $\log \gamma_\pm = -0{,}509 \text{ x } \sqrt{I} \text{ x } |z_{Ca^{+2}} \text{ x } z_{Cl^-}|$

$$\log \gamma_\pm = -0{,}509 \text{ x } \sqrt{9{,}0 \text{ x } 10^{-4}} \text{ x } |2 \text{ x } (-1)|$$

$$\log \gamma_\pm = -0{,}03054$$

$$\gamma_\pm = 0{,}932$$

Cálculo das atividades dos respectivos íons:

$$a_{Ca^{+2}} = \gamma_\pm \text{ x } \mathfrak{M}_{Ca^{+2}} = 0{,}932 \text{ x } 3{,}0 \text{ x } 10^{-4} = 2{,}80 \text{ x } 10^{-4}$$

$$a_{Cl^-} = \gamma_\pm \text{ x } \mathfrak{M}_{Cl^-} = 0{,}932 \text{ x } 6{,}0 \text{ x } 10^{-4} = 5{,}592 \text{ x } 10^{-4}$$

Cálculo da constante do produto de solubilidade: $K_{ps} = a_{Ca^{+2}} \text{ x } a^2_{Cl^-}$

$$K_{ps} = 2{,}80 \text{ x } 10^{-4} \text{ x } (5{,}592 \text{ x } 10^{-4})^2 = 8{,}74 \text{ x } 10^{-11}$$

Questão 45

(SOLUÇÕES ELETROLÍTICAS & PRODUTO DE SOLUBILIDADE) Sabendo que a solubilidade do cloreto de cobre II é igual a 10^{-4} mol x kg^{-1}, obedecendo à lei de Debye Huckel. Calcule as atividades dos cátions e dos ânions e a constante do produto de solubilidade.

Resolução

Analisando a solução de cloreto de cobre II e calculando sua força iônica: $CuCl_{2(aquoso)} \rightarrow Cu^{+2}_{(aquoso)} + 2Cl^{-}_{(aquoso)}$

$$10^{-4}\frac{mol}{kg} -- 10^{-4}\frac{mol}{kg} -- \underbrace{2 \text{ x } 10^{-4}}_{2,0 \text{ x } 10^{-4}}\frac{mol}{kg}$$

Cálculo da força iônica:

$$I = \frac{1}{2} \text{x} \left\{ \mathfrak{M}_{Cu^{+2}} \text{ x } z^2_{Cu^{+2}} + \mathfrak{M}_{Cl^-} \text{ x } z^2_{Cl^-} \right\}$$

$$I = \frac{1}{2} \text{x} \{(+2)^2 \text{ x } 10^{-4} + (-1)^2 \text{ x } 10^{-4}\} = 3,0 \text{ x } 10^{-4}$$

Cálculo do coeficiente de atividade médio ($\gamma_{\pm}$): $\log \gamma_{\pm} = -0,509 \text{ x } \sqrt{I} \text{ x } |z_{Cu^{+2}} \text{ x } z_{Cl^-}|$

$$\log \gamma_{\pm} = -0,509 \text{ x } \sqrt{3,0 \text{ x } 10^{-4}} \text{ x } |2 \text{ x } (-1)|$$

$$\log \gamma_{\pm} = -0,0176$$

$$\gamma_{\pm} = 0,960$$

Cálculo das atividades dos respectivos íons:

$$a_{Cu^{+2}} = \gamma_{\pm} \text{ x } \mathfrak{M}_{Cu^{+2}} = 0,960 \text{ x } 10^{-4} = 9,60 \text{ x } 10^{-5}$$

$$a_{Cl^-} = \gamma_{\pm} \text{ x } \mathfrak{M}_{Cl^-} = 0,960 \text{ x } 10^{-4} = 1,92 \text{ x } 10^{-4}$$

Cálculo da constante do produto de solubilidade: $K_{ps} = a_{Cu^{+2}} \text{ x } a^2_{Cl^-}$

$$K_{ps} = 9,60 \text{ x } 10^{-5} \text{ x } (1,92 \text{ x } 10^{-4})^2 = 3,54 \text{ x } 10^{-12}$$

Questão 46

(SOLUÇÕES ELETROLÍTICAS & PRODUTO DE SOLUBILIDADE) O produto de solubilidade do cloreto de prata é igual a 1,71 x 10^{-10} à 298 K na presença de água. A partir do enunciado apresentado, calcule os seguintes itens apresentados a seguir.

a) Qual é a atividade do cloreto de prata ($a_{\pm}$) em uma solução aquosa saturada.

b) Admitindo que, por aproximação, a molalidade do AgCl numa solução saturada possa ser confundida com a atividade iônica média, calcule a força iônica daquela solução.

c) Empregando o resultado do item anterior, calcule o valor aproximado do coeficiente de atividade da prata ($\gamma_{\pm}$) na solução saturada a 298 K, empregando a lei de Debye Huckel.

Resolução

Item a) Equação de dissociação iônica do cloreto de prata: $AgCl_{(sólido)} \rightarrow Ag^{+}_{(aquoso)} + Cl^{-}_{(aquoso)}$

Expressão da constante do produto de solubilidade: $K_{ps} = a^1_{Ag^+} \text{ x } a^1_{Cl^-}$

$$K_{ps} = a^1_{\pm} \text{ x } a^1_{\pm} = a^2_{\pm}$$

$$1,71\, x\, 10^{-10} = a^2_{\pm}$$

$$a_{\pm} = \sqrt{1{,}71 \times 10^{-10}} = 1{,}31 \times 10^{-5}$$

Item b) Cálculo da força iônica:

$$I = \frac{1}{2} \times \left\{ a_{Ag^+} \times z_{Ag^+}^2 + a_{Cl^-} \times z_{Cl^-}^2 \right\}$$

$$I = \frac{1}{2} \times \{(+1)^2 \times 1{,}31 \times 10^{-5} + (-1)^2 \times 1{,}31 \times 10^{-5}\} = 1{,}31 \times 10^{-5}$$

Item c) Cálculo do coeficiente de atividade médio ($\gamma_{\pm}$): $\log \gamma_{\pm} = -0{,}509 \times \sqrt{I} \times |z_{Ag^+} \times z_{Cl^-}|$

$$\log \gamma_{\pm} = -0{,}509 \times \sqrt{1{,}31 \times 10^{-5}} \times |1 \times (-1)|$$

$$\log \gamma_{\pm} = -0{,}00184$$

$$\gamma_{\pm} = 0{,}996$$

Questão 47

(SOLUÇÕES ELETROLÍTICAS & PRODUTO DE SOLUBILIDADE) Calcule a força iônica de uma solução de cloreto de chumbo II à 298 K. Para este sal, o valor do produto de solubilidade nesta mesma temperatura é igual a 1,80 x 10^{-4}. Admita, por aproximação, que as atividades podem ser confundidas com as molalidades na equação que define a constante do produto de solubilidade. A seguir, usando a lei limite, calcule o coeficiente médio de atividade dos íons Pb^{+2} e Cl^-, na referida solução saturada a 298 K.

Resolução

Equação de dissociação do cloreto de chumbo II: $PbCl_{2(sólido)} \rightarrow Pb^{+2}_{(aquoso)} + 2Cl^-_{(aquoso)}$

Expressão da constante do produto de solubilidade: $K_{ps} = a^1_{Pb^{+2}} \times a^2_{Cl^-}$

$$K_{ps} = a^1_{\pm} \times \left(2 \times a^1_{\pm}\right)^2$$

$$K_{ps} = 4 \times a^3_{\pm}$$

$$1{,}80 \times 10^{-4} = 4 \times a^3_{\pm}$$

$$a_{\pm} = \sqrt[3]{\frac{1{,}80 \times 10^{-4}}{4}} = 3{,}56 \times 10^{-2}$$

Logo:

$$a^1_{Pb^{+2}} = 3{,}56 \times 10^{-2}$$

$$a^1_{Cl^-} = 2 \times 3{,}56 \times 10^{-2} = 7{,}11 \times 10^{-2}$$

Cálculo da força iônica:

$$I = \frac{1}{2} \times \{a_{Pb^{+2}} \times z^2_{Pb^{+2}} + a_{Cl^-} \times z^2_{Cl^-}\}$$

$$I = \frac{1}{2} \times \{(+2)^2 \times 3{,}56 \times 10^{-2} + (-1)^2 \times 7{,}11 \times 10^{-2}\} = 0{,}10675$$

Cálculo do coeficiente de atividade médio ($\gamma_{\pm}$): $\log \gamma_{\pm} = -0{,}509 \text{ x } \sqrt{I} \text{ x } |z_{Pb^{+2}} \text{ x } z_{Cl^{-}}|$

$$\log \gamma_{\pm} = -0{,}509 \text{ x } \sqrt{0{,}10675} \text{ x } |2 \text{ x } (-1)|$$

$$\log \gamma_{\pm} = -0{,}33261$$

$$\gamma_{\pm} = 0{,}464$$

Questão 48

(SOLUÇÕES ELETROLÍTICAS & PRODUTO DE SOLUBILIDADE) A solubilidade do hidróxido de cálcio a 298 K é de aproximadamente igual a 0,155 g / 100 g de $H_2O_{(l)}$. A partir das informações apresentadas, calcule:

a) A molalidade da solução saturada desta base;

b) A força iônica da solução citada no item anterior, usando a molalidade como termo da concentração;

c) O coeficiente médio de atividade dos íons nesta mesma temperatura;

d) A constante termodinâmica do produto de solubilidade do hidróxido de cálcio.

Resolução

Cálculo da molalidade da solução de hidróxido de cálcio: $\mathfrak{M}_{Ca(OH)_2} = \frac{\frac{0{,}155}{74}}{0{,}100} = 0{,}0209 \frac{mol}{kg}$

Analisando a solução de hidróxido de cálcio e calculando sua força iônica: $Ca(OH)_{2(aquoso)} \rightarrow Ca^{+2}_{(aquoso)} + 2OH^{-}_{(aquoso)}$

$$0{,}0209 \frac{mol}{kg} -- 0{,}0209 \frac{mol}{kg} -- \underbrace{2 \text{ x } 0{,}0209}_{0{,}0418} \frac{mol}{kg}$$

Cálculo da força iônica:

$$I = \frac{1}{2} \text{ x } \{\mathfrak{M}_{Ca^{+2}} \text{ x } z^2_{Ca^{+2}} + \mathfrak{M}_{OH^-} \text{ x } z^2_{OH^-}\}$$

$$I = \frac{1}{2} \text{ x } \{(+2)^2 \text{ x } 0{,}0209 + (-1)^2 \text{ x } 0{,}0418\} = 0{,}0627$$

Cálculo do coeficiente de atividade médio ($\gamma_{\pm}$): $\log \gamma_{\pm} = -0{,}509 \text{ x } \sqrt{I} \text{ x } |z_{Ca^{+2}} \text{ x } z_{OH^{-}}|$

$$\log \gamma_{\pm} = -0{,}509 \text{ x } \sqrt{0{,}0627} \text{ x } |2 \text{ x } (-1)|$$

$$\log \gamma_{\pm} = -0{,}255$$

$$\gamma_{\pm} = 0{,}556$$

Cálculo das atividades dos respectivos íons:

$$a_{Ca^{+2}} = \gamma_{\pm} \text{ x } \mathfrak{M}_{Ca^{+2}} = 0{,}556 \text{ x } 0{,}0209 = 0{,}0116$$

$$a_{OH^-} = \gamma_{\pm} \text{ x } \mathfrak{M}_{OH^-} = 0{,}556 \text{ x } 0{,}0418 = 0{,}0232$$

Cálculo da constante do produto de solubilidade: $K_{ps} = a_{Ca^{+2}} \text{ x } a^2_{OH^-}$

$$K_{ps} = 0{,}0116 \text{ x } (0{,}0232)^2 = 6{,}24 \text{ x } 10^{-6}$$

Questão 49

(SOLUÇÕES ELETROLÍTICAS & PRODUTO DE SOLUBILIDADE) Uma solução de fluoreto de potássio apresenta coeficiente de atividade médio calculado pela lei de Debye-Huckel é igual a aproximadamente 0,88. A partir das informações apresentadas, calcule a massa deste sal em 900 g de água para a formação desta solução. Calcule as atividades dos íons e seu produto de solubilidade.

Resolução

Analisando a solução de fluoreto de potássio e calculando sua força iônica, a partir da lei de Debye-Huckel.

Equação de dissociação iônica do fluoreto de potássio: $KF_{(sólido)} \rightarrow K^{+}_{(aquoso)} + F^{-}_{(aquoso)}$

Cálculo do coeficiente de atividade médio ($\gamma_{\pm}$):

$$\log \gamma_{\pm} = -0{,}509 \text{ x } \sqrt{I} \text{ x } |z_{K^+} \text{ x } z_{F^-}|$$

$$\log 0{,}88 = -0{,}509 \text{ x } \sqrt{I} \text{ x } |1 \text{ x } (-1)|$$

$$\sqrt{I} = 0{,}109$$

$$I = 0{,}0119$$

Cálculo da massa de fluoreto de potássio, a partir da força iônica:

$$I = \frac{1}{2} \text{x} \left\{\mathfrak{M}_{K^+} \text{x } z^2_{K^+} + \mathfrak{M}_{F^-} \text{ x } z^2_{F^-}\right\}$$

$$I = \frac{1}{2} \text{x} \left\{\mathfrak{M} \text{ x } z^2_{K^+} + \mathfrak{M} \text{ x } z^2_{F^-}\right\}$$

$$\frac{1}{2} \text{x} \left\{(+1)^2 \text{ x } \mathfrak{M} + (-1)^2 \text{ x } \mathfrak{M}\right\} = 0{,}0119$$

$$\mathfrak{M} = 0{,}0119 \frac{\text{mol}}{\text{kg}}$$

$\text{Massa} = 0{,}0119 \text{ x } 74{,}50 \text{ x } 0{,}900 = 0{,}798 \text{ g}$
Cálculo das atividades dos respectivos íons:

$$a_{K^+} = \gamma_{\pm} \text{ x } \mathfrak{M}_{K^+} = 0{,}88 \text{ x } 0{,}0119 = 0{,}0105$$

$$a_{F^-} = \gamma_{\pm} \text{ x } \mathfrak{M}_{F^-} = 0{,}88 \text{ x } 0{,}0119 = 0{,}0105$$

Cálculo da constante do produto de solubilidade: $K_{ps} = a_{K^+} \text{ x } a^1_{F^-}$

$$K_{ps} = 0{,}0105 \text{ x } 0{,}0105 = 1{,}097 \text{ x } 10^{-4}$$

Questão 50

(SOLUÇÕES ELETROLÍTICAS & CONSTANTE DOS ÁCIDOS) Calcule a força iônica de uma solução 0,10 mol x L^{-1} de ácido acético a 298 K. Para esta mesma temperatura, considere que a constante do referido ácido seja igual a 1,80 x 10^{-5}.

Resolução

Para a resolução do problema será necessário utilizar a tabela de equilíbrio iônico, com uma base de cálculo de n (mol) inicial de ácido acético.

Base de cálculo: n (mol) inicial de ácido acético.

Tabela de equilíbrio iônico:

	$HAc_{(aquoso)}$	$\rightleftarrows$	$H^+_{(aquoso)}$	$Ac^-_{(aquoso)}$
Início	n		0	0
Reage	nα		nα	nα
Equilíbrio	n - nα		nα	nα

Cálculo do grau de ionização do ácido acético: $K_a = [\text{ácido acético}] \text{ x } \alpha^2$

$$\alpha = \sqrt{\frac{K_a}{M}} = \sqrt{\frac{1{,}80 \text{ x } 10^{-5}}{0{,}10}} = 0{,}0134\ (1{,}34\ \%)$$

Cálculo das concentrações das quantidades de matéria dos íons no equilíbrio:

$$[H^+] = 0{,}10 \text{ x } 0{,}0134 = 0{,}00134 \frac{\text{mol}}{L}$$
$$[Ac^-] = 0{,}10 \text{ x } 0{,}0134 = 0{,}00134 \frac{\text{mol}}{L}$$

Cálculo da força iônica: $I = \frac{1}{2} \text{ x } \{\mathfrak{M}_{H^+} \text{ x } z^2_{H^+} + \mathfrak{M}_{Ac^-} \text{ x } z^2_{Ac^-}\}$

$$I = \frac{1}{2} \text{ x } \{(+1)^2 \text{ x } 0{,}00134 + (-1)^2 \text{ x } 0{,}00134\} = 0{,}00134$$

Questão 51

(SOLUÇÕES ELETROLÍTICAS & VARIAÇÃO DA ENERGIA LIVRE DE GIBBS PADRÃO) A solubilidade do cloreto de prata na presença de água a 298 K é igual a 1,274 x 10^{-5} mol x dm^{-3}. Levando em consideração a lei limite de Debye – Huckel seja aplicada para este processo, calcule a variação da energia livre de Gibbs padrão para a mesma temperatura.

Resolução

Analisando a solução de cloreto de prata, calculando sua força iônica, a partir da lei de Debye-Huckel.

$$AgCl_{(\text{sólido})} \rightarrow Ag^+_{(\text{aquoso})} + Cl^-_{(\text{aquoso})}$$

$$1{,}274 \text{ x } 10^{-5} \frac{\text{mol}}{dm^3} - - - 1{,}274 \text{ x } 10^{-5} \frac{\text{mol}}{dm^3} - - - 1{,}274 \text{ x } 10^{-5} \frac{\text{mol}}{dm^3}$$

$$I = \frac{1}{2} \text{ x } \{[Ag^+] \text{ x } z^2_{Ag^+} + [Cl^-] \text{ x } z^2_{Cl^-}\}$$

$$I = \frac{1}{2} \text{ x } \{(+1)^2 \text{ x } 1{,}274 \text{ x } 10^{-5} + (-1)^2 \text{ x } 1{,}274 \text{ x } 10^{-5}\} = 1{,}274 \text{ x } 10^{-5}$$

Cálculo do coeficiente de atividade médio ($\gamma_\pm$): $\log \gamma_\pm = -0{,}509 \text{ x } \sqrt{I} \text{ x } |z_{Ag^+} \text{ x } z_{Cl^-}|$

$$\log \gamma_\pm = -0{,}509 \text{ x } \sqrt{1{,}274 \text{ x } 10^{-5}} \text{ x } |1 \text{ x } (-1)|$$

$$\gamma_\pm = 0{,}996$$

Cálculo das atividades dos respectivos íons, levando em consideração e admitindo a igualdade entre a concentração da quantidade de matéria e a molalidade.

$a_{K^+} = \gamma_\pm \text{ x } [Ag^+] = 0{,}996 \; x \; 1{,}274 \text{ x } 10^{-5} = 1{,}269 \text{ x } 10^{-5}$

$a_{F^-} = \gamma_\pm \text{ x } [Cl^-] = 0{,}996 \; x \; 1{,}274 \text{ x } 10^{-5} = 1{,}269 \text{ x } 10^{-5}$

Cálculo da constante do produto de solubilidade: $K_{ps} = a_{Ag^+} \text{ x } a^1_{Cl^-}$

$K_{ps} = 1{,}269 \text{ x } 10^{-5} \text{ x } 1{,}269 \text{ x } 10^{-5} = 1{,}61 \text{ x } 10^{-10}$

Cálculo da variação da energia livre de Gibbs padrão: $\Delta G^0 = -R \text{ x } T \text{ x } \ln K_{ps}$

$\Delta G^0 = -8{,}314 \text{ x } 298 \text{ x } \ln 1{,}61 \text{ x } 10^{-10} = \boxed{+55868{,}12 \text{ J } (+55{,}87 \text{ kJ})}$

Questão 52

(SOLUÇÕES ELETROLÍTICAS) Calcule as atividades dos íons de uma solução de sulfato de magnésio que apresenta uma concentração igual a 1,50 x 10^{-4} mol x kg^{-1}, obedecendo à lei de Debye-Huckel.

Resolução

Analisando a solução de sulfato de magnésio, calculando a força iônica a partir da lei de Debye-Huckel.

$MgSO_{4(aquoso)} \rightarrow Mg^{+2}_{(aquoso)} + SO^{-2}_{4(aquoso)}$

$1{,}50 \text{ x } 10^{-4}\dfrac{mol}{kg} --- \; 1{,}50 \text{ x } 10^{-4}\dfrac{mol}{kg} --- \; 1{,}50 \text{ x } 10^{-4}\dfrac{mol}{kg}$

$I = \dfrac{1}{2} \text{x} \left\{\mathfrak{M}_{Mg^{+2}} \text{x } z^2_{Mg^{+2}} + \mathfrak{M}_{SO_4^{-2}} \text{x } z^2_{SO_4^{-2}}\right\}$

$I = \dfrac{1}{2} \text{x} \{(+2)^2 \text{ x } 1{,}50 \text{ x } 10^{-4} + (-2)^2 \text{ x } 1{,}50 \text{ x } 10^{-4}\}$

$I = 0{,}0006$

Cálculo do coeficiente de atividade médio ($\gamma_\pm$):

$\log \gamma_\pm = -0{,}509 \text{ x } \sqrt{I} \text{ x } |z_{Ag^+} \text{ x } z_{Cl^-}|$

$\log \gamma_\pm = -0{,}509 \text{ x } \sqrt{0{,}0006} \text{ x } |2 \text{ x } (-2)|$

$\gamma_\pm = 0{,}891$

Cálculo das atividades dos respectivos íons, levando em consideração e admitindo a igualdade entre a concentração da quantidade de matéria e a molalidade.

$a_{Mg^{+2}} = \gamma_\pm \text{ x } \mathfrak{M}_{Mg^{+2}} = 0{,}891 \; x \; 1{,}50 \text{ x } 10^{-4} = 1{,}34 \text{ x } 10^{-4}$

$a_{SO_4^{-2}} = \gamma_\pm \text{ x } \mathfrak{M}_{SO_4^{-2}} = 0{,}891 \; x \; 1{,}50 \text{ x } 10^{-4} = 1{,}34 \text{ x } 10^{-4}$

Questão 53

(SOLUÇÕES ELETROLÍTICAS) Uma solução de $AlCl_3$ tem coeficiente de atividade médio calculado pela lei de Debye-Hückel de 0,96.

a) Calcule a massa de $AlCl_3$ em 800 g de água para formar essa solução.

b) Quais as atividades dos íons cloreto e alumínio na solução?

Resolução

Analisando a solução de sulfato de magnésio, calculando a força iônica a partir da lei de Debye-Huckel.

$$AlCl_{3\,(aquoso)} \rightarrow Al^{+3}_{(aquoso)} + 3Cl^{-}_{(aquoso)}$$

$$\mathcal{M}\,\frac{mol}{kg} - - - \mathcal{M}\,\frac{mol}{kg} - - - 3 \text{ x } \mathcal{M}\,\frac{mol}{kg}$$

Cálculo da força iônica em função da lei de Debye-Huckel:

$$\log \gamma_{\pm} = -0{,}509 \text{ x } \sqrt{I} \text{ x } |z_{Al^{+3}} \text{ x } z_{Cl^{-}}|$$

$$\log 0{,}96 = -0{,}509 \text{ x } \sqrt{I} \text{ x } |3 \text{ x } (-2)|$$

$$\sqrt{I} = 1{,}16 \text{ x } 10^{-2}$$

$$I = 1{,}34 \text{ x } 10^{-4}$$

Cálculo da molalidade, a partir da expressão da função iônica:

$$I = \frac{1}{2} \text{ x } \{\mathfrak{M}_{Al^{+3}} \text{ x } z^{2}_{Al^{+3}} + \mathfrak{M}_{Cl^{-}} \text{ x } z^{2}_{Cl^{-}}\}$$

$$I = \frac{1}{2} \text{ x } \{(+3)^{2} \text{ x } \mathcal{M} + (-1)^{2} \text{ x } 3 \text{ x } \mathcal{M}\} = 6\mathcal{M}$$

$$1{,}34 \text{ x } 10^{-4} = 6\mathcal{M}$$

$$\mathcal{M} = 2{,}25 \text{ x } 10^{-5}\,\frac{mol}{kg}$$

Item a) Cálculo da massa de cloreto de alumínio: $\text{Massa} = (27 + 3 \text{ x } 35{,}5) + 0{,}800 \text{ x } 2{,}25 \text{ x } 10^{-5} = 0{,}0024 \text{ g}$

Item b) Cálculo das atividades dos respectivos íons:

$$a_{Al^{+3}} = \gamma_{\pm} \text{ x } \mathcal{M}_{Al^{+3}} = 0{,}960 \text{ x } 2{,}25 \text{ x } 10^{-5}$$

$$a_{SO_4^{-2}} = \gamma_{\pm} \text{ x } 3 \text{ x } \mathcal{M}_{Cl^{-}} = 0{,}960 \text{ x } 3 \text{ x } 2{,}25 \text{ x } 10^{-5}$$

Questão 54

(INSTITUTO MILITAR DE ENGENHARIA) Em determinadas condições, uma solução de K_2CO_3 em água é 3,10 molal e 2,79 molar. Determinar a sua massa específica.

Resolução

Esta questão do IME leva em consideração dois tipos de concentração, sendo a primeira relacionada com a molalidade (mol x kg^{-1}) e a segunda com a concentração da quantidade de matéria (mol x L^{-1}). O problema pede a determinação da densidade da solução que relaciona a massa da solução pelo volume da solução.
Dados do problema para o estudo da solução de carbonato de potássio:

1 kg de solvente -------- 3,10 mol de K_2CO_3
2,79 mol de K_2CO_3 ----- 1 L de solução

Cálculo da massa da solução, a partir de 1 kg:

$$3{,}10 \text{ mol} - - - 1 \text{ kg de solvente}$$

$2{,}79\ \text{mol} - - - m_{\text{solução}}$

$$m_{\text{solução}} = \frac{2{,}79}{3{,}10} = 0{,}90\ \text{kg}$$

Cálculo da massa do carbonato de potássio a partir do número de mol: $m_{K_2CO_3} = 2{,}79 \times (78 + 12 + 48) = 385{,}02\ \text{g}$

Cálculo da densidade da solução: $d = \frac{900+385{,}02}{1} = 1285{,}02 \frac{\text{g}}{\text{L}}$

Questão 55

(INSTITUTO MILITAR DE ENGENHARIA) Quantos mL de solução 0,200 mol/L de ácido sulfúrico são necessários para neutralizar 0,200 g de hidróxido de magnésio?

Resolução

Este problema leva em consideração uma mistura de solutos distintos, sendo representado por uma reação de neutralização entre o ácido sulfúrico e o hidróxido de magnésio.

$$H_2SO_{4(\text{aquoso})} + Mg(OH)_{2(\text{aquoso})} \rightarrow MgSO_{4(\text{aquoso})} + 2H_2O_{(\text{líquido})}$$

Relação estequiométrica entre os reagentes químicos presentes na reação: 1 mol de ácido está para 1 mol de base

$$[H_2SO_4] \times V_{\text{solução}} = n_{Mg(OH)_2}$$

$$0{,}200 \times V_{\text{solução}} = \frac{0{,}200}{58}$$

$$V_{\text{solução}} = 1{,}72 \times 10^{-2}\ \text{L}$$

Questão 56

(INSTITUTO MILITAR DE ENGENHARIA) Uma amostra de hidróxido de cálcio impuro, pesando 2,0 g, foi neutralizada por 50,0 mL de ácido sulfúrico 0,500 mol x L^{-1}. Qual a pureza da amostra?

Resolução

Da mesma maneira apresentada pelo exercício anterior, a mistura ocorre entre solutos diferentes, sendo representada pela seguinte reação de neutralização entre o ácido sulfúrico e o hidróxido de cálcio.

$$H_2SO_{4(\text{aquoso})} + Ca(OH)_{2(\text{aquoso})} \rightarrow CaSO_{4(\text{aquoso})} + 2H_2O_{(\text{líquido})}$$

Relação estequiométrica entre os reagentes químicos: 1 mol de ácido está para 1 mol de base

$$[H_2SO_4] \times V_{\text{solução}} = n_{Ca(OH)_2}$$

$$0{,}500 \times 50 \times 10^{-3} = \frac{m_{Ca(OH)_2}}{74}$$

$$m_{Ca(OH)_2} = 1{,}85\ \text{g}$$

Cálculo do grau de pureza: $(\%) = \frac{1{,}85}{2{,}0} = 0{,}925\ (92{,}50\%)$

Questão 57

(ITT-JEE) A molaridade e a molalidade de uma certa solução de ácido acético em água são iguais a 2,03 and 2,27, respectivamente. Calcule a densidade.

a) 1,171 g.mL^{-1}
b) 1,017 g.mL^{-1}

c) 1,117 $g.mL^{-1}$
d) 1,211 $g.mL^{-1}$

Resolução

Alternativa B.

Fórmula molecular do ácido acético: $C_2H_4O_2$

Informação do problema: $2{,}03 \text{ mol x L}^{-1}$ e $2{,}27 \text{ mol x kg}^{-1}$

Cálculo da massa de solvente:

$$2{,}27 \text{ mol} - - - 1 \text{ kg de solvente}$$
$$2{,}03 \text{ mol} - - - \text{Massa de solvente}$$
$$\text{Massa de solvente} = \frac{2{,}03}{2{,}27} = 0{,}894 \text{ kg de solvente}$$

Cálculo da massa de ácido acético, a partir da concentração da quantidade de matéria: $[\text{ácido}] = \frac{m_{\text{ácido}}}{V_{\text{solução}}}$

$$m_{\text{ácido}} = 2{,}03 \text{ x } 1{,}0 \text{ x } (24 + 4 + 32) = 121{,}80 \text{ g}$$

Cálculo da densidade da solução: $d = \frac{121{,}80 \text{ g} + 894 \text{ g}}{1{,}0 \text{ L}} = 1015{,}80 \frac{\text{g}}{\text{L}}$

Questão 58

(GRILLO) Calcular o fator de Van't Hoff numa solução aquosa de HCl com 90% de grau de dissociação.

Resolução

Cálculo do fator de Van't Hoff para a solução aquosa de ácido clorídrico, sabendo que o graa de ionização é de 90%:

$$i = 1 + (2 - 1) \text{ x } 0{,}90 = 1{,}90$$

Cabe ressaltar que o ácido clorídrico (ácido classificado como hidrácido) é um ácido forte, uma vez que seu grau de ionização é de 92%.

Questão 59

(INSTITUTO TECNOLÓGICO DA AERONÁUTICA) Para preparar 80 litros de uma solução aquosa 12% (massa/massa) de KOH (massa específica da solução = 1,10 g/cm^3) foram adicionados x litros de uma solução aquosa 44% (massa/massa) de KOH (massa específica da solução = 1,50 g/cm^3) e y litros de água deionizada (massa específica = 1,00 g/cm^3). Os valores de x e de y são respectivamente:
a) 12 L e 68 L
b) 16 L e 64 L
c) 30 L e 50 L
d) 36 L e 44 L
e) 44 L e 36 L

Resolução

Alternativa B.
Estudando o processo de diluição da potassa cáustica.

$KOH_{(1)}$	+	$H_2O_{(líquido)} \longrightarrow$	$KOH_{(2)}$
44% (m/m)			12% (m/m)
$\mu = 1{,}50 \text{ g.cm}^{-3}$			$\mu = 1{,}10 \text{ g.cm}^{-3}$
$x_{(L)}$		$y_{(L)}$	80 L

Cálculo da concentração comum do hidróxido de potássio na solução (1): $C_1 = 10 \text{ x } (\%) \text{ x } d = 10 \text{ x } 44 \text{ x } 1{,}50 = 660 \text{ g.L}^{-1}$.

Cálculo da concentração comum do hidróxido de potássio na solução (2): C_2 = 10 x (%) x d = 10 x 12 x 1,10 = 132 g.L^{-1}

Cálculo do volume de KOH (1): $C_1 \times V_1 = C_2 \times V_2$
660x = 132 . 80
x = 16 L

Sendo o volume de uma mistura uma propriedade aditiva, a relação vai ficar da seguinte maneira: x + y = 80 L
16 L + y = 80 L
y = 64 L

Questão 60

(OLIMPÍADA PERUANA DE QUÍMICA) Una alícuota de 50 mL de una muestra de La^{3+} fue tratada con oxalato de sodio para precipitar $La_2(C_2O_4)_3$ peso molecular 541,82. Si se obtuvo 0,813 g del sólido, cuál era la concentración molar de La^{3+} en la muestra?
a) 0,06
b) 0,08
c) 0,15
d) 0,30

Resolução

Alternativa A.

Equação de dissociação do oxalato de lantânio: $La_2(C_2O_4)_{3(sólido)} \rightarrow 2La^{+3}_{(aquoso)} + 3(C_2O_4)^{-2}_{(aquoso)}$

Cálculo da concentração da quantidade de matéria do oxalato de sódio: $[La_2(C_2O_4)_3] = \frac{massa}{<MM> x\ V_{solução}}$

$$[La_2(C_2O_4)_3] = \frac{0,813}{541,82 \text{ x } 50 \text{ x } 10^{-3}} = 0,03\frac{mol}{L}$$

A partir da proporção estequiométrica, 1:2, a concentração da quantidade de matéria é igual a: $\left[La^{+3}_{(aq)}\right] = 0,06\frac{mol}{L}$

Questão 61

(OLIMPÍADA PERUANA DE QUÍMICA) Calcule a fração molar de tetracloreto de carbono em uma solução preparada dissolvendo 32 g deste composto em 75 g de benzeno.
a) 0,18
b) 0,22
c) 0,30
d) 0,82

Resolução

Alternativa A.

Cálculo do número de mol de tetracloreto de carbono: $n_{CCl_4} = \frac{m_{CCl_4}}{<MM>_{CCl_4}} = \frac{32}{12+4 \text{ x } 35,5} = 0,21$

Cálculo do número de mol de benzeno: $n_{C_6H_6} = \frac{m_{CCl_4}}{<MM>_{CCl_4}} = \frac{75}{6 \text{ x } 12+6 \text{ x } 1} = 0,961$

Cálculo da fração molar do tetracloreto de carbono: $X_{CCl_4} = \frac{n_{CCl_4}}{n_{CCl_4}+n_{C_6H_6}} = \frac{0,21}{0,21+0,961} = 0,179$

Questão 62

(OLIMPÍADA MATO-GROSSENSE DE QUÍMICA) A tabela abaixo traz o coeficiente de solubilidade do sulfato de potássio (K_2SO_4) em gramas a cada 100 gramas de água:

T(°C)	0	10	20	30	40	50	60	70	80	90
Solubilidade	7,35	9,22	11,11	12,97	14,76	16,5	18,17	19,75	21,4	22,8

A quantidade mínima de água, a 50°C, necessária para dissolver totalmente 66 gramas de K_2SO_4, é:
a) 300 mL
b) 165 g
c) 400 mL
d) 825 g

Resolução

Alternativa C.

A partir da relação apresentada para uma temperatura igual a 50°C, temos:

16,50 g de K_2SO_4 ----- 100 g de água
66,00 g de K_2SO_4 ----- massa
Massa = 400 g

Sabendo que a densidade da água corresponde a 1,0 g/mL, logo o seu volume corresponde a 400 mL.

Questão 63

(GRILLO) Calcule a concentração da quantidade de matéria do peróxido de hidrogênio a 10 volumes.

Resolução

A decomposição do peróxido de hidrogênio (água oxigenada) ocorre da seguinte forma, conforme apresentada pela equação química a seguir:

$H_2O_{2(aquoso)} \longrightarrow H_2O_{(líquido)} + \frac{1}{2}\, O_{2(gas)}$

Cálculo do número de mol de peróxido de hidrogênio:

1 mol ----- ½ x 22,4 L
n ----------- 10 L
n = 0,893 mol

Para uma solução igual a um litro, a concentração da quantidade de matéria é igual a 0,893 mol x L^{-1}.

Questão 64

(GRILLO) Sabendo que o coeficiente de solubilidade do cloreto de sódio é igual a 37,3 g de NaCl por 100 g de água à 60°C, determine a massa que este sal satura a mesma temperatura com um volume de meio litro de água. Para a resolução deste problema, leve em consideração que a densidade da água é igual a 1,0 kg/L.

Resolução

Cálculo da massa de água, a partir da densidade. $\text{Massa} = \text{d x V}$

$\text{Massa} = 1{,}0 \text{ x } 500 = 500 \text{ g}$

Cãlculo da massa de cloreto de sódio:

$37{,}3 \text{ g de NaCl} - - - - - 100 \text{ g de água}$
$\text{Massa} - - - - - - - - - - 500 \text{ g de água}$
$\text{Massa} = 186{,}50 \text{ g de NaCl}$

Questão 65

(OLIMPÍADA BRASILEIRA DE QUÍMICA) Uma solução aquosa de qual composto não irá conduzir corrente elétrica?

a) $Ca(CH_3COO)_2$
b) $Ba(OH)_2$
c) KOH
d) H_3COH
e) Todos os compostos anteriores irão conduzir corrente elétrica

Resolução

Alternativa D.

Item a) Este composto refere-se a um sal orgânico que compreende ao acetato de cálcio. Na presença de água libera um cátion e um ânion.

Item b e c) Ambos os compostos representam uma base que na presença de água dissociam em um cátion e ânion.

Item d) Este composto representa um metanol e no caso deste composto orgânico apresenta ligações covalentes e com isso não conduz corrente elétrica.

Questão 66

(GRILLO) Qual das substâncias a seguir não conduz corrente elétrica em solução aquosa?

a) Ácido Brometo de hidrogênio
b) Ácido fórmico
c) Cloreto de potássio
d) Bicarbonato de sódio
e) Propanona

Resolução

Alternativa E.

Item a) HBr = o brometo de hidrogênio por mais que esteja no estado gasoso, sua condução de corrente elétrica é baixa.

Item b) CH_3COOH = Conforme Arrhenius, ácidos são espécies químicas que na presença de água libera H^+.

Item c) KCl = O cloreto de potássio na presença de água libera cátion e ânion, na forma K^+ e Cl^-.

Item d) $NaHCO_3$ = Este composto representa um sal inorgânico, que na presença de água libera Na^+, H^+ e CO_3^{-2}.

Item e) $H_3C - CO - CH_3$ = A propanona é um composto orgânico que apresenta ligações covalentes que com isso não conduz corrente elétrica.

Questão 67

(ITT-JEE) Calculate the vapour pressure of water at 50°C given that its boiling point is 100°C and the latent heat of vaporization of water is 9717 cal mol^{-1}.

Resolução

Para a resolução deste problema será necessário aplicar a equação de Clausius-Clapeyron. $\ln\frac{P_1}{P_2} = \frac{\Delta H^0}{R} x \left[\frac{1}{T_2} - \frac{1}{T_1}\right]$

Dados do problema: P_1 (100°C) = 760 mmHg e P_2 (50°C) = ?

Substituindo os dados na equação de Clausius-Clapeyron:

$$\ln\frac{760}{P_2} = \frac{9717}{1{,}987} x \left[\frac{1}{323} - \frac{1}{373}\right]$$

$$P_2 = 99{,}87 \text{ mmHg}$$

Questão 68

(OLIMPÍADA DE QUÍMICA DO RIO DE JANEIRO) Não conduz bem corrente elétrica:

a) $NaCl_{(aq)}$
b) $KBr_{(s)}$
c) Cu

d) $C_{(grafite)}$
e) Latão

Resolução

Alternativa B.

Item a) O cloreto de sódio conduz bem corrente elétrica pois este composto na presença de água libera cátion na forma $Na^{+}_{(aquoso)}$ e ânion $Cl^{-}_{(aquoso)}$.
Item b) Não conduz corrente elétrica pois o brometo de potássio está na fase sólida.
Item c) Cobre é um material metálico que conduz muito bem corrente elétrica.
Item d) Por mais que seja um ametal, conduz sim corrente elétrica.
Item e) Latão é uma liga que apresenta junção de diferentes metais, por exemplo, o latão apresenta como constituinte as ligas de cobre e zinco.

Questão 69

(U. S. NATIONAL CHEMISTRY OLIMPYAD) What is the final [Na^+] in a solution prepared by mixing 70.0 mL of 3.00 M Na_2SO_4 with 30.0 mL of 1,00 M NaCl?
a) 2,00 M
b) 2,40 M
c) 4,00 M
d) 4,50 M

Resolução

Alternativa D.

Cálculo da concentração da quantidade de matéria do cátion [Na^+] da solução do sulfato de sódio:

$Na_2SO_{4(aquoso)} \longrightarrow 2Na^{+}_{(aquoso)} + SO_4^{-2}{}_{(aquoso)}$

1 mol ---------------------- 2 mol
3,0 mol/L ----------------- X = 6,0 mol/L

Cálculo da concentração da quantidade de matéria do cátion [Na^+] da solução de cloreto de sódio:

$NaCl_{(aquoso)} \longrightarrow Na^{+}_{(aquoso)} + Cl^{-}_{(aquoso)}$
1 mol -------------------- 1 mol
1,0 mol/L -------------- Y = 1,0 mol/L

Cálculo da concentração da quantidade de matéria de cátions [Na^+] na solução final: 6 x 70 + 1 x 30 = 100 x $[Na^+]_{Final}$

$[Na^+]_{Final}$ = 4,50 mol/L

Questão 70

(U. S. NATIONAL CHEMISTRY OLIMPYAD) Qual é a molaridade de uma solução de KI na qual apresenta 5,00% KI em massa e a densidade de 1,038 $g.cm^{-3}$?
a) 0,0301 $mol.L^{-1}$
b) 0,313 $mol.L^{-1}$
c) 0,500 $mol.L^{-1}$
d) 0,625 $mol.L^{-1}$

Resolução

Alternativa B.

Cálculo da concentração comum (concentração mássica) da solução de iodeto de potássio: $\mathrm{C} = 10 \text{ x } 5{,}0 \text{ x } 1{,}038 = 51{,}9 \frac{\mathrm{g}}{\mathrm{L}}$

Cálculo da concentração da quantidade de matéria de iodeto de potássio: $[\text{KI}] = \frac{51{,}9\frac{g}{L}}{(39+129)\frac{g}{mol}} = 0{,}309\,\frac{mol}{L}$

Questão 71

(GRILLO) Calcule a concentração da quantidade de matéria e a concentração mássica de um ácido hipotético H_3A com massa molecular igual a 150 g.mol^{-1} sabendo que a densidade é igual a 1,56 kg.L^{-1} e o seu título em massa igual a 45%.

Resolução

Cálculo da concentração mássica: $C = 10 \text{ x } 1{,}56 \text{ x } 45 = 702\,\frac{g}{L}$

Cálculo da concentração da quantidade de matéria:

$$[H_3A] = \frac{702\,\frac{g}{L}}{150\,\frac{g}{mol}} = 4{,}68\,\frac{mol}{L}$$

Questão 72

(GRILLO) Em 150 mL de leite há aproximadamente 170 miligramas de cálcio, que apresenta massa atômica igual a 40 g x mol^{-1}. Calcule a concentração da quantidade de matéria de cálcio no leite em mol/L.

Resolução

Cálculo do número de mol de cálcio: $n = \frac{170 \text{ x } 10^{-3}}{40} = 0{,}00425 \text{ mol}$

Cálculo da concentração da quantidade de matéria de cálcio em uma solução de leite: $[Ca^{+2}] = \frac{170 \text{ x } 10^{-3}}{40 \text{ x } 0{,}150} = 0{,}0283\,\frac{mol}{L}$

Questão 73

(GRILLO) O conteúdo de ácido acético no vinagre é de 3% em massa. Sabendo que a densidade do vinagre é cerca de 1,0 mg/L, calcule a concentração comum e a concentração da quantidade de matéria da solução de ácido acético no vinagre.

Resolução

Cálculo da concentração mássica: $C = 10 \text{ x } 1{,}0 \text{ x } 3 = 30\,\frac{g}{L}$

Fórmula molecular do ácido acético: $C_2H_4O_2$ (60 g x mol^{-1})

Cálculo da concentração da quantidade de matéria do ácido acético: $[\text{Ácido acético}] = \frac{30\frac{g}{L}}{60\frac{g}{mol}} = 0{,}50\,\frac{mol}{L}$

Questão 74

(GRILLO) Uma solução contém 18,0 g de glicose ($C_6H_{12}O_6$), 24,0 g de ácido acético ($C_2H_4O_2$) e 81,0 g de água (H_2O). A partir da informação apresentada, calcule a fração do ácido orgânico mencionado.

Resolução

Para a resolução deste problema será necessário calcular o número de mol para cada substância apresentada.

$$n_{\text{glicose}} = \frac{18}{180} = 0{,}10 \text{ mol}$$

$$n_{\text{ácido}} = \frac{24}{60} = 0{,}40 \text{ mol}$$

$$n_{\text{água}} = \frac{18}{81} = 4{,}50 \text{ mol}$$

Cálculo do número de mol total: $n_{\text{glicose}} + n_{\text{ácido}} + n_{\text{água}} = 5{,}0 \text{ mol}$

Cálculo da fração molar do ácido acético: $X_{ácido} = \frac{n_{ácido}}{n_{glicose}+n_{ácido}+n_{água}} = \frac{0{,}40\ mol}{5{,}0\ mol} = 0{,}08$

Questão 75

(GRILLO) Que volume de ácido clorídrico 0,25 mol x L^{-1} será necessário obter a partir da diluição de um volume de 50 mL de solução de HCl com densidade 1,185 g/mL e percentual 36,5% de HCl em massa?

Resolução

Para a resolução deste problema será necessário calcular a concentração da quantidade de matéria do ácido clorídrico para a situação final.

$$[HCl] = \frac{10 \times 36{,}5 \times 1{,}185}{36{,}5} = 11{,}85\frac{mol}{L}$$

Cálculo do volume inicial, V_1: $0{,}25 \times V_1 = 50 \times 11{,}85$

$V_1 = 2370\ mL$

Questão 76

(GRILLO) Assinale a alternativa da massa de hidróxido de sódio necessária para neutralizar totalmente 200 mL de uma solução 0,03 mol x L^{-1} de H_2SO_4?

a) 4,00 g
b) 2,00 g
c) 1,60 g
d) 0,16 g
e) 0,48 g

Resolução

Alternativa E.

Equação química de neutralização total: $H_2SO_{4(aquoso)} + 2NaOH_{(aquoso)} \rightarrow Na_2SO_{4(aquoso)} + 2H_2O_{(líquido)}$

Relação estequiométrica: 1 mol de ácido está para 2 mol de base

$[H_2SO_4] \times V_{solução} = n_{NaOH}$

$$0{,}030 \times 0{,}200 = \frac{m_{NaOH}}{60}$$

$m_{NaOH} = 0{,}48\ g$

Questão 77

(GRILLO) Determine o volume de uma solução de soda cáustica que apresenta uma concentração igual a 1,50 mol x L^{-1} que deve ser previamente misturada a 300 mL de uma solução 2,0 mol x L^{-1} da mesma base, para que se torne uma solução resultante igual a 1,80 mol x L^{-1}.

Resolução

Solução 1 de NaOH: 1,50 mol x L^{-1} e V_1

Solução 2: 2,0 mol x L^{-1} e 300 mL

Solução resultante: $1{,}50 \times V_1 + 300 \times 2 = 1{,}80 \times (V_1 + 300)$

Resolvendo a questão acima, o volume 1 será igual a 200 mL.

Questão 78

(GRILLO) 250 mililitros de solução 1,50 mol x L^{-1} de glicose são misturados a 650 mL de solução 2/3 mol x L^{-1} de glicose. A partir desta informação, determine a concentração de matéria da quantidade final da mistura.

Resolução

A questão leva em consideração uma mistura de mesmo soluto, que se trata da solução orgânica – glicose. Cálculo da concentração da quantidade de matéria final da solução final:

$$V_1 \text{ x } [\text{NaOH}]_1 + V_2 \text{ x } [\text{NaOH}]_2 = V_{\text{Final}} \text{ x } [\text{NaOH}]_{\text{Final}}$$

$$250 \text{ x } 1{,}50 + 650 \text{ x} \frac{2}{3} = 900 \text{ x } [\text{NaOH}]_{\text{Final}}$$

$$[\text{NaOH}]_{\text{Final}} = \frac{250 \text{ x } 1{,}50 + 650 \text{ x} \frac{2}{3}}{900} = 0{,}898 \frac{\text{mol}}{\text{L}}$$

Questão 79

(GRILLO) Determine os valores dos volumes das soluções de hidróxido de cálcio 1 mol/L e 3,0 mol/L que devem ser misturados para que o volume final seja igual a 1200 mL com uma concentração da quantidade de matéria igual a 2,50 mol x L^{-1}.

Resolução

As equações que devem ser analisadas são as seguintes:

$$V_1 + 3{,}0 \text{ x } V_2 = 2{,}50 \text{ x } 1200$$

$$V_1 + V_2 = 1200$$

Efetuando e determinando as variáveis, a partir das equações matemáticas, temos:

$$V_1 + 3{,}0 \text{ x } V_2 = 2{,}50 \text{ x } 1200$$
$$V_1 + V_2 = 1200 \text{ -}$$

$$2{,}0 \text{ x } V_2 = 3000 - 1200$$
$$V_2 = 900 \text{ mL}$$

Para V_2 igual a 900 mL, o volume 1 será igual a 300 mL.

Questão 80

(GRILLO) Determine o valor do volume de hidróxido de um metal bivalente que apresenta concentração da quantidade de matéria igual a 0,020 mol/L que realiza um processo de neutralização com ácido clorídrico com volume igual a 100 mL e concentração igual a 0,010 mol/L.

Resolução

Equação química de neutralização entre o ácido clorídrico e o hidróxido de metal:

$$2HCl_{(aquoso)} + M(OH)_{2(aquoso)} \longrightarrow MCl_{2(aquoso)} + 2H_2O_{(líquido)}$$

Pela relação estequiométrica, temos: $1 \text{ x } n_{\text{ácido}} = 2 \text{ x } n_{\text{base}}$

$$0{,}010 \text{ x } 100 = 2 \text{ x } 0{,}020 \text{ x Volume}$$

$$\text{Volume} = 25 \text{ mL}$$

Questão 81

(CONCURSO PÚBLICO FEDERAL - PERITO CRIMINAL) Carbonato de sódio é um padrão primário que reage com ácido clorídrico, como segue: $Na_2CO_{3(aq)} + 2HCl_{(aq)} \longrightarrow 2NaCl_{(aq)} + H_2O_{(l)} + CO_{2(g)}$. Se 40,37 mL de uma solução HCl foi necessária para titular a solução contendo 221,4 mg de padrão primário Na_2CO_3, calcule a concentração molar da solução de HCl em $mol.L^{-1}$.

a) 0,051
b) 0,287
c) 0,324
d) 0,511
e) 0,103

Resolução

Alternativa E.

Equação química que relaciona a solução de carbonato de sódio e ácido clorídrico:

$Na_2CO_{3(aquoso)} + 2HCl_{(aquoso)} \longrightarrow 2NaCl_{(aquoso)} + H_2O_{(líquido)} + CO_{2(gás)}$

A partir da relação estequiométrica, temos:

1 mol de carbonato de sódio ------------- 2 mol de ácido clorídrico
n_{sal} -- $n_{ácido}$
$n_{ácido} = 2 \times n_{sal}$

Cálculo da concentração da quantidade de matéria da solução de ácido clorídrico:

$$40{,}37 \times 10^{-3} \times [ácido] = 2 \times \frac{221{,}40 \times 10^{-3}}{(46 + 12 + 48)}$$

$$[ácido] = 0{,}103 \frac{mol}{L}$$

Questão 82

(OLIMPÍADA BAIANA DE QUÍMICA) Uma pessoa mediu 2,0 mol de glicose ($C_6H_{12}O_6$) e a seguir adicionou água suficiente para preparar 500 mL de solução.

a) Descreva quantos gramas de glicose ela pesou.
b) Ela preparou uma solução 2,0 mol/L?

Resolução

Item a) Cálculo do número de mol de glicose: $\text{massa} = 2{,}0 \text{ mol} \times 180 \frac{g}{mol} = 360g$

Item b) Cálculo da concentração da quantidade de matéria: $[\text{Glicose}] = \frac{n_{soluto}}{V_{solução}} = \frac{2{,}0}{0{,}50} = 4{,}0 \frac{mol}{L}$

Através dos cálculos realizados, a solução preparada foi de 4,0 mol/L.

Questão 83

(OLIMPÍADA BAIANA DE QUÍMICA) Uma solução aquosa a 10% de cloreto de sódio, NaCl, significa que nela existem:

a) 5,85 g de NaCl em 100 g de solução
b) 10 g de NaCl em 100 g de solução
c) 10 g de NaCl em 100 g de água
d) 58,5 g de NaCl em 100 g de solução
e) 5,85 g de NaCl em 94,15 g de água

Resolução

Alternativa B.

Este percentual, que corresponde ao título em massa, significa 10 gramas de cloreto de sódio em 100 gramas de solução.

Questão 84

(OLIMPÍADA BRASILEIRA DE QUÍMICA) Um estudante, a pedido de seu professor, precisa preparar 400 mL de uma solução de amônia 5 mol/L. Ao olhar o frasco lacrado de amônia que utilizará para produzir sua solução, o estudante observou as seguintes informações: concentração (m/m): 29,0%; densidade: 0,9 g.cm^{-3}; massa molar: 17,02 g.mol^{-1}. A partir das informações, o volume de solução concentrada medida pelo estudante para preparar a solução solicitada pelo professor foi de:

a) 86,00 mL
b) 94,15 mL
c) 112,03 mL
d) 130,46 mL
e) 145,31 mL

Resolução

Alternativa D.

Cálculo da concentração comum: $C = 10 \times 0{,}90 \times 29 = 261\frac{g}{L}$

Fórmula molecular do ácido acético: $C_2H_4O_2$ (60 g x mol^{-1})

Cálculo da concentração da quantidade de matéria: $[NH_3] = \frac{261\frac{g}{L}}{17\frac{g}{mol}} = 15{,}35\frac{mol}{L}$

$$V_{inicial} \times [NH_3]_{inicial} = V_{Final} \times [NH_3]_{Final}$$

$$15{,}35 \times V_{inicial} = 5{,}0 \times 400$$

$$[NaOH]_{Final} = \frac{2000}{15{,}35} = 130{,}26 \text{ mL}$$

Questão 85

(GRILLO) Uma das reações que representa o fenômeno da chuva ácida corresponde a seguinte equação química: $CaCO_{3(sólido)} + H_2SO_{4(aquoso)} \rightarrow CaSO_{4(aquoso)} + H_2O_{(líquido)} + CO_{2(gás)}$. Calcule o volume de ácido sulfúrico que apresenta uma concentração da quantidade de matéria igual a 0,50 mol x L^{-1} que reage com 25,0 g de carbonato de cálcio.

Resolução

Equação química: $CaCO_{3(sólido)} + H_2SO_{4(aquoso)} \rightarrow CaSO_{4(aquoso)} + H_2O_{(líquido)} + CO_{2(gás)}$

Pela relação estequiométrica, temos:

1 mol de $CaCO_{3(sólido)}$ ------- 1 mol de $H_2SO_{4(aquoso)}$
n_{sal} ------------------------------- $n_{ácido}$

$$n_{ácido} = n_{sal}$$

$$[ácido] \times V = \frac{m_{sal}}{< MM >_{sal}}$$

$$0{,}50 \times V = \frac{25{,}0}{100}$$

$$V = 0{,}50 \text{ L } (500 \text{ mL})$$

Questão 86

(GRILLO) Sabe-se que o coeficiente de solubilidade (C.S.) do nitrato de potássio a 10ºC é igual a 22 gramas deste mesmo sal por 100 gramas de água. Assinale a alternativa que apresenta a massa de nitrato de potássio em 500 gramas de solução saturada.

a) 120,5 g
b) 90,2 g
c) 60,3 g
d) 50,5 g
e) 81,5 g

Resolução

Alternativa B.

Sabe-se que o coeficiente de solubilidade a 10°C é igual a: 22 g de nitrato de potássio ------ 100 g de água

Massa da solução = 22 g + 100 g = 122 g

Cálculo da massa de nitrato de potássio:

22 g de KNO_3 -------- 122 g de solução
Massa ------------------ 500 g de solução

$$\text{Massa} = \frac{22 \times 500}{122} = 90{,}16 \text{ g}$$

Questão 87

(GRILLO) Essas questões referem-se ao gráfico abaixo, que fornece a solubilidade de cinco sais (gramas do sal/100 g de água) em diferentes temperaturas.

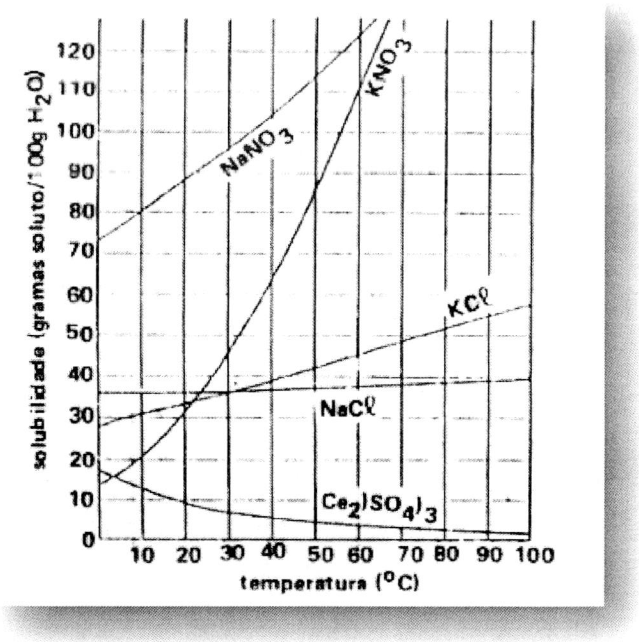

Item a) A partir do gráfico apresentado acima, indique qual sal apresenta solubilidade na água que apresenta uma diminuição com o aumento da temperatura.
Item b) Calcule a massa em gramas de nitrato de sódio que pode ser dissolvida em 50 g de água, a 10ºC?

Resolução

Item a) Observando o diagrama de solubilidade, o sal que apresenta uma diminuição de sua solubilidade em função da temperatura é o sulfato de césio II.

Item b) A 10°C observa-se a seguinte informação.

80 g de $NaNO_3$ --------- 100 g de água
Massa de sal ------------ 50 g de água
Massa de sal = 40 g de nitrato de sódio

Questão 88

(GRILLO) Um frasco está assim rotulado: ácido clorídrico de ebulição constante, 20,2% em peso de HCl, densidade 1,096 g/mL. Determine a quantidade de matéria do ácido clorídrico para os dados apresentados.

Resolução

Cálculo da concentração comum: $C = 10 \text{ x } 20{,}2 \text{ x } 1{,}096 = 227{,}968\frac{g}{L}$

Cálculo da concentração da quantidade de matéria de ácido clorídrico: $[HCl] = \frac{227{,}968\frac{g}{L}}{36{,}50\frac{g}{mol}} = 6{,}24\frac{mol}{L}$

Questão 89

(GRILLO) Considere uma mistura que apresenta cloreto de sódio 2,0 mol x L^{-1} com volume de 200 mL e sulfato de sódio 2,0 mol x L^{-1} com volume igual a 300 mL. A partir da informação apresentada, calcule as concentrações dos seguintes íons: Na^+; Cl^- e SO_4^{-2}.

Resolução

Determinação da concentração da quantidade de matéria dos íons provenientes do cloreto de sódio:

$NaCl_{(aquoso)} \longrightarrow Na^+_{(aquoso)} + Cl^-_{(aquoso)}$
1 mol ---------- 1 mol --------- 1 mol
2 mol/L ------- 2 mol/L ------- 2 mol/L

$Na_2SO_{4(aquoso)} \longrightarrow 2Na^+_{(aquoso)} + SO_4^{-2}{}_{(aquoso)}$
1 mol -------------- 2 mol ----------- 1 mol
5 mol/L ----------- 10 mol/L ------- 5 mol/L

Soma dos volumes: 200mL + 300mL = 500mL

Determinação da concentração da quantidade de matéria de íons sódio: $[Na^+]_{inicial} \text{ x } V_{inicial} = [Na^+]_{final} \text{ x } V_{final}$

$$2{,}0 \text{ x } 200 + 10 \text{ x } 300 = [Na^+]_{final} \text{ x } 500$$

$$[Na^+]_{final} = \frac{400 + 3000}{500} = 6{,}80\frac{mol}{L}$$

Determinação da concentração da quantidade de matéria de íons cloreto: $[Cl^-]_{inicial} \text{ x } V_{inicial} = [Cl^-]_{final} \text{ x } V_{final}$

$$2{,}0 \text{ x } 200 = [Cl^-]_{final} \text{ x } 500$$

$$[Na^+]_{final} = \frac{400}{500} = 0{,}80\frac{mol}{L}$$

Determinação da concentração da quantidade de matéria de íons sulfato: $[SO_4^{-2}]_{inicial} \text{ x } V_{inicial} = [SO_4^{-2}]_{final} \text{ x } V_{final}$

$$5{,}0 \text{ x } 300 = [SO_4^{-2}]_{final} \text{ x } 500$$

$$[SO_4^{-2}]_{final} = 3{,}0\frac{mol}{L}$$

Questão 90

(INSTITUTO TECNOLÓGICO DA AERONÁUTICA) Num balão volumétrico são colocados 200mL de ácido sulfúrico 0,50 mol x L^{-1} e 400mL de hidróxido de sódio 1,00 mol x L^{-1}. O volume é completado para 1,00 L com água destilada. Após homogeneização, a solução resultante é:

a) 0,10 mol x L^{-1} em ácido sulfúrico e 0,20 mol x L^{-1} em sulfato de sódio
b) 0,17 mol x L^{-1} em ácido sulfúrico e 0,67 mol x L^{-1} em hidróxido de sódio
c) 0,20 mol x L^{-1} em bissulfato de sódio
d) 0,10 mol x L^{-1} em sulfato de sódio e 0,30 mol x L^{-1} em hidróxido de sódio
e) 0,10 mol x L^{-1} de sulfato de sódio e 0,20 mol x L^{-1} em hidróxido de sódio

Resolução

Alternativa E.

Equação química para o processo de neutralização entre o ácido clorídrico na presença de hidróxido de sódio:
$H_2SO_{4(aquoso)} + 2NaOH_{(aquoso)} \longrightarrow Na_2SO_{4(aquoso)} + 2H_2O_{(liquido)}$

Pela relação estequiométrica são consumidos 1 mol de ácido clorídrico com 1 mol de hidróxido de sódio.

Determinação do reagente limitante e do reagente em excesso:

$$n_{ácido} = 0{,}50 \text{ x } 200 \text{ x } 10^{-3} = 0{,}100 \text{ mol}$$

$$n_{base} = 1{,}0 \text{ x } 400 \text{ x } 10^{-3} = \frac{0{,}400 \text{ mol}}{2} = 0{,}200 \text{ mol}$$

Pelos valores calculados para cada reagente químico, o ácido sulfúrico é o reagente limitante.

1 mol de ácido sulfúrico ----- 1 mol de sulfato de sódio

$$[H_2SO_4] = [Na_2SO_4] = 0{,}100\frac{mol}{L}$$

Para o hidróxido de sódio, temos que $[NaOH] = 0{,}200\frac{mol}{L}$

Questão 91

(GRILLO) Calcule o volume necessário de uma solução de ácido sulfúrico que apresenta percentual em massa igual a 20% e densidade relativa igual a 1,14 g/cm³ para preparar 200 mililitros de solução com concentração igual a 0,2 mol/L.

Resolução

Alternativa E.

Cálculo da concentração da quantidade de matéria da solução de ácido sulfúrico para a situação inicial:

$$[H_2SO_4] = \frac{10 \text{ x d x } (\%)}{< MM >} = \frac{10 \text{ x } 20 \text{ x } 1{,}14}{98} = 2{,}33\frac{mol}{L}$$

Cálculo do volume inicial da solução de ácido sulfúrico:

$$[H_2SO_4]_{inicial} \text{ x } V_{inicial} = [H_2SO_4]_{final} \text{ x } V_{final}$$

$$2{,}33 \text{ x } V_{inicial} = 0{,}20 \text{ x } 200$$

$V_{inicial} = 17{,}17 \text{ mL}$

Questão 92

(INSTITUTO TECNOLÓGICO DA AERONÁUTICA) O rótulo de um frasco diz que contém solução 1,50 molal de $LiNO_3$ em etanol. Isto quer dizer que a solução contém:
a) 1,50 mol de $LiNO_3$ /quilograma de solução
b) 1,50 mol de $LiNO_3$ /litro de solução
c) 1,50 mol de $LiNO_3$ /quilograma de etanol
d) 1,50 mol de $LiNO_3$ /litro de etanol
e) 1,50 mol de $LiNO_3$ /mol de etanol

Resolução

Alternativa C.

A concentração molal ou também conhecida como molalidade (mol x kg^{-1}) é um tipo de concentração que relaciona a quantidade de mol do soluto dividido pela massa em quilograma de solvente. Para o caso do nitrato de lítio, há 1,50 mol por quilograma de etanol (solvente).

Questão 93

(EXAME NACIONAL DOS ESTUDANTES - ENADE) Segundo um estudo norte-americano publicado na revista Proceedings of the National Academy of Sciences, as temperaturas na superfície da Terra não subiram tanto entre 1998 e 2009, graças ao efeito resfriador dos gases contendo enxofre, emitidos pelas termelétricas a carvão (as partículas de enxofre refletem a luz e o calor do Sol). O enxofre é um dos componentes do ácido sulfúrico (H_2SO_4), cujo uso é comum em indústrias na fabricação de fertilizantes, tintas e detergentes. Sabendo-se que o ácido sulfúrico concentrado é 98,0% em massa de H_2SO_4 e densidade 1,84 $g.mL^{-1}$, conclui-se que a sua concentração, em $mol.L^{-1}$, é igual a:
a) 18,0
b) 18,2
c) 18,4
d) 18,6
e) 18,8

Resolução

Alternativa C.

Cálculo da concentração da quantidade de matéria para a solução de ácido sulfúrico:

$$[H_2SO_4] = \frac{10 \text{ x d x } (\%)}{< MM >}$$

$$[H_2SO_4] = \frac{10 \text{ x } 1{,}84 \text{ x } 98{,}0}{98} = 18{,}40 \frac{\text{mol}}{\text{L}}$$

Questão 94

(INSTITUTO TECNOLÓGICO DA AERONÁUTICA) Qual é a concentração molar de $CaCl_2$ em uma solução obtida por dissolução de 11,1 gramas de $CaCl_2$ anidro em tanta água quanto necessária para que o volume da solução seja de 500 mL?
a) 0,100 $mol.L^{-1}$
b) 11,1 $mol.L^{-1}$
c) 0,400 $mol.L^{-1}$
d) 0,00200 $mol.L^{-1}$
e) 0,200 $mol.L^{-1}$

Resolução

Alternativa E.

Cálculo da concentração da quantidade de matéria para a solução de cloreto de cálcio.

$$[CaCl_2] = \frac{11,1}{111 \text{ x } 0,50} = 0,200\frac{\text{mol}}{\text{L}}$$

Questão 95

(OLIMPÍADA PARAENSE DE QUÍMICA) As baterias novas possuem soluções aquosas de ácido sulfúrico a 38% em massa e densidade de 1,30 g.mL^{-1}. A concentração molar dessa solução será:
a) 0,05 mol.L^{-1}
b) 1,50 mol.L^{-1}
c) 2,50 mol.L^{-1}
d) 5,00 mol.L^{-1}
e) 7,00 mol.L^{-1}

Resolução

Alternativa D.

Cálculo da concentração da quantidade de matéria para a solução de ácido sulfúrico:

$$[H_2SO_4] = \frac{10 \text{ x d x } (\%)}{< \text{MM} >}$$

$$[H_2SO_4] = \frac{10 \text{ x } 1,30 \text{ x } 38,0}{98} = 5,04\frac{\text{mol}}{\text{L}}$$

Questão 96

(INSTITUTO TECNOLÓGICO DA AERONÁUTICA) 11,9 gramas de KBr foram dissolvidas em água suficiente para formar 0,500 litros de solução. A concentração molar desta solução é:
a) 5,00 x 10^{-2} mol.L^{-1}
b) 2,00 x 10^{-2} mol.L^{-1}
c) 1,00 x 10^{-1} mol.L^{-1}
d) 2,00 x 10^{-1} mol.L^{-1}
e) 5,00 x 10^{-1} mol.L^{-1}

Resolução

Alternativa D.

Cálculo da concentração da quantidade de matéria para a solução de brometo de potássio: $[KBr] = \frac{11,9}{119 \text{ x } 0,50} = 0,200\frac{\text{mol}}{\text{L}}$

Questão 97

(U. S. NATIONAL CHEMISTRY OLYMPIAD) Potassium hydrogen phthalate (KHP, M = 204) is a monoprotic acid used as a primary standard in acid-base titrations. It takes 28,15 mL of a solution of $Sr(OH)_2$ to neutralize 0,402 g KHP. What is the concentration of the $Sr(OH)_2$ solution?
a) 0,00197 M
b) 0,0350 M
c) 0,0700 M
d) 0,100 M

Resolução

Alternativa B.

A partir da relação estequiométrica, temos:

$$\frac{0,402}{204} = 28,15 \text{ x } 10^{-3} \text{ x } 2 \text{ x } [Sr(OH)_2]$$

$$[Sr(OH)_2] = \frac{0{,}402 \times 1000}{204 \times 2 \times 28{,}15} = 0{,}0350\,\frac{mol}{L}$$

Questão 98

(GRILLO) Determinar as frações molares de uma solução 10% em massa de naftaleno ($C_{10}H_8$) e benzeno (C_6H_6).

Resolução

Se 10% correspondem a massa de naftaleno, 90% irão corresponder a massa de benzeno.

$$n_{naftaleno} = \frac{10}{128} = 0{,}078 \text{ mol}$$

$$n_{benzeno} = \frac{90}{128} = 1{,}15 \text{ mol}$$

Cálculo das frações molares dos compostos orgânicos:

$$X_{naftaleno} = \frac{0{,}078}{0{,}078 + 1{,}15} = 0{,}0635$$

$$X_{benzeno} = \frac{1{,}15}{0{,}078 + 1{,}15} = 0{,}936$$

Questão 99

(GRILLO) Uma solução de ácido sulfúrico apresenta 98 g de ácido em 100 g de solução cuja massa específica é 1,84 g/cm³. A partir das informações apresentadas, calcule a concentração comum e a concentração da quantidade de matéria.

Resolução

Informações do problema: 98 gramas de ácido sulfúrico correspondem a 100 g de solução, o que significa o mesmo que 98% (massa/massa).

Cálculo do volume da solução para 100 g de solução:

1,84 g de solução -------- 1,0 cm³ de solução
100 g de solução --------- V
Volume da solução = 54,35 x 10^{-3} dm³ de solução

Cálculo da concentração mássica (comum): $C = \frac{98}{54{,}35 \times 10^{-3}} = 1803{,}13\,\frac{g}{L}$

Cálculo da concentração da quantidade de matéria: $[H_2SO_4] = \frac{98}{98 \times 54{,}35 \times 10^{-3}} = 18{,}40\,\frac{mol}{L}$

Questão 100

(GRILLO) Qual o título em gramas por litro, concentração da quantidade de matéria e normalidade de uma solução de cloreto de sódio a 24% em massa e que apresenta massa específica igual a 1,18 g/cm³.

Resolução

Informações do problema:
24 g de solução -------- 100 g de solução
1,18 g de solução ------ 1 cm³ de solução

Cálculo do volume da solução:
1,18 g de solução ---------- 1 cm³ de solução
100 g de solução ----------- V
Volume da solução = 84,74 cm³ de solução

Cálculo do título em g/L: $C = \frac{24}{84,74 \text{ x } 10^{-3}} = 283,22 \frac{\text{g}}{\text{L}}$

Cálculo da concentração da quantidade de matéria: $[\text{NaCl}] = \frac{24}{58,5 \text{ x } 84,74 \text{ x } 10^{-3}} = 4,84 \frac{\text{mol}}{\text{L}}$

Cálculo da normalidade da solução de cloreto de sódio: $N = \frac{24}{\frac{58,5}{1} \text{ x } 84,74 \text{ x } 10^{-3}} = 4,84 \frac{\text{eqg}}{\text{L}}$

Questão 101

(GRILLO) Uma solução de ácido sulfúrico, contendo 88% em massa de ácido, apresenta massa específica igual a 1,802 g/mL. Calcular a massa de ácido sulfúrico em 500 mL desta solução.

Resolução

Informações do problema:
88 g de ácido ----------- 100 g de solução
1,802 g de solução ----- 1 mL de solução

Cálculo da massa de solução considerando um volume igual a 500 mL:
1,802 g de solução ----- 1 mL de solução
Massa da solução ------ 500 mL de solução
Massa da solução = 901 g de solução

Cálculo da massa de ácido sulfúrico:

88 g de ácido ----------- 100 g de solução
Massa de ácido --------- 901 g de solução
Massa de ácido sulfúrico = 792,88 g

Questão 102

(OLIMPÍADA URUGUAIA DE QUÍMICA) Se desea preparar 500 mL de una solución de ácido nítrico de concentración 100 g/L por dilución de una solución 6 M de ácido nítrico. Qué volumen (en mL) de ácido nítrico 6 M será necesario tomar?

Resolução

Cálculo da concentração mássica de ácido nítrico, a partir da concentração da quantidade de matéria:

$$C = 6 \text{ x } (1 + 14 + 48) = 378 \frac{\text{g}}{\text{L}}$$

Cálculo da concentração mássica inicial, a partir da seguinte relação: $C_{\text{inicial}} \text{ x } V_{\text{inicial}} = C_{\text{final}} \text{ x } V_{\text{final}}$

$$378 \text{ x } V_{\text{inicial}} = 100 \text{ x } 500$$

$$V_{\text{inicial}} = 132,27 \text{ mL}$$

Questão 103

(CONCURSO PARA DOCENTE - OLIMPÍADA URUGUAIA DE QUÍMICA) Se desea preparar 500 mL de una solución de ácido nítrico de concentración 100 g/L por dilución de una solución 6 M de ácido nítrico. Qué volumen (en mL) de ácido nítrico 6 M será necesario tomar?

Resolução

Cálculo da concentração mássica de ácido nítrico, a partir da concentração da quantidade de matéria:

$$C = 6 \text{ x } (1 + 14 + 48) = 378 \frac{\text{g}}{\text{L}}$$

Cálculo da concentração mássica inicial, a partir da seguinte relação: $C_{\text{inicial}} \text{ x } V_{\text{inicial}} = C_{\text{final}} \text{ x } V_{\text{final}}$

$378 \text{ x } V_{inicial} = 100 \text{ x } 500$

$V_{inicial} = 132{,}27 \text{ mL}$

Questão 104

(PROGRAMA DE PÓS-GRADUAÇÃO PARA MESTRADO & DOUTORADO / INSTITUTO FEDERAL DO MARANHÃO) Qual o volume de uma solução de HCl [densidade 1,18 kg/L; 37% (m/m)] a ser transferido para um balão volumétrico de 1000 mL para se obter uma concentração final de [HCl] 1 molar?

Resolução

Primeiramente será necessário calcular a concentração da quantidade de matéria do ácido clorídrico na etapa inicial:

$$[HCl]_{inicial} = \frac{10 \text{ x } 1{,}18 \text{ x } 37}{36{,}50} = 11{,}96 \frac{mol}{L}$$

Cálculo do volume inicial de ácido clorídrico, a partir da concentração da quantidade inicial calculada logo acima:

$$[HCl]_{inicial} \text{ x } V_{inicial} = [HCl]_{final} \text{ x } V_{final}$$

$$11{,}96 \frac{mol}{L} \text{ x } V_{inicial} = 1{,}0 \text{ x } 1000 \text{ mL}$$

$$V_{inicial} = 83{,}60 \text{ mL}$$

Questão 105

(COMANDO DA AERONÁUTICA - DEPARTAMENTO DE ENSINO - CENTRO DE INSTRUÇÃO E ADAPTAÇÃO DA AERONÁUTICA - PROVA DE ENGENHARIA QUÍMICA) Uma solução aquosa de determinada concentração foi preparada a 20° C. Na temperatura de 60° C, a sua concentração será exatamente a mesma, somente se for expressa como:

a) normalidade
b) molaridade
c) molalidade
d) fração volumétrica

Resolução

Alternativa C.

A mudança de temperatura modifica a concentração da quantidade de matéria pelo fato da dilatação volumétrica do líquido. A única que não apresenta esta modificação trata-se da concentração molal ou também conhecida como molalidade.

Questão 106

(PROGRAMA DE PÓS-GRADUAÇÃO PARA MESTRADO & DOUTORADO / UNIVERSIDADE FEDERAL DE PELOTAS) Um laboratorista necessita preparar uma solução 0,0160 mol x L^{-1} de HBr a partir do reagente comercial (HBr, 48,00(m/m), densidade de 1,50 g/mL). Que volume desse reagente (em mL) será necessário para preparar 250 mL de tal solução?

Resolução

Primeiramente será necessário calcular a concentração da quantidade de matéria do ácido bromídrico na etapa inicial:

$$[HBr]_{inicial} = \frac{10 \text{ x } 1{,}50 \text{ x } 48}{81} = 8{,}89 \frac{mol}{L}$$

Cálculo do volume inicial de ácido bromídrico, a partir da concentração da quantidade inicial calculada logo acima:

$$[HBr]_{inicial} \text{ x } V_{inicial} = [HBr]_{final} \text{ x } V_{final}$$

$$8,89\frac{\text{mol}}{\text{L}} \text{ x } V_{\text{inicial}} = 0,0160 \text{ x } 250 \text{ mL}$$

$$V_{\text{inicial}} = 83,60 \text{ mL}$$

Questão 107

(PROGRAMA DE PÓS-GRADUAÇÃO PARA MESTRADO & DOUTORADO / UNIVERSIDADE FEDERAL DE PELOTAS) Uma solução contendo 98,0% (m/m) de ácido sulfúrico (H_2SO_4) tem densidade de 1,841 g/mL.
a) Calcule a concentração em mol/L de H_2SO_4 nesta solução.
b) Qual o volume desta solução que deve ser usado para preparar 250 mL de uma solução de H_2SO_4 2,0 mol/L?

Resolução

Item a) Para a determinação da concentração da quantidade de matéria, será necessário relacionar com a densidade e o título em massa por massa.

$$[H_2SO_4] = \frac{10 \text{ x } 98 \text{ x } 1,841}{98} = 18,41\frac{\text{mol}}{\text{L}}$$

Item b) Cálculo do volume inicial de ácido sulfúrico, a partir da concentração da quantidade inicial calculada no item (a).

$$[H_2SO_4]_{\text{inicial}} \text{ x } V_{\text{inicial}} = [H_2SO_4]_{\text{final}} \text{ x } V_{\text{final}}$$

$$18,41\frac{\text{mol}}{\text{L}} \text{ x } V_{\text{inicial}} = 2,0 \text{ x } 250 \text{ mL}$$

$$V_{\text{inicial}} = 27,16 \text{ mL}$$

Questão 108

(CONCURSO PÚBLICO FEDERAL PARA DOCENTE – UNIVERSIDADE FEDERAL RURAL DE PERNAMBUCO) Para fins de uma análise em um laboratório, foi solicitado, ao respectivo técnico, que preparasse 300mL de uma solução aquosa de ácido clorídrico (HCl) 0,5 M. Neste sentido, qual será a quantidade em gramas de HCl necessária?
a) 5,475 g
b) 7,315 g
c) 12,672 g
d) 18,250 g
e) 36,500 g

Resolução

Para a determinação da massa de ácido clorídrico utilizada, será necessário aplicar a equação da concentração da quantidade de matéria.

$$[\text{HCl}] = \frac{\text{massa}}{< \text{MM} > \text{ x volume}}$$

$$\text{massa} = 0,50\frac{\text{mol}}{\text{L}} \text{ x } 36,50\frac{\text{g}}{\text{mol}} \text{ x } 0,300 \text{ L} = 5,475 \text{ g}$$

Questão 109

(CONCURSO PÚBLICO FEDERAL PARA DOCENTE – UNIVERSIDADE FEDERAL RURAL DE PERNAMBUCO) Na Química Analítica, um dos processos mais utilizados é o da TITULAÇÃO. Esta técnica é bastante adequada para a determinação da concentração de uma solução a partir de outra solução cuja concentração é conhecida (solução padrão). Em um laboratório, foi realizada uma titulação ácido-base, na qual certo volume de NaOH 0,35M foi neutralizado com a utilização de 87,5mL de HCl 0,1 M. Neste sentido, determine o volume de NaOH envolvido nesta neutralização.
a) 10,0 mL
b) 15,0 mL
c) 20,0 mL

d) 25,0 mL
e) 30,0 mL

Resolução

Equação química de neutralização entre o ácido clorídrico com o hidróxido de sódio: $HCl_{(aquoso)} + NaOH_{(aquoso)} \longrightarrow NaCl_{(aquoso)} + H_2O_{(líquido)}$

Pela relação estequiométrica, temos: $1 \text{ x } n_{ácido} = 1 \text{ x } n_{base}$

$[HCl] \text{ x } V_{solução} = [NaOH] \text{ x } V_{solução}$

$0{,}10 \text{ x } 87{,}5 = 0{,}35 \text{ x Volume}$

$\text{Volume} = 25{,}0 \text{ mL}$

Questão 110

(CONCURSO PÚBLICO FEDERAL PARA DOCENTE - UNIVERSIDADE FEDERAL DE PERNAMBUCO) Para determinar a pureza de uma amostra de 500,0 mg de Na2B4O7(s), um técnico realizou uma titulação com solução de HCl 0,020 M. A reação é: $B_4O_{7(aq)}^{-2} + 2H_3O_{(aq)}^{+} + 3H_2O_{(l)} \rightarrow 4H_3BO_{3(aq)}$. Sabendo que o volume utilizado da solução ácida foi 200,0 mL, é correto afirmar que a pureza da amostra em termos percentuais é:
a) 40,4%
b) 60,6%
c) 70,7%
d) 80,8%
e) 90,9%

Resolução

Alternativa D.

Equação iônica: $B_4O_{7(aquoso)}^{-2} + 2H_3O_{(aquoso)}^{+} + 3H_2O_{(líquido)} \rightarrow 4H_3BO_{3(aquoso)}$

Pela relação estequiométrica, o grau de pureza pode ser calculado da seguinte maneira:

1 mol de $B_4O_{7(aquoso)}^{-2}$ ---------- 2 mol de $H_3O_{(aquoso)}^{+}$
Pureza x n_{sal} ------------------------- $n_{ácido}$

$n_{ácido} = 2 \text{ x } n_{sal} \text{ x pureza}$

$$0{,}200 \text{ x } 0{,}020 = 2 \text{ x } \frac{500 \text{ x } 10^{-3}}{(46 + 41{,}60 + 112)} \text{ x pureza}$$

$\text{pureza} = 0{,}798 \ (79{,}80\%)$. Este valor calculado apresenta como valor mais próximo a alternativa D.

Questão 111

(CONCURSO PÚBLICO FEDERAL PARA DOCENTE - INSTITUTO FEDERAL DO PIAUÍ) No nosso cotidiano, muitos dos produtos comercializados em supermercados e farmácias são soluções. Por exemplo, o vinagre é um condimento que proporciona aroma e gosto aos alimentos; o soro fisiológico é utilizado para limpeza dos olhos, lavagem de queimaduras ou feridas. Em laboratório, as soluções utilizadas rotineiramente podem ser adquiridas comercialmente ou preparadas a partir de uma solução concentrada ou de um reagente com grau de pureza elevada (líquido ou sólido). Durante uma aula experimental de Química, o professor solicitou que um dos estudantes preparasse 500,0 mL de uma solução aquosa de ácido iodídrico de concentração igual a 1,5 mol/L a partir de uma solução estoque. No rótulo do ácido iodídrico, encontravam-se as informações: d = 1,70 g/cm^3; porcentagem do ácido = 58%. O volume aproximado de solução estoque necessário para preparar a solução, expresso em mL, é:
a) 0,097
b) 48,5

c) 11,9
d) 97,0
e) 75,0

Resolução

Alternativa D.

Primeiramente será necessário calcular a concentração da quantidade de matéria do ácido iodídrico (HI) que se encontra estocado:

$$[\mathrm{HI}] = \frac{10 \text{ x d x } (\%)}{< \mathrm{MM} >_{\mathrm{HI}}} = \frac{10 \text{ x } 1{,}70 \text{ x } 58}{1 + 127} = 7{,}70 \frac{\mathrm{mol}}{\mathrm{L}}$$

Cálculo do volume de ácido iodídrico estocado: $[\mathrm{HI}]_{\mathrm{estocado}} \text{ x } V_{\mathrm{estocado}} = [\mathrm{HI}]_{\mathrm{final}} \text{ x } V_{\mathrm{final}}$

$$V_{\mathrm{estocado}} = \frac{[\mathrm{HI}]_{\mathrm{final}} \text{ x } V_{\mathrm{final}}}{[\mathrm{HI}]_{\mathrm{estocado}}} = \frac{1{,}50 \text{ x } 500}{7{,}70} = 97{,}40 \text{ mL}$$

Questão 112

(GRILLO) Considere a reação química entre o ouro na presença de dois ácidos fortes, conforme apresentado na equação química na balanceada a seguir: $Au_{(sólido)} + HCl_{(aquoso)} + HNO_{3(aquoso)} \rightarrow HAuCl_{4(aquoso)} + NO_{2(gás)} + H_2O_{(líquido)}$. Foram misturados 250 g na forma de lascas de ouro, 200 mL de ácido clorídrico (0,250 mol x L^{-1}) e 250 mL de ácido nítrico (0,100 mol x L^{-1}). A partir das informações apresentadas, calcule o volume de dióxido de nitrogênio produzido nas condições de temperatura e pressão (CNTP) e a massa de água.

Resolução

Esse problema necessita primeiramente ser balanceado. O balanceamento será realizado pelo metodo REDOX.

Equação química: $Au_{(sólido)} + 4HCl_{(aquoso)} + 3HNO_{3(aquoso)} \rightarrow HAuCl_{4(aquoso)} + 3NO_{2(gás)} + 3H_2O_{(líquido)}$.

Cabe ressaltar que o agente redutor é o ouro (Au) enquanto o ácido nítrico é o agente oxidante. Determinação do reagente limitante, calculando o número de mol para cada reagente químico:

$$n_{\mathrm{Au}} = \frac{250}{197} = 1{,}27 \text{ mol}$$

$$n_{\mathrm{HCl}} = 0{,}20 \text{ x } 0{,}25 = 0{,}050. \text{ Para cada 4 mol de HCl, temos: } \frac{0{,}050}{4} = 0{,}0125 \text{ mol}$$

$n_{\mathrm{HNO_3}} = 0{,}10 \text{ x } 0{,}25 = 0{,}025. \text{ Para cada 3 mol de } \mathrm{HNO_3}\text{, temos: } \frac{0{,}025}{3} = 0{,}00833 \text{ mol}$ (Reagente limitante)

A partir da relação estequiométrica, temos:

3 mol de ácido nítrico ---------------- 3 mol de dióxido de nitrogênio ---------- 3 mol de água
0,025 mol de ácido nítrico ---------- $n_{óxido}$ --- $n_{água}$
$n_{óxido}$ = 0,025 mol de dióxido de nitrogênio
$n_{água}$ = 0,025 mol de água

Cálculo da massa de água: Massa = 0,025 x 18 = 0,450 g

Levando em consideração que o dióxido de nitrogênio apresenta comportamento ideal, temos: $\mathrm{p \text{ x } V_{óxido} = n \text{ x } R \text{ x } T}$

$$V_{\mathrm{óxido}} = \frac{0{,}025 \text{ x } 0{,}08206 \text{ x } 273}{1} = 0{,}560 \text{ L}$$

Questão 113

(GRILLO - SOLUÇÕES ELETROLÍTICAS & PRODUTO DE SOLUBILIDADE) O gálio é encontrado na natureza, na forma de sais e óxido de gálio. Não é encontrado no mar nem em águas naturais, por causa da baixa solubilidade de seu óxido. Foi descoberto pelo químico francês Lecoq, em 1875, que isolou o metal pela eletrólise do hidróxido de gálio. Sua existência tinha sido prevista pelo químico russo Dmitri Ivanovitch Mendeleev (1834-1907), quando ordenou os elementos na tabela periódica. O gálio é um metal de brilho prateado, pouco abundante na natureza. É relativamente inerte, não é tóxico e apresenta baixa temperatura de fusão. Ocorre em diversos minerais, especialmente naqueles que contêm alumínio (como o óxido hidratado de gálio) e zinco (como o sulfato de gálio). Também pode ser encontrado em resíduos de carvão mineral e ainda na fuligem da queima de alguns tipos de carvão. O gálio é obtido como subproduto da metalurgia do alumínio, pela eletrólise de soluções usadas para purificar a bauxita. Uma solução de cloreto de gálio apresenta coeficiente de atividade médio calculado a partir da lei de Debye-Huckel igual a 0,88. A partir das informações apresentadas, calcule os seguintes itens apresentados a seguir:

a) a molalidade da solução de cloreto de gálio;
b) a massa deste sal na presença de 900 g de água;
c) a força iônica;
d) a atividades dos íons;
e) o produto de solubilidade;
f) a variação da energia livre de Gibbs para T = 25ºC.

Resolução

Item c) Analisando a solução de cloreto de gálio. Cálculo da força iônica, a partir da lei de Debye-Huckel.

Equação de dissociação do cloreto de gálio: $\mathrm{GaCl_{3(sólido)}} \rightarrow \mathrm{Ga^{+3}_{(aquoso)}} + 3\mathrm{Cl^{-}_{(aquoso)}}$

Cálculo do coeficiente da força iônica, a partir do coeficiente de atividade médio $(\gamma_{\pm})$: $\log \gamma_{\pm} = -0{,}509 \text{ x } \sqrt{\mathrm{I}} \text{ x } |z_{\mathrm{Ga^{+3}}} \text{ x } z_{\mathrm{Cl^-}}|$

$$\log(0{,}88) = -0{,}509 \text{ x } \sqrt{\mathrm{I}} \text{ x } |3 \text{ x } (-1)|$$

$$\sqrt{\mathrm{I}} = 0{,}03636$$

$$\mathrm{I} = 0{,}00132$$

Item a) Cálculo da molalidade da solução de cloreto de gálio:

$$\mathrm{I} = \frac{1}{2} \text{x} \left\{ \mathfrak{M}_{\mathrm{Ga^{+3}}} \text{x } z^2_{\mathrm{Ga^{+3}}} + \mathfrak{M}_{\mathrm{Cl^-}} \text{ x } z^2_{\mathrm{Cl^-}} \right\}$$

$$\mathrm{I} = \frac{1}{2} \text{x} \left\{ \mathfrak{M} \text{ x } z^2_{\mathrm{Ga^{+3}}} + 3\mathfrak{M} \text{ x } z^2_{\mathrm{Cl^-}} \right\}$$

$$\frac{1}{2} \text{x} \left\{ (+3)^2 \text{ x } \mathfrak{M} + (-1)^2 \text{ x } 3\mathfrak{M} \right\} = 0{,}00132$$

$$6\mathfrak{M} = 0{,}00132$$

$$\mathfrak{M} = 2{,}20 \text{ x } 10^{-4} \frac{\mathrm{mol}}{\mathrm{kg}}$$

Item b) Cálculo da massa de cloreto de gálio, a partir da molalidade da solução.

$$\text{Massa} = 2{,}20 \text{ x } 10^{-4} \text{ x } (69{,}70 + 3 \text{ x } 35{,}5) \text{ x } 0{,}900 = 0{,}035 \text{ g}$$

Item d) Cálculo das atividades dos respectivos íons:

$$a_{\mathrm{Ga^{+3}}} = \gamma_{\pm} \text{ x } \mathfrak{M}_{\mathrm{Ga^{+3}}} = 0{,}88 \text{ x } 2{,}20 \text{ x } 10^{-4} = 1{,}94 \text{ x } 10^{-4}$$

$$a_{\mathrm{Cl^-}} = \gamma_{\pm} \text{ x } \mathfrak{M}_{\mathrm{Cl^-}} = 0{,}88 \text{ x } 3 \text{ x } 2{,}20 \text{ x } 10^{-4} = 5{,}81 \text{ x } 10^{-4}$$

Item e) Cálculo da constante do produto de solubilidade: $K_{ps} = a_{Ga^+} \text{ x } a^3_{cl^-}$

$K_{ps} = 1{,}94 \text{ x } 10^{-4} \text{ x } (5{,}81 \text{ x } 10^{-4})^3 = 1{,}13 \text{ x } 10^{-7}$

Item f) Cálculo da variação da energia livre de Gibbs padrão, a partir da constante do produto de solubilidade calculado no item d.

$\Delta G^0 = -R \text{ x } T \text{ x} \ln K_{ps}$

$$\Delta G^0 = -8{,}314 \text{ x } (25 + 273) \text{x} \ln 1{,}13 \text{ x } 10^{-7} = -2{,}80 \text{ x } 10^4 \frac{J}{mol}$$

Questão 114

(SELEÇÃO DO PROGRAMA DE PÓS-GRADUAÇÃO - PROVA DE CONHECIMENTO EM QUÍMICA INORGÂNICA – DQ/UFMG)

Um analista necessita preparar 500 mL de uma solução aquosa de ácido acético 0,100 mol L^{-1} , a partir do reagente concentrado. Sabendo que a pureza do ácido acético concentrado é 99,0 % (m/m) e sua densidade é de 1,06 g mL^{-1} , pede-se:

a) Determine o volume de ácido acético concentrado que deve ser utilizado para o preparo da solução 0,100 mol L^{-1}.

b) 10,00 mL da solução preparada foi padronizada com uma solução de hidróxido de sódio 0,110 mol L^{-1}, consumindo 12,05 mL do titulante. Determine a concentração corrigida de ácido acético da solução preparada.

c) Determine o pH da solução de ácido acético padronizada no item (b). Dados: MM(ácido acético) = 60,05 g mol^{-1} K_a(ácido acético) = $1{,}75 \times 10^{-5}$

Resolução

Item a) Primeiramente será necessário calcular a concentração da quantidade de matéria para a solução de ácido acético.

$$[C_2H_4O_2] = \frac{10 \text{ x } 1{,}06 \text{ x } 99}{60{,}05} = 17{,}49 \frac{mol}{L}$$

Situação inicial para a solução de ácido acético:

$$[C_2H_4O_2] = 17{,}49 \frac{mol}{L}$$

Volume = ?

Situação final para a solução de ácido acético:

$$[C_2H_4O_2] = 0{,}100 \frac{mol}{L}$$

Volume = 500 mL

Cálculo do volume para a situação inicial:

$$17{,}49 \frac{mol}{L} \text{ x } V_{inicial} = 0{,}100 \frac{mol}{L} \text{ x } 500 \text{ mL}$$

$V_{inicial} = 2{,}86 \text{ mL}$

Item b) Equação química de neutralização, entre a solução de ácido acético e hidróxido de sódio:

$C_2H_4O_{2(aquoso)} + NaOH_{(aquoso)} \longrightarrow C_2H_3O_2Na_{(aquoso)} + H_2O_{(líquido)}$

Relação estequiométrica entre as duas soluções reagentes.

1 mol de ácido acético ---------------- 1 mol de NaOH

$n_{ácido}$ --- n_{base}

$n_{ácido} = n_{base}$

Cálculo da concentração da quantidade de matéria para a solução de ácido acético:

$$[C_2H_4O_2] \text{ x } 10{,}0 \text{ mL} = 0{,}110 \frac{\text{mol}}{\text{L}} \text{ x } 12{,}05 \text{ mL}$$

$$[C_2H_4O_2] = 0{,}132 \frac{\text{mol}}{\text{L}}$$

Item c) Cálculo do grau de dissociação do ácido acético, a partir da constante de equilíbrio do ácido.

$$K_a = [C_2H_4O_2] \text{ x } \alpha^2$$

$$1{,}75 \text{ x } 10^{-5} = 0{,}132 \text{ x } \alpha^2$$

$$\alpha = 11{,}50 \text{ x } 10^{-3}$$

Cálculo da concentração da quantidade de matéria da solução de cátio hidrogênio no estado de equilíbrio químico:

$$[H^+] = 0{,}132 \text{ x } 11{,}50 \text{ x } 10^{-3} = 1{,}52 \text{ x } 10^{-3}$$

Cálculo do potencial hidrogeniônico: $\text{pH} = -\log(1{,}52 \text{ x } 10^{-3}) = 2{,}82$

Capítulo 13. Exercícios de Fixação

Questão 01

(CONCURSO PÚBLICO PARA INGRESSO NO CORPO DE ENGENHEIROS DA MARINHA - ENGENHARIA QUÍMICA) A reação entre o íon permanganato e o íon cloreto em solução ácida pode ser melhor representada, devido a evidências experimentais, pela seguinte equação que não está balanceada: $MnO^{-}_{4(aq)} + H^{+}_{(aq)} + Cl^{-}_{(aq)} \rightarrow Mn^{+2}_{(aq)} + Cl_{2(g)} + H_2O$. Deseja-se tratar 10 litros de uma solução 5 M de íons permanganato, com cloreto. O gás cloro produzido é enviado a um recipiente de 60 litros. Calcule a pressão em atmosferas que será verificada no recipiente se a temperatura de acondicionamento for de 27°C.

Questão 02

(INSTITUTO MILITAR DE ENGENHARIA) Um erlenmeyer contém 10,0 mL de uma solução de ácido clorídrico, juntamente com algumas gotas de uma solução de fenolftaleína. De uma bureta, foi-se gotejando uma solução 0,100 mol.L^{-1} de hidróxido de sódio até o aparecimento de leve coloração rósea. Nesse momento, observou-se um consumo de 20,0 mL da solução alcalina. Pode-se afirmar que a concentração de HCl na solução ácida original era de:

a) 3,65 x 10^{-3} g.cm^{-3}
b) 7,30 x 10^{-3} g.cm^{-3}
c) 4,00 x 10^{-3} g.cm^{-3}
d) 3,20 x 10^{-3} g.cm^{-3}
e) 2,00 x 10^{-3} g.cm^{-3}

Questão 03

(GRILLO) Calcule o fator de van´t Hoff e o número de partículas dissolvidas em uma solução com concentração igual a M (mol x L^{-1}) de fosfato de prata que apresenta grau de dissociação igual a 59%.

Questão 04

(INSTITUTO TECNOLÓGICO DA AERONÁUTICA) Para preparar 80 litros de uma solução aquosa 12% (massa/massa) de KOH (massa específica da solução = 1,10 g/cm^3) foram adicionados x litros de uma solução aquosa 44% (massa/massa) de KOH (massa específica da solução = 1,50 g/cm^3) e y litros de água deionizada (massa específica = 1,00 g/cm^3). Os valores de x e de y são respectivamente:

a) 12 L e 68 L
b) 16 L e 64 L
c) 30 L e 50 L
d) 36 L e 44 L
e) 44 L e 36 L

Questão 05

(INSTITUTO TECNOLÓGICO DA AERONÁUTICA) 1.000 cm^3 de solução aquosa de HCl 5,0 N devem ser obtidos utilizando-se apenas duas soluções de HCl, respectivamente, 3,0 N e 6,0 N. Admitindo-se que os volumes se somem, devem ser misturados:

a) 444 cm^3 de HCl 3,0 N com 556 cm^3 de HCl 6,0 N
b) 429 cm^3 de HCl 3,0 N com 571 cm^3 de HCl 6,0 N
c) 375 cm^3 de HCl 3,0 N com 625 cm^3 de HCl 6,0 N
d) 333 cm^3 de HCl 3,0 N com 667 cm^3 de HCl 6,0 N
e) 222 cm^3 de HCl 3,0 N com 778 cm^3 de HCl 6,0 N

Questão 06

(INSTITUTO TECNOLÓGICO DA AERONÁUTICA) O volume, em litros, de uma solução 0,30 mol.L^{-1} de sulfato de alumínio que contém 3,0 mol de cátion de alumínio, é:

a) 2,50
b) 3,30
c) 5,0
d) 9,0
e) 10,0

Questão 07

(INSTITUTO TECNOLÓGICO DA AERONÁUTICA) Um litro de uma solução aquosa contém 0,30 mol de íons Na^+, 0,28 mol de íons Cl^-, 0,10 mol de íons SO_4^{2-} e **x** mol de íons Fe^{3+}. A concentração de íons Fe^{3+} (em $mol.L^{-1}$) presentes nesta solução é:
a) 0,03
b) 0,06
c) 0,08
d) 0,18
e) 0,26

Questão 08

(INSTITUTO TECNOLÓGICO DA AERONÁUTICA) A análise quantitativa de certo líquido não aquoso, de dissociação iônica desprezível, revelou conter somente íons Na^+, Mg^{+2}, Cl^- e SO_4^{-2}. Por métodos analíticos quantitativos estabeleceu-se que o líquido contém: 0,170 $mol.L^{-1}$ de Mg^{+2}; 0,120 $mol.L^{-1}$ de SO_4^{2-}; 0,300 $mol.L^{-1}$ de Cl^-. Com estas informações se pode concluir que a concentração de Na^+ na amostra:
a) Deve ser de 0,250 $mol.L^{-1}$
b) Deve ser de 0,550 $mol.L^{-1}$
c) Deve ser de 0,200 $mol.L^{-1}$
d) Tem um valor diferente das três opções acima
e) Pode ter mais de um valor

Questão 09

(INSTITUTO TECNOLÓGICO DA AERONÁUTICA) Sabe-se que uma solução só contém os seguintes íons: 0,10 $mol.L^{-1}$ de K^+; 0,16 $mol.L^{-1}$ de Mg^{+2}; 0,16 $mol.L^{-1}$ de Cl^- e x $mol.L^{-1}$ de SO_4^{2-}. Este x deve ser igual a:
a) 0,10
b) 0,13
c) 0,26
d) 0,42
e) 0,52

Questão 10

(INSTITUTO TECNOLÓGICO DA AERONÁUTICA) Um recipiente aberto continha inicialmente 1000 mL de uma solução aquosa contendo 31,80 g de carbonato de sódio. Parte da água foi evaporada, obtendo-se um volume final de 800 mL da solução. Pode-se afirmar que, em relação ao carbonato de sódio:
a) A solução inicial era 0,600 $mol.L^{-1}$
b) A solução final é 0,750 normal
c) A solução final é 0,750 $mol.L^{-1}$
d) A solução final é 0,480 normal
e) Nenhuma das afirmações acima

Questão 11

(INSTITUTO TECNOLÓGICO DA AERONÁUTICA) Juntamos 500 mL de solução 0,40 $mol.L^{-1}$ de NaOH. A solução obtida adicionamos água até completar 1,0 litro. Essa solução final terá concentração molar:
a) 0,20 $mol.L^{-1}$
b) 0,50 $mol.L^{-1}$
c) 0,40 $mol.L^{-1}$
d) 1,00 $mol.L^{-1}$
e) 0,30 $mol.L^{-1}$

Questão 12

(INSTITUTO TECNOLÓGICO DA AERONÁUTICA) Num recipiente, mantido a 25°C, misturam-se 50 mL de uma solução 5,0 $milimol.L^{-1}$ de HCl, 50 mL de água destilada e 50 mL de uma solução 5,0 $milimol.L^{-1}$ de NaOH. A concentração de íons H^+, em $mol.L^{-1}$, na solução resultante é:
a) $1,3 \times 10^{-11}$
b) $1,0 \times 10^{-7}$
c) $0,8 \times 10^{-3}$

d) $1,0 \times 10^{-3}$
e) $3,3 \times 10^{-3}$

Questão 13

(INSTITUTO TECNOLÓGICO DA AERONÁUTICA) Um cilindro provido de um pistão contém água até a metade do seu volume. O espaço acima da água é ocupado por ar atmosférico. Para aumentar a quantidade de CO_2 dissolvido na água, alunos propuseram os seguintes procedimentos:

I. Manter a temperatura constante e aumentar a pressão total introduzindo nitrogênio.
II. Manter a temperatura constante e aumentar a pressão introduzindo CO_2.
III. Manter a temperatura e a pressão constantes e substituir parte do ar por CO_2.
IV. Manter a temperatura constante e diminuir a pressão total retirando oxigênio.
V. Aumentar a temperatura e manter a pressão total constante, aumentando o volume do sistema.

Quais destes procedimentos servem para atingir o objetivo desejado?
a) Apenas I e II
b) Apenas II e III
c) Apenas I, II e III
d) Apenas I, III e IV
e) Apenas II, IV e V

Questão 14

(INSTITUTO TECNOLÓGICO DA AERONÁUTICA) Em relação à sacarose são feitas as seguintes afirmações:
I) É uma substância apolar.
II) É muito solúvel em benzeno.
III) Por hidrólise, um mol de sacarose fornece dois mols de dextrose
IV) Suas soluções aquosas não apresentam condutividade elétrica apreciável.
V) Suas soluções aquosas podem girar o plano de polarização da luz. Das afirmações anteriores estão corretas:
a) Todas
b) Apenas I, III e V
c) Apenas I, II e III
d) Apenas II e IV
e) Apenas IV e V

Questão 15

(INSTITUTO TECNOLÓGICO DA AERONÁUTICA) O volume de HCl gasoso, medido na pressão de 624 mmHg e temperatura igual a 27°C, necessário para neutralizar completamente 500 cm^3 de uma solução aquosa 0,200 $mol.L^{-1}$ de NaOH é:
a) 0,27 L
b) 1,5 L
c) 3,0 L
d) 6,0 L
e) 27 L

Questão 16

(INSTITUTO TECNOLÓGICO DA AERONÁUTICA) O volume de SO_2 gasoso, medido nas CNTP, necessário para transformar completamente 250 cm^3 de solução aquosa 0,100 $mol.L^{-1}$ de NaOH em solução de Na_2SO_3, é:
a) 0,14 L
b) 0,28 L
c) 0,56 L
d) 1,12 L
e) 2,24 L

As questões 17, 18 e 19 referem-se ao seguinte problema prático:

(INSTITUTO TECNOLÓGICO DA AERONÁUTICA) Precisamos preparar 500 mL de uma solução 0,30 mol.L^{-1} em $Fe_2(SO_4)_3$. O sal disponível é o $Fe_2(SO_4)_3.9H_2O$. Esta solução é preparada colocando a quantidade correta do sal sólido num balão volumétrico de 500 mL e acrescentando água, aos poucos, até que todo sal esteja dissolvido. Após isso, continua a colocar água até atingir a marca existente no balão.

Questão 17

(INSTITUTO TECNOLÓGICO DA AERONÁUTICA) A quantidade, em mol, de $Fe_2(SO_4)_3.9H_2O$ utilizado é:
a) 0,10
b) 0,15
c) 0,30
d) 0,60
e) 0,90

Questão 18

(INSTITUTO TECNOLÓGICO DA AERONÁUTICA) A massa em gramas, do $Fe_2(SO_4)_3.9H_2O$ utilizado é:
a) 60
b) 63
c) 84
d) 120
e) 169

Questão 19

(INSTITUTO TECNOLÓGICO DA AERONÁUTICA) A concentração, em mol.L^{-1}, de íons sulfato em solução será:
a) 0,10
b) 0,15
c) 0,30
d) 0,60
e) 0,90

Questão 20

(INSTITUTO TECNOLÓGICO DA AERONÁUTICA) Dispomos no laboratório de álcool a 95% em massa (densidade de 0,809 g.mL^{-1}), e queremos preparar 250 mL de álcool a 30% em massa (densidade de 0,957 g.mL^{-1}). Para isso, qual deve ser o volume que devemos tomar do álcool disponível:
a) 75,6 mL
b) 93,5 mL
c) 101 mL
d) 117 mL
e) Nenhuma das respostas anteriores

Questão 21

(INSTITUTO TECNOLÓGICO DA AERONÁUTICA) O volume, em litros, de NH_3 gasoso medido nas condições normais de temperatura e pressão necessário para transformar completamente, em solução de $(NH_4)_2SO_4$, 250 cm^3 de uma solução aquosa 0,100 mol.L^{-1} de H_2SO_4 é:
a) 0,56
b) 1,12
c) 2,24
d) 3,36
e) 4,48

Questão 22

(INSTITUTO TECNOLÓGICO DA AERONÁUTICA) Considere as seguintes soluções:
I) 10 g de NaCl em 100 g de água;
II) 10 g de NaCl em 100 mL de água;
III) 20 g de NaCl em 180 g de água;
IV) 10 mol de NaCl em 90 mol de água.

Destas soluções, tem concentração 10% em massa de cloreto de sódio:
a) Apenas I
b) Apenas III
c) Apenas IV
d) Apenas I e II
e) Apenas III e IV

Questão 23

(INSTITUTO TECNOLÓGICO DA AERONÁUTICA) Em um copo de 500 mL, são misturados 100 mL de ácido clorídrico 1,00 $mol.L^{-1}$ em 100 mL de hidróxido de sódio 0,50 $mol.L^{-1}$. A solução resultante no copo é:
a) $1x10^{-7}$ $mol.L^{-1}$ em OH^-
b) $1x10^{-7}$ $mol.L^{-1}$ em H^+
c) 0,05 $mol.L^{-1}$ em H^+
d) 0,25 $mol.L^{-1}$ em H^+
e) 0,50 $mol.L^{-1}$ em H^+

Questão 24

(INSTITUTO TECNOLÓGICO DA AERONÁUTICA) Qual o valor da massa de sulfato de ferro (III) anidro que deve ser colocada em um balão volumétrico de 500 mL de capacidade para obter uma solução aquosa 20 $milimol.L^{-1}$ em íons férricos após completar o volume do balão com água destilada?
a) 1,50 g
b) 2,0 g
c) 3,0 g
d) 4,0 g
e) 8,0 g

Questão 25

(INSTITUTO TECNOLÓGICO DA AERONÁUTICA) Num equipamento adequado para permitir adição de solução, assim como coleta e medida de volume de gases, fez-se a seguinte experiência: após colocar neste equipamento 100 cm^3 de uma solução aquosa contendo 1,06 g de carbonato de sódio por litro de solução, adiciona-se um excesso de solução de ácido clorídrico. Admitindo que, nesta experiência, todo o gás que pudesse ser produzido pela reação entre as duas soluções foi de fato coletado, qual o volume medido, em cm^3, sabendo-se que a experiência foi realizada na temperatura de 27°C e pressão de 750 mmHg?
a) 0,10 x 22,4
b) 1,10 x 24,9
c) 100 x 0,0827
d) 0,20 x 62,3
e) 0,40 x 62,3

Questão 26

(INSTITUTO TECNOLÓGICO DA AERONÁUTICA) O volume, em litros, de uma solução $1,0 \times 10^{-4}$ $mol.L^{-1}$ de cloreto de cálcio que contém o mesmo número de Avogadro de cátions é:
a) $5,0 \times 10^{3}$
b) $1,0 \times 10^{4}$
c) $2,0 \times 10^{4}$
d) $6,0 \times 10^{19}$
e) $6,0 \times 10^{23}$

Questão 27

(INSTITUTO TECNOLÓGICO DA AERONÁUTICA) Adicionou-se um excesso de solução de sulfato de sódio a 500 mL de uma solução de nitrato de chumbo, tendo se tornado um precipitado de sulfato de chumbo de massa igual a 3,0 g. A concentração molar inicial do sal de chumbo na solução era:
a) $2,0 \times 10^{-3}$ $mol.L^{-1}$
b) $1,0 \times 10^{-2}$ $mol.L^{-1}$
c) $2,0 \times 10^{-2}$ $mol.L^{-1}$
d) $5,0 \times 10^{-2}$ $mol.L^{-1}$

e) $2{,}0 \times 10^{-1}$ mol.L^{-1}

Questão 28

(INSTITUTO TECNOLÓGICO DA AERONÁUTICA) 0,200 mol de hidróxido de cálcio sólido são adicionados a 2,00 litros de uma solução 0,400 mol.L^{-1} de ácido clorídrico. Depois de a reação ter sido completada, a concentração de cátions hidrogênio, será:
a) 0,050 mol.L^{-1}
b) 0,100 mol.L^{-1}
c) 0,200 mol.L^{-1}
d) 0,300 mol.L^{-1}
e) 0,400 mol.L^{-1}

Questão 29

(INSTITUTO TECNOLÓGICO DA AERONÁUTICA) Mistura-se 20 mL de uma solução 0,50 mol,L^{-1} de NaOH com 40 mL de uma solução 0,30 mol.L^{-1} de NaOH. Admitindo-se a aditividade de volume, a concentração da solução final, em mol/L, será:
a) (0,50 + 0,30) / (20 + 40)
b) (20 x 0,50 + 40 x 0,30) / (20 + 40)
c) (40 x 0,50 + 20 x 0,30) / (20 + 40)
d) (20 + 0,50) / (40 x 0,30)
e) (11,50 + 0,30) / (40 + 20)

Questão 30

(INSTITUTO TECNOLÓGICO DA AERONÁUTICA) Fazendo-se borbulhar gás cloro através de 1,0 litro de uma solução de hidróxido de sódio, verificou-se ao final do experimento que todo hidróxido de sódio foi consumido, e que na solução resultante foram formados 2,5 mol de cloreto de sódio. Considerando que o volume da solução não foi alterado durante todo o processo, e que na temperatura em questão tenha ocorrido apenas a reação correspondente a seguinte equação química, não balanceada: $OH^{-}_{(aq)} + Cl_{2(g)} \longrightarrow Cl^{-}_{(aq)} + ClO_3^{-}{}_{(aq)} + H_2O_{(l)}$, Qual deve ser a concentração inicial do hidróxido de sódio?
a) 6,0 mol.L^{-1}
b) 5,0 mol.L^{-1}
c) 3,0 mol.L^{-1}
d) 2,5 mol.L^{-1}
e) 2,0 mol.L^{-1}

Questão 31

(OLIMPÍADA DE QUÍMICA DO RIO DE JANEIRO / INSTITUTO TECNOLÓGICO DA AERONÁUTICA) 2,70 gramas de alumínio são dissolvidos em 500 mL de uma solução aquosa 1,00 mol.L^{-1} em ácido clorídrico. Todo hidrogênio produzido é recolhido. Após a secagem, o volume de hidrogênio à pressão de 1 atmosfera e 25°C, é:
a) 1,20 litro
b) 1,60 litro
c) 2,40 litros
d) 3,60 litros
e) 12 litros

Questão 32

(OLIMPÍADA DE QUÍMICA DO RIO DE JANEIRO) 20 mL de uma solução de 0,100 mol.L^{-1} de nitrato de bário foram misturados com 30 mL de uma solução 0,400 mol.L^{-1} de nitrato de amônio. A concentração de nitrato na solução resultante é:
a) 0,100 mol.L^{-1}
b) 0,250 mol.L^{-1}
c) 0,280 mol.L^{-1}
d) 0,320 mol.L^{-1}
e) 0,400 mol.L^{-1}

Questão 33

(OLIMPÍADA BRASILEIRA DE QUÍMICA) Quando se mistura 200 mL de uma solução a 5,85% (m/v) de cloreto de sódio com 200 mL de uma solução de cloreto de cálcio que contém 22,20 gramas do soluto e adiciona-se 200 ml de água, obtém-se uma nova solução cuja concentração de íons cloreto é de:

a) 0,10 mol.L^{-1}
b) 0,20 mol.L^{-1}
c) 1,0 mol.L^{-1}
d) 2,0 mol.L^{-1}
e) 3,0 mol.L^{-1}

Questão 34

(OLIMPÍADA DE BRASILEIRA DE QUÍMICA) O volume de ácido nítrico 0,1 mol.L^{-1} necessário para neutralizar uma mistura 0,40 g de hidróxido de sódio e 1,71 g de hidróxido de bário é:
a) 20 mL
b) 30 mL
c) 50 mL
d) 200 mL
e) 300 mL

Questão 35

(OLIMPÍADA MARANHENSE DE QUÍMICA) Uma das formas de monitoramento da água de caldeiras de indústrias, responsável pelo fornecimento de energia, é a medição do teor de íons cloreto. Um método de análise de cloreto é a adição à água de caldeira de uma solução de nitrato de prata ($AgNO_3$), segundo a equação: $Cl^-_{(aq)} + AgNO_{3(aq)} \rightarrow AgCl_{(s)} + NO_3^-{}_{(aq)}$. A análise de 10,0 mL de água de caldeira, contendo Cl^-, com solução aquosa de nitrato de prata, formou um precipitado de 0,287 g de cloreto de prata. A concentração molar de cloreto presente na amostra de água de caldeira é igual a:
a) 2
b) 0,2
c) 0,02
d) 0,002
e) 0,0002

Questão 36

(OLIMPÍADA DE BRASILEIRA DE QUÍMICA) Uma amostra de um ácido diprótico pesando 12,25 gramas foi dissolvida em água e o volume da solução completado para 500 mL. Se 25,0 mL desta solução são neutralizados com 12,5 mL de uma solução KOH 1,00 mol.L^{-1}, a massa molar desse ácido, considerando que os dois prótons foram neutralizados, é igual a:
a) 2,25
b) 24,5
c) 49,0
d) 98,0
e) 122,5

Questão 37

(OLIMPÍADA BRASILEIRA DE QUÍMICA) A soma das concentrações dos íons presentes em uma solução preparada a partir da dissolução completa de 1,25 gramas de sulfato cúprico penta-hidratado em volume de água suficiente para completar 500 mL de solução, expressa em mmol.L^{-1}, é de aproximadamente:
a) 10
b) 20
c) 30
d) 40
e) 50

Questão 38

(OLIMPÍADA BRASILEIRA DE QUÍMICA) Hipoclorito de sódio pode ser obtido através da seguinte reação: $Cl_{2(g)} + 2NaOH_{(aq)} \rightarrow NaCl_{(aq)} + NaOCl_{(aq)} + H_2O_{(líquido)}$. Considerando a existência de cloro gasoso em excesso, qual o volume de uma solução de NaOH de concentração 2 mol.L^{-1} necessário para produzir hipoclorito em quantidade suficiente para preparar 2,0 L de uma solução 0,50 mol.L^{-1} de NaOCl?
a) 1,0 L
b) 2,0 L
c) 3,0 L

d) 4,0 L
e) 5,0 L

Questão 39

(INSTITUTO TECNOLÓGICO DA AERONÁUTICA) Para preparar 500 mL de uma solução aquosa 0,20 mol/L de NaOH, um indivíduo tem a sua disposição:
- frasco I) contém solução aquosa de NaOH 5,0 mol x L^{-1};
- frasco II) balão volumétrico de 500 mL;
- água destilada à vontade. O procedimento correto seria:
a) colocar, no frasco II, 40,0 mL da solução do frasco I e completar os 500 mL com água destilada
b) colocar, no frasco II, 20 mL da solução do frasco I e completar os 500 mL com água destilada
c) colocar, no frasco II, 460,0 mL de água destilada e completar os 500 mL com solução do frasco I
d) colocar, no frasco II, 480,0 mL de água destilada e completar os 500 mL com solução do frasco I
e) colocar, no frasco II, 460 ,0 mL de água destilada e 40 mL com solução do frasco I

Questão 40

(OLIMPÍADA PORTUGUESA DE QUÍMICA / OLIMPÍADA MUNDIAL DA GRÉCIA) Quantos mL de solução de NaOH 1,00 mol/L são necessários para neutralizar 100 mL de solução 0,100 mol/L de H_3PO_4?
a) 10,0
b) 3,30
c) 30,0
d) 300,0

Questão 41

(GRILLO) Uma solução rotulada apresenta as seguintes informações: 35% em massa de ácido perclórico diluído com massa específica aproximadamente igual a 1,251 g/cm³. A partir das informações apresentadas, determine o valor aproximado da concentração da quantidade de matéria e a molalidade.

Questão 42

(OLIMPÍADA CEARENSE DO ENSINO SUPERIOR DE QUÍMICA) Os íons tiossulfatos $(S_2O_3)^{-2}$ desproporcionam-se em uma solução ácida produzindo o enxofre sólido (S) e o íon hidrogênio sulfito (HSO_3^-): $2S_2O_3^{-2}{}_{(aq)} + 2H_3O^+{}_{(aq)} \longrightarrow 2HSO_3^-{}_{(aq)} + 2H_2O_{(l)} + 2S_{(s)}$. Assumindo que a reação se completa e que uma solução 10,1 mL de íons $(HSO_3)^-$, 55,0% em massa cuja densidade é 1,45 $g.cm^{-3}$, é obtida na reação, determine a massa de $(S_2O_3)^{-2}$, presente inicialmente na reação.
a) 11,13 g
b) 14,64 g
c) 8,05 g
d) 0,750 g
e) 23,30 g

Questão 43

(U. S. NATIONAL CHEMISTRY OLYMPIAD) Qual é a concentração de íons Na^+ formada por uma mistura de 20 mL de solução de Na_2SO_4 (0,10 $mol.L^{-1}$) com 50 mL de solução 0,30 $mol.L^{-1}$ de Na_3PO_4?
a) 0,15 $mol.L^{-1}$
b) 0,24 $mol.L^{-1}$
c) 0,48 $mol.L^{-1}$
d) 0,70 $mol.L^{-1}$

Questão 44

(OLIMPÍADA DE QUÍMICA DO RIO DE JANEIRO) Um técnico em química misturou acidentalmente três soluções no laboratório: 200 mL de cloreto de potássio 0,10 $mol.L^{-1}$, 300 mL de cloreto de magnésio 0,20 $mol.L^{-1}$ e 200 mL de cloreto de sódio 0,50 $mol.L^{-1}$. Qual é a concentração de íons cloreto na solução final obtida pelo técnico?
a) 0,012 $mol.L^{-1}$
b) 0,67 $mol.L^{-1}$
c) 1,2 $mol.L^{-1}$
d) 0,26 $mol.L^{-1}$

e) 0,34 mol.L^{-1}

Questão 45

(OLIMPÍADA BRASILEIRA DE QUÍMICA) Um estudante, a pedido de seu professor, precisa preparar 400 mL de uma solução de amônia 5 mol.L^{-1}. Ao olhar o frasco lacrado de amônia que utilizará para produzir sua solução, o estudante observou as seguintes informações:
- Concentração (m/m): 29,0%;
- Densidade: 0,9 g.cm^{-3};
- Massa molar: 17,02 g.mol^{-1}.

A partir das informações, o volume de solução concentrada medido pelo estudante para preparar a solução solicitada pelo professor foi de:
a) 86,00 mL
b) 94,15 mL
c) 112,03 mL
d) 130,46 mL
e) 145,31 mL

Questão 46

(OLIMPÍADA BRASILEIRA DE QUÍMICA) Uma amostra de um líquido diprótico pesando 12,25 g foi dissolvida em água e o volume da solução completado para 500 mL. Se 25,0 mL desta solução são neutralizados com 12,5 mL de uma solução de KOH 1,00 mol.L^{-1}, a massa molar desse ácido, em g.mol^{-1}, considerando que os dois prótons foram neutralizados, é igual a:
a) 22,5
b) 24,5
c) 49,0
d) 98,0
e) 122,5

Questão 47

(GRILLO) Que volume de oxigênio a 25°C e 750 mmHg são necessários para a combustão de 2 litros de C_3H_8 a 27°C e 740 mmHg?

Questão 48

(GRILLO) Foram necessários 42,3 mL de uma solução 0,10 M de soda cáustica para neutralizar 2,34 g de uma solução de ácido sulfúrico impuro. Determine o cálculo aproximado do grau de pureza do referido ácido.

Questão 49

(GRILLO) 0,564 g de NaOH comercial foram neutralizados por 41,6 mL de H_2SO_4 0,251 N. Calcular a porcentagem de NaOH na soda comercial.

Questão 50

(FASE NACIONAL - OLIMPÍADA BRASILEIRA DE QUÍMICA) Calcule o número de partículas dispersas numa solução que contém 1 mol de sulfato de alumínio, suposto 66% dissociado.
a) $2,19 \times 10^{24}$
b) $3,19 \times 10^{24}$
c) $4,19 \times 10^{21}$
d) $5,19 \times 10^{22}$
e) $5,19 \times 10^{23}$

Questão 51

(FASE NACIONAL - OLIMPÍADA BRASILEIRA DE QUÍMICA) O reagente ácido nítrico denominado como concentrado pode ser adquirido como uma solução aquosa com fração mássica percentual igual a 65,0% e densidade de 1,39 g.mL^{-1}. Considerando essas informações, indique o volume (em mililitros) desse reagente necessário para o preparo de 1,00 L de uma solução aquosa 0,500 mol.L^{-1}.
a) 34,9
b) 55,7

c) 3,52
d) 0,544
e) 20,4

Questão 52

(ITT-JEE) Se a molaridade de uma solução contém 1,12 g de KOH (56 g mol^{-1}) is 0,2, qual é o volume da solução?

Questão 53

(ITT-JEE) Calcule o número de íons H^+ em 0,50 litros de 0,1 N de H_2SO_4.

Questão 54

(ITT-JEE) Concentrated H_2SO_4 of density 1,83 g.ml^{-1} has 93% of H_2SO_4 by weight. How many ml of this acid should be taken to yield (after addition of water) 200 ml of 2N acid?
a) 12,15 ml
b) 15,21 ml
c) 11,52 ml
d) 15,73 ml

Questão 55

(ITT-JEE) Uma solução de ácido acético 2 M apresenta uma molalidade igual a 2,174. Calcule a densidade desta solução em g.mL^{-1}:
a) 1,02
b) 1,04
c) 1,1
d) 1,07

Questão 56

(ITT-JEE) Uma solução aquosa de ácido acético apresenta densidade igual a 1,12 g/mL e 5,0 mol x kg^{-1}. Determine a molaridade.

Questão 57

(ITT-JEE) Uma solução aquosa de etanol apresenta 1,025 g/mL de densidade e 8,0 M. Determine a molalidade desta solução.

Questão 58

(CONCURSO PÚBLICO FEDERAL) O volume de 1,0 L de uma solução aquosa de ácido nítrico contém 60,0 % (em massa) desse ácido. Sabendo-se que a densidade da solução é 1,35 g.mL^{-1}, assinale a alternativa que apresenta corretamente a molaridade desta solução.
a) 0,81
b) 1,29
c) 1,35
d) 12,9
e) 60,0

Questão 59

(CONCURSO PÚBLICO FEDERAL) Para a determinação do conteúdo de nitrogênio, é necessária uma solução de ácido clorídrico padronizado. Para determinar a real concentração do ácido clorídrico preparado, 0,1060 g de carbonato de sódio (massa molar: 106 g.mol^{-1}) foi pesado e adicionado a um erlenmeyer e gastou-se 10 mL de HCl na titulação deste carbonato. Qual é, realmente, a concentração de ácido clorídrico?
a) 0,02 mol.L^{-1}
b) 0,2 mol.L^{-1}
c) 0,01 mol.L^{-1}
d) 0,1 mol.L^{-1}
e) 1 mol.L^{-1}

Questão 60

(ITT-JEE) Calcule a concentração da quantidade de matéria se a densidade da água é 1000 kg/m³.

Questão 61

(GRILLO) Considere uma solução com volume igual a 100 mL de ácido clorídrico com concentração da quantidade de matéria igual a 0,50 mol/L. Este ácido neutraliza uma dibase que apresenta massa igual a 1,85 g. Assinale a alternativa que apresenta a dibase correta.

a) Hidróxido de bário
b) Hidróxido de berílio
c) Hidróxido de cálcio
d) Hidróxido de magnésio
e) Hidróxido de prata

Questão 62

(GRILLO) Determinar o número do fator de Van´t Hoff e o número de partículas dissolvidas e existentes em uma solução de 1,0 litro com concentração da quantidade de matéria igual a 0,10 mol x L^{-1} de sulfato de alumínio, levando em consideração que o grau de dissociação seja igual a 80%.

Questão 63

(GRILLO) Uma solução de ácido sulfúrico na presença de água, a fração molar de ácido sulfúrico é de 0,20. A partir das informações apresentadas, calcule a concentração em $mol.kg^{-1}$.

Questão 64

(OLIMPÍADA DE QUÍMICA DO RIO DE JANEIRO) Uma solução aquosa de qual composto abaixo não irá conduzir corrente elétrica?

a) $Ca(CH_3COO)_2$
b) $Ba(OH)_2$
c) KOH
d) H_3COH
e) todos os compostos anteriores irão conduzir corrente elétrica

Questão 65

(OLIMPÍADA DE QUÍMICA DO RIO DE JANEIRO) Não conduz bem corrente elétrica:

a) $NaCl_{(aquosa)}$
b) $KBr_{(s)}$
c) Cu
d) $C_{(grafite)}$
e) latão

Questão 66

(GRILLO) Que volume de água se deve adicionar a 250 cm³ de uma solução 3,0 N de ácido para transformá-la em solução 3,50 N?

Questão 67

(GRILLO) 250 cm³ de solução 2,0 N de um hidróxido foram adicionados a 200 cm³ de solução 0,50 N do mesmo hidróxido. Qual a normalidade da solução final?

Questão 68

(INSTITUTO TECNOLÓGICO DA AERONÁUTICA) Qual das substâncias a seguir não conduz corrente elétrica em solução aquosa?

a) brometo de hidrogênio
b) ácido fórmico
c) cloreto de potássio
d) bicarbonato de potássio
e) propanona

Questão 69

(GRILLO) Calcule a concentração da quantidade de matéria de uma solução de ácido sulfúrico que apresenta título de 90% e densidade igual a 1,81 g/mL.

Questão 70

(GRILLO) Quatro litros de uma solução aquosa de soda cáustica (2,0 mol/L) foram adicionados a doze litros de solução aquosa da mesma base com concentração da quantidade de matéria igual a ½ mol x L^{-1}. A partir da informação apresentada, calcule a concentração da quantidade de matéria da solução final.

Questão 71

(GRILLO) Uma amostra de cloreto de potássio apresentando uma massa de aproximadamente igual a 1,40 g, foi completamente dissolvida na presença de água e seu volume completado em um balão volumétrico de 250,0 mL. Deste volume, 25,0 exigiram de uma solução de nitrato de prata com concentração da quantidade de matéria desconhecida. Calcule a concentração da quantidade de matéria desta solução.

Questão 72

(GRILLO) Três gramas de uma amostra de cloreto de sódio impuro foram dissolvidos na presença de água deionizada e posteriormente tratada com excesso de solução de nitrato de prata. A massa do precipitado obtido, depois de lavado e seco foi de aproximadamente igual a 7,10 g. A partir das informações apresentadas, calcule o percentual de cloreto de sódio na amostra.

Questão 73

(ITT-JEE) Para neutralizar completamente 20,0 mL de 0,1 M de uma solução de ácido fosfórico com uma solução de 0,1 M de KOH, seu volume corresponde a:
a) 40 mL
b) 20 mL
c) 10 mL
d) 60 mL

Questão 74

(INSTITUTO TECNOLÓGICO DA AERONÁUTICA) Durante a utilização de um extintor de incêndio de dióxido de carbono, verifica-se formação de um aerossol esbranquiçado e também que a temperatura do gás ejetado é consideravelmente menor do que a temperatura ambiente. Considerando que o dióxido de carbono seja puro, assinale a opção que indica a(s) substância(s) que torna(m) o aerossol visível a olho nu.
a) água no estado líquido
b) dióxido de carbono no estado líquido
c) dióxido de carbono no estado gasoso
d) dióxido de carbono no estado líquido e água no estado líquido
e) dióxido de carbono no estado líquido e água no estado gasoso

Questão 75

(INSTITUTO TECNOLÓGICO DA AERONÁUTICA) Considere os sistemas apresentados a seguir:
I) Creme de leite
II) Maionese comercial
III) Óleo de Soja
IV) Gasolina
V) Poliestireno expandido
Destes, são classificados como sistemas coloidais:
a) apenas I e II
b) apenas I, II e III
c) apenas II e V
d) apenas I, II e V
e) apenas III e IV

Questão 76

(ENADE) Dispõe-se de cada um dos líquidos listados a seguir:
I) água
II) ácido sulfúrico concentrado
III) benzeno
IV) etanol
V) tolueno
Ao misturar volumes iguais de dois desses dois líquidos, qual é o par que forma uma solução cujo volume final mais se aproxima da soma dos volumes individuais dos líquidos misturados?
a) I e II
b) I e III
c) II e IV
d) III e IV
e) III e V

Questão 77

(CONCURSO PÚBLICO FEDERAL - PETROBRAS) Uma mistura contém 20,0 mL de solução aquosa de NaOH 0,100 mol.L^{-1} e 30,0 mL de solução aquosa de KOH 0,200 mol.L^{-1} . O volume de solução aquosa de ácido clorídrico 0,400 mol.L^{-1} necessário para completa neutralização dessa mistura de bases, em mL, é:
a) 10
b) 20
c) 30
d) 40
e) 50

Questão 78

(CONCURSO PÚBLICO FEDERAL - PETROBRAS) A solução concentrada de ácido clorídrico tem, em seu rótulo, as seguintes informações: PM = 36,5 g/mol, densidade igual a 1,19 g/mL e 36,5% em massa de HCl. O volume necessário desse ácido para o preparo de 500 mL de solução aquosa 0,10 mol.L^{-1}, em mL, é aproximadamente:
a) 4,2
b) 6,3
c) 8,4
d) 9,6
e) 11

Questão 79

(CONCURSO PÚBLICO FEDERAL - PETROBRAS) Na classificação dos coloides, de acordo com as fases dispersa e de dispersão, tem-se que:
a) margarina é uma emulsão líquida
b) poeira é uma emulsão sólida
c) neblina é um aerossol líquido
d) leite é um sol líquido
e) isopor é um sol sólido

Questão 80

(CONCURSO PÚBLICO FEDERAL - CENTRO FEDERAL DE EDUCAÇÃO TECNOLÓGICA DE QUÍMICA DE NILÓPOLIS – RJ) Qual o volume de ácido clorídrico PA 37,0 % em massa de ácido necessário para preparar 2,50 L de solução 3,0 mol/L desse ácido, sabendo que a densidade do ácido PA vale 1,19 g/cm^3?
a) $6{,}2.10^{-1}$ L
b) $5{,}7.10^{-1}$ L
c) $4{,}4.10^{-1}$ L
d) $3{,}9.10^{-1}$ L

Questão 81

(CONCURSO PÚBLICO ESTADUAL - ENGENHEIRO QUÍMICO) Para a reação completa de uma certa quantidade de um metal com ácido, foram utilizadas 20 mL de HCl 6,2 M, após a secagem do produto da reação, foram obtidas 5,9g de sal. Através da reação não balanceada e dos dados apresentados, o metal utilizado na reação em questão foi: Dados: $Me + HCl \rightarrow MeCl_2 + H_2$

a) Zn
b) Al
c) Fe
d) Mg
e) Ni

Questão 82

(INSTITUTO TECNOLÓGICO DA AERONÁUTICA) A massa de água que deve ser acrescentada à massa m de uma solução a 25,0%, em massa, de $MgCl_2$, em água, para convertê-la numa solução a 10%, em massa, é:

a) 10m/25
b) 25m/10
c) 10m
d) 15m/10
e) 25m/95

Questão 83

(GRILLO) Mistura-se um determinado volume 1 designado por V_1 de solução igual a 0,80N de um dado soluto com volume V_2 de solução 1,20N do mesmo soluto. A partir das informações apresentadas, determine a relação entre os volumes, V_1/V_2, para que a solução resultante seja igual a 0,90N.

Questão 84

(INSTITUTO TECNOLÓGICO DA AERONÁUTICA) Foi preparada uma solução usando-se 490 g de ácido sulfúrico puro e água até completar 1,0 L. A massa de carbonato de sódio sólido necessária para neutralizar 200 mL desta solução vale:

a) 53,0 g
b) 106 g
c) 212 g
d) 10,6 g
e) 21,6 g

Questão 85

(GRILLO) Vinte mililitros de uma solução ácida caracterizada por um diácido, foram neutralizados com um volume de 40 mL de uma solução com concentração da quantidade de matéria de hidróxido de sódio igual a 0,10 mol x L^{-1}. Determine o número de mol de diácido por litro de solução.

Questão 86

(INSTITUTO TECNOLÓGICO DA AERONÁUTICA) Considere os seguintes sais:

I) $Al(NO_3)_3$
II) NaCl
III) $ZnCl_2$
IV) $CaCl_2$

Assinale a opção que apresenta o(s) sal(is) que causa(m) a desestabilização de uma suspensão coloidal estável de sulfeto de arsênio (As_2S_3) em água.

a) Nenhum dos sais relacionados
b) Apenas o sal I
c) Apenas os sais I e II
d) Apenas os sais II, III e IV
e) Todos os sais

Questão 87

(GRILLO) Calcule quantos mililitros de uma solução de hidróxido de cálcio, de concentração da quantidade de matéria igual a 0,020 mol x L^{-1} serão necessários para neutralizar 100 mL de solução de ácido clorídrico com concentração igual a 0,010 mol x L^{-1}.

Questão 88

(GRILLO) No processo de titulação com um volume de ácido sulfúrico igual a 1,0 litro e concentração de 0,001 mol / L, calcule a massa de hidróxido de sódio devidamente consumida.

Questão 89

Na titulação volumétrica exige pelo menos:
a) bureta e filtro
b) bureta e erlenmeyer
c) balão volumétrico e pipeta
d) pipeta e erlenmeyer
e) pipeta e copo de béquer

Questão 90

Calcule a concentração da quantidade de matéria em mol por litro de uma solução de ácido sulfúrico de concentração igual a 40% em massa e densidade de 1,40 g/mL.

Questão 91

(CONCURSO PARA DOCENTE – INSTITUTO FEDERAL DE FARROUPILHA) Qual deve ser o valor da normalidade de uma solução de dicromato de potássio 0,18 molar quando a mesma atua como oxidante.
a) 0,75 normal
b) 1,15 normal
c) 1,63 normal
d) 1,08 normal

Questão 92

(MESTRE LICÍNIO RIBEIRO VIANA) Calcular o valor de i (fator de van´t Hoff – número total de partículas dissociadas) em uma soluçao aquosa de HCl com 90% de grau de dissociação.

Questão 93

(MESTRE LICÍNIO RIBEIRO VIANA) Colocou-se num Becker 20 mL de uma solução de HCl juntamente com algumas gotas de solução alcoólica de fenolftaleína. Para dosagem deste ácido usou-se 30 mL de uma solução 0,10 mol x L^{-1} de NaOH para completa neutralização do ácido (leve coloração rosa persistente). Calcular o título da solução do ácido.

Questão 94

(MESTRE LICÍNIO RIBEIRO VIANA) Numa dosagem usou-se 9,7 mL de uma solução de H_2SO_4 cujo título é 2,45 g/100 mL, para neutralizar completamente 12,1 mL de uma solução de NaOH. Pede-se:
a) a molaridade da solução de NaOH;
b) o título da solução alcalina.

Questão 95

(MESTRE LICÍNIO RIBEIRO VIANA) Um excesso de solução de $BaCl_2$ foi adicionado a 25 mL de outra solução de Na_2SO_4 de concentração desconhecida. O precipitado obtido tem massa de 0,732 g. Qual é a molaridade da solução de Na_2SO_4?

Questão 96

(OLIMPÍADA UNIFICADA - OBQ) Foram misturados 250 gramas de bromo na presença de uma solução de hidróxido de sódio (0,10 mol x L^{-1}; 250 mL), havendo diante desta mistura a formação de brometo de sódio, bromato de sódio e água, com rendimento de 72%. A partir das informações apresentadas, assinale a massa de brometo de sódio formado.
a) 0,1545 g
b) 1,545 g
c) 15,45 g
d) 154,5 g
e) 1545 g

Questão 97

(OLIMPÍADA UNIFICADA - OBQ) Assinale a alternativa correta que apresenta o número de partículas dispersas em uma solução composta de um litro de solução apresentando uma concentração da quantidade de matéria igual a 0,10 mol/L de sulfato de cobre II, sabendo que o grau de dissociação corresponde a 69%.

a) $6{,}02 \times 10^{22}$
b) $1{,}20 \times 10^{22}$
c) $1{,}20 \times 10^{23}$
d) $1{,}85 \times 10^{23}$
e) $1{,}98 \times 10^{23}$

Questão 98

(OLIMPÍADA UNIFICADA - OBQ) A calcita ($CaCO_3$) é o principal constituinte mineralógico dos calcários e mármores com elevada pureza. O calcário, encontrado extensivamente em todos os continentes, é extraído de pedreiras ou depósitos que variam em idade, desde o pré-cambriano até o holoceno. As reservas de rochas carbonatadas são tão grandes que, muitas vezes, chegam a ser consideradas intermináveis. No entanto, a sua ocorrência com elevada pureza corresponde a menos de 10% das reservas de carbonatos lavradas em todo mundo. [Rochas e Minerais Industriais – CETEM/2005]
Considere a reação que envolve o calcário na presença de uma solução de ácido clorídrico, formando cloreto de cálcio, água e dióxido de carbono. Uma quantidade de calcário com massa igual a 4,50 g foi tratada com 50 mL de solução de ácido clorídrico a 1,50 mol L^{-1}. Assinale a alternativa que apresenta o volume de gás produzido a temperatura de 27 °C e pressão de 1,50 atm.

a) 450 mL
b) 500 mL
c) 550 mL
d) 600 mL
e) 615 mL

Questão 99

(OLIMPÍADA UNIFICADA - OBQ) Desde o século X, já se conhecia o ácido sulfúrico. Uma das primeiras metodologias relatadas na literatura para a sua produção envolvia a destilação seca do sulfato de ferro (II) heptahidratado ($FeSO_4.7H_2O$) ou do sulfato de cobre (II) pentahidratado ($CuSO_4.5H_2O$). Sabemos hoje que a decomposição térmica destes sais leva à formação dos correspondentes óxidos de ferro (II) e de cobre (II), além da liberação de água e do gás trióxido de enxofre, os quais, posteriormente, reagem entre si produzindo uma solução diluída de ácido sulfúrico. Este ácido era comumente conhecido como óleo de vitríolo, palavra que advém do latim "*vitrum*", referindo-se à aparência dos cristais dos sais inorgânicos mencionados. (KARPENKO, V.; NORRIS, J. A. *Chemicke Listy*, v. 96, p. 997-1005, 2002). Considere uma solução aquosa de ácido sulfúrico, que apresenta percentual em massa na ordem de 68% e densidade 1,29 g cm^{-3}. Assinale a alternativa que apresenta o valor do volume necessário para o preparo desta solução deste mesmo ácido, com concentração 4,50 mol L^{-1} e volume de 250 mL.

a) 25,0 mL
b) 75,0 mL
c) 100,0 mL
d) 125,0 mL
e) 150,0 mL

Questão 100

(OLIMPÍADA UNIFICADA - OBQ) Uma das reações clássicas no ramo da química inorgânica e na química qualitativa é a reação que envolve a presença do íon permanganato com o íon oxalato em meio ácido, conforme a equação iônica não balanceada a seguir:
O íon permanganato (MnO_4^-) apresenta como característica a cor violeta e, ao reagir com o íon oxalato ($C_2O_4^{2-}$), forma o MnO (Mn^{2+}) que é incolor, sendo todo este processo conduzido em meio ácido. Desta forma, pode-se medir a velocidade da reação, medindo-se o intervalo de tempo necessário para tornar a solução incolor após a adição do permanganato. É importante ressaltar que, caso a reação seja conduzida em meio básico, forma-se o MnO_2, de cor turva escura (marrom), que também pode ser produzida devido à ação da luz. Esta reação envolve a oxidação do carbono presente no íon oxalato e, ao mesmo tempo, a redução do manganês presente no íon permanganato. [CASTELLAN, G. Fundamentos de físico-química. São Paulo: LTC, 1972]
Este exemplo de reação iônica ilustra muito bem um importante tópico de análise volumétrica, muito utilizado na determinação de íons oxalato, denominada titulação redox. Assinale o volume, em mililitros, de uma solução de permanganato de potássio, com concentração da quantidade de matéria igual a 0,250 mol L^{-1}, necessário para reagir completamente com 0,035 mol do íon oxalato além do somatório dos coeficientes estequiométricos.

a) 140 mL; 41
b) 220 mL; 45
c) 330 mL; 45
d) 140 mL; 43
e) 110 mL; 43

Questão 101

(OLIMPÍADA UNIFICADA - OBQ) Carbonato de sódio é um padrão primário que reage com o ácido clorídrico, conforme a equação química apresentada a seguir: $Na_2CO_{3(aquoso)} + 2HCl_{(aquoso)} \longrightarrow 2NaCl_{(aquoso)} + H_2O_{(líquido)} + CO_{2(gás)}$. Considerando que 78,37 mL de uma solução de HCl é necessária para titular a solução contendo 258,4 mg de carbonato de sódio, assinale a alternativa que apresenta o valor correto da concentração de ácido em mmol L^{-1}, visto que o carbonato apresenta um grau de impureza de 25%.
a) 23,32
b) 35,89
c) 39,89
d) 46,66
e) 59,28

Questão 102

(GRILLO) O coeficiente de atividade médio da solução de cloreto de alumínio é igual a 0,96. A partir das informações apresentadas, calcule as atividades termodinâmicas dos íons e o seu produto de solubilidade.

Questão 103

(GRILLO) Sabendo que a molalidade do cloreto de cobre II é igual a 10^{-4} mol x kg^{-1}, calcule as atividades dos íons e o seu respectivo produto de solubilidade (K_{ps}).

Questão 104

(GRILLO) Calcule a atividade e o produto de solubilidade do sulfato de magnésio em que a sua molalidade é igual a 3,0 x 10^{-4} mol x kg^{-1}, obedecendo a lei limite de Debye-Huckell

Questão 105

(GRILLO) Calcule as atividades de cátions e ânions na solução de cloreto de cálcio que apresentam concentração molal igual a 3,0 x 10^{-4} mol x kg^{-1}, obedecendo a lei de Debye – Huckell. Ainda com a mesma ideia, determine o valor da constante do produto de solubilidade.

Questão 106

(OLIMPÍADA DE QUÍMICA AMERICANA) A constante da lei de henry para o gás oxigênio na presença da água a 25ºC é igual a 1.3 × 10^{-3} M •atm^{-1}. Qual é a pressão parcial de O_2 acima da solução a 25°C com uma concentração de 2.3×10^{-4} M de O_2 no equilíbrio?
a) 5,7 atm
b) 0,18 atm
c) 1,3 × 10^{-3} atm
d) 3,0 × 10^{-7} atm

Questão 107

A constante da lei de Henry para a solubilidade do oxigênio em água é 3,3 x 10^{-4} mol x L^{-1} x atm^{-1} a 12°C e 2,85 x 10^{-4} mol x L^{-1} x atm^{-1} a 22°C. O ar contém 21% mol/mol de oxigênio.
a) Quantos gramas de oxigênio podem ser dissolvidos em um litro de água para trutas a 12°C e a uma pressão de ar de 1 atm?
b) Quantos gramas de oxigênio podem ser dissolvidos em um litro de água para trutas a 22°C e na mesma pressão de ar de 1 atm?

Questão 108

(INSTITUTO TECNOLÓGICO DA AERONÁUTICA) A 25°C e 1 atm, uma amostra de 1,0 L de água pura foi saturada com oxigênio gasoso (O_2) e o sistema foi mantido em equilíbrio nessas condições. Admitindo-se comportamento ideal para o O_2 e sabendo-se que a constante da Lei de Henry para esse gás dissolvido em água é igual a 1,3 × 10^{-3} mol L^{-1} atm^{-1}, nas condições do experimento, assinale a opção correta que exprime o valor calculado do volume, em L, de O_2 solubilizado nessa amostra.
a) 1,3 x 10^{-3}

b) $2,6 \times 10^{-3}$
c) $3,9 \times 10^{-3}$
d) $1,6 \times 10^{-2}$
e) $3,2 \times 10^{-2}$

Questão 109

(EXAME DE SELEÇÃO PARA O PROGRAMA DE PÓS-GRADUAÇÃO EM QUÍMICA DA UNIVERSIDADE FEDERAL DO CEARÁ) O elemento enxofre é um dos componentes do ácido sulfúrico (H_2SO_4), cujo uso é comum em indústrias de fertilizantes, tintas e detergentes. Sabendo-se que o ácido sulfúrico concentrado é 98,0% em massa de H_2SO_4 e densidade 1,84 g/mL, conclui-se que sua concentração em mol/L é igual a?

Questão 110

(CONCURSO PÚBLICO PARA DOCENTE FEDERAL – INSTITUTO FEDERAL DO ACRE) Analisando quantitativamente um sistema formado por soluções aquosas de sulfato de sódio e fosfato de sódio, constatou-se a existência de: 0,34 mol/L de íons de Na^{1+}; 0,05 mol/L de íons de $(SO_4)^{2-}$. Baseando-se nestes dados, pode-se concluir que a concentração de $(PO_4)^{3-}$ no sistema é:
a) 0,2 mol/L
b) 0,05 mol/L
c) 0,08 mol/L
d) 0,12 mol/L
e) 0,24 mol/L

Questão 111

(SELEÇÃO DO PROGRAMA DE PÓS-GRADUAÇÃO STRICTO SENSU EM QUÍMICA - UNIVERSIDADE FEDERAL DOS VALES DO JEQUITINHONHA E MUCURI DIAMANTINA – MINAS GERAIS) Em um laboratório havia um frasco com uma amostra de ácido sulfúrico. Este frasco estava com o rótulo deteriorado e, além do nome do produto, lia-se apenas sua densidade: 1,728 g/mL. 10 mL deste ácido foram diluídos para 500 mL e, uma alíquota de 25 mL foi titulada com uma solução de hidróxido de sódio de concentração 27,28 g/L. Nesta titulação foram gastos 20,23 mL do titulante. Pede-se:
a) a concentração, em mol/L da amostra original de ácido sulfúrico;
b) a porcentagem m/m de ácido sulfúrico;
c) o volume desta mesma solução, necessário para a completa neutralização de 5,0 g de uma amostra de MgO a 85% m/m.

Questão 112

(PROGRAMA DE PÓS-GRADUAÇÃO EM QUÍMICA – UNIVERSIDADE ESTADUAL DE LONDRINA) Calcule o pH resultante da solução quando 20,00 mL de ácido acético (CH_3COOH) 0,2000 mol/L é misturado com 20,00 mL de hidróxido de sódio (NaOH) 0,1000 mol/L.

Capítulo 14. Gabarito - Exercícios de Fixação

Questão 01

(CONCURSO PÚBLICO PARA INGRESSO NO CORPO DE ENGENHEIROS DA MARINHA - ENGENHARIA QUÍMICA) Primeiramente será necessário realizar o balanceamento, sendo este balanceamento do tipo redox (redução-oxidação). Para este balanceamento o agente redutor se refere ao íon cloreto enquanto o íon permanganato é o agente oxidante.

Equação iônica: $2MnO^{-}_{4(aquoso)} + 16H^{+}_{(aquoso)} + 10Cl^{-}_{(aquoso)} \rightarrow 2Mn^{+2}_{(aquoso)} + 5Cl_{2(gás)} + 8H_2O_{(líquido)}$

Cálculo do número de mol de gás cloro a partir da relação estequiométrica com o íon permanganato.
2 mol de permanganato -------- 5 mol de gás cloro
$n_{permanganato}$ ------------------------- n_{cloro}
$5 \times n_{permanganato} = 2 \times n_{cloro}$

Levando em consideração que o gás cloro apresenta comportamento ideal, temos:

$$5 \text{ x } 10 \text{ x } 5 = \frac{60 \text{ x pressão}}{0{,}08206 \text{ x } 300}$$

$$\text{pressão} = \frac{250 \text{ x } 0{,}08206 \text{ x } 300}{60} = 102{,}57 \text{ atm}$$

Questão 02

(INSTITUTO MILITAR DE ENGENHARIA) Alternativa B.

Reação química de neutralização: ácido + base $\longrightarrow$ sal + água.

Equação química: $HCl_{(aquoso)} + NaOH_{(aquoso)} \rightarrow NaCl_{(aquoso)} + H_2O_{(líquido)}$

Cálculo do número de mol de ácido clorídrico (HCl):

1 mol de $HCl_{(aq)}$ ------- 1 mol de $NaOH_{(aq)}$
n_{HCl} ----------------------- n_{NaOH}

Cálculo da concentração da quantidade de matéria da solução de ácido clorídrico:

$$[HCl] \text{ x } V_{solução} = [NaOH] \text{ x } V_{solução}$$
$$[HCl] \text{ x } 10 \text{ mL} = 0{,}100 \frac{\text{mol}}{\text{L}} \text{ x } 20 \text{ mL}$$
$$[HCl] = 0{,}200 \frac{\text{mol}}{\text{L}}$$

Cálculo da concentração mássica de ácido clorídrico: $C = [HCl] \text{ x } 36{,}50 = 7{,}30 \frac{g}{L}$

Convertendo a concentração mássica para g.cm^{-3}: $C = [HCl] \text{ x } 36{,}50 = 7{,}30 \frac{g}{L} \text{x} \frac{1 \text{ L}}{1000 \text{ cm}^3} = 7{,}30 \text{ x } 10^{-3} \frac{g}{\text{cm}^3}$

Questão 03

(GRILLO) Dissociação do fosfato de prata: $Ag_3PO_{4(aquoso)} \rightarrow 3Ag^{+}_{(aquoso)} + PO^{-3}_{4(aquoso)}$

Cálculo do fator de Van´t Hoff: $i = 1 + (4 - 1) \text{x } 0{,}59 = 2{,}77$

Cálculo do número de partículas dispersas: $N = 2{,}77 \text{ x } 6{,}02 \text{ x } 10^{23} = 1{,}67 \text{ x } 10^{24}$

Questão 04

(INSTITUTO TECNOLÓGICO DA AERONÁUTICA) Alternativa B.

$KOH_{(1)}$	+	$H_2O_{(liquido)} \longrightarrow$	$KOH_{(2)}$
44% (m/m)			12% (m/m)
μ = 1,50 g.cm^{-3}			μ = 1,10 g.cm^{-3}
x(L)		y(L)	80 L

Cálculo da concentração comum do hidróxido de potássio para a situação (1): C_1 = 10 x (%) x d = 10 x 44 x 1,50 = 660 g.L^{-1}.

Cálculo da concentração comum do hidróxido de potássio para a situação (2): C_2 = 10 x (%) x d = 10 x 12 x 1,10 = 132 g.L^{-1}.

Pela equação da diluição, temos: $C_1 \times V_1 = C_2 \times V_2$

Cálculo do volume de KOH (1): $C_1 \times V_1 = C_2 \times V_2$

660.x = 132 . 80

x = 16 L

Sendo o volume de uma mistura uma propriedade aditiva, tem: x + y = 80 L

16 L + y = 80 L

y = 64 L

Questão 05

(INSTITUTO TECNOLÓGICO DA AERONÁUTICA) Alternativa D.

A questão leva em consideração uma mistura de mesmo soluto, sendo este soluto o ácido clorídrico. $HCl_{(1)} + HCl_{(2)} \longrightarrow HCl_{(3)}$

$V_1 . N_1 + V_2 . N_2 = V_3 . N_3$

Equação (1): V_1 . 3,0 N + V_2 . 6,0 N = 1000 . 5,0 N

Equação (2): volumes são aditivos: $V_1 + V_2 = 1000$

Resolvendo o sistema de equações apresentadas acima, temos:

Equação (2), isolando V_2: $V_2 = 1000 - V_1$

Substituindo na equação (1):

V_1 x (3,0 N) + V_2 x (6,0 N) = 5000

3 x V_1 + (1000 – V_1) x 6,0 = 5000

3 x V_1 = 1000

V_1 = 333,33 cm^3

V_2 = 1000 – V_1 = 666,67 cm^3

Questão 06

(INSTITUTO TECNOLÓGICO DA AERONÁUTICA) Alternativa C.

Cálculo do número de mol de sulfato de alumínio, a partir do número de mol do cátion alumínio fornecido pelo problema. Equação química de dissociação do sulfato de alumínio, a partir da presença de água.

$Al_2(SO_4)_{3(sólido)} \longrightarrow 2Al^{+3}_{(aquoso)} + 3(SO_4)^{-3}_{(aquoso)}$

1 mol de $Al_2(SO_4)_3$ ----------- 2 mol de Al^{+3}
n_{sal} ------------------------------- 3 mol
n_{sal} = 1,50 mol de $Al_2(SO_4)_3$
Cálculo do volume da solução de sulfato de alumínio, a partir da concentração da quantidade de matéria.

$$V_{solução} = \frac{n_{Al_2(SO_4)_3}}{[Al_2(SO_4)_3]}$$

$$V_{solução} = \frac{1{,}5 \text{ mol}}{0{,}30 \frac{mol}{L}} = 5{,}0 \text{ L}$$

Questão 07

(INSTITUTO TECNOLÓGICO DA AERONÁUTICA) Alternativa B.

A solução resultante deve estar eletricamente neutra ($\sum_{Carga(+)} + \sum_{Carga(-)} = 0$). Em 1,0 litro de solução, temos:

- ✓ 0,30 mol de íons Na^+ corresponde a 0,30 mol de cargas positivas
- ✓ 0,28 mol de íons Cl^- corresponde a 0,28 mol de cargas negativas
- ✓ 0,10 mol de íons $SO^{2-}{}_4$ corresponde a 0,20 mol de cargas negativas
- ✓ x mol de íons Fe^{3+} corresponde a (3x) mol de cargas positivas

Logo:

Total de cargas positivas = (0,30 + 3.[Fe^{+3}]) mol

Total de cargas negativas = (0,28 + 0,20) mol

0,30 + 3. [Fe^{+3}] = 0,48

[Fe^{+3}] = 0,06 mol, para um volume de solução de 1,0 litro, a concentração da quantidade de matéria de cátions Fe^{3+} será igual a:

[Fe^{+3}] = (0,06 mol/ 1 L) = 0,06 mol.L^{-1}

Questão 08

(INSTITUTO TECNOLÓGICO DA AERONÁUTICA) Alternativa C.

A solução resultante deve estar eletricamente neutra ($\sum_{Carga(+)} + \sum_{Carga(-)} = 0$). Em 1,0 litro de solução, temos:

Total de cargas positivas = [(0,170 . 2) + x.(+1)] mol.L^{-1}
Total de cargas negativas = [(0,120 . (-2)] + (0,300.(-1)] mol.L^{-1}

$\sum_{Carga(+)} + \sum_{Carga(-)} = 0$

[(0,170 . 2) + x.(+1)] + [(0,120 . (-2)] + (0,300.(-1)] = 0

x = - 0,340 + 0,240 + 0,300

x = 0,200 mol.L^{-1}

Questão 09

(INSTITUTO TECNOLÓGICO DA AERONÁUTICA) Alternativa B.

A solução resultante deve estar eletricamente neutra ($\sum_{Carga(+)} + \sum_{Carga(-)} = 0$).

Em 1,0 litro de solução, temos:

Total de cargas positivas = (0,10 x 1) + (0,16 x 2) $mol.L^{-1}$

Total de cargas negativas = [(0,16 x (-1)] + [(-2).**x**] $mol.L^{-1}$

$$\sum_{Carga(+)} + \sum_{Carga(-)} = 0$$

(0,10.1) + (0,16.2) + [0,16.(-1)] + (-2.**x**) = 0

x = 0,13 $mol.L^{-1}$.

Questão 10

(INSTITUTO TECNOLÓGICO DA AERONÁUTICA) Alternativa B.

Item a) Cálculo da concentração da quantidade de matéria no estado inicial do carbonato de sódio (Na_2CO_3):

$$[Na_2CO_3] = \frac{31{,}80}{106 \text{ x } 1{,}0} = 0{,}300\frac{mol}{L}$$

Item b) Cálculo da concentração normal na solução final:

$$N = \frac{m_{soluto}}{eqg \text{ x } V_{solução}} = \frac{31{,}80}{\frac{106}{2}\text{x } 0{,}80} = 0{,}750\frac{eqg}{L}$$

Item c) Cálculo da concentração da quantidade de matéria final do carbonato de sódio:

$$[Na_2CO_3] = \frac{31{,}80}{106 \text{ x } 0{,}80} = 0{,}375\frac{mol}{L}$$

Item d) Cálculo da concentração normal final do carbonato de sódio:

$$N = \frac{m_{soluto}}{eqg \text{ x } V_{solução}} = \frac{31{,}80}{\frac{106}{2}\text{x } 0{,}80} = 0{,}750\frac{eqg}{L}$$

Questão 11

(INSTITUTO TECNOLÓGICO DA AERONÁUTICA) Alternativa A.

Dados da solução no estado 1: M_1 = 0,40 $mol.L^{-1}$; V_1 = 500 mL (0,50 L)

Dados da solução no estado 2: M_2 ($mol.L^{-1}$); V_2 = 1000 mL (1,00 L)

Cálculo da concentração da solução no estado 2: $M_1 \text{ x } V_1 = M_2 \text{ x } V_2$

$$0{,}40 \text{ x } 0{,}50 = M_2 \text{ x } 1{,}0$$

$$M_2 = 0{,}20\frac{mol}{L}$$

Questão 12

(INSTITUTO TECNOLÓGICO DA AERONÁUTICA) Alternativa B.

Relação estequiométrica entre os dois reagentes: $HCl_{(aquoso)} + NaOH_{(aquoso)} \longrightarrow NaCl_{(aquoso)} + 2H_2O_{(líquido)}$
1 mol de HCl ---------- 1 mol de NaOH
n_{HCl} ---------------------- n_{NaOH}
$n_{HCl} = n_{NaOH}$

Cálculo do número de mol de HCl: $n_{HCl} = 5{,}0 \text{ x } 10^{-3} \text{ x } 50 \text{ x } 10^{-3} = 2{,}50 \text{ x } 10^{-4} \text{ mol}$

Cálculo do número de mol de NaOH: $n_{NaOH} = 5{,}0 \text{ x } 10^{-3} \text{ x } 50 \text{ x } 10^{-3} = 2{,}50 \text{ x } 10^{-4} \text{ mol}$

Conclusão: Como o número de mol tanto do ácido quanto da base são iguais, então a solução resultante será neutra, ou seja:

$[H^+] = [OH^-] = 10^{-7}$ mol.L^{-1} (pH = pOH = 7).

Questão 13

(INSTITUTO TECNOLÓGICO DA AERONÁUTICA) Alternativa B.

Item I) Falso. A introdução do gás diatômico de nitrogênio não vai influenciar no aumento da quantidade de dióxido de carbono dissolvido na água.

Item II) Verdadeiro. Injetando maior quantidade de dióxido de carbono, automaticamente haverá um aumento da pressão parcial do referido gás e consequentemente maior dissolução na água.
Item III) Verdadeiro. Injetando ou até mesmo substituindo ar por dióxido de carbono, automaticamente haverá um aumento da pressão parcial do referido gás e consequentemente maior dissolução na água.

Item IV) Falso. Não há influência sobre o processo termodinâmico.

Item V) Falso. Não há influência sobre o processo termodinâmico.

Questão 14

(INSTITUTO TECNOLÓGICO DA AERONÁUTICA) Alternativa E.

Item I) Falso. A molécula de sacarose é polar, uma vez que em sua estrutura há interações intermoleculares do tipo ligação hidrogênio.

Item II) Falso. Como a molécula de sacarose é polar e a de benzeno apolar, sua solubilidade na presença de benzeno é bastante baixa.

Item III) Falso. A partir de uma quantidade (mol) de sacarose há a formação de um mol de glicose e um mol de frutose.

Item IV) Verdadeiro. Pelo fato de a sacarose pertencer à família dos açúcares, trata-se de uma molécula orgânica que apresenta diminuta condutividade térmica e elétrica.

Item V) Verdadeiro. A molécula apresenta esta característica por apresentar um carbono quiral.

Questão 15

(INSTITUTO TECNOLÓGICO DA AERONÁUTICA) Alternativa C.

Equação química: $HCl_{(gás)} + NaOH_{(aquoso)} \longrightarrow NaCl_{(aquoso)} + H_2O_{(líquido)}$

Relação estequiométrica entre o cloreto de hidrogênio na presença de uma solução aquosa de hidróxido de sódio:

1 mol de HCl -------- 1 mol de NaOH

n_{HCl} -------------------- n_{NaOH}
$n_{HCl} = n_{NaOH}$

Cálculo do volume de cloreto de hidrogênio, a partir da relação da equação dos gases ideais:

$$\frac{p \text{ x } V}{R \text{ x } T} = [NaOH] \text{ x } V_{solução}$$

$$\frac{\frac{624}{760} \text{ x Volume}}{0,08206 \text{ x } 300} = 0,500 \text{ x } 0,200$$

$$\text{Volume} = 3,00 \text{ L}$$

Questão 16

(INSTITUTO TECNOLÓGICO DA AERONÁUTICA) Alternativa B.

Equação química: $SO_{2(gás)} + 2NaOH_{(aquoso)} \longrightarrow Na_2SO_{3(aquoso)} + H_2O$(líquido)

Cálculo do volume de dióxido de enxofre a partir das CNTP (0°C e 1 atm), com a relação estequiométrica com a solução de hidróxido de sódio:

1 mol de SO_2 ------ 2 mol de NaOH
n_{SO2} ----------------- n_{NaOH}

$$2 \text{ x } \frac{p \text{ x } V}{R \text{ x } T} = [NaOH] \text{ x } V_{solução}$$

$$2 \text{ x } \frac{1 \text{ x } V}{0,08206 \text{ x } 273} = 0,100 \text{ x } 0,250$$

$$V = 0,28 \text{ L}$$

Questão 17

Alternativa B.

Cálculo do número de mol do sal: $n_{sal} = 0,30 \text{ x } 0,50 = 0,15 \text{ mol}$

Questão 18

Alternativa C.

Sabendo que o número de mol de sal, calculado na questão 17 é igual a: $n_{sal} = 0,30 \text{ x } 0,50 = 0,15 \text{ mol}$

$$\frac{m_{sal}}{< MM >_{sal}} = 0,15 \text{ mol}$$

$$m_{sal} = 0,15 \text{ x } 562 = 84,3 \text{ g}$$

Questão 19

Alternativa E.

Equação que representa a dissociação iônica do sulfato de alumínio:

$Al_2(SO_4)_{3(sólido)} \longrightarrow 2Al^{+3}_{(aquoso)} + 3SO_4^{-2}{}_{(aquoso)}$

Cálculo da concentração da quantidade de matéria para o ânion sulfato.

1 mol de $Al_2(SO_4)_3$ --------- 3 mol de SO_4^{-2}
0,30 mol.L^{-1} ------------------ $[SO_4^{-2}]$
$[SO_4^{-2}]$ = 0,90 mol.L^{-1}

Questão 20

(INSTITUTO TECNOLÓGICO DA AERONÁUTICA) Alternativa B.

Cálculo da concentração comum no estado inicial (C_1): C_1 = 10.d.(%)

C_1 = 10 x 0,809 x 95

C_1 = 768,55 g,mL^{-1}

Cálculo da concentração comum no estado inicial (C_2): C_2 = 10.d.(%)

C_2 = 10 x 0,957 x 30

C_2 = 287,1 g,mL^{-1}

Cálculo do volume no estado inicial (V_1): C_1 x V_1 = C_2 x C_2

$$V_1 = \frac{287{,}10 \text{ x } 250}{768{,}55} = 93{,}39 \text{ mL}$$

Questão 21

(INSTITUTO TECNOLÓGICO DA AERONÁUTICA) Alternativa B.

Equação química: $2NH_{3(gás)} + H_2SO_{4(aquoso)} \rightarrow (NH_4)_2SO_{4(aquoso)}$

Cálculo do volume de amônia gasosa nas CNTP (0°C e 1 atm), a partir da relação estequiométrica entre o gás e a solução de ácido sulfúrico:

2 mol de NH_3 ---------- 1 mol de H_2SO_4
n_{NH3} ---------------------- n_{H2SO4}

$$n_{NH_3} = 2 \text{ x } n_{H_2SO_4}$$

$$\frac{1 \text{ x } V_{NH_3}}{0{,}08206 \text{ x } 273} = 2 \text{ x } 0{,}100 \text{ x } 0{,}250$$

$$V_{NH_3} = 1{,}12 \text{ L}$$

Questão 22

(INSTITUTO TECNOLÓGICO DA AERONÁUTICA) Alternativa B.

Analisando a solução I: $(\%) = \frac{10}{10+100} = 9{,}09 \text{ x } 10^{-2}$ (9,09 %)

Analisando a solução II: $(\%) = \frac{10}{10+100} = 9{,}09 \text{ x } 10^{-2}$ (9,09 %)

Analisando a solução III: $(\%) = \frac{20}{20+180} = \frac{10}{100}$ (10 %)

Analisando a solução IV:

Cálculo da massa de cloreto de sódio - NaCl: $m_{NaCl} = 10 \times 58{,}5 = 585\ g$

Cálculo da massa de H_2O: $m_{água} = 90 \times 18 = 1620\ g$

$$(\%) = \frac{585}{585 + 1620} = 0{,}2653\ (26{,}53\%)$$

Questão 23

(INSTITUTO TECNOLÓGICO DA AERONÁUTICA) Alternativa D.

Para este problema mencionado pelo ITA, a mistura ocorre entre solutos distintos e, para este caso a reação sendo de neutralização, a equação química fica da seguinte maneira:

$HCl_{(aquoso)} + NaOH_{(aquoso)} \rightarrow NaCl_{(aquoso)} + H_2O_{(líquido)}$.

Cálculo do número de mol de ácido clorídrico: $n_{HCl} = 1{,}0 \times 0{,}10 = 0{,}10\ mol$

Cálculo do número de mol de hidróxido de sódio: $n_{NaOH} = 0{,}50 \times 0{,}10 = 0{,}05\ mol$

Pelo cálculo do número de mol de cada reagente calculado, a quantidade do número de mol de ácido é maior comparada com a da base.

Diante desta afirmativa, a solução final vai ficar com características ácidas.

Cálculo do número de mol ácido clorídrico em excesso (HCl): $n_{HCl}^{excesso} = 0{,}10\ mol - 0{,}05\ mol = 0{,}05\ mol$

Cálculo da concentração da quantidade de matéria da solução final de ácido clorídrico:

$$[HCl] = \frac{n_{HCl}}{V_{solução}} = \frac{0{,}05\ mol}{0{,}20\ L} = 0{,}25\frac{mol}{L}$$

Questão 24

(INSTITUTO TECNOLÓGICO DA AERONÁUTICA) Alternativa B.

Equação de dissociação do sulfato de ferro III ou sulfato férrico: $Fe_2(SO_4)_{2(sólido)} \longrightarrow 2\ Fe^{+3}_{(aquoso)} + 3\ (SO_4^{-2})_{(aquoso)}$

Cálculo da concentração da quantidade de matéria de sulfato férrico (sulfato de ferro III):

$Fe_2(SO_4)_2$ ------------------------ 2 mol de Fe^{+3}
1 mol de $Fe_2(SO_4)_2$ ------------ 2 $Fe^{+3}_{(aq)}$
$[Fe_2(SO_4)_3]$ ------------------- 20.10^{-3} mol.L^{-1}
$[Fe_2(SO_4)_3] = 10^{-2}$ mol.L^{-1}

Cálculo da massa de sulfato de ferro III, a partir da concentração da quantidade de matéria:

$$[Fe_2(SO_4)_3] = \frac{n_{Fe_2(SO_4)_3}}{V_{solução}}$$

$m_{Fe_2(SO_4)_3} = 400 \times 0{,}500 \times 0{,}01 = 2{,}0\ g$

Questão 25

(INSTITUTO TECNOLÓGICO DA AERONÁUTICA) Alternativa E.

Cálculo da massa de carbonato de cálcio utilizada:

1 litro de solução ---------------- 1,06 g
0,100 litros de solução ---------- m_{Na2CO3}
m_{Na2CO3} = 0,106 g

Cálculo do volume de CO_2, a partir da relação estequiométrica com a solução de carbonato de sódio:

$Na_2CO_3 + 2HCl \longrightarrow 2NaCl + H_2O + CO_2$

1 mol de Na_2CO_3 ------ 1 mol de CO_2
n_{Na2CO3} -------------------- n_{CO2}
$n_{Na2CO3} = n_{CO2}$

$$\frac{\text{massa}}{106} = \frac{\frac{750}{760} \text{ x } V_{gás}}{0{,}08206 \text{ x } 300}$$

$$V_{gás} = 0{,}025 \text{ L } (25 \text{ cm}^3)$$

Questão 26

(INSTITUTO TECNOLÓGICO DA AERONÁUTICA) Alternativa D.

Fórmula molecular do cloreto de cálcio: $CaCl_2$.

Equação de dissociação do cloreto de cálcio: $CaCl_{2(sólido)} \longrightarrow Ca^{+2}_{(aquoso)} + 2\ Cl^{-}_{(aquoso)}$

Cálculo do volume da solução:

1,0 litro de solução ---------- 1,0 x 10^{-4} mol x 6,0 x 10^{23} cátions/mol
$V_{solução}$ -------------------------- 6,0 x 10^{23} cátions/mol
$V_{solução}$ = 10^{19} litros de solução

Questão 27

(INSTITUTO TECNOLÓGICO DA AERONÁUTICA) Alternativa C.

Fórmula molecular do sulfato de sódio: Na_2SO_4

Fórmula molecular do nitrato de chumbo: $Pb(NO_3)_2$

Equação química que apresenta a interação entre dois sais: $Na_2SO_4 + Pb(NO_3)_2 \longrightarrow 2NaNO_3 + PbSO_4$

Cálculo da concentração da quantidade de matéria inicial (M_1) de nitrato de chumbo:

1 mol de $Pb(NO_3)_2$ ---------- 1 mol de $PbSO_4$
n_1 ------------------------------- n_2
$n_1 = n_2$, em que: n_1 = número de mol de nitrato de chumbo e n_2 = número de mol de sulfato de chumbo.

$$[Pb(NO_3)_2] \text{ x } V_1 = \frac{m_{PbSO_4}}{< MM >_{PbSO_4}}$$

$$[Pb(NO_3)_2] \text{ x } 0{,}500 = \frac{3}{207 + 32 + 64}$$

$$[Pb(NO_3)_2] = 0{,}0198 \frac{\text{mol}}{\text{L}}$$

Questão 28

(INSTITUTO TECNOLÓGICO DA AERONÁUTICA) Alternativa D.

Relação estequiométrica entre os reagentes químicos: $2HCl_{(aquoso)} + Ca(OH)_{2(aquoso)} \longrightarrow CaCl_{2(aquoso)} + 2H_2O_{(líquido)}$

2 mol de HCl ---------- 1 mol de $Ca(OH)_2$
n_{HCl} --------------------- $n_{Ca(OH)2}$
$n_{HCl} = 2 \times n_{Ca(OH)2}$

Cálculo do número de mol de ácido clorídrico, a partir da concentração da quantidade de matéria: $[\mathrm{HCl}] = \frac{n_{HCl}}{V_{solução}}$

$n_{HCl} = 0{,}400 \times 2 = 0{,}800 \text{ mol}$

Através da equação química, para cada dois mols de ácido tem-se 0,400 mol de HCl, conclui-se que o reagente em excesso é o ácido clorídrico enquanto o hidróxido de cálcio é o reagente limitante.

Cálculo do número de mol do reagente em excesso: n_{HCl} = 0,800 mol – 0,200 mol = 0,600 mol

Cálculo da concentração da quantidade de matéria do ácido em excesso: $[\mathrm{HCl}]_{excesso} = \frac{0{,}600}{2{,}0} = 0{,}300 \frac{\text{mol}}{\text{L}}$

Equação de ionização do ácido clorídrico: $HCl_{(aquoso)} \longrightarrow H^+_{(aquoso)} + Cl^-_{(aquoso)}$

1 mol de $HCl_{(aq)}$ -------- 1 mol de $H^+_{(aq)}$
0,300 mol.L^{-1} ----------- $[H^+]$
$[H^+]$ = 0,300 mol.L^{-1}

Questão 29

(INSTITUTO TECNOLÓGICO DA AERONÁUTICA) Alternativa B.

Mistura de mesmo soluto: $NaOH_{(1)} + NaOH_{(2)} \longrightarrow NaOH_{(T)}$

$V_1 . M_1 + V_2 . M_2 = V_T . M_T$

Equação de mistura de mesmo soluto: (20 mL x 0,50) + (40 mL x 0,30) = (20 mL + 40 mL).M_T

$$M_{total} = \frac{(20 \times 0{,}50) + (40 \times 0{,}30)}{40 + 20}$$

Resolvendo a equação aritmética acima, temos: $M_{total} = 0{,}367 \frac{\text{mol}}{\text{L}}$

Questão 30

(INSTITUTO TECNOLÓGICO DA AERONÁUTICA) Alternativa C.

Através do balanceamento pelo método redox (oxirredução) da reação química, a equação química vai ficar da seguinte maneira:

$6OH^-_{(aquoso)} + 3Cl_{2(gás)} \longrightarrow 5Cl^-_{(aquoso)} + ClO_3^-{}_{(aquoso)} + 3H_2O_{(líquido)}$

Cálculo do número de mol de hidróxido de sódio, a partir da relação estequiométrica:

6 mol de $OH^-_{(aq)}$ -------- 5 mol de $Cl^-_{(aq)}$
n_{OH-}------------------------ n_{Cl-}
$5 \times n_{OH^-} = 6 \times n_{Cl^-}$

$$n_{OH^-} = \frac{6 \times n_{Cl^-}}{5} = \frac{6 \times 2{,}50}{5} = 3{,}0 \text{ mol}$$

Para um volume de um litro, sua concentração da quantidade de matéria será a seguinte:

$$[OH^-] = \frac{n_{OH^-}}{V_{solução}} = \frac{3,0}{1,0} = 3,0 \text{ mol x } L^{-1}$$

Questão 31

(OLIMPÍADA DE QUÍMICA DO RIO DE JANEIRO / ITA) Alternativa D.

Determinação do reagente limitante e do reagente em excesso: $Al_{(sólido)} + 3HCl_{(aquoso)} \longrightarrow AlCl_{3(aquoso)} + 3/2H_{2(gás)}$

Analisando o alumínio metálico: $n_{Al} = \frac{n_{Al}}{<MM>_{Al}} = \frac{2,70}{27} = 0,10 \text{ mol}$

Analisando o ácido clorídrico: $n_{HCl} = M_{HCl}.V_{solução} = 1,0 \text{ x } 0,500 = 0,500 \text{ mol.}$

Como a equação química apresenta 3 mol de ácido clorídrico, temos: $n_{HCl} = \frac{0,500 \text{ mol}}{3} = 0,167 \text{ mol}$

Observando e comparando o número de mol de cada reagente, conclui-se que o alumínio é o reagente limitante. Cálculo do volume de gás hidrogênio produzido:

1 mol de $Al_{(s)}$ --------- 3/2 mol de $H_{2(g)}$
n_{Al} ------------------------ n_{H2}
n_{H2} = 1,50 x n_{Al}

Considerando que o gás $H_{2(g)}$ apresenta comportamento ideal:

$$n_{H_2} = \frac{3}{2} \text{x } n_{Al}$$

$$\frac{p \text{ x } V_{H_2}}{R \text{ x } T} = \frac{3}{2} \text{x } n_{Al}$$

$$\frac{1 \text{ x } V_{H_2}}{0,08206 \text{ x } 298} = \frac{3}{2} \text{x} \frac{2,70}{27,0}$$

$$V_{H_2} = 3,67 \text{ L}$$

Questão 32

(OLIMPÍADA DE QUÍMICA DO RIO DE JANEIRO) Alternativa D.

Analisando a primeira solução - nitrato de bário: $Ba(NO_3)_{2(aquoso)} \longrightarrow Ba^{+2}_{(aquoso)} + 2NO_3^-{}_{(aquoso)}$

Cálculo da concentração da quantidade de matéria, $[NO_3^-]_1$:

1,0 mol de $Ba(NO_3)_{2(aq)}$ --------- 2 mol de $[NO_3^-{}_{(aq)}]_1$
0,100 mol.L^{-1} ---------------------- $[NO_3^-{}_{(aq)}]_1$
$[NO_3^-{}_{(aq)}]_1$ = 0,200 mol.L^{-1}
Analisando a segunda solução - nitrato de amônio: $NH_4NO_{3(aquoso)} \longrightarrow NH_4^+{}_{(aquoso)} + NO_3^-{}_{(aquoso)}$

Cálculo da concentração da quantidade de matéria de nitrato, $[NO_3^-]_2$:
1,0 mol de $NH_4NO_{3(aq)}$ ----------- 1 mol de $[NO_3^-]_2$
0,400 mol.L^{-1} ---------------------- $[NO_3^-]_1$
$[NO_3^-]_1$ = 0,400 mol.L^{-1}

Cálculo do volume total: $V_T = V_1 + V_2$ = 20 mL + 30 mL = 50 mL

Cálculo da concentração da quantidade de matéria da solução final de nitrato, $[NO_3^-{}_{(aq)}]_T$:

$V_1 \times [NO_3^-]_1 + V_2 \times [NO_3^-]_1 = V_T \times [NO_3^-]_T$

20 ~~mL~~. (0,200 mol.L^{-1}) + 30 ~~mL~~. (0,400 mol.L^{-1}) = (20 + 30) ~~mL~~. $[NO_3^-]_T$

$[NO_3^-]_T$ = 0,320 mol.L^{-1}

Questão 33

(OLIMPÍADA BRASILEIRA DE QUÍMICA) Alternativa C.

Analisando a primeira solução de cloreto de sódio: $NaCl_{(aquoso)} \longrightarrow Na^+{}_{(aquoso)} + Cl^-{}_{(aquoso)}$

Cálculo da massa da solução de NaCl:

5,85 g de NaCl ---------- 100 mL de solução
m_{NaCl} ---------------------- 200 mL de solução
m_{NaCl} = 11.70g

Cálculo da concentração da quantidade de matéria do cloreto de sódio, [NaCl]:

$$[\text{NaCl}] = \frac{11{,}70}{58{,}50 \text{ x } 0{,}20} = 1{,}0\frac{\text{mol}}{\text{L}}$$

Cálculo da concentração da quantidade de matéria de íons cloreto: $NaCl_{(aquoso)} \longrightarrow Na^+{}_{(aquoso)} + Cl^-{}_{(aquoso)}$

1 mol de $NaCl_{(aq)}$ -------- 1 mol de $[Cl^-]_1$
1 mol.L^{-1} ------------------- $[Cl^-]_1$
$[Cl^-]_1$ = 1 mol.L^{-1}

Analisando a segunda solução de cloreto de cálcio: $CaCl_{2(aquoso)} \longrightarrow Ca^{+2}{}_{(aquoso)} + 2Cl^-{}_{(aquoso)}$

Cálculo da concentração da quantidade de matéria de cloreto de cálcio, $[CaCl_2]$:

$$[\text{CaCl}_2] = \frac{22{,}20}{111 \text{ x } 0{,}20} = 1{,}0\frac{\text{mol}}{\text{L}}$$

Cálculo da concentração da quantidade de matéria do cloreto de cálcio: $CaCl_{2(aquoso)} \longrightarrow Ca^{+2}{}_{(aquoso)} + 2Cl^-{}_{(aquoso)}$

1 mol de $CaCl_{2\,(aq)}$ -------- 2 mol de $[Cl^-]_2$
1 mol.L^{-1} --------------------- $[Cl^-]_2$
$[Cl^-]_2$ = 2 mol.L^{-1}

Cálculo do volume total: $V_{Total} = V_1 + V_2 + V_{H2O}$ = 200 mL + 200 mL + 200 mL = V_T = 600 mL

Cálculo da concentração da quantidade de matéria de íons cloreto na mistura, $[Cl^-]_T$: $V_1.[Cl^-]_1 + V_2[Cl^-]_1 = V_{Total} \times [Cl^-]_{Total}$

200 mL.(1,0 mol.L^{-1}) + 200 mL.(2,0 mol.L^{-1}) = 600 mL x $[Cl^-]_{Total}$

$[Cl^-]_{Total}$ = 1,0 mol.L^{-1}

Questão 34

(OLIMPÍADA BRASILEIRA DE QUÍMICA) Alternativa E.

Analisando a primeira reação de neutralização (ácido nítrico + hidróxido de sódio →):

$HNO_{3(aquoso)} + NaOH_{(aquoso)} \rightarrow NaNO_{3(aquoso)} + H_2O_{(líquido)}$

Cálculo do volume de ácido nítrico:

1,0 mol de HNO_3 --------- 1 mol de NaOH
n_{HNO3} ------------------------- n_{NaOH}
$n_{HNO3} = n_{NaOH}$

$$[HNO_3] \text{ x } V_{solução} = \frac{m_{NaOH}}{< MM >_{NaOH}}$$

$$0{,}10 \text{ x } V_{solução} = \frac{0{,}40}{40{,}0}$$

$$V_{solução} = 0{,}10 \text{ L } (100 \text{ mL})$$

Analisando a segunda reação de neutralização (ácido nítrico + hidróxido de bário →):

$2HNO_{3(aquoso)} + Ba(OH)_{2(aquoso)} \rightarrow Ba(NO_3)_{2(aquoso)} + 2H_2O_{(líquido)}$

Cálculo do volume de ácido nítrico:

2,0 mol de HNO_3 ---------- 1 mol de $Ba(OH)_2$
n_{HNO3} ------------------------- n_{NaOH}
$n_{HNO3} = 2.n_{Ba(OH)2}$

$$[HNO_3] \text{ x } V_{solução} = 2 \text{ x} \frac{m_{Ba(OH)_2}}{< MM >_{Ba(OH)_2}}$$

$$0{,}10 \text{ x } V_{solução} = 2 \text{ x} \frac{1{,}71}{171}$$

$$V_{solução} = 0{,}20 \text{ L } (200 \text{ mL})$$

Cálculo do volume total: $V_{Total} = V_1 + V_2$ = 100 mL + 200 mL = 300 mL

Questão 35

(OLIMPÍADA MARANHENSE DE QUÍMICA) Alternativa B.

Cálculo do volume de ácido nítrico, a partir da seguinte equação química: $Cl^-_{(aquoso)} + AgNO_{3(aquoso)} \rightarrow AgCl_{(sólido)} + NO_3^-{}_{(aquoso)}$

1,0 mol de $Cl^-_{(aq)}$ ------- 1 mol de $AgCl_{(aq)}$
n_{Cl^-} ------------------------- n_{AgCl}
$n_{Cl^-} = n_{AgNO3}$

$$[Cl^-] \text{ x } V_{solução} = \frac{m_{AgCl}}{< MM >_{AgCl}}$$

$$[Cl^-] \text{ x } 0{,}001 = \frac{0{,}287}{108 + 35{,}5}$$

$$[Cl^-] = 0{,}20\frac{mol}{L}$$

Questão 36

(OLIMPÍADA BRASILEIRA DE QUÍMICA) Alternativa D.

Cálculo da concentração da quantidade de matéria no estado inicial para o ácido diprótico: $[H_2X] = \frac{12{,}25}{0{,}50\ x < MM >_{H_2X}}$

Cálculo da massa molecular do ácido a partir da seguinte equação química: $H_2X_{(aquoso)} + 2KOH_{(aquoso)} \longrightarrow K_2X_{(aquoso)} + 2H_2O_{(líquido)}$

1,0 mol de H_2X ---- 2 mol de KOH
n_a --------------------- n_{KOH}
$2.n_{H2X} = n_{KOH}$

Cálculo da massa molecular do diácido:

$$[KOH]\ x\ V_{KOH} = 2\ x\ [H_2X]\ x\ V_{solução}$$

$$1{,}00\ x\ 12{,}5 = 2\ x\ \frac{12{,}25}{0{,}50\ x < MM >_{H_2X}}\ x\ 25{,}0$$

$$< MM >_{H_2X} = 98{,}0\frac{g}{mol}$$

Questão 37

(OLIMPÍADA BRASILEIRA DE QUÍMICA) Alternativa B.

Fórmula molecular do sulfato cúprico penta-hidratado: $CuSO_4.5H_2O$.

Cálculo da concentração da quantidade de matéria do sulfato cúprico penta-hidratado:

$$[CuSO_4] = \frac{1{,}25}{249{,}50\ x\ 0{,}50} = 0{,}01\frac{mol}{L}$$

Cálculo da concentração da quantidade de matéria de cada íon, a partir da dissociação do sulfato de cobre II:

$CuSO_{4(aquoso)} \longrightarrow Cu^{+2}_{(aquoso)} + SO_4^{-2}{}_{(aquoso)}$

Relação estequiométrica entre o sal e seus íons:

1 mol de $CuSO_{4(aq)}$ ------- 1 mol de $Cu^{+2}_{(aq)}$ ------ 1 mol de $SO_4^{-2}{}_{(aq)}$

10^{-2} mol.L^{-1} ----------------- $[Cu^{+2}]$ ------------------- $[SO_4^{-2}]$
$[Cu^{+2}] = 10^{-2}$ mol.L^{-1}
$[SO_4^{-2}] = 10^{-2}$ mol.L^{-1}

Soma das concentrações das quantidades de matéria dos íons: $[Cu^{+2}] + [SO_4^{-2}]$

$[Cu^{+2}] + [SO_4^{-2}] = 10^{-2}$ mol.L^{-1} + 10^{-2} mol.L^{-1}

$[Cu^{+2}] + [SO_4^{-2}] = 2.10^{-2}$ mol.L^{-1}

$[Cu^{+2}] + [SO_4^{-2}] = 20.10^{-3}$ mol.L^{-1}

$[Cu^{+2}] + [SO_4^{-2}] = 20$ mmol.L^{-1}

Questão 38

(OLIMPÍADA BRASILEIRA DE QUÍMICA) Alternativa A.

Equação química: $Cl_{2(gás)} + 2NaOH_{(aquoso)} \longrightarrow NaCl_{(aquoso)} + NaOCl_{(aquoso)} + H_2O_{(líquido)}$

Cálculo do volume de hidróxido de sódio (NaOH), a partir da relação estequiométrica com a solução de hipoclorito de sódio:

2 mol de $NaOH_{(aq)}$ --------- 1 mol de $NaOCl_{(aq)}$
n_{NaOH} -------------------------- n_{NaOCl}

$$[NaOH] \text{ x } V_{solução} = 2 \text{ x } [NaOCl] \text{ x } V_{solução}$$

$$2{,}0 \text{ x } V_{solução} = 2 \text{ x } 0{,}50 \text{ x } 2{,}0 \text{ x } V_{solução}$$

$$V_{solução} = 1{,}0 \text{ L}$$

Questão 39

(INSTITUTO TECNOLÓGICO DA AERONÁUTICA) Alternativa B.

O problema leva em consideração resolver e preparar uma solução de soda cáustica. Processo de diluição:

$$\underbrace{[NaOH] \text{ x } V_{solução}}_{\text{início}} = \underbrace{[NaOHl] \text{ x } V_{solução}}_{\text{final}}$$

$$[NaOH] \text{ x } V_{solução} = [NaOH] \text{ x } V_{solução}$$

$$5{,}0 \text{ x } V_{solução} = 0{,}20 \text{ x } 500$$

$$V_{solução} = 20 \text{ mL}$$

Para o preparo desta solução alcalina em um balão de 500 mL, será necessário adicionar 20 mL de soluçao básica e completar o volume do balão até completar os 500 mL, ou seja, completando com 480 mL de água deionizada.

Questão 40

(OLIMPÍADA PORTUGUESA DE QUÍMICA / GRÉCIA) Alternativa C.

Equação química entre a solução do ácido fosfórico com hidróxido de sódio: $H_3PO_{4(aquoso)} + 3NaOH_{(aquoso)} \longrightarrow Na_3PO_{4(aquoso)} + 3H_2O_{(líquido)}$

Relação estequiométrica entre a solução de ácido fosfórico com a solução de hidróxido de sódio:

1 mol de H_3PO_4 ----- 3 mol de NaOH
n_{H3PO4} ------------------ n_{NaOH}

$$[NaOH] \text{ x } V_{solução} = 3 \text{ x } [H_3PO_4] \text{ x } V_{solução}$$

$$1{,}0 \text{ x } V_{solução} = 3 \text{ x } 0{,}100 \text{ x } 100$$

$$V_{solução} = 30{,}0 \text{ mL}$$

Questão 41

(GRILLO) Informações do problema:

100 g de solução ------ 35,0 g de ácido

1 cm³ de solução ------ 1,251 g de solução

Cálculo do volume da solução:

1 cm³ de solução ------ 1,251 g de solução
Volume ------------------ 100,0 g de solução
Volume = 79,94 cm³ (79,94 x 10^{-3} dm³)

Cálculo da concentração da quantidade de matéria para a solução de ácido perclórico:

$$[HClO_4] = \frac{\frac{35,0}{100,50}}{79,94 \text{ x } 10^{-3}} = 4,36\frac{\text{mol}}{\text{L}}$$

Cálculo da massa de solução, para um litro de solução (1 dm³):

10^{-3} dm³ de solução ------ 1,251 g de solução
1,00 L de solução --------- massa da solução
Massa da solução = 1251 g de solução

Cálculo da massa de ácido sulfúrico para 1000 g de solução:

100 g de solução -------- 35,0 g de ácido
1251 g de solução ------ Massa de ácido
Massa de ácido = 437,65 g

Cálculo da massa de solvente – água, a partir da massa de solução:

Massa da solução = Massa do soluto + Massa do solvente

Massa do solvente = 1251 g – 437,65 g = 813,35 g

Cálculo da molalidade, a partir da concentração da quantidade de matéria: $\mathfrak{M} \text{ x } m_{\text{solvente}}^{\text{kg}} = [HClO_4] \text{ x } V_{\text{solução}}$

$$\mathfrak{M} \text{ x } 0,81335 = 4,36 \text{ x } 1,0$$

$$\mathfrak{M} = 5,36\frac{\text{mol}}{\text{kg}}$$

Questão 42

(OLIMPÍADA CEARENSE DO ENSINO SUPERIOR DE QUÍMICA)

Equação química iônica: $2S_2O_3^{-2}{}_{(aquoso)} + 2H_3O^+{}_{(aquoso)} \longrightarrow 2HSO_3^-{}_{(aquoso)} + 2H_2O_{(líquido)} + 2S_{(sólido)}$

Relação estequiométrica:

2 mol de $S_2O_3^{-2}{}_{(aq)}$ -------- 2 mol de $HSO_3^-{}_{(aq)}$
n_{S2O3-2} ------------------------ n_{HSO3-}
$n_{S2O3-2} = n_{HSO3-}$

$$\frac{m_{S_2O_3^{-2}}}{< MM >_{S_2O_3^{-2}}} = [HSO_3^-] \text{ x } V_{\text{solução}}$$

Cálculo da concentração da quantidade de matéria do íon sulfito: $[HSO_3^-] = \frac{10 \text{ x } 1,45 \text{ x } 55}{81} = 9,84\frac{\text{mol}}{\text{L}}$

Cálculo da massa de íons tiossulfato: $\frac{m_{S_2O_3^{-2}}}{<MM>_{S_2O_3^{-2}}} = [HSO_3^-] \text{ x } V_{solução}$

$$\frac{m_{S_2O_3^{-2}}}{64 + 48} = 9{,}84 \text{ x } 10{,}1 \text{ x } 10^{-3}$$

$$m_{S_2O_3^{-2}} = 11{,}14 \text{ g}$$

Questão 43

(U. S. NATIONAL CHEMISTRY OLYMPIAD) Alternativa D.

Analisando a solução de sulfato de sódio: $Na_2SO_{4(aquoso)} \rightarrow 2Na^+_{(aquoso)} + SO^{-2}_{4(aquoso)}$

1 mol de Na_2SO_4 ------------------- 2 mol de Na^+
0,10 $mol.L^{-1}$ de Na_2SO_4 ----------- $[Na^+]$
$[Na^+]$ = 0,20 $mol.L^{-1}$

Analisando a solução de fosfato de sódio: $Na_3PO_{4(aquoso)} \rightarrow 3Na^+_{(aquoso)} + PO^{-3}_{4(aquoso)}$

1 mol de Na_3PO_4 ------------------- 3 mol de Na^+
0,30 $mol.L^{-1}$ de Na_3PO_4 ---------- $[Na^+]$
$[Na^+]$ = 0,90 $mol.L^{-1}$

Analisando a solução de sódio final: $[Na^+]_1.V_1 + [Na^+]_2.V_2 = [Na^+]_T.V_T$

[0,20 x 20] + [0,90 x 50] = $[Na^+]_T$ x 70

$[Na^+]_T$ = 0,70 $mol.L^{-1}$

Questão 44

(OLIMPÍADA DE QUÍMICA DO RIO DE JANEIRO) Alternativa E.

Cálculo da concentração da quantidade de matéria de íons cloreto do KCl: $KCl_{(aquoso)} \longrightarrow K^+_{(aquoso)} + Cl^-_{(aquoso)}$

1 mol de KCl ---------- 1 mol de Cl^-
0,10 $mol.L^{-1}$ ----------- $[Cl^-]$
$[Cl^-]_1$ = 0,10 $mol.L^{-1}$

Cálculo da concentração da quantidade de matéria de íons cloreto do $MgCl_2$: $MgCl_{2(aquoso)} \longrightarrow Mg^{+2}_{(aquoso)} + 2Cl^-_{(aquoso)}$

1 mol de $MgCl_2$ --------- 2 mol de Cl^-
0,20 $mol.L^{-1}$ -------------- $[Cl^-]$
$[Cl^-]_2$ = 0,40 $mol.L^{-1}$

Cálculo da concentração da quantidade de matéria de íons cloreto do NaCl: $NaCl_{(aquoso)} \longrightarrow Na^+_{(aquoso)} + Cl^-_{(aquoso)}$

1 mol de NaCl ---------- 1 mol de Cl^-
0,50 $mol.L^{-1}$ ------------ $[Cl^-]$
$[Cl^-]_3$ = 0,50 $mol.L^{-1}$

Cálculo da concentração da quantidade de matéria de íons cloreto da solução final: $[Cl^-]_1.V_1 + [Cl^-]_2.V_2 + [Cl^-]_3.V_3 = [Cl^-]_T.V_T$

(0,10 $mol.L^{-1}$).200 mL + (0,40 $mol.L^{-1}$).300 mL + (0,50 $mol.L^{-1}$).200 mL = $[Cl^-]_T$.(200 mL + 300 mL + 200 mL)

$$[Cl^-]_T = \frac{20 + 120 + 100}{700} = 0,34 \frac{mol}{L}$$

Questão 45

(OLIMPÍADA BRASILEIRA DE QUÍMICA) Alternativa D.

Cálculo da concentração comum: C = 10.d.(%) = 10 x 0,90 x 29 = 261 g.L^{-1}

Cálculo da concentração da quantidade de matéria (M): $M = \frac{261}{17,02} = 15,35 \frac{mol}{L}$

Cálculo do volume inicial: $M_{início}\ x\ V_{início} = M_{final}\ x\ V_{final}$

$$15,35\ x\ V_{início} = 5,0\ x\ 400$$

$$V_{início} = 130,27\ mL$$

Questão 46

(OLIMPÍADA BRASILEIRA DE QUÍMICA) Alternativa D.

Como 2 prótons do ácido são dissociáveis, logo há uma relação estequiométrica de dois mols de ácido para 1 mol de base. $2\ x\ n_{ácido} = n_{base}$

$$2\ x\ (M_{ácido}.V_{solução}) = M_{ácido}\ x\ V_{solução}$$

$$2\ x \left(\frac{m_{ácido}}{< MM >_{ácido}.V_{solução}}\right) x\ V_{solução} = M_{ácido}\ x\ V_{solução}$$

$$2\ x \left(\frac{12,25}{< MM >_{ácido}.0,500}\right) x\ 25 = 1,0\ x\ 12,5$$

$< MM >_{ácido} = 98\ g.mol^{-1}$. Para esta massa molar, o composto inorgânico trata-se do ácido sulfúrico (H_2SO_4).

Questão 47

(GRILLO) Equação química da combustão do gás propano: $C_3H_{8(gás)} + 5O_{2(gás)} \longrightarrow 3CO_{2(gás)} + 4H_2O_{(líquido)}$. Pela relação estequiométrica, temos:

$$\frac{n_{C_3H_8}}{1} = \frac{n_{O_2}}{5}$$

$$\frac{740\ x\ 2,0}{\cancel{R}\ x\ 300} = \frac{750\ x\ Volume}{5\ x\ \cancel{R}\ x\ 298}$$

$$Volume = 9,80\ L$$

Questão 48

(GRILLO)

Equação química que corresponde ao processo de neutralização entre o ácido sulfúrico na presença de hidróxido de sódio:

$H_2SO_{4\ (aquoso)} + 2NaOH_{(aquoso)} \longrightarrow Na_2CO_{3(aquoso)} + 2H_2O_{(líquido)}$

$$2.n_{ácido}.(\%)_{pureza} = n_{base}$$

Cálculo do grau de pureza:

$$(\%)_{\text{pureza}} = \frac{n_{\text{base}}}{2.\,n_{\text{ácido}}} = \frac{0{,}10 \text{ x } 42{,}30 \text{ x } 10^{-3}}{2 \text{ x} \frac{2{,}34}{98}} = 0{,}0886\ (8{,}86\%)$$

Questão 49

(GRILLO) Cálculo da concentração da quantidade de matéria de ácido sulfúrico a partir da normalidade: $[H_2SO_4] = \frac{N}{x} = \left(\frac{0{,}251}{2}\right)\frac{\text{mol}}{\text{L}}$

Equação química que corresponde ao processo de neutralização entre o ácido sulfúrico na presença de hidróxido de sódio:

$H_2SO_{4\,(aquoso)} + 2NaOH_{(aquoso)} \longrightarrow Na_2CO_{3(aquoso)} + 2H_2O_{(líquido)}$

$n_{\text{base}}.\,(\%)_{\text{pureza}} = 2.\,n_{\text{ácido}}$

Cálculo do grau de pureza:

$$(\%)_{\text{pureza}} = \frac{2 \text{ x} \frac{0{,}251}{2} \text{ x } 41{,}6 \text{ x } 10^{-3}}{\frac{0{,}564}{40}} = 0{,}7405\ (74{,}05\ \%)$$

Questão 50

(FASE NACIONAL – OLIMPÍADA BRASILEIRA DE QUÍMICA) Alternativa A.

Equação de dissociação do sulfato de alumínio: $Al_2SO_{4(\text{sólido})} \rightarrow 2Al^{+3}_{(\text{aquoso})} + 3SO^{-2}_{4(\text{aquoso})}$

Para a resolução do problema, será necessário calcular o fator de correção de Van´t Hoff.

Cálculo do fator de Van't Hoff: $i = 1 + (5 - 1).\,0{,}66 = 3{,}64$

Número de partículas dispersas: $3{,}64 \text{ x } 6{,}02 \text{ x } 10^{23} = 2{,}19 \text{ x } 10^{24}$

Questão 51

(FASE NACIONAL – OLIMPÍADA BRASILEIRA DE QUÍMICA) Alternativa A.

Cálculo da concentração da quantidade de matéria do ácido nítrico inicial: $[HNO_3] = \frac{10 \text{ x } 65 \text{ x } 1{,}39}{63} = 14{,}34\frac{\text{mol}}{\text{L}}$
Cálculo do volume para a situação inicial: $14{,}34 \text{ x } V_{\text{solução}} = 1{,}0 \text{ x } 0{,}50$

$V_{\text{solução}} = 3{,}49 \text{ x } 10^{-2}\text{ L } (34{,}9 \text{ mL})$

Questão 52

(ITT-JEE) A partir da equação matemática da concentração da quantidade de matéria, o volume da solução é calculado da seguinte maneira:

$$V_{\text{solução}} = \frac{1{,}12}{56 \text{ x } 0{,}20} = 0{,}10 \text{ L}$$

Questão 53

(ITT-JEE) Cálculo da concentração da quantidade de matéria do ácido sulfúrico:

$$[H_2SO_4] = \frac{0{,}10}{2} = 0{,}05\frac{\text{mol}}{\text{L}}$$

Equação de ionização do ácido sulfúrico: $H_2SO_{4(\text{aquoso})} \rightarrow 2H^{+}_{(\text{aquoso})} + SO^{-2}_{4(\text{aquoso})}$

Pela relação estequiométrica, temos a seguinte relação:

$1\ \text{mol} - - - - - 2\ \text{mol de}\ H^+$

$0{,}05\frac{\text{mol}}{\text{L}} - - - - [H^+]$

$[H^+] = 0{,}10\frac{\text{mol}}{\text{L}} \times 0{,}50\ \text{L} = 0{,}05\ \text{mol}$

Cálculo do número de mol de íons: $0{,}05\ \text{mol} \times \frac{6{,}02 \times 10^{23}}{1\ \text{mol}} = 3{,}01 \times 10^{22}$

Questão 54

(ITT-JEE) Alternativa C.

Cálculo da concentração da quantidade de matéria do ácido sulfúrico no estado inicial: $[H_2SO_4] = \frac{10 \times 1{,}83 \times 93}{98} = 17{,}37\frac{\text{mol}}{\text{L}}$

Cálculo da concentração da quantidade de matéria do ácido sulfúrico no estado final: $[H_2SO_4] = \frac{2}{2} = 1{,}0\frac{\text{mol}}{\text{L}}$

Cálculo do volume da solução no estado inicial: $17{,}37 \times V_{\text{solução}} = 1{,}0 \times 200$

$V_{\text{solução}} = 11{,}52\ \text{mL}$

Questão 55

(ITT-JEE) Alternativa B.

Cálculo da massa de solvente:

$1\ \text{kg de solvente} - - - 2\ 174\ \text{mol de ácido}$

$\text{Massa} - - - - - - - - - 2{,}0\ \text{mol de ácido}$

$\text{Massa} = 0{,}92\ \text{kg}\ (920\ \text{g})$

Cálculo da massa de ácido acético, a partir da concentração da quantidade de matéria: $\text{Massa} = 2{,}0 \times 60 = 120\ \text{g}$

Cálculo da massa total: $\text{Massa} = 120 + 920 = 1040\ \text{g}$

Cálculo da densidade da solução: $d = \frac{\text{Massa}}{\text{Volume}} = \frac{1040\ \text{g}}{1\ \text{L}} \times \frac{1\ \text{L}}{1000\ \text{mL}} = 1{,}04\frac{\text{g}}{\text{mL}}$

Questão 56

(ITT-JEE) Dados do problema:

1,12 g de solução --- 1 mL de solução
1 kg de solvente ----- 5,0 mol de soluto
Fórmula molecular do ácido etanoico = $C_2H_4O_2$

Cálculo da massa de soluto: $\text{Massa} = 5 \times 60 = 300\ \text{g}$
Cálculo da massa de solução: $\text{Massa} = 300\ \text{g} + 1000\ \text{g} = 1300\ \text{g}$

Cálculo do volume da solução:

1,12 g de solução ----- 1 mL
1300 g de solução ---- Volume
Volume = 1160,70 mL (1,16 L)

Cálculo da concentração da quantidade de matéria para a solução de ácido sulfúrico: $[H_2SO_4] = \frac{5{,}0}{1{,}16} = 4{,}31\frac{\text{mol}}{\text{L}}$

Questão 57

(ITT-JEE) Dados do problema:

1,025 g de solução --- 1 mL de solução
1 L de solução --------- 8,0 mol de soluto
Fórmula molecular do etanol = C_2H_6O

Cálculo da massa da solução:

1,025 g de solução ----- 1 mL
Massa de solução ------- 1000 mL
Massa de solução = 1025 g

Cálculo da massa de soluto: $\text{Massa} = 8 \text{ x } 46 = 368 \text{ g}$

Cálculo da massa de solvente: $\text{Massa} = 1025 \text{ g} - 368 \text{ g} = 657 \text{ g}$

Cálculo da molalidade: $\mathcal{M} = \frac{8,0}{0,657} = 12,17 \frac{\text{mol}}{\text{kg}}$

Questão 58

(CONCURSO PÚBLICO FEDERAL) Alternativa D.

Cálculo da concentração da quantidade de matéria da solução aquosa de ácido nítrico:

$$[\text{HNO}_3] = \frac{10 \text{ x } 1,35 \text{ x } 60}{63} - 12,86 \frac{\text{mol}}{\text{L}}$$

Questão 59

(CONCURSO PÚBLICO FEDERAL) Alternativa B.

Equação química: $Na_2CO_{3(aquoso)} + 2HCl_{(aquoso)} \longrightarrow 2NaCl_{(aquoso)} + H_2O_{(líquido)} + CO_{2(gás)}$

Relação estequiométrica entre a solução do sal e o ácido.

1 mol de sal ------ 2 mol de ácido
n_{sal} ------------------ $n_{ácido}$

Cálculo da concentração da quantidade de matéria da solução de ácido clorídrico:

$$2 \text{ x} \frac{m_{sal}}{< MM >_{sal}} = [\text{HCl}] \text{ x } V_{\text{solução}}$$

$$2 \text{ x} \frac{0,106}{106} = 10 \text{ x } 10^{-3} \text{ x } [\text{HCl}]$$

$$[\text{HCl}] = 0,20 \frac{\text{mol}}{\text{L}}$$

Questão 60

(ITT-JEE)

Cálculo da massa de água para 1,0 litro de solução:

1000 kg de H_2O ------ 1000 dm^3
Massa ------------------ 1,0 dm^3

Massa de água = 1,0 kg

Cálculo do número de mol de água:

$$n = \frac{1000\ g}{18\frac{g}{mol}} = 55{,}56\ mol.$$

Para um litro de solução, a concentração da quantidade de matéria é igual a 1,0 mol x L^{-1}.

Questão 61

(GRILLO) Alternativa C.

$2HCl_{(aquoso)} + Me(OH)_{2(aquoso)} \rightarrow MeCl_{2(aquoso)} + H_2O_{(líquido)}$, em que Me trata-se do metal alcalino terroso (grupo 2).

Diante disso, a alternativa E pode ser descartada pelo fato da prata não estar no grupo 2 da tabela periódica.

Pela relação estequiométrica, temos:

2 mol de ácido ---- 1 mol de base
$n_{ácido}$ ----------------- n_{base}
$n_{ácido} = 2 \times n_{base}$

Cálculo da massa molecular do sal:

$$[HCl]\ x\ V_{solução} = 2\ x \frac{m_{base}}{< MM >_{sal}}$$

$$< MM >_{sal} = \frac{0{,}001\ x\ 0{,}50\ x\ 100}{2\ x\ 1{,}85} = 74\frac{g}{mol}$$

Questão 62

(GRILLO) Dissociação do sulfato de alumínio: $Al_2(SO_4)_{3(aquoso)} \rightarrow 2Al^{+3}_{(aquoso)} + 3SO^{-2}_{4(aquoso)}$

Cálculo do fator de Van´t Hoff: $i = 1 + (5 - 1)\ x\ 0{,}80 = 4{,}20$

Cálculo do número de partículas dissolvidas levando em consideração que a concentração da quantidade de matéria seja igual a 0,10 mol x L^{-1} em um volume de 1,0 litro.

$$N = 4{,}20\ x\ 0{,}10\ x\ 1{,}0\ x\ 6{,}02\ x\ 10^{23}\ moléculas = 2{,}53\ x\ 10^{23}$$

Questão 63

(GRILLO) Cálculo da fração molar da água: $X_{ácido} + X_{água} = 1$

$$0{,}20 + X_{água} = 1$$

$$X_{água} = 0{,}80$$

Sabendo que a densidade da água à 4°C é igual a 1,0 g/cm³, temos:

10^{-3} dm³ -------- 1,0 g
1,0 L ----------- massa
Massa = 1000 g

Cálculo do número de mol de água:

$$n_{água} = \frac{1000}{18} = 55{,}56 \text{ mol}$$

Cálculo do número de mol do ácido a partir da fração molar da água:

$$X_{água} = \frac{n_{água}}{n_{água} + n_{ácido}}$$

$$0{,}80 = \frac{55{,}56}{55{,}56 + n_{ácido}}$$

$$n_{ácido} = 13{,}89 \text{ mol}$$

Cálculo da molalidade: $\mathcal{M} = \frac{13{,}89 \text{ mol}}{1{,}0 \text{ kg}} = 13{,}89 \frac{\text{mol}}{\text{kg}}$

Questão 64

(OLIMPÍDA DE QUÍMICA DO RIO DE JANEIRO) Alternativa D.

Dos compostos apresentados o que não apresenta condução elétrica trata-se da alternativa D, metanol. Este composto é molecular e apresenta baixa condutividade elétrica.

Questão 65

(OLIMPÍDA DE QUÍMICA DO RIO DE JANEIRO) Alternativa B.

O material que apresenta baixa condutividade elétrica trata-se do brometo de potássio, uma vez que este material se encontra no estado sólido, ou seja, puro.

Questão 66

(GRILLO) Cálculo do volume final, levando em consideração a relação: $N_{inicial} \text{ x } V_{inicial} = N_{final} \text{ x } V_{final}$

$$3{,}0 \text{ x } 250 = 2{,}50 \text{ x } V_{final}$$

$$V_{final} = 300 \text{ cm}^3$$

Cálculo do volume de água: $V_{água} = 300 \text{ cm}^3 - 250\text{cm}^3 = 50\text{cm}^3$

Questão 67

(GRILLO) Cálculo da concentração normal da solução final, levando em consideração a seguinte relação:

$$(NaOH)_1 + (NaOH)_1 = (NaOH)_{final}$$

$$2{,}0 \text{ x } 250 + 0{,}50 \text{ x } 200 = 450 \text{ x } N_{final}$$

$$N_{final} = 1{,}33 \text{ N}$$

Questão 68

(INSTITUTO TECNOLÓGICO DA AERONÁUTICA) Alternativa E.

A alternativa que apresenta o composto que não conduz boa eletricidade, trata-se da molécula orgânica propanona. Esta molécula se caracteriza por ser um composto oxigenado que rata-se de uma cetona.

Questão 69

(GRILLO) Cálculo da concentração da quantidade de matéria da solução concentrada de ácido sulfúrico:

$$[H_2SO_4] = \frac{n_{soluto}}{V_{solução}}$$

$$[H_2SO_4] = \frac{10 \text{ x } 90 \text{ x } 1{,}81}{98} = 16{,}62 \frac{mol}{L}$$

Questão 70

(GRILLO) A questão leva em consideração a mistura de mesmo soluto. Para este caso específico o soluto é a solução de hidróxido de sódio.

Cálculo da concentração normal da solução final, levando em consideração a seguinte relação:

$$(NaOH)_1 + (NaOH)_1 = (NaOH)_{final}$$

$$2{,}0 \text{ x } 4{,}0 + 12{,}0 \text{ x } 0{,}50 = 16 \text{ x } [NaOH]_{final}$$

$$[NaOH]_{final} = 0{,}875 \frac{mol}{L}$$

Questão 71

(GRILLO) Equação química entre sais terá a formação de outros sais, ou seja: $sal_{(1)} + sal_{(2)} \rightarrow sal_{(3)} + sal_{(4)}$. Cabe ressaltar que a reação entre sais se caracteriza como sendo classificada como reação de dupla troca.

Equação química: $KCl_{(aquoso)} + AgNO_{3(aquoso)} \rightarrow KNO_{3(aquoso)} + AgCl_{(ppt)}$

Cálculo da concentração da quantidade de matéria do cloreto de potássio: $[KCl] = \frac{1{,}40}{74{,}50 \text{ x } 0{,}250} = 7{,}52 \text{ x } 10^{-2} \frac{mol}{L}$

Chamando o cloreto de potássio de sal (1) e o nitrato de prata de sal (2): $n_{sal_1} = n_{sal_2}$

$$1{,}52 \text{ x } 10^{-2} \text{ x } 25{,}0 \text{ mL} = 20{,}0 \text{ mL x } [AgNO_3]$$

$$[AgNO_3] = 9{,}39 \text{ x } 10^{-2} \frac{mol}{L}$$

Questão 72

(GRILLO) A partir da equação química apresentada: $NaCl_{(aquoso)} + AgNO_{3(aquoso)} \rightarrow NaNO_{3(aquoso)} + AgCl_{(ppt)}$.

A partir da relação estequiométrica, temos:

58,5 g ---------- 143,50 g
Massa --------- 7,10 g
Massa = 2,89 g

Cálculo do percentual de cloreto de sódio na amostra: $\frac{2{,}89 \text{ g}}{3{,}0 \text{ g}} = 0{,}9648\ (96{,}48\%)$

Questão 73

(ITT-JEE) Alternativa D.

Equação química que corresponde a neutralização entre um ácido e uma base:

$H_3PO_{3(aquoso)} + 3KOH_{(aquoso)} \rightarrow K_3PO_{3(aquoso)} + H_2O_{(líquido)}$.

A partir da relação estequiométrica, temos:

1 mol ------- 3,0 mol

$n_{ácido}$ -------- n_{base}

$n_{base} = 3 \text{ x } n_{ácido}$

Cálculo do volume da solução:

$0{,}10 \text{ x Volume} = 3 \text{ x } 0{,}10 \text{ x } 20$

$\text{Volume} = 60 \text{ mL}$

Questão 74

(INSTITUTO TECNOLÓGICO DA AERONÁUTICA) Alternativa D.

O processo de aerossol é um tipo de dispersão que apresenta a água no estado líquido e o dióxido de carbono no estado gasoso. Cabe ressaltar que a estas fases químicas é possível sim observar a olho nu esta espuma esbranquiçada. Além disso, dispersões são sistemas nos quais uma substância está disseminada sob a forma de pequenas partículas, na presença de uma segunda substância.

Questão 75

(INSTITUTO TECNOLÓGICO DA AERONÁUTICA) Alternativa D.

Sistemas coloidais está muito relacionado diretamente ao tamanho de seu particulado que compreende entre 10Å e 1000Å. Dentre os materiais apresentados, os sistemas coloidais são os seguintes:

I) Creme de leite;
II) Maionese comercial;
V) Poliestireno expandido.

Questão 76

(ENADE) Alternativa E.

Os dois líquidos que irão apresentar de forma aproximada volumes finais próximos da soma dos volumes individuais, uma vez que o volume é uma propriedade termodinâmica aditiva, trata-se dos compostos orgânicos benzeno e tolueno, uma vez que são dois compostos que apresentam as mesmas forças intermoleculares e apolares. Os compostos que apresentam maiores desvios com relação à aditividade são a água e etanol e água e ácido sulfúrico.

Questão 77

(CONCURSO PÚBLICO FEDERAL - PETROBRAS) Alternativa B.

Cálculo da concentração da quantidade de matéria de hidroxila para cada base mencionada pelo problema. Equação de dissociação para cada base:

$NaOH_{(aquoso)} \rightarrow Na^{+}_{(aquoso)} + OH^{-}_{(aquoso)}$

$KOH_{(aquoso)} \rightarrow K^{+}_{(aquoso)} + OH^{-}_{(aquoso)}$

- Para a soda cáustica: $[NaOH] = [OH^-] = 0{,}100\frac{mol}{L}$
- Para a potassa cáustica: $[KOH] = [OH^-] = 0{,}200\frac{mol}{L}$

Cálculo da concentração da quantidade de matéria de hidroxila no estado final:

$$0{,}100\frac{mol}{L} \text{ x } 20 + 0{,}200\frac{mol}{L} \text{ x } 30 = [OH^-]_{mistura} \text{ x } 50$$

$$[OH^-]_{mistura} = 0{,}16\frac{mol}{L}$$

Equação química: $HCl_{(aquoso)}$ + (mistura de bases) $\longrightarrow$

$$0{,}16\frac{\text{mol}}{\text{L}}\text{ x } 50 = 0{,}400 \text{ x } V_{\text{solução}}$$

$$V_{\text{solução}} = 20 \text{ mL}$$

Questão 78

(CONCURSO PÚBLICO FEDERAL - PETROBRAS) Alternativa A.

Cálculo da concentração da quantidade de matéria para a solução de ácido clorídrico:

$$[\text{HCl}]_{\text{início}} = \frac{10 \text{ x d x } (\%)}{< \text{MM} >_{\text{HCl}}} = \frac{10 \text{ x } 1{,}19 \text{ x } 36{,}50}{36{,}50} = 11{,}9\frac{\text{mol}}{\text{L}}$$

Cálculo do volume da solução inicial: $11{,}9\frac{\text{mol}}{\text{L}}\text{ x } V_{\text{solução}} = 500 \text{ x } 0{,}10$

$$V_{\text{solução}} = 4{,}20 \text{ mL}$$

Questão 79

(CONCURSO PÚBLICO FEDERAL - PETROBRAS) Alternativa C.

A neblina se caracteriza como um aerossol líquido-gás, em que o disperso é o líquido e o dispersante é o gás.

Item a) A margarina é uma emulsão plástica.
Item b) A poeira é um aerossol sendo o disperso um sólido e o dispersante o gás.
Item d) O leite é uma emulsão líquido-líquido.
Item e) O isopor é um tipo de espuma sólida.

Questão 80

(CONCURSO PÚBLICO FEDERAL - CENTRO FEDERAL DE EDUCAÇÃO TECNOLÓGICA DE QUÍMICA DE NILÓPOLIS – RJ) Alternativa A.

Cálculo da concentração da quantidade de matéria de ácido clorídrico para a situação inicial:

$$[\text{HCl}]_{\text{início}} = \frac{10 \text{ x d x } (\%)}{< \text{MM} >_{\text{HCl}}} = \frac{10 \text{ x } 1{,}19 \text{ x } 37}{36{,}50} = 12{,}06\frac{\text{mol}}{\text{L}}$$

Cálculo do volume da solução inicial: $12{,}06\frac{\text{mol}}{\text{L}}\text{ x } V_{\text{solução}} = 2{,}50 \text{ x } 3{,}0$

$$V_{\text{solução}} = 0{,}622 \text{ L}$$

Questão 81

(CONCURSO PÚBLICO ESTADUAL – ENGENHEIRO QUÍMICO) Alternativa D.

A partir da relação estequiométrica entre a solução de ácido clorídrico com a solução de cloreto de metal:

Metal + $2HCl_{(aquoso)} \longrightarrow MeCl_{2(aquoso)} + H_{2(gás)}$
2 mol de HCl ----- 1 mol de $MeCl_2$
$n_{ácido}$ --------------- n_{sal}

Cálculo da massa atômica do metal: $20 \text{ x } 10^{-3} \text{ x } 6{,}20 \text{ x } [< \text{MM} >_{\text{metal}} + 71] = 11{,}80$

$< \text{MM} >_{\text{metal}} = 95{,}16 - 71 = 25{,}16\frac{\text{g}}{\text{mol}}$. Para esta massa atômica, o elemento metálico trata-se do magnésio.

Questão 82

(INSTITUTO TECNOLÓGICO DA AERONÁUTICA) Alternativa D.

Cálculo da massa de água, para transformar a solução de 25% para 10%.

$$\frac{25}{100 + m_{água}} = \frac{10}{100}$$

$$m_{água} = 150g$$

Determinação da proporção: $m_{solução} = \frac{150\ m}{100} = \frac{15m}{10}$

Questão 83

(GRILLO) A partir da mistura para o mesmo soluto: $0{,}80.\,V_1 + 1{,}20.\,V_2 = (V_1 + V_2).\,0{,}90$

$$0{,}80.\,V_1 - 0{,}90.\,V_1 = 0{,}90.\,V_2 - 1{,}20.\,V_2$$

$$-0{,}10.\,V_1 = -0{,}30.\,V_2$$

$$\frac{V_1}{V_2} = 3{,}0$$

Questão 84

(INSTITUTO TECNOLÓGICO DA AERONÁUTICA) Alternativa B.

Equação química que corresponde a neutralização entre a solução de ácido sulfúrico com a solução de carbonato de sódio:

$H_2SO_{4(aquoso)} + Na_2CO_{3(aquoso)} \longrightarrow Na_2SO_{4(aquoso)} + H_2O_{(líquido)} + CO_{2(gás)}$

Pela proporção estequiométrica entre a solução de ácido sulfúrico e carbonato de sódio, temos:

1 mol de $H_2SO_{4(aquoso)}$ ----- 1 mol de $Na_2CO_{3(aquoso)}$

$n_{ácido}$ --------------------------- n_{sal}

$$n_{ácido} = n_{sal}$$

$$[H_2SO_4] \text{ x } V_{solução} = \frac{m_{sal}}{< MM >_{sal}}$$

$$\frac{490}{98 \text{ x } 1} \text{ x } 0{,}20 = \frac{m_{sal}}{106}$$

$$m_{sal} = 106\ g$$

Questão 85

(GRILLO) Equação química: $H_2X_{(aquoso)} + 2NaOH_{(aquoso)} \longrightarrow Na_2X_{(aquoso)} + 2H_2O_{(líquido)}$

Relação estequiométrica entre o ácido e a solução de hidróxido de sódio e o cálculo da concentração da quantidade de matéria do ácido.

$$2 \text{ x } n_{ácido} = n_{base}$$

$$2 \text{ x } 20 \text{ x } [ácido] = 40 \text{ x } 0{,}10$$

$$[\text{ácido}] = \frac{4,0}{40} = 0,10\frac{\text{mol}}{\text{L}}$$

Questão 86

(INSTITUTO TECNOLÓGICO DA AERONÁUTICA) Alternativa E.

A dispersão coloidal de sulfeto de arsênio em água caracteriza um coloide tipo sol negativo, cuja desestabilização se dá pela adição de íons de carga positiva. Uma vez que os quatro sais relacionados são solúveis em água, todos irão desestabilizar a dispersão coloidal. A desestabilização será mais intensa com o nitrato de alumínio, por apresentar o cátion de maior carga positiva.

Questão 87

(GRILLO) Equação química: $2HCl_{(aquoso)} + Ca(OH)_{2(aquoso)} \rightarrow CaCl_{2(aquoso)} + 2H_2O_{(líquido)}$

A relação estequiométrica entre o ácido clorídrico com a sução alcalina é: $n_{\text{ácido}} = 2 \text{ x } n_{\text{base}}$

Cálculo do volume da solução para a solução alcalina: $0,010 \text{ x } 100 = 2,0 \text{ x } 0,020 \text{ x } V_{\text{solução}}$

$V_{\text{solução}} = 25,0 \text{ mL}$

Questão 88

(GRILLO) Equação química: $H_2SO_{4(aquoso)} + 2NaOH_{(aquoso)} \rightarrow Na_2SO_{4\,(aquoso)} + 2H_2O_{(líquido)}$.

Pela relação estequiométrica, a relação entre a solução de ácido sulfúrico com a solução de hidróxido de sódio:

$2 \text{ x } n_{\text{ácido}} = n_{\text{base}}$

$$2 \text{ x } 0,001 \text{ x } 1,0 = \frac{m_{\text{base}}}{40}$$

$m_{\text{base}} = 0,08 \text{ g}$

Questão 89

Alternativa B.

Na titulação volumétrica exige pelo menos os seguintes equipamentos de laboratório: bureta e o Erlenmeyer.

Questão 90

Cálculo da concentração da quantidade de matéria da solução de ácido sulfúrico:

$$[\text{ácido}] = \frac{10 \text{ x densidade x } (\%)}{< \text{MM} >_{\text{ácido}}}$$

$$[\text{ácido}] = \frac{10 \text{ x } 1,40 \text{ x } 40}{98} = \frac{560}{98} = 5,71\frac{\text{mol}}{\text{L}}$$

Questão 91

(CONCURSO PARA DOCENTE – INSTITUTO FEDERAL DE FARROUPILHA) Alternativa D.

A normalidade de uma solução é calculada a partir do produto da concentração da quantidade de matéria com um fator multiplicativo, que para este caso este fator multiplicativo é igual a seis, que corresponde ao número de oxidação do cromo (+ 6).

$N = [K_2Cr_2O_7].x = 0,18 . 6 = 1,08 \text{ N}$

$N = 1,08 \text{ N}$

Questão 92

(MESTRE LICÍNIO RIBEIRO VIANA)

Equação de ionização da solução de ácido clorídrico: $HCl_{(aquoso)} \rightarrow H^{+}_{(aquoso)} + Cl^{-}_{(aquoso)}$

Cálculo do fator de Van't Hoff: $i = 1 + (2 - 1) \times 0{,}90 = 1{,}90$

Questão 93

(MESTRE LICÍNIO RIBEIRO VIANA) Equação química de neutralização completa entre a solução aquosa de ácido clorídrico na presença de uma outra solução aquosa de hidróxido de sódio:

$HCl_{(aquoso)} + NaOH_{(aquoso)} \longrightarrow NaCl_{(aquoso)} + H_2O_{(líquido)}$

A relação estequiométrica entre o ácido clorídrico com a solução alcalina é: $n_{ácido} = n_{base}$

$[ácido] \times V_{ácido} = [base] \times V_{base}$

$$[ácido] = \frac{0{,}10 \times 30}{20} = \frac{3}{20} \times \frac{mol}{L} \times \frac{36{,}50\ g}{1\ mol} = 5{,}475 \frac{g}{L}$$

Questão 94

(MESTRE LICÍNIO RIBEIRO VIANA)

Item a) Equação química de neutralização completa entre a solução aquosa de ácido sulfúrico na presença de uma outra solução aquosa de hidróxido de sódio: $H_2SO_{4(aquoso)} + 2NaOH_{(aquoso)} \longrightarrow Na_2SO_{4(aquoso)} + H_2O_{(líquido)}$

A relação estequiométrica entre o ácido sulfúrico na presença de uma solução alcalina: $2 \times n_{ácido} = n_{base}$

Determinação da concentração da quantidade de matéria da solução de ácido sulfúrico:

$$[ácido] = \frac{2{,}46\ g}{100\ mL} \times \frac{1\ mol}{98\ g} \times \frac{1{,}0\ mL}{10^{-3}\ L} = 0{,}251 \frac{mol}{L}$$

Pela relação estequiométrica: $2 \times n_{ácido} = n_{base}$

$2 \times [ácido] \times V_{ácido} = [base] \times V_{base}$

$2 \times 0{,}251 \times 9{,}70 = [base] \times 12{,}10$

$$[base] = 0{,}402 \frac{mol}{L}$$

Item b) Realizando a conversão de (mo/L) $\longrightarrow$ (g/L): $[base] = 0{,}402 \frac{mol}{L} \times \frac{40\ g}{1\ mol} = 16{,}09 \frac{g}{L}$

Questão 95

(MESTRE LICÍNIO RIBEIRO VIANA)

Equação química: $\underbrace{BaCl_{2(aquoso)}}_{excesso} + \overbrace{Na_2SO_{4(aquoso)}}^{limitante} \rightarrow \underbrace{BaSO_{4(aquoso)}}_{precipitado} + 2NaCl_{(aquoso)}$

Cálculo da concentração da quantidade de matéria da solução aquosa de sulfato de sódio.

$n_{Na_2SO_{4(aquoso)}} = n_{BaSO_{4(aquoso)}}$

$$[Na_2SO_{4(aquoso)}] \times 25{,}0 \times 10^{-3} = \frac{0{,}732}{233{,}38}$$

$$[Na_2SO_{4(aquoso)}] = \frac{0{,}732}{25{,}0 \times 10^{-3} \times 233{,}38} = 0{,}125\,\frac{mol}{L}$$

Questão 96

(OLIMPÍADA UNIFICADA - OBQ) Alternativa C.

Realizando o balanceamento pelo método da oxidação-redução: $3Br_2 + 6NaOH \rightarrow 5NaBr + NaBrO_3 + 3H_2O$

Determinação do reagente limitante:

$n_{Br_2} = \frac{250}{160} = \frac{1{,}56}{3} = 0{,}520$ mol (Reagente em excesso)

$n_{Br_2} = 0{,}250 \times 0{,}10 = \frac{0{,}025}{6} = 0{,}00417$ mol (Reagente limitante)

A partir da relação estequiométrica, temos a seguinte determinação do número de mol de brometo de sódio.

6 mol de NaOH ------------ 5 mol de NaBr x 0,72
0,25 mol de NaOH -------- n_{NaBr}
n_{NaBr} = 0,150 mol

Cálculo da massa de brometo de sódio: Massa = 0,150 mol x (23 + 80) g x mol^{-1} = 15,45 g

Questão 97

(OLIMPÍADA UNIFICADA - OBQ) Alternativa D.

Equação de dissociação do sulfato de cobre II na presença de água: $CuSO_{4(aquoso)} \rightarrow Cu^{+2}_{(aquoso)} + SO^{-2}_{4(aquoso)}$

Cálculo do fator de van't Hoff: $i = 1 + (4 - 1) \times 0{,}69 = 3{,}07$

Cálculo do número de moléculas dispersas na solução: $X = 0{,}10\,\frac{mol}{L} \times 6{,}02 \times 10^{23}\,\frac{1}{mol} \times 3{,}07 = 1{,}85 \times 10^{23}$

Questão 98

(OLIMPÍADA UNIFICADA - OBQ) Alternativa E.

Equação química: $CaCO_{3(sólido)} + 2HCl_{(aquoso)} \rightarrow CaCl_{2(aquoso)} + H_2O_{(líquido)} + CO_{2(gás)}$

Determinação do reagente limitante e do reagente em excesso:

$$n_{ácido} = \frac{1{,}50 \times 50 \times 10^{-3}}{2} = 3{,}75 \times 10^{-2}\ mol$$

$$n_{sal} = \frac{4{,}50}{100} = 4{,}50 \times 10^{-2}\ mol$$

Reagente limitante = ácido clorídrico e reagente em excesso = carbonato de cálcio

Cálculo do número de mol de dióxido de carbono, a partir do reagente limitante:

2 mol de HCl(aquoso) ------------------ 1 mol de $CO_{2(gás)}$
1,50 x 50 x 10^{-3} mol de ----------------- $n_{gás}$
$n_{gás}$ = 37,50 x 10^{-3} mol

Cálculo do volume de dióxido de carbono, a partir da aplicação da equação de clapeyron:

$$\text{Volume} = \frac{3{,}75 \text{ x } 10^{-2} \text{ x } 0{,}08206 \text{ x } (27 + 273)}{1{,}50} = 0{,}615 \text{ L } (615 \text{ mL})$$

Questão 99

(OLIMPÍADA UNIFICADA - OBQ) Alternativa D.

Cálculo da concentração da quantidade de matéria da solução de ácido sulfúrico:

$$[H_2SO_4] = \frac{10 \text{ x } 68 \text{ x } 1{,}29}{98} = 8{,}95 \frac{\text{mol}}{\text{L}}$$

Cálculo do volume de solução de ácido sulfúrico para uma concentração de 8,95 mol x L^{-1}.

$$[H_2SO_4]_{\text{início}} \text{ x } V_{\text{início}} = [H_2SO_4]_{\text{final}} \text{ x } V_{\text{final}}$$

$$8{,}95 \text{ x } V_{\text{início}} = 4{,}50 \text{ x } 0{,}250$$

$$V_{\text{início}} = 125{,}0 \text{ x } 10^{-3} \text{ L } (0{,}125 \text{ mL})$$

Questão 100

(OLIMPÍADA UNIFICADA - OBQ) Alternativa D.

Realizando o balanceamento pelo método REDOX, em que o ânion permanganato trata-se do agente oxidante e o ânion oxalato se refere ao agente redutor.

$2MnO_4^-{}_{(aquoso)} + 5C_2O_4^{2-}{}_{(aquoso)} + 16H^+{}_{(aquoso)} \rightarrow 2Mn^{2+}{}_{(aquoso)} + 10CO_{2(gás)} + 8H_2O_{(líquido)}$

Pela relação estequiométrica temos:

2 mol de íon permanganato --------- 5 mol de íon oxalato
0,250 x Volume ------------------------ 0,035

Cálculo do volume de permanganato:

$$\text{Volume} = \frac{2 \text{ x } 0{,}035}{0{,}250 \text{ x } 5} = 0{,}140 \text{ L } (140 \text{ mL})$$

Somatório dos coeficientes estequiométricos: 2 + 5 + 16 + 2 + 10 + 8 = 43.

Questão 101

(OLIMPÍADA UNIFICADA - OBQ) Alternativa D.

Equação química: $Na_2CO_{3(aquoso)} + 2HCl_{(aquoso)} \longrightarrow 2NaCl_{(aquoso)} + H_2O_{(líquido)} + CO_{2(gás)}$

Pela relação estequiométrica, temos:

1 mol de carbonato de sódio ---------------- 2 mol de ácido clorídrico
0,75 x n_{sal} --- $n_{ácido}$
2 x 0,75 x n_{sal} = $n_{ácido}$
Substituindo os valores na relação acima, temos:

$$2 \text{ x } 0{,}75 \text{ x} \frac{m_{sal}}{< MM >_{sal}} = [HCl] \text{ x Volume}$$

$$2 \text{ x } 0{,}75 \text{ x} \frac{258{,}4 \text{ x } 10^{-3}}{46 + 12 + 48} = [\text{HCl}] \text{ x } 78{,}37 \text{ x } 10^{-3}$$

$$[\text{HCl}] = \frac{2 \text{ x } 0{,}75 \text{ x} \left[\frac{258{,}4 \text{ x } 10^{-3}}{46 + 12 + 48}\right]}{78{,}37 \text{ x } 10^{-3}} = 46{,}65 \text{ x } \underbrace{10^{-3} \text{ mol}}_{\text{milimol}}$$

Questão 102

(GRILLO) Equação de dissociação do cloreto de alumínio: $\text{AlCl}_{3\,(\text{aquoso})} \rightarrow \text{Al}^{+3}_{(\text{aquoso})} + 3\text{Cl}^{-}_{(\text{aquoso})}$

Cálculo do coeficiente da força iônica, a partir da equação da atividade médio ($\gamma_{\pm}$): $\log \gamma_{\pm} = -0{,}509 \text{ x } \sqrt{\text{I}} \text{ x } |z_{\text{Ca}^{+2}} \text{ x } z_{\text{Cl}^{-}}|$

$$\log(0{,}96) = -0{,}509 \text{ x } \sqrt{\text{I}} \text{ x } |2 \text{ x } (-1)|$$

$$\sqrt{\text{I}} = \frac{\log(0{,}96)}{-0{,}509 \text{ x } 2}$$

$$\sqrt{\text{I}} = 11{,}61 \text{ x } 10^{-3}$$

$$\text{I} = 1{,}35 \text{ x } 10^{-4} \frac{\text{mol}}{\text{kg}}$$

Cálculo da concentração molal a partir da força iônica. $\text{I} = \frac{1}{2} \text{x} \left\{\mathfrak{M}_{\text{Al}^{+3}} \text{ x } z^2_{\text{Al}^{+3}} + \mathfrak{M}_{\text{Cl}^{-}} \text{ x } z^2_{\text{Cl}^{-}}\right\}$

$$\text{AlCl}_{3\,(\text{aquoso})} \rightarrow \text{Al}^{+3}_{(\text{aquoso})} + 3\text{Cl}^{-}_{(\text{aquoso})}$$

$$1 \text{ mol} - - - -1 \text{ mol} - - - 3 \text{ mol}$$

$$\text{I} = \frac{1}{2} \text{x} \left\{\mathfrak{M}_{\text{Al}^{+3}} \text{ x } z^2_{\text{Al}^{+3}} + \mathfrak{M}_{\text{Cl}^{-}} \text{ x } z^2_{\text{Cl}^{-}}\right\}$$

$$\text{I} = \frac{1}{2} \text{x} \{(+3)^2 \text{ x } \mathcal{M} + (-1)^2 \text{ x } 3\mathcal{M}\} = 6\mathcal{M}$$

Cálculo da molalidade: $1{,}35 \text{ x } 10^{-4} \frac{\text{mol}}{\text{kg}} = 6\mathcal{M}$

$$\mathcal{M} = 4{,}50 \text{ x } 10^{-5} \frac{\text{mol}}{\text{kg}}$$

Cálculo das atividades termodinâmicas dos íons:

$$a_{\text{Al}^{+3}} = \gamma_{\pm} \text{ x } \mathfrak{M}_{\text{Cl}^{-}} = 0{,}96 \, x \, 4{,}50 \text{ x } 10^{-5} = 4{,}32 \text{ x } 10^{-5}$$

$$a_{\text{Cl}^{-}} = \gamma_{\pm} \text{ x } \mathfrak{M}_{\text{Cl}^{-}} = 0{,}96 \, x \, 3 \, x \, 4{,}50 \text{ x } 10^{-5} = 1{,}30 \text{ x } 10^{-4}$$

Cálculo da constante do produto de solubilidade: $\text{K}_{\text{ps}} = a_{\text{Al}^{+3}} \text{ x } a^3_{\text{Cl}^{-}}$

$$\text{K}_{\text{ps}} = 4{,}32 \text{ x } 10^{-5} \text{ x } (1{,}30 \text{ x } 10^{-4})^3 = 9{,}49 \text{ x } 10^{-16}$$

Questão 103

(GRILLO) Fórmula molecular do cloreto de cobre II: $CuCl_{2(sólido)}$

Equação de dissociação do cloreto de cobre II: $CuCl_{2(sólido)} \rightarrow Cu^{+2}_{(aquoso)} + 2Cl^{-}_{(aquoso)}$

Relação estequiométrica com relação a dissociação do cloreto de cobre II:

$CuCl_{2(sólido)} \rightarrow Cu^{+2}_{(aquoso)} + 2Cl^{-}_{(aquoso)}$
$1mol - - - - 1mol - - - - 2\ mol$
$\mathcal{M} - - - - - - \mathcal{M} - - - - 2\mathcal{M}$

Cálculo da força iônica para a solução de cloreto de cobre II:

$$I = \frac{1}{2} x \{\mathfrak{M}_{Cu^{+2}}\ x\ z^2_{Cu^{+2}} + \mathfrak{M}_{Cl^-}\ x\ z^2_{Cl^-}\}$$

$$I = \frac{1}{2} x \{10^{-4}\ x\ (+2)^2 + 2\ x\ 10^{-4}\ x\ (-1)^2\} = 3\ x\ 10^{-4}$$

Cálculo do coeficiente da atividade médio, a partir da equação da atividade médio ($\gamma_\pm$): $\log \gamma_\pm = -0{,}509\ x\ \sqrt{I}\ x\ |z_{Cu^{+2}}\ x\ z_{Cl^-}|$

$$\log(\gamma_\pm) = -0{,}509\ x\ \sqrt{3\ x\ 10^{-4}}\ x\ |2\ x\ (-1)|$$

$$\log(\gamma_\pm) = -17{,}63\ x\ 10^{-3}$$

$$\gamma_\pm = 10^{-17{,}63\ x\ 10^{-3}} = 0{,}960$$

Cálculo das atividades termodinâmicas dos íons:

$$a_{Cu^{+2}} = \gamma_\pm\ x\ \mathfrak{M}_{Cl^-} = 0{,}960\ x\ 10^{-5} = 9{,}60\ x\ 10^{-5}$$

$$a_{Cl^-} = \gamma_\pm\ x\ \mathfrak{M}_{Cl^-} = 0{,}960\ x\ 2\ x\ 10^{-4} = 1{,}92\ x\ 10^{-4}$$

Cálculo da constante do produto de solubilidade do cloreto de cobre II: $CuCl_{2(sólido)} \rightarrow Cu^{+2}_{(aquoso)} + 2Cl^{-}_{(aquoso)}$

$$K_{ps} = a_{Cu^{+2}}\ x\ a^2_{Cl^-}$$

$$K_{ps} = 9{,}60\ x\ 10^{-5}\ x\ (1{,}92\ x\ 10^{-4})^2 = 3{,}54\ x\ 10^{-12}$$

Questão 104

(GRILLO) Equação de dissociação para a solução de sulfato de magnésio: $MgSO_{4(sólido)} \rightarrow Mg^{+2}_{(aquoso)} + SO^{-2}_{4(aquoso)}$

$MgSO_{4(sólido)} \rightarrow Mg^{+2}_{(aquoso)} + SO^{-2}_{4(aquoso)}$
$1\ mol\ de\ MgSO_{4(sólido)} - - - -1\ mol\ de\ Mg^{+2}_{(aquoso)} - - - - - 1\ mol\ de\ SO^{-2}_{4(aquoso)}$
$\mathcal{M} - - - - - - - - - - - - - \mathcal{M} - - - - - - - - - - - - \mathcal{M}$

Cálculo da força iônica para a solução de sulfato de magnésio:

$$I = \frac{1}{2} x \left\{\mathfrak{M}_{Mg^{+2}}\ x\ z^2_{Mg^{+2}} + \mathfrak{M}_{SO_4^{-2}} x\ z^2_{SO_4^{-2}}\right\}$$

$$I = \frac{1}{2} x \{\mathcal{M}\ x\ (+2)^2 + \mathcal{M}\ x\ (-2)^2\} = 4\mathcal{M}$$

$I = 4\mathcal{M}$

$I = 4 \text{ x } 3 \text{ x } 10^{-4} = 12 \text{ x } 10^{-4}$

Cálculo da atividade termodinâmica média: $\log \gamma_{\pm} = -0{,}509 \text{ x } \sqrt{I} \text{ x } \left| z_{Mg^{+2}} \text{ x } z_{SO_4^{-2}} \right|$

$\log(\gamma_{\pm}) = -0{,}509 \text{ x } \sqrt{12 \text{ x } 10^{-4}} \text{ x } |2 \text{ x } (-2)|$

$\log(\gamma_{\pm}) = -70{,}53 \text{ x } 10^{-3}$

$\gamma_{\pm} = 10^{-70{,}53 \text{ x } 10^{-3}} = 0{,}850$

Cálculo das atividades termodinâmicas dos íons:

$a_{Mg^{+2}} = \gamma_{\pm} \text{ x } \mathfrak{M}_{Mg^{+2}} = 0{,}850 \text{ x } 3 \text{ x } 10^{-4} = 2{,}55 \text{ x } 10^{-4}$

$a_{SO_4^{-2}} = \gamma_{\pm} \text{ x } \mathfrak{M}_{SO_4^{-2}} = 0{,}850 \text{ x } 3 \text{ x } 10^{-4} = 2{,}55 \text{ x } 10^{-4}$

Cálculo da constante do produto de solubilidade: $MgSO_{4(sólido)} \rightarrow Mg^{+2}_{(aquoso)} + SO^{-2}_{4(aquoso)}$

$K_{ps} = a_{Mg^{+2}} \text{ x } a_{SO_4^{-2}}$

$K_{ps} = 2{,}55 \text{ x } 10^{-4} \text{ x } 2{,}55 \text{ x } 10^{-4} = 6{,}50 \text{ x } 10^{-8}$

Questão 105

(GRILLO) Equação de dissociação para a solução de sulfato de magnésio: $CaCl_{2(sólido)} \rightarrow Ca^{+2}_{(aquoso)} + 2Cl^{-}_{(aquoso)}$

$CaCl_{2(sólido)} \rightarrow Ca^{+2}_{(aquoso)} + 2Cl^{-}_{(aquoso)}$
1 mol de $CaCl_{2(sólido)}$ – – – – – 1 mol de $Ca^{+2}_{(aquoso)}$ – – – – 2 mol de $Cl^{-}_{(aquoso)}$
$\mathcal{M}$ – – – – – – – – – – – – – – – $\mathcal{M}$ – – – – – – – – – – – – – $2\mathcal{M}$

Cálculo da força iônica para a solução de cloreto de cálcio:

$$I = \frac{1}{2} \text{x} \{ \mathfrak{M}_{Ca^{+2}} \text{ x } z^2_{Ca^{+2}} + \mathfrak{M}_{Cl^-} \text{x } z^2_{Cl^-} \}$$

$$I = \frac{1}{2} \text{x} \{ \mathcal{M} \text{ x } (+2)^2 + 2\mathcal{M} \text{ x } (-1)^2 \} = 3\mathcal{M}$$

$I = 3\mathcal{M}$

$I = 3 \text{ x } 3 \text{ x } 10^{-4} = 9 \text{ x } 10^{-4}$

Cálculo da atividade termodinâmica média: $\log \gamma_{\pm} = -0{,}509 \text{ x } \sqrt{I} \text{ x } |z_{Ca^{+2}} \text{ x } z_{Cl^-}|$

$\log(\gamma_{\pm}) = -0{,}509 \text{ x } \sqrt{9 \text{ x } 10^{-4}} \text{ x } |2 \text{ x } (-1)|$

$\gamma_{\pm} = 0{,}932$

Cálculo das atividades termodinâmicas de cada íon:

$a_{Ca^{+2}} = \gamma_{\pm} \text{ x } \mathfrak{M}_{Ca^{+2}} = 0{,}932 \text{ x } 3 \text{ x } 10^{-4} = 2{,}80 \text{ x } 10^{-4}$

$a_{SO_4^{-2}} = \gamma_{\pm} \text{ x } \mathfrak{M}_{Cl^-} = 0{,}932 \text{ x } 2 \text{ x } 3 \text{ x } 10^{-4} = 5{,}59 \text{ x } 10^{-4}$

Cálculo da constante do produto de solubilidade: $CaCl_{2(sólido)} \rightarrow Ca^{+2}_{(aquoso)} + 2Cl^-_{(aquoso)}$

$K_{ps} = a_{Ca^{+2}} \text{ x } a^2_{Cl^-}$

$K_{ps} = 2{,}80 \text{ x } 10^{-4} \text{ x } (5{,}59 \text{ x } 10^{-4})^2 = 8{,}75 \text{ x } 10^{-13}$

Questão 106

(OLIMPÍADA DE QUÍMICA AMERICANA) Alternativa B.

Aplicando a equação que relaciona a solubilidade do gás com a sua pressão parcial do gás, temos: $S_{O_2} = K_H \text{ x } p_{O_2}$

Substituindo os valores na equação acima, temos: $S_{O_2} = K_H \text{ x } p_{O_2}$

$$2{,}30 \text{ x } 10^{-4} \frac{mol}{L} = 1{,}30 \text{ x } 10^{-3} \frac{mol}{L \text{ x } atm} \text{ x } p_{O_2}$$

$p_{O_2} = 0{,}177 \text{ atm}$

Questão 107

Para a resolução do problema será necessário calcular primeiramente a pressão parcial do gás oxigênio.

$p_{O_2} = X_{O_2} \text{ x } p_{total}$

$p_{O_2} = 0{,}21 \text{ x } 1 \text{ atm} = 0{,}21 \text{ atm}$

Item a) Cálculo da solubilidade de oxigênio molecular para T = 12°C:

$S_{O_2} = K_H \text{ x } p_{O_2}$

$$S_{O_2} = 3{,}30 \text{ x } 10^{-4} \frac{mol}{L \text{ x } atm} \text{ x } 0{,}21 \text{ atm} = 6{,}93 \text{ x } 10^{-5} \frac{mol}{L}$$

Cálculo da massa de gás oxigênio dissolvido, a partir da solubilidade:

$$m_{O_2} = 6{,}93 \text{ x } 10^{-5} \frac{mol}{L} \text{ x } 1{,}0 \text{ L x } 32 \frac{g}{mol} = 2{,}22 \text{ x } 10^{-3} \text{ g}$$

Item b) Cálculo da solubilidade de oxigênio molecular para T = 22°C:

$S_{O_2} = K_H \text{ x } p_{O_2}$

$$S_{O_2} = 2{,}85 \text{ x } 10^{-4} \frac{mol}{L \text{ x } atm} \text{ x } 0{,}21 \text{ atm} = 5{,}985 \text{ x } 10^{-5} \frac{mol}{L}$$

Cálculo da massa de gás oxigênio dissolvido, a partir da solubilidade:

$$m_{O_2} = 5{,}985 \text{ x } 10^{-5} \frac{mol}{L} \text{ x } 1{,}0 \text{ L x } 32 \frac{g}{mol} = 1{,}91 \text{ x } 10^{-3} \text{ g}$$

Questão 108

(INSTITUTO TECNOLÓGICO DA AERONÁUTICA) Alternativa E.

Cálculo da solubilidade de oxigênio molecular, a partir da equação de Henry.

$$S_{O_2} = K_H \text{ x } p_{gás}$$

$$S_{O_2} = 1{,}30 \text{ x } 10^{-3} \frac{\text{mol}}{\text{L x atm}} \text{x } 1{,}0 \text{ atm}$$

$$S_{O_2} = 1{,}30 \text{ x } 10^{-3} \frac{\text{mol}}{\text{L x atm}} \text{x } 1{,}0 \text{ atm} = 1{,}30 \text{ x } 10^{-3} \frac{\text{mol}}{\text{L}}$$

Cálculo do volume de oxigênio molecular, a partir da utilização da equação dos gases ideais.

$$\text{p x Volume} = n_{O_2} \text{ x R x T}$$

$$\text{Volume} = \frac{1{,}30 \text{ x } 10^{-3} \text{ x } 0{,}08206 \text{ x } (25 + 273)}{1{,}0} = 3{,}18 \text{ x } 10^{-2} \text{ L}$$

Questão 109

(EXAME DE SELEÇÃO PARA O PROGRAMA DE PÓS-GRADUAÇÃO EM QUÍMICA DA UNIVERSIDADE FEDERAL DO CEARÁ)

Sabendo que a relação entre a concentração da quantidade de matéria com a concentração comum é dada por:

$$[H_2SO_4] = \frac{10 \text{ x d x } (\%)}{< MM >_{H_2SO_4}}$$

$$[H_2SO_4] = \frac{10 \text{ x } 1{,}84 \text{ x } 98}{98} = 18{,}4 \frac{\text{mol}}{\text{L}}$$

Questão 110

(CONCURSO PÚBLICO PARA DOCENTE FEDERAL – INSTITUTO FEDERAL DO ACRE) Alternativa C.

Para a determinação da concentração da quantidade de matéria do íon fosfato, será necessário relacionar a concentração com a carga de cada íon, conforme pode ser observado a seguir.

$$0{,}34 \frac{\text{mol}}{\text{L}} \text{x } (+1) + 0{,}05 \frac{\text{mol}}{\text{L}} \text{x } (-2) + [PO_4^{-3}] \text{ x } (-3) = 0$$

$$[PO_4^{-3}] = \frac{0{,}34 \text{ x } (+1) + 0{,}05 \text{ x } (-2)}{3} = 0{,}08 \frac{\text{mol}}{\text{L}}$$

Questão 111

(SELEÇÃO DO PROGRAMA DE PÓS-GRADUAÇÃO STRICTO SENSU EM QUÍMICA - UNIVERSIDADE FEDERAL DOS VALES DO JEQUITINHONHA E MUCURI DIAMANTINA – MINAS GERAIS)

Item a) Equação química que representa a neutralização entre a solução de ácido sulfúrico e hidróxido de sódio.

$H_2SO_{4(aquoso)} + 2NaOH_{(aquoso)} \longrightarrow Na_2SO_{4(aquoso)} + 2H_2O_{(líquido)}$

A partir da relação estequiométrica entre as soluções reagentes, temos:

1 mol de ácido -------- 2 mol de base

$m_{ácido}$ --------------------- m_{base}

$2 \times m_{ácido} = m_{base}$

Cálculo da concentração mássica da solução de ácido sulfúrico:

$$2 \times C_{ácido} \times V_{ácido} = C_{base} \times V_{base}$$

$$2 \times C_{ácido} \times 25{,}0\ mL = 27{,}28 \frac{g}{L} \times 20{,}23\ mL$$

$$C_{ácido} = 11{,}04 \frac{g}{L}$$

Item b) Dados do problema:

1,0 litro de solução -------------------- 0,113 mol de H_2SO_4
1 mL de solução ---------------------- 1,728 g de solução

Cálculo da massa da solução para 1,0 L de solução:

1000 mL de solução -------------------- Massa da solução
1 mL de solução ------------------------ 1,728 g de solução
Massa da solução = 1728 g de solução

Cálculo da massa de ácido sulfúrico, a partir do seu número de mol.

$$n_{ácido} = \frac{m_{ácido}}{< MM >_{ácido}}$$

$$m_{ácido} - 98 \times 0{,}113 - 11{,}04\ g$$

Cálculo do título de ácido sulfúrico:

$$(\%)_{ácido} = \frac{m_{ácido}}{m_{total}} = \frac{11{,}04\ g}{1728\ g} = 0{,}00639\ (0{,}64\%)$$

Item c) Equação química entre o óxido de magnésio e a solução de ácido sulfúrico.

$MgO_{(sólido)} + H_2SO_{4(aquoso)} \longrightarrow MgSO_{4(aquoso)} + H_2O_{(líquido)}$

A partir da relação estequiométrica entre o óxido e o ácido, temos:

1 mol de óxido -------- 1 mol de ácido
$n_{óxido}$ --------------------- $n_{ácido}$
$n_{óxido} = n_{ácido}$

Cálculo do volume da solução de ácido sulfúrico.

$$n_{óxido} = n_{ácido}$$

$$\frac{5{,}0 \times 0{,}85}{24 + 16} = 0{,}113 \times Volume$$

$$Volume = 0{,}940\ L\ (940\ mL)$$

Questão 112

(PROGRAMA DE PÓS-GRADUAÇÃO EM QUÍMICA – UNIVERSIDADE ESTADUAL DE LONDRINA)

Equação química que corresponde ao processo de neutralização entre o ácido acético e a solução de hidróxido de sódio.

$CH_3COOH(aquoso) + NaOH(aquoso) \rightarrow CH_3COONa_{(aquoso)} + H_2O_{(líquido)}$

Primeiramente será necessário calcular o número de mol de cada espécie química e determinar o reagente limitante e o reagente em excesso.

$$n_{\text{ácido}} = 0{,}200\,\frac{\text{mol}}{\text{L}}\,\text{x}\;20{,}0\;\text{x}\;10^{-3}\;\text{L} = 4{,}0\;\text{x}\;10^{-3}\;\text{mol}$$ (Reagente em excesso)

$$n_{\text{base}} = 0{,}100\,\frac{\text{mol}}{\text{L}}\,\text{x}\;20{,}0\;\text{x}\;10^{-3}\;\text{L} = 2{,}0\;\text{x}\;10^{-3}\;\text{mol}$$ (Reagente limitante)

Cálculo do número de mol do ácido em excesso na mistura:

$$n_{\text{ácido}}^{\text{excesso}} = 4{,}0\;\text{x}\;10^{-3}\;\text{mol} - 2{,}0\;\text{x}\;10^{-3}\;\text{mol} = 2{,}0\;\text{x}\;10^{-3}\;\text{mol}$$

Cálculo da concentração da quantidade de matéria do ácido em excesso:

$$\begin{bmatrix}\text{ácido}\\ \text{em}\\ \text{excesso}\end{bmatrix} = \frac{n_{\text{ácido}}^{\text{excesso}}}{\text{Volume da solução}} = \frac{2{,}0\;\text{x}\;10^{-3}\;\text{mol}}{(20\;+\;20)\;\text{x}\;10^{-3}\;\text{L}} = 50\;\text{x}\;10^{-3}\,\frac{\text{mol}}{\text{L}}$$

Cálculo do potencial hidrogeniônico (pH): $\text{pH} = -\log(50\;\text{x}\;10^{-3}) = 1{,}30$

APÊNDICE

APÊNDICE A – CONSTANTES FÍSICAS FUNDAMENTAIS

A) Unidade de massa atômica (u): 1u = 1,6606 x 10^{-24} g
B) Número de Avogadro (N): 6,0221415 x 10^{23} mol^{-1}
C) Constante de Boltzmann (k): 1,3806 x 10^{-23} $m^2.kg.s^{-2}.K^{-1}$
D) Constante de Faraday (F): 96485 $C.mol^{-1}$
E) Constante de Planck (h): 6,626 x 10^{-34} $J.s^{-1}$
F) Elétron-volt (1 eV): 1,60218 x 10^{-19} J
G) Massa do elétron (m_{e-}): 9,11 x 10^{-31} kg
H) Massa do prótron (m_{p+}): 1,67 x 10^{-27} kg
I) Massa do nêutron (m_n): 1,67 x 10^{-27} kg
J) Aceleração da gravidade (g): 9,81 $m.s^{-2}$
K) Volume molar (V_m): 22,4 $L.mol^{-1}$
L) Carga eletrônica (e^-): 1,60218 x 10^{-19} C
M) Valor do pi (π): 3,141592653589
N) Raio de Bohr: 5,29 x 10^{-18} J
O) Ponto triplo da água: 273,15 K
P) Ponto normal de fusão da água: 273,16 K
Q) Constante de Trouton: 87,9 J x K^{-1} x mol^{-1}
R) Constante de Coulomb (K): 8,998 x 10^9 N x m^2 x C^{-2}
S) Velocidade da luz no vácuo (c): 2,997 x 10^8 m x s^{-1}
T) Constante gravitacional (G): 6,673 x 10^{-11} N x m^{2} x kg^{-2}

APÊNDICE B - CONSTANTES CRIOSCÓPICAS E EBULIOSCÓPICAS

SOLVENTE UTILIZADO	CONSTANTE CRIOSCÓPICA	CONSTANTE EBULIOSCÓPICA
Água (H_2O)	-1,86	0,51
Benzeno (C_6H_6)	- 5,12	2,53
Ácido Acético	- 3,90	2,93
Fenol (C_6H_6O)	- 7,40	3,04
Naftaleno ($C_{10}H_8$)	- 6,94	5,80
Ácido Fórmico (CH_2O_2)	- 2,77	-
Acetona (C_3H_6O)	-	1,71

APÊNDICE C – CONSTANTE DOS GASES (R)

0,08206 $atm.L.mol^{-1}.K^{-1}$
0,08206 $atm.dm^3.mol^{-1}.K^{-1}$
82,06 $atm.cm^3.mol^{-1}.K^{-1}$
8,31451 $Pa.m^3.mol^{-1}.K^{-1}$
8,31451 $kPa.m^3.kmol^{-1}.K^{-1}$
8,314 $J.mol^{-1}.K^{-1}$
1,98722 $cal.mol^{-1}.K^{-1}$
1,987 $Btu.lbmol^{-1}.°R^{-1}$
10,73 psia. ft^3. $lbmol^{-1}.°R^{-1}$
62,36 $torr.L.mol^{-1}.K^{-1}$
62,36 $mmHg.L.mol^{-1}.K^{-1}$
0,7302 $ft^3.atm.lbmol^{-1}$. $°R^{-1}$

APÊNDICE D – CONSTANTE DE VAN DER WAALS (a e b)

Espécies Químicas	a (atm.L².mol⁻²)	b (10⁻²L.mol⁻¹)
Argônio	1,363	3,219
Eteno	4,530	5,714
Etano	5,562	6,380
Benzeno	18,24	11,54
Metano	2,283	4,278
Cloro	6,579	5,622
Monóxido de carbono	1,505	3,985
Dióxido de carbono	3,640	4,267
Hidrogênio	0,2476	2,661
H_2O	5,536	3,049
Sulfeto de hidrogênio	4,490	4,287
Hélio	0,03457	2,370
Criptônio	2,349	3,978
Nitrogênio	1,408	3,913
Neônio	0,2135	1,709
Amônia	4,225	3,707
Oxigênio	1,378	3,183
Dióxido de enxofre	6,803	5,636
Xenônio	4,250	5,105

Fonte: Atkins, P. W.; Paula de, J. Físico-Química", 8ªedição, volume um. Livros Técnicos e Científicos - LTC, Rio de Janeiro, 2008.

APÊNDICE E – DISTINÇÃO ENTRE PILHA GALVÂNICA E ELETRÓLISE

PROPRIEDADES	PILHAS GALVÂNICAS	PROCESSO DE ELETRÓLISE
Espontaneidade	Processo espontâneo	Processo não espontâneo
Quanto ao uso de ponte salina	É utilizado	Não é utilizado
Fluxo de elétrons	Sai do ânodo para o cátodo	Sai do ânodo para o cátodo
Quanto a Polaridade	Ânodo = Polo negativo	Ânodo = Polo positivo
Diferença de potencial	Cátodo = polo positivo (E > 0)	Cátodo = polo negativo (E < 0)

APÊNDICE F – EQUAÇÕES CINÉTICAS PARA ORDEM ZERO – PRIMEIRA – SEGUNDA

ESTUDO CINÉTICO	EQUAÇÃO DA CONCENTRAÇÃO X TEMPO	TEMPO DE MEIA-VIDA
Ordem zero	$[A]_{Final} = [A]_{Inicial} - k \times tempo$	$t_{\frac{1}{2}} = \frac{[A]_{Inicial}}{2 \times k}$
Primeira ordem	$\ln\left(\frac{[A]_{Final}}{[A]_{Inicial}}\right) = -k \times tempo$	$t_{1/2} = \frac{\ln 2}{k}$
Segunda Ordem	$\frac{1}{[A]_{Final}} = \frac{1}{[A]_{Inicial}} + k \times tempo$	$t_{\frac{1}{2}} = \frac{1}{k \times [A]_{Inicial}}$

APÊNDICE G – EQUAÇÃO DE ARRHENIUS X EQUAÇÃO DE VAN´T HOFF X EQUAÇÃO DE CLAUSIUS - CLAYPERON

EQUAÇÃO DE ARRHENIUS	EQUAÇÃO DE VAN´T HOFF	EQUAÇÃO DE CLAUSIUS - CLAYPERON
$\ln\frac{k_1}{k_2} = \frac{E_{at}}{R} x \left[\frac{1}{T_2} - \frac{1}{T_1}\right]$	$\ln\frac{K_{eq_1}}{K_{eq_2}} = \frac{\Delta H^0_{reaça\tilde{o}}}{R} x \left[\frac{1}{T_2} - \frac{1}{T_1}\right]$	$\ln\frac{P_1}{P_2} = \frac{\Delta H^0_{reaça\tilde{o}}}{R} x \left[\frac{1}{T_2} - \frac{1}{T_1}\right]$

APÊNDICE H – TABELA DE POTENCIAL-PADRÃO (E° DE REDUÇÃO)

SEMIREAÇÃO DE REDUÇÃO	E° (VOLTS)
$Li^{+}_{(aquoso)} + 1e^- \rightarrow Li_{(sólido)}$	-3,05
$K^{+}_{(aquoso)} + 1e^- \rightarrow K_{(sólido)}$	-2,93
$Ba^{+2}_{(aquoso)} + 2e^- \rightarrow Ba_{(sólido)}$	-2,90
$Sr^{+2}_{(aquoso)} + 2e^- \rightarrow Sr_{(sólido)}$	-2,89
$Ca^{+2}_{(aquoso)} + 2e^- \rightarrow Ca_{(sólido)}$	-2,87
$Na^{+}_{(aquoso)} + 1e^- \rightarrow Na_{(sólido)}$	-2,71
$Mg^{+2}_{(aquoso)} + 2e^- \rightarrow Mg_{(sólido)}$	-2,37
$Be^{+2}_{(aquoso)} + 2e^- \rightarrow Be_{(sólido)}$	-1,85
$Al^{+3}_{(aquoso)} + 3e^- \rightarrow Al_{(sólido)}$	-1,66
$Mn^{+2}_{(aquoso)} + 2e^- \rightarrow Mn_{(sólido)}$	-1,18
$2H_2O_{(líquido)} + 2e^- \rightarrow H_{2(gás)} + 2OH^{-}_{(aquoso)}$	-0,83
$Zn^{+2}_{(aquoso)} + 2e^- \rightarrow Zn_{(sólido)}$	-0,76
$Cr^{+3}_{(aquoso)} + 3e^- \rightarrow Cr_{(sólido)}$	-0,74
$Fe^{+2}_{(aquoso)} + 2e^- \rightarrow Fe_{(sólido)}$	-0,44
$Cd^{+2}_{(aquoso)} + 2e^- \rightarrow Cd_{(sólido)}$	-0,40
$PbSO_{4(sólido)} + 2e^- \rightarrow Pb_{(sólido)} + SO^{-2}_{4(aquoso)}$	-0,31
$Co^{+2}_{(aquoso)} + 2e^- \rightarrow Co_{(sólido)}$	-0,28
$Ni^{+2}_{(aquoso)} + 2e^- \rightarrow Ni_{(sólido)}$	-0,25
$Sn^{+2}_{(aquoso)} + 2e^- \rightarrow Sn_{(sólido)}$	-0,14
$Pb^{+2}_{(aquoso)} + 2e^- \rightarrow Pb_{(sólido)}$	-0,13
$\mathbf{2H^{+}_{(aquoso)} + 2e^- \rightarrow H_{2(gás)}}$	**0,00**
$Sn^{+4}_{(aquoso)} + 2e^- \rightarrow Sn^{+2}_{(aquoso)}$	+0,13
$Cu^{+2}_{(aquoso)} + 1e^- \rightarrow Cu^{+}_{(aquoso)}$	+0,15
$SO^{-2}_{4(aquoso)} + 4H^{+}_{(aquoso)} + 2e^- \rightarrow SO_{2(gás)} + 2H_2O_{(líquido)}$	+0,20
$AgCl_{(sólido)} + 1e^- \rightarrow Ag_{(sólido)} + Cl^{-}_{(aquoso)}$	+0,22
$Cu^{+2}_{(aquoso)} + 2e^- \rightarrow Cu_{(sólido)}$	+0,34
$O_{2(gás)} + 2H_2O_{(líquido)} + 4e^- \rightarrow 4OH^{-}_{(aquoso)}$	+0,40
$I_{2(sólido)} + 2e^- \rightarrow 2I^{-}_{(aquoso)}$	+0,53
$MnO^{-2}_{4(aquoso)} + 2H_2O_{(líquido)} + 3e^- \rightarrow MnO_{2(sólido)} + 4OH^{-}_{(aquoso)}$	+0,59
$O_{2(gás)} + 2H^{+}_{(aquoso)} + 2e^- \rightarrow H_2O_{(aquoso)}$	+0,68
$Fe^{+3}_{(aquoso)} + 1e^- \rightarrow Fe^{+2}_{(aquoso)}$	+0,77
$Ag^{+}_{(aquoso)} + 1e^- \rightarrow Ag_{(sólido)}$	+0,80
$Hg^{+2}_{2(aquoso)} + 2e^- \rightarrow 2Hg_{(líquido)}$	+0,85

$2Hg^{+2}_{(aquoso)} + 2e^- \rightarrow Hg^{+2}_{2(aquoso)}$	+0,92
$NO^-_{3(aquoso)} + 4H^+_{(aquoso)} + 3e^- \rightarrow NO_{(gás)} + 2H_2O_{(líquido)}$	+0,96
$Br_{2(líquido)} + 2e^- \rightarrow 2Br^-_{(aquoso)}$	+1,07
$O_{2(gás)} + 4\ H^+_{(aquoso)} + 4e^- \rightarrow 2H_2O_{(líquido)}$	+1,23
$MnO_{2(sólido)} + 4H^+_{(aquoso)} + 2e^- \rightarrow Mn^{+2}_{(aquoso)} + 2H_2O_{(líquido)}$	+1,23
$Cr_2O^{-2}_{7(aquoso)} + 14H^+_{(aquoso)} + 6e^- \rightarrow Cr^{+3}_{(aquoso)} + 7H_2O_{(líquido)}$	+1,33
$Cl_{2(gás)} + 2e^- \rightarrow 2Cl^-_{(aquoso)}$	+1,36
$Au^{+3}_{(aquoso)} + 3e^- \rightarrow Au_{(sólido)}$	+1,50
$MnO^-_{4(aquoso)} + 8H^+_{(aquoso)} + 5e^- \rightarrow Mn^{+2}_{(aquoso)} + H_2O_{(líquido)}$	+1,51
$Ce^{+4}_{(aquoso)} + 1e^- \rightarrow Ce^{+3}_{(aquoso)}$	+1,61
$H_2O_{2(gás)} + 2H^+_{(aquoso)} + 2e^- \rightarrow 2H_2O_{(líquido)}$	+1,77
$Co^{+3}_{(aquoso)} + 1e^- \rightarrow Co^{+2}_{(aquoso)}$	+1,82
$O_{3(gás)} + 2H^+_{(aquoso)} + 2e^- \rightarrow O_{2(gás)} + H_2O_{(líquido)}$	+2,07
$F_{2(gás)} + 2e^- \rightarrow 2F^-_{(aquoso)}$	+2,87

Fonte: Atkins, P. W.; Paula de, J. Físico-Química", 8ªedição, volume um. Livros Técnicos e Científicos - LTC, Rio de Janeiro, 2008.

APÊNDICE I – CAPACIDADE CALORÍFICA MÉDIA À PRESSÃO CONSTANTE ($\bar{c}_P$)

SUBSTÂNCIA	$\bar{c}_P\ (\frac{J}{mol\ x\ K})$
$Al_{(sólido)}$	24,2
$Nb_{(sólido)}$	24,6
$Nb_{(líquido)}$	41,7
$Nb_2O_{5(sólido)}$	131,6
$Al_2O_{3(sólido)}$	77,2
$Al_2O_{3(líquido)}$	144,9
$Fe_{(sólido)}$	25,1
$Fe_{(líquido)}$	41,4
$Fe_2O_{3(sólido)}$	103,7
$Ar_{(gás)}$	20,8
$Cl_{2(gás)}$	33,9
$H_{2(gás)}$	29,0
$N_{2(gás)}$	29,1
$O_{2(gás)}$	29,4

Fonte: Atkins, P. W.; Paula de, J. Físico-Química", 8ªedição, volume um. Livros Técnicos e Científicos - LTC, Rio de Janeiro, 2008.

APÊNDICE J – TABELA DE PRIORIDADE DE DESCARGA PARA CÁTIONS E ÂNIONS.

	Prioridade de descarga
Cátions	Grupo 1 < Grupo 2 < Grupo 3 < Al^{+3} < H^+ < Metais de transição
Ânions	ânions não oxigenados > OH^- > ânions oxigenados > F^-

APÊNDICE K – CONSTANTE DO PRODUTO DE SOLUBILIDADE A 25ºC

PRODUTO DE SOLUBILIDADE (25ºC)			
	EQUILÍBRIO	K_{PS}	pK_{PS}
Brometos	$CuBr_{(sólido)} \rightarrow Cu^{+}_{(aquoso)} + Br^{-}_{(aquoso)}$	$6,0 \times 10^{-9}$	8,20
	$PbBr_{2(sólido)} \rightarrow Pb^{+2}_{(aquoso)} + 2Br^{-}_{(aquoso)}$	$4,6 \times 10^{-6}$	5,30
	$Hg_2Br_{2(sólido)} \rightarrow Hg^{+2}_{2(aquoso)} + 2Br^{-}_{(aquoso)}$	$1,3 \times 10^{-22}$	21,9
	$AgBr_{(sólido)} \rightarrow Ag^{+}_{(aquoso)} + Br^{-}_{(aquoso)}$	$5,0 \times 10^{-13}$	12,3
Carbonatos	$BaCO_{3(sólido)} \rightarrow Ba^{+2}_{(aquoso)} + CO^{-2}_{3(aquoso)}$	$1,60 \times 10^{-9}$	8,80
	$CdCO_{3(sólido)} \rightarrow Cd^{+2}_{(aquoso)} + CO^{-2}_{3(aquoso)}$	$5,20 \times 10^{-12}$	11,3
	$CaCO_{3(sólido)} \rightarrow Ca^{+2}_{(aquoso)} + CO^{-2}_{3(aquoso)}$	$6,9 \times 10^{-9}$	8,2
	$CoCO_{3(sólido)} \rightarrow Co^{+2}_{(aquoso)} + CO^{-2}_{3(aquoso)}$	$8,0 \times 10^{-13}$	12,1
	$CuCO_{3(sólido)} \rightarrow Cu^{+2}_{(aquoso)} + CO^{-2}_{3(aquoso)}$	$2,5 \times 10^{-10}$	9,6
	$PbCO_{3(sólido)} \rightarrow Pb^{+2}_{(aquoso)} + CO^{-2}_{3(aquoso)}$	$1,50 \times 10^{-13}$	12,80
	$MgCO_{3(sólido)} \rightarrow Mg^{+2}_{(aquoso)} + CO^{-2}_{3(aquoso)}$	$4,0 \times 10^{-5}$	4,40
	$MnCO_{3(sólido)} \rightarrow Mn^{+2}_{(aquoso)} + CO^{-2}_{3(aquoso)}$	$9,0 \times 10^{-11}$	10,1
	$Hg_2CO_{3(sólido)} \rightarrow Hg^{+2}_{2(aquoso)} + CO^{-2}_{3(aquoso)}$	$9,0 \times 10^{-17}$	16,1
	$NiCO_{3(sólido)} \rightarrow Ni^{+2}_{(aquoso)} + CO^{-2}_{3(aquoso)}$	$7,0 \times 10^{-9}$	8,2
	$Ag_2CO_{3(sólido)} \rightarrow 2Ag^{+2}_{(aquoso)} + CO^{-2}_{3(aquoso)}$	$8,2 \times 10^{-12}$	11,1
	$SrCO_{3(sólido)} \rightarrow Sr^{+2}_{(aquoso)} + CO^{-2}_{3(aquoso)}$	$7,0 \times 10^{-10}$	9,2
	$ZnCO_{3(sólido)} \rightarrow Zn^{+2}_{(aquoso)} + CO^{-2}_{3(aquoso)}$	$2,0 \times 10^{-11}$	10,7
Cloretos	$CuCl_{(sólido)} \rightarrow Cu^{+}_{(aquoso)} + Cl^{-}_{(aquoso)}$	$3,2 \times 10^{-7}$	6,5
	$PbCl_{2(sólido)} \rightarrow Pb^{+2}_{(aquoso)} + 2Cl^{-}_{(aquoso)}$	$1,6 \times 10^{-5}$	4,8
	$Hg_2Cl_{2(sólido)} \rightarrow Hg^{+2}_{2(aquoso)} + 2Cl^{-}_{(aquoso)}$	$1,1 \times 10^{-18}$	17,9
	$AgCl_{(sólido)} \rightarrow Ag^{+}_{(aquoso)} + Cl^{-}_{(aquoso)}$	$1,8 \times 10^{-10}$	9,70
Cromatos	$BaCrO_{4(sólido)} \rightarrow Ba^{+2}_{(aquoso)} + CrO^{-2}_{4(aquoso)}$	$1,2 \times 10^{10}$	9,9
	$CaCrO_{4(sólido)} \rightarrow Ca^{+2}_{(aquoso)} + CrO^{-2}_{4(aquoso)}$	$7,1 \times 10^{-4}$	3,2
	$PbCrO_{4(sólido)} \rightarrow Pb^{+2}_{(aquoso)} + CrO^{-2}_{4(aquoso)}$	$2,0 \times 10^{-14}$	13,7
	$Hg_2CrO_{4(sólido)} \rightarrow Hg_2{}^{+2}_{(aquoso)} + CrO^{-2}_{4(aquoso)}$	$2,0 \times 10^{-9}$	8,7
	$Ag_2CrO_{4(sólido)} \rightarrow 2Ag^{+2}_{(aquoso)} + CrO^{-2}_{4(aquoso)}$	$1,9 \times 10^{-12}$	11,7
	$SrCrO_{4(sólido)} \rightarrow Sr^{+2}_{(aquoso)} + CrO^{-2}_{4(aquoso)}$	$3,6 \times 10^{-5}$	4,4
Hidróxidos	$Al(OH)_{3(sólido)} \rightarrow Al^{+3}_{(aquoso)} + 3OH^{-}_{(aquoso)}$	$3,6 \times 10^{-5}$	32,3
	$Cd(OH)_{2(sólido)} \rightarrow Cd^{+2}_{(aquoso)} + 2OH^{-}_{(aquoso)}$	$2,0 \times 10^{-14}$	13,7
	$Cr(OH)_{3(sólido)} \rightarrow Cr^{+3}_{(aquoso)} + 3OH^{-}_{(aquoso)}$	$7,0 \times 10^{-31}$	30,2
	$Cr(OH)_{2(sólido)} \rightarrow Cr^{+2}_{(aquoso)} + 2OH^{-}_{(aquoso)}$	$1,0 \times 10^{-17}$	17,0
	$Co(OH)_{3(sólido)} \rightarrow Co^{+3}_{(aquoso)} + 3OH^{-}_{(aquoso)}$	$1,0 \times 10^{-43}$	43,0
	$Co(OH)_{2(sólido)} \rightarrow Co^{+2}_{(aquoso)} + 2OH^{-}_{(aquoso)}$	$2,5 \times 10^{-16}$	15,6
	$Cu(OH)_{2(sólido)} \rightarrow Cu^{+2}_{(aquoso)} + 2OH^{-}_{(aquoso)}$	$1,6 \times 10^{-19}$	18,8
	$Fe(OH)_{3(sólido)} \rightarrow Fe^{+3}_{(aquoso)} + 3OH^{-}_{(aquoso)}$	$6,0 \times 10^{-38}$	37,2
	$Fe(OH)_{2(sólido)} \rightarrow Fe^{+2}_{(aquoso)} + 2OH^{-}_{(aquoso)}$	$2,0 \times 10^{-15}$	14,7
	$Pb(OH)_{2(sólido)} \rightarrow Pb^{+2}_{(aquoso)} + 2OH^{-}_{(aquoso)}$	$4,0 \times 10^{-15}$	14,4
	$Mg(OH)_{2(sólido)} \rightarrow Mg^{+2}_{(aquoso)} + 2OH^{-}_{(aquoso)}$	$8,9 \times 10^{-12}$	11,1
	$Mn(OH)_{3(sólido)} \rightarrow Mn^{+3}_{(aquoso)} + 3OH^{-}_{(aquoso)}$	$1,0 \times 10^{-36}$	36,0

	$Mn(OH)_{2(sólido)} \rightarrow Mn^{+2}_{(aquoso)} + 2OH^{-}_{(aquoso)}$	2,0 x 10^{-13}	12,7
	$HgO_{(sólido)} + \frac{1}{2}H_2O_{(líquido)} \rightarrow Hg^{+2}_{(aquoso)} + 2OH^{-}_{(aquoso)}$	3,0 x 10^{-26}	25,5
	$Ni(OH)_{2(sólido)} \rightarrow Ni^{+2}_{(aquoso)} + 2OH^{-}_{(aquoso)}$	1,6 x 10^{-16}	15,8
	$\frac{1}{2}Ag_2O_{(sólido)} + \frac{1}{2}H_2O_{(líquido)} \rightarrow Ag^{+}_{(aquoso)} + OH^{-}_{(aquoso)}$	2,0 x 10^{-8}	7,7
	$Sn(OH)_{2(sólido)} \rightarrow Sn^{+2}_{(aquoso)} + 2OH^{-}_{(aquoso)}$	3,0 x 10^{-27}	26,5
	$Zn(OH)_{2(sólido)} \rightarrow Zn^{+2}_{(aquoso)} + 2OH^{-}_{(aquoso)}$	5,0 x 10^{-17}	16,3
Iodatos	$Ba(IO_3)_{2(sólido)} \rightarrow Ba^{+2}_{(aquoso)} + 2IO^{-}_{3(aquoso)}$	1,3 x 10^{-9}	8,9
	$Ca(IO_3)_{2(sólido)} \rightarrow Ca^{+2}_{(aquoso)} + 2IO^{-}_{3(aquoso)}$	1,7 x 10^{-6}	5,8
	$Pb(IO_3)_{2(sólido)} \rightarrow Pb^{+2}_{(aquoso)} + 2IO^{-}_{3(aquoso)}$	2,6 x 10^{-13}	12,6
	$Hg(IO_3)_{2(sólido)} \rightarrow Hg^{+2}_{(aquoso)} + 2IO^{-}_{3(aquoso)}$	3,0 x 10^{-13}	12,5
	$Hg_2(IO_3)_{2(sólido)} \rightarrow 2Hg^{+}_{(aquoso)} + 2IO^{-}_{3(aquoso)}$	1,9 x 10^{-14}	13,7
	$AgIO_{3(sólido)} \rightarrow Ag^{+}_{(aquoso)} + IO^{-}_{3(aquoso)}$	3,0 x 10^{-8}	7,5
Iodetos	$CuI_{(sólido)} \rightarrow Cu^{+}_{(aquoso)} + I^{-}_{(aquoso)}$	1,0 x 10^{-12}	12,0
	$PbI_{2(sólido)} \rightarrow Pb^{+2}_{(aquoso)} + 2I^{-}_{(aquoso)}$	8,3 x 10^{-9}	8,1
	$Hg_2I_{2(sólido)} \rightarrow Hg^{+2}_{2(aquoso)} + 2I^{-}_{(aquoso)}$	4,0 x 10^{-29}	28,4
	$AgI_{(sólido)} \rightarrow Ag^{+}_{(aquoso)} + I^{-}_{(aquoso)}$	8,5 x 10^{-17}	16,1
Oxalatos	$BaC_2O_{4(sólido)} \rightarrow Ba^{+2}_{(aquoso)} + C_2O^{-2}_{4(aquoso)}$	1,5 x 10^{-8}	7,8
	$CdC_2O_{4(sólido)} \rightarrow Cd^{+2}_{(aquoso)} + C_2O^{-2}_{4(aquoso)}$	1,5 x 10^{-8}	7,8
	$CaC_2O_{4(sólido)} \rightarrow Ba^{+2}_{(aquoso)} + C_2O^{-2}_{4(aquoso)}$	1,3 x 10^{-9}	8,9
	$FeC_2O_{4(sólido)} \rightarrow Fe^{+2}_{(aquoso)} + C_2O^{-2}_{4(aquoso)}$	2,0 x 10^{-7}	6,7
	$MgC_2O_{4(sólido)} \rightarrow Mg^{+2}_{(aquoso)} + C_2O^{-2}_{4(aquoso)}$	8,6 x 10^{-5}	4,1
	$Mn_2(C_2O_4)_{3(sólido)} \rightarrow 2Mn^{+3}_{(aquoso)} + 3C_2O^{-2}_{4(aquoso)}$	7,0 x 10^{-20}	19,2
	$MnC_2O_{4(sólido)} \rightarrow Mn^{+2}_{(aquoso)} + C_2O^{-2}_{4(aquoso)}$	1,0 x 10^{-15}	15,0
	$Ag_2C_2O_{4(sólido)} \rightarrow 2Ag^{+}_{(aquoso)} + C_2O^{-2}_{4(aquoso)}$	1,0 x 10^{-11}	11,0
	$SrC_2O_{4(sólido)} \rightarrow Sr^{+2}_{(aquoso)} + C_2O^{-2}_{4(aquoso)}$	5,6 x 10^{-8}	7,2
	$ZnC_2O_{4(sólido)} \rightarrow Zn^{+2}_{(aquoso)} + C_2O^{-2}_{4(aquoso)}$	1,5 x 10^{-9}	8,8
Sulfatos	$BaSO_{4(sólido)} \rightarrow Ba^{+2}_{(aquoso)} + SO^{-2}_{4(aquoso)}$	1,50 x 10^{-9}	8,80
	$CaSO_{4(sólido)} \rightarrow Ca^{+2}_{(aquoso)} + SO^{-2}_{4(aquoso)}$	2,40 x 10^{-5}	4,60
	$PbSO_{4(sólido)} \rightarrow Pb^{+2}_{(aquoso)} + SO^{-2}_{4(aquoso)}$	1,30 x 10^{-8}	7,90
	$SrSO_{4(sólido)} \rightarrow Sr^{+2}_{(aquoso)} + SO^{-2}_{4(aquoso)}$	7,60 x 10^{-7}	6,10
Sulfetos	$Bi_2S_{3(sólido)} \rightarrow 2Bi^{+3}_{(aquoso)} + 3S^{-2}_{(aquoso)}$	1,0 x 10^{-100}	100
	$CdS_{(sólido)} \rightarrow Cd^{+2}_{(aquoso)} + S^{-2}_{(aquoso)}$	6,0 x 10^{-27}	26,2
	$CoS_{(sólido)} \rightarrow Co^{+2}_{(aquoso)} + S^{-2}_{(aquoso)}$ (α)	5,0 x 10^{-22}	21,3
	$CoS_{(sólido)} \rightarrow Co^{+2}_{(aquoso)} + S^{-2}_{(aquoso)}$ (β)	6,0 x 10^{-29}	28,2
	$CuS_{(sólido)} \rightarrow Cu^{+2}_{(aquoso)} + S^{-2}_{(aquoso)}$	4,0 x 10^{-36}	35,4
	$FeS_{(sólido)} \rightarrow Fe^{+2}_{(aquoso)} + S^{-2}_{(aquoso)}$	5,0 x 10^{-18}	17,3
	$PbS_{(sólido)} \rightarrow Pb^{+2}_{(aquoso)} + S^{-2}_{(aquoso)}$	4,0 x 10^{-18}	25,4
	$MnS_{(sólido)} \rightarrow Mn^{+2}_{(aquoso)} + S^{-2}_{(aquoso)}$	8,0 x 10^{-14}	13,1
	$HgS_{(sólido)} \rightarrow Hg^{+2}_{(aquoso)} + S^{-2}_{(aquoso)}$	1,0 x 10^{-50}	50,0
	$NiS_{(sólido)} \rightarrow Ni^{+2}_{(aquoso)} + S^{-2}_{(aquoso)}$ (α)	1,0 x 10^{-22}	22,0
	$NiS_{(sólido)} \rightarrow Ni^{+2}_{(aquoso)} + S^{-2}_{(aquoso)}$ (β)	3,0 x 10^{-28}	27,5

	$NiS_{(sólido)} \rightarrow Ni^{+2}_{(aquoso)} + S^{-2}_{(aquoso)}$ (γ)	$7,0 \times 10^{-30}$	29,2
	$Ag_2S_{(sólido)} \rightarrow 2Ag^{+}_{(aquoso)} + S^{-2}_{(aquoso)}$	$1,0 \times 10^{-50}$	50,0
	$ZnS_{(sólido)} \rightarrow Zn^{+2}_{(aquoso)} + S^{-2}_{(aquoso)}$	$1,0 \times 10^{-20}$	20,0

APÊNDICE L – TABELA DA CONSTANTE DE HENRY PARA GASES EM ÁGUA A 20°C

GÁS CARACTERÍSTICO	$k_H\ (\frac{mol}{L \times atm})$
Ar atmosférico	$7,90 \times 10^{-4}$
Ar	$1,50 \times 10^{-3}$
CO_2	$2,30 \times 10^{-2}$
He	$3,70 \times 10^{-4}$
H_2	$8,50 \times 10^{-4}$
Ne	$5,0 \times 10^{-4}$
N_2	$7,0 \times 10^{-4}$
O_2	$1,30 \times 10^{-3}$

APÊNDICE M – TABELA DO NÚMERO DE OXIDAÇÃO

-1 **H** +1

				He							
			−1	**Li**	+1						
				Be		+2					
				B	+1	+2	+3				
−4	−3	−2	−1	**C**	+1	+2	+3	+4			
	−3	−2	−1	**N**	+1	+2	+3	+4	+5		
		−2	−1	**O**	+1	+2					
			−1	**F**							
				Ne							
			−1	**Na**	+1						
				Mg	+1	+2					
				Al	+1		+3				
−4	−3	−2	−1	**Si**	+1	+2	+3	+4			
	−3	−2	−1	**P**	+1	+2	+3	+4	+5		
		−2	−1	**S**	+1	+2	+3	+4	+5	+6	
			−1	**Cl**	+1	+2	+3	+4	+5	+6	+7
				Ar							
				K	+1						
				Ca		+2					
				Sc	+1	+2	+3				
			−1	**Ti**		+2	+3	+4			
			−1	**V**	+1	+2	+3	+4	+5		
		−2	−1	**Cr**	+1	+2	+3	+4	+5	+6	

	−3	−2	−1	**Mn**	+1	+2	+3	+4	+5	+6	+7	
		−2	−1	**Fe**	+1	+2	+3	+4	+5	+6		
			−1	**Co**	+1	+2	+3	+4	+5			
			−1	**Ni**	+1	+2	+3	+4				
				Cu	+1	+2	+3	+4				
				Zn		+2						
				Ga	+1	+2	+3					
−4				**Ge**	+1	+2	+3	+4				
	−3			**As**		+2	+3		+5			
		−2		**Se**		+2		+4		+6		
			−1	**Br**	+1		+3	+4	+5		+7	
				Kr		+2						
				Rb	+1							
				Sr		+2						
				Y	+1	+2	+3					
				Zr	+1	+2	+3	+4				
			−1	**Nb**		+2	+3	+4	+5			
		−2	−1	**Mo**	+1	+2	+3	+4	+5	+6		
	−3		−1	**Tc**	+1	+2	+3	+4	+5	+6	+7	
		−2		**Ru**	+1	+2	+3	+4	+5	+6	+7	+8
			−1	**Rh**	+1	+2	+3	+4	+5	+6		
				Pd		+2		+4				
				Ag	+1	+2	+3					
				Cd		+2						
				In	+1	+2	+3					
−4				**Sn**		+2		+4				
	−3			**Sb**			+3		+5			
		−2		**Te**		+2		+4	+5	+6		
			−1	**I**	+1		+3		+5		+7	
				Xe		+2		+4		+6		+8
				Cs	+1							
				Ba		+2						
				La		+2	+3					
				Ce		+2	+3	+4				
				Pr		+2	+3	+4				
				Nd		+2	+3					
				Pm			+3					
				Sm		+2	+3					
				Eu		+2	+3					
				Gd	+1	+2	+3					

				Tb	+1		+3	+4				
				Dy		+2	+3					
				Ho			+3					
				Er			+3					
				Tm		+2	+3					
				Yb		+2	+3					
				Lu			+3					
				Hf		+2	+3	+4				
			−1	**Ta**		+2	+3	+4	+5			
		−2	−1	**W**	+1	+2	+3	+4	+5	+6		
	−3		−1	**Re**	+1	+2	+3	+4	+5	+6	+7	
		−2		**Os**	+1	+2	+3	+4	+5	+6	+7	+8
			−1	**Ir**	+1	+2	+3	+4	+5	+6		
				Pt		+2		+4	+5	+6		
			−1	**Au**	+1	+2	+3		+5			
				Hg	+1	+2		+4				
				Tl	+1		+3					
−4				**Pb**		+2		+4				
	−3			**Bi**			+3		+5			
		−2		**Po**		+2		+4		+6		
			−1	**At**	+1		+3		+5		+7	
				Rn		+2						
				Fr	+1							
				Ra		+2						
				Ac			+3					
				Th		+2	+3	+4				
				Pa			+3	+4	+5			
				U			+3	+4	+5	+6		
				Np			+3	+4	+5	+6	+7	
				Pu			+3	+4	+5	+6	+7	
				Am		+2	+3	+4	+5	+6		
				Cm			+3	+4				
				Bk			+3	+4				
				Cf		+2	+3	+4				
				Es		+2	+3					
				Fm		+2	+3					
				Md		+2	+3					
				No		+2	+3					
				Lr			+3					
				Rf				+4				

Referências Bibliográficas

- Atkins, P. W.; Paula de, J. Físico-Química", 10ª edição, volume um. Livros Técnicos e Científicos - LTC, Rio de Janeiro, 2018.
- Atkins, P.W.; Físico-Química, 6ª. ed., LTC – Livros Técnicos Editora S.A.: Brasil, 1999.
- Amaral, Lia Queiroz do; História da ciência e interdisciplinaridade: alguns exemplos. Khronos, Revista de História da Ciência nº 5, maio 2018.
- Avogadro, A., Journal de Physique 73 (1811) 58-76; versão inglesa disponível em: http://web.lemoyne.edu/~giunta/avogadro.html, consultado em 20/07/2023.
- Brady, J. E.; Humiston, G. E.; Química Geral, vol. 1 (2ª edição, 1995) e vol. 2 (1ª edição, 1996), LTC.
- Brady, J. E,; Russel, J. W.; Holum, J. R.; Química, a matéria e suas transformações, vol. 1 e 2, 3ª Ed., LTC, 2002.
- Bigelow, M.J.; J. Chem. Educ. 1968, 45, 108.
- Brown, T. L.; Lemay JR., H. E.; Bursten, B. E.; Burdge, J. R.; Química a ciência central; 9ª ed.; Pearson Prentice Hall do Brasil, 2008.
- Castellan, G. W. Physical Chemistry, segunda edição. Addison – Wesley Publishing Company, 1964.
- Chagas, A. P.; Como se Faz Química (2a ed.); Editora da Unicamp; Campinas (1992).
- Chalmers, A. F.; O que é Ciência Afinal? (2ª ed.); Ed. Brasiliense; São Paulo, 1993.
- Curso de Termodinâmica Aplicada às Máquinas. Abrahão Izecksohn; Imprensa Nacional Rio de Janeiro – 1943.
- Delizoicov, D.; Angotti, J. A.; Pernambuco, M. M. Ensino de Ciências: fundamentos e métodos. São Paulo: Cortez, 2002.
- Dori, Y. F.; Hameiri, M. The 'Mole Environment' studyware: applying multidimensional analysis to quantitative chemistry problems. International Journal of Science Education, v. 20, n. 3, p. 317-333, 1998.
- Farias, R. F., Monteiro, F. F.; Silva, H. N. R. Conceitos fundamentais em Química: ao término do segundo grau, quanto restou? Moderna On Line, São Paulo, 1999. Disponível em:. Acesso em 31 de julho de 2023.
- Furió, C.; Azcona, R. ; Guisasola, J. Dificultades conceptuales y epistemológicas del professorado en la enseñanza de los conceptos de cantidad de sustancia y de Mol. Enseñanza de las Ciencias, v. 17, n. 3, p. 359-376, 1999.
- Físico-Química – Volume 1, Levine, I. N. Tradução e revisão técnica Edilson Clemente da Silva, Oswaldo Esteves Barcia – Rio de Janeiro: LTC 2012.
- Físico-Química: Uma aplicação aos materiais. Rupen Adamian, Ericksson Rocha e Almendra. Rio de Janeiro: COPPE – UFRJ, 2002.
- Greenwood, N. N.; Earnshaw, A.; Chemistry of the Elements; 2nd ed., Butterworth Heinemann: Oxford, 1997.

- Haynes, W. M. In Handbook of Chemistry and Physics; Haynes, W. M., Lide, D. R., Bruno, T. J., eds.; 95th ed., CRC Press, Inc: New York, 2014-2015.
- Instituto Militar de Engenharia. http://www.ime.eb.mil.br/
- Instituto Tecnológico da Aeronáutica. http://www.ita.br/
- Ihde, A.J.; The Development of Modern Chemistry, Dover Publications, Inc.: EUA, 1984, p. 410.
- International Chemistry Olympiad. https://www.ichosc.org/home
- Jensen, W. B.; The Lewis Acid-base Concepts; John Wiley & Sons; New York, 1980.
- Kotz, J. C.; Treichel Jr., P.;Weaver, Gabriela C.; Química e reações químicas, Vol 1 (6ª ed,2010) e vol. 2 (5ª edição, 2009) Cengage Learning.
- Laidler, K.J.; The World of Physical Chemistry, Oxford University Press, Inc.: EUA, 1993, p. 121.
- Lee, J. D.; Química Inorgânica não tão concisa, Tradução da 5ª edição inglesa, Ed. Edgard Blücher: São Paulo, 1999.
- Levine, I.N.; Physical Chemistry, Mc Graw-Hill International Book Company: London, 1981, ch. 12.
- Mahan, B., M.; Myers, R., J.; Química um curso universitário, 4ª edição, Edgard Blücher, 1996.
- Mészáros, E.; Atmospheric Chemistry: Fundamental Aspects, 1981, Elsevier Scientific Publishing Company: Amsterdam, 1981.
- Millar, D.M.I.; Millar, J.M.M.; The Cambridge. Dictionary of Scientists, Cambridge University Press: Grã-bretanha, 1996, p. 270.
- Moore, W. J. Físico-Química - tradução da quarta edição americana: Tibor Rabockai [e outros]. Supervisão Ivo Jordan. Editora da Universidade de São Paulo, 1976.
- Nabuco, João Roberto da Paciência & Barros. Química Geral. Rio de Janeiro, primeira edição. Editora Ao livro técnico, 1979.
- Nabuco, João Roberto da Paciência & Barros. Físico-Química. Rio de Janeiro, primeira edição. Editora Ao livro técnico, 1979.
- Nye, M. J.; From Chemical Philosophy to Theoretical chemistry; University of California Press, Berkeley (CA), 1993.
- Olimpíada Brasileira de Química. https://obquimica.org/
- Olimpíada Americana de Química. https://www.acs.org/education/students/highschool/olympiad/prepare-for-exams.html
- Partington, J.R.; A Short History of Chemistry, 3rd. ed., Dover Publications, Inc.: EUA, 1989, p. 302 e 330.
- Pilla, L.; Físico-Química, Livros Técnicos e Científicos Editora S.A.: Brasil, 1980, p. 555.
- Química Geral – Volume 2. Brady, J. E.; Humiston, G. E. tradução de Cristina Maria Pereira dos Santos e Roberto Barros Faria. Segunda edição. Rio de Janeiro. Livros técnicos e científicos Editora, 1986.
- Rancke-Madsen, E.; The History of Indicators. In Indicators; Bishop, E., Ed.; Pergamon Press; Oxford, 1972.
- Reimpresso in Rheinboldt, H.; História da Balança; Nova Stella e Edusp; São Paulo, 1988.

- Rheinboldt, H.; Selecta Chimica 1945, 3,
- Rocchicioli, C.; Le pH et sa Mesure; Presses Universitaires de France; Paris, 1967.
- Russel. J. B.; Química Geral; vol. 1 e 2, Makron, 1996.
- Servos, J. W.; Physical Chemistry from Ostwald to Pauling; Princeton University Press; Princeton (NJ), 1990.
- Werner, H-J.; Rosmus, P. J. Chem. Phys. 1980, 73, 2319. 7. Lide Jr., D. R. J. Phys. Chem. 1960, 33, 1514.

Impressão e acabamento
Gráfica da Editora Ciência Moderna Ltda.
Tel: (21) 2201 - 6662